模具學（修訂二版）

施議訓、邱士哲　編著

全華圖書股份有限公司

序言 PREFACE

一、本書係由筆者經多年從事模具教育整理編輯而成，坊間模具方面之書，大部份日譯，少部份由一些專家彙整，然大部份較為專精某一部份，為使一般有心從事模具業者，提供較為完整之工具書，特出版本書，以饗讀者。

二、台灣經濟奇蹟，首推鴻海企業，鴻海最初以模具起家，今達1500億／每年之營收，而每年仍不斷在成長，在模具之設計、研發及製造上更日新月異，成為台灣最大民營製造公司，模具之重要性更不可言喻了。

三、模具對於國家經濟發展扮演著相當重要之角色，然而在大專及訓練機構很少有好的教育人才，更缺乏完整之教材，工欲善其事，必先利其器，希望本書能拋磚引玉，引起有識之士共鳴。

四、本書共分九章，由淺而繁，每章並附有習題，可供做學校或訓練機構教材，以加強學習效果。

五、本書於公餘之暇編撰而成，雖力求完整，並多次校對，疏漏謬誤之處仍屬難免，尚祈先進惠予指正，以便再版時訂正。

編著者謹識

編輯部序

PREFACE

「系統編輯」是我們的編輯方針，我們所提供給您的，絕不只是一本書，而是關於這門學問的所有知識，它們由淺入深，循序漸進。

坊間模具相關書籍，大部分為日譯，少部分由一些專家彙整，然大部分較為專精某一部份。為使一般有心從事模具行業人士者，提供較為完整之工具書，本書係由筆者經多年從事模具教育整理編輯而成。內文共分九章，由淺而繁，每章並附有習題，可供做學校或訓練機構教材，以加強效果。適合大學、科大、技術學院機械、模具工程等相關科系或對此有興趣之業界人士使用。

同時，為了使您能有系統且循序漸進研習相關方面的叢書，我們以流程圖方式，列出各有關圖書的閱讀順序，以減少您研習此門學問的摸索時間，並能對這門學問有完整的知識。若您在這方面有任何問題，歡迎來函連繫，我們將竭誠為您服務。

相關叢書介紹

書號：0554201
書名：塑性加工學(第二版)
編著：許源泉
20K/384 頁/380 元

書號：0257902
書名：塑膠模具結構與製造(第三版)
編著：張文華
20K/248 頁/300 元

書號：0542902
書名：塑膠模具設計與機構設計(第三版)
編著：顏智偉
20K/368 頁/400 元

書號：05872
書名：模具工程(第二版)
英譯：邱傳聖
16K/784 頁/750 元

書號：05409
書名：射出模設計詳解
日譯：黃錦鐘、歐陽渭城
20K/304 頁/320 元

書號：05581077
書名：塑膠模具設計學－理論、實務、製圖、設計(第八版)(附 3D 動畫光碟)
編著：張永彥
16K/720 頁/650 元

書號：05861
書名：產品結構設計實務
編著：林榮德
16K/248 頁/280 元

書號：06086
書名：塑膠成型品設計與模具製作
編著：林滿盈
16K/424 頁/450 元

◎上列書價若有變動，請以最新定價為準。

流程圖

書號：05903067
書名：工程圖學－與電腦製圖之關聯(第七版)(附多媒體光碟)
編著：王輔春、楊永然、朱鳳傳、康鳳梅、詹世良

書號：03407047
書名：圖學(第五版)(附範例光碟)
編著：王照明

書號：0614705
書名：機械製造(第七版)
編著：林英明、卓漢明、林彥伶

書號：05581077
書名：塑膠模具設計學－理論、實務、製圖、設計(第八版)(附 3D 動畫光碟)
編著：張永彥

書號：0552302
書名：模具學(修訂二版)
編著：施議訓、邱士哲

書號：01542
書名：模具製作的基礎知識
編著：邱來發、王總守、陳德禎

書號：05901
書名：射出成形的不良對策
日譯：歐陽渭城

書號：06086
書名：塑膠成型品設計與模具製作
編著：林滿盈

書號：05409
書名：射出模設計詳解
日譯：黃錦鐘、歐陽渭城

目錄 CONTENTS

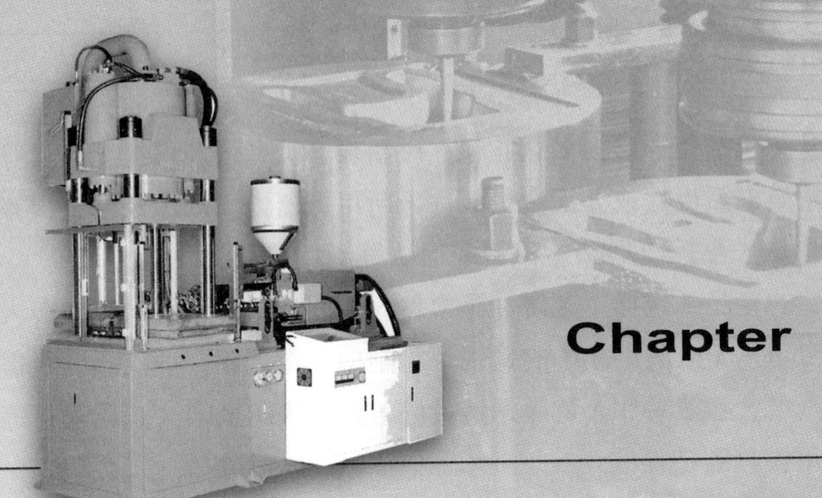

Chapter 1

模具概說

1.1 模具概論

模具的種類很多，包括：沖壓模、塑膠模、壓鑄模、鍛造模及鑽模、夾具等。沖壓模具的加工對象是鋼鐵板片或非鐵金屬板片，所用機器則爲沖床及油壓機等；而塑膠模以射出成形法、壓縮成形法、移轉成形法等應用最廣。

目前由模具製造的產品，包括：金屬沖壓零件、塑膠成形零件等，可說與人類生活用品關係十分密切。如家庭用品中的電視、電話機、電冰箱、洗衣機等所需零件；其他如飛機、汽車、鐘錶零件、電腦週邊設備，以至國防武器、軍用器材等所需零件，幾無不使用模具製造而成。

金屬模具爲適應不同製造要求，其設計的形狀和結構，也就千變萬化。一般簡單的，如下料模－可用以切片機沖孔；彎曲模－可變換材料方向；引伸模－可將材料延伸而成杯狀或成爲有底的長筒狀；較複雜的如複合模－可將下料、引伸組合在同一操作中一次完成；連續模－可由數個單次沖模排列在一模座上，連續沖製，最後完成製品。

由於製造時對模具的要求，須兼顧產品的精密度和大量生產，故模具的設計，必須依照訂貨製品的藍圖所定的材料、尺寸、數量、交貨時間等因素，來細心的設計，並無一定方式或程序，但設計不能稍有錯誤，否則就會導致重大的損失。

製造模具的機器，可分爲一般性和專門性兩類，一般性的機器包括：車床、銑床、磨床、熱處理設備等；專門性的機器，包括：精密定位搪孔機、CNC 機械、放電加工機、線切割及雷射加工等，都是近十年來發展而成的新機具，精度極高，價值昂貴，可說是製造精密模具不可缺乏的設備。其中如微放電加工機，其最大優點是不論被加工物的硬度如何，如碳化鎢或其他經熱處理硬化後的鋼料，都可同樣加工，且可製成各種複雜的形狀和尖銳內圓角，或用以再刻深如印花及鍛模，或在已製成的模具上添加新孔等，由此可節省很多製造新模的費用。

1.2 模具加工特質

1. 模具零件成型加工方法：因應製品的形狀、大小，所要求精密度將母模、公模分割成數塊方便加工，而後固定於模板上；另外依製品形狀與尺寸精密度、加工狀況而定，採用傳統切削加工、CNC 機械、放電加工及其他的特殊加工方法來製作模具時，加工後的零件固定於模板等而完成模具製造。

2. 模具的選定及表面處理方法：選擇模具材料時須注意與製品品質有關連的母模、公模、滑動模心等，這些大都選用良好的鋼材，並經熱處理達到指定硬度。當模具表面有紋理加工或透明性製品的場合，模具表面要有高度光澤時，必須選用適合這些特性的鋼材。另外容納母模、公模的模板，及與成形機組立的部份等須考慮模具整體的強度與鋼性，而後選出適當的鋼材。而常用之模具表面處理方法有：

⑴低變形模具眞空熱處理應用技術。

⑵模具超深冷處理應用技術。

⑶高壽命 PVD 或 CVD 被覆模具處理應用技術。

⑷模具離子氮化應用技術。

⑸模具 TRD 法碳化釩被覆應用技術。

⑹高壽命模具處理技術諮詢服務。

⑺模具鋼複合鹽浴軟氮化技術。

1.3 模具種類

模具種類十分繁雜，今依成品之不同，模具可分爲沖壓模具、塑膠模具、壓鑄模具、特殊模具等四大類。

一、沖壓模具(press mold)常用有四種

1. 沖剪模具。

2. 彎曲模具。

3. 抽製模具。

4. 壓縮模具。

二、塑膠模具(plastic mold)常用有五種

1. 射出成形模具。
2. 擠製成形模具。
3. 吹製成形模具。
4. 壓縮成形模具。
5. 發泡成形模具。
6. 壓空成形模具。
7. 滾軋成形模具。

三、壓鑄模具(die casting mold)常用有三種

1. 直雕模具。
2. 嵌入型模具。
3. 單元模具。

四、特殊模具(special mold)常用有五種

1. 粉末冶金模具。
2. 抽線模具。
3. 鍛造模具。
4. 精密下料模具。
5. 連續沖模。

1.4 模具發展概況

我國模具產業主要的前景在於國內下游產業的持續成長，尤其是資訊硬體產業及通訊產業等的高成長率，其次則是開拓外銷市場。由於我國模具技術在亞洲地區僅次於日本，且亞洲模具訂單受金融風暴影響而短期受挫，但長期而言國內模具成長趨勢仍是不變的。

國內模具業的結構，大都以小型模具廠爲主，員工人數在十人以下的模具廠，更佔國內模具業家數的百分之七十左右，面對國內家電、汽車零組件與塑膠等模具下游產業外移，國內訂單縮減，勢必會使得國內模具的產業結構進行調整，除了三十人以上的中型模具廠，將成為未來台灣模具產業的主力外，企業規模擴大後，單純的模具製造廠也將會逐步向下游的成品製造廠發展。

至於金屬模具的產品動向，因為未來工業產品傾向精密化、一體成形並儘量減少後續加工，因此精密模具、大型模具是未來產品走向。當然模具亦跟著成形技術趨勢走，所以氣體輔助射出成形、真空壓鑄、擠壓壓鑄、複合鍛造、完全密閉鍛造及近淨型鍛造等所需模具，亦將持續發展。

金屬模具技術發展趨勢可分為電腦化之生產形態及高速化、高精度化模具加工技術兩方面。模具製作將從師徒相授方式改變為以CAD/CAM/CAE為中心的資料型態生產方式，而CAD/CAM/CAE的功能將愈來愈強且朝向智慧型發展，而使用的CAD/CAM/CAE資料庫將趨於網路化。模具加工技術則朝高速度、高精度切削加工技術、超精密研磨加工技術及提高放電加工及模具拋光效率等技術發展。

展望我國金屬模具的未來，由於國內電子資訊產業蓬勃發展，將因精密金屬模具需求大而加速技術研發及升級。至於量的方面，則因亞洲是全世界經濟成長最快速的地區，模具需求成長率冠於全球，而在亞洲地區我國金屬模具技術僅次於日本，因此我國金屬模具在技術升級及搶佔亞洲市場方面，均有良好機會，發展空間寬廣。

一組精密模具的完成，從材料開始到正式量產為止各個階段都必須兼顧才有可能製作出一付完整的模具。一開始材料選用及其熱處理方式就必須考慮使用環境、壽命及維修需求，設計必須考慮減少加工及組裝誤差，加工時除了設備需求外，更要考慮環境因素(溫度、溼度、振動等)；而技術人員之技藝與觀念更甚於設備，以德國為例，其設備精密度及操控性不若日本但模具品質風評更甚於日本，所憑藉者即是德國優良之加工人才。

另外最為國人所忽略的是管理技術的提昇，良好的管理技術才是模具精密化最重要的因素，無論是品管、生管、物管及知識管理等，以及人才管理均是精密模具廠不可或缺的技術，合理化、簡單化、標準化及電腦化則是管理技術落實應有的步驟。國內業界出國考察時，德、日國家精密模具廠之管理技術才是最應該用心學習的；也是台灣承接日本遺留的市場，擺脫大陸、東南亞等國家之威脅的最佳機會。

精密模具的定義不是更精細而已，優良的使用壽命才是精密模具最佳的定義。單一技術的提昇無法達成目的，唯有從材料、設計、加工、設備、人才及管理全面的提昇才是模具精密化唯一成功之路。以下六點爲模具工業發展之方向：

1. 全球模具的行銷均具區域性，故模具應以國內市場爲主，亞洲及全球市場爲輔。

2. 爲降低成本及提高品質並使零件積極標準化，應善用CAD/CAM/CAE系統之同步及逆向工程技術。

3. 目前國內模具應用產業以電子資訊產業爲主，業者宜發展電子資訊硬體、通訊設備產業所需的模具爲主。

4. 加強技術研發，以生產精密模具，希望能取代日、美、德的高單價模具進口，降低成本爲目的。

5. 提高國內模具材料之自製率，減低從國外進口高成本的模具材料。

6. 學界業界之結合一方面使業界研發提升，另一方面可提高學界研究風氣及成果。

人才的培育要落實到基層的單位，進而擴展至高階的研究機構，如此才能眞正提升模具之水準，使國家提高競爭力，促進經濟繁榮，造福人民福祉達民富國強之境界。

習題一

1. 請說明常用之模具依成品可分爲那幾大類？
2. 請說明常用之模具表面處理方法。
3. 請說明模具工業發展的方向。
4. 請說明如何培養模具工業人才。

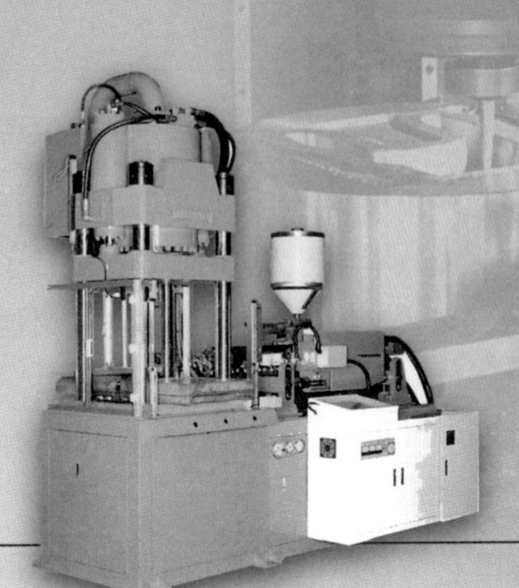

Chapter 2

沖壓模具

2.1 沖壓模具概論

沖壓加工在近代工業大量生產及材料加工技術中扮演著非常重要的角色，在工業界不斷的研究與改進中，零件製造的精度與生產效率均已大大的提高，取代了很多傳統切削加工；如鍛造及壓鑄、鑄件等，成爲現代工業生產中降低成本的最佳方法之一。

沖壓加工，係指利用沖壓機械及其專用工具—「模具」在常溫狀態下對欲加工材料施行各種成形加工。

現今沖壓加工之應用已非常普遍，沖壓加工的零件隨處可見。如手上的戒指、手錶裏大部份的零件、衣服上的拉鍊、銅釦、皮帶扣環、眼鏡架及鞋帶或金屬接頭等，可能都是沖壓件。照明用具的罩子、燈泡銅頭、門的把手、煙灰缸、刀叉、湯匙、廚具電力零件等，許多之家庭用具均是沖壓模具所生產的零件。

這些用品以簡單的一套模具一次加工即可完成，複雜的則需幾個工程，甚至數套模具來完成，但其加工的速度仍是其他加工法所不及的，就如螺釘、墊圈等零件，用模具生產每日產量可達數十萬件之多，大如汽車輪轂、翼子板、車門、車頂、飛機機身等零件，每日產量亦可達上百件之多，可見模具之應用範圍已與日俱增。

2.1.1 沖壓加工的特質

沖壓加工，正式應用在材料加工生產，始於十九世紀末期，此種生產機械零件之加工方式，有諸多其他加工方式無法同時兼顧之優點，故近百年來深受工業界人士所重視，不斷的研究發展力求改進並擴大應用，致有今日蓬勃成長的景象，其特點如下：

一、沖壓加工的優點

1. 合乎經濟效益：生產量大，相對零件製造成本低；縮短工作時間，節省勞力；操作簡單，非熟練工人亦能操作。

2. 材料使用率高：在沖壓加工中，不但廢料較其他加工少，而廢料幾乎可 100 %回收。

3. 加工簡單：在材料耗費不大的情況下，簡單的沖擊即可得複雜的零件。

4. 生產率高：在生產的過程中，應用了自動化的機械設備及多工程的進給裝置，已大大的提高了零件的生產效率。

5. 精密度高：同一模具製造出來的產品，具有相同的尺寸與形狀，可得良好的互換性零件。

雖然有上述諸優點，但並非任何零件均可加工，亦有其限制，分別列述如下：

二、沖壓加工的缺點

1. 零件的形狀需合乎沖壓加工生產的形狀，才能加工。

2. 模具屬專用化，一副模具只能生產同一形狀的零件。

3. 對於生產量少的零件，較不適合模具加工。

4. 模具製造需相當的時間，不能即時生產以致交貨期受到限制。

5. 零件的形狀大小不同，則沖壓機械的選用亦不同。

2.2 沖壓加工種類

依各種加工性質不同區分，將沖壓加工分爲沖剪加工(shearing)、彎曲加工(bending)、引伸加工(drawing)及壓縮加工(compression)等四大類。

2.2.1 沖剪加工的種類

■ **沖剪加工**：將材料置於沖頭及下模塊之間，利用沖壓機械在材料上施以剪斷強度以上的外力，使沖頭刀刃與下模刀刃相互作用，讓材料一部份與另一部份分離的加工，此種加工主要可完成切斷、下料、沖孔、沖口、分斷、修邊與整緣等工作，如表 2.1 所示。

表 2.1　沖剪加工種類

名稱	加工前	加工後
剪斷 (shearing)	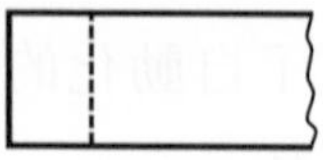	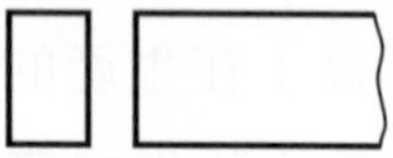
剪缺口 (notching)	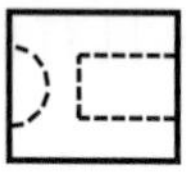	
下料 (blanking)	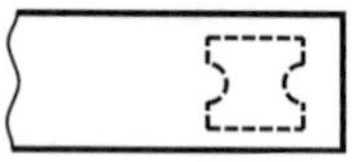	
沖孔 (piercing)	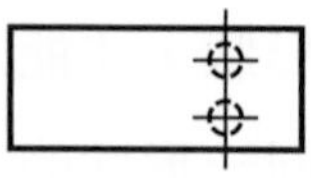	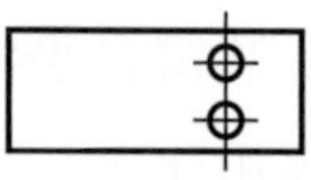
剪邊 (trimming)	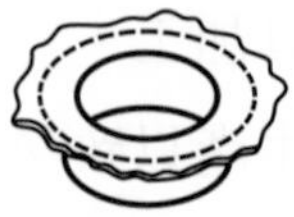	
修邊 (shaving)		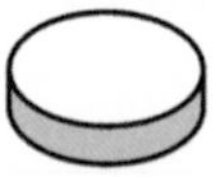
精密下料 (fine blanking)	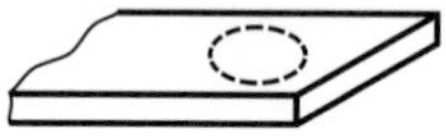	
剪矛鉤 (slit form)	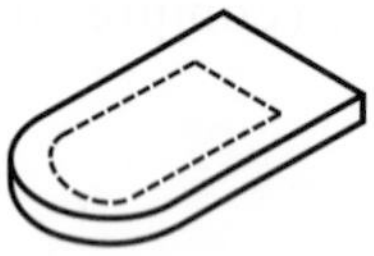	
分割 (parting)		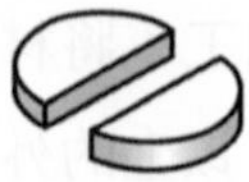

2.2.2 彎曲加工及其種類

■ **彎曲加工**：加工於金屬板料，使其在塑性變形範圍內，彎曲成所需要的形狀與角度，當外力除去時仍能維持其彎曲之永久變形。此種加工可以完成一般彎曲、捲邊、扭曲等工作，其加工種類如表 2.2 所示。

表 2.2　彎曲加工種類

名稱	加工前	加工後
彎 V 型 (V-bending)	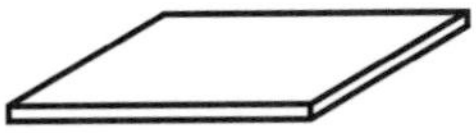	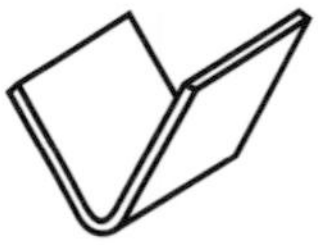
彎 U 型 (U-bending)	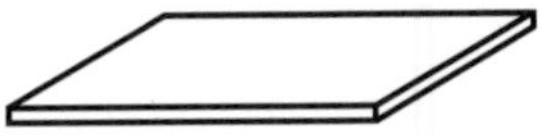	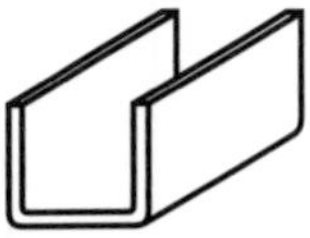
捲邊 (curling)	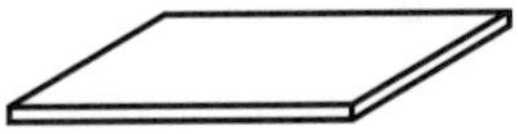	
扭轉 (twisting)	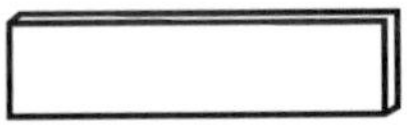	
摺縫 (horning)		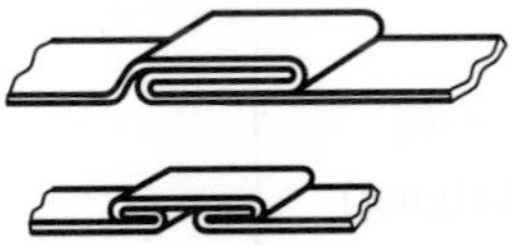
彎形 (forming)		

2.2.3 引伸加工及其種類

■ **引伸加工**：在不產生顯著皺紋、薄化或裂痕的情況下，將剪好之平板金屬胚料引伸成爲筒狀容器之一種常溫加工法。此種加工可以完成一般抽製、伸展成形與引伸等工作。其加工種類如表 2.3 所示。

表 2.3 引伸加工種類

名稱	引伸加工前	引伸加工後
圓筒引伸	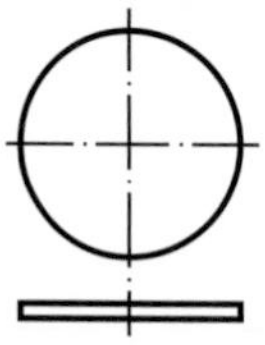	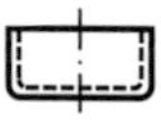
錐形筒引伸	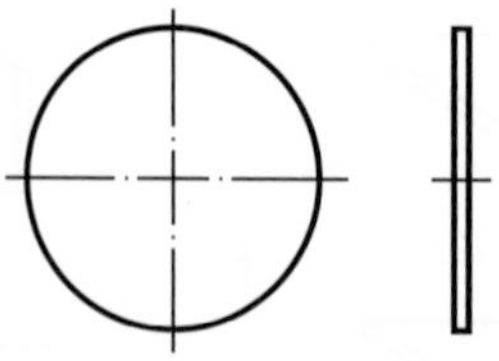	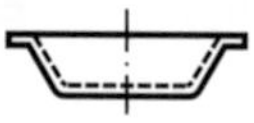
型鍛 (swaging)	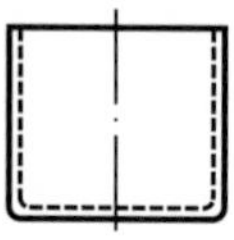	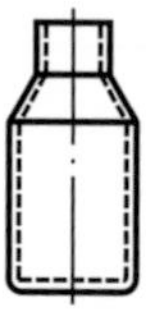
凸張 (bulging)	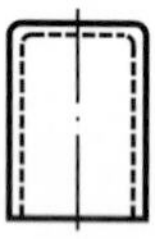	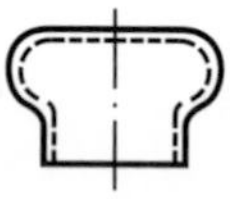
沖凸緣 (burring)	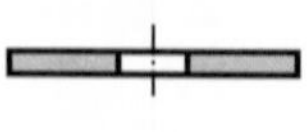	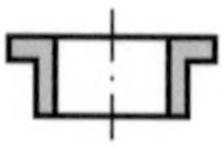
方筒引伸		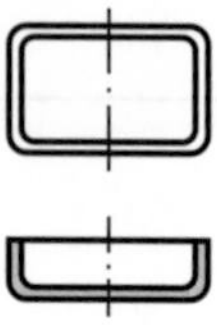

2.2.4 壓縮加工及其種類

■ **壓縮加工**：金屬胚料受壓使其產生塑性變形，體積重新分配以改變原來胚料的輪廓、外形或厚度，來完成各種複雜成品的加工方式。如壓型、沖擠、壓印、壓裝等工作，其加工種類如表 2.4 所示。

表 2.4　壓縮加工種類

名稱	壓縮加工前	壓縮加工後
壓型 (cold forming)	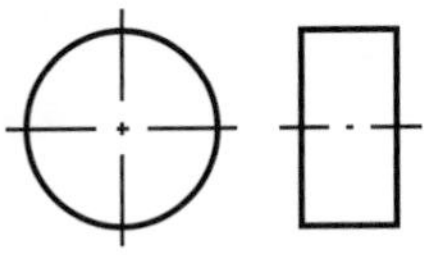	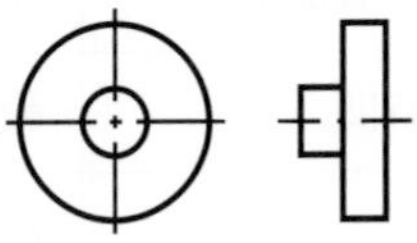
壓印 (coining)	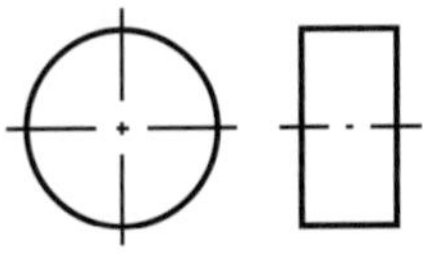	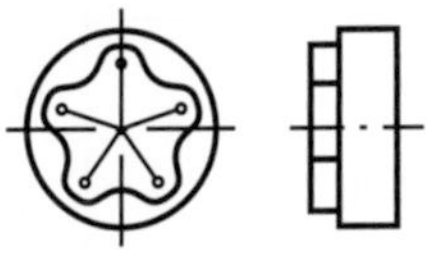
沖擠 (extrusion)	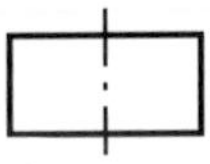	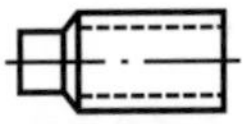
壓裝 (assembly)	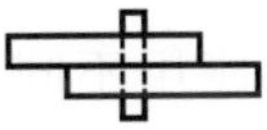	

2.3 沖床及附件

■ **沖壓機械**：簡稱為沖床，係使用兩對或兩對以上的工具，將欲加工之材料放置在沖壓模組(沖模)間，進行工具間相對運動，致使材料依照工具形狀加工之機械。它在加工過程中沖模相互產生之反作用力，由沖床本身機架承受；因此，其結構必須牢固，以耐沖壓所造成的變形與破壞，沖床的特徵：配合沖模組，每次可生產一個或數個相同之製品，由於模具費用昂貴的關係，不適合少量生產，其加工速度快，生產效率高，且加工之精密度是由沖床與模具決定，不需要熟練的機械技術人員操作，適合大量生產。它與一般工作機械功能比較如表2.5。

表2.5 沖床與一般工作機械比較

功能	沖床	一般工作機械
一次使用工具數量	2個以上成組	1個或單一相同之數個
工具形狀與製品形狀	相符	部份相符或沒有直接關係
工具更換時間	較長	較短
工具價格	昂貴	比沖床價廉
加工速度	比一般切削加工速度迅速	比沖床加工慢
廢料	較少	較多
材料裝卸時間	非常短	很長
用途	適合大量生產	適合小量生產

2.3.1 沖床的種類

在沖壓工作中，因加工性質之不同，而應用不同形式的沖床，以適應各種工作的條件。

一、依沖床產生動作的方式分類

依照沖床產生動作的方式可分爲人力作動式和動力作動兩種。以手動與腳動稱人力傳動；而動力式沖床可分爲機械式、液壓式、氣壓式與電磁式四種，其中以機械式沖床最爲普遍。由於機械式沖床壓力的作動不盡相同，大致可分爲螺旋式、摩擦式、偏心式、曲軸柄、凸輪式、齒條式、肘節式，如圖2.1所示。

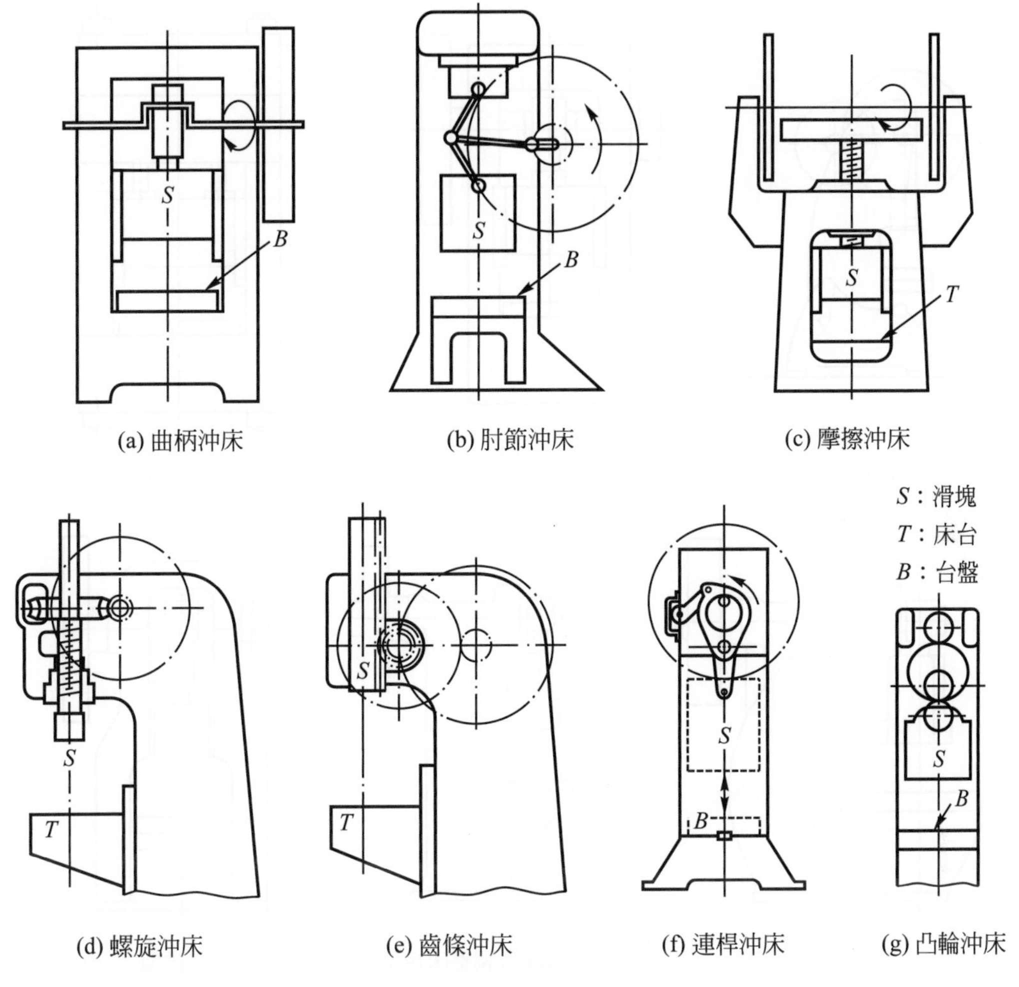

(a) 曲柄沖床　(b) 肘節沖床　(c) 摩擦沖床

(d) 螺旋沖床　(e) 齒條沖床　(f) 連桿沖床　(g) 凸輪沖床

圖 2.1　滑塊驅動機構與種類

二、依機架之形式分類

有C型沖床、直側沖床、拱型沖床、可調整沖床等，如圖 2.2 所示。

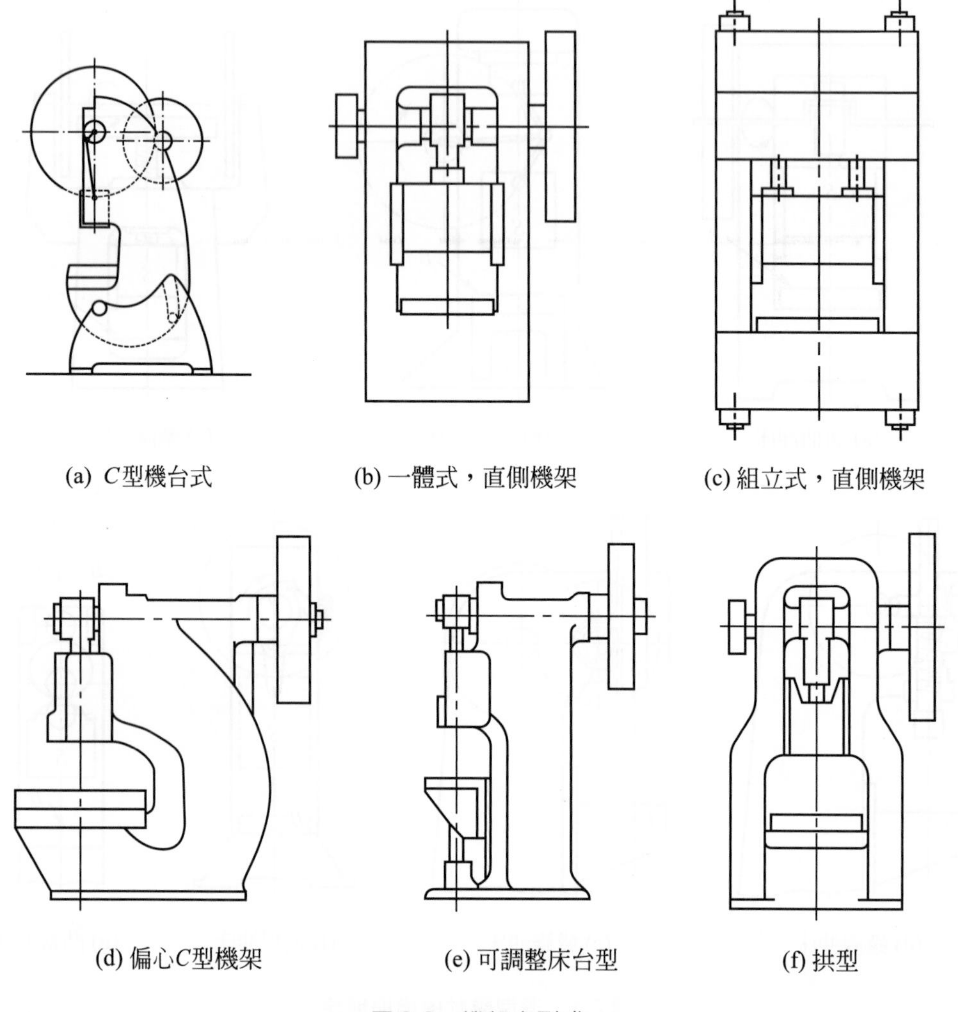

(a) *C*型機台式　(b) 一體式，直側機架　(c) 組立式，直側機架

(d) 偏心*C*型機架　(e) 可調整床台型　(f) 拱型

圖 2.2　機架之型式

2.3.2　沖床的構造

一、人力作動沖床

手動和腳動沖床是直接用人的手或腳運動使沖床發生動作。手動沖床的種類可分偏心式、曲柄式與螺旋式三種(圖 2.3)，皆用手轉動，使滑塊上下往復運動，其中以螺旋式壓力較大，速度慢，曲柄式次之(壓力較小，速度快)。如圖 2.4 所示為腳踏沖床，藉著踩腳踏板應用槓桿原理，將腳力傳至滑塊組作上下往復運動以進行沖壓工件。應用手動和腳動方式加工，容易使人疲倦且效率低；因此，手動與腳動

沖床僅限於使用裝配工作以及沖壓不需太大的壓力零件，如小型電子零件、手工藝等扣件，壓力很少超過 500kg 的範圍，目前僅在家庭工業中部份使用。

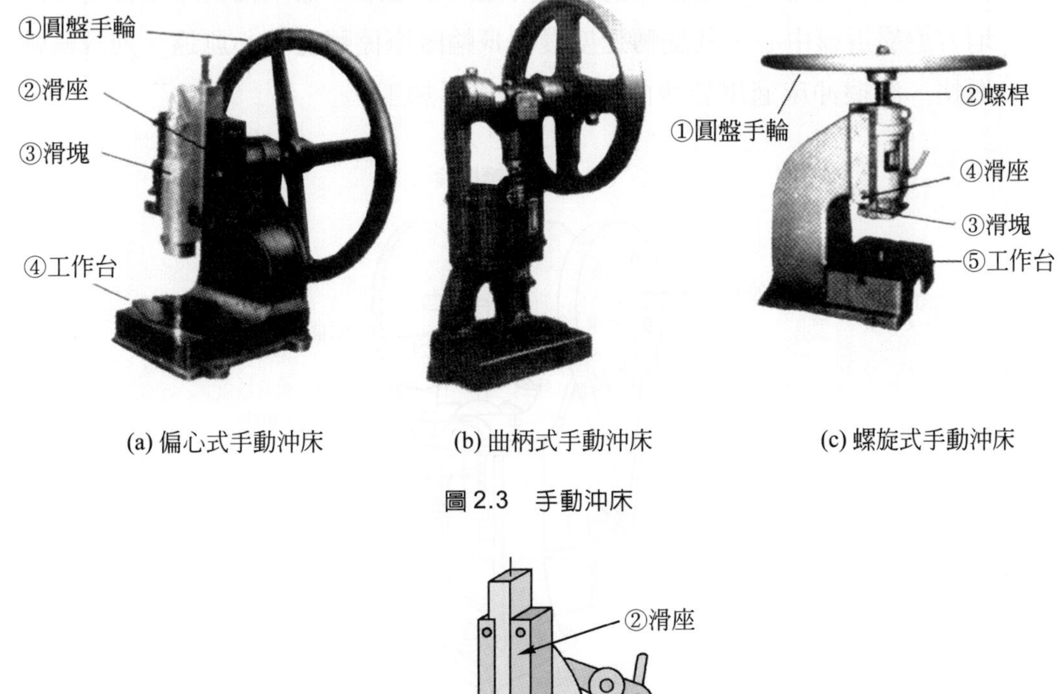

(a) 偏心式手動沖床　(b) 曲柄式手動沖床　(c) 螺旋式手動沖床

圖 2.3　手動沖床

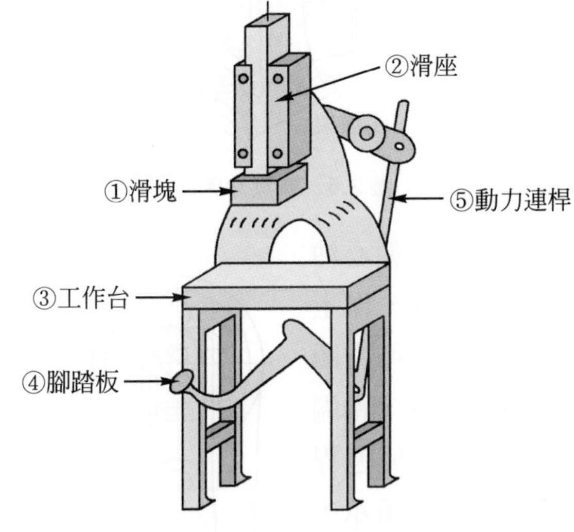

圖 2.4　腳踏沖床

二、動力沖床

動力沖床包括甚廣，僅要以電力啓動馬達所產生的動力驅動方式，如摩擦沖床、偏心沖床、曲軸沖床、肘節沖床、油壓沖床、氣壓沖床和萬能沖床。

1. 摩擦沖床：如圖 2.5 所示，摩擦沖床與手動螺旋沖床工作原理相同，僅是動力傳動方式不同，如圖中③所示，左右兩摩擦轉盤之任一個與飛輪接觸時，則飛輪作順時針或反時針方向旋轉，導致飛輪連結之螺絲桿在螺母中，也作順、反方向旋轉，飛輪因而上昇或下降之往復運動。摩擦沖床的滑塊行程，係由摩擦輪下端至摩擦輪轉盤中心附近間之距離。而飛輪與摩擦轉盤接觸的地方愈靠近盤中心，其旋轉速度慢；飛輪離摩擦轉盤中心愈遠，則飛輪轉速增快。摩擦沖床適用於彎曲、壓印與成形加工。

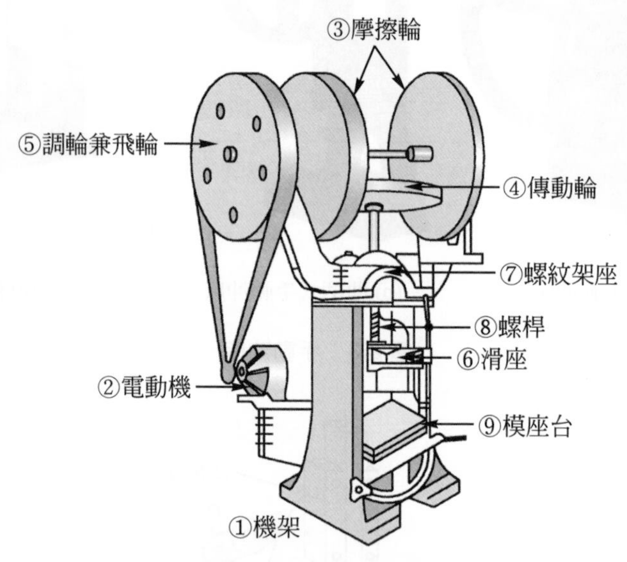

圖 2.5　摩擦沖床

2. 偏心沖床：如圖 2.6 所示，偏心沖床係由偏心輪來驅動滑塊，作上下往復運動，其工作原理可由圖 2.7 所示。當工作軸轉動時，軸端的偏心桿產生左右擺動，使連桿下端作上下運動。如圖 2.8 所示，且偏心梢直徑較大，彎曲剛性因而較高，此種沖床適合做高剛度之自動沖床與冷作或熱作鍛造沖床用。

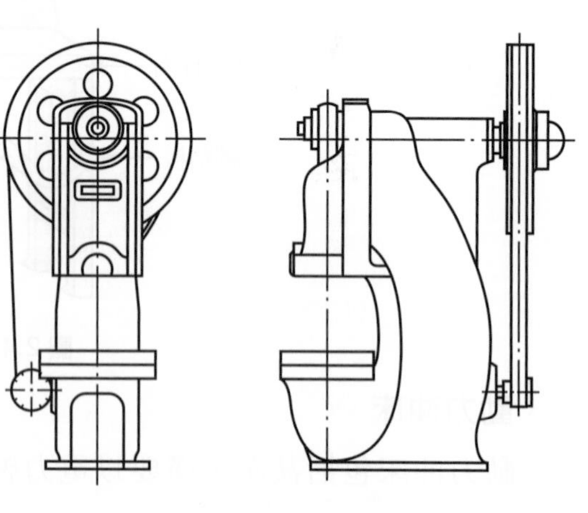

圖 2.6　偏心軸沖床

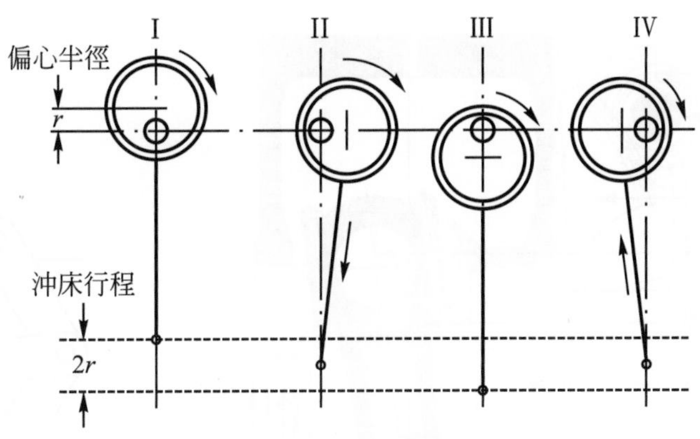

圖 2.7　偏心原理

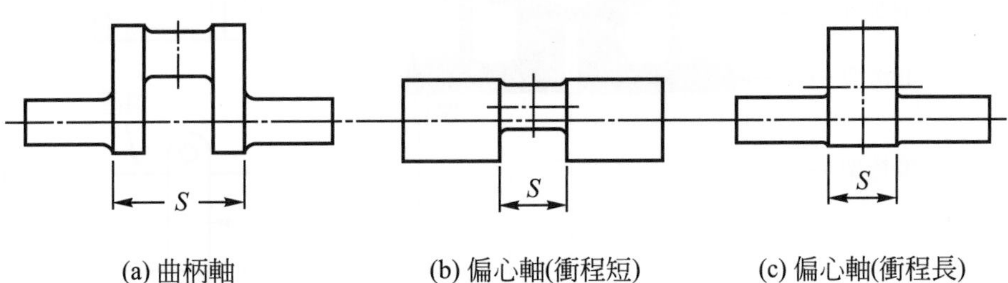

圖 2.8　偏心沖床心軸種類

3. 曲軸沖床：大部份的沖床都是使用曲軸機構。最主要的理由是：製作容易、衝程下端位置可確定。如圖 2.9 所示，可知其工作原理與偏心原理相同，這種沖床適合作打胚、折彎、抽製、冷熱鍛造及其它沖床作業的加工，此類型之沖床有凹架沖床、直立沖床、凸輪沖床等。

4. 肘節式沖床：如圖 2.10 所示，由馬達之動力使曲柄軸(簡稱曲軸)旋轉，經肘節機構驅動滑塊的沖床稱爲肘節式沖床；這種沖床的機架是剛性極高的直側式結構，動力傳動與普通的曲軸沖床相同，由飛輪經摩擦離合器、主齒輪、曲軸、連桿之順序傳動，由於連桿是經上下肘節昇降滑塊，因此，其滑動行程甚短，也因無法調整螺旋，僅能用插入楔形塊來適度調整少量高度，如圖 2.11 所示。從它與曲柄沖床之滑塊下降曲線，如圖 2.12 所示，約在下死點前 60℃左右時，速度減慢，因此，適合愈近下死點而需要高壓力，且機架具有剛性的壓縮加工，如壓印、矯正、衝擊、鍛造等加工。

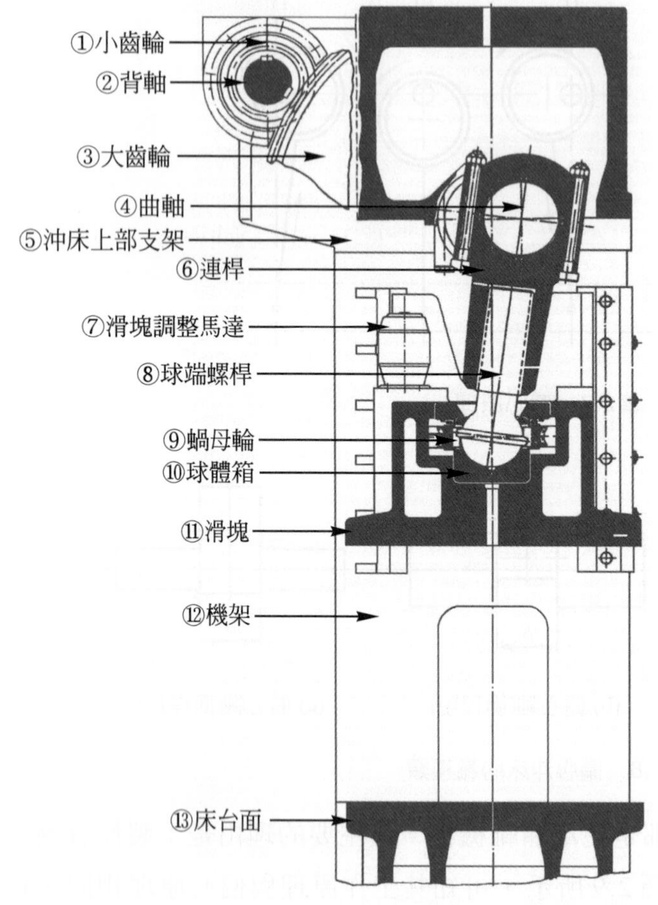

圖 2.9　曲軸沖床

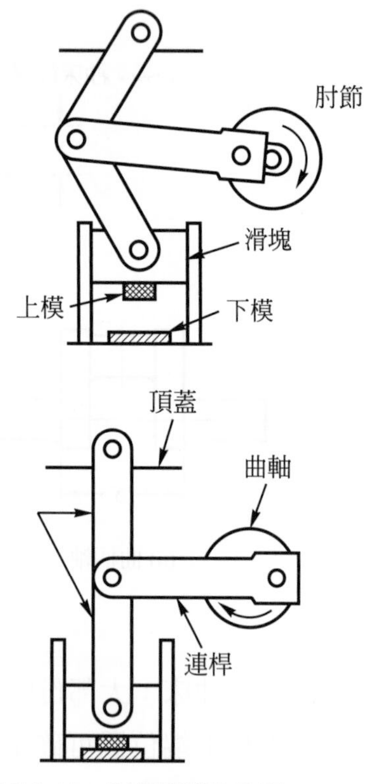

圖 2.10　肘節機構的原理

肘節式沖床之優點：

⑴在下死點附近，滑塊速度慢，壓力極高。

⑵下死點穩定而正確，可製較精確之製品。

⑶適合作引伸加工。

肘節式沖床之缺點：

⑴滑塊行程較短。

⑵下死點滑塊速度慢，不適合作剪切加工。

⑶合模壓力過大，調模距離不當，易損模具及沖床構造。

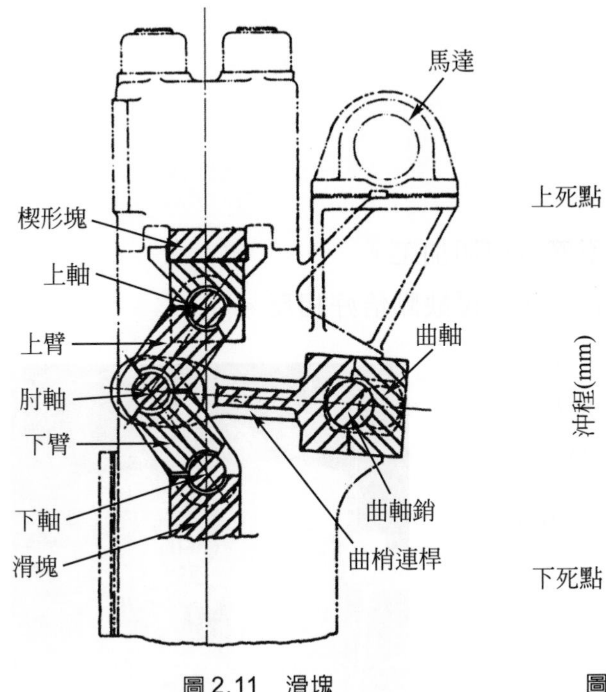

圖 2.11　滑塊

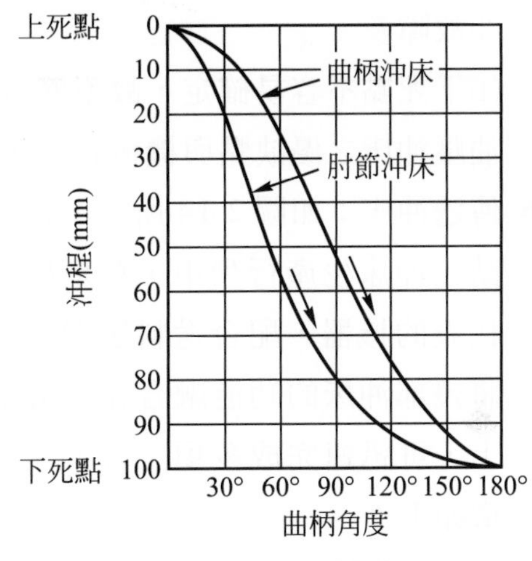

圖 2.12　滑塊下降曲線之比較

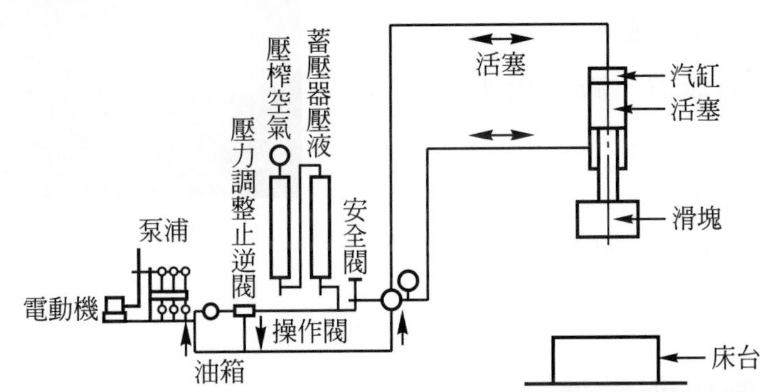

圖 2.13　液壓沖床的原理

5. 液壓沖床：如圖 2.13 所示。其原理是以蓄壓器之油壓入油缸內，使活塞上下往復運動而牽引滑座上下運動，其特點：

⑴可自由選擇長短行程。

⑵滑塊移動任何位置其壓力不變。

⑶在滑塊移動中可調整加壓速度。

⑷不發生超負荷現象。

其缺點：

⑴價格昂貴。

⑵保養困難。

⑶故障多。

⑷下死點不容易確定，故不適合剪切加工。

油壓沖床之優缺點與機械式沖床之優缺點恰好相反。

6. 傳遞沖床：如圖 2.14 所示。在自動化沖床生產行列中，它是最具代表的機器，配合送料裝置，可將幾部沖床的功能融合在一機架上，可迅速完成多項工程，其特徵如下：

⑴減少作業人員。

⑵減少多部沖床所佔的面積。

⑶生產效率高，成本低。

⑷配合送料裝置，減少搬運、場地及管理費用。

⑸製品精密度高。

⑹作業人員的安全性高。

⑺設備較昂貴。

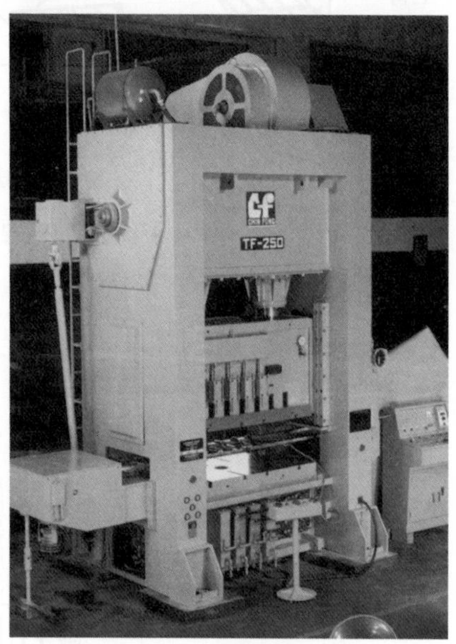

圖 2.14　傳遞沖床

2.3.3　沖床選用的條件

在沖壓作業之前，應預先了解加工製品的種類、形狀、材質、材料厚度，以及製品精密度等的要求，進而考慮選擇沖床的條件是否能達到製品的需求。因此，必須慎重選用沖床，如沖床的沖壓能力、沖床滑塊行程、合模高度、衝程數量、衝程可調整距離、滑塊與床台面積以及沖床精密度等，分別列舉說明如下：

一、沖床能力

使用沖床時，最重要考慮的條件就是沖床之沖床能力，包括公稱壓力、扭矩能力、功率三種。

1. 公稱壓力：指沖床的安全工作能力，以公稱壓力表示，其單位以噸稱之。例如稱這是一部 200 噸沖床，200 噸便是代表它沖壓能力可達 200 噸。事實上，還可超過200噸以上的壓力。因爲設計沖床時剛體以及各零件的安全負荷，一般公稱壓力約爲沖床最大壓力的 60～70 %較爲安全，縱使超過 200 噸負載仍不致於損壞，但應儘可能減少使用超額壓力，以維持沖床的強度與精度。
2. 扭矩能力：在曲柄沖床沖壓過程中，曲軸旋轉中產生扭矩T，其滑塊下的壓力P，隨著曲柄角度α而不斷地變化。如圖 2.15 所示，通常計算扭矩T値爲：

$$T = P \times R \times \frac{\sin(\alpha + \beta)}{\cos\beta}$$

由於沖床之連桿長度與調整螺旋的長度和，比曲柄半徑R大很多，因而T簡化成爲$T = P \times R \sin\alpha$。假設滑塊下滑剛好到達公稱壓力，而曲柄角度爲α，此刻滑塊位置到下死點間之距離爲S_P，始出現公稱壓力。像這樣，從下死點上，可產生公稱壓力的最大距離，稱之爲扭矩能力，而以mm表示。例如：「公稱壓力 100 噸，扭矩能力 9mm」之直側形沖床，表示這台沖床，可從下死點上方 9mm 的位置產生 100 噸的壓力，可參考表 2.6。

3. 工作能量：指在沖壓加工時，每一衝程所消耗功的多寡。其最大能量以ton/mm表示。在沖壓過程中，雖有足夠的壓力能力與扭矩能力，但因沖床的各傳動機件消耗能量，以及連續沖壓其電動機功率發生過載現象，導致飛輪儲能不足，在沖壓作業中途停止，造成電動機損毀。因此，選用沖床除需依據公稱壓力外，必須審核其工作能量(E)是否足夠。

$$E = P \times S_P$$

P＝公稱壓力(ton)
S_P＝扭矩能力(mm)

表 2.6 公稱壓力標準扭矩及S_P的關係(Press 便覽)

沖床種類	公稱壓力 (ton)	撞體行程 (mm)	扭矩的標準 (cm-kg)	出公稱壓力的位置		行程中央壓力 (ton)
				下死點上 (mm)	曲軸角	
強力沖床	10 20 30	40 60 80	10000 30000 60000	2.5 3.5 4.8	26° 26° 26°	5 10 15
直側形沖床	100 200 300	150 180 220	375000 900000 1650000	9 11 12.5	26° 26° 26°	50 100 150

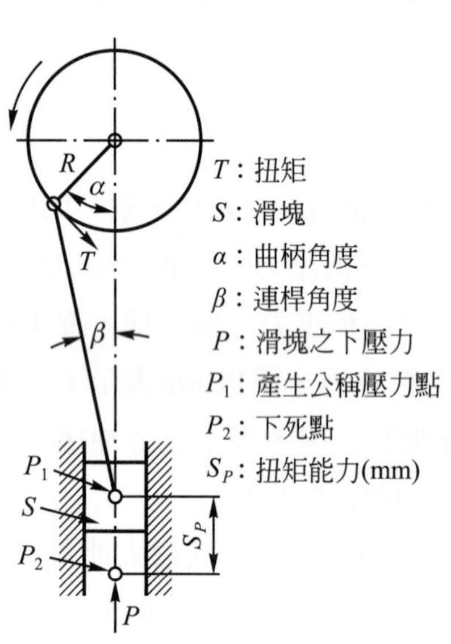

(a) 曲柄機構原理

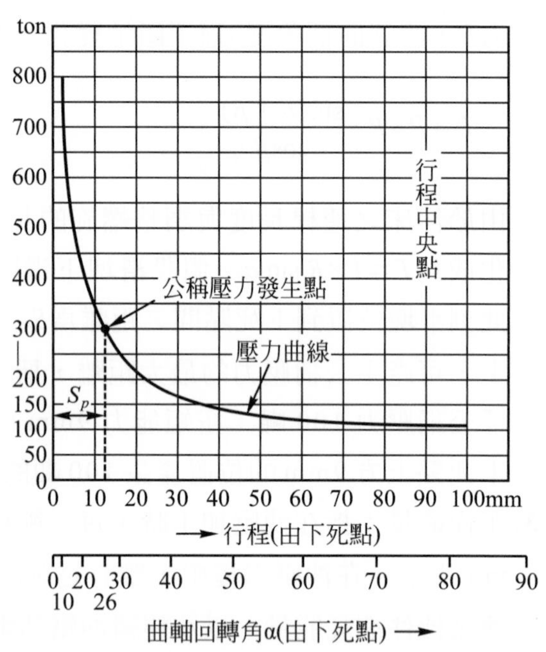

(b) 壓力行程曲線圖

圖 2.15 壓力行程曲線圖

二、衝程長度

衝程長度係指滑塊往復運動的長度，其單位以 mm 表示。如圖 2.16 所示，選擇衝程長度時需要以沖壓成品、加工性質爲主，如①沖剪薄板材料時，衝程要儘量短，以增加沖床的轉速，大約沖移在 10～75mm 範圍。②機件愈小時衝程愈短，愈大時衝程愈長。其它如抽引加工時，深度過長，則需考慮半成品與成品放入與取出距離，因而增長衝程長度，而降低生產效率。

三、衝程數

滑塊每分鐘上下往復運動的次數，以SPM(stroke per minute)表示一般衝程數愈高，其生產效率愈高；例如沖剪薄材料愈快愈好。若是在引伸加工時，衝程數愈高，則材料容易被拉裂，因而衝程數必須降低。顯而易見衝程數的多寡，須視胚料之性質、厚度、送料裝置與加工種類之不同而異。

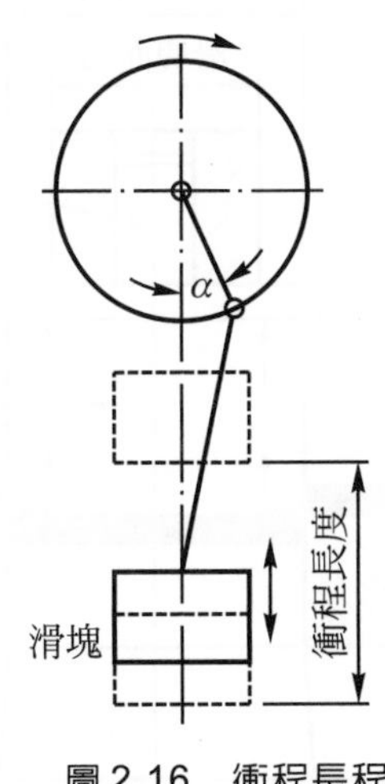

圖2.16　衝程長程

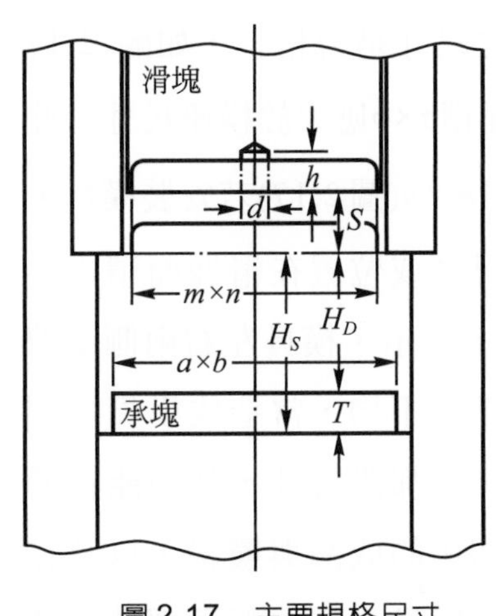

圖2.17　主要規格尺寸

四、合模高度

在滑塊之最大衝程下，測得滑塊底部與床台面之距離稱爲合模高度。將滑塊下降到下死點後，調整螺桿使滑塊上昇到最大極限，此時滑塊至床台的距離爲最大合模高度；相反地，將滑塊調整下降到最低點，此時滑塊至床台的距離爲最小合模高度，如圖 2.17 所示。若最小合模高度不足時，須在床台上墊承行板，以增高模塊高度使其與滑塊配合，因此，在設計模具前，應先參考工廠內各沖床之合模高度，才不致造成模具按裝的困擾。

1. 最小合模高度

$$H_S = H_D + T \text{ (承塊高度)}$$

2. 最大合模高度

$$H_{\max} = H_D + T + S \text{ (滑塊調整最高點)}$$

五、滑塊調整量

由於各種模具高度不同，爲了能固定模具而調整球端螺桿，使滑塊上下移動以配合模具高度，其可調整量爲最大與最小合模高度値，其單位以mm表示之。一般在沖床規格中均有標示，如圖 2.17 所示之「S」代表滑塊可調整量。

六、滑塊與床台面積

選用沖床除須注意沖床之能力、衝程、合模高度等因素外，還須注意模具尺寸與床台之尺寸是否相容，如圖 2.17 所示，床台面積$a \times b$應大於模座尺寸；此外，滑塊面積$m \times n$(圖 2.17)若安裝模具，上模之沖頭尺寸或位置在滑塊面積之外時，如圖 2.18 所示，模具左右兩側受剪強度與中央部份不均，常造成模具之損壞。床台上一般都設有孔，其功能在於掉落沖床剪切中的成品與廢料，以及在引伸成品時，模具之緩沖彈簧部位，若太小時無法使用彈簧，太大是模具支持面減少，模具容易損壞。

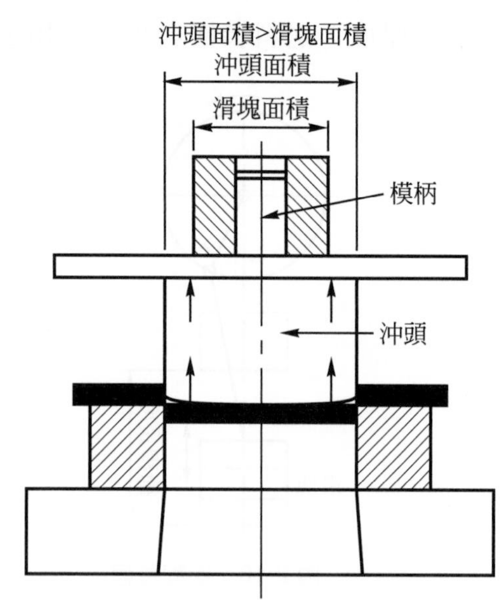

圖 2.18　沖頭面積大於滑塊面積

七、沖床精密度

沖壓製品精密度的要求，除依靠模具本身精密度的因素外，還須使用較高精密度的沖床配合始可達到。反過來說，沖床若不保持其精密度，模具將容易磨耗並減少模具壽命，進而降低製品的精密度。爲了保持沖床精密度，平日需定期保養和檢修。

沖床精密度的檢驗可分爲靜態精密度與動態精密度兩種，在實際沖壓中沖床所受之負載，其機架與其它機件都會變形，動態精密度才是眞正的精密度，由於無法克服技術上、檢驗的困難乃以靜態精密度來規定沖床的精密度。根據沖床檢驗標準，將沖床精密度分爲特級、1 級、2 級、3 級等四個級，且各級之精密度與用途如表 2.7 所示，至於一般精密度檢驗的項目則如圖 2.19 所示。

表 2.7

級別	精密度	用途
特級	精密度特優	薄片之精密沖穿，高速精密沖穿，特殊件之沖壓。
1 級	精密度優良	薄片之沖穿，高速沖穿，精密沖穿。
2 級	精密度良好	一般性之沖穿，引伸，成形，軋花等。
3 級	精密度尚可	一般沖壓作業。

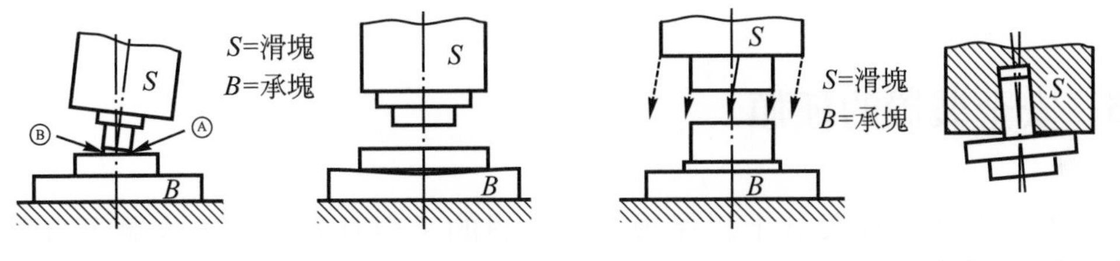

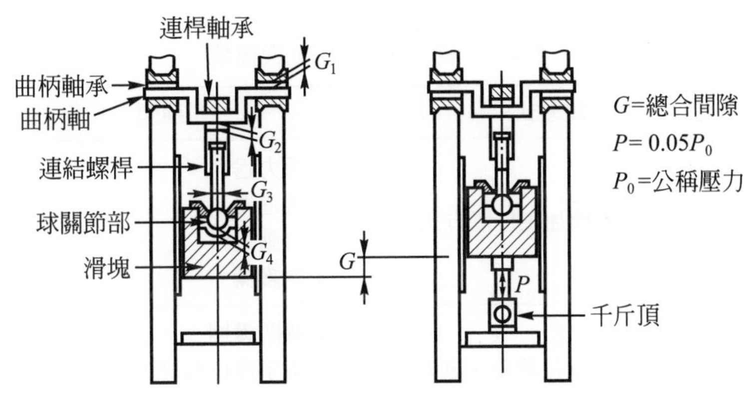

(e) 總合間隙說明

圖 2.19　沖床精密度之種類

2.3.4　沖床的安全裝置

沖床作業是所有的機械操作中，最容易發生意外的工作之一。主要的原因是操作者的手經常出入上下模具間放料與取製品，這種單調的工作容易使作業者疲勞，造成不幸的事件。因此，如何減少意外事件，如直接因素：是人爲所造成的，作業人員經驗不足、熟練度不夠、注意力不集中、工作態度欠佳，以及模具設計與製作不良等；間接因素：如廠房、設備、環境、送料裝置不良，造成種種不幸後果，甚至間接因素也會影響直接因素等，應深入瞭解並積極改善工作環境、設備外，及給予作業者職前、在職的安全教育外，並隨時利用集會與個別談話中，或是利用海報、公告、安全漫畫、電影、急救等，口頭或書面指導，以避免危險，而引導安全的工作方法；不過，防患於未然的最重要方法，是裝設安全裝置，惟有如此，才可避免危險的災害。

2.3.5 安全裝置的種類

沖床安全裝置，在設計上以保護作業人員的手與身體爲主，大體可分爲如表2.8所示。

表2.8 安全裝置的形式與種類

分類形式	種類
使手不能伸入沖模加工位置方式	1.重力送料 2.推進器 3.自動送料 4.圍護欄
如手置於沖模加工位置時，則離合器不作動方式	1.閘門護欄 2.兩手操作裝置 3.兩手按鈕裝置 4.光電式裝置
以機械式將手從模具位置撥出方式	1.旋刮護具 2.拉開裝置 3.彈上裝置
手工具	1.吸盤式 2.電磁鐵 3.夾鉗

2.3.6　各種安全裝置的功能

一、推進裝置

將胚料或半製品推入模具間的裝置，如圖2.20所示爲推進裝置的一例，這種裝置要取出成品，有以空氣吹出者或用下一個胚料擠出加工者，限制手不可放入模具間，不然就沒有使用推進裝置的價值。

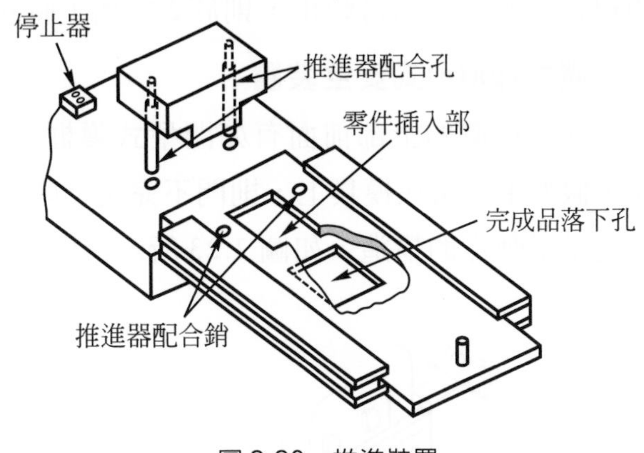

圖2.20　推進裝置

此推進裝置大體上製作容易，同時費用不多，是多種少量生產有效的裝置。如圖2.20所示是表示用手送入的安全裝置，如併用空氣氣缸、電磁閥、極限開關自動化，則成爲更好的自動送料裝置。

二、圍護欄安全裝置

將沖模之周圍圍起來，只留材料或半製品的小通路，使手不能進入危險區域的防護裝置，此方法是安全裝置中最安全者，但看不清楚工作點，作業困難是其缺點，但如上述缺點還可忍受，此方法是最安全的。

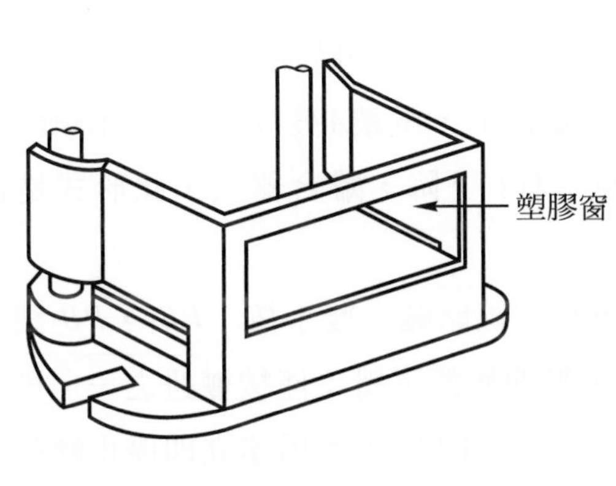

(a) 用透明板的防護壁

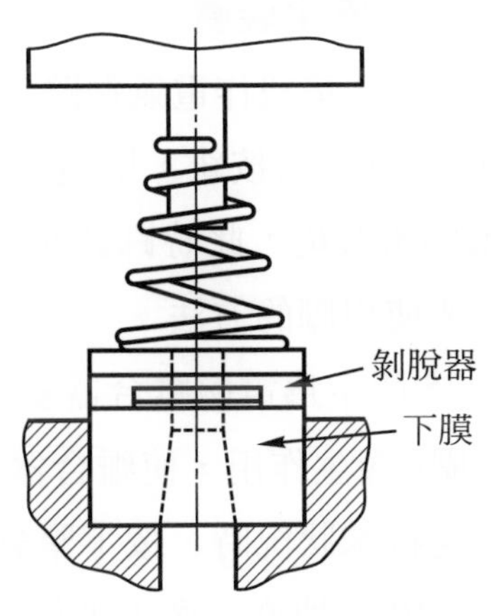

(b) 圓沖頭用防護壁

圖2.21　圍護欄安全裝置

此圍牆形式有各種種類，如圖 2.21(a)所示者，爲前面有透明板，且前後左右可稍微做調節的防護壁，比較簡便。又如圖 2.21(b)所示，沖頭的動作範圍以捲線彈簧圍著的防護壁，如此簡單的圍著方式乃有相當效果，如圖 2.22 所示與重力檔門組合，如將彈出自動化，則於 2 次加工時也可做安全的作業。

三、閘門(gate)式安全裝置

作業位置的上部前面有如門型式護框，踩下踏板則門下降至作業位置與手之間，假如手還留在模具上，則門不完全下降，於此不完全下降狀態，則踩踏板離合器還是不動作的構造，如圖 2.23 所示爲閘門式安全裝置的一例。

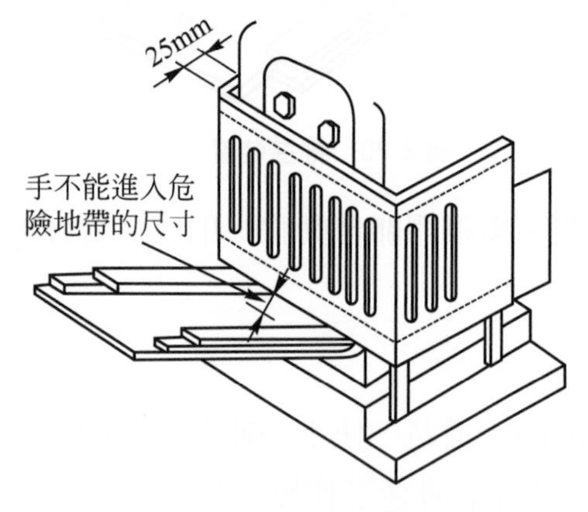

圖 2.22　動檔門安全裝置

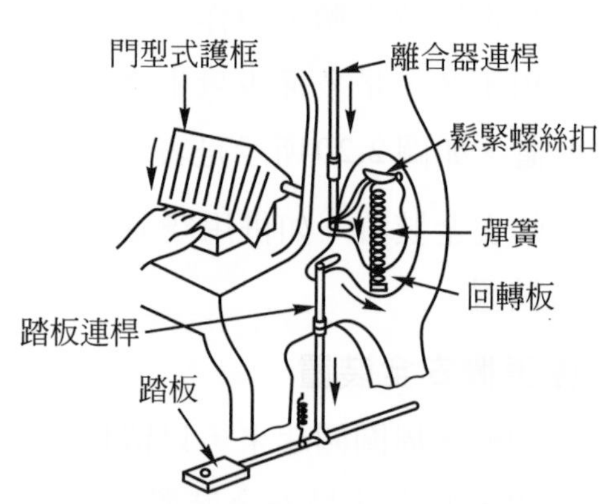

圖 2.23　閘門式安全裝置

四、兩手按鈕安全裝置

此型式是由按鈕作電氣迴路，作用電磁鐵者，有一時期於沖床很常使用，如圖 2.24 所示按D及E的按鈕，則電流流入電磁鐵下，電鎖A被拉回，即A使離合桿C的限制片離開B_1及B_2，此時踩踏板，則離合桿C下降，離合器入，此形式是使用雙手，且又要使用腳的方法。

圖 2.25 所示爲電磁離合器安全裝置及其線路圖，雙手按下PB_1，PB_2鈕致電磁離合器線圈C產生作用，使離合器動作，滑塊始能下滑；僅按雙鈕之一，則滑塊不下滑。如遇特殊狀況時，按下緊急停止用按鈕 EPS 後，馬達立即停止轉動，此時按下PB_1，PB_2滑塊亦不產生動作。

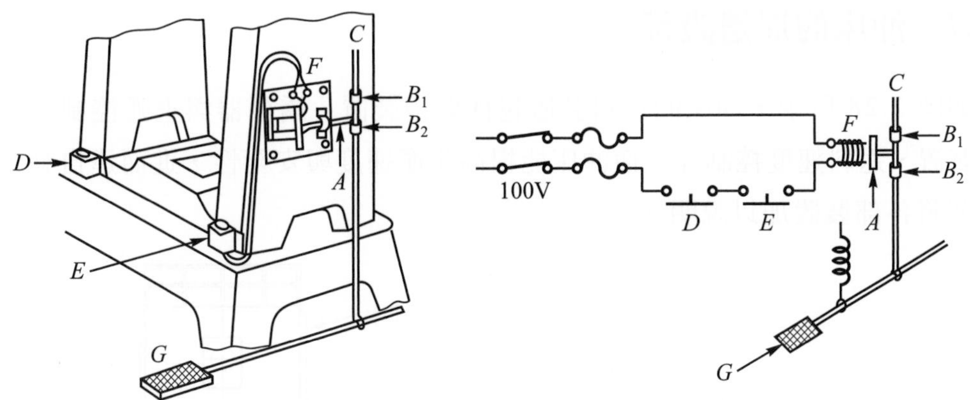

圖 2.24 兩手按鈕安全裝置 圖 2.25 電磁離合器之線路圖及其安全裝置

五、光電式安全裝置

如圖 2.26 所示，沖床床台兩側設有光電裝置，其間佈滿眼睛看不見的無數光線，如手伸入遮著光線的一部份，則離合器不作用，此型式適合小型強力沖床使用，如圖示的大型沖床更是適當的安全裝置，尤其作業上毫無障礙，是方便的防護裝置。

六、旋刮防護裝置

如手在作業點時，則滑塊下降同時，將手撥離的構造之安全裝置，如圖 2.27 所示爲最有代表性構造的旋刮防護裝置，由於滑塊上下固定於機架一部的搖棒擺動，與連繫的撥桿做左右的大擺動，固定於頂端的皮或羽毛將手撥開。

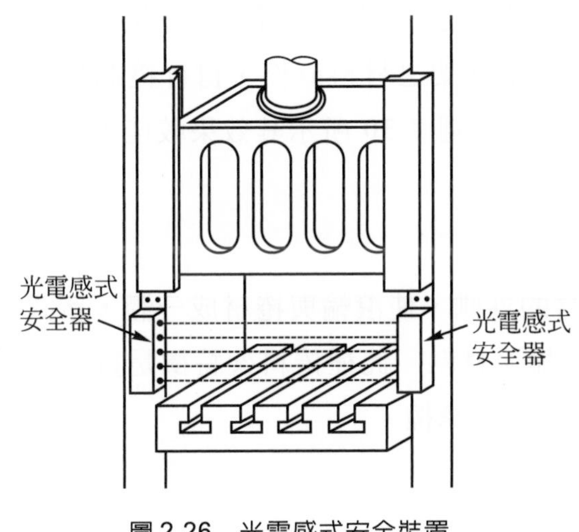

圖 2.26 光電感式安全裝置

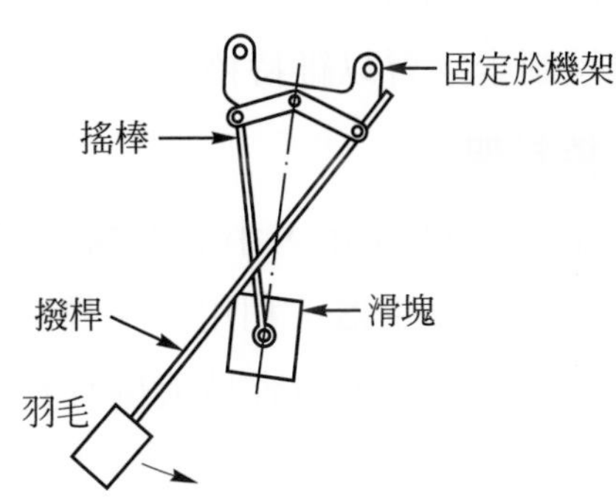

圖 2.27 旋刮防護裝置

2.3.7 沖床的周邊設備

如圖 2.28 所示，沖床的送料裝置包括鬆捲裝置、矯平器與垂弧控制器，以及供給裝置、送料速度控制等，使沖床能提高生產速度與安全性，進而達自動化的目的，玆將各部裝置加以說明。

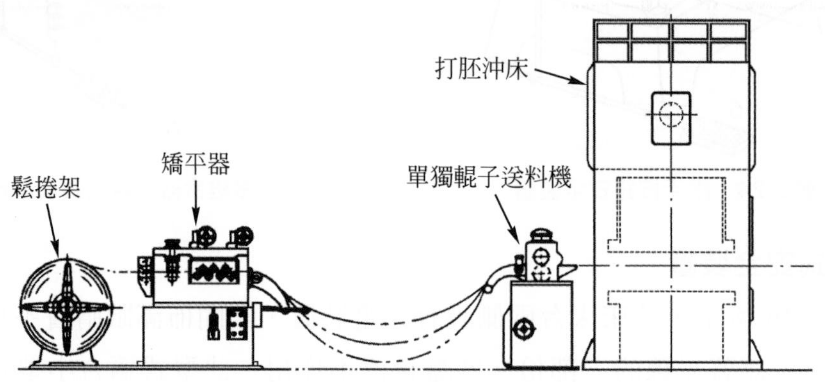

圖 2.28 直側式沖床之打胚線

2.3.8 鬆捲裝置

鬆捲裝置具有一保持捲料之工整與鬆捲的雙重功能，一般鬆捲裝置分爲輕負荷用的捲軸架與重負荷用的鬆捲機。

一、捲軸裝置

如圖 2.29 所示，它是鬆捲架中最簡單的形式。其十字臂以直立架支持。水平棒至旋轉中心的距離(旋轉半徑)，可配合捲軸架之材料直徑，自行控制材料之垂弧。但不是很精確，常使捲料過於鬆弛，若以圖 2.30 所示其效果較佳。使用驅動馬達控制十字臂以維持捲料之垂弧。

二、捲料架

如圖 2.31 所示，小形滾輪支持捲材的外側，使滾輪與捲材成一體，新式的捲料架均附有矯平器，利用矯平器之夾輪輸送材料。此種捲料架特徵是捲料放置容易，缺點是捲料表面容易滾傷且易與架之側面摩擦。

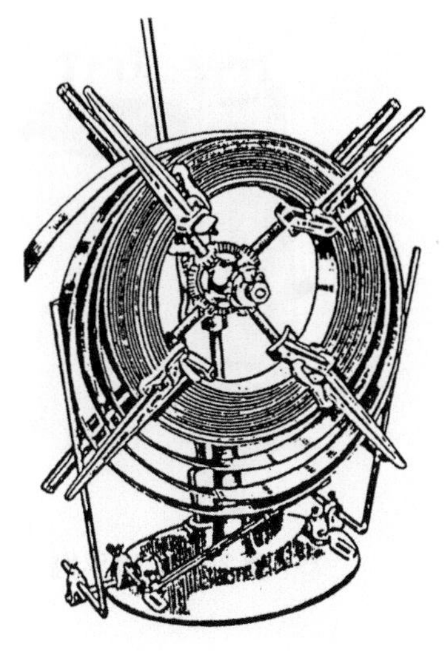

圖 2.29　十字捲軸架

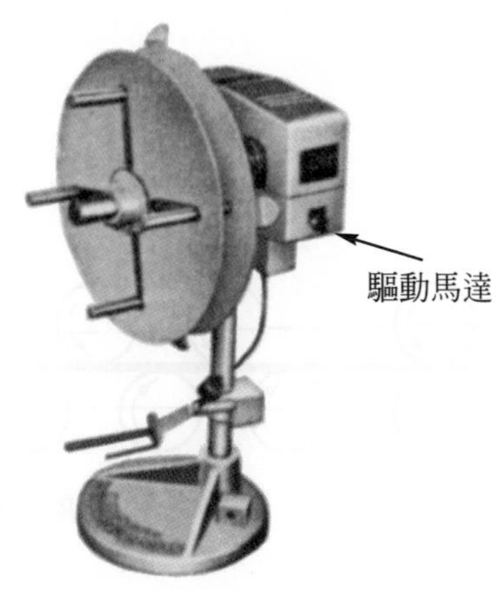

圖 2.30　附驅動馬達之捲軸架

三、鬆捲機

如圖 2.32 所示，此種的機種特點爲機身構造穩重，適合沉重捲材送料之用，且其支架的心軸可擴張與收縮。優點是捲材表面不因滾輪旋轉而刮傷，其裝置一般分心軸式與錐型兩種。

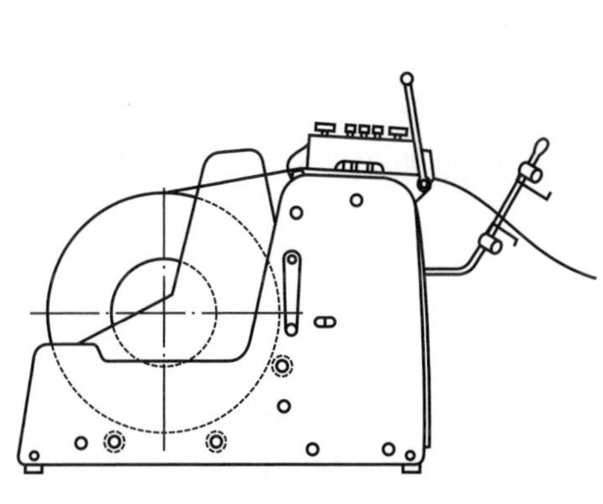

圖 2.31　捲料架

圖 2.32　鬆捲機

2.3.9　矯平器

在鬆捲材時，因材料經長時間的彎捲，變成彎曲而不平直，因此，在輸送給模具加工前必須矯平。通常在矯平器入口處，設數個矯正滾輪，並在出口設夾輪組，如圖 2.33 所示，矯平機之外觀則如圖 2.34 所示。

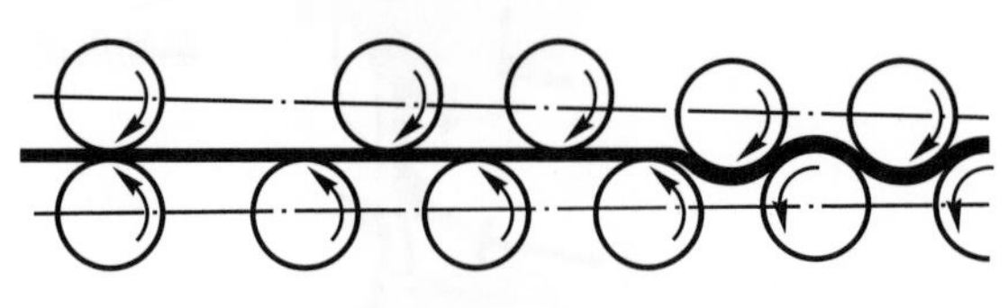

圖 2.33　矯平機

圖 2.34　矯平機

2.3.10　垂弧控制

將矯平過的捲材供給沖床加工時，由於沖床是間歇性使用捲材，因此，在沖床與捲材之間滯留的材料形成垂弧，垂弧曲率以不致變形為原則。在設計上，須注意垂弧下降量達到某種程度時，立刻停止供給，反之，垂弧下垂量減少到某種程度時，立刻停止沖壓加工進行，以防止異常狀態發生。一般檢示垂弧量，設計適當電力信號裝置稱為垂弧控制裝置。如圖 2.35(a)所示，探針方式以及(b)所示，在內之投光部，以 4 條光束的光線式檢示裝置，其光束功能如表 2.9。

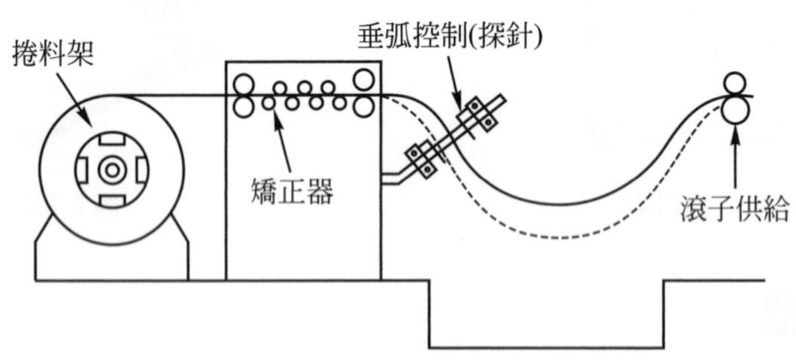

(a) 一般的垂弧取法

圖 2.35　垂弧控制的光線式檢出裝置

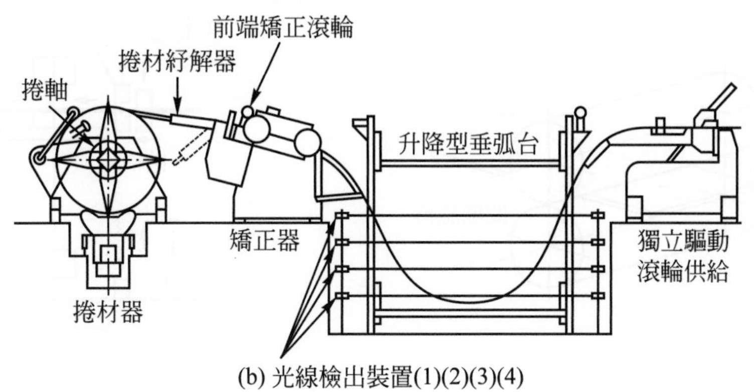

圖 2.35　垂弧控制的光線式檢出裝置(續)

表 2.9　光線式檢出裝置的光束功能

光束	光速通過或被遮蔽時的意義	對策
上①	供給完全不足(通過)	停止沖床的運轉
②	供給稍不足(通過)	供給裝置的稍增
③	供給稍過剩(遮蔽)	速供給裝置稍減速
下④	供給完全過剩(遮蔽)	立即停止供給

2.3.11　供給裝置

供給裝置將胚料送入模具加工之供給機構，一般使用以滾輪式、夾子式居多，如圖 2.36 所示，茲將滾輪供給特點說明如下：

如圖 2.36(a)所示，利用滾輪組間之摩擦力，作間歇旋轉而將捲料或條料送入裝置，如圖 2.37 所示邊側、雙滾輪供給利用偏心曲軸原理，在每次滑塊上下往復移動改變成左右移動，其偏移量所以設定作送料之距離，因此每一沖次其移動量爲定位値很精確，其特徵：①能高速運轉；②使用之材料厚度與寬度限制少；③供給移動量可彈性調整。如圖 2.38 所示，利用伺服馬達來控制每一衝程，送料之長度很精確。

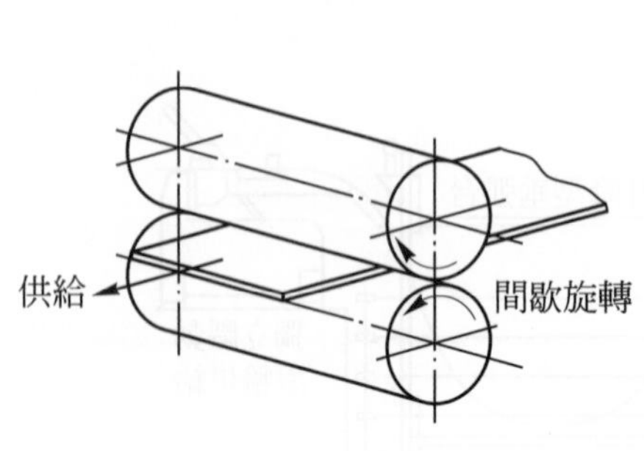

(a) 滾輪供給機構

移動夾爪的運動
移動夾爪
①
固定夾爪
②
供給
供給
④
③
回程
回程

(b) 夾爪供給機構

圖 2.36　一次加工供給裝置的機構說明圖

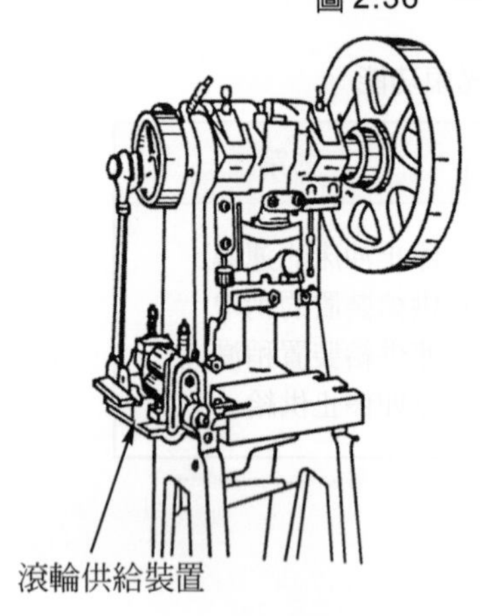

(a) 邊側滾輪供給

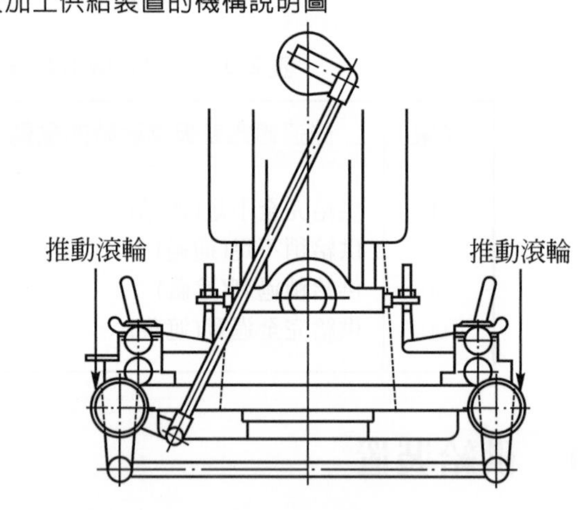

(b) 雙滾輪供給

圖 2.37　滾輪供給

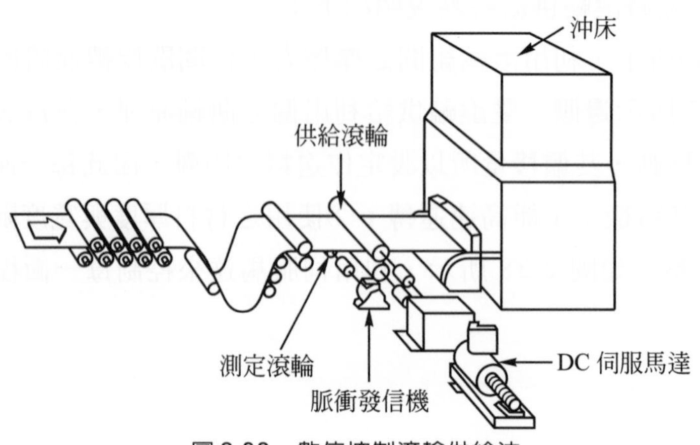

圖 2.38　數位控制滾輪供給法

2.4　沖剪加工

在沖模加工中，材料置於上下模之間，當沖頭下降進入模穴時，材料因受沖頭刀口及下模刃之作用，互有拉伸與壓縮現象，產生破裂強度以上之應力使材料分離謂之剪切。如圖 2.39 所示。

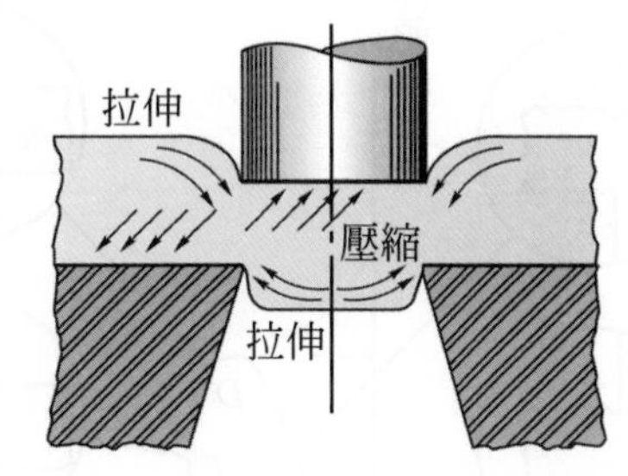

圖 2.39　金屬剪切加工中應力的方向

2.4.1　剪切加工的過程

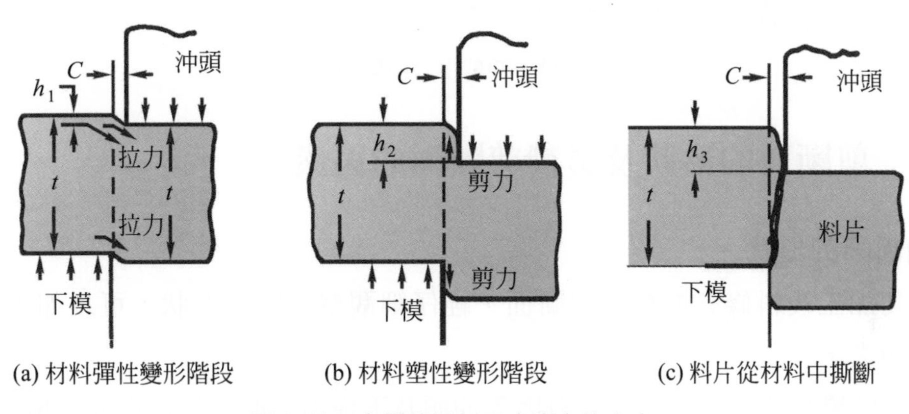

(a) 材料彈性變形階段　(b) 材料塑性變形階段　(c) 料片從材料中撕斷

圖 2.40　金屬剪切加工中應力的方向

材料剪切的過程可分成三個階段。第一階段爲彈性變形期，如圖 2.40(a)所示。當沖頭下降接觸材料後，先把材料壓平，繼而沖頭壓入材料，迫使材料產生縮入模孔之趨勢，材料所受的抗拉應力及壓縮應力也隨之增加，而到達彈性界限，在此階段如圖 2.41 0-*C*區域材料的應力還沒超過彈性界限，應力除去後會回復原來形狀。第二階段塑性變形期如圖 2.40(b)所示。沖頭繼續下降，此時材料已被擠入模孔內，其拉力越過降伏應力，而到達最大強度之間，此時材料緊貼著沖頭及下模側邊產生塑性變形如圖 2.41 *C*-*D* 區域。此時應力除去已不能回復原來形狀。

第三階段剪斷期，如圖 2.40(c)所示。沖頭再下降拉力已越過最大強度，材料開始在上下模的刀口邊緣產生些微裂痕，繼而裂痕逐漸向上下模刀口擴散，如圖

2.41 *D-E*階段。此時材料已被迅速撕斷、分離、完成剪切。

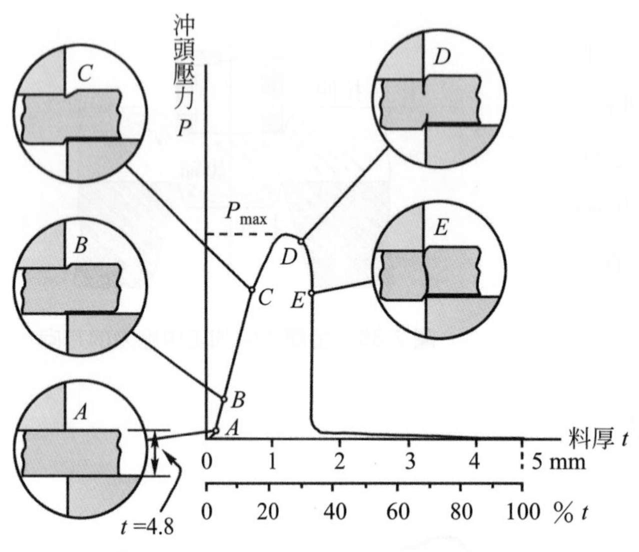

圖 2.41 沖剪壓力與剪切過程

2.4.2 剪斷面的形狀及影響剪斷面的因素

一、剪斷面的形狀

剪切加工後料條孔與料片剪斷面，經仔細觀察其斷面形狀，可以如下圖 2.42 分別說明之。

1. 彈性變形部份：此部份材料因受沖頭及下模刀刃的作用而形成一擠壓面，如圖 2.42(A)部位所示。形成一R的小圓弧，一般其所佔材料厚度的比例約爲 5 %*t*。
2. 塑性變形部份：此時材料已產生塑性變形，在緊貼沖頭及下模壁周圍，形成一受剪的光澤帶，如圖 2.42(B)部位所示。此部份約佔材料厚度比例的 1/3*t*。
3. 撕斷部份：此時材料受力已到達最大強度，隨即失去抵抗力而被撕斷，形成一稍微傾斜且甚粗糙的撕斷面，此部份的高度約佔材料厚度的 60 %，如圖 2.42(C)部位所示。
4. 毛邊部份：此部份是材料被撕斷後週邊殘留的毛邊，其高度約佔 5～10 % *t*，如圖 2.42(D)部位所示。孔壁毛邊在下端形成，料片則形成在工件之上端。

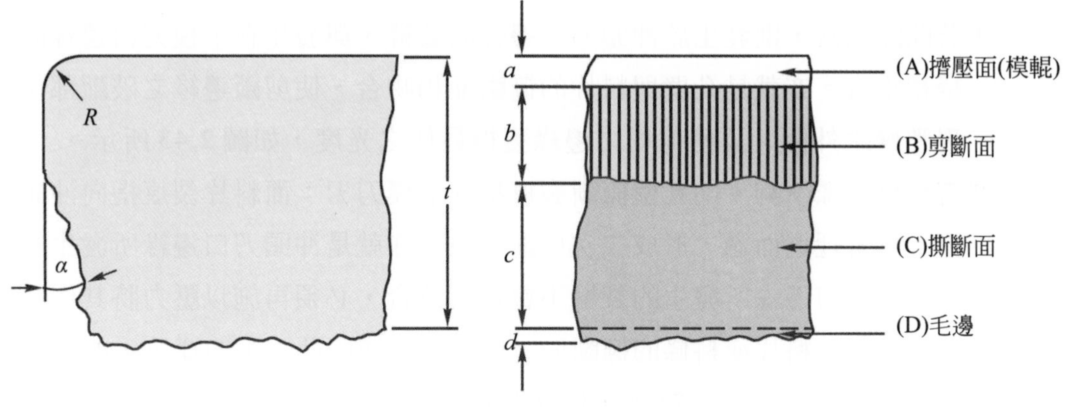

圖 2.42　剪斷面的形狀(孔壁)

二、影響剪斷面的因素

成品經沖剪加工，其斷面的情形雖不能像一般機械加工那樣整齊平直，但可以將剪斷的諸因素相互配合，使其斷面保持在最好的狀況。上節所述斷面形成的四個部份，其高度所佔材料厚度的比例並非固定，而常受材料的性質、沖頭及下模之利鈍、材料支持方法及沖頭間隙等因素的影響，茲分別說明如下：

1. 材料性質對剪斷面的影響：一般材質較軟的材料，其擠壓面、剪斷面與毛邊均較大；而撕斷面則較小。硬脆的材料則擠壓面、剪斷面與毛邊都較小，大部份為撕斷面。
2. 刀刃的利鈍對剪斷面的影響：刀刃因熱處理不良或長期使用後，會變鈍而形成小圓弧。在剪斷加工中圓弧形的刀刃會使擠壓面及毛邊增長，撕斷面傾斜增大，剪斷面縮短等。若沖頭刀刃變鈍，則毛邊產生在料片上；若下模的刀口變鈍時，毛邊則產生在孔的周圍。
3. 料條支持的方法對剪斷面的影響：料條的支持方法分固定支持及自由支持兩種。自由支持是料條自由放置在下模面上，如固定式剝料板的支持方式即是。而固定支持則是料條放置在下模面上，其下有托料板托住，而上有壓料板壓住，使材料能穩定的支持予以加工，所以固定支持其塑性變形剪斷面比自由支持剪斷面大；其撕斷面之傾斜角α，如圖 2.42 所示，較自由支持為小，固剪斷面的情況較優良。
4. 模具間隙對剪斷面的影響：所謂間隙，係指沖頭與模孔相互配合時，其間的間隔距離謂之。而沖頭間隙的大小，對剪斷面的影響甚大。

⑴若間隙適當，則發生於沖頭刀刃邊緣的裂縫，與發生在下模刀口邊緣的裂縫相重合。亦就是孔壁與料片的撕斷面相吻合，使剪斷邊緣之破斷部份呈現整齊之外觀，及使剪切之邊緣獲得最佳之光度，如圖 2.43 所示。

⑵若模具間隙不夠，則孔壁撕斷裂痕指向下模刀刃；而料片裂痕指向沖頭刀刃。兩者迂迴而過，形成二次剪斷現象。亦就是沖頭刀口邊緣所發生的裂痕，與模口邊緣所發生的裂縫不會互相重合，必須再施以壓力將其作二次剪斷，因此料片或料條的撕斷面上就可能形成凹凸不平的窪坑，如圖 2.44 所示。因此間隙過小對斷面有以下的影響：

①擠壓面的模輥R，要比正確的間隙小。

②會在料片的斷面上形成兩個剪斷面的光澤帶，甚至產生凹凸的窪坑。

③撕斷面的傾斜角α，比正確間隙時的α小。

④毛邊亦較正確間隙小。

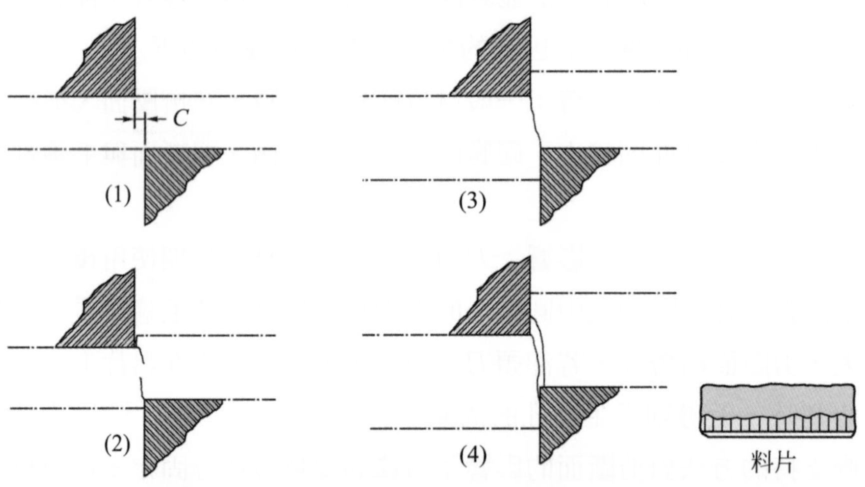

圖 2.43　沖頭間隙適當其剪切過程及料片形狀

由上面幾點可得知，間隙小較能得到平整的斷面。但相對的則需增加沖剪的壓力及刀口之磨耗，對模具的壽命影響甚大。故間隙應適當不宜過小。

⑶若間隙太大，則孔壁的料片撕斷裂痕相距較遠，且沿著傾斜的方向相互迎合，相對的裂開。如圖 2.45 所示。得知料片的撕斷面傾斜角α，會隨間隙的增加而加大。間隙太大對剪斷的影響如下：

①擠壓面模輥圓弧較正確間隙大。

②剪斷面較正確間隙小。

③撕斷面較正確間隙大，且傾斜角也大。

④毛頭較正確間隙大。

由以上各點得知，間隙過大會使斷面形狀不整齊。如毛邊加大、撕斷面傾斜、擠壓面增大的缺點。但其優點則是可降低沖剪壓力。故如沖床能力夠的話，間隙不宜過大，而影響成形品之精密度。

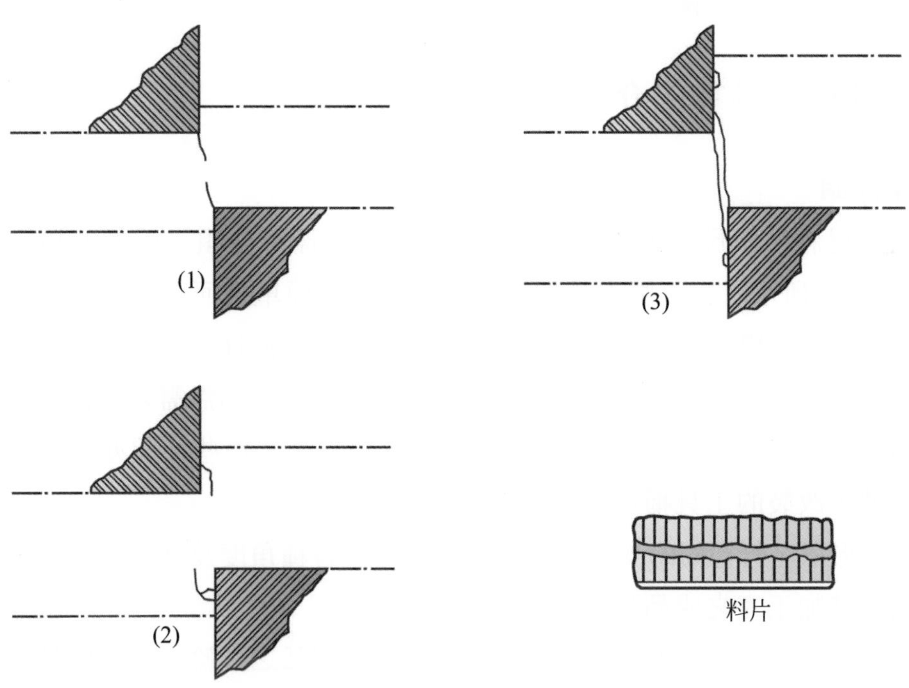

圖 2.44　間隙過小會形成兩個剪斷面的光澤帶甚至會產生窪坑

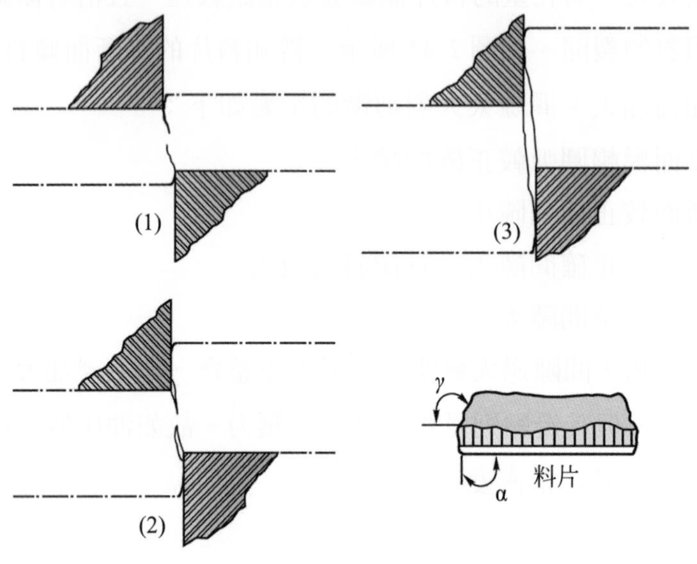

圖 2.45 間隙太大會得到傾斜角較大之料片

2.4.3 沖剪模具實例介紹

一、標準沖頭

工業上已將沖頭尺寸盡量予以標準化，並製定標準沖頭以節省沖模之製作費用。如表 2.10 所示，爲可購得標準圓形沖頭，尚有簡單幾何形及上述二種附有排料銷之沖頭，亦已標準化、市售化，可說非常簡便，互換性也很好。但是沖頭形狀何其多，要完全標準化不可能。故尚有許多異形之沖頭，仍然需要自行加工製作。如圖 2.46 所示，爲工業界常使用之各種異形沖頭斷面。這些沖頭亦可由標準圓形沖頭來改製，改製的工具稱爲沖頭成形器。

沖頭成形器，可穩固的支持圓形標準沖頭，作各種角度及圓弧成形之研磨，其加工方式及其加工完之成品如圖 2.46 所示。

如另裝成形桿，還可用來整修成形各種角度及圓弧之砂輪，使經過熱處理後之沖頭及下模分割塊，仍能利用研磨來達到高精密度、光度之成形表面。如圖 2.47 所示，爲已裝上成形桿之砂輪整修器，其面盤可帶動成形桿左右作精確之移動，也可作圓弧搖擺運動。

表 2.10　標準圓形沖頭規格點

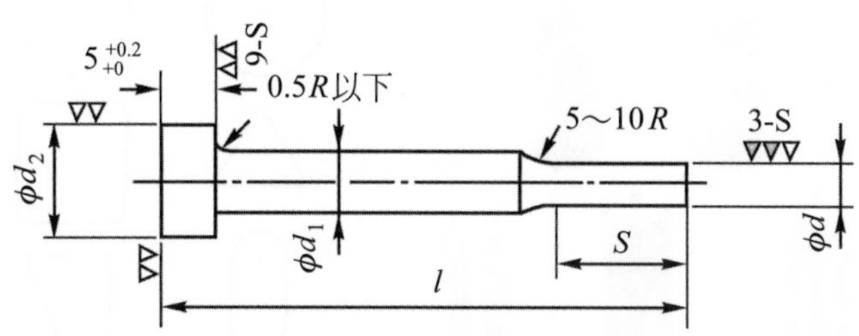

$d^{+0.01}_{0}$		d_1 ms	$d_{2}{}^{0}_{-0.2}$	S±0.3						$l^{+0.6}_{+0.2}$					種類之數
最小～最大	尺寸級距			4	6	8	13	19	25	40	50	60	70	80	
1.0～2.0(1)	0.2	$4^{+0.009}_{+0.004}$	7	○	○	○				○	○	○			6×3×3 = 54
2.0～4.0(2)	0.5					○	○			○	○	○			5×2×3 = 27
2.0～5.0(3)	0.5	$5^{+0.009}_{+0.004}$	8			○	○			○	○	○	○		7×2×4 = 56
2.0～5.0(2.5)	0.5	$6^{+0.009}_{+0.004}$	9			○	○			○	○	○	○		6×2×4 = 48
5.0～6.0(3)	0.5					○	○			○	○	○	○		3×2×4−8 = 32
6.0～8.0(3)	0.5	$8^{+0.012}_{+0.006}$	11				○	○			○	○	○	○	5×2×4 = 40
8.0～10.0(2)	0.5	$10^{+0.012}_{+0.006}$	13				○	○			○	○	○	○	5×2×4 = 40
10.0～13.0(3)	0.5	$13^{+0.015}_{+0.007}$	16				○	○			○	○	○	○	7×2×4 = 56
13.0～16.0(3)	1.0	$16^{+0.015}_{+0.007}$	19					○	○		○	○	○	○	4×2×4 = 32
16.0～20.0(4)	1.0	$20^{+0.018}_{+0.008}$	23					○	○		○	○	○	○	5×2×4 = 40
20.0～25.0(5)	1.0	$25^{+0.018}_{+0.008}$	28					○	○		○	○	○	○	6×2×4 = 48

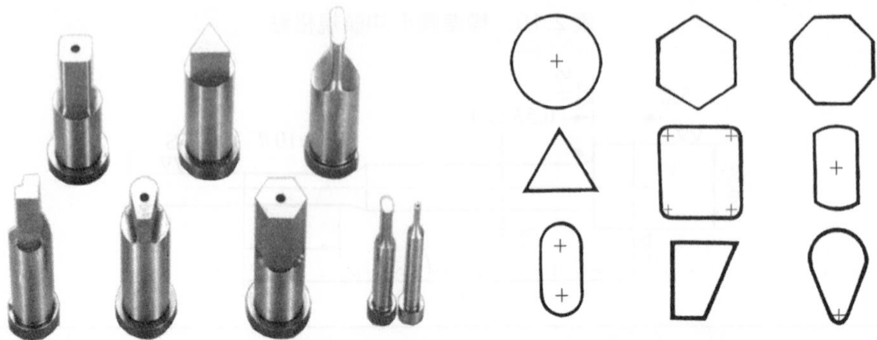

沖頭成品例　　沖頭樣品例

沖頭成形加工

圖 2.46　沖頭成形器加工的方式及其加工完成之成品

二、沖頭固定板及沖頭固定方法

沖頭固定板是沖模中重要零件之一。其目的是在支持及固定沖頭，並使沖頭及下模在沖壓加工時，能保持精確的對準。設計時必須要考慮下列幾個因素：

砂輪凸凹 *R* 加工

圖 2.47　裝上成形桿之砂輪整修器

1. 為使沖頭具有堅強的支持與定位，沖頭固定板必須有足夠的厚度。

2. 沖頭固定板必須有良好的定位措施及足夠的螺釘，以確保沖頭與下模之對準及應付退料時的負載。

3. 不規則形沖頭固定板必須有防止轉動措施，以防止沖頭在座板內轉動。

(一)沖頭固定板的設計

標準沖頭的沖頭固定板其板的厚度B，隨著沖頭柄直徑A的大小而變化。A與B的關係根據美國 ASME 所製定的關係值得知，B之值要大於 1.5 倍A。而沖頭固定板之凸緣孔較沖頭凸緣大 0.2～0.5mm。爲板之固定及安定性，其最小寬度E應大於 1.5 倍固定板厚度。而其螺絲孔或定位銷孔距板邊的距離D，也應大於螺絲或定位銷孔直徑d之 1.5 倍。它們之間之相互關係如圖 2.48 所示之。

1. 簡單沖頭固定板的設計：一般沖頭固定板爲了定位及方便製造起見，常製成與下模等大小。但必須合乎上節$E > 1.5B$及$D > 1.5d$之原則。如圖 2.49 所示之，單一沖頭固定板一般均作成正方形。用兩個螺絲固定在板的對角，將固定板與模座緊緊的結合在一起，然後調整其位置，在另一對角上用兩個定位銷定位之。

   若欲沖孔之零件具有兩種高度時，爲了避免沖頭伸出過長，可使用台階式沖頭固定板加以改善，如圖 2.50 所示。

2. 不規則形狀沖頭的防止轉動措施：如圖 2.51 所示，不規則形狀之沖頭，用方形沖頭來製作。因其沖頭凸緣也是方形，如適當的加工並無轉動之顧慮。但固定板之方形沖頭固定孔及凸緣孔加工均較困難。故一般較小不規則形狀

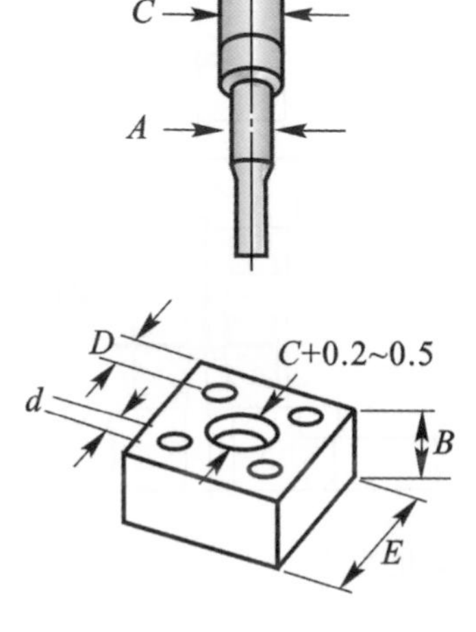

(ASME)

A	B
0~8	13
8~11	16
11~13	19
13~16	22
16~17	25
17~19	29
19~32	32
22~24	35
24~25	38

圖 2.48 標準沖頭其沖頭固定板的尺寸

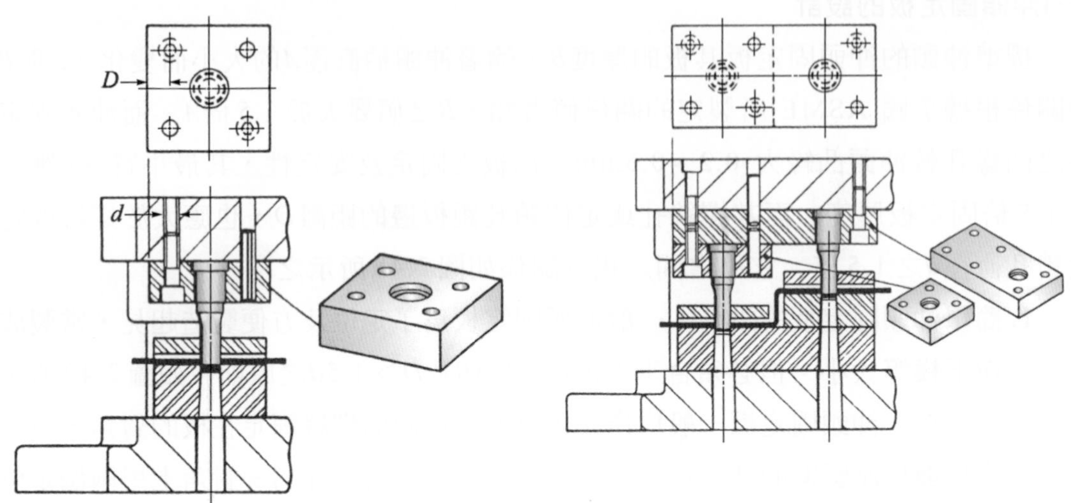

圖 2.49 沖頭固定板固定之方式　　圖 2.50 台階式沖頭固定板避免沖頭伸出過長

沖頭常用標準之圓形沖頭來改製，因圓形孔加工及定位均較容易，但必須有防止轉動之措施，舉例說明如下：

⑴在固定板上先鉸或搪完沖頭固定孔後，在適當的位置上銑一溝槽，其深度與凸緣高度相配合，如圖 2.52 所示，則可達到防止轉動之目的。

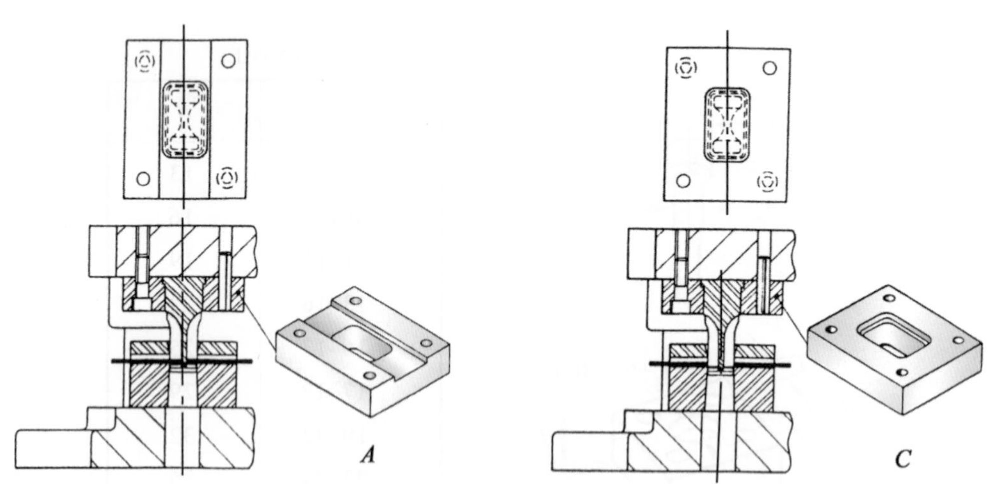

圖 2.51 方型沖頭固定的方法

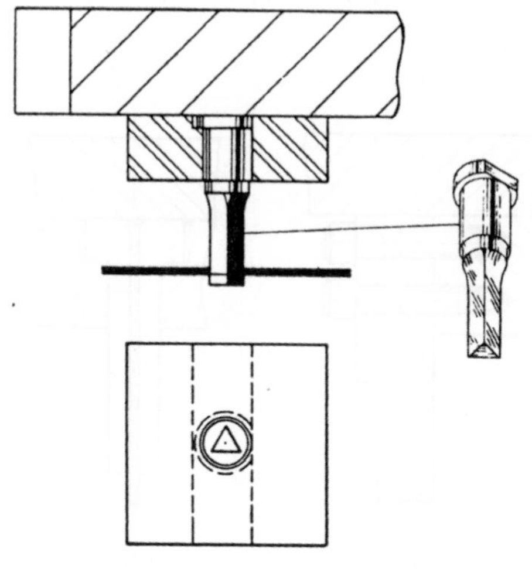

圖2.52 用槽來防止沖頭轉動

圖2.53 用鍵來防止沖頭轉動

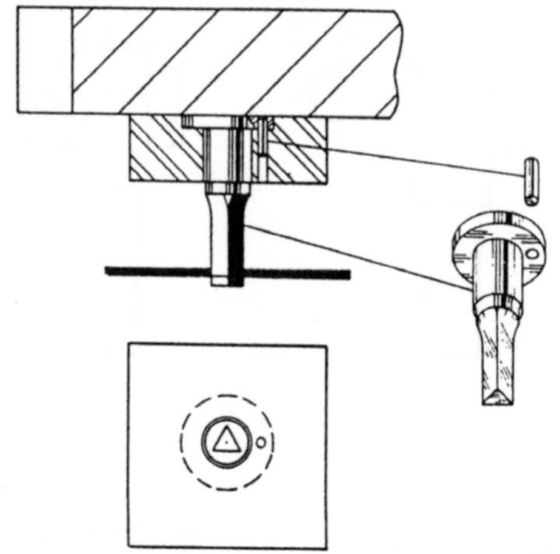

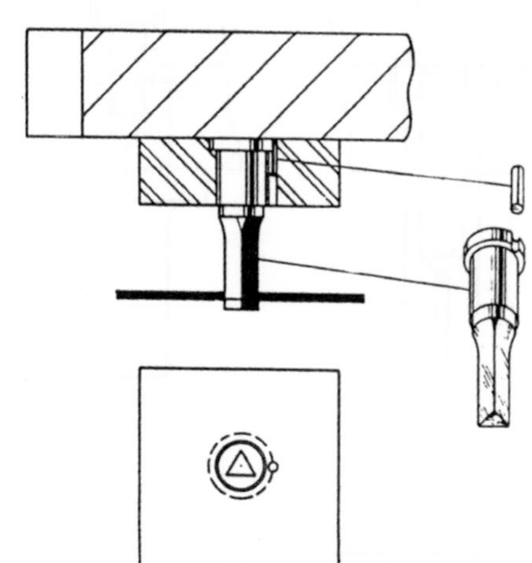

圖2.54 用銷來防止沖頭轉動

⑵鍵固定型，如圖 2.53 所示，先將固定孔加工完成，然後沖頭凸緣單面銑平。並在固定板上加工一凸緣沈孔，且銑一鍵槽，用鍵來防止沖頭轉動。

⑶用定位銷固定法，如圖 2.54 所示。將沖頭固定及定位後在其沖頭凸緣及固定板上加工一銷孔，用銷來防止沖頭轉動。

(二)沖頭之固定及安裝方法

如圖 2.55 所示，列出 11 種沖頭之固定及安裝方法，茲分別說明如下：

1. 為常用之標準沖頭固定的方式，其優點為加工簡單及可確保沖頭之直角度，且沖頭互換性良好。如圖 2.55(a)所示。

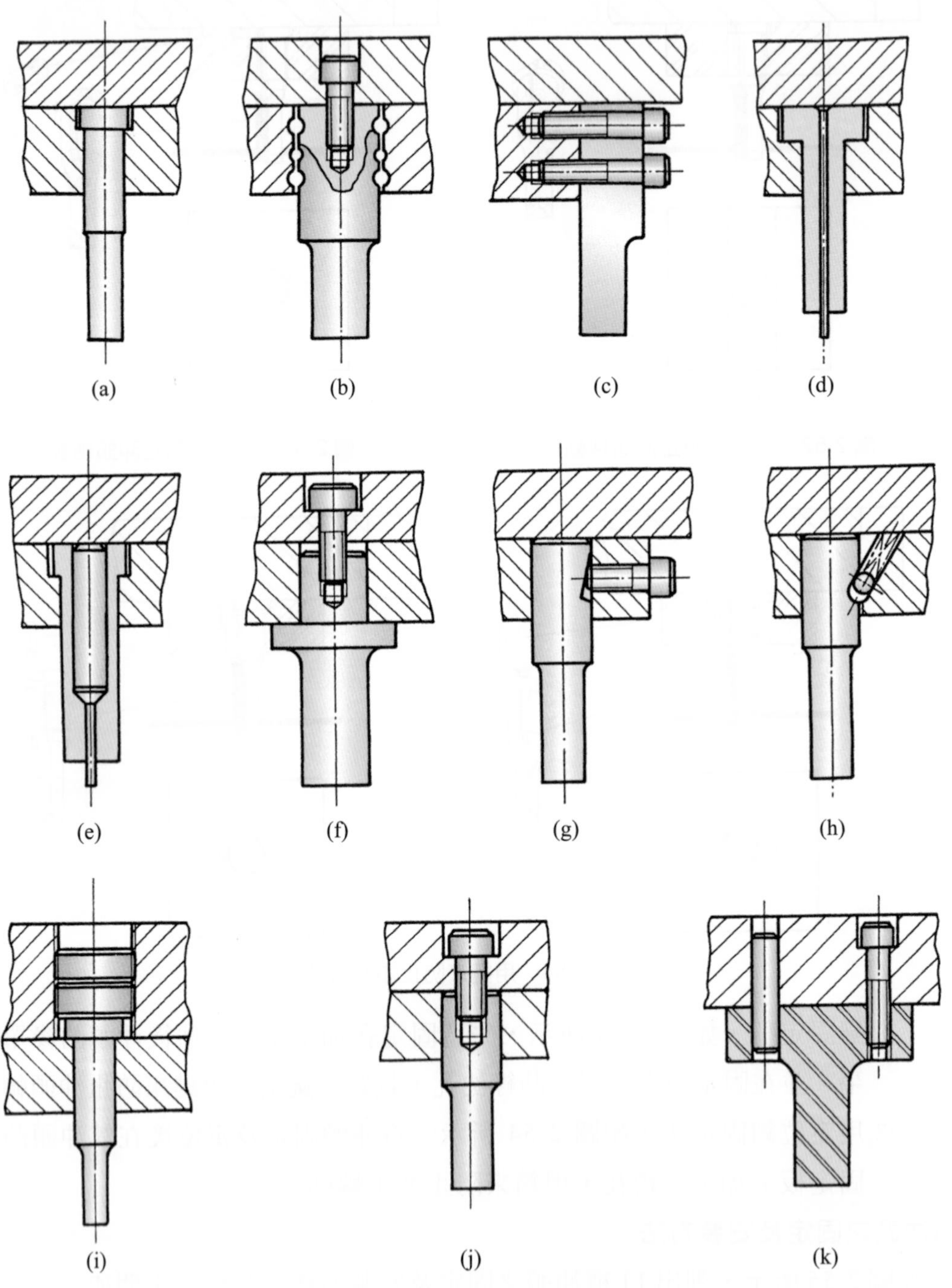

圖 2.55　沖頭的各種安裝固定方法

2. 較大而無凸緣的沖頭，可利用螺絲固定，拆卸方便且兼具有帶肩沖頭固定方式之優點，如圖(j)所示。

3. 駐螺及螺絲固定方式，如圖(c)及(f)(g)(i)所示，用於沖頭壽命較短需要常更換之沖頭。

4. 鋼珠緊鎖方式如圖(h)，此種固定方式使用於沖頭更換，特別頻繁的沖模。其拆卸非常簡單，但較難確保位置之精密度及直角度，不適於高精密度之沖模。

5. 利用樹脂固定如圖(b)，其固定方式價廉、簡便，用於少量生產及負載不大之沖模。

6. 如圖(d)(e)所示，爲沖小孔用沖頭使用補強襯套。固定的方法是讓小沖頭只伸出頭端工作的長度，以防止沖頭之座屈。

7. 較大型之沖頭，可用螺釘及定位銷直接固定在上模板上，如圖(k)所示。

三、下模塊

(一)下模塊之尺寸

下模塊因需承受沖頭的沖擊及剪切負載，故必須選擇適當的材料，及設計足夠的強度來支持，下模塊的大小直接影響其強度。一般初學者會認爲板料越厚模塊越大其強度愈好。但以模具設計的經濟觀點來看，我們應選擇合乎模具生產要求的尺寸即可。一般有經驗的設計者，可能以其現場的實務經驗來決定。而初學者必須根據以下兩種常用的近似計算法或經驗公式來決定。

1. 常用的單一沖模近似計算法如下：

$$B = b + (3\sim4)H \tag{2.1}$$

$$A = a + (3\sim4)H \tag{2.2}$$

H＝沖模塊厚度其值如表 2.11 所示

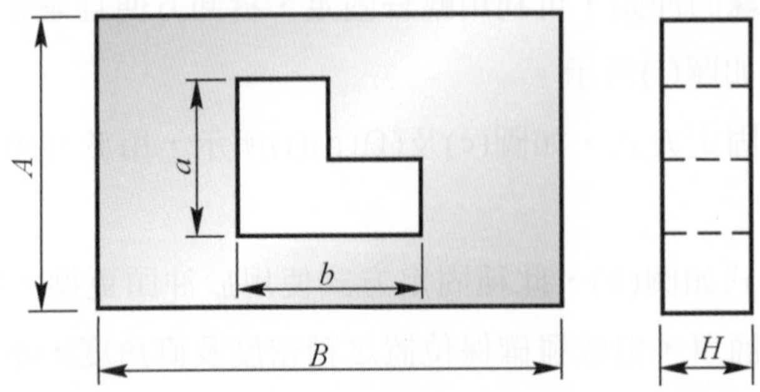

表 2.11　下模塊厚度表

凹模孔的最大寬度 bmm	沖剪材料厚度為以下數值時的凹模厚度H		
	1mm 以下	1～3mm	3～6mm
25 以下	(0.30～0.40)b	(0.35～0.50)b	(0.45～0.60)b
50～100	(0.20～0.30)b	(0.22～0.35)b	(0.30～0.45)b
100～200	(0.15～0.20)b	(0.18～0.22)b	(0.22～0.30)b
200 以上	(0.10～0.15)b	(0.12～0.18)b	(0.15～0.22)b

(二)下模塊的分割方法

下模塊在設計時，設計者必須考慮其是否容易加工及研磨。尤其是較大型或複雜形狀的刀口，常因成本及零件精密度的要求，而將下模塊適當的分割成若干塊以便加工，再以適當的方法組裝起來。

此種方法優點如下：

1. 避免困難的機械加工：外型複雜的刀口狀經過分割成若干塊後，其形狀可以簡化使加工簡單。

2. 硬化處理時減少變形：因複雜的刀口經分割成若干塊，在淬火時變形的機會將減少。

3. 可得到精確的尺寸：熱處理若發生變形，因尚有預留量，尚可用研磨來加以修正，使得到正確的尺寸。

4. 模具部份破裂時可快速的更換：下模刀刃如有尖角或較脆弱部份設計時作適當的分割。如破裂缺損時能很快的予以更換。

下模分割法的注意事項如圖 2.56、圖 2.57 所示。

1. 分割線要作適當的選擇，應考慮其強度，使分割、加工、組裝簡便。

2. 如刀口有局部凹凸之處，應作插入件，使損壞易於更換。

3. 分割時應考慮往後刀刃鈍化後的再研磨。

4. 分割處儘量不要有銳角出現，最好分在角隅線與圓弧的交點。

5. 分割塊的尺寸要能方便且精確的施行測量。

6. 分割塊各分割點在組合時應能確實的密接。

7. 要用鍵固定或嚙合法使分割點一致而不偏移。

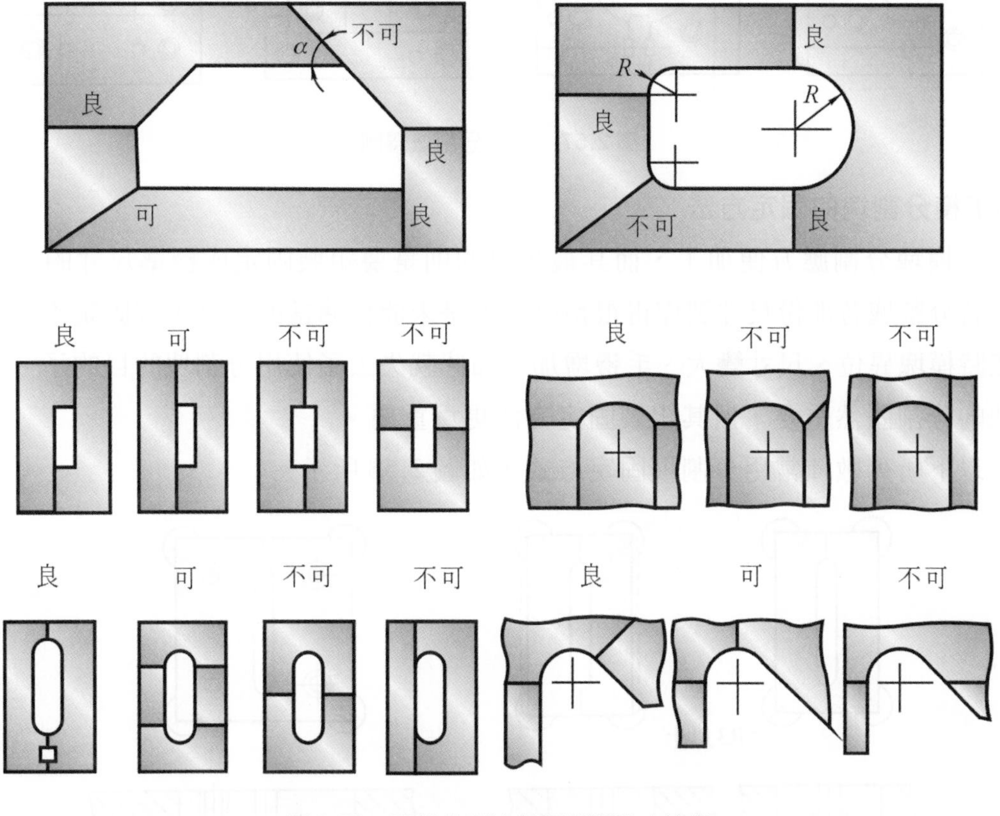

圖 2.56　下模分割法其優劣設計之比較

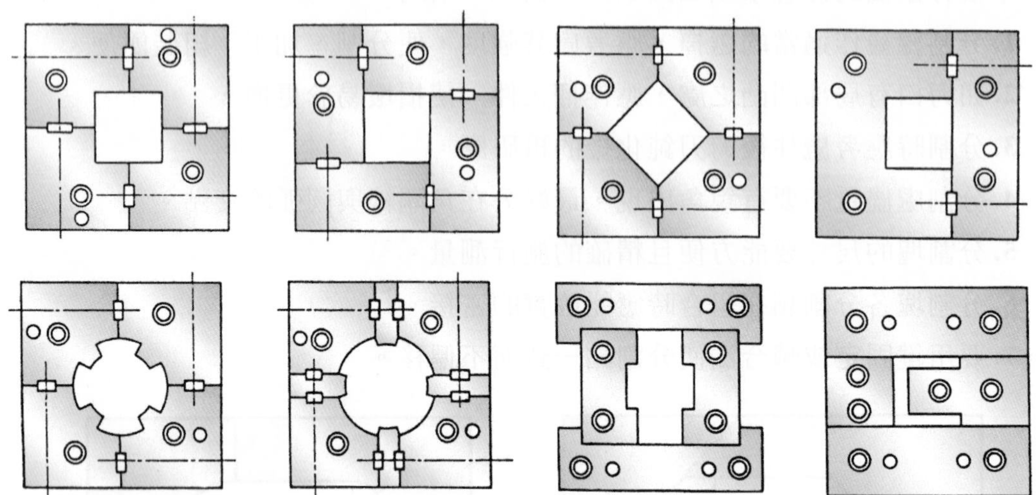

圖 2.57　下模分割法舉例

(三)下模分割塊的固定方法

下模塊分割應方便加工，而其最後目的則是要組裝固定成標準尺寸的刀口形狀。若分割塊各部份尺寸製作得很精確，但是未能作適當的安裝，致固定不良，使加工時模塊異位、尺寸變大、毛邊增加，如此就失去了使用分割塊的目的了。故下模塊的分割固然重要，但其組裝固定方法更爲重要。

以下所列數種常用分割模固定方式，如圖 2.58 所示。

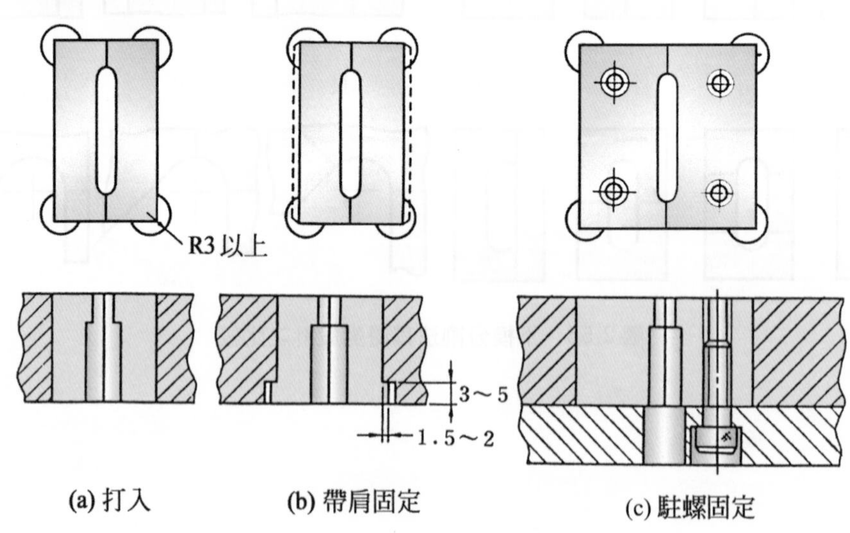

圖 2.58　分割模的各種固定方法

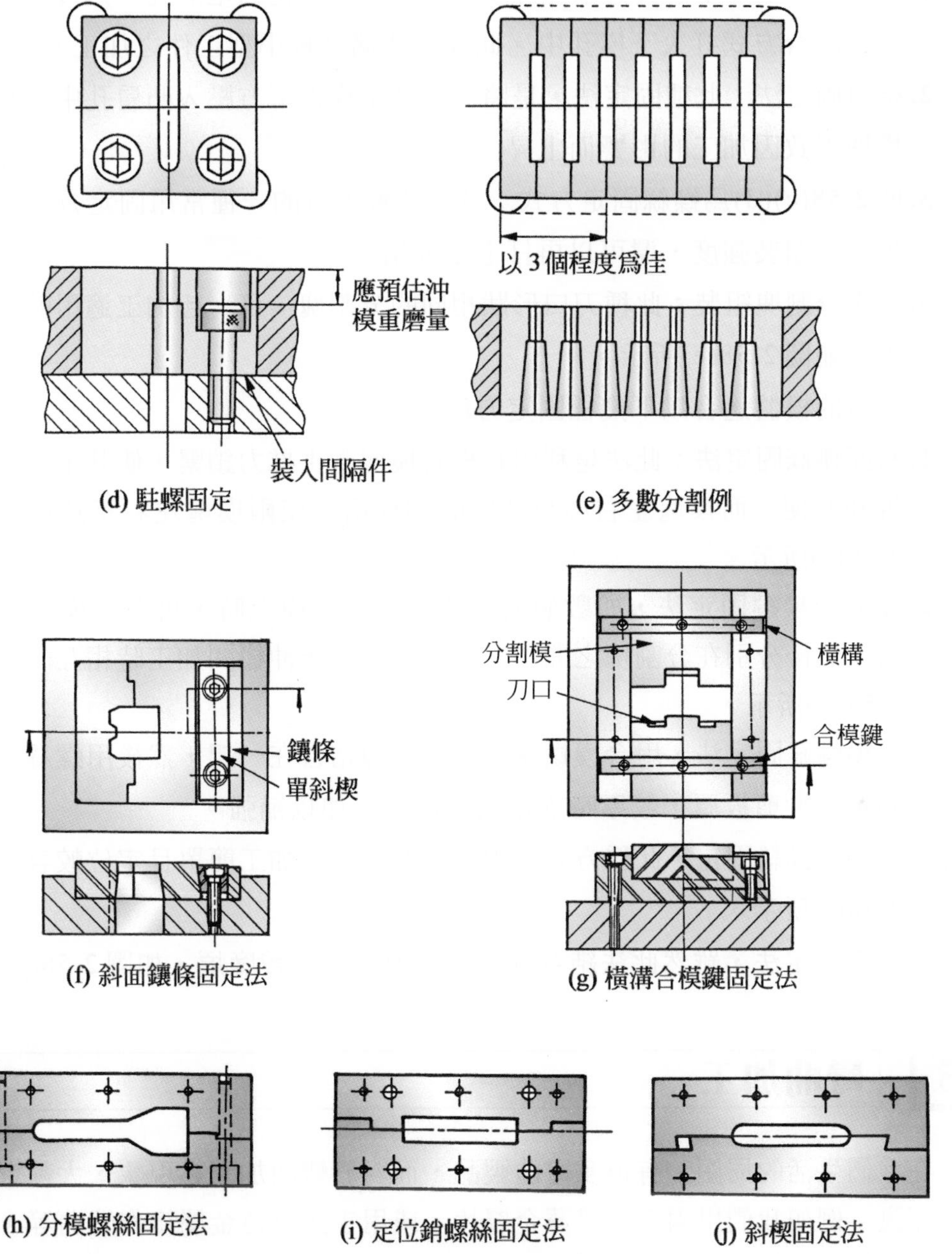

圖 2.58　分割模的各種固定方法(續)

1. 在下模塊上加工一與分割塊外型相當，四角讓位的矩形孔。然後將分割塊以壓入配合方式打入下模孔中。此種方式適合較小型工件之加工。
2. 帶肩固定法：此種固定法，是將分割塊由模板下方壓入凸肩孔中。其優點是模塊不致因加工的影響而上昇。
3. 圖 2.58(c)(d)為螺絲固定方式：分割塊較大時的一種常用固定方式。有時為加強其組裝強度，還可以再打上定位銷。
4. 多數分割塊組裝：此種刀口形狀相同的分割塊，可一起加工適用較小工件加工。如圖 2.58(e)所示。

較大型的模體適合以下幾種固定方法：

1. 斜面鑲條固定法：此法是利用斜楔對模塊產生推力鎖緊，使其不致張開，且拆卸方便。而模塊左右亦有凸凹的扣模槽，使兩模塊左右不致移動，如圖 2.58(f)所示。
2. 橫溝分模鍵固定法，如數個刀口欲排列在下模上時，可在下模上銑一橫溝槽。然後分別在分割塊之間加一模鍵，以防止沖模間加工時相互干涉。如圖 2.58(g)所示。
3. 分模螺絲固定法，用合模螺絲將兩分割塊結合在一起，然後用螺絲與下模板固定。沖剪板厚，較厚時應鎖入下模框，加以補強。
4. 定位銷螺絲固定，此種方式使用最普遍，因其加工簡單且定位較容易，如圖 2.58(i)所示。
5. 斜楔固定法，雖然此法結合性很好，但加工則較麻煩，如圖 2.58(j)所示。

2.5 彎曲加工

在我們生活的周圍，有很多彎曲製品，而對於彎曲加工之現象，大都會有概念性的認識。例如我們用兩手折彎薄金屬片，或用手鉗夾持金屬線作彎曲等，加工很容易，誰都可以做到，就因如此簡單，大家對彎曲加工總認為是輕而易舉的工作；事實上，彎曲加工是屬於塑性彎曲加工的一環，涉及各種材料的種類，纖維組織、加工彈回彎曲、材料的破裂等等之因素，要想力求產品的精良程度，不是很容易達到的。

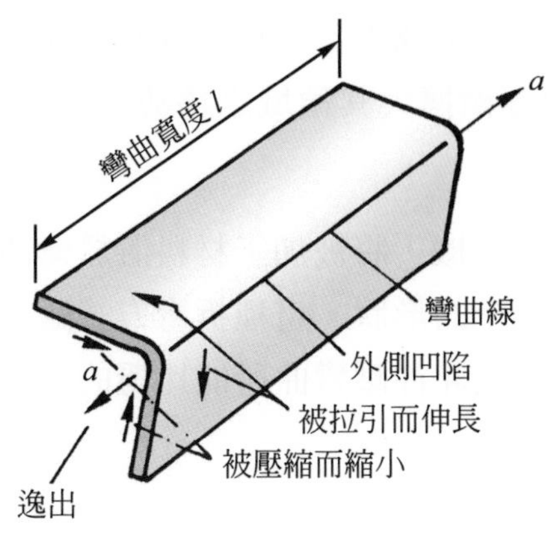

圖2.59　V型成品

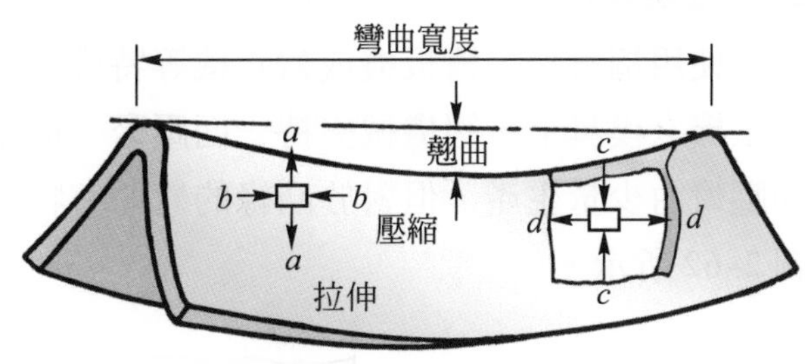

圖2.60　彎曲成品受力情況

舉一V型成品觀察，如圖2.59所示，成品外側被拉長，若彎曲過度，材料無法因應伸長，將可能在彎曲線上產生裂痕。反之內側受壓縮力量，材料受擠壓縮小，使部分金屬分子朝兩側*a-a*方向逸出，產生如圖2.60所示之彎曲製品，形成中央凹陷的現象造成翹曲。

由此可知，彎曲加工不是簡單的加工，因此一般工廠在製作模具時，均有修正角度或矯正彎曲等作業，從歷次的經驗可找出經驗公式，以供下回設計及製作的參考。

2.5.1　彎曲的定義

金屬材料受彎曲工具之加工後產生永久彎曲的現象，這種加工稱爲彎曲(bending)。一般對彎曲的定義有很多說法，如彎曲線形成直線者稱之彎曲；而彎曲線形成弧線者稱之成形(forming)。而本章討論的範圍將不作嚴格劃分。

2.5.2　彎曲加工的種類

目前彎曲加工的種類大致可分成三種：沖壓彎曲；捲繞彎；輥輪彎曲等形式。

一、沖壓彎曲

使用彎曲模具裝於沖壓床上，並將板狀材料進行直線或曲線緣彎曲加工，如圖2.61，大部份的彎曲模具形狀與製品的形狀相近似，其被應用極廣泛，如V彎曲、U彎曲、L彎曲、複合彎曲以及摺緣彎曲。除板狀材料可進行外，部份圓形、管狀材料亦可作彎曲加工。如沖床加工有均一性、高效率、低成本之特色，故應避免使用其它機械加工，而使用沖壓彎曲為上策，目前也逐漸擴大其領域之趨勢。

二、捲繞彎曲

使用摺疊機、彎板機或彎管機等特殊捲繞彎曲加工機，將被加工材料置於彎曲加工機之模具上，經機械夾持一面壓緊一面捲繞所企求的形狀，這種折彎方式雖較沖壓彎曲少量生產，但對於凸緣的彎曲有特殊效果，此非沖壓彎曲所能比擬的，如圖 2-62 所示。

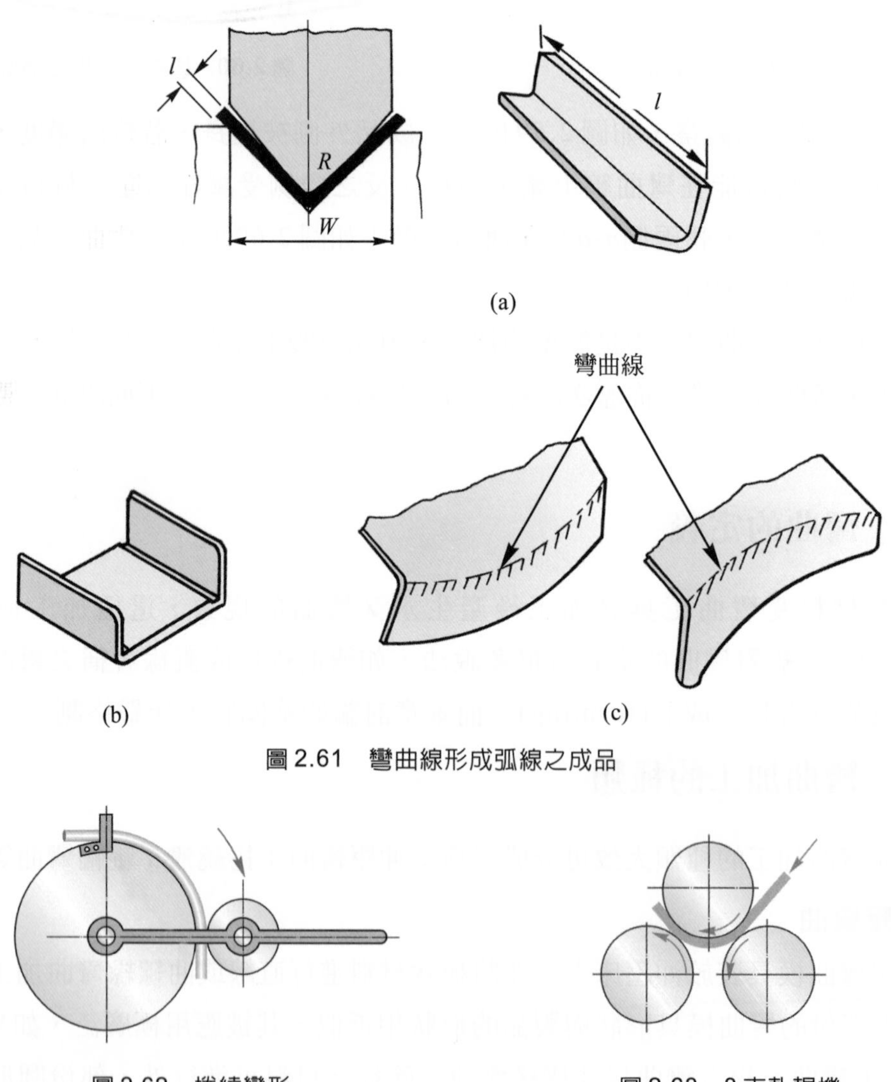

圖 2.61 彎曲線形成弧線之成品

圖 2.62 捲繞變形

圖 2.63 3 支軋輥機

三、輥輪彎曲

一般板狀材料是利用輥輪壓延加工的生產方式，被應用在彎曲工作上有很大的貢獻，目前使用在板金加工上有二支輥輪、三支輥輪、四支輥輪、或成形輥輪機。如圖 2.63 所示，配置三支輥輪，將板狀材料成型鋼材料輸送輥輪間，進行的彎曲加工，又稱進給彎曲，主要用於製作圓筒、鍋爐、及煙囪等工作。至於四支輥輪之彎曲，較三支輥輪更有效率，是種改良機種，常被應用在矯平機。四輥輪式未來將會有更進步的發展。

2.5.3　彎曲模具的構造

彎曲模具的種類甚多，在金屬板狀彎曲的模具可分爲V型、L型及U型三種基本模具，而金屬線之彎曲模具亦有很多種，茲列舉說明。

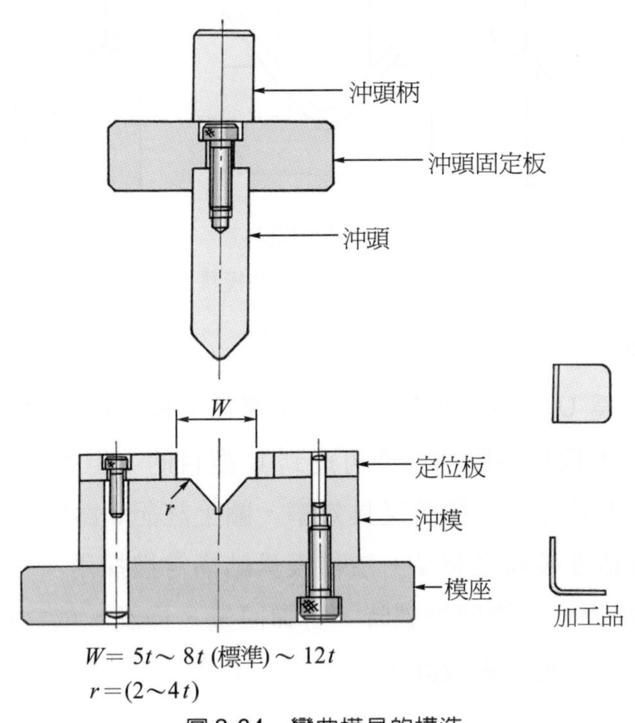

圖 2.64　彎曲模具的構造

一、V型彎曲模具

如圖2.64所示，為V型彎曲用模具標準組合圖與製品、零件等名稱，這種V型沖模適用於小型零件，在下模V型尖端底部留有一溝槽，便於銑製及熱處理後研磨加工，沖頭安裝在沖頭板之U槽中，祇用兩支沈頭螺絲鎖住，沖頭柄下端製有螺紋，結合沖頭板，下模之頂部設有定位板，以定胚料彎曲正確位置，下模與固定板及下模座使用螺絲及定位銷組合之一，一般V型彎曲模具的橫肩寬度(W)，以8倍胚料厚度為標準，且沖頭寬度亦須配合下模V槽之寬度，若上模之沖頭寬度過大時，將如圖2.65(a)所示製品向外側開，這是彈回之現象，若沖頭寬度過小製品向內側彎的現象；若下模之模肩距離過寬時，將如圖2.65(c)所示，製品產生皺摺現象，這種沖壓雖壓力可降低，但容易產生瑕疵，應十分謹慎。

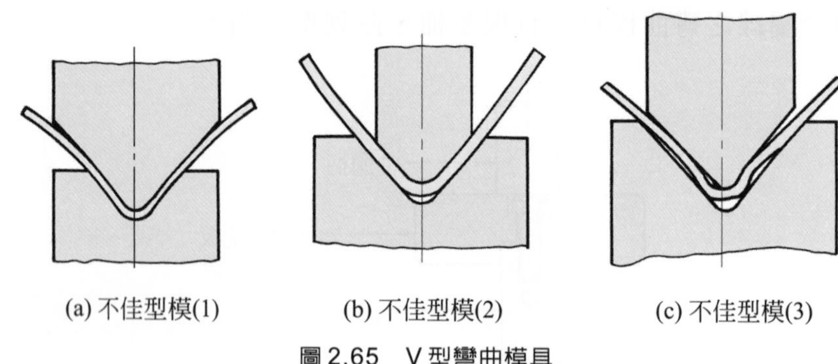

圖2.65 V型彎曲模具

二、U型彎曲模具

如圖2.66所示為U型彎曲模具之各部份零件名稱，U型彎曲製品以槽鋼之名聞於世。若使用V型模具沖壓兩次亦可達到U型目的，但手續多一道程序，而U型模具一次完成U型製品，既經濟又具效率，圖上註記5為增設剝料板裝置，及7背托板裝置可獲得精度較高之製品，這種模具結構常被採用。

在2.5.2節曾提過注意彈回控制時，對彈回量之控制，依材料種類之不同，其展開長度多少有出入，應慎重設計。

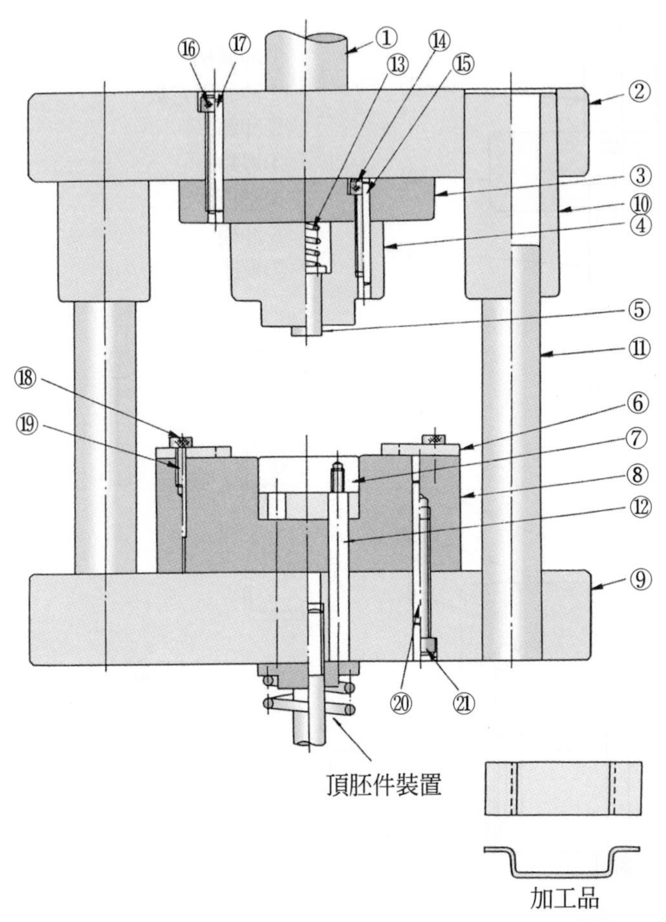

圖 2.66　U 型彎曲模具

三、L 型彎曲模具

如圖 2.67 所示，爲L型彎曲沖模及其各部零件名稱，L彎曲沖模之沖頭部份，與(2.65)V 型者構造相同，這種模具僅作單側彎曲，其凸緣較低，防止其彎曲方式，正如圖中以沖頭依下模板設後跟，防止沖頭側向移動，並且下模設強力托板，夾緊胚料作彎曲作業，利用此種模具所彎之形狀彈回量甚少，故可以說是一種精密型的彎曲模具。

四、複動彎曲模具

由於部份彎曲製品，其形狀較特殊，一般的簡單彎曲加工方式，無法達成製作的要求，因而設計複動式模具，方能完成生產，這類模具以解決。

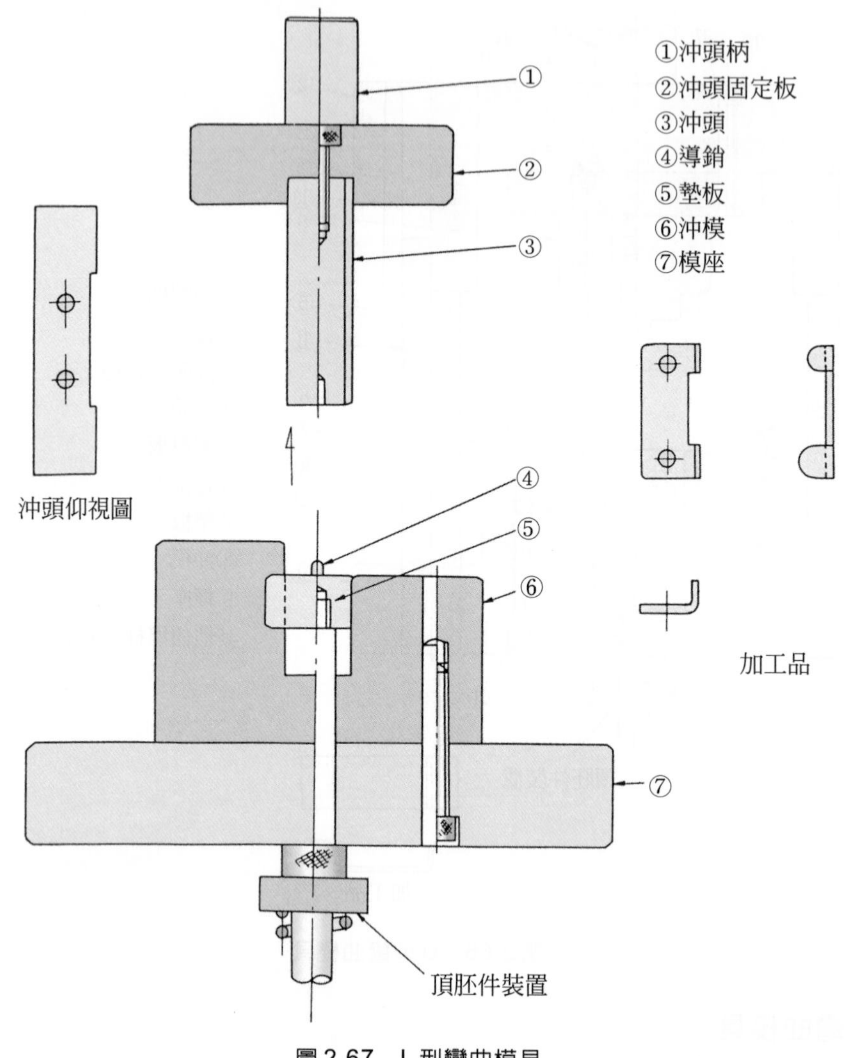

圖 2.67 L 型彎曲模具

特殊角度如圖 2.68 所示，應用彈簧之壓板夾住板料，並在右側設有自由之複動組件，自動滑入下模缺口，以進行特殊加工；複動冲頭必須能暢滑入下模缺口，因此，在冲頭端製成圓弧形，不致將板料擊傷。

力求精確彎曲角度，如圖 2.69 所示，一般 U 型彎曲模具，工件在彎曲後往往容易彈回形成外張與內閉現象，因此，在冲壓行程最終處附近之外側附加面壓，以加工出正確角度。這種機構是應用斜度滑槽方式，由冲頭肩部驅動斜度滑塊，進行逼壓成品之側面。

複動式裝置應用甚廣，如圖 2.70 所示，可設緩衝彈簧設置於左右複動組件上，除增加板料底面壓力及成品脫離下模無限力外，且可應用在開口部份較狹小之成品上，如圖 2.71 所示，乃是圖 2.70 之構造所衍生模具，於一次彎曲完成兩側內閉 U 型成品，而成品隨沖頭上昇時會自動從下模彈出夾住沖頭上，則由沖頭之前面或後面抽出。

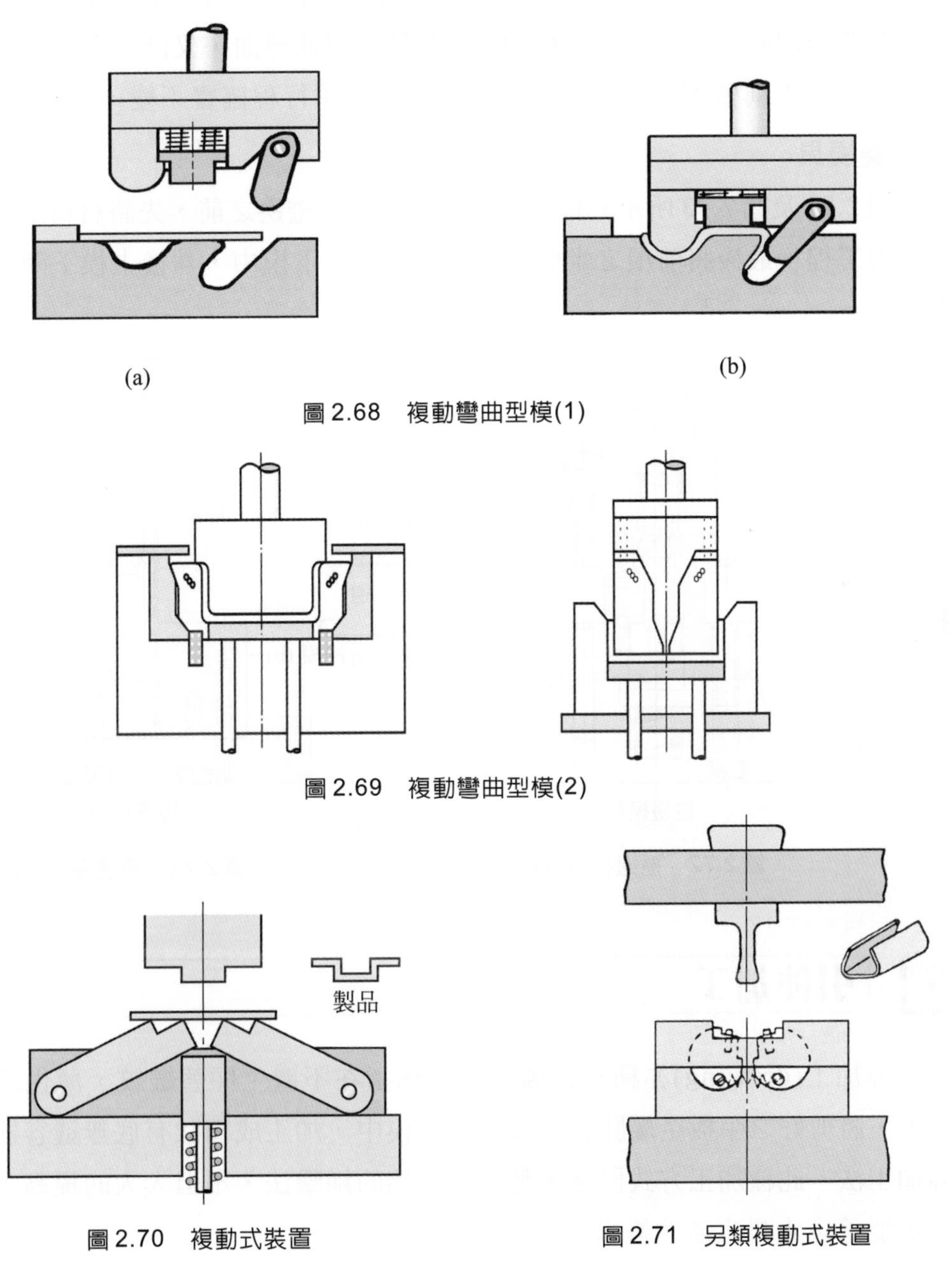

圖 2.68　複動彎曲型模(1)

圖 2.69　複動彎曲型模(2)

圖 2.70　複動式裝置

圖 2.71　另類複動式裝置

五、凸輪彎曲模具

沖床機構本身僅作上下運動，而大部份彎曲模具也僅僅上下移動而已，但是有些成品形狀，側面形狀往往會阻擾加工或脫模不方便情況，因此，設計沖壓亦可由側向進行，這種水平移動的機構稱爲凸輪式或滑塊式模具。由上模下降之彈簧壓墊板先壓住板料，進而板料壓入下模，致板料彎成U型後，等U型彎曲完成終了時，凸輪驅動側向沖頭向內側作水平移動，將U型之兩側彎曲，又凸輪之形狀似蟹腳，這種模具又有人稱蟹腳式凸輪彎曲模，其橫向沖頭行程確實不變，乃是其特點。

六、捲邊模具

如圖 2.72 及圖 2.73 所示其構造及零件，在進行捲邊之前，先將材料進行剪切，進入彎邊工程，最後將前項之半成品置於捲邊模之下模中，然後上模下降施行捲邊彎曲加工。

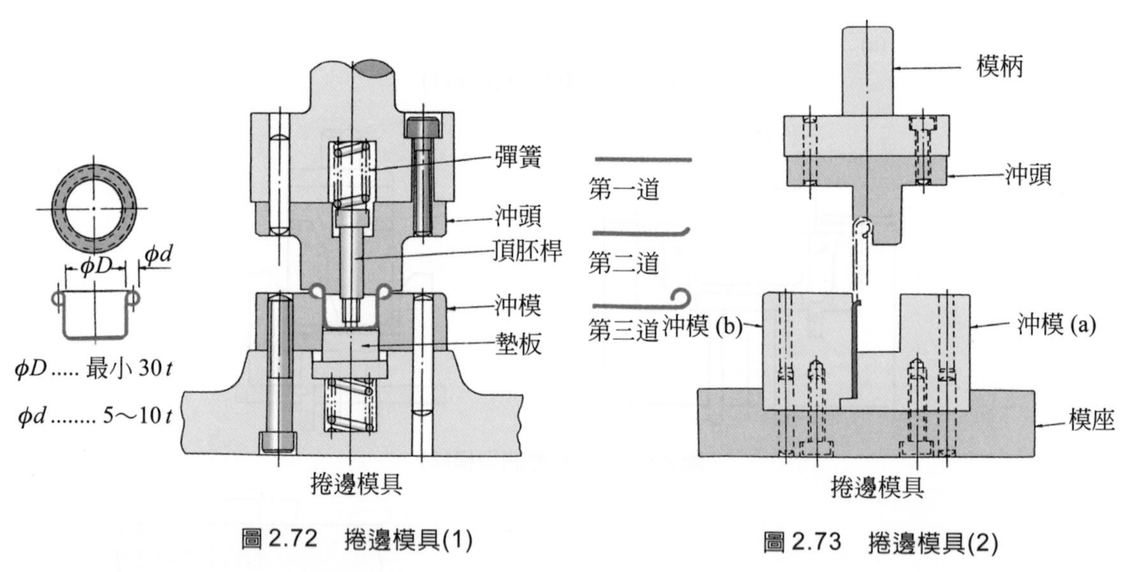

圖 2.72　捲邊模具(1)　　圖 2.73　捲邊模具(2)

2.6 引伸加工

引伸加工(drawing)亦稱爲抽製加工，係指在不產生顯著皺紋，薄化或裂痕的情況下，將剪好之平板金屬胚料放置在引伸模中，加工成筒狀有底無縫容器的一種常溫加工法。此種加工方式已逐漸替代了原始的鎚擊法，不但大大的提高了生產效率，更能適應大量生產的需求。

引伸加工的範圍很廣，如圓筒形、角筒形、半球形、錐形及直邊與曲邊組合形等各種無縫容器的成形均可加工。因限於篇幅，本章將以最具代表性的圓筒形引伸加工做較深入的探討。

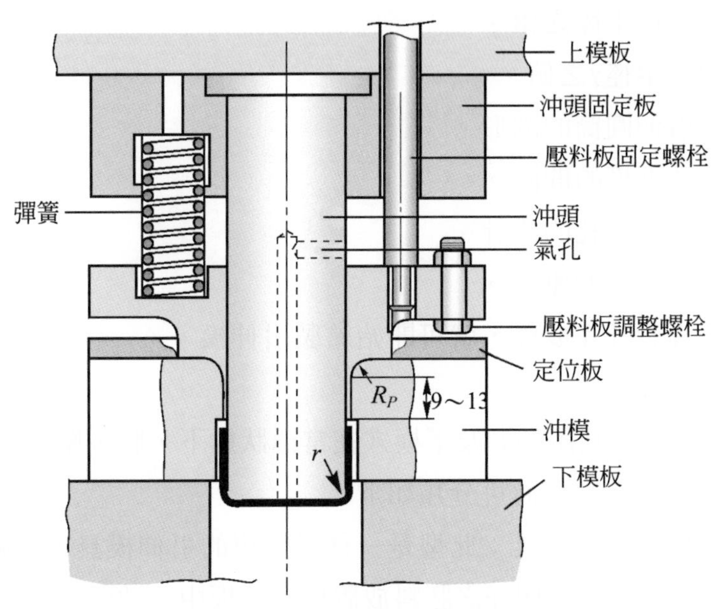

圖 2.74　典型的圓筒引伸模

圖 2.74 所示，就是典型的圓筒引伸加工法，是將引伸模具安裝在沖床上，經由與製品內徑大約相同的沖頭，將模具上的金屬胚料壓入與製品外徑相等的模孔中，板料在模穴圓周方向產生壓縮應力，一面收縮，一面被沖頭引伸入模穴中成形。為了防止皺紋的產生，常利用壓板料與沖模，將凸緣部份緊密壓住，再進行引伸。有時製品需要經過多次引伸方能完成，引伸次數在兩次以上時，謂之深引伸。

2.6.1　引伸模具設計實例

一、圓筒引伸的工程設計

引伸模具設計考慮的因素很多，前面幾節均分別討論過，但初學者往往不知如何著手設計，為了更清楚明瞭起見，特舉一個實例，按一定的步驟，從構想到完成設計，使學者能得到系統的概念。

圓筒引伸的工程設計步驟有下列十項：

1. 仔細研讀製品零件圖。

2. 計算成品展開的毛胚尺寸。

3. 計算引伸率及決定引伸次數。

4. 計算引伸過程中，每一圓筒的直徑及高度。

5. 計算下模入口半徑之值。

6. 計算沖頭肩半徑γ之值。

7. 繪製逐次引伸圓筒的圖形。

8. 決定沖頭及下模的間隙。

9. 決定引伸沖模氣孔的設計。

10. 計算引伸加工時的壓力。

以上十個工程設計完成後，就可開始繪製引伸模。

(一)普通引伸模具

普通引伸模具係指利用沖頭及下模穴在常溫狀態下，將金屬板引伸成無縫有底的初次引伸模具，此種模具尚可分類如下：

1. 沒有壓料板的引伸模具：此型是一種最簡單的引伸模具，如圖 2.75 所示，其加工方式是預先把切好之胚料放置於定位板中，沖頭下降，將材料引伸入下模穴中，直至成品脫離下模穴到達較大徑之缺口，此時圓筒頂面會因反彈彈作用微微張開，隨後沖頭上昇，成品就由下模缺口的阻擋，而達到剝料作用，沖頭上設有氣孔，以避免圓筒吸著沖頭影響正常的剝料。

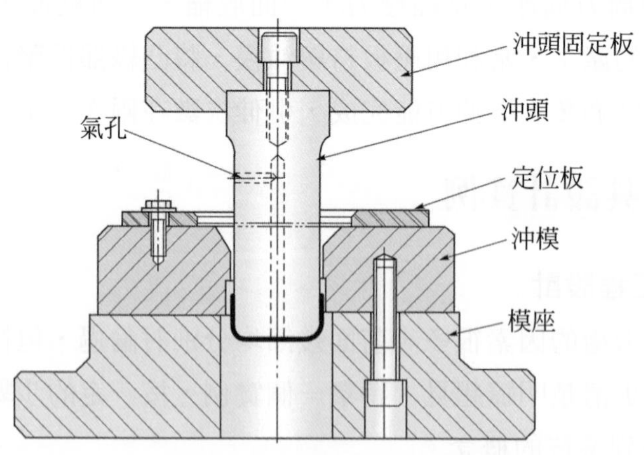

圖 2.75　沒有壓料板的引伸模具

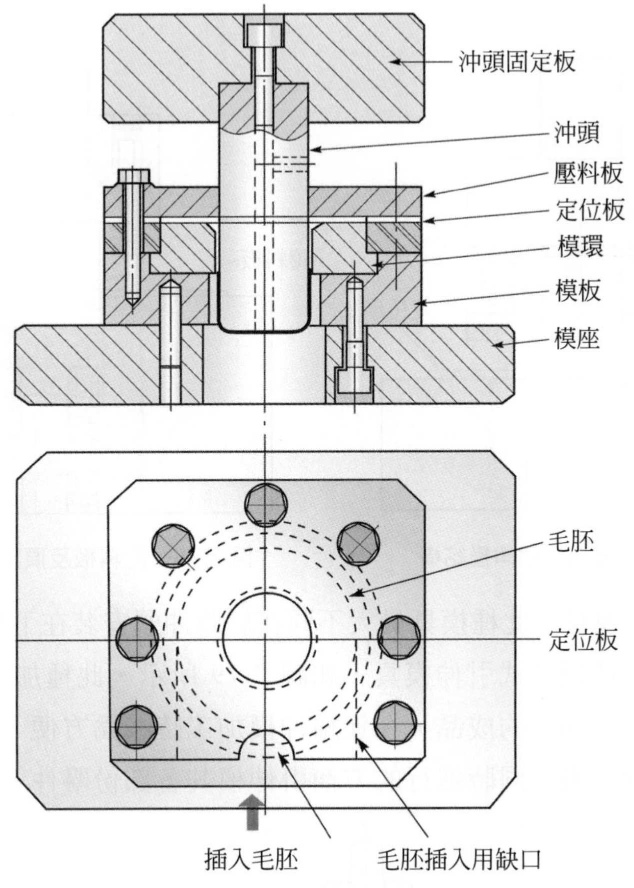

圖 2.76　有固定式壓料板引伸沖模

2. 有固定式壓料板的引伸模具：此種模具是構造最簡單且價廉的有壓料板引伸模，如圖 2.76 所示，其固定式壓料板與下模面間有一定之空隙，約為板厚的 1.1～1.2 倍，以防止引伸時板厚增加及產生起趨現象，這種模具的缺點是作業性不好，及定位板內易存塵埃，使毛胚位置不正確，且對附有凸緣的工件無法加工。

3. 有彈簧壓料板的引伸模具：彈簧壓料板的功用在沖頭未接觸材料之前，先將材料壓住，然後再進行，使材料平穩的流入模穴內，如圖 2.77 所示，當引伸完成，沖頭上昇，此時壓料板兼具有剝料功能，如圖 2.78 所示，此副模具不但有壓料板，而且還有脫料用頂出板，使成品引伸完成，沖頭上昇後，由彈簧的力量頂出模面，常用於附有凸緣不能由下方落料的成品。

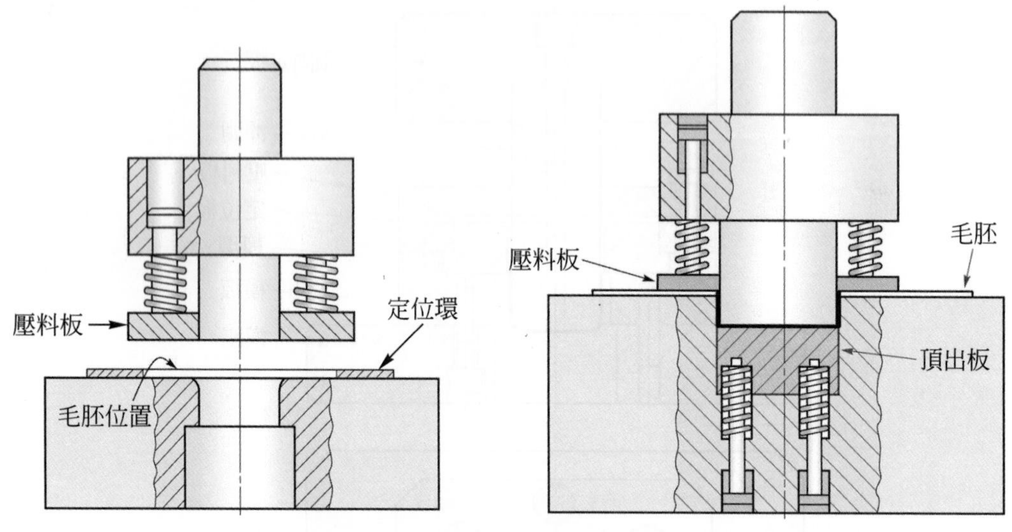

圖 2.77　壓料板引伸模結構　　圖 2.78　壓料板及頂出板引伸模結構

4. 向上引伸式模具：此種模具最大不同在於將沖頭安裝在下模，而將模穴安裝在上方的一種倒裝式引伸模具，如圖 2.79 所示，此種加工方式常用於已經初次引伸需再加工的成品，在連續沖模加工時較為方便。圖 2.80 所示，則為下料引伸切邊，同時進行的方筒引伸模其各部份零件。

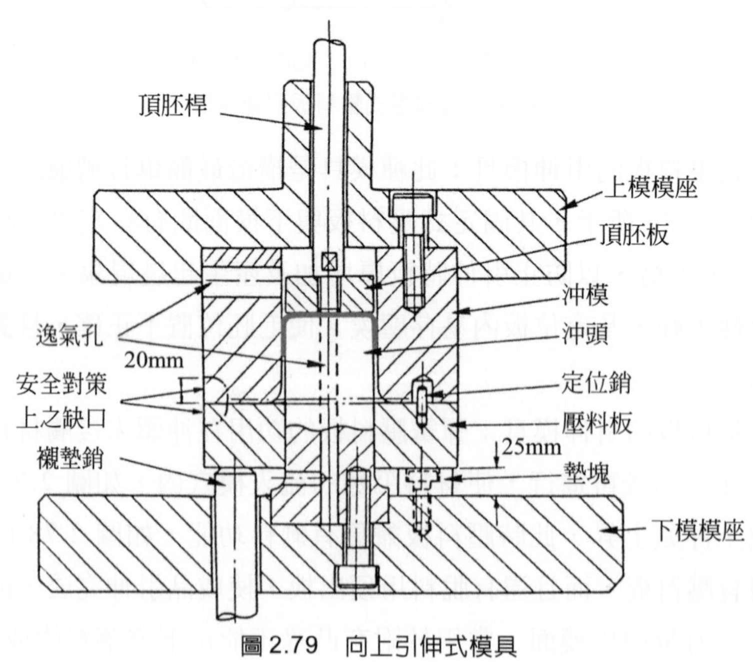

圖 2.79　向上引伸式模具

① 擋料板
② 彈簧壓料板
③ 下料及引伸共用沖頭
④ 下料下模塊
⑤ 引伸沖頭
⑥ 托頂料環
⑦ 切邊沖頭

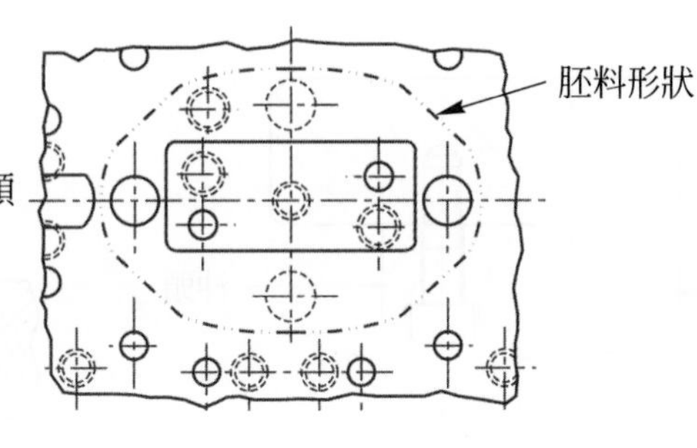

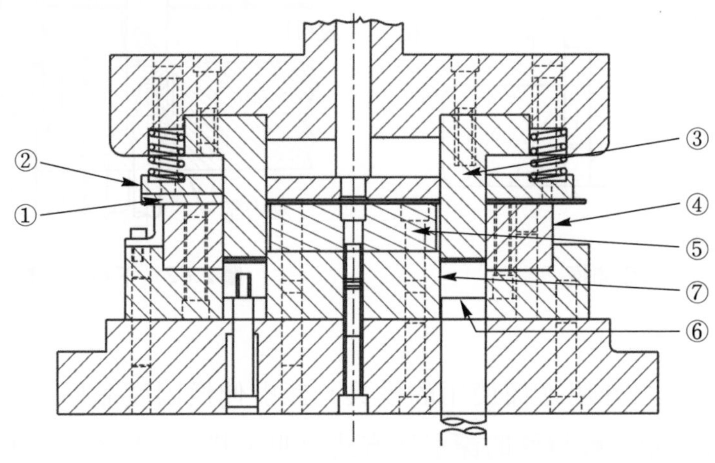

圖 2.80　方型引伸模具結構圖

(二)反向引伸模具

反向引伸模具是將第一次引伸筒套在下模上，沖頭加壓於筒之外底，使筒反向進入下模穴中而完成再引伸加工的模具，如圖 2.81 所示，此時引伸筒之外壁，卻變爲再引伸筒之內壁，如此內外壁相互交換，壓縮壓力較爲緩和，此種加工法爲加工性較佳的引伸法。

(三)組合複合引伸模

此種模具是沖床在一行程中，不但作引伸加工，同時還兼有下料、沖孔或整緣等工作。如圖 2.82 所示，沖床一行程，不但將成品帶料上剪下，隨後完成引伸及整緣工作。

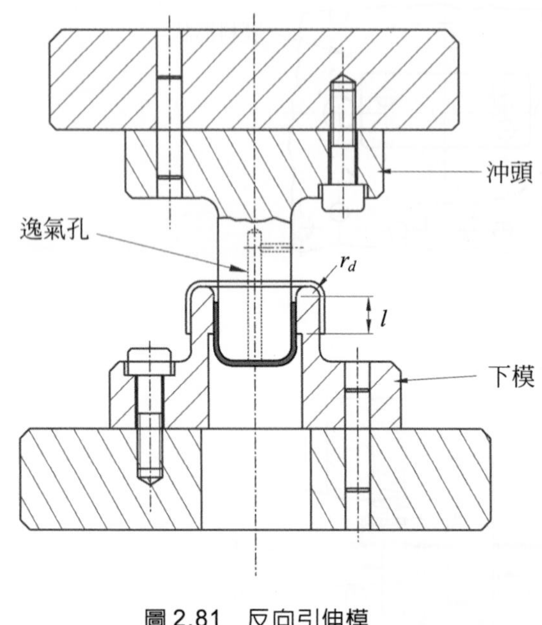

圖 2.81 反向引伸模

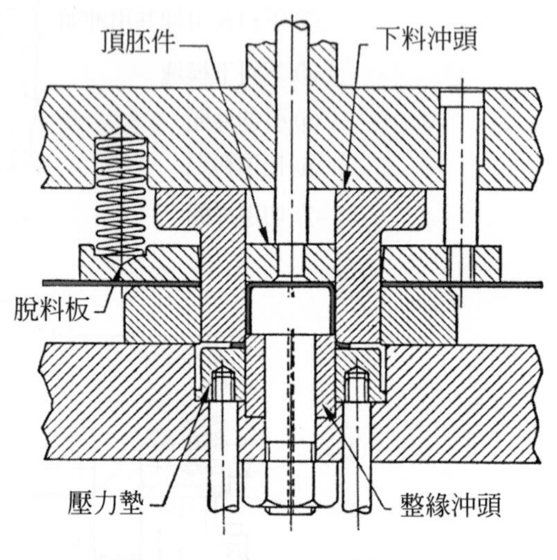

圖 2.82 下料引伸整緣複合模

(四)特殊引伸模

特殊引伸模爲因特殊用途而使用的模具，此引伸模因產品形狀及加工方式不同，甚難分類。在此舉一較特殊的深引伸方式說明，其主要原理是在材料上稍微加溫，使加工材料可塑性增大能更容加工易較深成品，是以加熱器或加溫油在環狀分佈的管路中，將熱量傳導至沖頭及引伸環上，以達到深引伸的目的。

2.7 壓縮加工

將金屬胚料在常溫或金屬再結晶溫度下，放置在模具間選用適當的沖床施行壓縮，使其產生塑性變形，體積重新分配以改變原來胚料的形狀，來完成各種複雜成品的加工方式，謂之壓縮加工。金屬壓縮力所產生的變形恰如黏性液體受壓流動狀態一般，實際上金屬是一種不可壓縮性的物質，因此在一個方向受壓體積減小時，必然在另外一方向產生擴張，其變形之難易隨溫度、材料種類、狀態及施力大小之不同而變化。此種加工技術源自於早期的高溫擠製加工，後隨沖壓加工技術的進步而逐漸演變成現今可製造各種複雜成品的常溫壓縮加工。

一、壓縮材料的變形及影響因素

施行壓縮加工時，材料內部會產生應力與應變，此種塑性流變須用精密的塑性理論去計算，不過在實際加工中其材料的變形狀況因受溫度、速度、滑潤的影響，會呈現出非常複雜的流變。

若在一斷面均一的材料端面上施加無摩擦的壓縮力，則材料各部份的主力方向為一定時會形成最簡單的變形過程，如圖 2.83(a)(b)所示。但在實際加工中幾無此類簡單而均一的理想變形，因為再單純的壓縮也有一定的摩擦，因而材料內部發生剪斷應力，形成複雜的變形，如圖 2.83(c)所示，因有摩擦力存在，在靠近模具表面的材料與內部的應力不會均一，會因摩擦阻力，使材料塑性流動受阻，使鄰接於模具面的材料變形較小，而內部變形較大，使得被壓縮的材料側面產生膨脹。

由上可知摩擦會使材料內的應力與應變不均一，會增大加工時所需的壓力或能量，同時也會使製品表面粗糙，工具破損或磨耗，所以應盡量減少摩擦阻力，如加適當的潤滑油及改善模具表面狀況等，則在室溫加工時以上產生的諸多缺點將可得到改善。

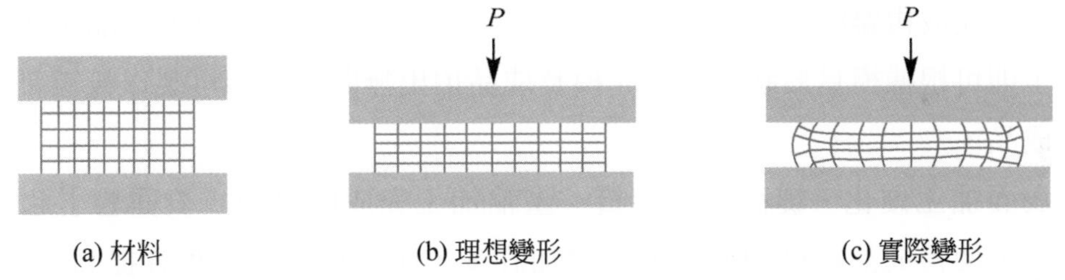

圖 2.83　材料理想的壓縮變形及實際變形

另一會影響變形的因素為加工速度。加工中塑性變形的能量及摩擦會產生熱，如擠壓需較大力的壓力、加工速度快時，則發生的熱沒有足夠的時間逸散，溫度上昇會使材料軟化影響材料的變形、加速度不但對熱的發生大有影響，對材料的受力變形、均勻化亦有影響，如加工速度極快而受到衝擊性的外力時，即使外力均勻也會因材料的慣性和黏性而不

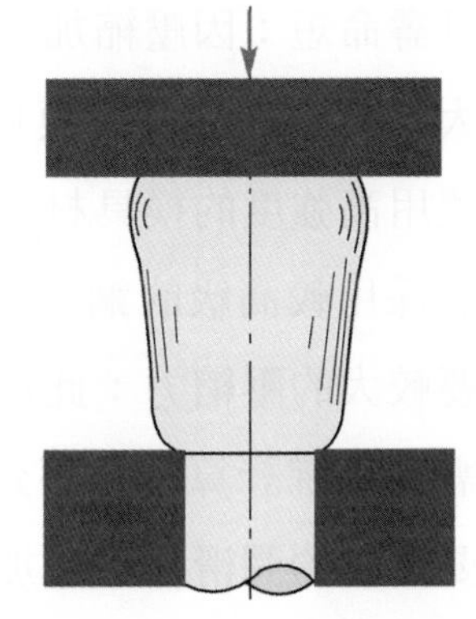

圖 2.84　加工速度快之變形

發生平行變形，容易在遭受外力的部份引起局部性的變形，如圖 2.84 所示是以落鎚撞擊素材時常見的局部變形。

二、壓縮加工法的優缺點

茲將壓縮加工的優點列述如下：

1. 材料利用率高：壓縮加工精確計算出成品大小後可用圓棒切出毛胚來，直接進行無切削無廢料的壓縮加工，故材料使用率高。

2. 可使用較廉價的材料：金屬受到壓縮時，要比受到拉長時較不易破裂，故與引伸比較，引伸所用的材料受到的是拉應力，故較易破裂，而壓縮加工則不需要使用成型性良好的高價材料亦可加工。

3. 減少加工工程道數：剪切或引伸加工，成品常需數道工程才能完成，而壓縮加工則經常一個工程就能完成成品。

4. 表面加工狀態良好：引伸加工時，成品表面常會產生許多缺陷，且毛胚結晶粒變粗大，常會發生表面如柑橘的皮面，但壓縮加工只要將模具表面製光，雖然材料表面精糙，也能得到表面光滑的成品。

5. 可以完成複雜的成品：使用引伸加工無法完成較複雜形狀的製品，而壓縮加工則可根據模具形狀，只要開模及成品頂出無問題，均可製作較複雜外型的成品。

6. 表面加工硬化，提高機械性質：壓縮加工完成的材料，表面會引起加工硬化，使得成品組織細密強度會增加許多，所以機械性質也會提高。

然而壓縮加工仍有許多缺點分別說明如下：

1. 模具壽命短：因壓縮加工時承受較大的壓力，且材料成型時快速流動，產生極大的摩擦，容易使模具磨損減短壽命。

2. 需使用高強度的模具材料：加工時模具承受較大的壓力及摩擦力，故製造模具需採用較高級的鋼料，使其強度及耐磨性提高。

3. 需要較大的壓縮力：此爲壓縮加工最大的缺點，因爲壓縮所需的動力極高，故需先精確計算，才不致使模具破裂或損壞沖床。

4. 需要高度的潤滑：壓縮加工的摩擦較引伸來得大，故需高度的潤滑來防止模具表面的磨耗。

5. 有斜角的成品不易加工：容器側壁有斜度或加工側壁上下不同的斜斷面容器時，不易使用壓縮加工。

2.7.1　壓縮模具實例

一、端壓加工

將棒狀的胚料的全體或一部份，沿其長度方向壓縮，使長度減短，斷面擴大的成形加工稱為端壓加工。端壓加工一般有鍛頭加工及單純的鍛粗加工，如圖 2.85 所示。

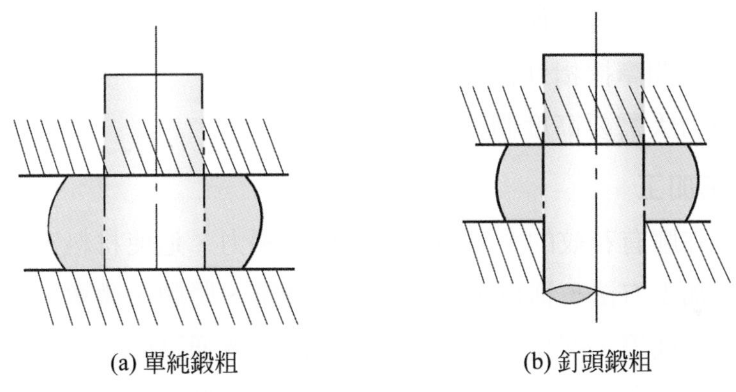

(a) 單純鍛粗　　(b) 釘頭鍛粗

圖 2.85　端壓加工方式

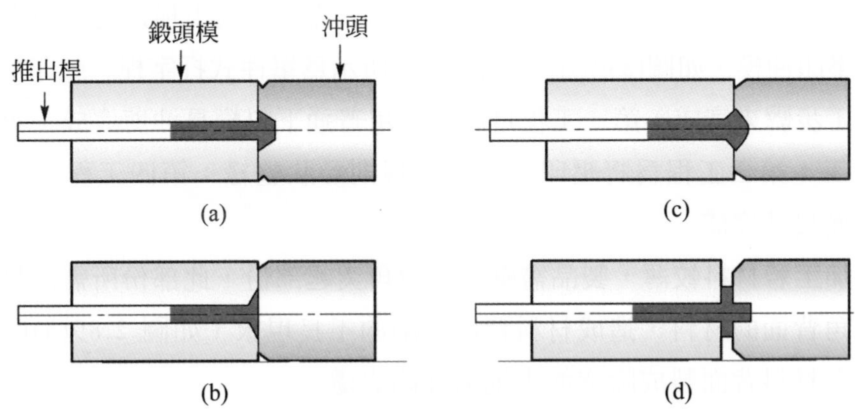

圖 2.86　鍛頭端壓加工之例

鍛頭加工是利用沖模將金屬棒材的頭部鍛粗成各種所需的形狀，如圖 2.86 所示。單純鍛粗加工，如圖 2.85(a)所示在上下兩平板工具間施以壓縮力，將毛胚壓縮的方法，因加工方法單純，本篇不再多述。

綜合以上的限制及優點分別列出端壓加工的特性如下。

優點：

⑴用圓棒作胚料，取料經濟，不產生切屑，節省材料。

⑵使用沖床冷間加工，可自動化大量生產。

⑶材料加工硬化，增加製品之機械強度。

⑷材料受冷間壓縮，晶粒變細成品表面與模具表面同樣光滑精密。

缺點：

⑴加壓力極高，容易使沖床及模具破壞。

⑵因模面之間摩擦損耗甚大，模具壽命短。

⑶因摩擦力大需要高度潤滑。

二、壓印及壓花加工

壓印加工是在雕有花紋的金屬模具間，施以壓力，迫使材料表面壓出凹凸的文字、圖案或花樣加工方法，稱爲壓印加工，如硬幣、獎牌、徽章、手錶殼及機械零件表面上的文字圖樣等，都是由壓印加工完成的。普通壓印模具可分爲密閉式沖模及開放式沖模兩種，如圖 2.87 所示，而圖(b)爲一密閉式沖模、沖頭及下模面都刻著花紋，當沖頭下壓時，材料受模環限制不致有太大的流動，可壓印出兩面都有花紋的製品，若花紋甚淺，而且簡單時，壓印模只需沖頭及下模即可，這種沖模就屬於開放式壓印沖模，如圖(a)所示。而圖 2.88 所示爲單件式打字桿，壓印加工實例，由四個加工步驟來完成，第一工程是將料條用普通下料模具沖剪完成；第二工程進行壓印加工；第三工程爲將壓印流動之不規則形狀整緣；第四工程爲將各部份形狀，按圖面尺寸完成。

壓印加工若材料較薄，製品需壓出有銳角突起部份，此部份所需的材料，大部份來自銳角背面的材料，造成材料背面窪陷的不良現象，如圖 2.89(a)所示，補救的方法是在材料背面製成隆突面來補償窪陷之處。

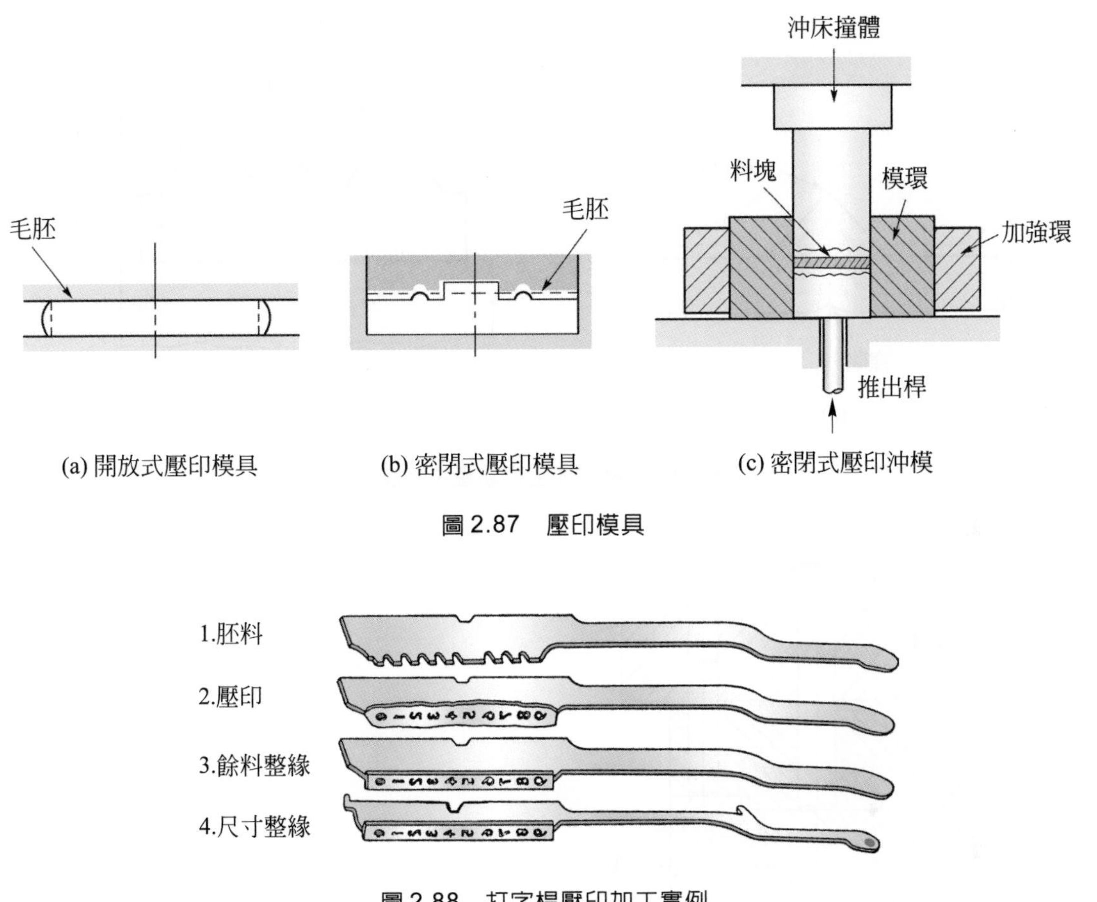

圖 2.87　壓印模具

圖 2.88　打字桿壓印加工實例

另一種容易產生的缺陷是對於有突出部份的製品，其突出的部份是材料表面被擠入沖模的窪穴而形成的，若壓力不足，材料就不能填滿沖模的窪穴，而突出部份就會產生缺陷，如圖 2.89(b)所示製品上要壓出五個相同高度的銳角，當進行壓印加工時，沖頭施予材料的壓力分佈以中央最大。所以材料中央銳角能迅速填滿沖模窪穴，此時沖頭已不能往下降了，但兩邊的銳角尚無法成形，若有此類製品可能需要請設計者改變成品的設計，或是在材料面上設計隆突面來改進了。

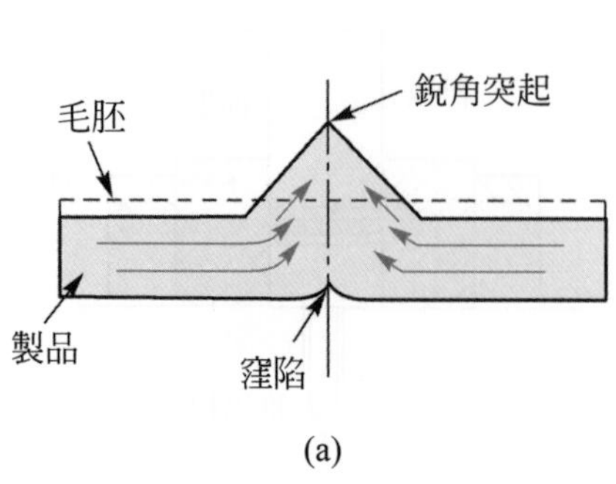

(a)

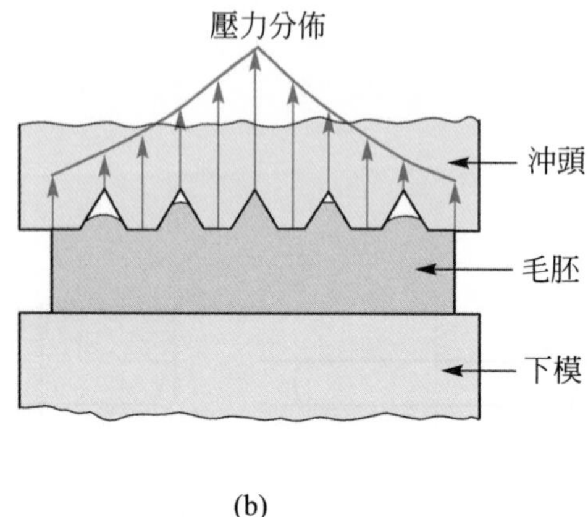

(b)

圖 2.89　壓印加工容易產生的缺陷

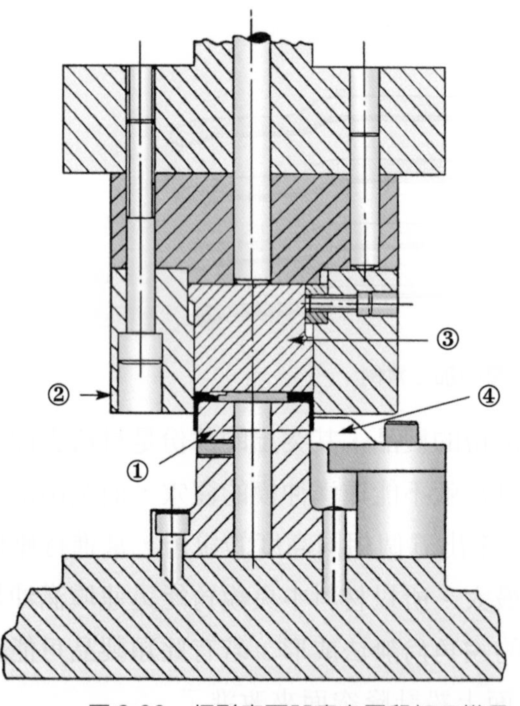

圖 2.90　杯形底面凹痕之壓印加工模具

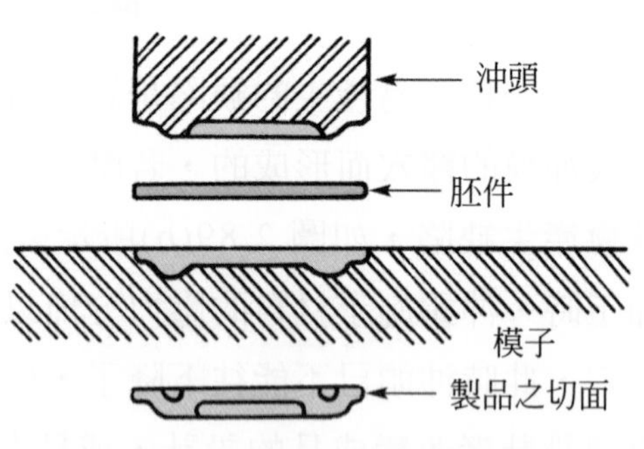

圖 2.91　壓花加工完成之成品

圖2.90所示是一凹痕加工用模具，把欲加工的圓筒，放置在下模的導柱①上，而以模環②將欲壓印的區域固定住，使得壓印沖頭③擠壓出圓筒底面的凹痕，壓印沖頭的設計可以在模環內作上下滑動，並藉頂料桿的驅動，將零件自模內排出，定位板④是利用預先切好的缺口，將零件適當的定位。

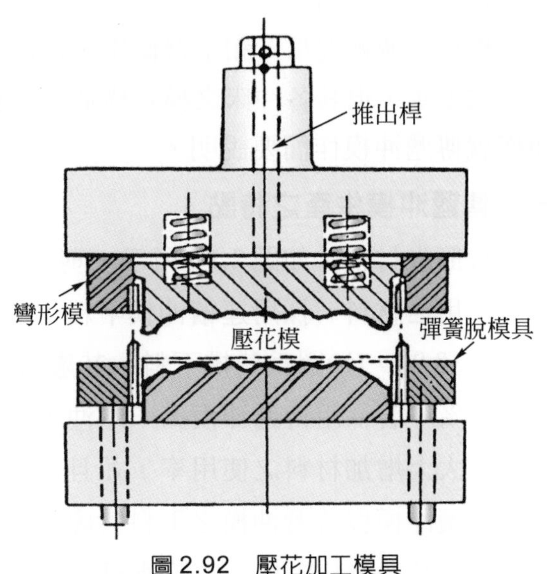

圖2.92 壓花加工模具

壓花加工是使用上下模作成凹凸相對配合的浮凸文字或花樣，將板料放置於其中，在不改變板厚的條件下，加壓作成兩面凹凸的花樣，如圖2.91所示爲一簡單的壓花加工成品，而圖2.92所示爲一壓花加工模具，當沖頭下降時材料受上下模凹凸部份的影響作用產生彎曲，或局部凸張作用來完成加工。

壓花加工的製品通常爲薄板的加強肘或淺容器等，其凸出的高度，一般以板厚的4～6倍爲限，由以上所述壓花加工及壓印加工不同處，在於壓花加工兩面皆有相同之設計，不需材料厚度壓扁，金屬所作的壓擠作用很小，故其所需的壓力均爲材料抗拉強度兩倍以上即可。

2.8 特殊沖壓加工

2.8.1 傳遞沖模

連續沖模雖然具有很多優點，如大量生產效率高，製品之品質均勻，並且在提昇沖壓技術與自動化之貢獻居功闕偉；但仍然有很多形狀較特殊或需要作第二次加工之製品，就無法利用連續沖模來沖壓加工，而且對某些製品，如採用連續沖模來生產，並非是最經濟有效的，這時就必需選擇其他類形之模具構造與加工方式，例如機器人化傳遞沖模床線。

至於機器人化傳遞沖床線，乃係爲了配合自動化與少量多種生產之需要發展的。實質上它仍屬於一般機構之自動化範疇，僅是將數台沖床串聯使用，同時配合傳遞機構及傳遞握爪、和手臂使用，以節省人力的一種生產方式而已，雖然它具有連續式生產，但其各沖床之模具構造均爲單站沖模，與一般單站沖模並無差異，本節僅就傳遞沖模作簡要說明。

一、傳遞沖模生產之特點

1. 節省材料：如圖 2.93 所示，剪切厚 1 厘米，直徑爲 38 厘米之料片以作引伸用之材料，採用連續沖模下料，如圖 2.93(a)所示爲單排下料，其廢料率爲 38 %，(b)圖爲雙排下料，其廢料率爲 31 %，(c)爲三排下料其廢料率爲 28 %，若採用傳遞沖模第一站沖下料方式，如圖 2.94 所示，其廢料爲 16 %，大大增加材料之使用率，並且節省材料之浪費，又如圖 2.95，2.96 引伸連續沖模與傳遞沖模之下料其廢料率比爲 46 %：16 %相差甚大。

2. 製品邊緣較平坦：由於連續沖模沖壓時，料帶之半成品，須藉著料橋與邊緊帶之裕料來支持，以便連續移動進給加工，這是連續沖模加工方式無法避免之材料損失，如圖 2.97 所示，尤其是在剪開引伸式連續沖模與剪送成形式連續沖模其各方之預留料更不易選擇，引伸後平坦處極少。既然料橋與邊緊帶不可免除，但在完成時必須與料條剪斷分離；造成製品上殘留之明顯痕跡，甚至與相鄰之邊緣處不等高，或過份銳利，而成了瑕疵品等缺點。如圖 2.97 及圖 2.98 所示，無論是向上、向下引伸皆如此，而傳遞沖模均無這些缺陷，它最主要的依靠梭動裝置，一站一站向前推送，以傳遞半成品，其邊緣口端處經一次沖剪紋能獲得，平坦之邊緣。

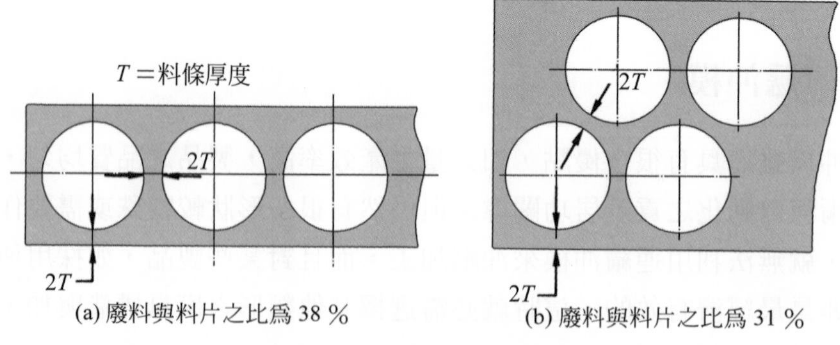

(a) 廢料與料片之比爲 38 %　(b) 廢料與料片之比爲 31 %

圖 2.93　料片與廢料的關係

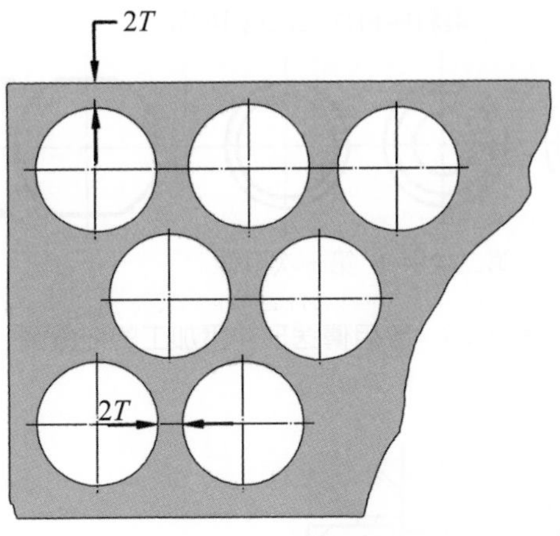

(c) 廢料與料片之比爲 28 %

圖 2.93　料片與廢料的關係(續)

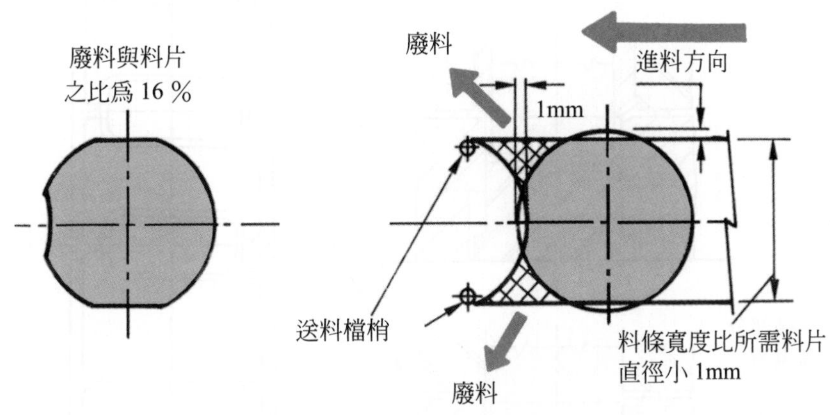

圖 2.94　節省材料的料片設計

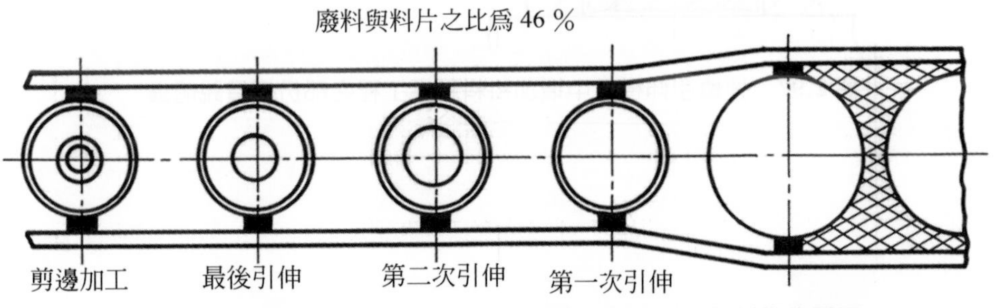

圖 2.95　直徑為 38mm 的料片以連續沖模來引伸的料修佈置圖

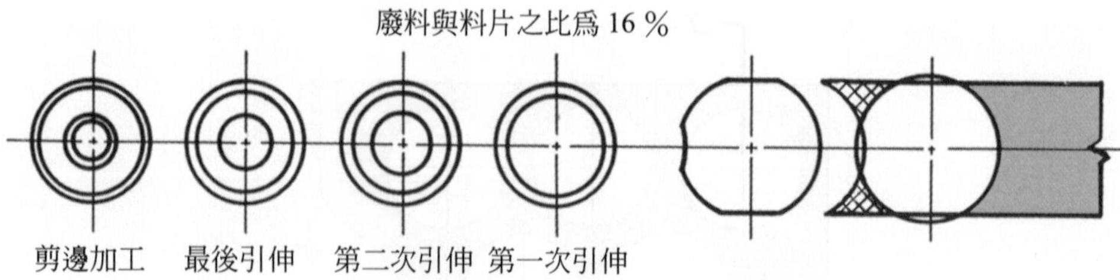

圖 2.96　改用傳送形沖壓加工的佈置圖

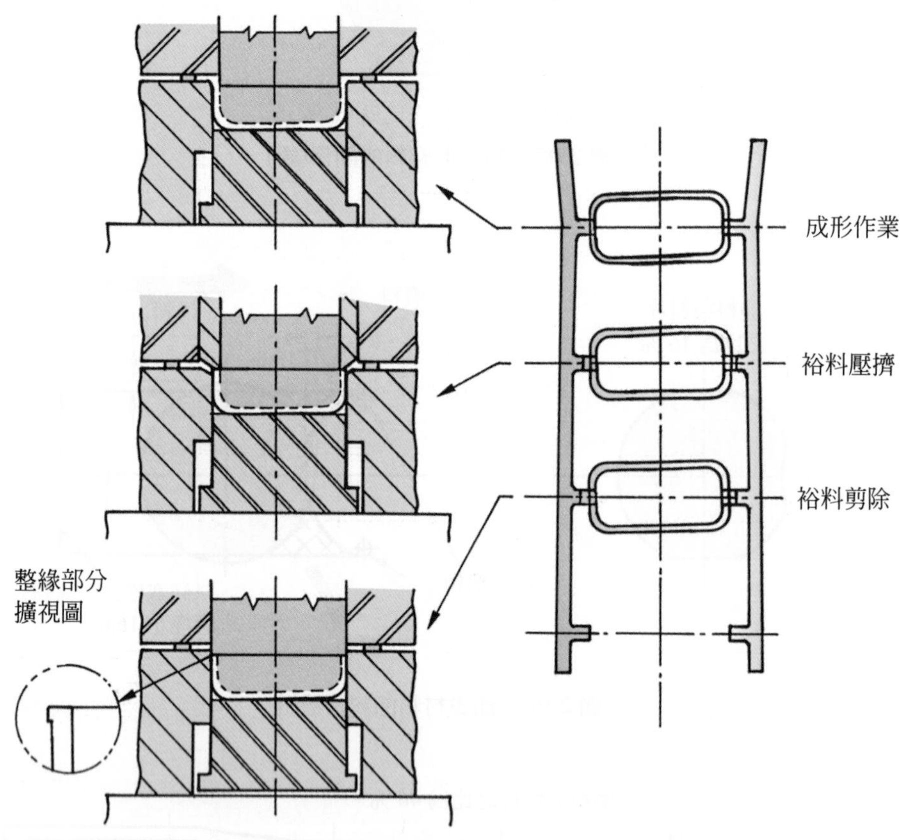

圖 2.97　連續引伸模具中增加裕料壓平工程之部份模具說明圖

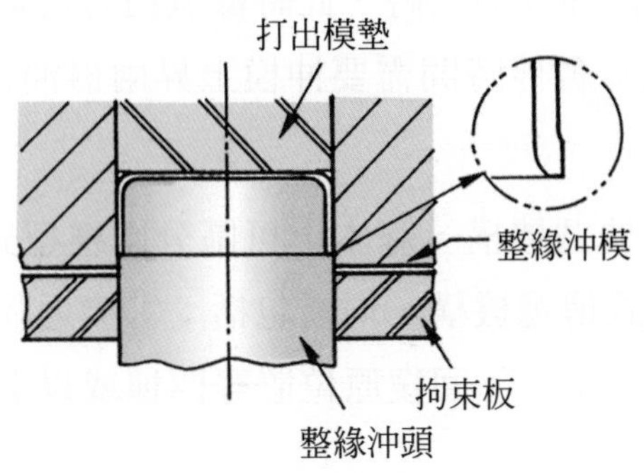

圖 2.98　擠壓整緣加工與製品端部之形狀

二、傳遞沖模之動作原理

傳遞沖模之動作原理與一般傳統連續沖模相仿，惟有在傳遞胚料時其動作稍異於傳統連續沖模，下面將其動作分解說明，使學者能更深一層瞭解。請先複習暫停之定義，一般的沖壓加工中，暫停是指任何機件此刻皆不產生動作；然而在傳遞沖模加工時，暫停則是衝程的一部份，此時傳遞機構之任何機件包括機械指(握爪)沒有任何的運動。如圖 2.99 所示。

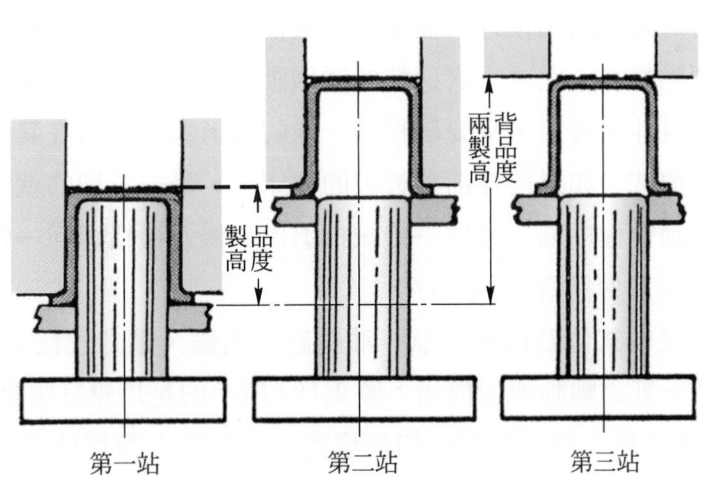

圖 2.99　滑塊上昇兩個製品高度

第一站爲衝程在下死點位置，此時引伸圓筒被沖模所包圍住。

第二站爲滑塊上昇一個製品高度，這時傳遞機構之機械指無法進入，而暫時停留。

第三站爲滑塊上昇兩倍沖件高度時，此時機械指方可進入模內握住沖件，傳遞至下一工作站加工。因此，暫停時間需要沖模上昇兩倍沖件高度所需之時間。

三、傳遞機構

傳遞沖模之特徵在於傳遞機構，基本上可區分兩種型式：開放式與束縛式。

無論是開放式或束縛式傳遞機構，均需包括：①接近胚料與半成品、②抓取胚料與半成品、③向前傳遞一站、④回復原位置等四種或以上之動作。下列分別加以說明。

1. 開放式：使用滑塊來驅動傳遞機構方式是唯一開放式傳遞機構，如圖 2.115 所示，右側代表沖床滑塊驅動的機構及傳遞動作，左側是衝程配合的循環圖(左方)。握爪縱向的夾持或放開工件以及傳遞機構連同(握爪)橫向的送料或退回的運動皆由齒輪與齒條所驅動的。這種驅動方式在工業上廣泛地被採用。注意循環圖中的暫停階段是從沖床下死點的位置開始的，沖模自下死點上昇兩倍沖件高度時，握爪就進入模內緊緊地握住沖件，於是隨傳遞機構以等減速度將沖件傳遞到下一工作站，此時沖模已達到沖床的上死點。當沖模下降時，握爪因保持沖件在沖頭上端的正確位置，故有暫停階段，待沖模接觸沖件時，握爪退出模外，並隨傳遞機構沿橫方向回到它原來的位置，直至沖床下死點爲止，完成一次送料的循環動作。這種由滑動驅動的傳遞機構非常簡單而且非常實用，只要衝程是一樣的話，還可以用在其他的沖床上，所以稱爲開放式。如果用在衝程較大的沖床上，唯一不同的就是暫停的時段會較長。其動作程序爲，暫停→機械指退出→傳遞機構退回→暫停→機械指進入→零件向前傳遞等六個程序。

2. 束縛式：束縛式傳遞機構以氣、油壓缸、凸輪、電力三種來驅動。

⑴氣、油壓缸之驅動傳遞機構：圖 2.101 所示的是以壓缸驅動的傳遞機構(右方)及傳遞動作與衝程配合的循環圖，它的動力源與沖床是完全分開的，所以它的加速必須藉由特殊的電路迴路來控制慣性，這與滑塊驅動式之機構不一樣，但是這種氣、油壓缸必須經電器控制，方能使沖床與壓缸動作一致，如此，沖床便受到約束，這種傳遞機屬於束縛式。其機構不能應用在其他種沖床使用。

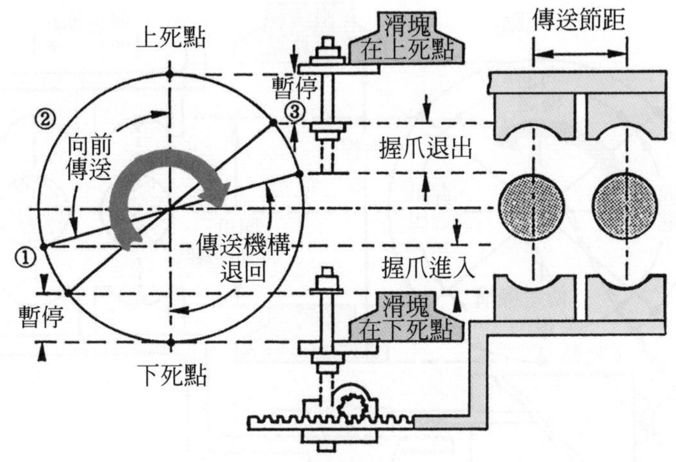

圖 2.100　由滑塊驅動的衝程循環圖

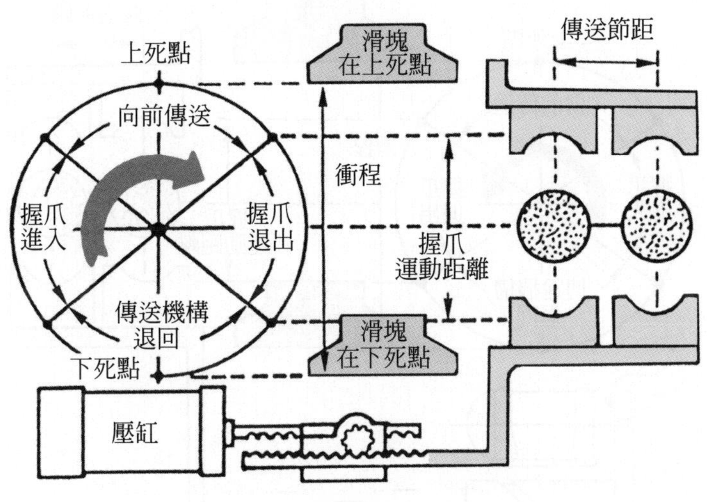

圖 2.101　由壓缸驅動傳送機構的衝程循環圖

⑵凸輪驅動傳遞機構：如圖 2.102 所示，是以凸輪驅動的衝程循環圖，它是幾種傳遞機構中較好的一種，它的精確運動完全是由平面或桶形的凸輪所決定的，凸輪則是經由鏈輪、鏈條與沖床上曲軸的延伸桿相連而驅動的。

⑶電力驅動傳遞機構：如圖 2.103 所示，由馬達驅動的衝程循環圖，電力源與沖床本身也是分開的，可以用變速馬達來驅動桶形成一連串的平面凸輪；它又可分為兩種形式，第一種是在馬達與凸輪之間裝上一個離合器，

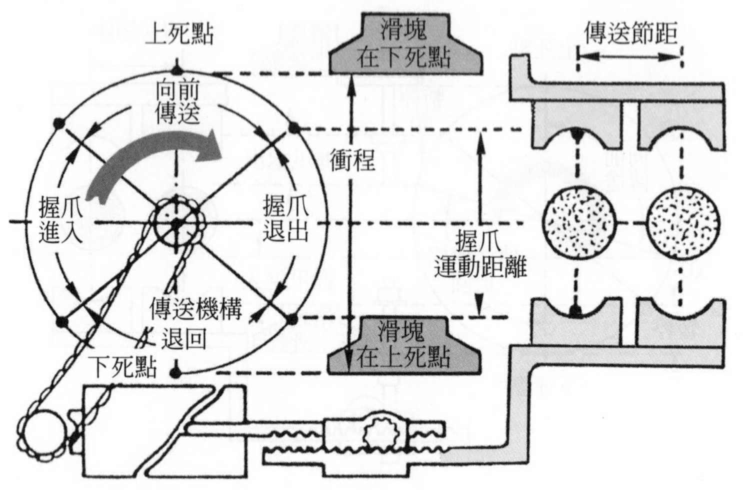

圖 2.102　由凸輪驅動傳送機構的衝程循環圖

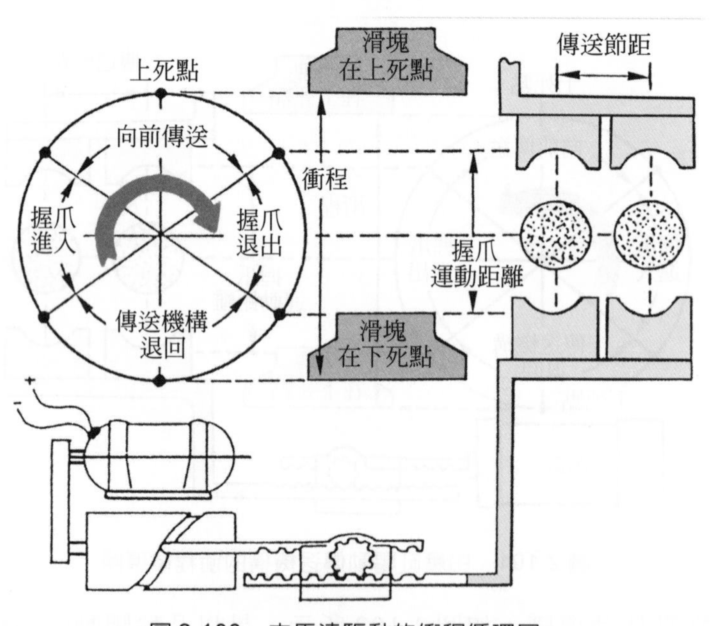

圖 2.103　由馬達驅動的衝程循環圖

使得傳遞機構比沖床本身的運動稍微快一點，這樣可使得傳遞機構在接近上死點的位置時稍作停頓，以便讓滑塊的運動能趕得上，這樣做的目的主要是爲了消除沖床離合器的磨耗，而馬達與凸輪之間的離合器由於它不像沖床的離合器要克服或控制飛輪的動能，又由於傳遞機構的運動組件很輕，所以小型的離合器就足可勝任也。

由以上束縛式驅動方式中，凸輪驅動式既精確且快速，而電力式中無論是配合平面凸輪或者是同步式電力控制皆很理想，唯獨氣、油壓缸驅動方式使用時，需考慮其油壓缸應如何促使其與沖床做一致之運動，否則儘可能不使用它。

四、傳遞沖模之送料方式與加工速度

(一)送料方式

將料片自料倉中送入傳遞沖模中之送料方式，可分爲底部送料方式與頂部送料方式兩種，如圖 2.104 所示。至於採用何種較合適，一般以料片厚度來劃分，在 1mm 厚度以上之料片採用底部送料方式，如圖(a)部份所示。這種送料方法有個缺點，當料片由料倉底部推出一塊料片時，其上面一塊料片的毛邊會刮傷它的表面，對於表面要求嚴格的沖壓件這是不允許的。但它都是一種理想的送料方式，因爲料片的再裝塡或塡充不須停車即可進行。

當料片的厚度在 1mm 以下或是表面容易磨損的材料如銅、鋁等已經磨光的材質時，最好選用自頂部送料的方式，它是自頂部由眞空吸帽把胚料吸住然後送至第一工作站，這種送料方式的缺點是當料倉中的料片用完時，可能需要停車來裝塡胚料片。

圖 2.104　兩種送料方式

圖 2.105 所示爲送料的重要原則，連續沖模只能用料條在它送料的方向作送料的動作，而傳遞形沖模不但可用料條在它傳遞沖壓半成品的方向送料，亦可在與其成垂直的方向送料。甚至可在垂直與水平之間的任何角度上來送料。由於有這些優點，所以當工廠內的機器佈置限制了送料方向時，傳遞形沖模可以靈活地選用其他的方向來作送料的動作。

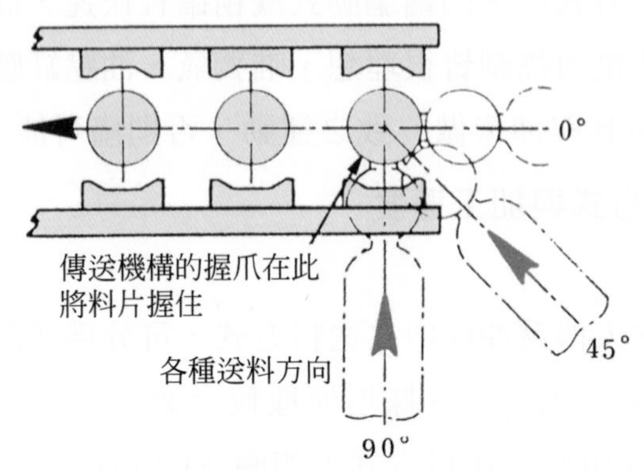

圖 2.105 卷料可自零度至 90°之間的任何方向進料

這組模具每一個工作站上的模座都是獨立的，這種設計的優點是當選用的沖床發生故障時，可以分別拆下來，變成單工程的模具在各個沖床上作沖壓的工作，所以，這種設計在生產上是相當具有彈性的。

五、加工速度

傳遞機構就如同任何一部具有良好設計與製造的機器一樣，應該可在任何的速度下來操作，甚至可比任何沖床還要高的速度下來操作，但是有一因素限制了傳遞的速度，那就是傳遞的速度不能超過材料本身所允許的引伸加工速度。圖 2.106 中表示一般常用的幾種材料的引伸加工速度，例如鋼的引伸速率是每分鐘 24 公尺，銅的引伸速率是每分鐘 60 公尺，剛好是鋼的兩倍半。

圖 2.107 所示爲一簡單引伸加工的沖床行程循環圖，由於上死點與下死點是滑塊改變方向的地方，所以這兩處的速度都是零，最大的速度約在水平中心線的附近，沖頭與料片開始接觸進行引伸加工，然後降至下死點的衝程稱之爲「主要工作衝程」，因爲這接觸點已經過了水平位中心線，所以沖頭的速度比最大的速度要小一些，在沖頭回程向上時，沖件已經抽製完成，就在這個時候其他一連串的作業經矯正、整形與再引伸加工都已經完成，俟沖頭回升至將要脫離筒口的衝程稱之爲「次要工作衝程」，它終止於沖頭接近水平的位置，所以也達到了較高的速度，但是我們必須計算出這時沖床滑塊的速度是多少，以便決定衝程 3 循環所能允許的速度而不致超過材料安全的引伸速度。

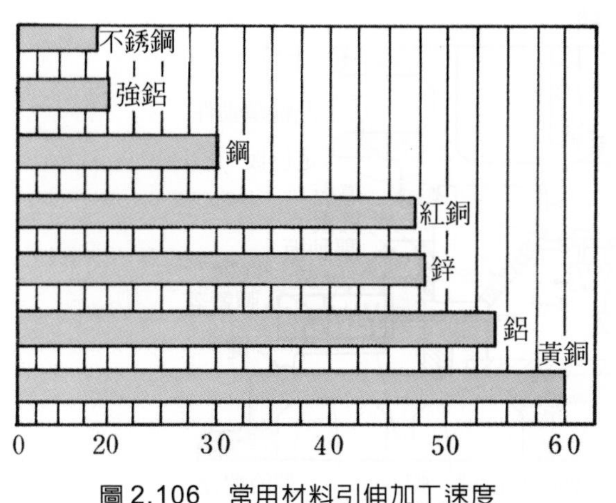

圖 2.106　常用材料引伸加工速度

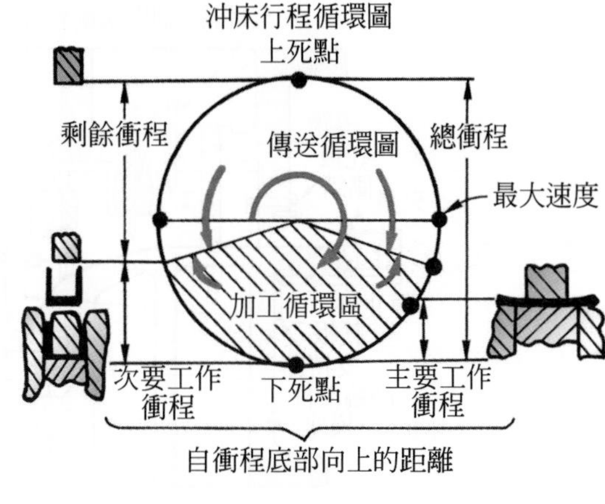

圖 2.107　沖床行程循環圖

2.8.2　凸輪沖模

一般的沖床加工都是以垂直方向爲主，如須作傾斜或水平方向之加工時，則可應用凸輪機構，如圖 2.108 所示，其工作項目可包括有沖孔、缺口、整緣等沖剪加工，尤其製品是凸緣內彎者使用最多，如圖 2.109 所示，凸輪沖模最常應用在二次加工或連續沖模折彎加工上。

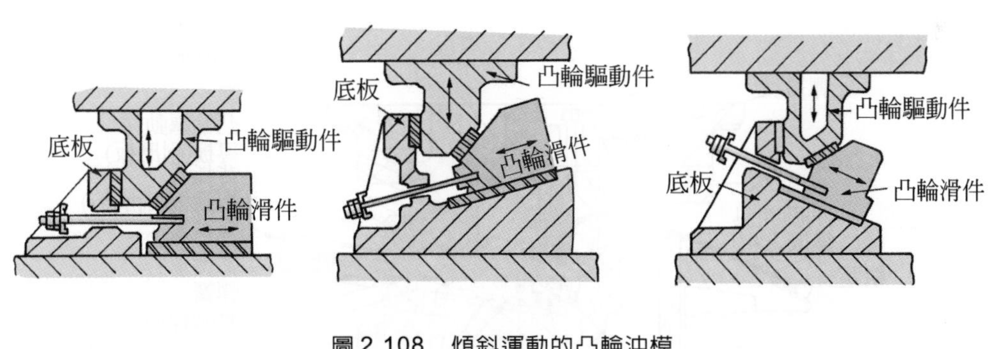

圖 2.108　傾斜運動的凸輪沖模

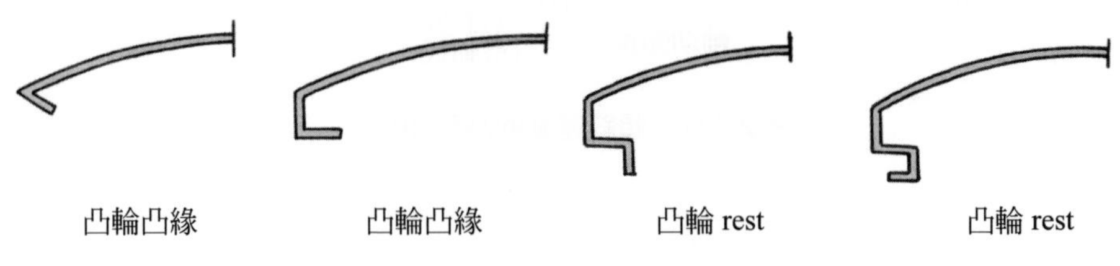

圖 2.109　凸緣栓

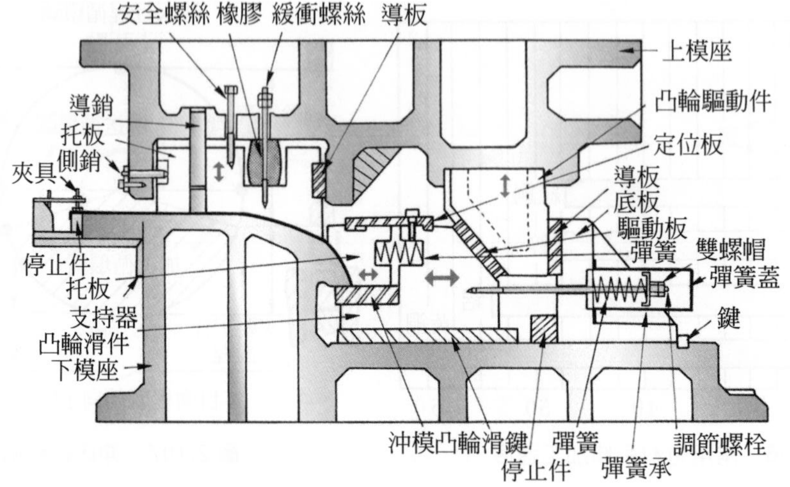

圖 2.110　水平運動的凸輪沖模

一、凸輪沖模的構造

1. 單側凸輪沖模：可分水平與傾斜式兩種，如圖 2.110 與圖 2.111 所示。

2. 雙側凸輪沖模：一般雙側凸緣製品較單側凸緣製品困難取出，因此雙側凸輪沖模內，須設計內滑件與凸輪驅動件，如圖 2.112 所示。

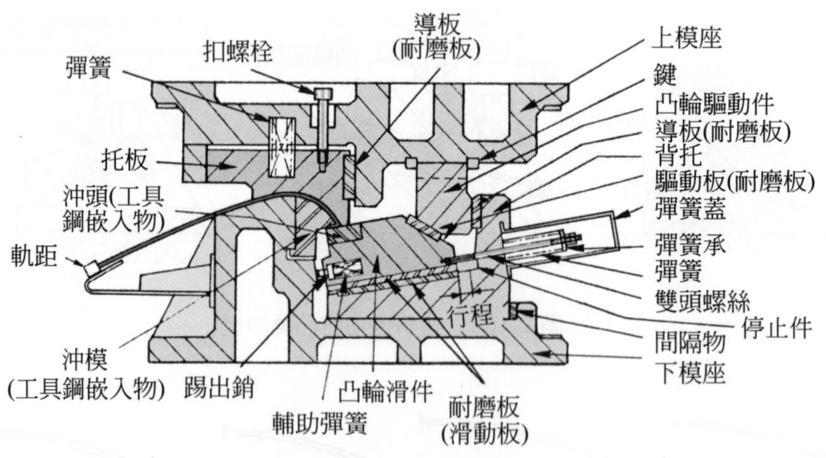

圖 2.111　傾斜運動的凸輪沖模

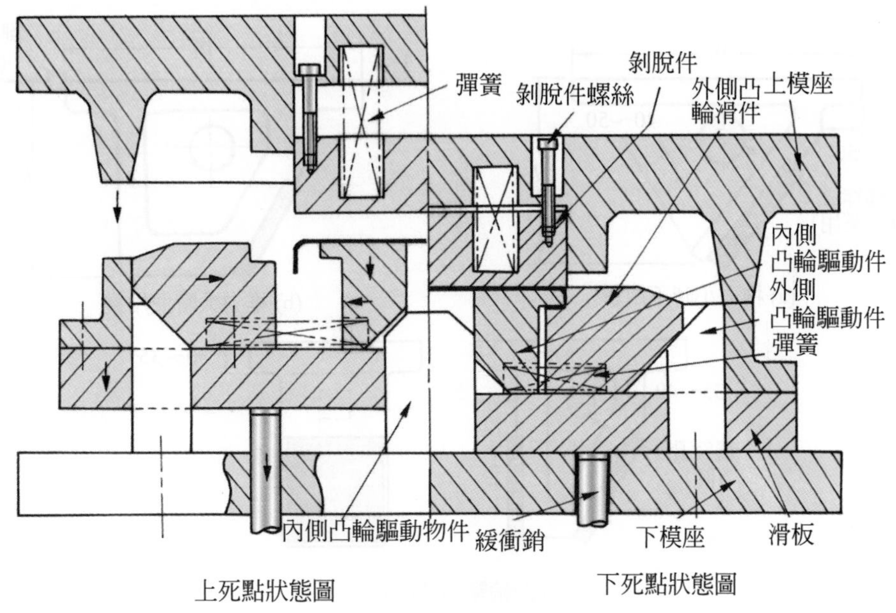

圖 2.112　雙側凸輪沖模

二、凸輪沖模之驅動部份之各零件設計

凸輪其基本組件爲凸輪驅動件、凸輪滑件、以及背托塊，在設計時需注意之事項，如下說明：

其形狀如圖 2.113(a)(b)所示，在設計時，各種凸輪驅動件高度H_1愈小愈佳，其周圍之相關尺寸如圖(c)所示。

一般不設背托板之準則爲驅動件長度$W_1 \geqq 1.5 H_1$(高度)爲準，使用在大型模具及承受較大之推力時，則須設置背托板。此時，無須要拘束凸輪驅動件之高度與長度之比值。

如圖 2.114 所示，一般凸輪滑件的行程小於凸輪驅動件之行程；斜面上作用線三分之二B處之垂線與滑動面交點A點，需在凸輪滑件長度(W_2)之內側。而凸輪滑件的高度(H_2)與長度(W_2)之最小比值爲 1：1，通常使用之標準約在 1.5～2 倍間爲原則；另外滑件長度(W_2)與寬度尺寸成正比，換言之，滑件長度增長時，其寬度相對須增寬，以求穩定；其比值$W_2 \geqq 0.4\ L_2$以上。

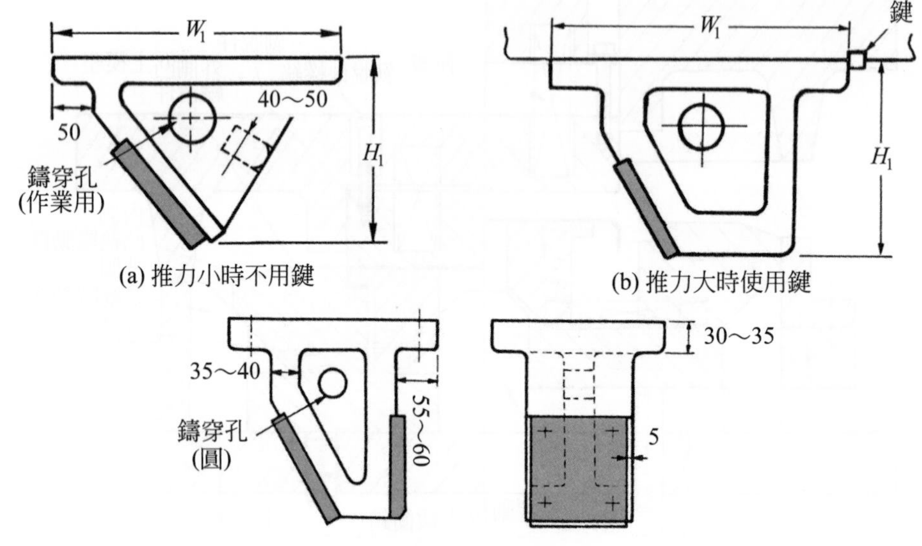

圖 2.113　凸輪驅動件形狀

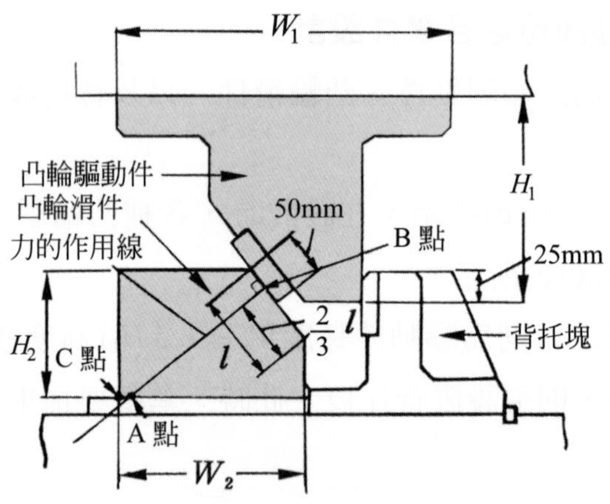

圖 2.114　凸輪滑件開始運動前的狀態

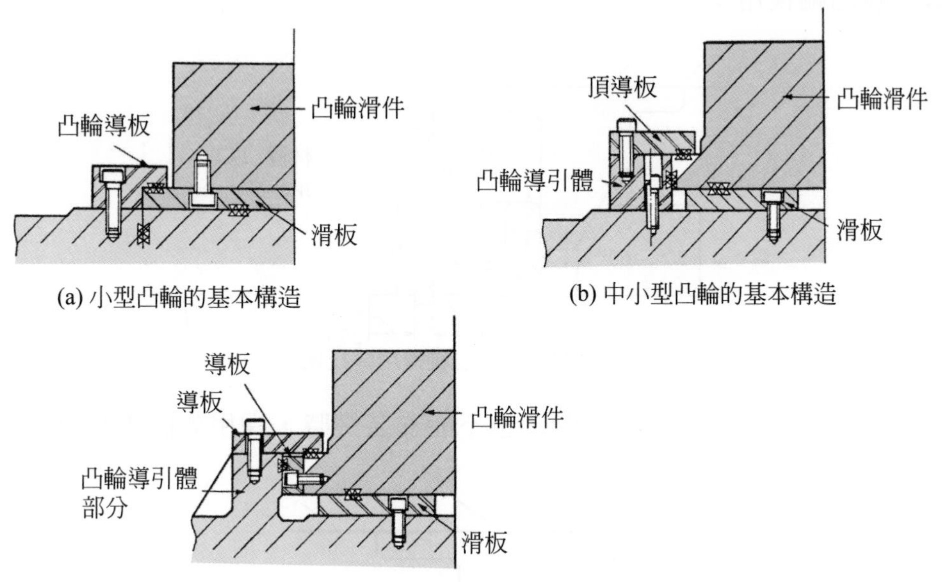

(c) 中大型凸輪的基本構造

圖 2.115　大型凸輪滑件使用情形

依使用負載之大小，一般可分小型凸輪、中型凸輪及大型凸輪滑件使用，如圖 2.115 所示。

1. 小型凸輪，外加之凸輪導板與滑板作限制滑動。在滑動之處設有油槽。

2. 中型凸輪，可將其導板分割成頂導板與凸輪導引體，而滑板長 250 公厘，板寬在 100 公厘以上時可分件構造。

3. 大型凸輪，其材質為鑄鐵FC25 鑄造整體型，其凸輪滑件之左右安裝導板，作間接導引，模具過大時，要考慮加設自動給油裝置。

背托塊的形狀如圖 2.116 所示，依其所承受之負載決定使用之材質與形狀。

1. 小型凸輪：

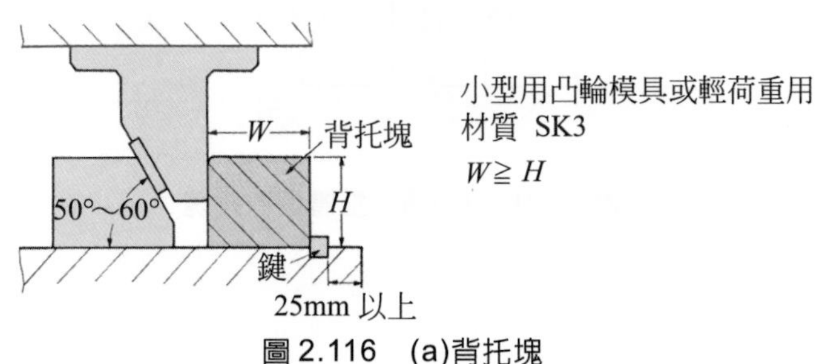

圖 2.116　(a)背托塊

2. 一般凸輪模用：

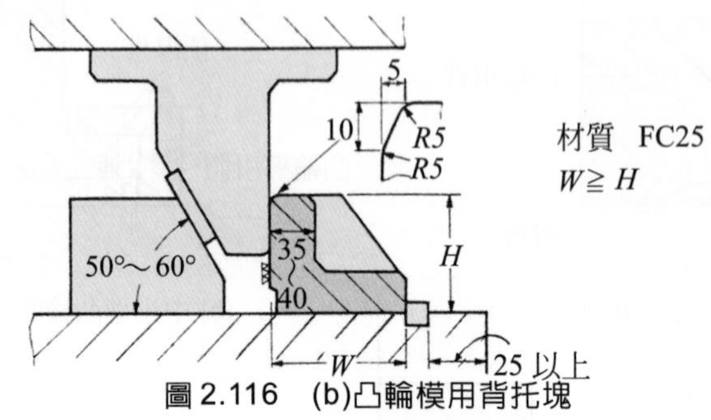

圖 2.116 (b)凸輪模用背托塊

3. 特殊用於背托塊後方無空間，也不能安裝鍵時，採用如圖 2.116(c)所示。

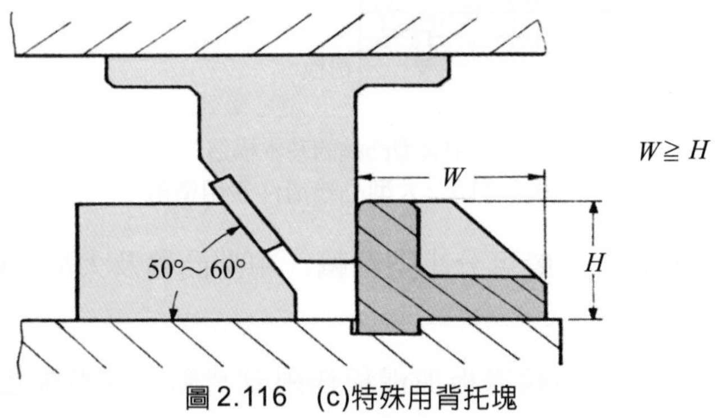

圖 2.116 (c)特殊用背托塊

4. 大型模具用時，其材質爲鑄鐵 FC25 爲鑄造整體型，可承受大荷重，如圖 2.116(d)所示。

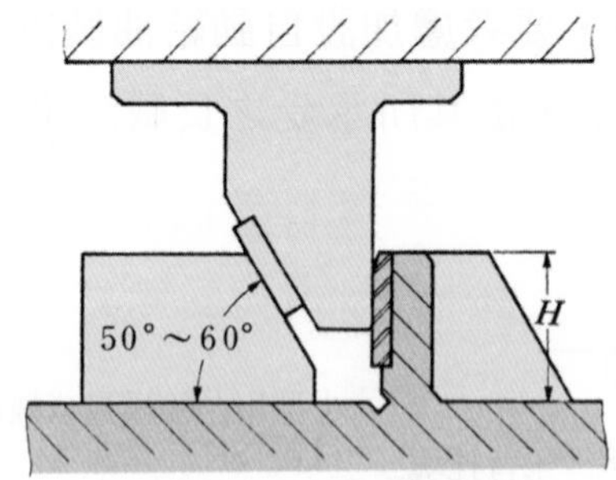

圖 2.116 (d)鑄造整體型背托塊

三、凸輪滑件的回復機構

凸輪滑件使用彈簧之力作回復之動力，也可以使用空氣缸；前者彈簧之使用較多，最主要之原因，在於促使凸輪滑件動作時，不產生力矩。至於彈簧之配置位置如下列各圖所示。

1. 安裝在背托板外側，如圖 2.117 所示。

特點：

⑴適用小型模具上。

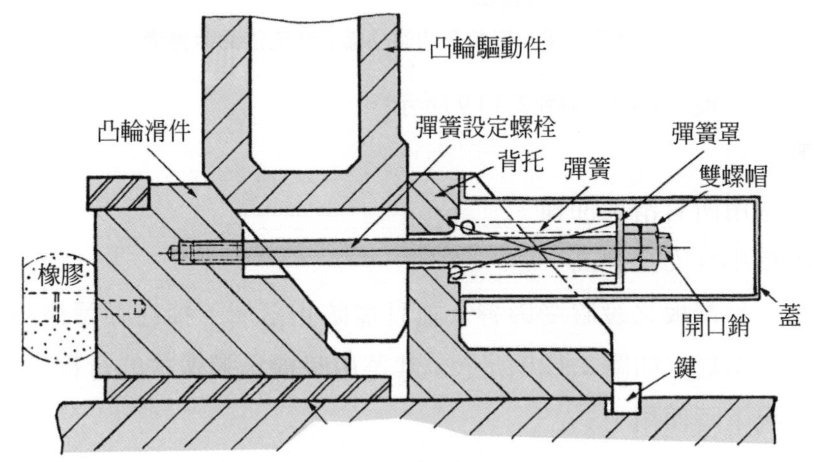

圖 2.117　安裝在背托板外側的回復機構

⑵構造簡單。

⑶可減小凸輪件。

⑷拆裝容易。

缺點：

⑴彈簧容易疲乏與飛散。

⑵配置在背托板外側，造成模具面積增大。

2. 安裝在沖頭、凸輪滑件內，如圖 2.118 所示。

特點：

⑴適用中、大型之模具回復機構。

⑵構造簡單而安全。

缺點：安裝之彈簧位置，因而增高凸輪滑件之高度。

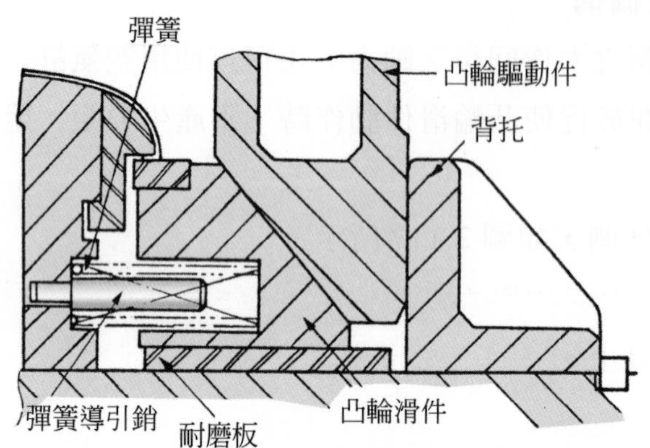

圖 2.118　安裝在沖頭凸輪滑件內的回復機構

3. 安裝在下模座內，如圖 2.119 所示。

特點：

⑴可適用所有滑塊沖模。

⑵體積小且安全性高。

缺點：耐摩板之設置受影響，並且需防止落屑下掉在彈簧槽內。

4. 使用空氣缸，如圖 2.120 所示，其選用時機爲彈簧式的行程不足或須設雙凸輪情況下時使用。

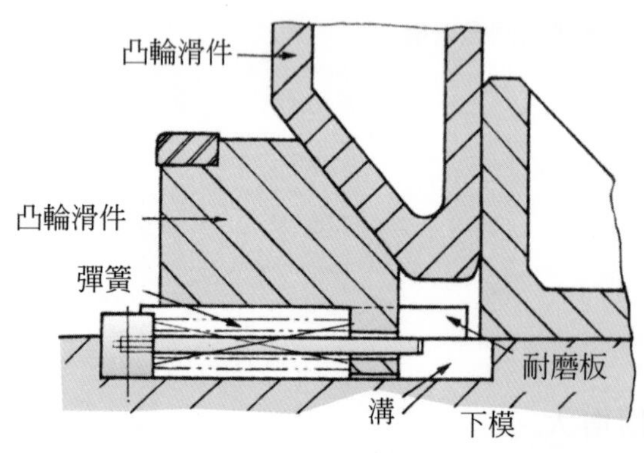

圖 2.119　安裝在下模座內的回復機構

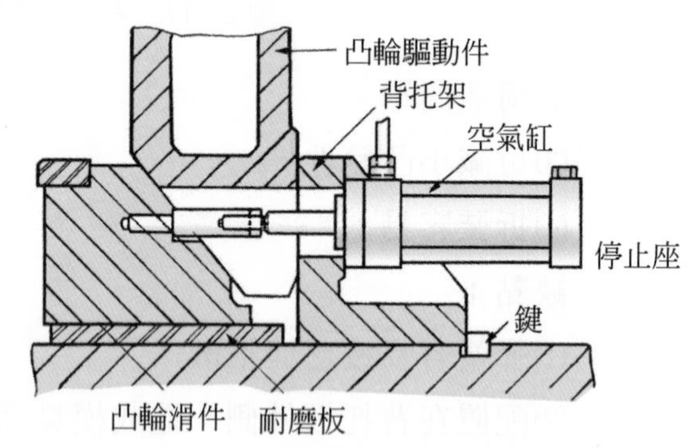

圖 2.120　使用空氣缸的回復機構

習題二

1. 油壓式沖床與機械式沖床之不同點？
2. 試繪圖說明金屬剪斷面的形狀及所佔材料厚度的比例。
3. 彎曲加工應考慮那些因素？
4. 請說明壓縮加工及其優點與缺點。
5. 試述壓印加工及壓花加工有何不同？

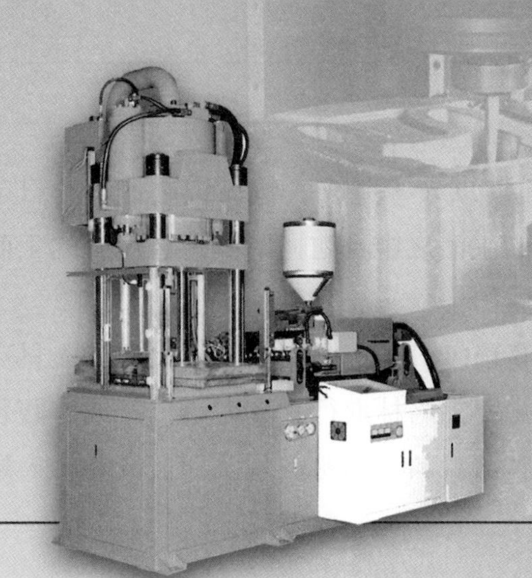

Chapter 3

塑膠模具

3.1 塑膠模具概論

人類的文化至二十世紀開始發展塑膠工業以來，造成人類科技之進步一日千里。今日塑膠用途之廣泛，不只深入每個人的生活之中，也同時關連著所有的工商業以及人類的活動。

自1869年，美國人海特(Hyatt)發明賽璐珞(Celluloid)開始，至比利時人貝克蘭(L.H.Backeland)博士於1909年在美國將酚與福馬林進行化學反應，做成外觀及物理性質類似松脂狀之酚樹脂；其後，新的塑膠材料不斷被發現及開發成功，人類歷史的塑膠時代正式開始。

3.1.1 塑　膠

塑膠是以人工方法合成的高分子有機化合物爲主要原料，再應用各種成形方法使之成形，而成爲有用的固體形狀之物質。

於塑膠的特性，可經由不同的成形方法，大量製造各種型式的產品，如玩具、餐具、包裝材料、醫療器材、建築材料等如圖3.1所示，普遍應用在我們的生活當中。

有些塑膠之機械性質良好，耐熱、耐磨、強度大、耐衝擊性佳，剛性、韌性等相當接近金屬材料，因此，這一類塑膠可製成各種齒輪、凸輪、軸承等機械用零件，以減輕金屬機械零件之重量及成本，由於是應用於工業，稱之爲工程塑膠，如尼龍、縮醛樹脂、聚碳酸酯樹脂等。

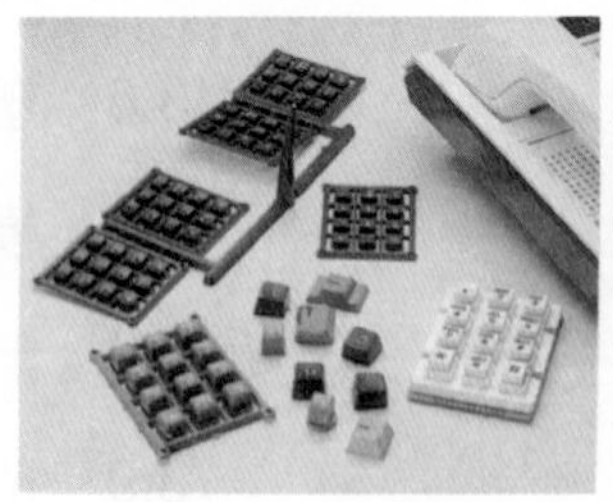

圖3.1　塑膠產品

塑膠製品幾乎隨處可見。而塑膠的最大問題是不易自然分解，雖然塑膠帶給人類很大的方便，但也因爲人類大量使用的結果，若沒有做好回收處理工作，反而成爲另一種污染源。因此塑膠的環保問題，將是人類的一大課題。

3.1.2　塑膠的特性

塑膠是人工合成的高分子有機化合物，雖然不同種類的塑膠，因為分子與合成方法不同，而有不同的特性，但大致上，塑膠仍然具有以下之通性：

⑴輕而堅固，比重約為 0.9～2.5。

⑵機械性質良好，強度佳。

⑶電絕緣性質優良。

⑷化學穩定性良好。

⑸耐熱性比天然有機物質優良。

⑹原料豐富，價格便宜。

⑺易成形，適於大量生產。

⑻可因需求不同而改變性質。

⑼光學性質良好，著色容易。

3.1.3　塑膠成形

塑膠具有良好的成形性，可設計製作各種模具，以大量生產各種塑膠製品；所謂成形性是指塑膠經由加熱可使其軟化成可塑之半流動體之特性。

3.2　塑膠材料種類

自人類開始發展塑膠以來，由於其傑出之性能及使用上之需求，刺激了新塑膠材料的不斷開發，使塑膠的種類一直在增加，至今其種類已達數千種，而常被應用的塑膠也有數百種之多。

3.2.1　一般分類

塑膠是人工合成的高分子化合物，其分子結構的形狀，基本上可分為兩大類：線狀結構與網狀結構，如圖 3.2 所示。其中，線狀結構亦有部分呈分叉狀，其分子間之結合力較弱，在高溫可塑化狀態時，分子間有較多的相互運動狀態(流動性)；而網狀結構的結合力較強，分子與分子間不易發生相互運動，即使在高溫下亦然。

分子呈線狀結構的聚合物，在加熱時會軟化，具可塑性，冷卻後則固化成形；當再度受熱時，會再度軟化，如此可重複多次使用；且由於其結合力不強，故可溶解於某些溶劑之中，而改變性質或被破壞，此類型塑膠稱爲熱塑性塑膠(Thermoplastic type)。

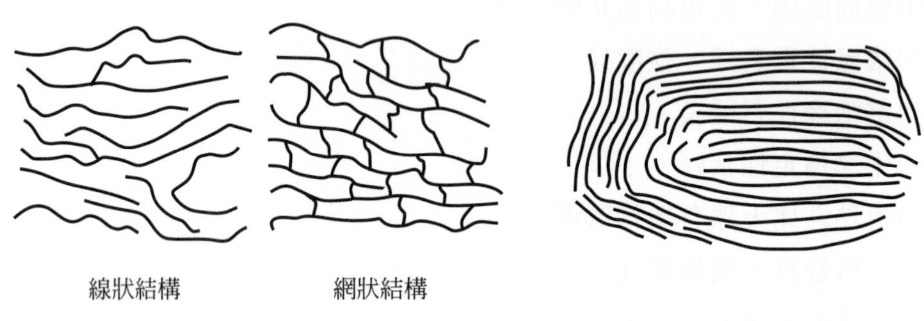

圖 3.2 塑膠分子結構

圖 3.3 半結晶型塑膠

熱塑性塑膠又依其分子排列的情形，可分爲半結晶型與非結晶型兩種。分子有部分排列整齊者爲半結晶型，如圖 3.3 所示，包括聚乙烯、聚丙烯、尼龍、聚縮醛樹脂等，爲半透明之塑膠。若分子排列不整齊者則爲非結晶型，如聚苯乙烯、壓克力、聚碳酸酯樹脂等，其透明度甚高。

若分子呈網狀結構之聚合物，其網狀結構是由分子間之化學鍵構成的。當分子間尚未形成化學鍵時，塑膠原料會因加熱而軟化或黏度降低，具有可塑性，可在此時成形。當繼續加熱或添加硬化劑後，分子間會產生化學結合而硬化。由於其分子間以化學鍵結合，分子與分子間無法自由運動，經固化後，若再連續受熱，也不再軟化，亦不易溶解於溶劑之中，此類型塑膠稱爲熱固性塑膠(Thermosetting type)，也稱爲熱硬性塑膠。如酚樹脂、尿素樹脂、三聚氰胺樹脂(美耐皿)等。

常用塑膠之中文、英文及代號如表 3.1。

表 3.1 常用塑膠之中文、英文及代號

中文名稱	英文全名	簡稱
丙烯腈-丁二烯-苯乙烯塑膠	Acrylonitrile-butadiene-styrene plastics	ABS
酪素	Casein	CS

表 3.1　常用塑膠之中文、英文及代號(續)

中文名稱	英文全名	簡稱
醋酸纖維素	Cellulose acetate	CA
硝酸纖維素	Cellulose nitrate	CN
丙酸纖維素	Cellulose propionate	CP
酞酸二丙烯酯樹脂	Diallyl phthalate	DAP
環氧化物，環氧樹脂	Epoxy，epoxide	EP
三聚氰胺樹脂(美耐皿)	Melamine-formaldehyde	MF
酚樹脂(電木)	Phenol-formaldehyde	PF
聚醯胺樹脂(尼龍)	Polyamide(Nylon)	PA
聚碳酸酯樹脂	Polycarbonate	PC
聚乙烯	Polyethylene	PE
聚對苯二甲酸乙烯酯	Polyethylene terephthalate	PET or PETP
聚甲基丙烯酸甲酯(壓克力)	Poly(methyl methacrylate)	PMMA
聚氯化三氟乙烯(鐵氟龍)	Polymonochlorotrifluoroethylene	PCTFE
聚縮醛樹脂	Polyoxymethylene，polyacetal	POM
聚丙烯	Polypropylene	PP
聚氧化苯	Polypropylene oxide	PPO
聚苯乙烯	Polystyrene	PS
聚碸	Poly sulfones	
聚四氟乙烯(鐵氟龍)	Polytetrafluoroethylene	PTFE
聚氨基甲酸乙酯	Polyurethane	PU or PUR
聚醋酸乙烯酯	Poly(vinyl acetate)	PVAC or EVA
聚乙烯醇	Poly(vinyl alcohol)	PVA or PVAL
聚氯乙烯(氯化乙烯)	Poly(vinyl chloride)	PVC

表 3.1　常用塑膠之中文、英文及代號(續)

中文名稱	英文全名	簡稱
聚偏二氯乙烯	Poly(vinylidene chloride)	PVDC
苯乙烯－丙烯腈	Styrene-acrylonitrile	SAN or AS
尿素樹脂	Urea-formaldehyde	UF
不飽和多元酯	Unsaturated polyester	UPEs

(全華：塑膠模具設計，詹福賜編著，第 76 頁)

3.2.2　常用熱塑性塑膠簡介

1. 聚氯乙烯(Polyvinylchloride，PVC)

⑴性質：透明性、耐水性、耐酸鹼性佳，電絕緣性良好，延展性佳，可自由著色，比重約 1.4；對熱與光缺乏安定性，須加安定劑以防止分解。聚氯乙烯有硬質、軟質之分，添加有可塑劑者爲軟質，常溫時可撓性較佳。

⑵加工方法：PVC塑膠可施行輪壓加工、積層成形、擠製成形、浸漬成形、射出成形、塑膠熔接等加工。

⑶用途：軟質膠膜、薄板、平板、波浪板、軟片、塑膠地板、電線包覆層、管、條、棒等製品。用於成形品方面，較具代表性的是儲水桶、電話機、雨鞋、拖鞋等。

2. 聚乙烯(Polyethylene，PE)

⑴性質：爲乳白色半透明或透明，能浮於水，燃燒時會像石臘般，一滴滴落下，有石臘的味道。耐水性、電絕緣性、化學穩定性良好。耐寒性特佳，低溫能維持柔軟；但耐熱性不佳，軟化溫度約爲 90～120℃，熔點則約爲160℃，熔融狀態下流動性極佳，容易成形。一般而言，高密度聚乙烯因結晶較多，強度及熔點較高，化學穩定性較佳。

⑵加工方法：輪壓加工、積層成形、擠製、吹氣成形、射出成形等。

⑶用途：膠膜、薄板、管、袋、繩、絲、中空容器、玩具、水桶、盒等。

3. 聚丙烯(Polypropylene，PP)

⑴性質：性質類似 PE，但重量更輕，為一般泛用塑膠中最輕者；軟化溫度亦高於PE，約為150℃，熔點則約在170℃。硬度、強度、成品表面光澤皆較PE良好。PP的機械性質中最特出者為其耐折彎疲勞性，不易因重複彎折而斷裂。

⑵加工方法：射出成形、擠製、吹氣成形等，大致與PE相同。

⑶用途：電器外殼、水桶、玩具、日用品、餐具、中空容器、膠膜，以及繩、帶等包裝材料。

4. 聚苯乙烯(Polystyrene，PS)

⑴性質：PS為非結晶性塑膠，透明性良好，質硬而脆；耐水性、電絕緣性、耐酸鹼性均良好。熔融時的熱安定性及流動性很高，成形性非常好，且可自由著色。缺點是不耐熱及耐衝擊性不佳，為改善其耐衝擊性，可添加橡膠成為耐衝擊性聚苯乙烯。聚苯乙烯加入發泡劑，經發泡處理即成為保麗龍，常用於包裝、隔音、隔熱等用途。

⑵加工方法：射出成形、吹氣成形、眞空成形、壓空成形、發泡成形等。

⑶用途：瓶子、容器、原子筆、家庭用品、電器用品外殼、冰箱內襯、塑膠模型、膠膜、薄皮、保麗龍、隔音建材、免洗杯、盤等。

5. AS 樹脂(AS Resins)

⑴性質：透明性良好，耐熱性、耐藥品性、耐油性、機械強度、表面硬度等都比聚苯乙烯PS優良。一般AS樹脂中，丙烯腈含量約20～30％，丙烯腈比例較高時，成形性會較差。

⑵加工方法：與PS相同。

⑶用途：用於需要機械強度、耐藥品性、透明性良好之製品，例如果汁機杯、蓋、電風扇葉、蓄電池外殼等。

6. ABS 樹脂(ABS Resins)

⑴性質：ABS是由丙烯腈(A)、丁二烯(B)、苯乙烯(S)構成的共聚合物，為PS 之改良性樹脂，耐衝擊性大，強度和剛性亦高，在低溫下機械性質優良；有相當之耐熱性及化學穩定性，比重約1.04。

⑵加工方法：射出成形、擠製、輪壓、發泡等，與PS之加工方法大致相同。

⑶用途：電器用品外殼、機械外殼、電池箱、鞋跟、手提箱、安全帽、冰箱裡襯、管類、木製品之代用品(經發泡成形)。

7. 丙烯酸酯樹脂(Polymethacrylate Resins(PMA)，Acrylate Resins)

⑴性質：為非結晶性塑膠，透明度與聚苯乙烯同樣為塑膠材料中最佳者；耐氣候性、電絕緣性、化學穩定性良好。耐衝擊性高於一般塑膠，強度不受濕度及低溫之影響，熱變形溫度在66～99℃之間，比重約1.17～1.20。熔融狀態下，流動性不佳，成形時需較高壓力。

⑵加工方法：輪壓成形、擠製、射出成形等。

⑶用途：廣告招牌、防風玻璃、櫥窗、指示燈、燈罩、光學儀器、醫療器材、家電用品、機械零件、直升機透明頂罩等。

8. 聚醯胺樹脂(尼龍)(Polyamide(Nylon)，PA)

⑴性質：機械性質極為優異，韌性強，耐油性、耐藥性均佳；摩擦係數小，耐磨耗性特別凸出；溫度對機械性質影響小，熱變形溫度高，接近熔點，且熔點相當顯著，當溫度高於熔點時，即有良好之流動性；缺點是有吸濕性及尺度安定性差。尼龍因使用之原料不同，有尼龍6、尼龍11、尼龍12、尼龍6-6、尼龍6-10等多種，其性質會因結晶化程度不同而略有差異。

⑵加工方法：擠製、射出成形、吹氣成形、熔射法、流動浸漬成形等。

⑶用途：聚醯胺樹脂為一種工程塑膠，可用以製作塑膠齒輪、凸輪等工業用零件，也用於製成繩、網、尼龍絲、人造纖維布料等。

9. 聚碳酸酯樹脂(Polycarbonate，PC)

⑴性質：無色至淡黃色，機械性質優異，耐衝擊性極佳，具有耐熱性、耐寒性及自熄火性，尺度安定性優良；熱變形溫度約在132～140℃，可做為工程塑膠使用，比重約1.2。

⑵加工方法：擠製、射出成形、壓空成形等。

⑶用途：工程用機械零件、量具護罩或外殼、電器零件及用品、鞋跟、打火機、安全帽、滑雪板、食器、容器、薄板、膠膜等。

10. 聚氧化苯(Polyphenylene oxide，PPO)

⑴性質：機械強度優良，熱變形溫度高達193℃，無毒性不易燃燒；電絕緣性質良好，不透明，不易成形，可做為工程塑膠使用，比重約1.06。

⑵加工方法：以射出成形法爲主。

⑶用途：機械零件、電器零件、醫療器材、工具把手、須耐熱及耐水性之各種裝置和容器等。

11.縮醛樹脂(Acetal Resins)

⑴性質：耐疲勞性非常優異，長時間負載及反覆彎曲不易變形，非常強韌，耐熱溫度高，吸水性低，尺度穩定，一般稱爲「塑膠彈簧」。

⑵加工方法：射出成形、擠製、吹氣成形等。

⑶用途：精密機械零件、事務機器、量具、汽車零件及保險桿、電器外殼、拉鏈、香料或煙霧劑之容器；以小零件成形品爲主。

12.氟素樹脂(Fluorocarbon Resins)

⑴性質：化學穩定性最佳，耐熱可達 200℃以上，不燃性；摩擦係數非常小，無吸濕性，電絕緣性優異，是工程塑膠中性質最優良者，有「塑膠中之貴金屬」之稱。

⑵加工方法：可射出成形、擠製或類似粉末冶金法成形，但成形性不佳。

⑶用途：電絕緣材料、化工原料容器、塑膠墊圈、通信設備等，因其具有良好之非黏性及防止焦著之效果，常用於耐熱鍋具、炊具之內壁塗層。

13.聚碸(Polysulfone)

⑴性質：機械性質與聚二氧苯 PPO 類似，會受極性溶劑，如酮類、芳香族碳氫化合物和鹵化溶劑等侵蝕，具抗酸性、抗鹼性、耐熱性、尺度安定性、不燃防火性，可電鍍。

⑵加工方法：以射出成形爲主。

⑶用途：電器連接器、廚房用具、須耐熱之絕緣材料、機械零件等。

14.聚甲基戊烯(Polymethyl pentene)

⑴性質：爲塑膠中之最輕者，比重約 0.83，機械性質類似聚丙烯 PP，在 200℃以內能維持成形品的形狀，耐衝擊性佳，易受紫外線影響，透明度非常良好，可代替尼龍，有「透明的尼龍」之稱。

⑵加工方法：射出成形、輪壓加工等。

⑶用途：汽車尾燈、反射板、安全鏡片、醫療器材、食品容器、蔬果包裝用膠膜，電子、機械零件之封入注型用材料。

15.其他：除了前述常用者外，尚有多種塑膠，如氯化 Vinylidene 樹脂、醋酸乙烯樹脂、聚乙烯醇、乙烯縮醛樹脂、對苯二甲酸樹脂、聚丁烯、聚對位二甲苯、苯氧樹脂等熱塑性塑膠，由於量少、價昂或特殊用途。

3.2.3 常用熱固性塑膠簡介

1. 酚樹脂(Phenol Resins,Phenolic，PF)

⑴性質：機械強度大、電絕緣性及耐熱性良好、耐化學藥品、耐酸性(尤其是硫酸H_2SO_4)，不易燃燒，成形容易、精密度高、易機械加工；但不耐鹼性溶劑，且不易著色，大都為深色。又酚樹脂可加入各種填充料，以改善性質及降低成本，如：木粉、石棉、雲母、牛皮絲、纖維等。比重1.25～1.55。

⑵加工方法：壓縮成形、積層成形、高週波預熱快速射出成形等。

⑶用途：以電器絕緣材料為主，如電器開關、連接器等；洗衣機之攪拌器，水壺、電熨斗、食器之握柄，機械零件等。

2. 尿素樹脂(Urea Resins，UF)

⑴性質：硬度高、耐熱性佳、耐溶劑性良好，耐電弧性甚佳；成形收縮率比酚樹脂大，耐水性、耐老化性、耐裂性亦較酚樹脂差，不適用於室外或工業用途；無色透明，可自由著色，價格低廉，比重1.47～1.52。

⑵加工方法：壓縮成形、輪壓加工、積層成形等。

⑶用途：各種容器之蓋子，較不須耐熱性、耐水性之食器、機械零件、電器零件、木材接著劑等。

3. 三聚氰胺樹脂(Melamine Resins，MF)

⑴性質：無色透明，可自由著色，硬度高，耐藥品性、耐水性、耐溶劑性、耐熱、耐火，機械強度好，電絕緣性佳，不易老化，表面易浸漬圖案。

⑵加工方法：壓縮成形、輪壓加工、積層成形等。

⑶用途：裝飾板表面、餐具、塗料，纖維之防皺、防縮安定劑、建材等。

4. 環氧樹脂(Epoxy Resins，EP)

⑴性質：黏著性特別優異，具良好之化學抵抗力，電絕緣性佳，機械強度與機械加工性良好，成形收縮小，尺度安定性佳，可添加各種填充料。如加

硬化劑後，於室溫或加熱，均可硬化。

⑵加工方法：做爲接著劑直接塗佈於接著面，澆鑄於模具成形、積層成形、壓縮成形。

⑶用途：接著劑(AB 膠)、塗料、印刷電路板、充填劑、電器絕緣材料、土木建築用材料、工具、安全帽、耐水砂紙等。

5. 多元酯樹脂(Polyester Resins，(Unsaturated Polyester Resins，UPEs))

⑴性質：由於多元酯的縮合成份差異，其性質範圍甚廣；大體上，電絕緣性質、耐化學藥品、耐熱性都很好，而以纖維爲補強材料之 FRP(Fiber Reinforced Plastics)，更具極優良之機械強度，可代替金屬。此外，多元酯樹脂亦耐老化、易著色，比重約 1.7～1.8。

⑵加工方法：成形時不需壓力，常溫即可硬化，以積層成形、加熱模具噴塗法、離心成形法爲主。

⑶用途：純樹脂用以製作鈕扣、裝飾板，電路、昆蟲標本的封入、塗料。補強材料則以 FRP 爲主，用於浪板、平板等建材，浴缸、遊艇、車殼、保險桿、座椅、安全帽、提箱等。

6. 矽氧樹脂(Silicones)

⑴性質：電絕緣性質優良，可耐高溫至 250℃，溫度改變後，強度、電絕緣性質等改變不大，離型性良好，無毒性。

⑵加工方法：塗層、積層法。

⑶用途：矽質假漆用於電器絕緣材料；矽油可爲模具離型劑(脫模劑)；整型外科用人體填充物、人工內臟、醫療器材、防水塗料等。

7. 酞酸二丙烯酯樹脂(Diallylphthalate Resins，DAP)

⑴性質：硬化時不產生水份及氣體，電絕緣性佳，尺度安定性良好，耐熱、耐候、耐水性均佳，比重 1.55～1.90。

⑵加工方法：將 DAP 樹脂溶於溶劑及單體，添加硬化、催化劑，再使之含浸於玻璃纖維、合成纖維等補強填充料，適度乾燥後，做成預混品(Premix)。

⑶用途：室內裝潢、傢具用裝飾板，電子產品，小型零件等；或做爲滲透劑，可滲入壓鑄製品、粉末冶金品等微小孔隙內。

8. 其他熱固性塑膠

⑴呱胺樹脂(Guanamine Resins)：性質類似美耐皿。

⑵呋喃樹脂(Furan Resins)：爲耐蝕材料。

⑶二甲苯樹脂(Xylene Resins)。

⑷醇酸樹脂(Alkyd Resins)：爲塑膠帶用接著劑。

⑸聚氨基甲酸酯(Polyurethanes，PU)：人工發泡海綿的原料，純樹脂可做爲彈簧代用品。

⑹酪素樹脂(Casein Plastics)。

3.2.4 副原料

塑膠添加各種不同之添加物，可改良其性質，這些添加物統稱爲副原料，種類有數十種，常用之副原料介紹如下：

1. 安定劑：塑膠在使用中或加工工程中，常因受到熱、光、空氣、水氣等影響，而發生變質或劣化；安定劑之作用在於添加後，可防止變質或劣化之現象，主要用於PVC塑膠，有時PE、PP也會使用。

2. 可塑劑：塑膠中添加可塑劑目的在使塑膠具有可塑性，容易成形。可塑劑大部分用於PVC塑膠，其餘的用途包含塗料、口香糖、汽油添加劑等。

3. 潤滑劑：爲防止塑膠在成形作業中，熔融時流動性不佳或黏著於模具，可添加潤滑劑。

4. 難燃劑：聚苯乙烯PS泡綿容易燃燒，或做爲建材之塑膠，爲改善易燃性，增加耐火抵抗性，可添加難燃劑。

5. 著色劑：爲使塑膠製品色彩美觀，可添加不同顏色之著色劑。著色劑有粉狀的乾性顏料、糊狀的調色顏料，或分散混合於樹脂中，做成顆粒狀或薄片。

6. 塡充料：塑膠中加入不同種類的塡充料，可改善塑膠的物性。常用的塡充料有：

⑴玻璃纖維、布、紙等：增加強度。

⑵二硫化鉬、石墨：增加耐磨耗性。

⑶雲母：絕緣用。

⑷石棉：耐熱用。

(5) $CaCO_3$、木粉：改善成形性。

7. 帶電防止劑：塑膠製品表面易帶靜電而吸附塵埃，若使塑膠表面具吸濕性，則可防止塵埃之吸附。帶電防止劑具備了使塑膠製品表面有吸濕性的效果。其種類有外部塗佈用，及預先混入成形材料中者兩種。

8. 發泡劑：塑膠中加入發泡劑，加熱後，可形成多孔性之發泡塑膠。發泡劑是預先混合於塑膠材料內，再裝入模具，經加熱即可膨脹成爲氣泡，而使塑膠成爲多孔性。形成之氣泡有連續型及獨立型兩種，如PU發泡成人造海綿，其氣泡爲連續型；PS發泡成保麗龍，其氣泡爲獨立型。

3.2.5 塑膠的簡易識別

由於塑膠材料種類很多，要判別某一種成形品是何種材料，則須將塑膠材料做各種實驗才能得知，這些實驗包括：試驗材料之機械性質、熱性質、電絕緣性質、耐候性、衛生條件(毒性)、耐酸鹼能力等；可是做以上之試驗非有專門之設備不可，且須有專業人員才能做到，相當麻煩；但是若爲常用之塑膠製品，則有簡易之試驗法，可資判別。最簡易之試驗方法，可將塑膠製品燃燒，觀察燃燒的難易、火焰的顏色、冒煙的情形、是否軟化、變色、氣味等，再加以判別。

若爲有系統之判別，除了燃燒法之外，尙須兼用簡單的元素定性分析或比重測定等。

3.3 塑膠成形法簡介

不同種類的塑膠有不同的性質，且製品的形狀、尺度、複雜程度亦有所不同。因此，在設計塑膠製品之前，須先選用適合之成形方法，以得到最佳之效果。

基本上，塑膠的成形過程可分爲三個階段：

1. 第一階段─可塑化：將塑膠原料加熱，使之由固體顆粒或粉末熔融，成可流動之狀態。

2. 第二階段─充塡：將已熔融成可塑化狀態之塑料，利用其可流動的性質，以各種不同的方式使之充塡進入模具內。

3. 第三階段—凝固：塑料在模具內冷卻，凝固成形，再予以取出，得到原先設計之形狀及尺度的塑膠製品。

以上的成形三個階段，即為塑膠的成形原理。以下介紹常用的塑膠成形方法。

3.3.1 壓縮成形(Compression molding)

壓縮成形是歷史最久，也是熱固性塑膠最具代表性的成形法。

1. 成形方法：如圖 3.4 所示。

⑴將秤好定量之塑膠粉末放入已加熱之下模中。

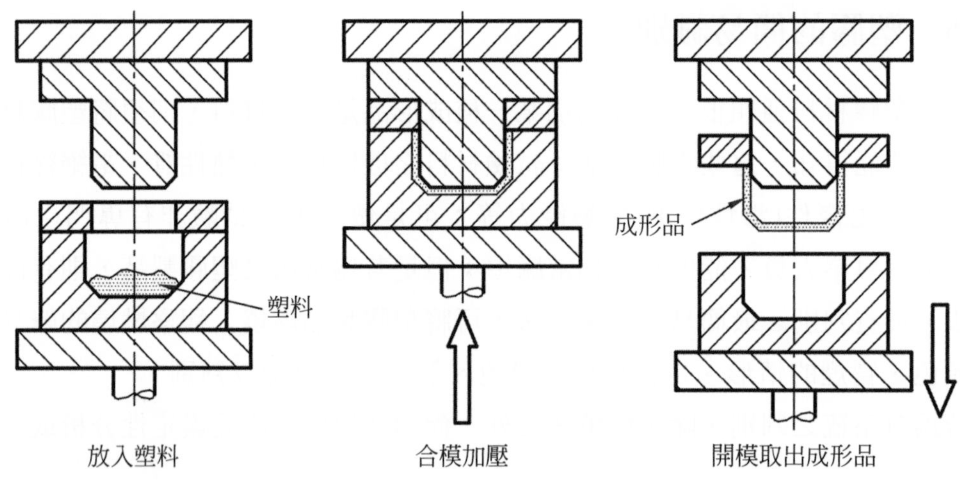

圖 3.4 壓縮成形

⑵合模，由合模之壓力，使塑膠粉末流佈於上、下模間形成之型腔各部位，而成一定形狀，塑料藉著熱與壓力，發生化學反應而硬化。

⑶經適當之時間後硬化完成，開模，取出成形品。

2. 優點

⑴設備費用低。

⑵可成形各種熱固性塑膠材料。

⑶成形品配向少。

⑷材料損失少。

3. 缺點

⑴不能生產形狀複雜、薄壁及壁厚變化大之成形品。

⑵不宜使用精細或易斷裂之金屬鑲件。
⑶成形品尺度不易準確。
⑷生產週期較長。

3.3.2　轉移成形(Transfer molding)

1. 成形方法：如圖 3.5 所示。

轉移成形亦爲常用之熱固性塑膠成形方法。將塑料置於模具之加熱室中加熱，再以柱塞將熔融之塑料加壓，使其經豎澆道、橫澆道、澆口而進入已經合模之型腔中，待塑料固化後，打開模具，取出成形品，完成一週期的轉移成形加工。

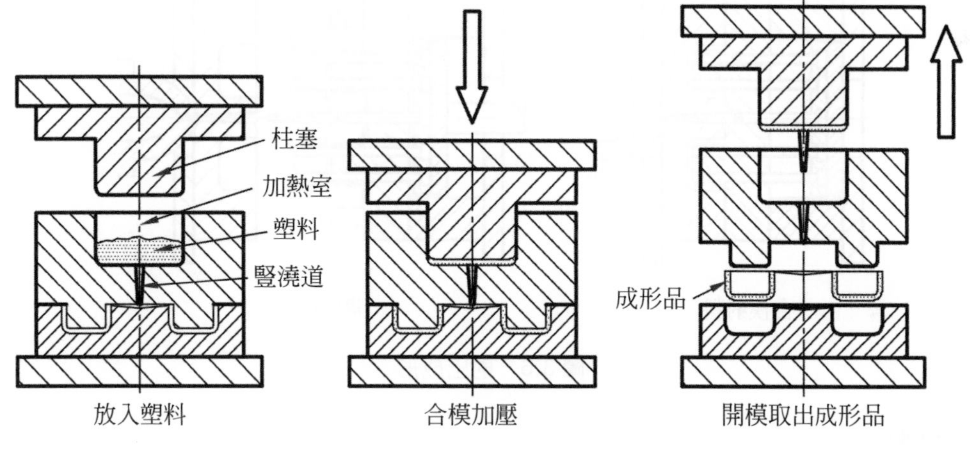

圖 3.5　轉移成形

2. 優點

⑴成形品毛邊較少，且尺度較精確。
⑵適於生產較薄且形狀複雜的產品，亦適於生產有金屬鑲件之產品。
⑶塑料受熱均勻，表面較佳，硬化時間短。

3. 缺點

⑴塑料壓入時需較大壓力，模具亦需有足夠的強度。
⑵成形品之強度較低。
⑶每完成一次成形週期後，加熱室及澆道等會有餘料，較爲浪費。
⑷模具設計較爲複雜。

3.3.3 射出成形(Injection molding)

1. 成形方法：射出成形是熱塑性塑膠的主要成形方法，部分熱固性塑料，亦可採用射出成形生產成形品。成形時，在射出成形機之加熱缸中將塑料加熱，使其成可塑化狀態，再加壓使塑料從加熱缸經噴嘴，進入型腔中，塡滿型腔之空隙而成形，待冷卻固化後，打開模具，將成形品頂出，如圖 3.6 所示。

2. 射出裝置：射出成形之主要設備爲射出成形機。射出成形機依機械構造，可分爲柱塞式及螺桿式兩種；柱塞式目前已很少採用，螺桿式之塑料加熱較均勻，效果較佳。

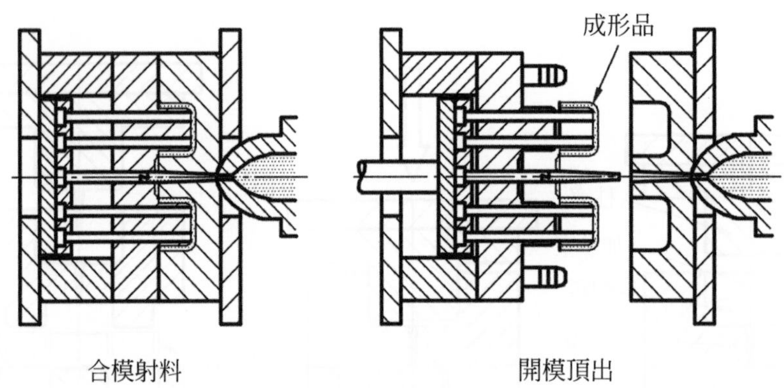

圖 3.6　射出成形

3. 特點

⑴加工效果良好，可成形各種熱塑性塑膠材料及各種形狀之成形品。

⑵成形速度快。

⑶成形品尺度精密度良好。

3.3.4 擠製成形(押出成形)(Extrusion molding)

1. 成形原理：將塑料送入擠製成形機之加熱缸中，加熱成可塑狀態，藉著加熱缸中之送料螺桿連續旋轉，而將塑料經由噴嘴連續不斷的擠出；噴嘴前端裝置不同的模頭，即可生產各種連續長條帶狀之成形品，如：管、棒、膜、板等，如圖 3.7 所示。

2. 主要用途

⑴管、棒等之擠製。

⑵薄膜、板之擠製。

⑶抽線、絲、纖維。

⑷與紙張或金屬箔之積層品。

⑸電線外層塑膠包覆。

⑹塑膠網。

⑺吹製成形、輪壓加工之前加工。

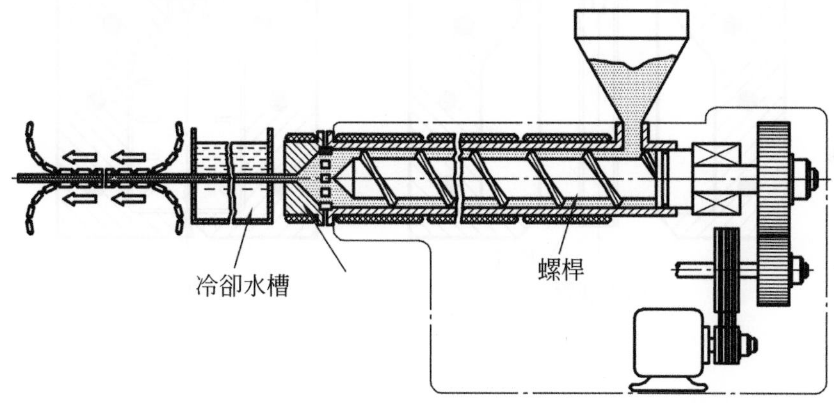

圖 3.7　擠製成形

3.3.5　吹製成形(Blow molding)

1. 成形方法：如圖 3.8 所示。

由擠製機先擠出熱塑性管狀塑料，此管狀塑料稱爲種管。在種管尚未冷卻固化前，將其夾於模具中，再以空氣吹入種管中，使其膨脹而貼附於模具型腔，同時使其冷卻，即可得到中空的製品，如保特瓶、塑膠罐等。

2. 使用材料：以 PE、PP 或 PVC 使用最多，其他如尼龍、PC 等熱塑性塑膠亦可吹製。

3. 吹製方式

⑴擠製吹製。

⑵射出吹製。

⑶薄板吹製。

4. 缺點

⑴成形品厚度不易均勻。

⑵表面光度較差。

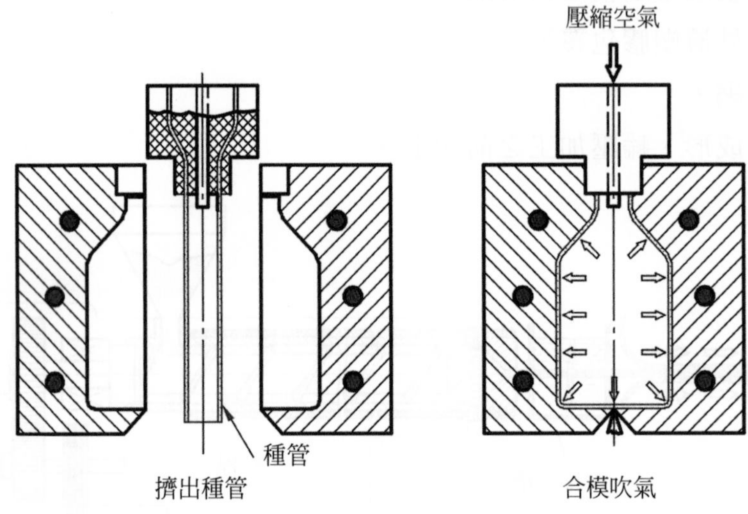

圖 3.8 吹製成形

3.3.6 熱成形(Thermo Forming)

將熱塑性塑膠薄板加熱軟化，再加外力使其成形的方法，可分爲眞空成形及壓空成形兩種。

1. 眞空成形(Vacuum Forming)

⑴成形方法：如圖 3.9 所示。將塑膠薄板加熱軟化，置於模具上，然後抽出型腔內之空氣，使成爲眞空，則軟化之薄板將因眞空吸力附著於模具而成形；其成形壓力甚低，一般使用凹模即可。

⑵成形種類

①直接法：如圖 3.9 所示爲直接法，適用於各種大小之成形品、薄壁容器。

②覆罩法：如圖 3.10 所示，先預熱薄板，將軟化之薄板覆蓋於模具上，並抽出薄板與模具間之空氣，薄板即貼附於模具成形。本法用以製作較深之成形品。

⑶模具材料：石膏、木材、環氧樹脂、酚樹脂、軟金屬(如銅、鋁等)、鋼料等均可。

⑷優點

①模具製作簡便，節省時間，成本低。

②有利於生產大型薄壁之成形品。

③成品量少或急需試做時，較爲方便。

⑸缺點：成形品底部及角隅部位較薄，強度較差。

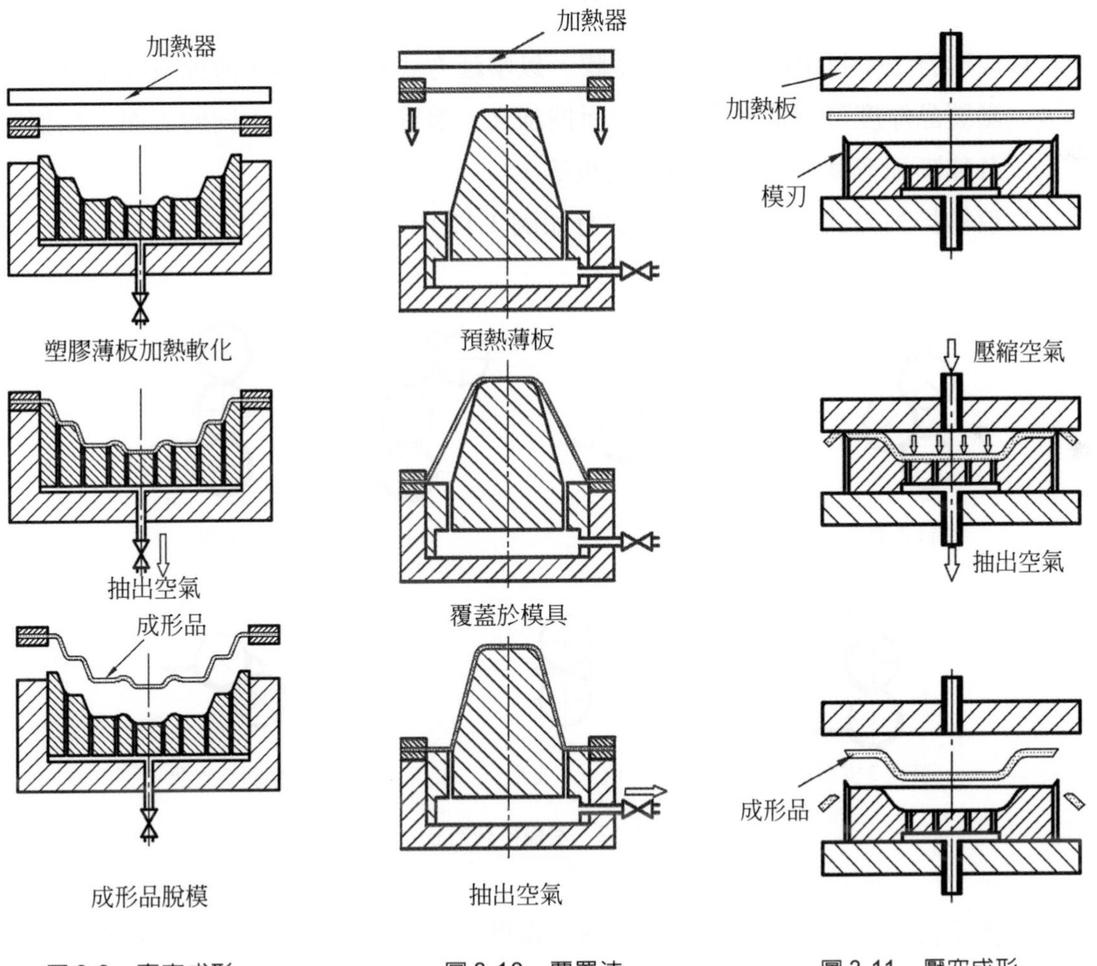

圖 3.9　真空成形　　圖 3.10　覆罩法　　圖 3.11　壓空成形

2. 壓空成形(Pressure Forming)

⑴成形方法：如圖 3.11 所示。將熱塑性塑膠薄板夾持於模具與加熱板之間，加熱軟化後，將下模之空氣抽出成眞空狀態；同時自上模送入壓縮空氣，使軟化之薄板附著於下模表面成形。冷卻固化後，以模刃切斷周圍之廢料，再取出成形品。

⑵適用範圍：較厚之 PVC、PS、ABS、PP 等塑膠板，或醋酸纖維素、PC 等較硬之塑膠板。

3.3.7 輪壓加工(Calendering Forming)

1. 成形方法：以滾輪將熱塑性塑膠，以壓延方式製造膠膜、薄板或人造皮革。壓製品厚度可調整滾輪之間隔而控制之。滾輪亦可製成不同的表面，以滾壓各種斷面形狀之製品，如波浪板等。

2. 滾輪排列方式：滾輪排列方式有如圖 3.12 所示之多種型式。

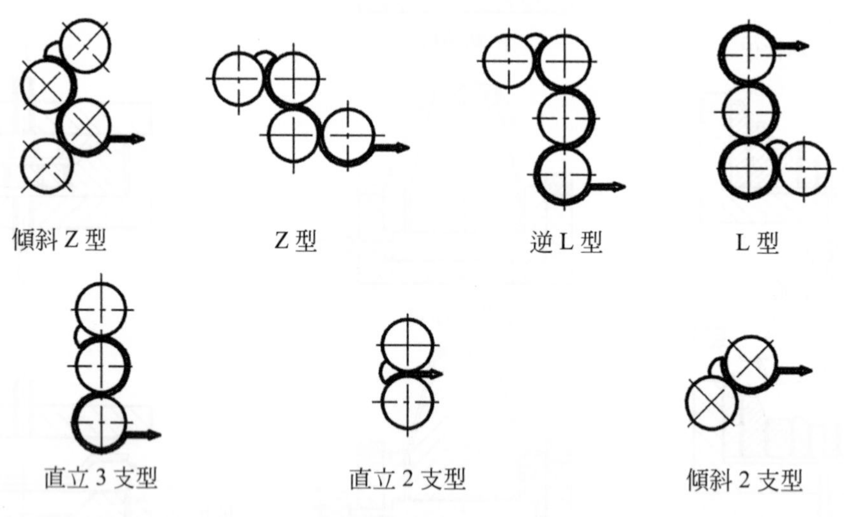

圖 3.12 滾輪排列方式

3. 加工過程：先將塑料調配可塑劑、潤滑劑、安定劑、著色劑等，經充分混練後予以加熱，再送入輪壓機壓製成形，經冷卻後以等長度切斷或捲取。

3.3.8 積層成形(Laninating Forming)

1. 成形方法：將三聚氰胺樹脂、酚樹脂等熱固性樹脂之溶液滲入紙、布、單層合板、玻璃纖維等基材，經乾燥後，將數層材料疊合，夾於經鏡面研磨的金屬熱板之間加熱、加壓，即可得到板狀的積層製品。其壓合機具爲多段式壓力機，如圖 3.13 所示。

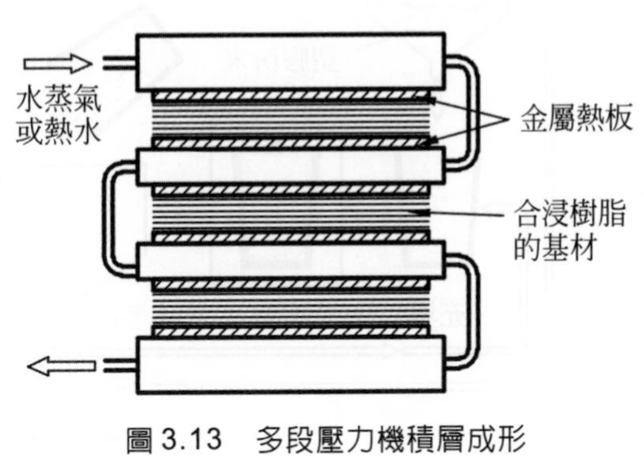

圖 3.13 多段壓力機積層成形

2. 種類

⑴低壓積層：適用於多元酯、環氧樹脂等硬化時不產生衍生物的材料，壓力 0.5～50kg/cm^2。

⑵高壓積層：適用於三聚氰胺樹脂、酚樹脂、尿素樹脂等材料，壓力 100～200 kg/cm^2。

3. 用途：電絕緣板、裝飾板、傢具、建材等。

3.3.9 流動成形(Fluidized molding)

利用塑膠粉末或漿狀液體在常溫的流動性而成形的方法，有粉末成形、旋轉成形、流動浸漬、膠殼成形、浸著成形等。

1. 粉末成形法：又稱爲恩格爾法(Engle process)，如圖 3.14 所示，其成形過程如下：

⑴將塑膠粉末裝入鋼製模具中。

⑵在加熱爐中加熱，與模具接觸之塑料熔融，形成預定的厚度。

⑶倒出尚未熔融之多餘塑料。

⑷再加熱使製品內部平滑。

⑸用水冷卻固化。

⑹取出成形品。

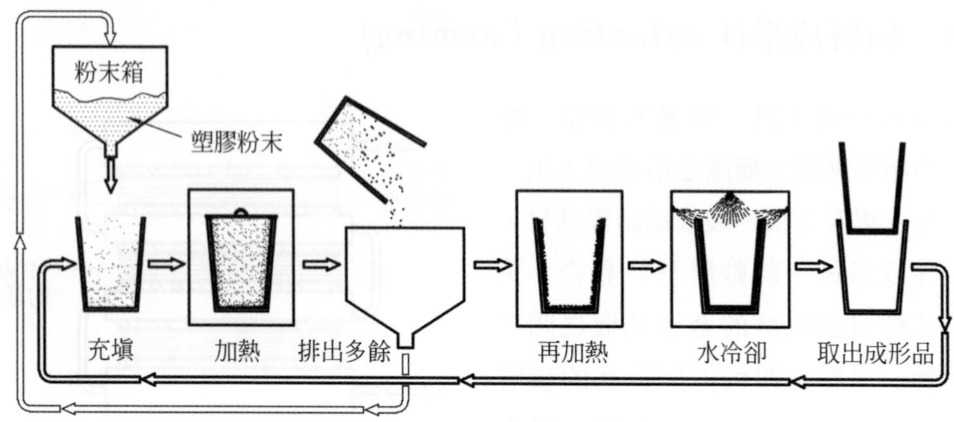

圖 3-14　粉末成形法

2. 旋轉成形(Rotation molding)：將塑膠粉末裝入中空之鋼模中加熱，並在兩互相垂直的軸旋轉，使粉末附著於模具型腔表面。待一段時間後，澆水冷卻固化，開模取出成形品。可成形大型的垃圾箱、藥品容器、大型玩具等。旋轉成形有以下之優點：

⑴可製作完全密閉之中空成形品。

⑵材料充分利用，沒有浪費。

⑶供給定量塑料，可控制成形品厚度、強度、重量，且成形品厚度均勻。

⑷模具承受壓力極低，用鋁、鋼板等廉價材料製作即可。

⑸成形不加壓力，成品殘留應力之問題較不嚴重。

⑹適用於多種塑料，包含：聚氯乙烯、聚乙烯、聚丙烯、聚碳酸酯、聚醯胺、纖維素系塑膠等。

3. 流動浸漬(Fluidized bed coating)：流動浸漬常用於金屬網、籃子等之包覆，如圖 3.15 所示。

⑴成形方法：將金屬製品預熱後，放入被空氣吹飄浮於容器內的塑膠粉末中，使粉末熔著於製品表面，然後取出進行後加熱，再予以冷卻即可。

⑵常用材料：包含聚乙烯、聚氯乙烯、醋酸或酪酸纖維素、聚碳酸酯、聚醯胺、環氧樹脂等。

⑶用途：冰箱置物架、手提籃、置物籃、衣架等。

4. 膠殼成形(Slush molding)

⑴成形方法：以乳化聚合之 PVC 材料，加入可塑劑、著色劑、填充料等，充分攪拌而成漿體；將此漿體注滿模具型腔後倒出，此時會有部分漿體黏附於型腔中，將此模具加熱使漿體膠化成形，冷卻後即可取出成形品，如圖 3.16 所示。若重複進行操作，可增加成形品厚度；也可藉調整漿體黏度或先略將模具加熱，達到增加厚度的目的。

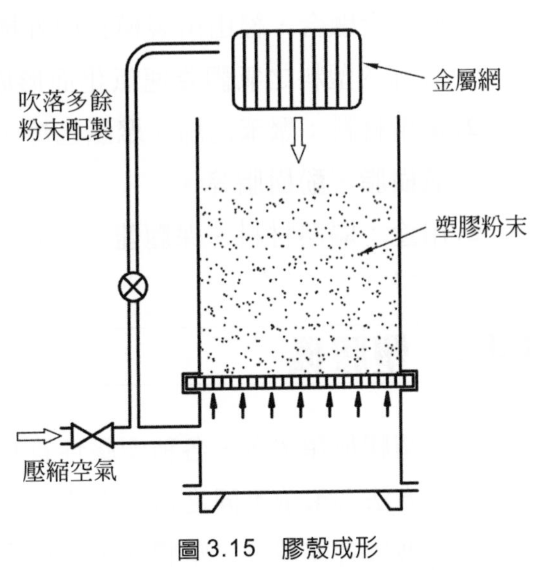

圖 3.15　膠殼成形

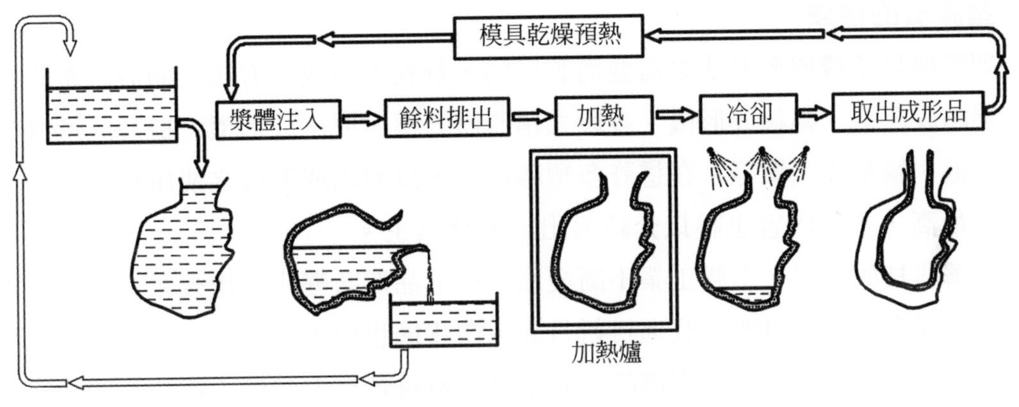

圖 3.16　膠殼成形

⑵用途：製作玩具、人偶面具等。

5. 浸著成形(Dip molding)：將模型置入漿狀塑料中後取出，使塑膠漿體附著於模型上，然後加熱使漿體膠化，冷卻後即可將成形品剝離模型，用於製做氣球、橡皮手套等。

3.3.10　發泡成形(Foam molding)

1. 成形方法：將發泡劑與粒狀塑料混合均勻，置入擠製機或射出成形機，塑料在加熱缸中熔融，發泡劑也因受熱而分解產生氣體。塑料在推送時，與發泡劑完全融合，經由擠製模具向外擠出，或射出進入模具內成形，此時，將因溶解於塑料之氣體急速氣化而形成氣泡。

2. 適用材料：聚苯乙烯、聚氯乙烯、醋酸纖維素、聚乙烯、聚氨基甲酸酯、環氧樹脂、酚樹脂等。

3. 用途：隔熱材料、保麗龍、吸音板、浮板、緩衝材料等。

3.4 塑膠機

由於塑膠種類眾多，各種塑膠性質有所差異，且塑膠成形品之型態千變萬化，因此成形方法必須依不同之需求與成形條件而做適當的選擇。爲應用不同之成形方法，而發展出各種型式之塑膠機，如何選用最合適之塑膠機，便成爲塑膠成形品生產之重要因素。

一、塑膠機的種類

塑膠機是依據成形方法之需要而製作的，針對不同成形方法而開發之塑膠機包括：壓縮成形機、轉移成形機、多段式積層壓力機、射出成形機、擠製成形機、吹氣成形機、輪壓加工機等。在這許多塑膠機中，以射出成形機之使用最爲普遍，生產效率最高，本章內容也將以介紹射出成形機爲主。

隨著科技的進步，塑膠工業不斷發展，成形品形狀變化日趨複雜，品質要求日益提高，成形方法的研究、改進日新月異，塑膠機也由手動、半自動、全自動而至電腦化。因此吾人在選用塑膠機時，必須深入瞭解各種塑膠機的特性，才能充份發揮其性能，以生產更優良的塑膠製品。

二、射出成形機

在各種塑膠機中，以射出成形機的使用最爲普遍，雖然各廠牌之射出成形機在型態、功能上，多少有些差異，但其基本結構則是相同的。

3.4.1 射出成形機的分類

1. 依成形材料種類分，有熱塑性塑膠用射出成形機與熱固性塑膠用射出成形機。一般的射出成形均採用熱塑性塑膠，故射出成形機多針對熱塑性塑膠而設計。熱固性塑膠成形時，先在射出成形機中預熱，達可塑化狀態再加壓射入高溫的模具中，在模具中成形並硬化。由於熱固性塑膠在可塑化過程中，可能因加熱時間長、溫度高，而有硬化之傾向，故射出成形機之溫度、時間控制必須精確，且為使塑膠材料均勻受熱，推送之螺桿亦必須配合使用之塑膠材料。

2. 依射出裝置的構造分

⑴柱塞式：加熱缸內裝有魚雷形之分流梭，以柱塞將熔融塑料加壓射出，如圖 3.17 所示。

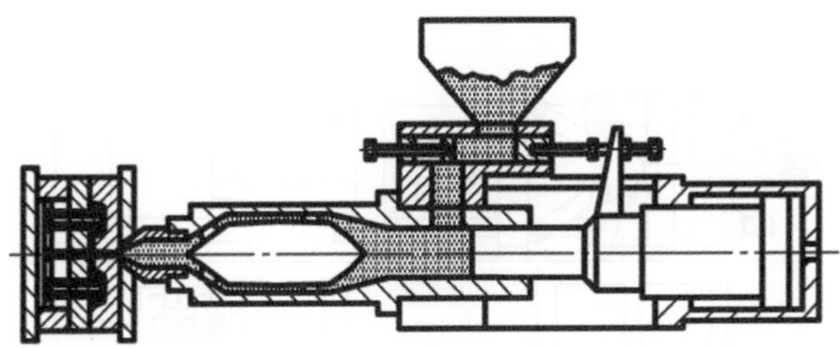

圖 3.17　柱塞式射出成形機

⑵預塑式：除主加熱缸外，尚有一預熱用加熱缸。塑料先在預熱缸中加熱，再傳送到加熱缸中射出，可縮短加熱時間和增加射出量，如圖 3.18 所示。

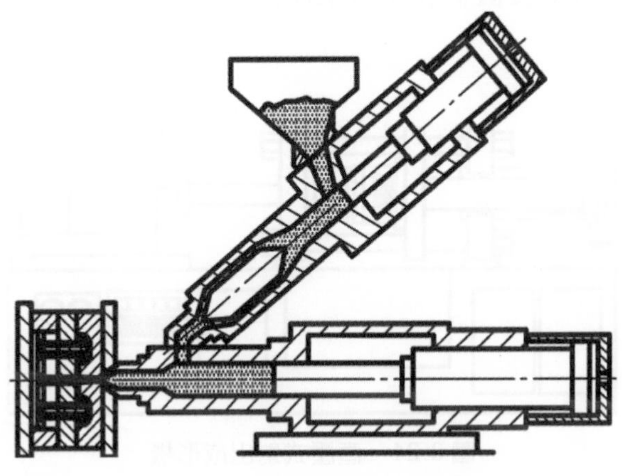

圖 3.18　預塑式射出成形機

⑶螺桿式：加熱缸內裝有螺桿，先利用螺桿轉動使塑料在加熱缸中可塑化、混練，再以螺桿推送射出，如圖 3.19 所示。目前之射出成形機大部分均為此型。

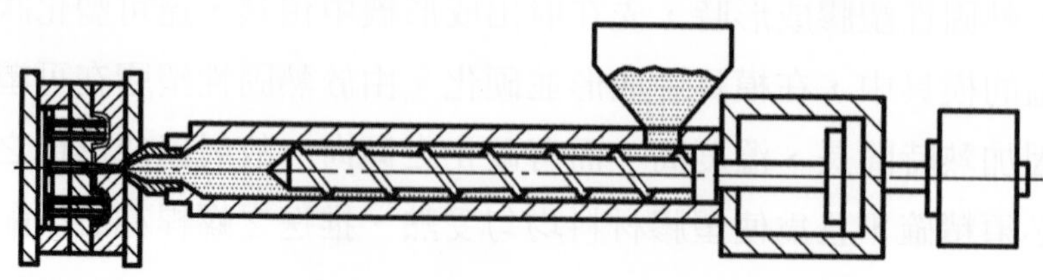
圖 3.19　螺桿式射出成形機

3. 依鎖模裝置分

⑴肘節式：以機械式肘節機構來控制鎖模與開模動作，如圖 3.20 所示。

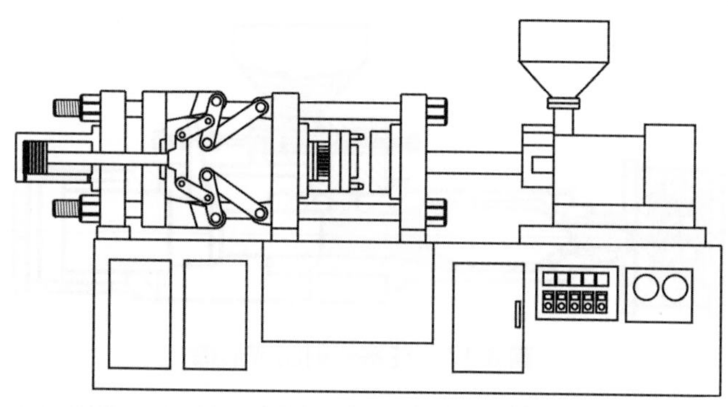
圖 3.20　肘節式射出成形機

⑵直壓式：以油壓裝置直接發生鎖模力量的構造，如圖 3.21 所示。

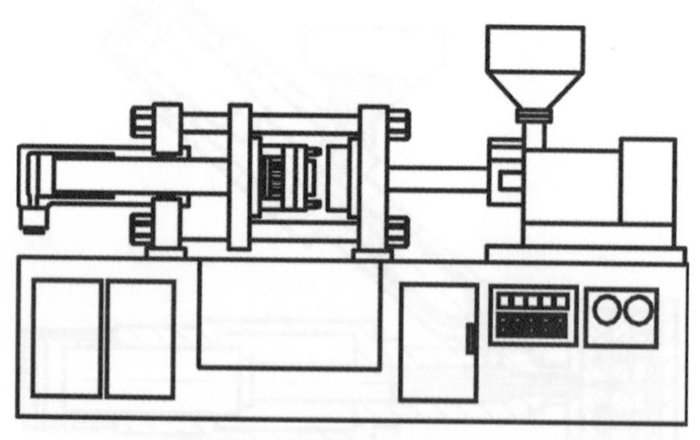
圖 3.21　直壓式射出成形機

⑶肘節直壓式：將肘節機構與油壓裝置組合作動，以肘節機構控制鎖模與開模，而以油壓裝置產生鎖模力。

4. 依射出裝置與鎖模裝置排列方式分

⑴臥式：射出裝置與鎖模裝置成水平方式配置，如圖 3.22，大部分的射出成形機均為此型。

⑵立式：射出裝置與鎖模裝置以直立方式配置，如圖 3.23，佔地面積小，對於有嵌件成形品加工方便。

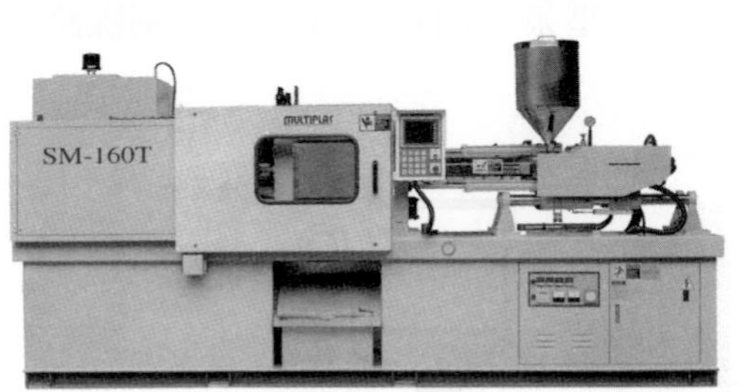

圖 3.22　臥式射出成形機(百塑企業提供)

圖 3.23　立式射出成形機(百塑企業提供)

⑶臥立折衷式：射出裝置與鎖模裝置之一為立式，另一為臥式，二者成直角配置，如圖 3.24 所示。

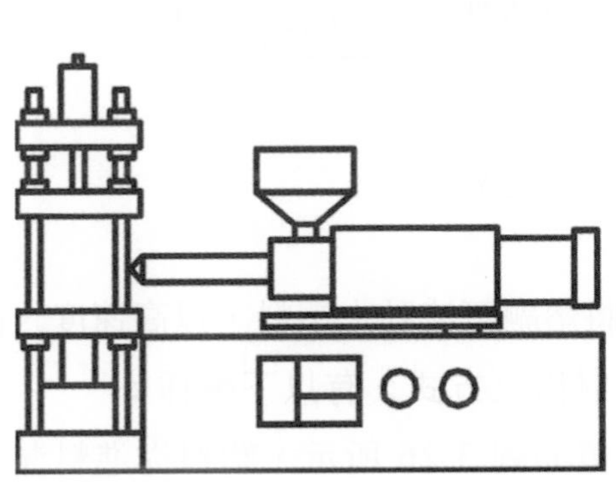

圖 3.24　臥立折衷式射出成形機(百塑企業提供)

5. 其他分類方式

⑴依每次射出的塑料重量(盎斯 oz 或克)區分大小。

⑵依加熱缸數量可分為單加熱缸射出成形機及多加熱缸射出成形機。

⑶依加工顏色可分爲單色、雙色及多色射出成形機。

⑷依操作方式可分爲手動、半自動、全自動射出成形機。

3.4.2 射出成形機的構造

射出成形機之主要構造如圖 3.25 所示，包含機座、射出裝置、鎖模裝置、頂出裝置等，分述如下：

1. 機座：射出成形機的機座以型鋼、鋼板焊接或鑄造成箱形，上面安裝射出成形機之其他各項裝置，內部則容納馬達、油壓泵、油箱、管路及控制線路等。

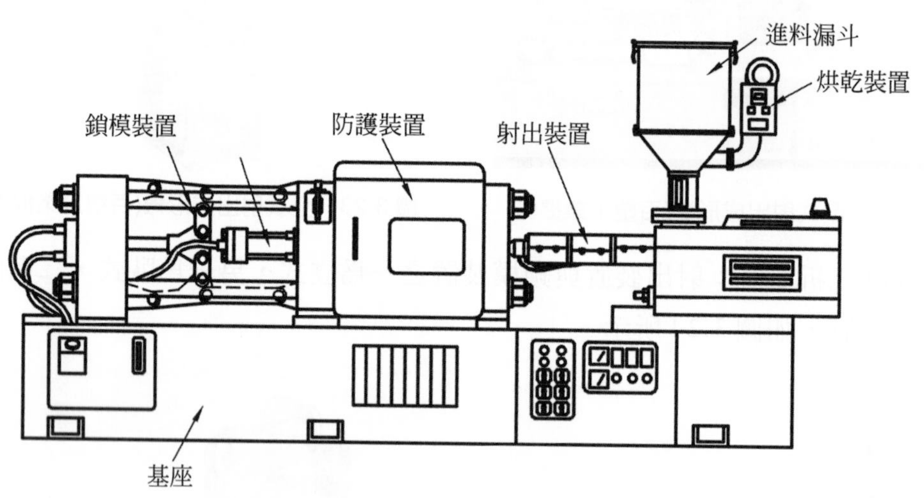

圖 3.25 射出成形機構造

2. 射出裝置：射出裝置主要的功能是將熔融可流動之塑料，以高速度、高壓力從高溫之加熱缸射入模具中。塑料射出之方式，有以下幾種：

⑴柱塞式射出裝置：柱塞式射出裝置如圖 3.26 所示，塑料從進料漏斗進入加熱缸，由柱塞推進，使塑料通過加熱缸與分流梭間之狹小通道充分加熱軟化，再經由噴嘴射出。其主要結構包含：

①進料漏斗：爲塑料進入加熱缸之準備位置，通常附裝有計量裝置、開閉裝置及烘乾裝置。

②加熱缸：是塑料貯存及加熱部位，通常在外側安裝帶式加熱器供給熱源。

③分流梭：外形類似魚雷形狀，置於加熱缸前端接近噴嘴處，其外表有相對於加熱缸中心軸成輻射狀之肋條，以支持分流梭在加熱缸中央，構成塑料流動通道，可使塑料通過時受熱面積增加，加速塑料之均勻熔融。

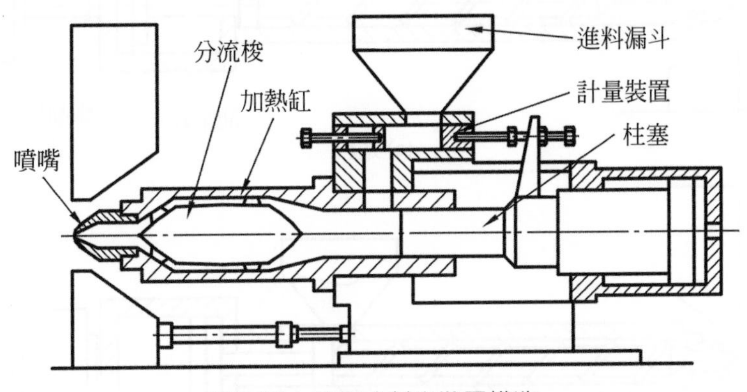

圖 3.26　柱塞式射出裝置構造

④噴嘴：噴嘴位於加熱缸前端，其端部通常成半圓球形，中間有小孔，爲塑料進入模具之通道。噴嘴有各種不同長度、形狀、孔徑，可因應不同的生產需求而更換，如圖 3.27 所示。

⑵螺桿式射出裝置：螺桿式射出裝置是以螺桿之旋轉與推送來射料的，其成形過程如圖 3.28 所示，塑料自進料漏斗進入加熱缸中，由螺桿之旋轉使塑料前進，同時加熱熔融；螺桿則因塑料進料之反作用力而後退。當定量塑料被送至加熱缸前端後，以油壓缸推送螺桿前進，將塑料自噴嘴射入模具中。塑料在模具中成形、冷卻，再開模取出成形品。

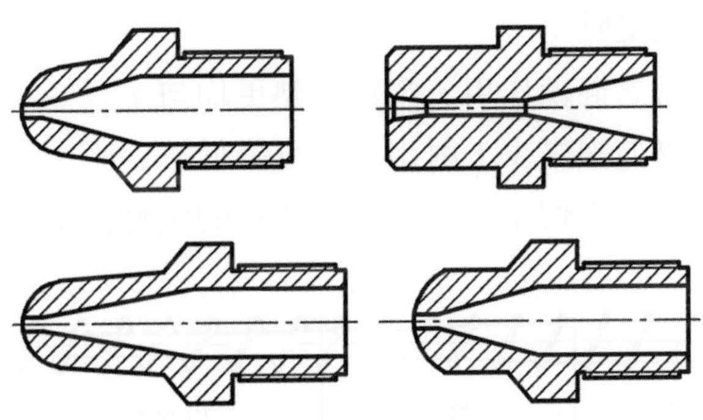

圖 3.27　各種形狀的噴嘴

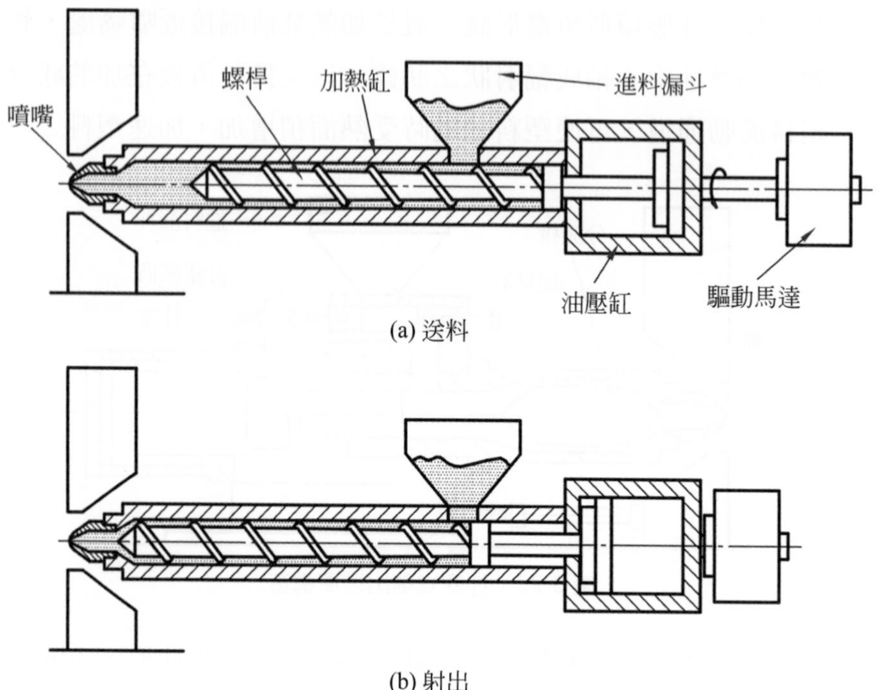

(a) 送料

(b) 射出

圖 3.28　螺桿式射出裝置

螺桿的形狀如圖 3.29 所示，分爲供應部、壓縮部、計量部三部分，壓縮部的螺桿底徑愈往前端愈大。從供應部送入之塑料，藉由螺桿之旋轉而前進，塑料受擠壓摩擦生熱，加熱缸外之電熱器同時加熱而使塑料熔融；塑料送至螺桿前端後，再由螺桿推送射出。在螺桿推送射出時，會有部分塑料順著螺桿溝槽逆流，爲防止逆流，可裝置逆流防止閥，如圖 3.30 所示。目前之射出成形機，大部分都採用螺桿式射出裝置，因螺桿式射出裝置具有下列優點：

①藉螺桿旋轉之混練作用，塑料加熱更均勻。

②加熱缸內壓力損失少，射出壓力可降低。

③加熱缸內塑料滯留量少，熱安定性差的塑料較不易分解。

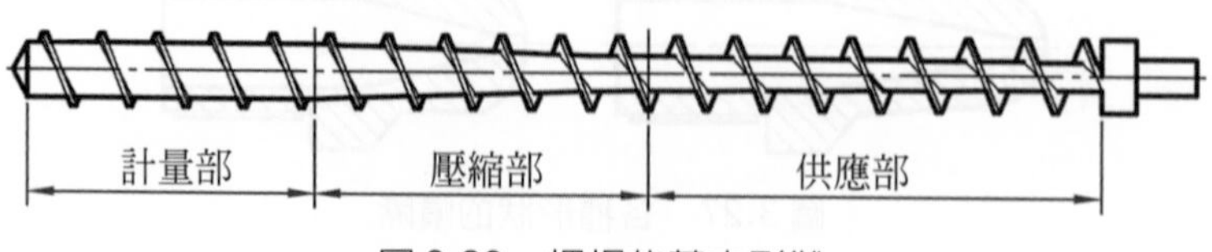

圖 3.29　螺桿的基本形狀

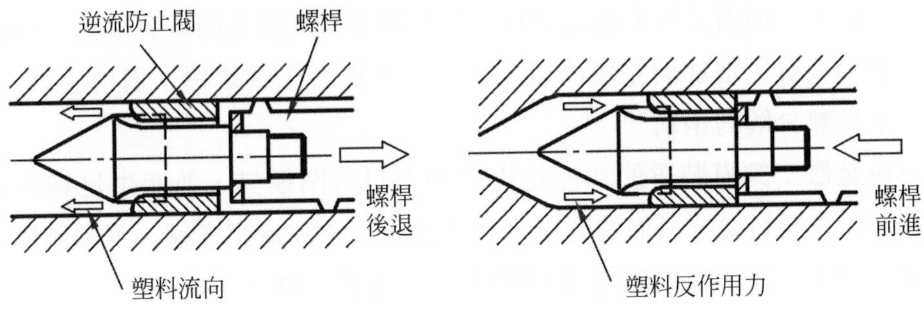

圖 3.30　逆流防止閥

④塑料更換、換色操作容易。

⑤塑料著色方便。

(3)預塑式射出裝置：預塑式射出裝置有二個加熱缸，分別是預塑加熱缸和射出加熱缸。塑料先在預塑加熱缸中加熱熔融後，推送至射出加熱缸，由射出加熱缸將塑料射入模具中。依照預塑加熱缸之不同，有兩種型式。

①柱塞預塑式：塑料在預塑加熱缸中加熱後，由柱塞推送至射出加熱缸，推送之壓力可使射出柱塞後退，調節此後退量以決定一次的射出量。在達到所定的射出量後，再由射出柱塞將塑料射出，如圖 3.31 所示。

②螺桿預塑式：在預塑加熱缸中，是以螺桿旋轉推送塑料進入射出加熱缸，再由射出加熱缸射出，如圖 3.32 所示。

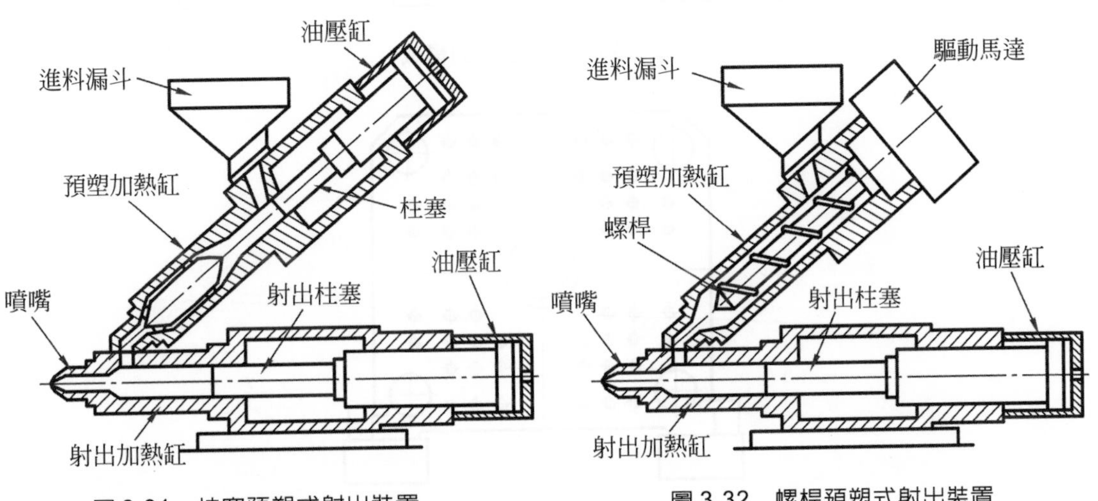

圖 3.31　柱塞預塑式射出裝置

圖 3.32　螺桿預塑式射出裝置

採用預塑式射出裝置，熔融塑料容易滯留在兩加熱缸接合處之止回閥部位，不適用於易分解之塑料，且更換塑料或換色時較爲麻煩。但預塑式射出裝置可增加對塑料的可塑化能力，提高生產效率，適用於PE、PS等不易熱分解的塑料。

3. 鎖模裝置：鎖模裝置的功能是提供動力以啓閉模具，並產生足夠的鎖模壓力，防止塑料從分模面洩漏出來。其構成包含固定側模盤、可動側模盤、繫桿、鎖模機構、容模厚度調整機構等，如圖 3.33 所示。

⑴固定側與可動側模盤：模具在射出成形機上是安裝於模盤上，模盤則由繫桿引導進行啓閉動作。模盤之中心有圓孔，安裝模具時，定位環配合於固定側模盤之圓孔，可使噴嘴與模具之進料口對準；可動側模盤之圓孔則可使頂出桿通過，以頂出成形品之用。模盤圓孔周圍通常加工有若干排螺絲孔或加工成 T 形槽，用以固定模具，如圖 3.34 所示。

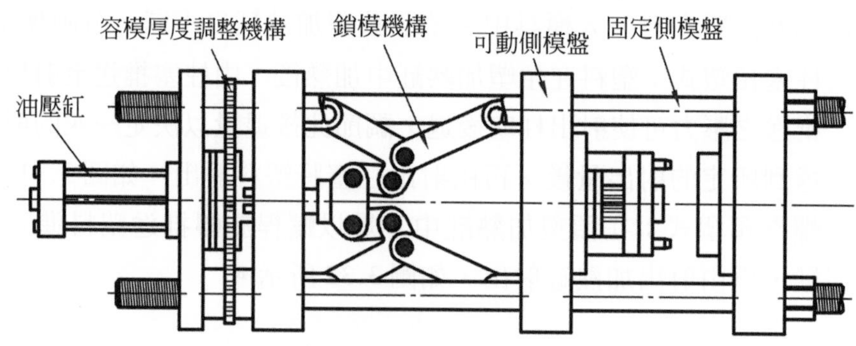

圖 3.33 鎖模裝置的構成

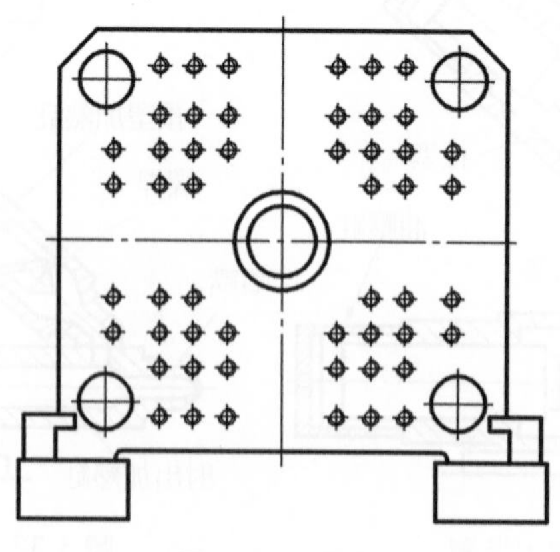

圖 3.34 模盤

⑵繫桿：繫桿用以固定固定側模盤，並引導可動側模盤移動，使模具能準確啓閉。小型射出成形機採用二支繫桿，中大型射出成形機則用四支。繫桿應有足夠的機械強度，表面通常鍍上一層硬鉻，可耐磨並防銹。

⑶鎖模機構：鎖模機構依其動作原理分為：

①直壓式：直壓式鎖模機構是應用油壓產生壓力，直接作用於可動側模盤以啓閉模具。工作中爲能迅速推動模盤並產生大鎖模力，其油壓缸之構成型式較特殊，常用之型式有：

❶昇壓滑塊式：昇壓滑塊是直壓式射出成形機最常用的鎖模機構，是利用小直徑的昇壓滑塊，以產生高速的啓閉動作，如圖 3.35 所示。其動作原理爲：

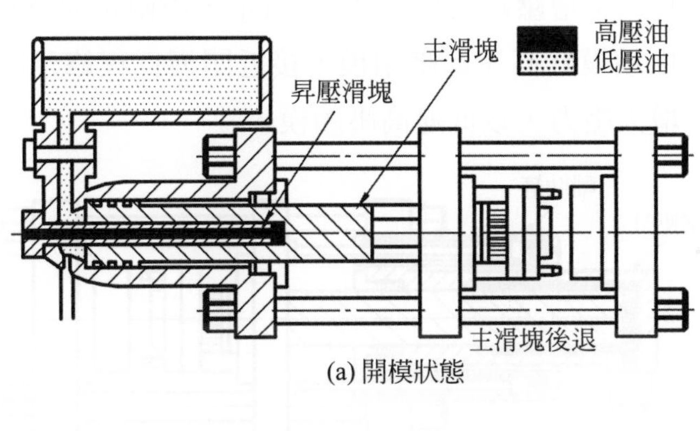

(a) 開模狀態

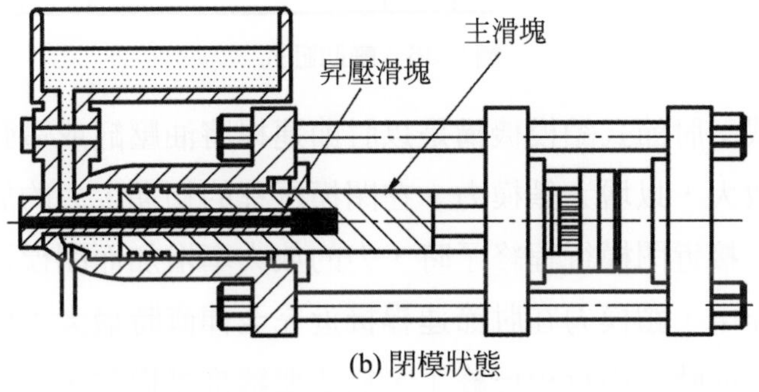

(b) 閉模狀態

圖 3.35 昇壓滑塊式

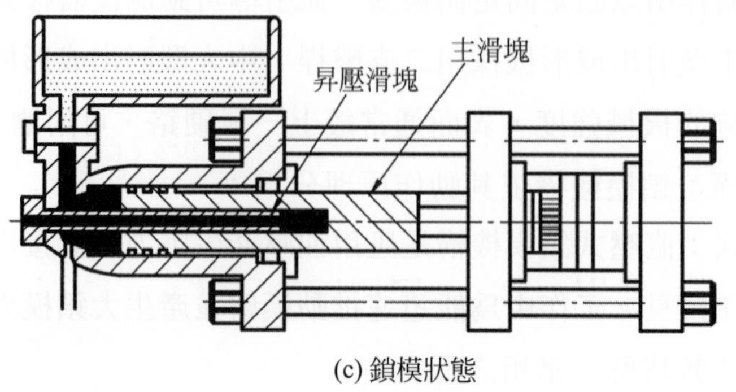

(c) 鎖模狀態

圖 3.35 昇壓滑塊式(續)

❷輔助缸式：輔助缸式如圖 3.36 所示，在主滑塊兩側裝有兩組輔助缸，利用輔助缸高速開閉模具。在閉模初期，由輔助缸高速閉模；鎖模時則主油壓缸作動，低速高壓鎖模。

❸增壓缸式：增壓缸式如圖 3.37 所示，由兩組油壓缸串列組成。閉模時先由鎖模缸高速低壓閉模，接近閉模行程終了時，增壓缸加入動作，增大壓力，以低速高壓鎖模。

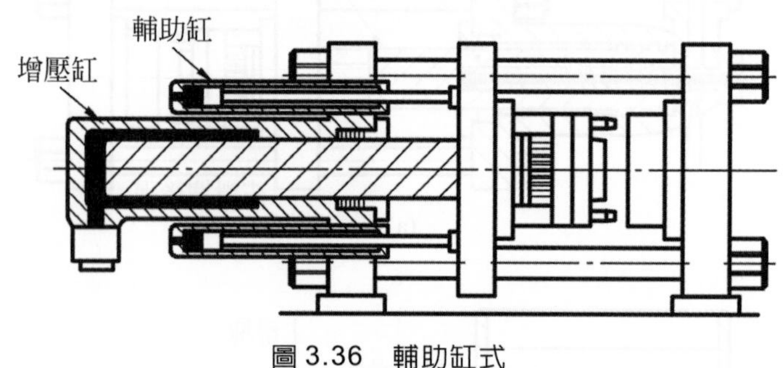

圖 3.36 輔助缸式

②肘節式：肘節式鎖模機構是以肘節連桿將油壓缸或電動機所產生的動力加以放大，以增大鎖模力。在閉模行程的初期，力的放大率小而閉模速度快；接近閉模行程終了時，力的放大率增加而閉模速度減慢。肘節機構動作中，鎖模力在肘節連桿接近完全伸直時最大；但肘節連桿在完全伸直狀態時，因行程已終了，無法繼續推壓模盤，此時鎖模力等於零。所以應在肘節連桿完全伸直稍前即使模具閉合，而在連桿充分伸直時拉伸繫桿，藉繫桿伸長之彈性恢復力，將模具牢固的鎖緊。

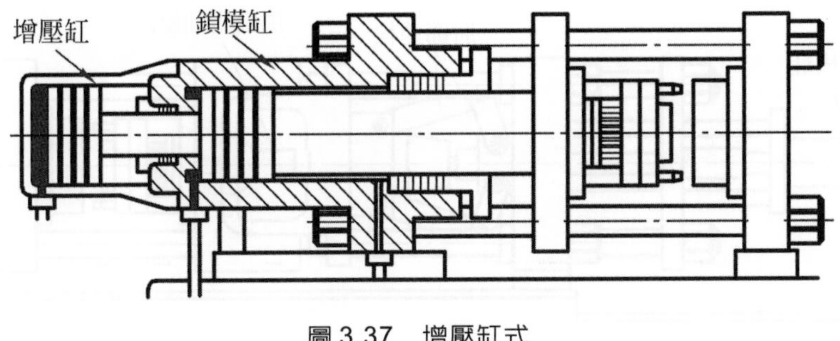

圖 3.37　增壓缸式

肘節式鎖模機構的基本型式有單肘節式、雙肘節式，如圖 3.38 所示。

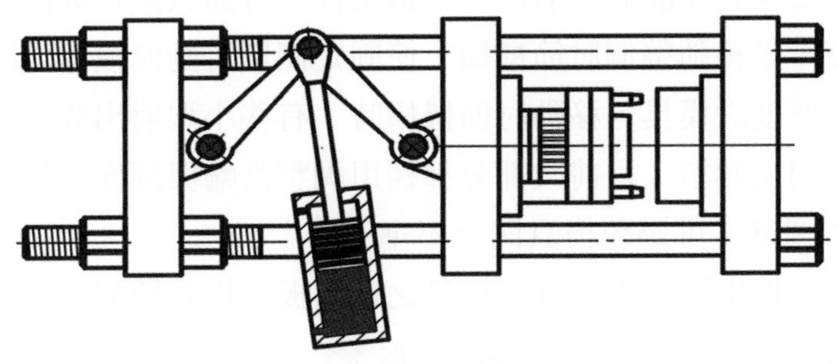

(a) 單肘節式

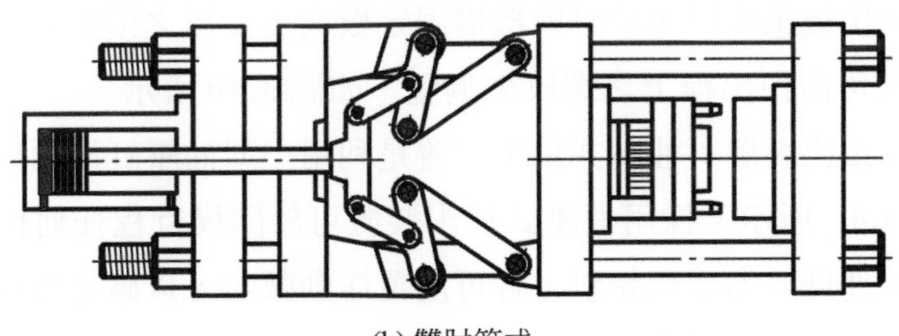

(b) 雙肘節式

圖 3.38　肘節式鎖模機構

③肘節直壓式：肘節直壓式鎖模機構是使用肘節式與直壓式之組合，在外觀上爲肘節式的一種，但鎖模力發生方式較接近直壓式。具有肘節式高速啓閉及直壓式容易調整容模厚度及鎖模力之優點，如圖 3.39 所示。

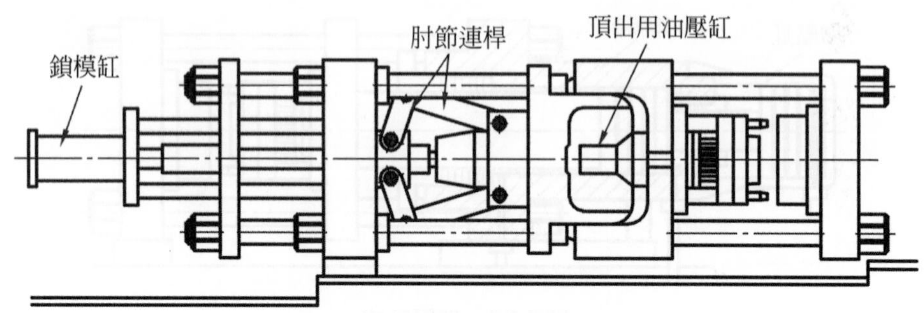

圖 3.39　肘節直壓式鎖模機構

⑷容模厚度調整機構：射出成形機可安裝之模具厚度有一定範圍，在此厚度範圍內之模具才能裝上射出成形機工作。肘節式鎖模射出成形機容模厚度之調整，是移動整個肘節機構，使固定側與可動側模盤之間隔改變，以配合不同厚度之模具。移動肘節機構時，有些小型射出成形機須個別調整繫桿上之固定螺帽；目前大部分都採用調整齒輪與鏈條，使每支繫桿之螺帽做同步調整，可避免模具閉合不準。

4. 頂出裝置：頂出裝置用以推動模具之頂出板，以將塑製完成的成形品剝離模具。一般射出成形機之頂出裝置分爲：

⑴機械式頂出裝置：機械式頂出裝置是利用開模動作可動側模盤退後時，使模具頂出板抵住固定於肘節機構固定板或支撐桿之頂出桿而產生動作，頂出行程可由頂出桿上之螺紋來調整，如圖 3.40 所示。

⑵油壓式頂出裝置：油壓式頂出裝置是利用小型油壓缸使頂出板產生動作，如圖 3.41 所示。採用油壓式頂出裝置可於開模行程任何位置頂出，頂出動作的速度、力量可調整，且可反覆作動數次，以確定使成形品脫模，爲自動生產的必要裝置。

5. 防護裝置：射出成形機最危險的部位爲塑模啓閉裝置的活動部位，一般在啓閉裝置活動部位裝有擋板來防護，避免人員去碰觸並防止物體或工具掉落入內部，造成故障。有些部位的擋板裝有鐵網或透明玻璃，方便於觀察；擋板的動作也會連接至模盤啓閉動作，使擋板未關閉時模盤亦不能合模，避免發生意外。

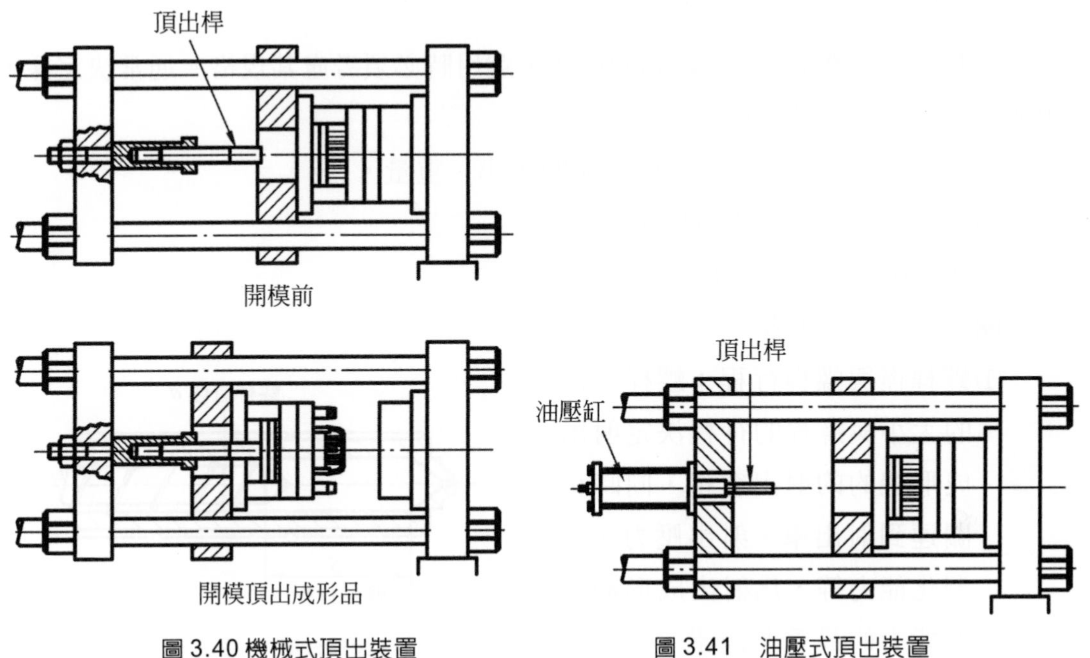

圖 3.40 機械式頂出裝置

圖 3.41　油壓式頂出裝置

6. 其他裝置

⑴油壓裝置：提供射出成形機所需之油壓動力，包括油壓泵、管路、油壓缸、各種閥門、蓄壓器等。

⑵成形品落下確認裝置：塑膠成形品頂出後，會脫離模具而落下，然後再閉模進行下一週期的作業。但若成形品未脫離模具或有充填不足等瑕疵時，則無法確認。因此須有成形品落下確認裝置，才能確認是否確實脫模，一般有兩種型式。

①光電式落下確認裝置：成形品頂出落下時會阻斷光線，當成形品落下後，光束未受阻礙才會繼續進行下一週期的作業。若發生成形品未完全脫模或有殘留物，光線被持續阻斷，機械將暫停動作，並有蜂鳴器響聲警示。

②重量式落下確認裝置：在成形品落下處裝置測定器，此測定器可設定重量範圍，若落下之成形品重量過重或過輕時，會使機械暫停動作，並配合蜂鳴器響聲警示。

3.4.3 射出成形機的規格

爲使射出成形機能有效而順利的工作，選用時必須考慮其規格。通常決定採用射出成形機時，應考量之項目包含：

⑴成形機的能力是否合於成形品的大小、重量。

⑵模具是否能安裝及順利操作。

⑶操作循環週期是否合適。

1. 關於成形品大小者

⑴螺桿徑與螺桿行程：螺桿直徑的大小與螺桿的行程決定射出成形機的的射出容積，同時也關連到射出率、射出壓力、可塑化能力等，爲射出成形機成形能力的最重要因素，選擇成形機時，應先確認螺桿直徑。

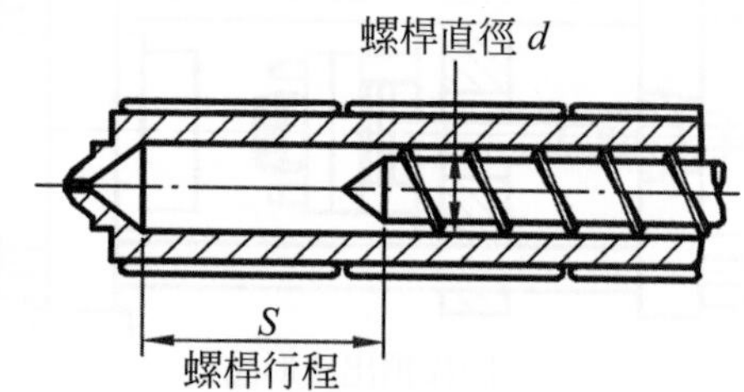

射出容積 $V=\frac{\pi}{4}d^2\times S$

d：螺桿徑

S：螺桿行程

圖 3.42　射出容積

⑵射出容積：射出容積是指一次射出材料的最大容積(cm^3)，與螺桿徑、螺桿行程之關係如圖 3.42 所示。

⑶射出量：射出量是指一次射出材料的最大重量，單位爲克或盎斯(oz，1oz ＝ 28.4g)。射出量與射出容積之關係爲：

射出量(g)＝射出容積(cm^3) × 熔融塑料密度(g/cm^3)

射出成形機之射出容積是固定的，但射出量會因塑料密度而改變，在稱呼射出成形機之射出量時，一般是以聚苯乙烯(密度 $1.05g/cm^3$)爲基準來計算其射出量的。

⑷射出率：射出率是指單位時間從噴嘴射出熔融塑料的最大容積，單位cm^3。射出率通常愈大愈好，尤其針對易急速固化之塑料(如尼龍、聚苯乙烯等)或薄壁成形品，若射出率慢，在模具內會因塑料的冷卻很快失去流動性，造成充填不足。

⑸可塑化能力：可塑化能力是指加熱缸每小時能熔融塑料的最大量，單位爲 kg/hr。可塑化能力低時，加熱缸內之塑料無法在所需時間內充份熔融，致使射出循環中斷，降低生產效率。

⑹射出壓力：射出壓力是指螺桿前端部作用於熔融塑料的壓力(kg/cm^2)，此壓力直接來自射出缸之油壓壓力。當射出壓力太小時，無法使塑料流進型腔較細微部位，也會因塑料流速降低充填慢，而造成充填不足。

⑺鎖模力：鎖模力是指鎖緊模具的最大力量，通常以噸(ton)表示。熔融塑料在高壓射入模具時，爲了不使模具被推開，需有足夠之鎖模力。鎖模力大小應爲：鎖模力(kg)＞成形品投影面積(cm^2)×模內平均壓力(kg/cm^2)

成形品投影面積是從成形機模盤啓閉方向看的型腔斷面積。

⑻開模力：開模力是指成形完畢取出成形品時打開模具的最大力量，單位爲噸(ton)。

2. 關於模具大小者

⑴模盤尺度與繫桿間隔：模盤大小與繫桿間隔在射出成形機有一定之尺度，如圖 3.43，欲安裝之模具大小須在其範圍內，並須使射出成形機噴嘴與模具豎澆道能相吻合，頂出桿能通過模具之可動側安裝板而接觸到頂出板。

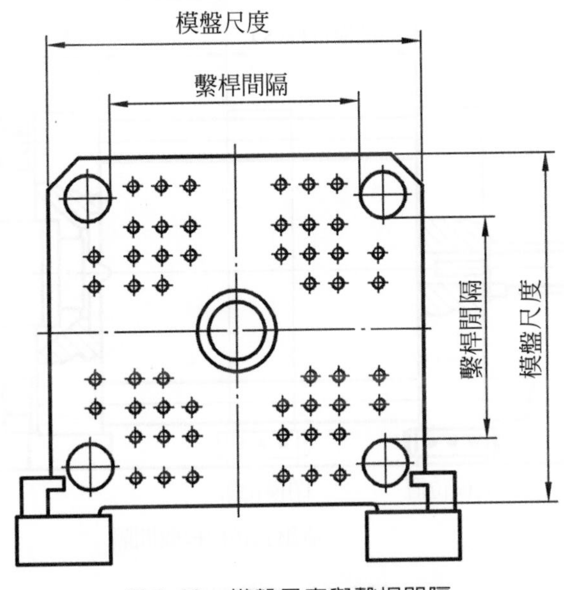

圖 3.43 模盤尺度與繫桿間隔

⑵模盤間隔：模盤間隔指的是固定側模盤與可動側模盤之間隔，此間隔限制了可安裝模具的厚度(閉模時的高度)，在射出成形機上有一定範圍。在直壓式射出成形機，最大模盤間隔是指鎖模滑塊在最後退位置時，兩模盤間之距離，此距離爲所能安裝模具的最大極限厚度(M_1)，但若模具厚度接近M_1時，模具開閉距離不夠，也無法工作。最大模盤間隔減去鎖模行程(S)而得最小模盤間隔，此爲所能安裝模具之最小厚度(M_2)，若模具厚度小於最小模盤間隔，則必須加墊塊，才能將模具鎖緊。肘節式的射出成形機，模盤間隔可調整整組肘節機構而改變，當肘節機構調整在最退後之位置，而在鎖模狀態下，此時兩模盤之間隔爲可安裝之最大模具厚度(M_1)；當肘節機構在最前進位置，而在鎖模狀態下，此時兩模盤之間隔爲可安裝之最小模具厚度(M_2)。

⑶鎖模行程：鎖模行程是指射出成形機可動側模盤可移動的最大距離。鎖模行程愈大，開啓時固定側模盤與可動側模盤間的距離也愈大，可成形較深的成形品。在一般情況下，鎖模行程必須大於成形品高度的兩倍以上，否

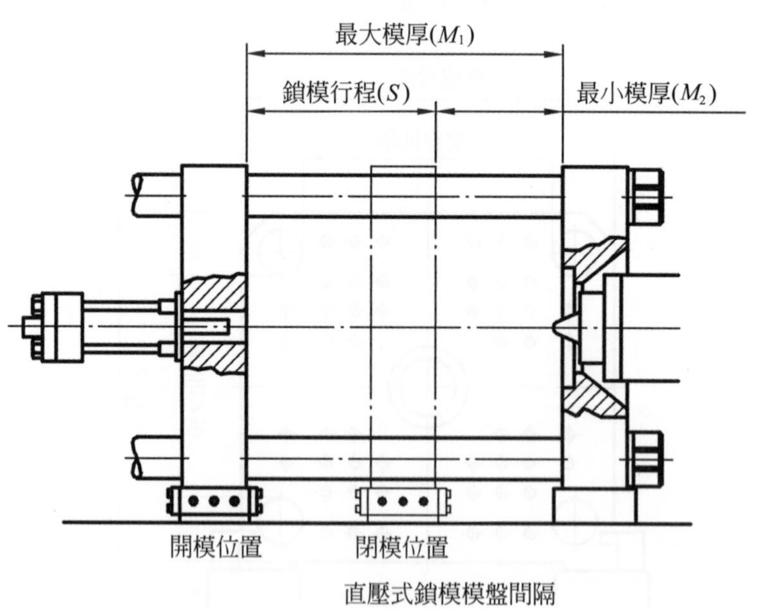

圖 3.44　模盤間隔

則成形品取出會有困難。鎖模行程與模具、成形品關係之估算方式如圖 3.45 所示。當使用脫料板頂出時，鎖模行程應大於成形品高度的兩倍以上；當使用頂出銷頂出時，則須爲成形品高度的三倍以上。

3. 關於成形循環速度：成形循環速度與成品生產效率相關，通常是指機械在無負荷狀態下以最高速空運轉時，每小時之循環次數。

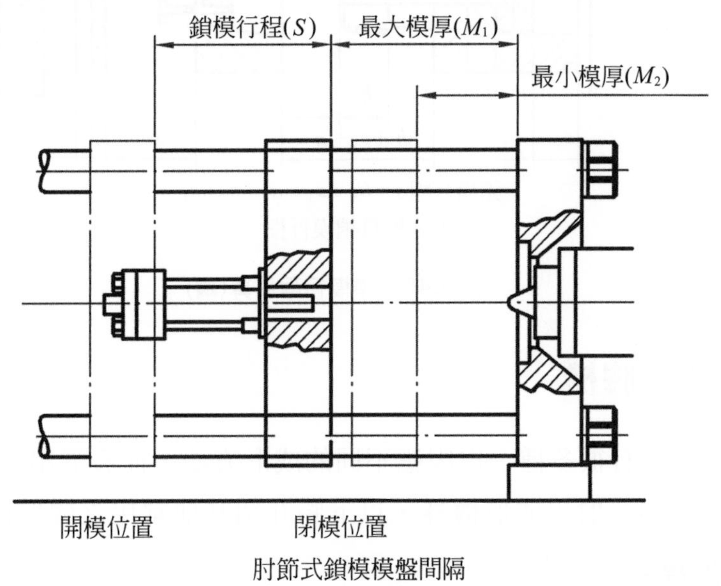

肘節式鎖模模盤間隔

模盤間隔
脫料板
成形品
豎澆道
h s a
可動側模盤
固定側模盤
鎖模行程
$(2h+s+a)$

二板式模具鎖模行程

圖 3.45　鎖模行程估算

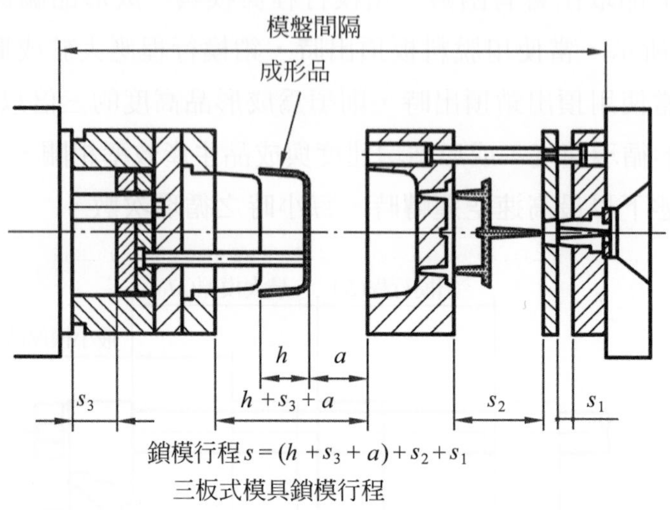

圖 3.45 鎖模行程估算(續)

3.4.4 其他塑膠機

塑膠成形方法有很多種，爲因應不同的成形方法，而發展出各種功能不同的成形機，除上節介紹之射出成形機外，以下將介紹其他常用之成形機。

一、壓縮成形機

壓縮成形機主要是提供熱固性塑膠之壓縮成形使用，也可用於罐式轉移模具之成形。壓縮成形機如圖 3.46 所示，一般都製做成直立式，是指模盤合模加壓移動是在垂直方向上；至於加壓方向有向下加壓與向上加壓兩種，通常應用油壓缸來產生壓力，壓力大小以噸數表示，一般使用在 50～3000 噸之間；因油壓缸的裝置關係，以採用向上加壓較方便，故較常採用。

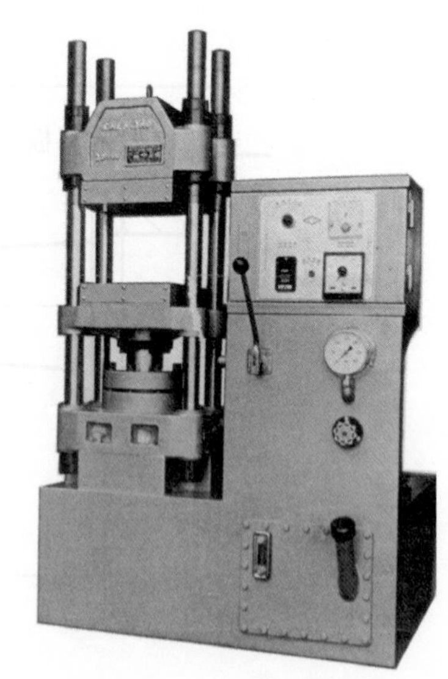

圖 3.46 壓縮成形機

壓縮成形機主要的工作部位爲固定側模盤與可動側模盤，二者之裝置與射出成形機相同；固定側模盤是固定於繫桿上，可動側模盤則由繫桿引導活動。模具之固定側(或凸模)安裝於固定側模盤，通常在上方；而可動側(或凹模)則安裝於可動側模盤，通常在下方，方便於放入塑料。工作時，是由在下方之油壓缸提供動力，控制可動側模盤上升合模，或下降開模。

在固定側模盤與可動側模盤附有加熱裝置，用以對模具加熱並控制溫度。成形機上並裝有計時器，以控制每次的成形時間。通常在進行壓縮成形作業時，尚須有預熱機與製錠機，先將塑料預熱預型，以縮短成形週期。

二、轉移成形機

轉移成形機之構造與壓縮成形機類似，亦為熱固性塑膠成形用設備，二者最大差異在於轉移成形機之固定側模盤與可動側模盤間多裝置一浮動模盤，如圖 3.47 所示。模具之凹模與凸模分別安裝於可動側模盤與浮動模盤上，在固定側模盤則安裝柱塞。工作時，油壓缸推動可動側模盤上升使模具閉合，模具閉合後再繼續上升，使柱塞壓入加熱室，而將塑料擠壓進入模穴。

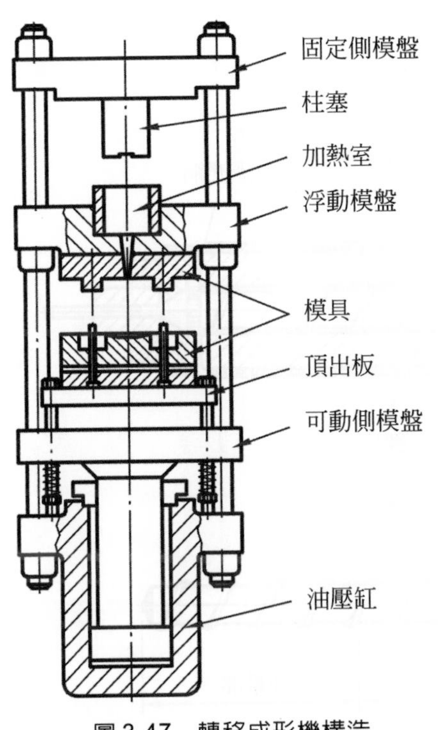

圖 3.47　轉移成形機構造

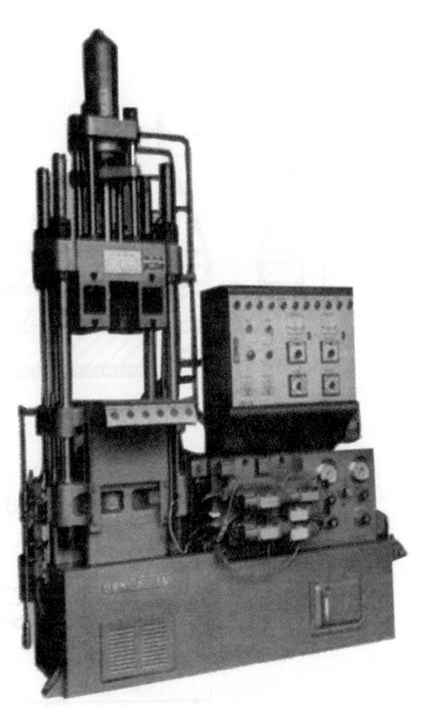

圖 3.48　轉移成形機

有些轉移成形機是在固定側模盤上裝置一輔助油壓缸，利用油壓缸柱塞來對材料加壓，如圖 3.48 所示。在轉移成形作業時，爲縮短成形週期，亦須使用製錠機與預熱機，或可應用預塑缸來預熱。

三、擠製成形機

擠製成形機又稱爲押出機，其供應熔融塑料是連續不斷的，而非射出成形機之間歇式供料。在擠製成形機之加熱缸中，是以螺桿旋轉來推送塑料，如圖 3.49 所示，一般稱呼擠製成形機之大小，是以螺桿外徑來表示的，這是因爲擠出能力主要是取決於螺桿外徑。

螺桿的形狀如圖 3.50 所示，其螺旋槽是愈靠近跟部愈深，愈靠近前端愈淺，主要作用是爲了塑料的壓縮、混練，並促進著色劑均勻混合。螺桿依其作用可分爲從進料漏斗送入塑料的供給部，塑料加熱、加壓推送至前端的壓縮部，及控制塑料定量擠出的計量部。螺桿的壓縮比和長度與直徑比L/D，也是螺桿的重要規格，一般使用之螺桿壓縮比約在2～4之間，L/D之比約爲18～22。

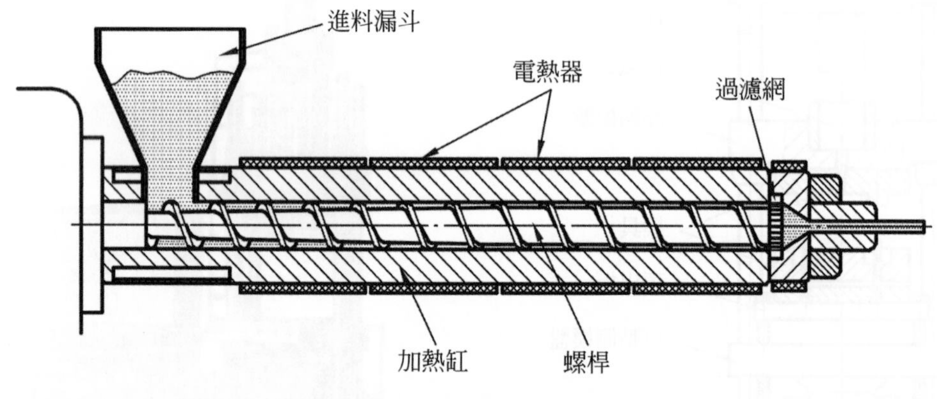

圖 3.49　擠製成形機

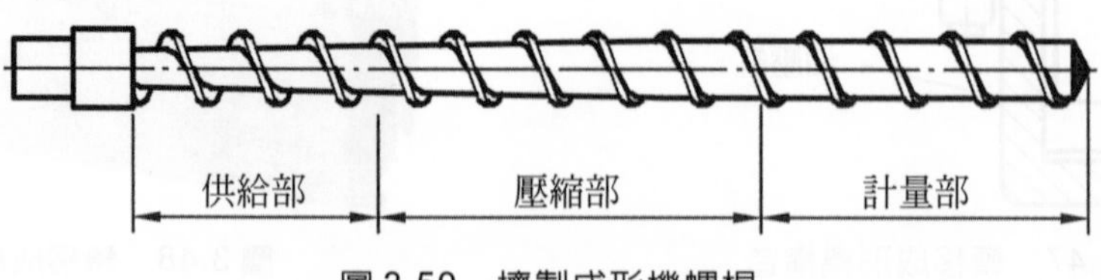

圖 3.50　擠製成形機螺桿

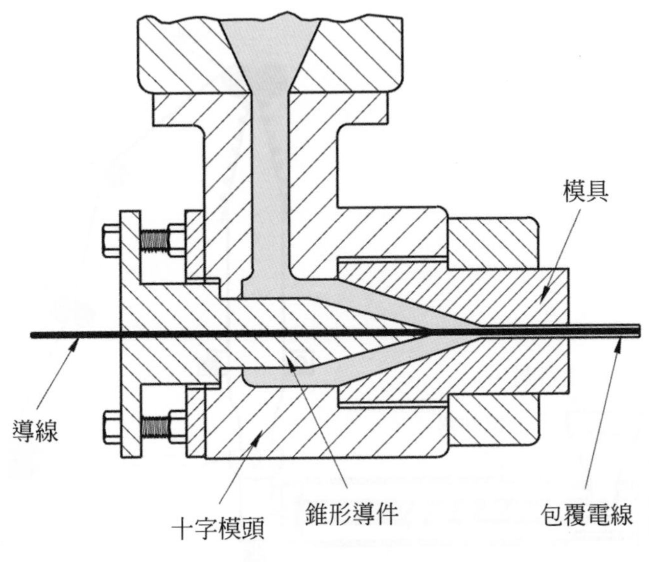

圖 3.51　電線包覆

應用擠製成形機也可做電線包覆，是在擠製的同時，在模頭送出導線，其方法如圖 3.51 所示。

四、吹氣(中空)成形機

吹氣成形機的前段構造與擠製成形機是相同的，如圖 3.52 所示，吹氣成形機則尚須裝有吹氣裝置，吹氣裝置可連接於擠製模頭或另以吹氣管吹氣。同樣利用擠製成形機與吹氣裝置，可吹製塑膠薄膜，如圖 3.53 所示，塑膠袋即應用此法製作。

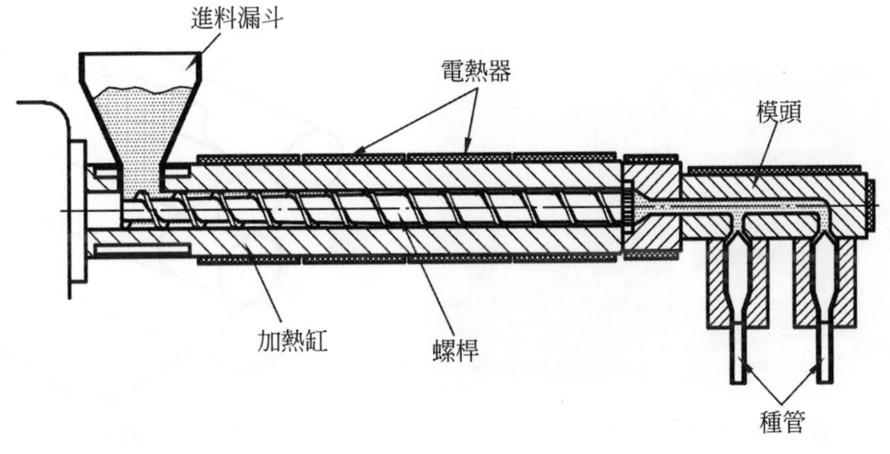

圖 3.52　吹氣成形機

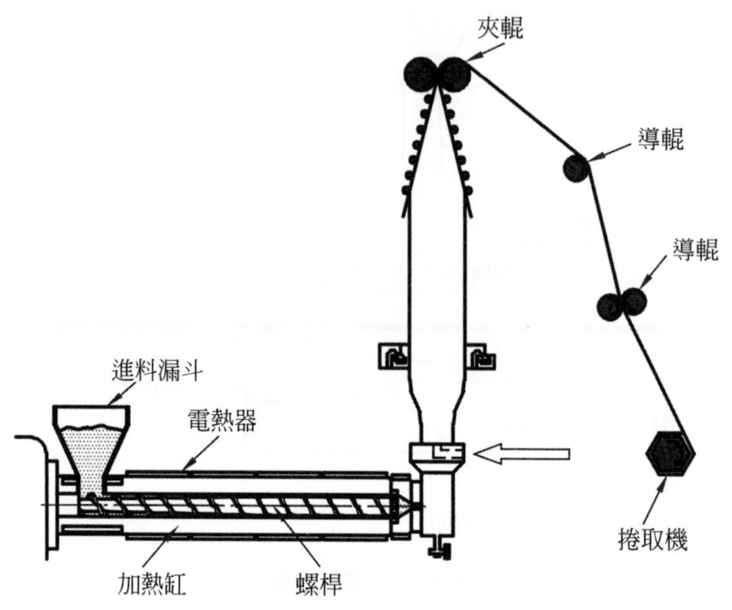

圖 3.53　吹氣成形機吹製薄膜

五、多段式積層壓力機

多段式積層壓力機與壓縮成形機類似，唯在可動側模盤與固定側模盤間多增加一或數個模盤，而模盤的表面裝置研磨光滑的金屬熱板。將浸漬有熱固性塑料的薄片紙、布或玻璃纖維基材，重疊放置於金屬熱板間，以壓力機加熱、加壓，即可製成積層製品。

圖 3.54　輪壓加工機

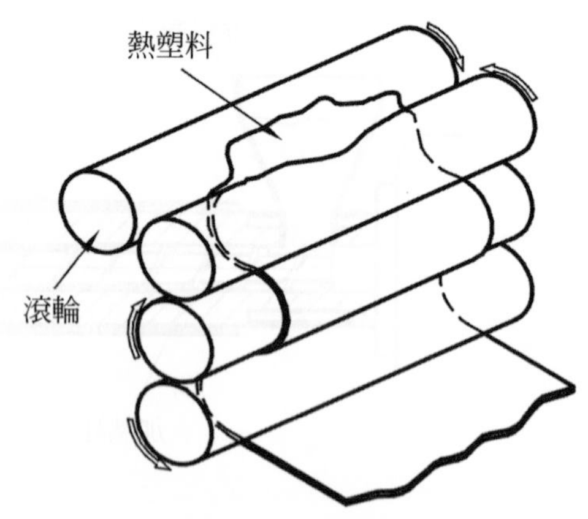

圖 3.55　輪壓加工

六、輪壓加工機

輪壓加工機最主要之構造爲滾輪，如圖 3.54 所示，將熔融塑料自進料漏斗送入機械，經由各組滾輪滾壓成膠膜、薄板等製品；在有的滾輪上裝有加熱裝置，以控制溫度。各組滾輪間表面之間隙可以調整，大致依滾壓先後順序逐漸減小，至最後一組滾輪之間隙則用以控制成形品厚度，如圖 3.55 所示。

3.5 流道系統

流道系統是在模具中，引導熔融塑料進入型腔中的通道。轉移成形模具、射出成形模具中均有流道系統，其中又以射出成形模具變化較多，較具有代表性。各種射出成形模具中，二板式模具、三板式模具及滑動模具之流道系統較具有共同性。

塑膠模具的流道系統包含豎澆道、橫澆道、澆口等。此系統的設計，會影響成形品的品質、精密度、外觀及成形週期，在模具設計時，必須詳加考量。

3.5.1 流道的形狀

典型的塑膠模具流道系統如圖 3.56 所示，塑料自成形機的噴嘴進入模具，流經豎澆道充塡冷料井，再流經橫澆道，通過澆口而進入型腔中，同時將模具內之氣體經由排氣孔排出模具。即完整的流道系統依序爲：豎澆道→冷料井→橫澆道→澆口→模穴→排氣孔。

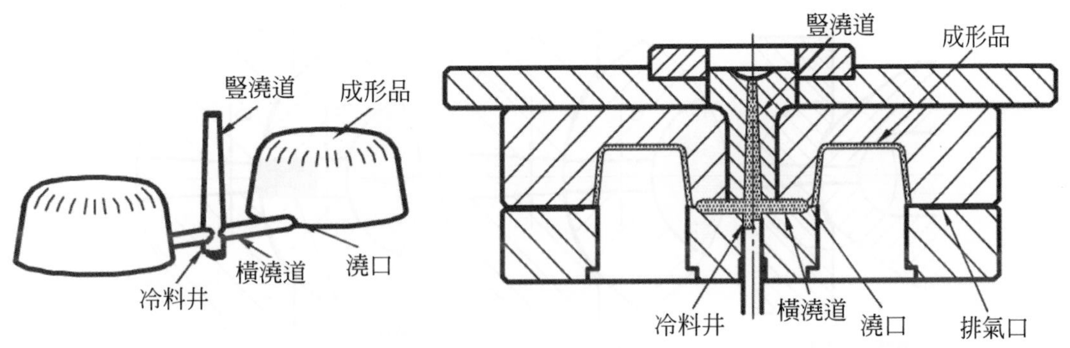

圖 3.56　塑膠模具流道系統

一、豎澆道

豎澆道又稱注道，是塑料進入模具的入口。通常自塑料進入處向模具內伸進的方向，其直徑應逐漸擴大，目的是爲了豎澆道的脫模；擴大的錐度一般約爲 2° ～4°，如圖 3.57 所示。豎澆道必須加工光滑，減小塑料流動阻力也使脫模容易，一般可直接在模板上鑽孔、鉸孔，也可安裝現成的豎澆道襯套。其入口之直徑，須視成形品、材質與成形機而異，一般小型成形品約爲 3mm，中型成形品約爲 4mm，大型成形品則用 5mm 或以上，而塑料流動性較差時，尺度須加大。實際應用時，豎澆道入口直徑(D)應略大於成形機噴嘴口直徑(d)，如圖 3.58 所示，因若$d>D$時，噴嘴前端冷凝之塑料會堵塞住豎澆道入口，塑料無法進入模具，或在成形後無法拉出；同時，豎澆道入口之圓弧(R)也應略大於噴嘴端之圓弧(r)，如圖 3.59 所示，若$r>R$時，會有塑料流入圓弧間之空隙，成形後無法脫模。

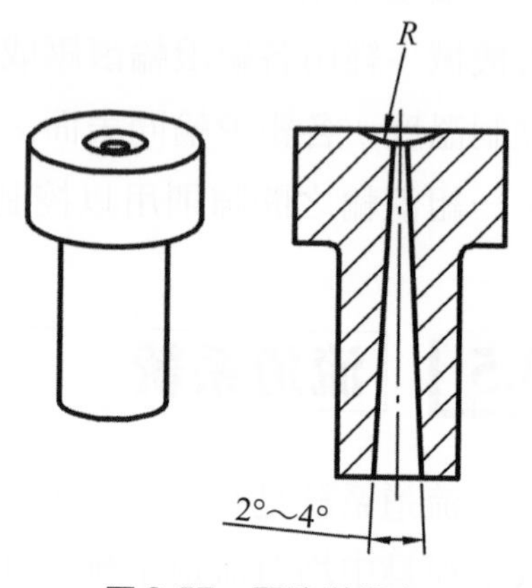

圖 3.57　豎澆道襯套

二、橫澆道

橫澆道設於分模面上，是連接豎澆道到澆口間的通道。在模具中，若一次成形兩件以上成形品，或只成形一件成形品但需設兩個以上澆口時，都需要以橫澆道引導塑料到成形品的各澆口。在安排橫澆道時，應注意儘可能使橫澆道等長，也儘可

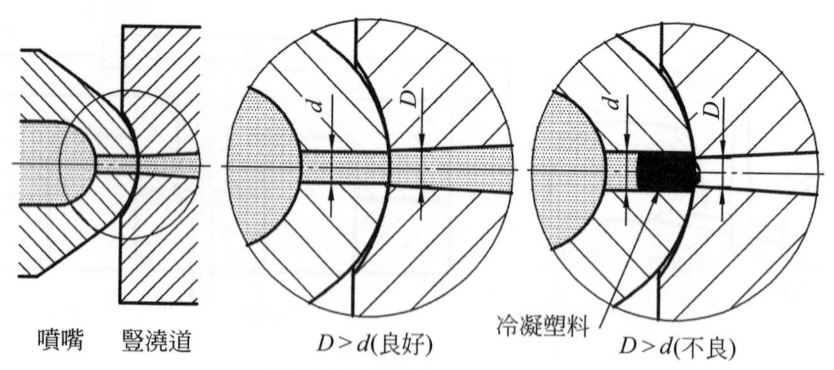

圖 3.58　豎澆道與噴嘴孔徑

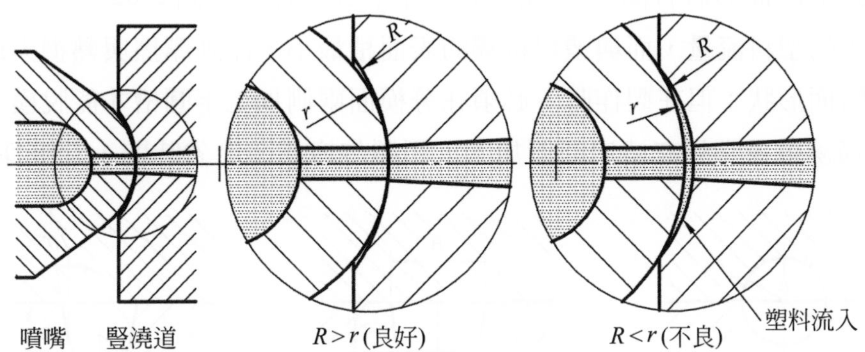

圖 3.59　豎澆道與噴嘴圓弧

能短，其設計方式爲 OA 配置，如圖 3.60 所示，爲在模具內橫澆道等長之安排方式，等長的橫澆道能使塑料同時充塡各型腔。爲使塑料在橫澆道內流動順利，橫澆道表面須加工光滑；對於流動性較差之塑料，橫澆道應儘可能避免轉折，或在轉折處做成圓弧，如圖 3.61 所示。不同的橫澆道安排，使成形品有不同的佈置方式，會影響模具之尺度，故在模具設計時，成形品佈置、橫澆道安排必須先決定。

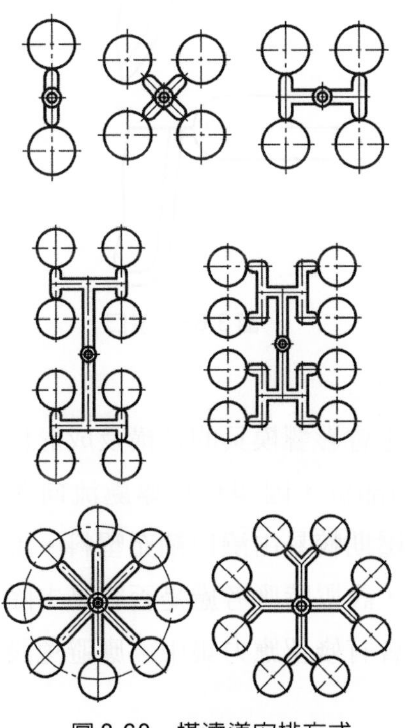

圖 3.60　橫澆道安排方式

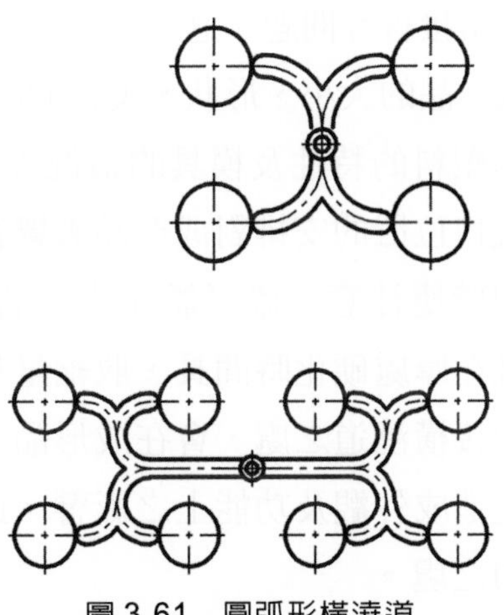

圖 3.61　圓弧形橫澆道

橫澆道的斷面形狀有圓形、梯形及 U 字形等三種，如圖 3.62 所示。圓形斷面可容納最大的塑料流量，而與塑料接觸的表面積最小，流動摩擦與熱損失最少，是最理想的斷面形狀；但在製作時，必須在分模面兩側加工半圓槽才能脫模，較爲困難。梯形橫澆道通常只在澆口同側加工，因製作容易，節省時間，常被採用。

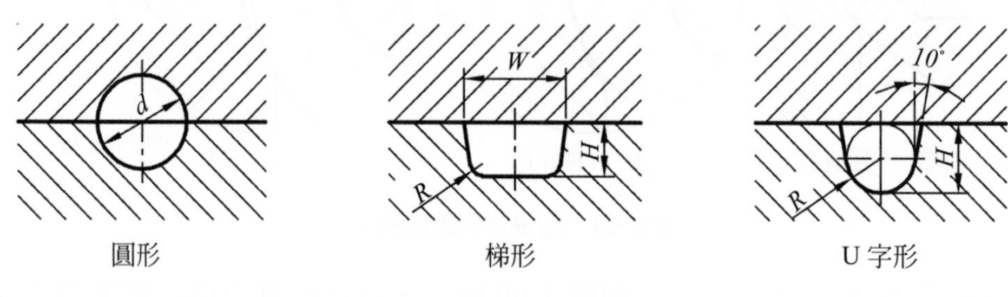

圖 3.62　橫澆道斷面形狀

三、澆口

澆口是塑料進入型腔的入口，如圖 3.63 所示，可分爲非限制澆口與限制澆口兩類。澆口的主要功能，在控制塑料進入型腔，當澆口較大時，塑料容易充塡型腔，但也易使成形品受流道壓力的影響，在澆口附近殘留較大應力。如澆口過小，塑料進入型腔速度過慢，可能造成充塡不足、收縮下陷、收縮率大、燒焦、熔接線等問題。適當的澆口尺度，應由成形品的大小、形狀，澆口的配置、形狀，塑料的特性及模具的情況等因素來決定。

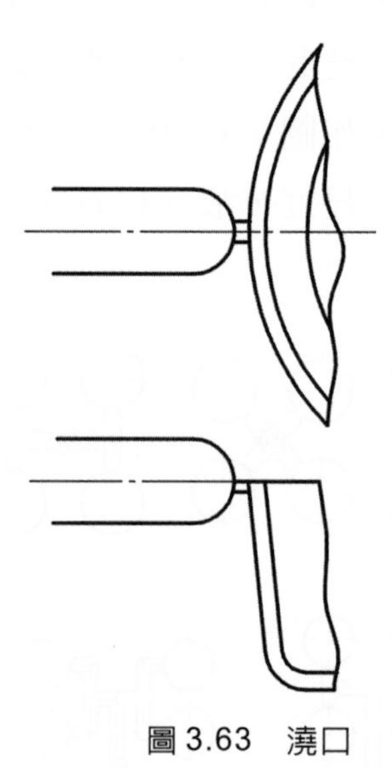

圖 3.63　澆口

澆口位置的安排對成形品影響很大，同時也會影響模具的結構及成形作業。安排澆口時應注意，儘可能在成形品厚度較大的部位，因塑料自厚處流向薄處較容易；且在厚處硬化時間長，收縮量較大，在保壓期較易由澆口補充塑料。澆口是成形品連接橫澆道之處，會在成形品上留下痕跡，設置時應考慮是否容易去除，及如何避免造成外觀及功能上之影響。此外，澆口會有殘留應力集中，應避免設於成形品受力之處。

四、冷料井

冷料井用以容納流動時前端冷凝的塑料，避免橫澆道或澆口被阻塞，通常設於豎澆道末端及橫澆道分叉部位，如圖 3.64 所示。當塑料在流道系統中流動時，前端的冷凝塑料會先流進冷料井，待冷料井充填滿後，高溫的塑料才繼續流向型腔。一般模具冷料井的直徑約與橫澆道相同，深度則約爲直徑之 1～1.5 倍。豎澆道末端的冷料井，除了收集冷凝塑料外，還與豎澆道拉料銷共同作用，利用如圖 3.65 所示之倒鉤，在模具開啓時將豎澆道拉離固定模，再由豎澆道拉料銷將豎澆道及冷料井一起頂出活動模，如圖 3.66 所示。

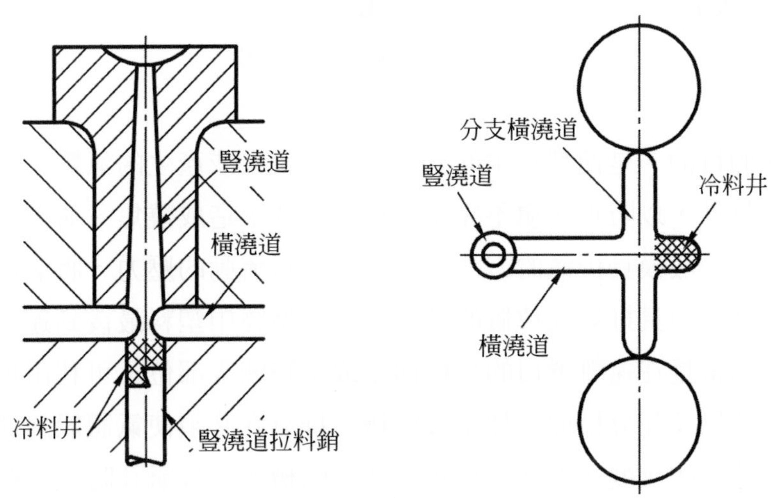

圖 3.64　冷料井位置

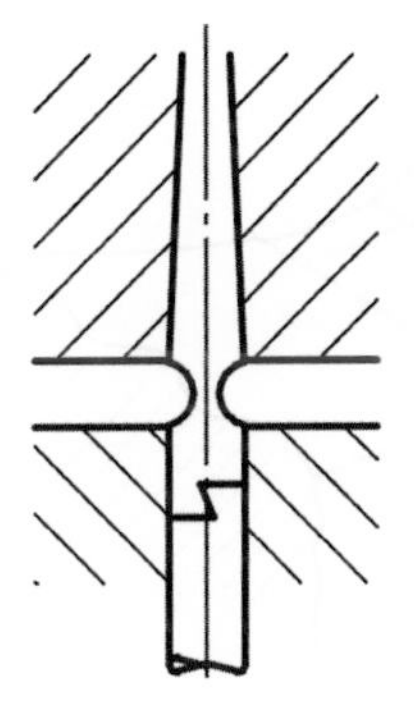
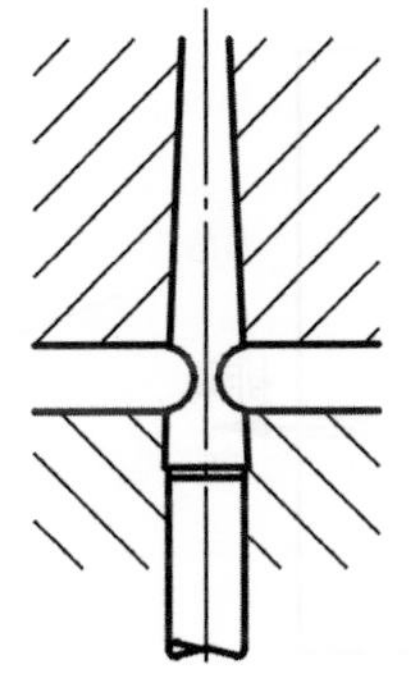
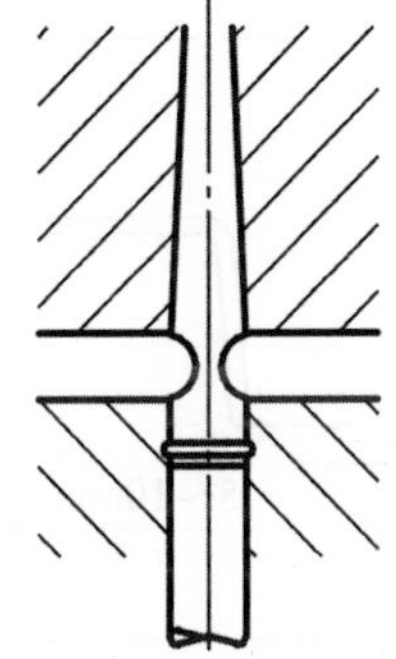

圖 3.65　冷料井拉料裝置

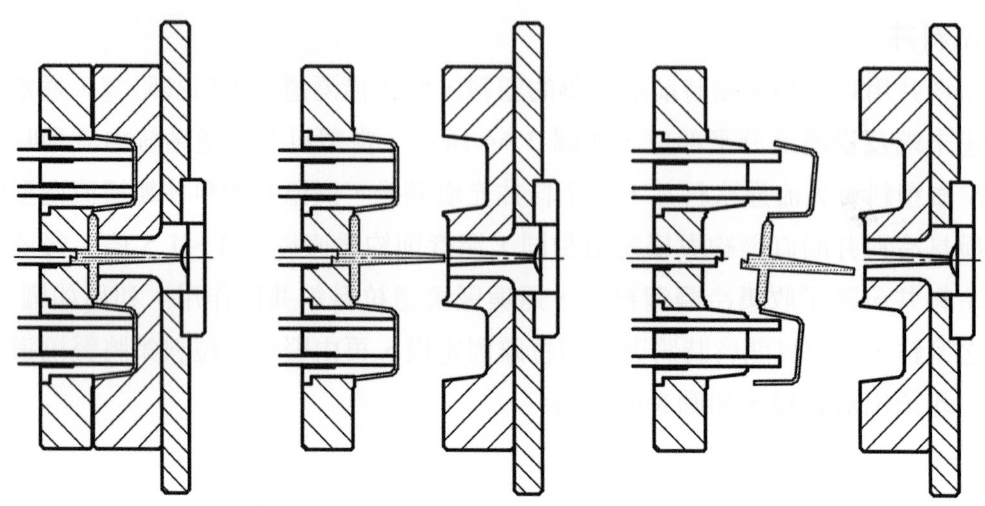

圖 3.66　拉離豎澆道及頂出

五、排氣孔

模具排氣的目的，是使型腔中的空氣、塑料帶入或產生的氣體，能在成形時迅速的排出於模具外，以防止充填不完全，或在工件上造成燒焦、氣泡等，影響成形品品質及外觀。一般模具排氣的方法，是利用塑料流動的壓力，將氣體經由模具排氣孔排出模具外。模具排氣孔位置的選擇，是在型腔中塑料最後到達或可能被塑料密封的地方，通常是在遠離澆口的分模面上或型腔凹入部位，可利用頂出銷、嵌入模塊的配合間隙以及在分模面上加工淺凹槽。排氣孔必須使氣體能通過，而塑料不能進入形成毛邊，故尺度必須加以注意。加工凹槽做為排氣孔時，一般採用的深度約 0.02～0.03mm，寬度依成形品形狀而定，約 5～10mm，如圖 3.67 所示。

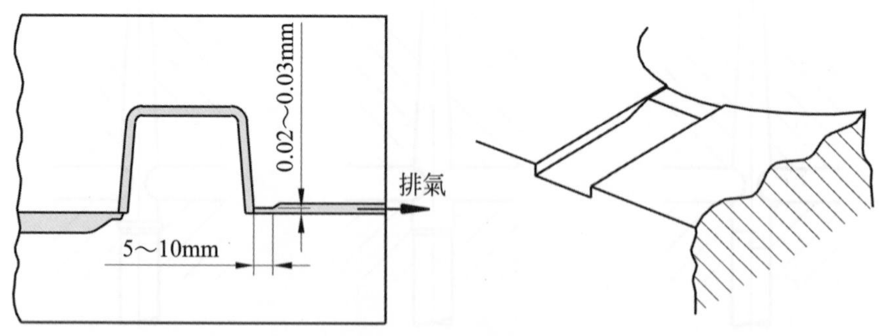

圖 3.67　排氣孔

3.5.2　澆口的類型

塑膠成形品形狀千變萬化，成形時塑料的流動亦受各種因素影響，在模具中澆口之安排，必須依成形品的形狀、塑料的特性而變化，一般應用的澆口種類包含：

一、非限制澆口

由豎澆道直接將塑料注入型腔的澆口稱爲直接澆口，爲非限制澆口的代表。直接澆口如圖 3.68 所示，一次只成形一件成形品，塑料直接由豎澆道進入型腔，壓力損失小，充填良好，有利於大成形品及較深成形品之成形；但因截面形狀變化大，凝固時冷卻速度不同，且有應力集中之尖角，故澆口附近澆口附近會有殘留應力集中，容易造成平面的翹曲、扭曲。採用直接澆口通常未設冷料井，僅在正對豎澆道部位使成形品略微凸出，以掩飾豎澆道之收縮痕跡，如圖 3.69 所示，因未設冷料井，成形時冷凝塑料會直接進入型腔，影響成形品品質，應加注意。直接澆口因型態特殊，澆口的位置較爲固定，能做的選擇少，且成形品上會留下大的澆口痕跡，選擇採用時，應多加考慮。

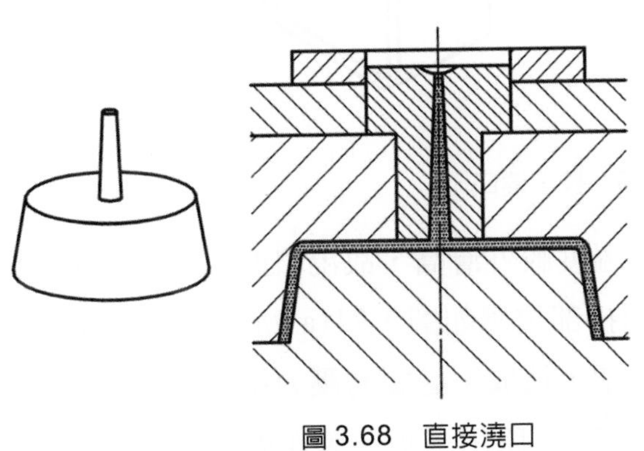

圖 3.68　直接澆口

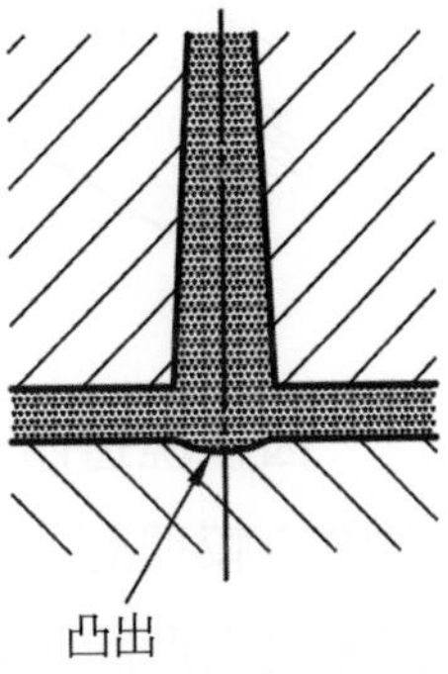

凸出

圖 3.69　成形品凸出

二、限制澆口

限制澆口是在橫澆道與型腔間製作的狹小通道，也可以說限制澆口是橫澆道的收縮部分，是用以控制塑料進入型腔的。大部分模具都採用此種型式，因爲限制澆口有下列的功能。

⑴控制流入型腔的塑料份量和方向。

⑵成形時澆口塑料先行固化，封鎖通路，使型腔內塑料不逆流。

⑶容易在澆口處將成形品與橫澆道切斷。

⑷塑料通過澆口，流速加快，產生摩擦熱，使塑料溫度再升高，以促進充填。

⑸隔離橫澆道中塑料的大壓力，避免澆口附近的應力集中。

⑹一次成形多件成形品時，澆口平衡容易。

限制澆口的類型很多，分別介紹如下：

1. 標準澆口：標準澆口通常設在成形品的側面，所以又稱爲側面澆口，如圖 3.70 所示。採用標準澆口，由於斷面狹窄，壓力損失較大，會使塑料之流動不佳，而在成形中途冷卻固化，因此必須加大射出壓力；爲減少此種壓力損失，必須縮短澆口的長度。

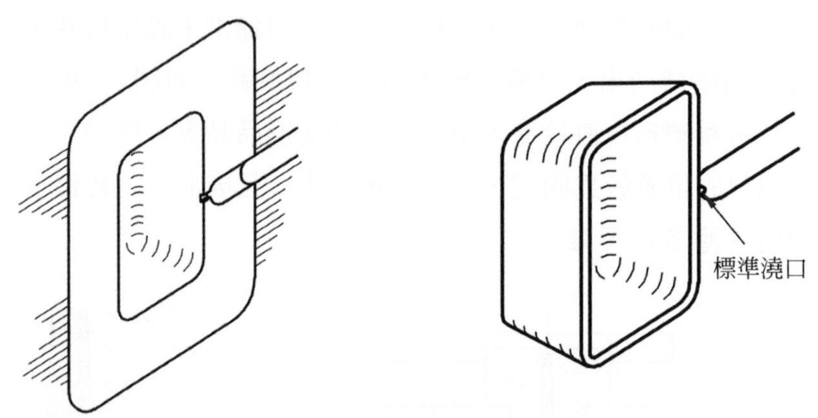

圖 3.70　標準澆口

因橫澆道內之塑料，在中心溫度較外層高，故澆口的位置位於橫澆道斷面中心較理想。橫澆道與澆口連接部位應如圖 3.71(a)所示，若做成圖(b)徐緩變化之形狀，會使塑料過早冷卻，造成不必要的壓力損失。澆口的斷面形狀，通常採用矩形或圓形，如圖 3.72 所示，矩形製作簡單，又容易取得澆口平衡，故較爲常用。一般使用的標準澆口，深度約 0.5～1.5mm之間，寬度爲 1.5～5mm，長度爲 1.0mm左右，爲避免較大的壓力損失，長度可減少到 0.8mm。大型而複雜的成形品，澆口深度可用 2.0～2.5mm(約採用成形品厚度的 70～80 %)，寬度 7～10mm，長度 2～3mm。標準澆口有時可做成一部分重疊於成形品厚度上，如圖 3.73 所示，稱爲重搭澆口，如此可使塑料進入型腔的斷面積加大，改善塑料流動，防止成形品發生流痕。

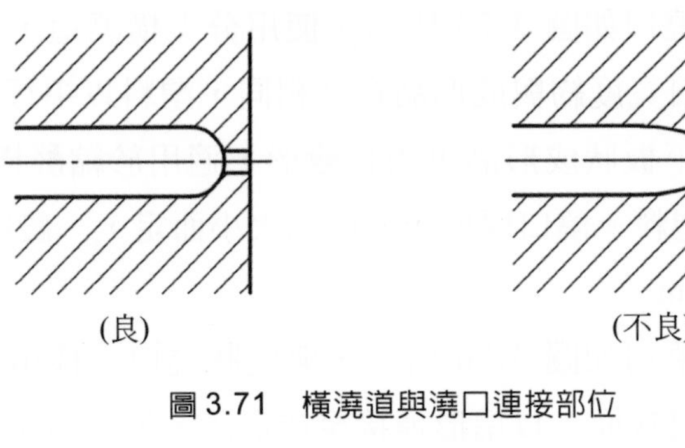

圖 3.71　橫澆道與澆口連接部位

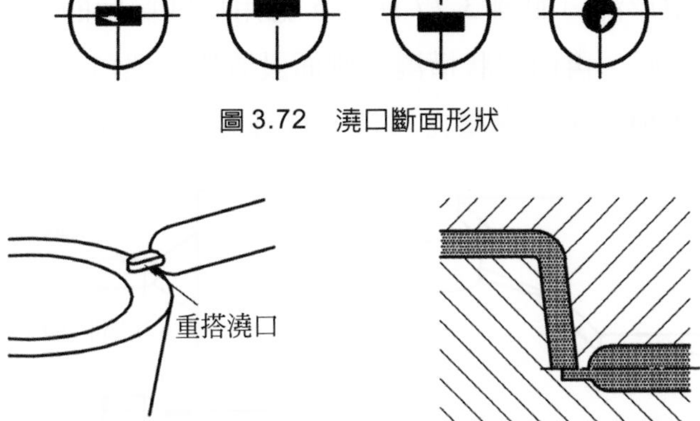

圖 3.72　澆口斷面形狀

圖 3.73　重搭澆口

2. 垂片澆口：垂片澆口如圖 3.74 所示，主要應用於成形溫度範圍小，流動性差，需高壓力成形的塑料，如PVC、PC、PMMA等。塑料從澆口先流經成形品邊緣凸出的小垂片，再進入模穴，如此可緩和因高壓力成形造成的應力集中，改善澆口附近成形品的流痕。垂片澆口連接成形品處，可如圖中所示，直接自成形品邊緣凸出垂片(a)，或採用搭接方式(b)連接到成形品。

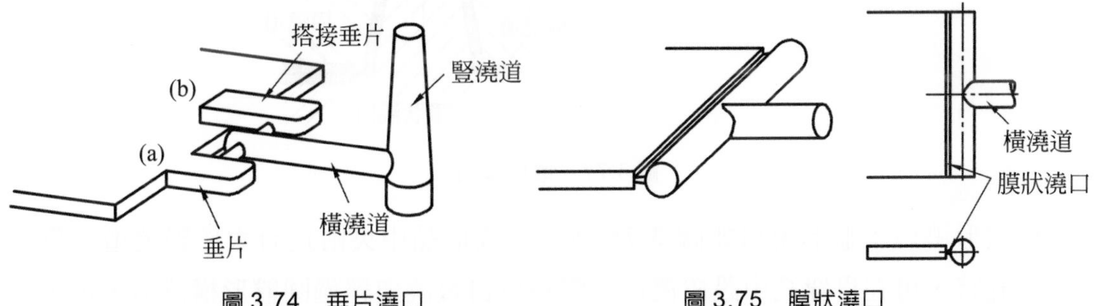

圖 3.74　垂片澆口　　圖 3.75　膜狀澆口

3. 膜狀澆口：膜狀澆口如圖 3.75 所示，使用分支橫澆道，而自分支橫澆道側面開設澆口，澆口寬度約與成形品寬度相同，塑料以平行方向流入模穴，可均勻充填，對於平板狀成形品可防止變形，適用於縮醛樹脂或 PP 等流動配向性強的結晶性塑料。澆口厚度依成形品大小而定，一般約用 0.2～1.0mm，澆口長度約 1.0mm。

4. 扇形澆口：扇形澆口如圖 3.76 所示，與膜狀澆口一樣用於平板狀成形品。澆口開設於橫澆道端面，以扇形連接至成形品，厚度自橫澆道向成形品逐漸縮減，而寬度逐漸加寬，但應注意澆口斷面積不可大於橫澆道斷面積。

5. 環形澆口：環形澆口如圖 3.77 所示，應用於圓筒狀的成形品，橫澆道在成形品周圍成環狀，再由環狀橫澆道側面設置環形澆口，連接至模穴。成形時塑料平行進入模穴，充填壓力均勻，且可避免產生熔接線。

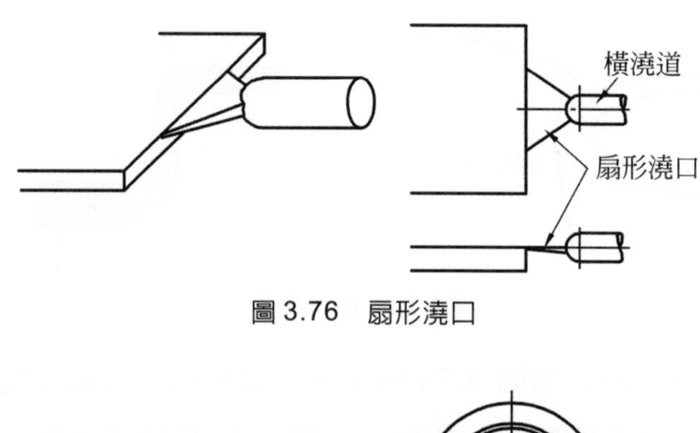

圖 3.76 扇形澆口

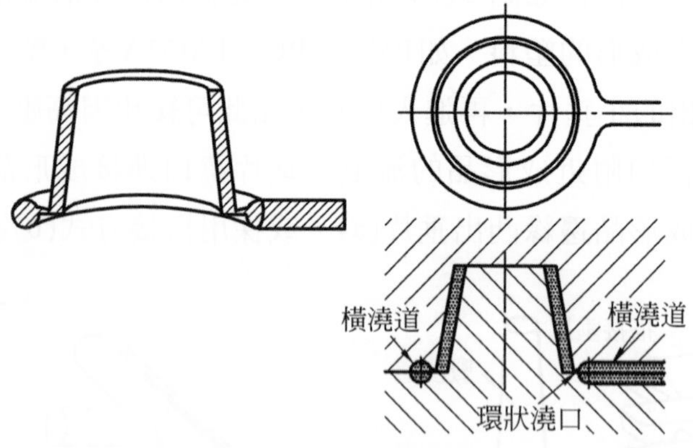

圖 3.77 環形澆口

6. 盤形澆口：盤形澆口如圖 3.78 所示，成形品中央附近有大於豎澆道之貫穿孔時，可在貫穿孔中設置澆口。塑料可自豎澆道經過圓盤形橫澆道，再由橫澆道邊緣之盤形澆口流至模穴，也可直接由豎澆道經盤形澆口流至模穴。盤形澆口的功能類似環形澆口，二者不同的地方在於，環形澆口在成形品外側，而盤形澆口在成形品內側。

7. 針點澆口：針點澆口是以小點連接模穴，在成形品留下的澆口痕跡很小，常用於三板式模具，如圖 3.79 所示。採用針點澆口，通常會在開模時將成形品與流道自澆口處拉斷，不需再以人工剪斷；拉斷時為避免傷及成形品，或有固化塑料殘留在澆口處，模具澆口部位應加工去角，如圖 3.80 所示，去角角度一般用 60°～90°。

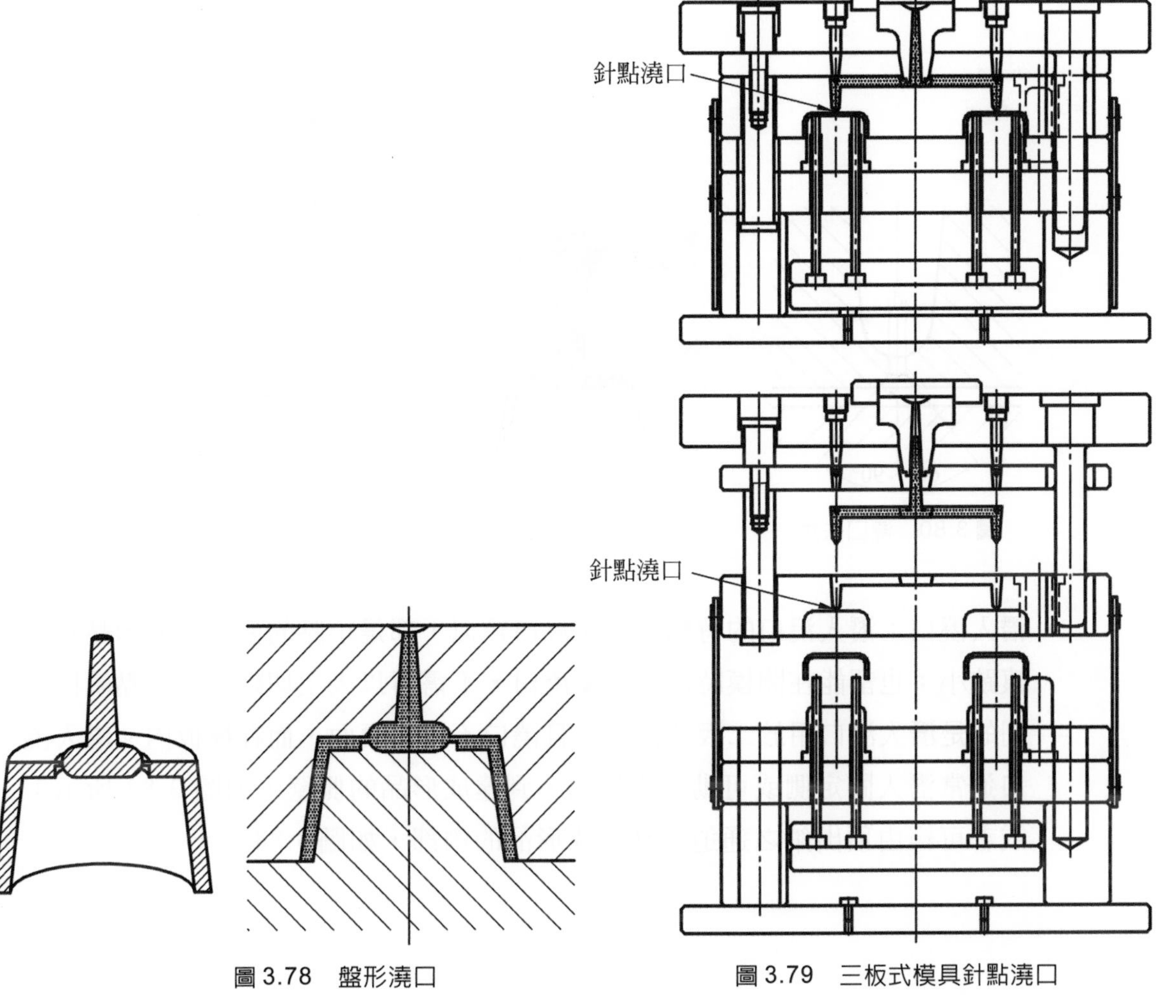

圖 3.78　盤形澆口

圖 3.79　三板式模具針點澆口

針點澆口孔徑小，塑料流動摩擦大，可提高塑料溫度，但需要較高射出壓力。為減少壓力損失，應儘量減短澆口長度，通常為0.8～1.2mm；橫澆道轉角部位，為了減小流動阻力，也要加工成圓角，如圖 3.81 所示。採用針點澆口有下列優點：

⑴大成形品可從數點注入，應力及應變較小，如圖 3.82 所示。

⑵澆口位置的選定，比較沒有限制。

⑶適合多模穴之成形。

⑷成形品上殘留澆口痕跡小，後加工容易。

⑸有限制澆口的特色。

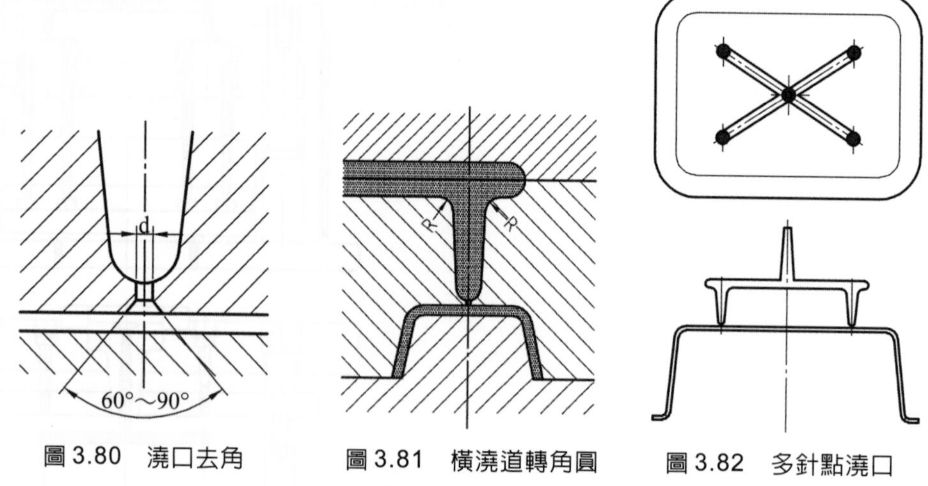

圖 3.80 澆口去角　圖 3.81 橫澆道轉角圓　圖 3.82 多針點澆口

8. 潛入澆口：潛入澆口的特點與針點澆口類似，都是小點的澆口，成形品殘留痕跡小；也都能在開模時自動切斷澆口，不需再以人工切斷。與針點澆口不同的是潛入澆口用於二板式模具，且澆口不在分模面，而在模板內。潛入澆口通常潛入固定側或可動側模板內，到達成形品的側壁，如圖 3.83 所示；或者可經由頂出銷之通道，到達成形品的內部，如圖 3.84 所示。

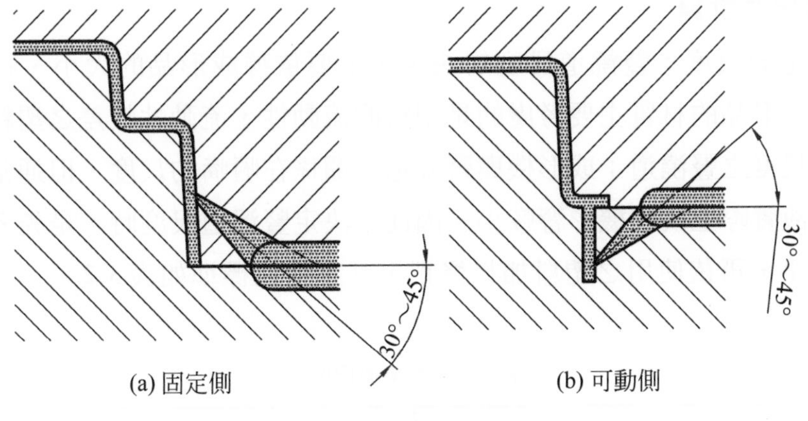

圖 3.83　潛入澆口

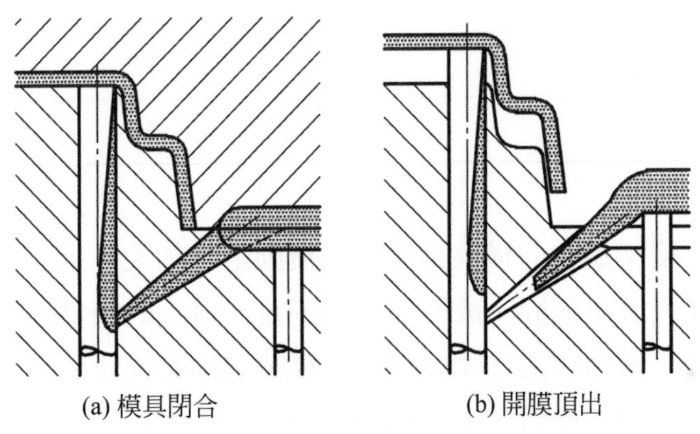

圖 3.84　頂出銷潛入澆口

3.5.3　流道與澆口尺度計算

塑膠成形品材質、形狀千變萬化，每種成形品都有其成形上之特點。針對成形品的差異，在塑料充塡模穴時亦須有不同的因應方式，在模具中影響模穴充塡的因素即爲流道與澆口。有關流道與澆口的型式，在前面已有介紹，至於如何獲得理想之成形品，除了選擇正確之流道與澆口外，其尺度之決定，更是重要的因素。以下將介紹射出成形模具之流道與澆口的尺度計算方法，然而實際成形時，影響成形品品質的因素還包含塑料、成形機、成形條件等；因此，依據計算獲得的數據，尚需參考各項因素或經試模後，予以修正。

一、流道的尺度計算

1. 豎澆道的尺度：豎澆道尺度的決定，主要依據成形品的大小、材質與成形機。成形品的材質主要考慮的是塑料的流動性，流動性較差之塑料，須使用較大尺度之豎澆道；成形機與豎澆道之關係在噴嘴的尺度，但通常噴嘴可更換，故實際上成形機影響較小。因此，決定豎澆道尺度時，是先考慮成形品的大小，再依使用之塑料加以修正，其選用之標準如表 3.2。

表 3.2　豎澆道尺度

成形品重量 oz(g)	豎澆道入口直徑 mm
2(56)以下	3
3～8(84～224)	4
12(336)以上	5

2. 橫澆道的尺度：過小的橫澆道使塑料流動阻力加大，進入模穴時壓力不足，也會造成塑料太早凝固，成形品充填不足。過大的橫澆道則浪費塑料，冷卻需較長時間，增加成形作業時間。又橫澆道的長度宜短，因長的橫澆道會造成壓力損失且浪費塑料；但如橫澆道過短，會使成形品殘留應變增大，不易頂出，產生毛邊，塑料流動不均，因此其長度應適中。圓形橫澆道的直徑不可大於豎澆道大端的直徑，一般模具多在 3～10mm 之間，塑料流動性差或含纖維狀填充料時，應酌量增加。如採用分支橫澆道時，分支橫澆道直徑約爲主橫澆道的 2/3～3/4，如圖 3.85 所示。決定主橫澆道直徑時，如成形品厚度在 2.5mm 以下，重量不超過 200g，可應用下式來計算：

$$D = \frac{\sqrt{W} \times \sqrt[4]{L}}{3.7}$$

D：橫澆道直徑(mm)

W：成形品的重量(g)

L：橫澆道長度(mm)

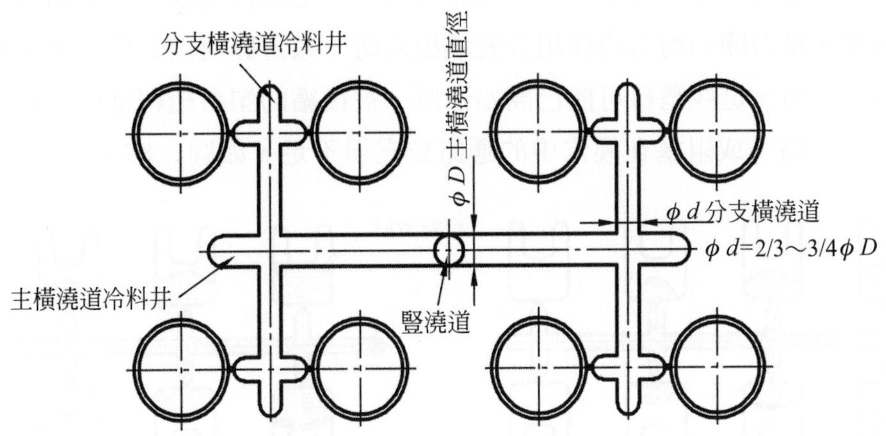

圖 3.85　主橫澆道與分支橫澆道

圖 3.86 爲成形品的重量對橫澆道長度與直徑之關係。

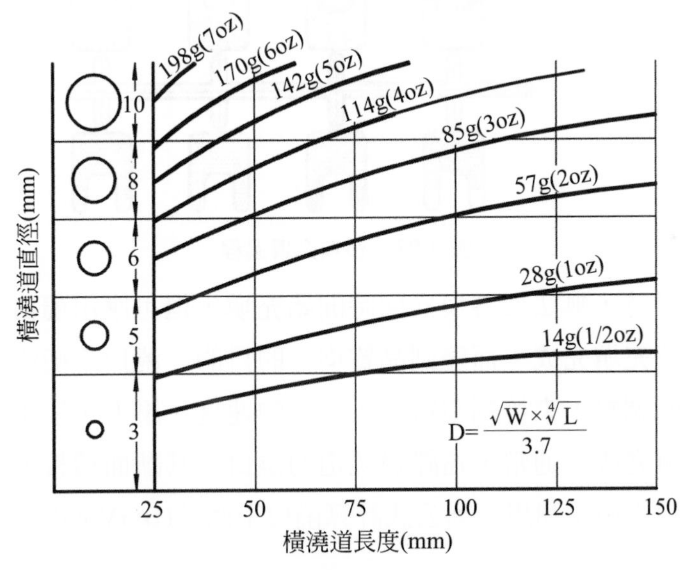

圖 3.86　成形品重量對橫澆道長度與直徑關係

二、澆口平衡

多模穴模具在成形時，若能使各模穴同時開始充塡，並同時充塡完成，將可獲得品質均一的成形品。安排相同長度的橫澆道，是最容易達到同時充塡的方法。但若因模具外形、模具結構等因素，而無法佈置相同長度的橫澆道時，塑料流至各澆口的時間會不相同。塑料先流到的模穴充填時，其他的澆口塑料尚未到達，至橫澆道完全填滿，壓力開始均勻的作用於充填模穴時，較近豎澆道的模穴內，已充填了部分塑料在裡面，這些塑料可能已開始冷凝，被後續的塑料繼續推擠，而造成成形品的流痕、凹陷，或阻塞在模穴中的通路致充填不足，如圖 3.87 所示。

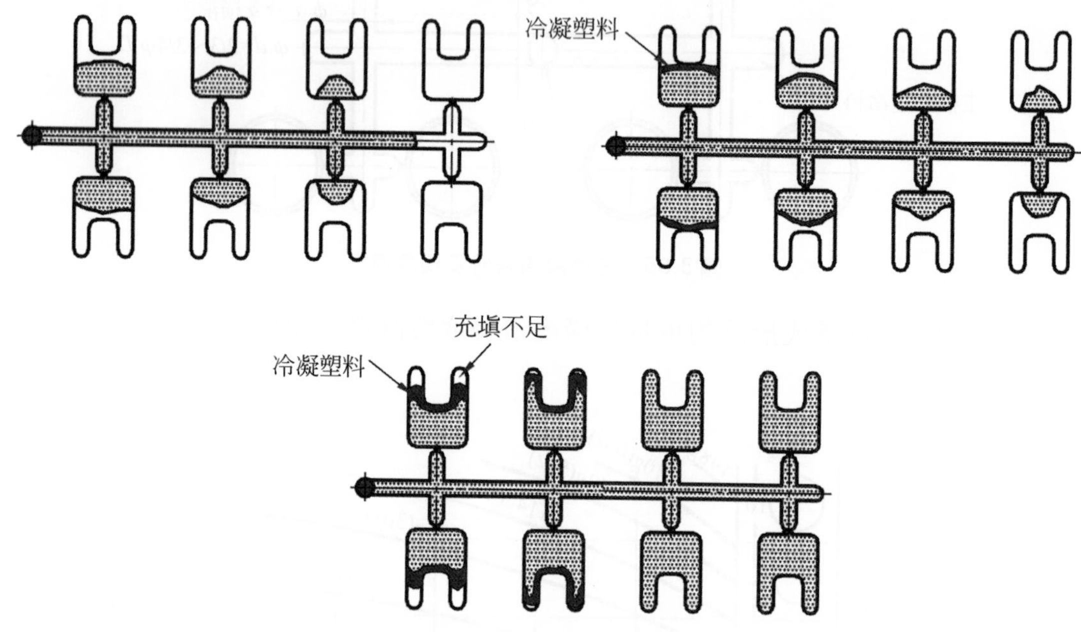

圖 3.87 塑料充填過程

橫澆道不等長時，無法使各模穴同時開始充填，但可應用澆口平衡的方式，使各模穴儘可能同時充填完成，而達到品質均一的目的。澆口平衡的方式，是藉由澆口斷面積或長度的調整，來控制塑料進入模穴的速度、壓力，使不同時開始充填的模穴，能同時充填完成；通常，遠離豎澆道的澆口，其斷面積較大或長度較短，如圖 3.88 所示。澆口平衡可利用下列公式計算澆口平衡值(BGV balanced gate value)：

$$\mathrm{BGV}=\frac{S_G}{\sqrt{L_R}\times L_G}$$

BGV＝澆口平衡值

S_G＝澆口斷面積(mm^2)

L_R＝橫澆道長度(mm)

L_G＝澆口長度(mm)

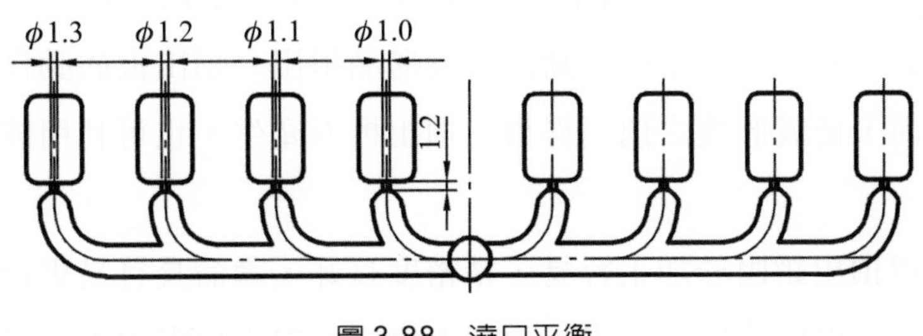

圖 3.88　澆口平衡

實際應用時，是使各澆口的 BGV 相等，再以相同的澆口長度來決定各澆口的斷面積；或以相同的澆口斷面積來決定各澆口的長度。

3.6 塑件脫模

當塑膠成形品塑製完成，模具開啓時，成形品會因成形收縮而附著於模具上。在射出成形模具中通常是使成形品附著於可動側，而在可動側設置頂出裝置，用以將成形品頂出。成形品頂出時，應能使成形品順利脫離模具，才能使生產作業效率提高，並避免損壞成形品；在自動化生產作業中，成形品的確實脫模，更是不可或缺的條件。

3.6.1 頂出裝置

頂出裝置除了應能使成形品順利頂出外，也應注意不可使成形品產生破裂或擦傷；有時爲提高成形效率，改進成形品品質，並能確實脫模，在澆道部位也需要有適當的頂出。頂出裝置是模具的活動部位，通常也是最容易發生故障的部位，因此，對於頂出裝置的功能、設計及製作均須特別注意。

一、成形品的頂出

因應各種形狀的成形品，模具的頂出裝置有很多種型式。採用頂出裝置的選擇，主要考慮成形品的材料、形狀等，一般常用的頂出方法有頂出銷、套筒、脫料板、空氣等，有時也可二種方法同時使用。

1. 頂出銷：頂出銷的裝置如圖 3.89 所示，其頭部是以二塊頂出板夾持，在開模行程終了時，由頂出板帶動而將成形品頂出。頂出板的動作可利用開模行程終了前，使成形機之頂出桿頂住頂出板而產生，也可利用成形機之油壓缸來產生。

使用頂出銷由於加工容易，精密度良好，壽命長且易更換，是最常用的頂出方法。但因頂出面積小，頂出力集中，對脫模阻力大之成形品，可能發生壓陷、頂穿等現象。以頂出銷頂出時，位置應選在脫模阻力大的地方，且頂出銷的配置應均勻。如圖 3.90 所示中，杯子、盒子等成形品的側壁是阻力最大處，頂出銷宜設於此處(a)。若在內面設頂出銷時，宜在接近側壁的地方(b)。成形品的轂或肋也是脫模阻力大的地方，頂出時利用轂或肋的底部是最理想的，如圖 3.91 所示。成形品頂出需使用細小的頂出銷時，可採用中段加粗之階級銷，以避免挫屈，如圖 3.92 所示。

頂出銷通常採用圓形斷面，除非因成形品形狀之需要，否則應儘量避免使用矩形或其他的斷面形狀，以減少製作上的麻煩。

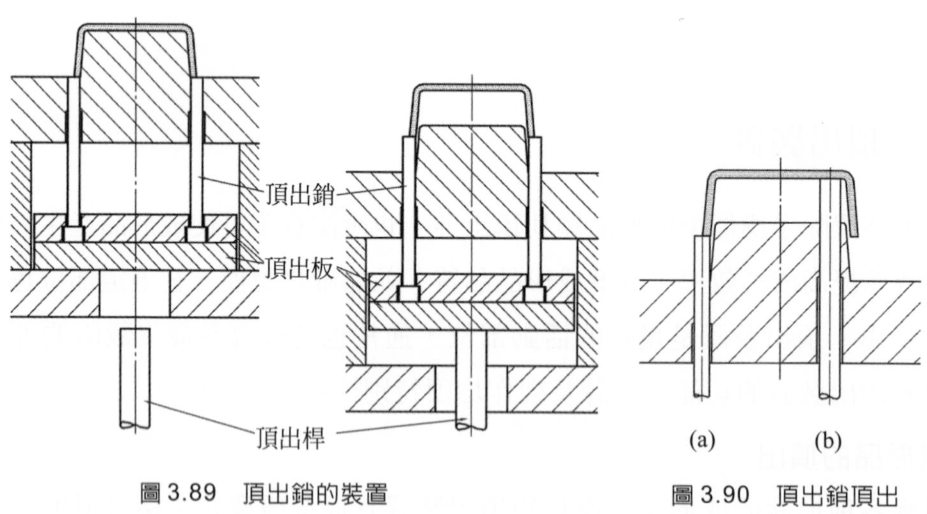

圖 3.89　頂出銷的裝置

圖 3.90　頂出銷頂出

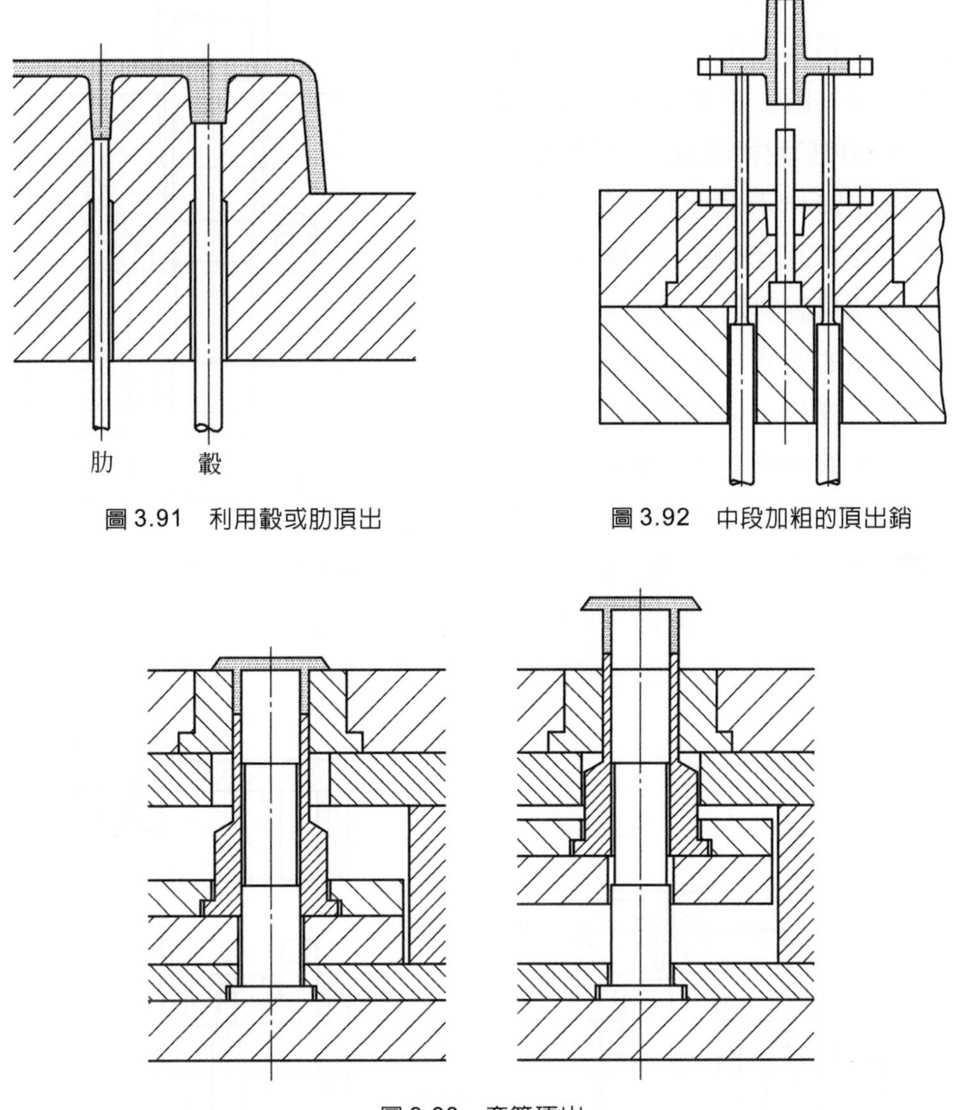

圖 3.91　利用轂或肋頂出

圖 3.92　中段加粗的頂出銷

圖 3.93　套筒頂出

2. 套筒頂出：套筒頂出方式如圖 3.93 所示，用以頂出附著在模心銷上之成形品，頂出時是以套筒端面頂出，作用力均勻，不致於損傷到成形品。但若套筒內徑小，長度長時加工困難；或套筒筒壁薄，強度不夠，頂出時容易裂損。如圖 3.94 所示之裝置方式，可縮短套筒長度，較容易加工。

3. 脫料板頂出：使用脫料板頂出時，頂出面積大，作用力均勻，且在成形品外觀上不會留下頂出的痕跡，適用於脫模阻力大之成形品。如圖 3.95 所示 爲脫料板頂出之裝置，及其頂出步驟。如圖 3.96 所示爲使用脫料環代替脫料板頂出成形品的方式。在脫料板與凸模之配合部位，是構成模穴的一部分，亦即分模面是在脫料板與固定側模板之間。當成形品在分模面上之斷面形狀爲不規則曲線時，脫料板與凸模不易配合；若配合不準確，可能在成形品上形成毛邊，也可能造成脫料板卡住、頂出不順等狀況。

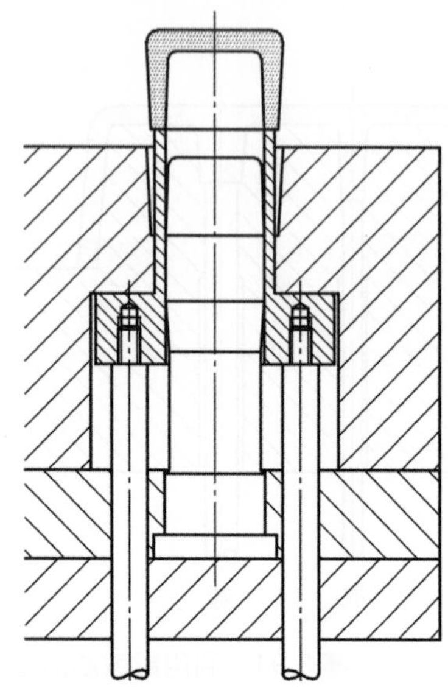

圖 3.94　縮短套筒長度之方式

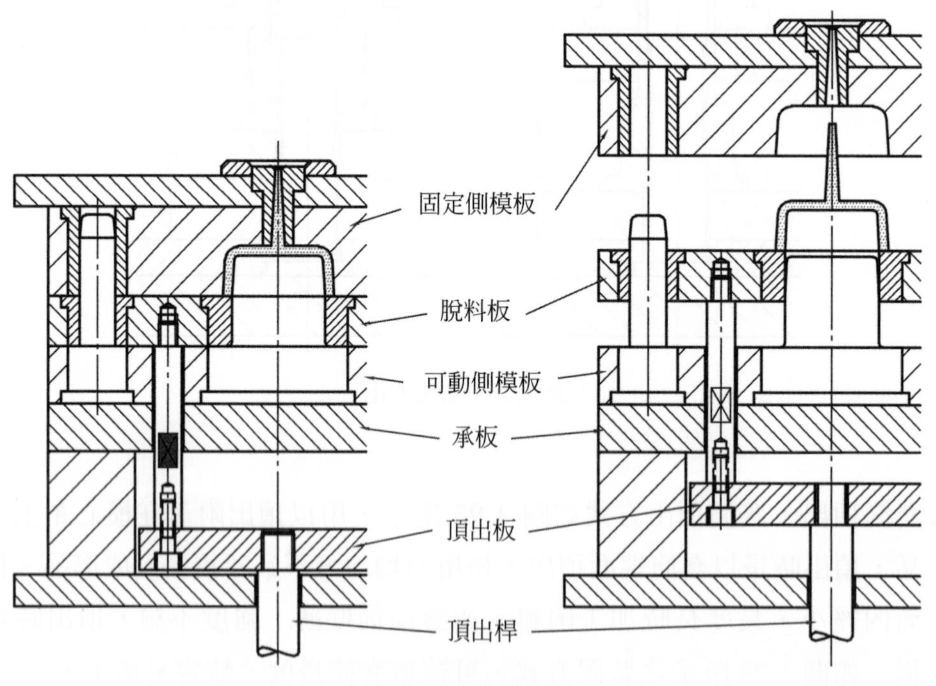

圖 3.95　脫料板頂出

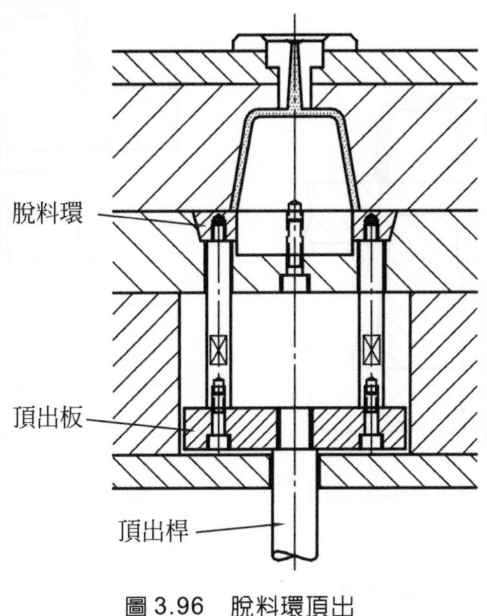

圖 3.96　脫料環頂出

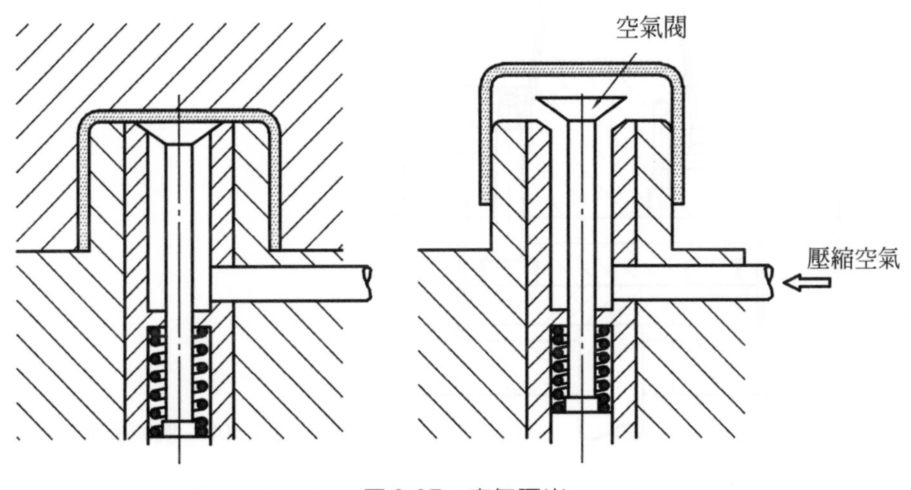

圖 3.97　空氣頂出

4. 空氣頂出：面積較大，深度較深或厚度較薄的成形品，頂出時會因成形品與凸模間之眞空而使脫模阻力增大，應用一般方法頂出時，易造成變形、破裂。此時，可利用空氣頂出，使空氣進入成形品與凸模間，藉空氣之壓力頂出成形品。如圖 3.97 所示爲利用空氣閥控制頂出成形品之構造。

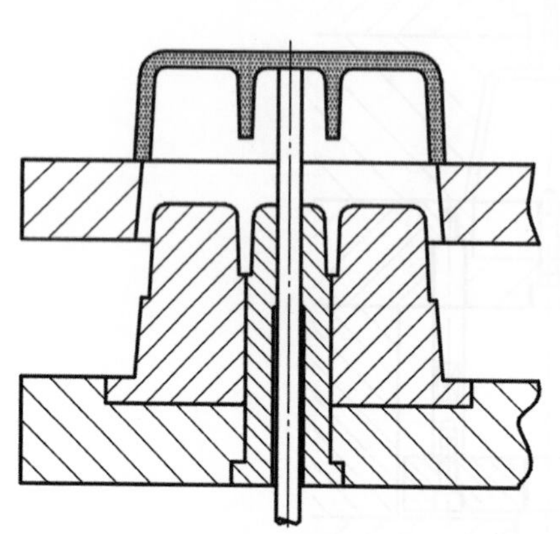

圖 3.98　脫料板頂出銷併用頂出

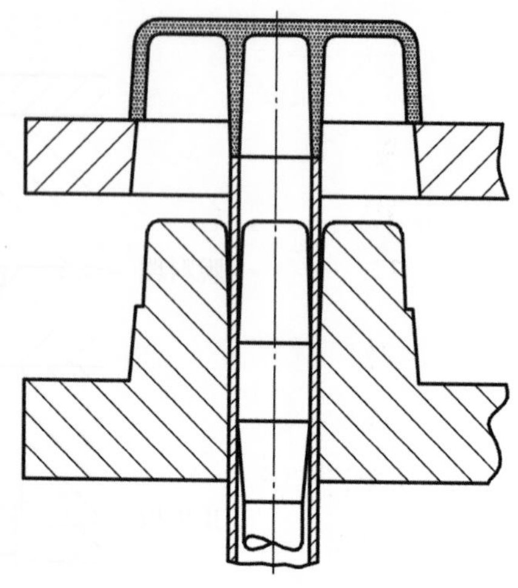

圖 3.99　脫料板與套筒併用頂出

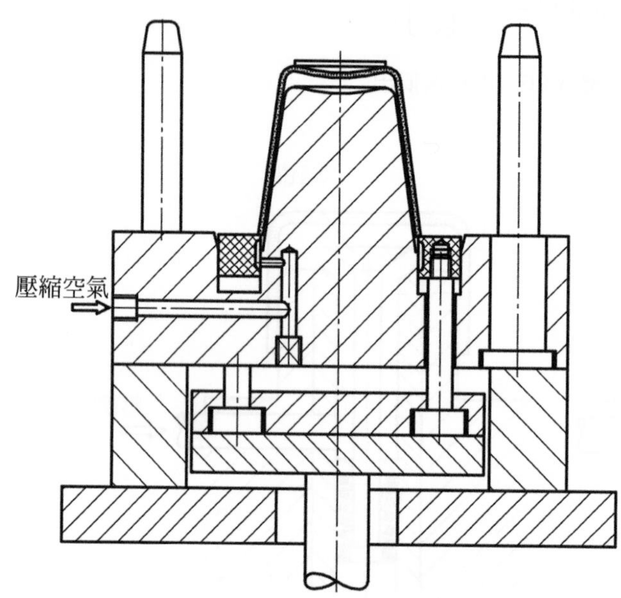

圖 3.100　脫料板與空氣頂出

5. 併用二種以上的頂出方法：有些成形品脫模阻力大，單用一種頂出方法，可能使成形品變形、破裂，或無法完全脫模，須增加輔助的頂出裝置，以使成形品順利脫模。如圖 3.98 所示中之成形品，若只用脫料板頂出時，因中央圓環脫模阻力大，成形品會受損，故在中央增設頂出銷輔助。如圖 3.99 所示之成形品，中央圓環高度較高，脫模阻力更大，須使用頂出套筒輔助頂出。如圖 3.100 所示之成形品，深度深且較薄，脫料板頂出易變形，故加設空氣頂出輔助。

二、澆道部分的頂出

二板式模具成形時，澆道的廢料可連同成形品一起由分模面取出，通常使用頂出銷頂出即可。但若採用針點澆口在開模時，澆道與成形品會先被拉斷，再分別由不同的分模面取出。其中成形品的取出與一般二板式模具相同；澆道的取出方式，若未裝置澆道頂出裝置時，必須以手工取出，生產效率低且危險，如圖3.101所示。爲使澆道部分能在開模後自動脫模，以達到自動化的生產，須在澆道部位設置頂出機構。常用的澆道頂出方式種類包含：

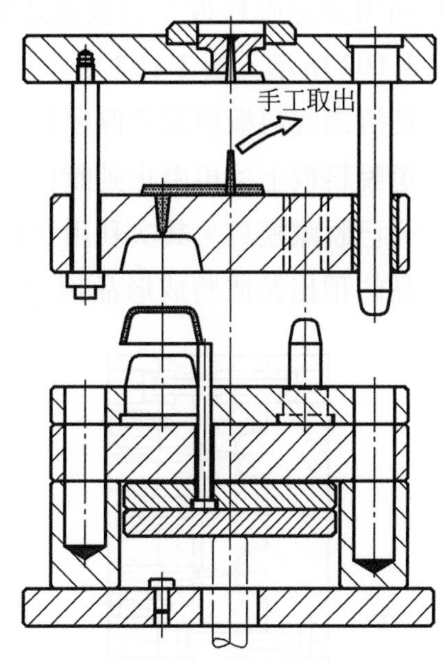

圖3.101　手工脫模

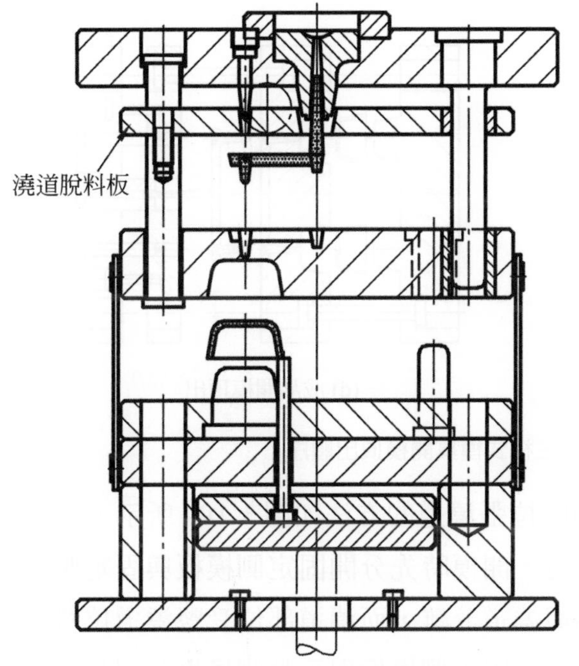

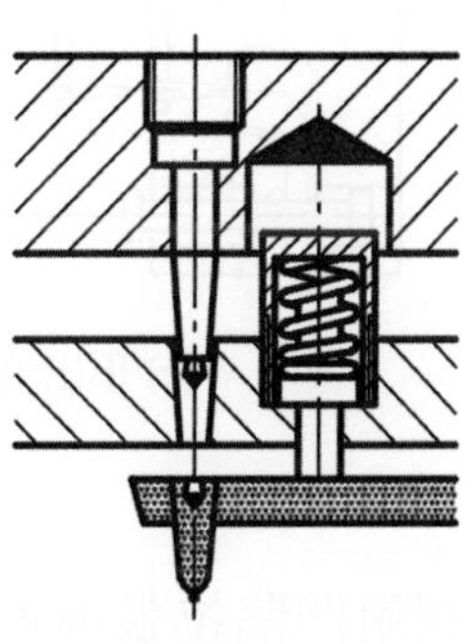

圖3.102　三板式模具

1. 利用澆道脫料板：加裝澆道脫料板的三板式模具，爲最常用之方式，如圖 3.102 所示。圖 3.103 所示爲三板式模具開模頂出成形品及澆道的順序，先使澆道脫料板與固定側模板分開，此時成形品與澆道被分離，澆道附著於澆道脫料板上；再由止動螺栓將澆道脫料板與固定側安裝板分開，此時澆道部分已脫離模具。其次利用止動螺栓分開可動側及固定側模板，最後再以成形品的頂出裝置將成形品頂出模具。

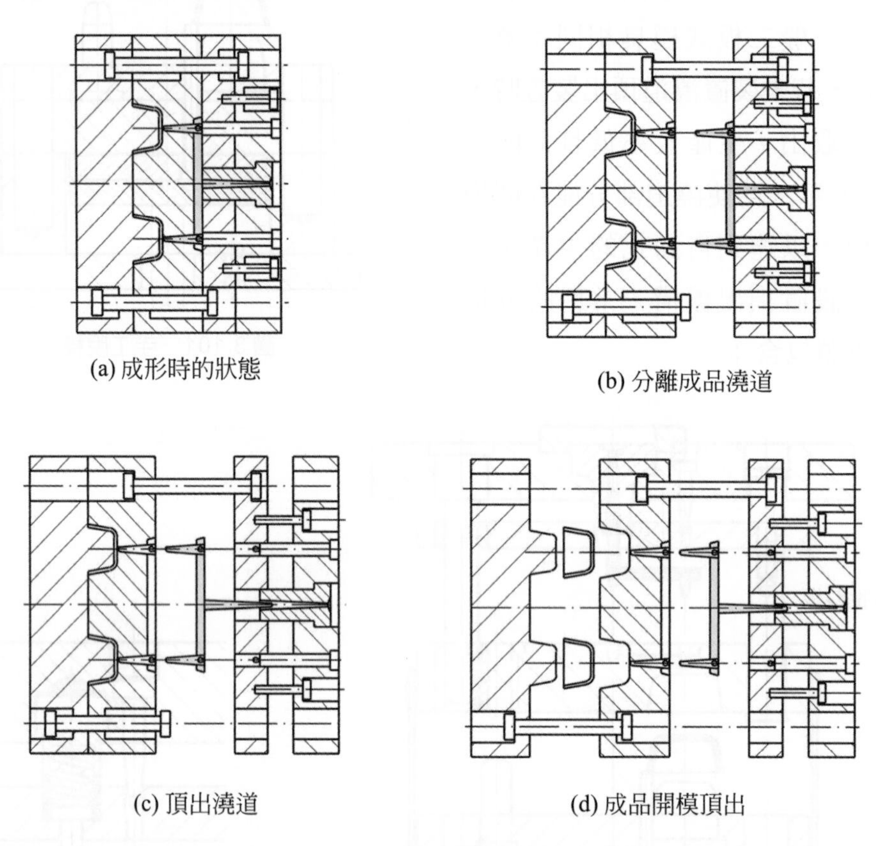

(a) 成形時的狀態　(b) 分離成品澆道

(c) 頂出澆道　(d) 成品開模頂出

圖 3.103　三板式模具開模頂出順序

2. 利用凹陷拉張澆道：利用凹陷拉張澆道的方法如圖 3.104 所示，其構造較簡單，只在橫澆道端設凹陷即可。開模時先分開固定側模板與固定側安裝板，由橫澆道端之凹陷使成形品與澆道分離，而澆道部位受豎澆道拉料銷作用，附著於固定側模板上。其次，當固定側模板與可動側模板分開時，固定側模板會將澆道部位推離開豎澆道拉料銷而脫模。此種方式，有時會因彈性或澆道L長度較長，而使澆道留在固定側模板中；或在豎澆道拉料銷周圍產生毛

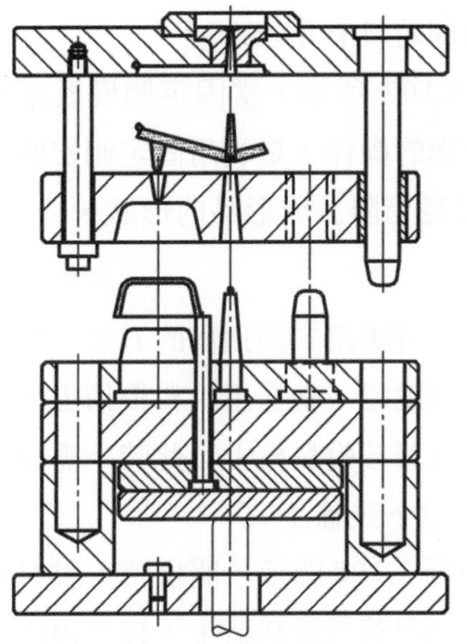

圖 3.104　利用凹陷拉張澆道

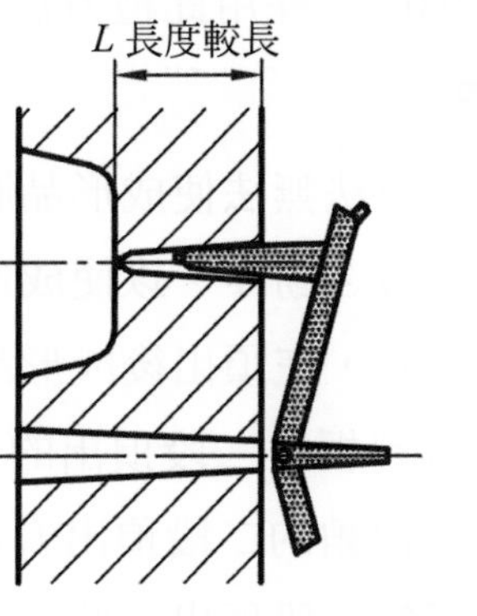

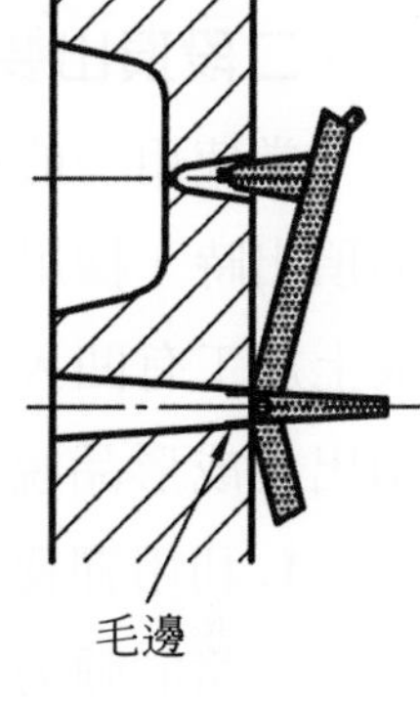

圖 3.105　澆道無法脫模

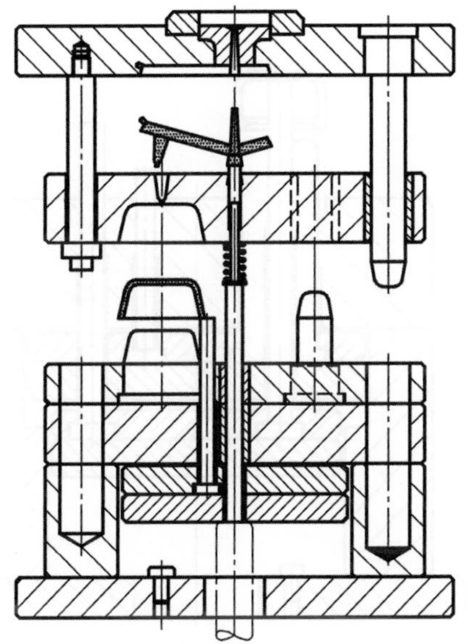

圖 3.106　以豎澆道拉料銷頂出

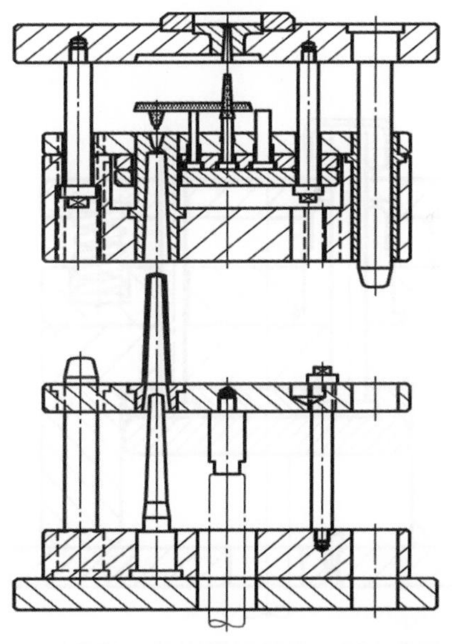

圖 3.107　固定側模板中設頂出機構

邊，而卡在固定側模板中，如圖 3.105 所示。為使澆道能順利脫模，可應用圖 3.106 所示之方式，使豎澆道拉料銷同時具有頂出功能。

3. 利用固定側模板中設頂出機構：如圖 3.107 所示，當固定側模板厚度較厚時，可在其內部設置頂出機構。頂出機構的動作，是利用固定側安裝板與固定側模板的開閉。採用此種方法的缺點是受限於成形品的形狀。

三、二段頂出裝置

當使用一般頂出方法無法使成形品脫模時，可應用二段頂出的方式；即在成形品頂出時，採用二階段之動作，以使成形品確實脫模。當採用脫料板頂出，若脫料板上加工有凹入的模穴，在頂出後成形品仍會附著於脫料板上；此時，需以第二段頂出使成形品脫離脫料板。二段頂出的方法有以下幾種：

1. 利用彈簧與頂出銷的二段頂出方法：如圖 3.108 所示，開模時，脫料板藉彈簧的彈力進行第一段頂出，此時成形品仍附著於脫料板上。接著再由頂出板推送頂出銷，將成形品自脫料板上頂出。

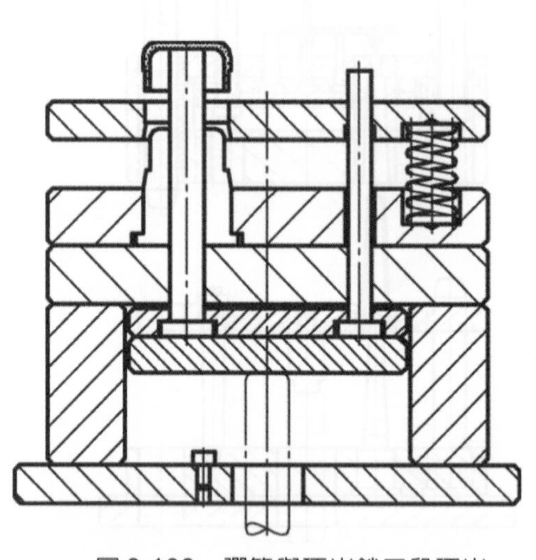

圖 3.108　彈簧與頂出銷二段頂出

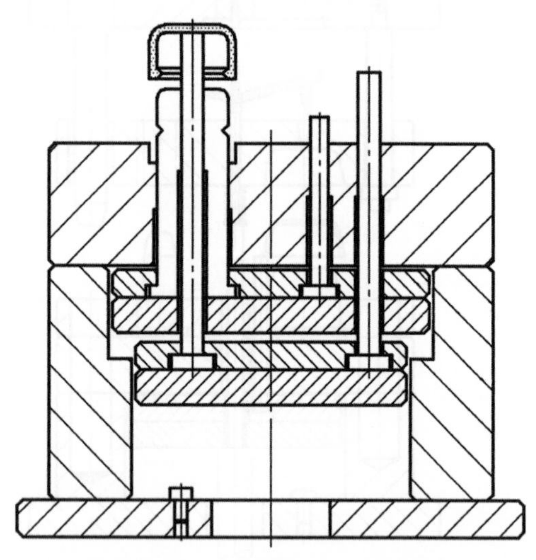

圖 3.109　二組頂出板二段頂出

2. 利用二組頂出板的二段頂出方法：如圖 3.109 所示，有凹陷的成形品，先以第一組頂出板推出模心做第一段頂出，頂出後成形品附著於模心上，再以第二組頂出板帶動頂出銷做第二段頂出。

3. 利用油壓缸或氣壓缸的二段頂出方法：如圖 3.110 所示，以油壓缸或氣壓缸來代替彈簧，帶動脫料板做第一段頂出。應用此種方式，需有油壓泵浦或空氣壓縮機及控制設備。
4. 利用凸輪桿的二段頂出方法：如圖 3.111 所示，利用凸輪桿取代彈簧或油壓缸等，動作時是由凸輪桿上之缺口，鉤住脫料板做第一段頂出，再由頂出板做第二段頂出。

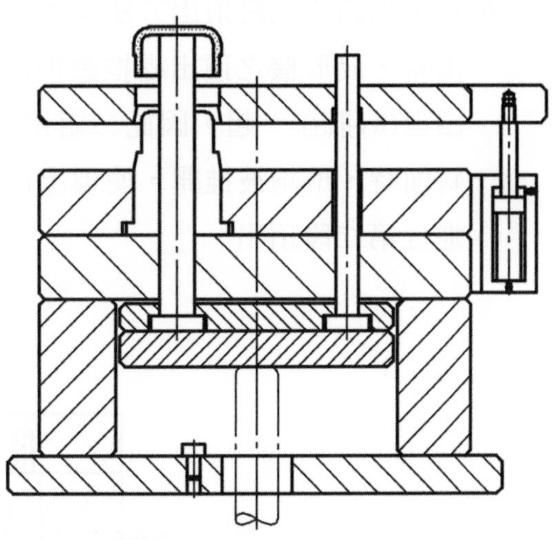

圖 3.110　油壓缸與頂出銷二段頂出

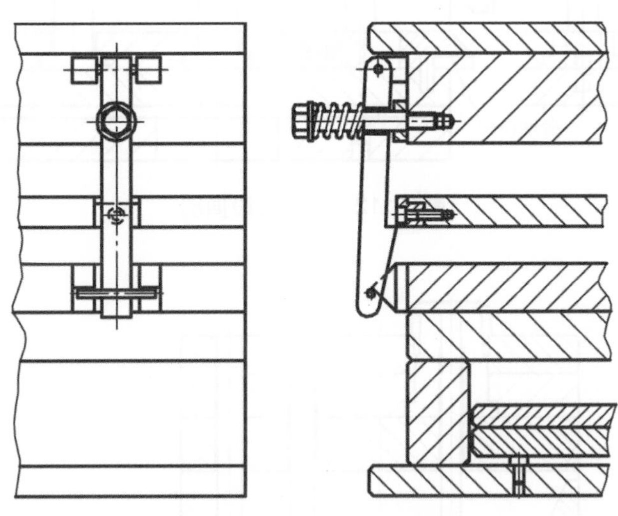

圖 3.111　凸輪桿二段頂出

5. 利用滑塊的二段頂出方法：如圖 3.112 所示，開模時，頂出板帶動脫料板與中央之頂出銷一起動作，進行第一段頂出。當頂出板移動至滑塊(a)接觸到裝置於承板之擋塊時，滑塊被向內推動，使連接於脫料板之頂出銷(b)進入滑塊之孔中，此時，脫料板之動作停止，而中央之頂出銷繼續進行第二段頂出。

6. 利用爪鉤的二段頂出方法：如圖 3.113 所示，用以控制二組頂出板；開始頂出時，成形機之頂出桿推動頂出板(a)動作，此時，頂出板(b)是以爪鉤與頂出板(a)扣在一起，因此二組頂出板一起動作。當頂出至爪鉤接觸到承板之斜面時，爪鉤被推開，使頂出板(b)脫離頂出板(a)而停止，頂出板(a)則繼續進行第二段頂出。

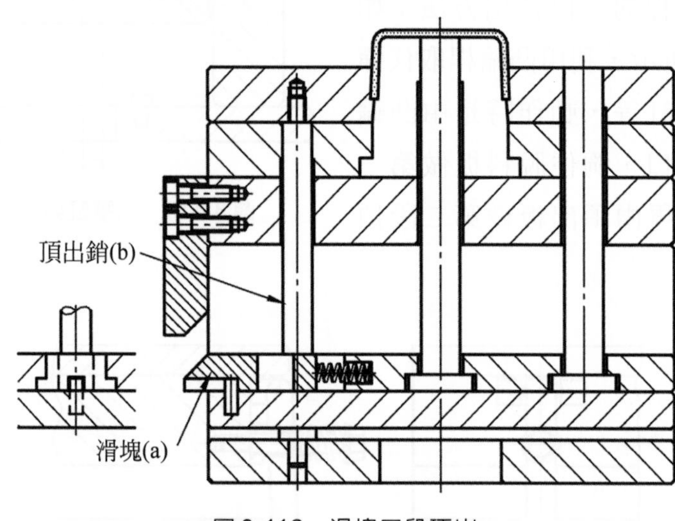

圖 3.112　滑塊二段頂出

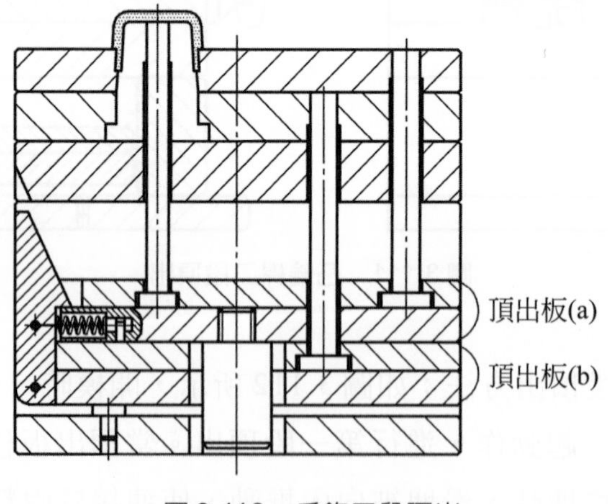

圖 3.113　爪鉤二段頂出

3.6.2　凹陷塑件脫模裝置

若成形品在頂出的垂直方向上有凸出或凹入部位，會使成形品從模具中頂出時受到牽制，無法順利的脫模，此種凸出或凹入部位，一般稱爲凹陷(undercut)，例如箱形成形品側面的孔、文字、溝槽等，如圖 3.114 所示。由於凹陷會造成成形品脫模的困難，在成形品設計時應儘可能避免。若無法避免形成凹陷時，則應考慮如何使凹陷部位能順利脫模。

對於有凹陷的成形品，有時可直接利用一般的頂出方式，強制自模具中頂出，如圖 3.115 所示。要能強制脫模，必須具備的條件爲：塑料有足夠的彈性、凹陷的深度不深、凹陷部位在頂出方向上圓順。若凹陷無法強制脫模時，則必須在凹陷部位設置滑動模。開模時先使滑動模移動，脫離開凹陷部位後，再將成形品頂出。通常，爲了脫離開凹陷部位，會使模具構造變得複雜。

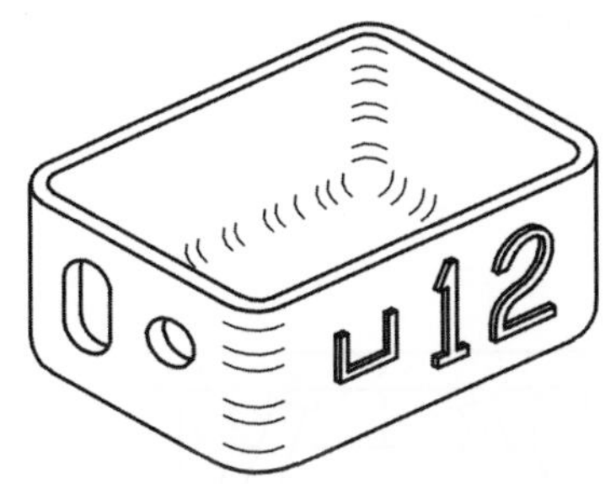

圖 3.114　成形品有孔和文字

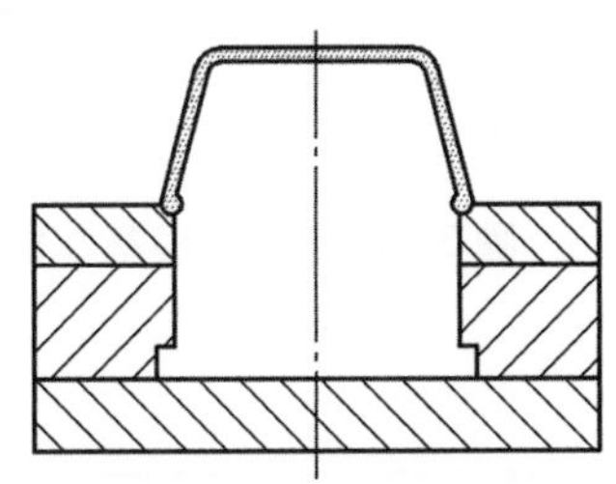

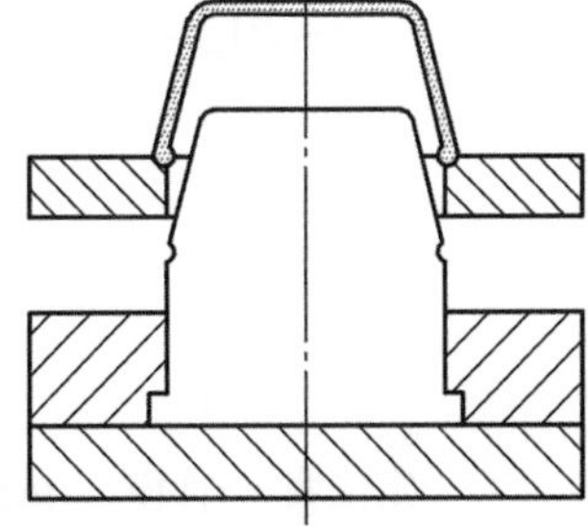

圖 3.115　成形品強制脫模

成形品的凹陷可分爲外部凹陷與內部凹陷兩類。成形時，成形品脫模的處理方式分別介紹如下：

一、外部有凹陷成形品的處理方法

1. 利用分件模處理凹陷的方法：凹陷圍繞成形品外部的筒狀成形品，或側面多處凹陷的成形品，如圖 3.116 所示，在模具構造上，可將凹模模板分爲二件或多件；當成形品頂出時，各件模板分開，使凹陷部位在頂出方向上不會受到干涉，而能順利頂出。

分件模的基本構造如圖 3.117 所示，圖(a)是模具在閉合狀態，圖(b)是分件模由T形槽引導，而成分開狀態。分件模的開合，通常隨著模具的開閉而動作，其傳動方式包含：

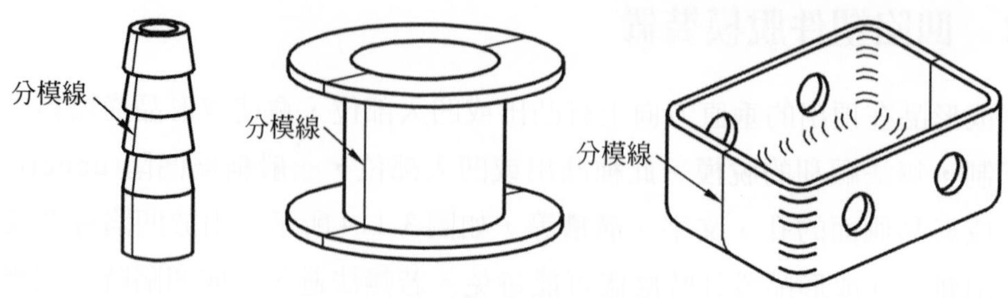

圖 3.116 可應用分件模的成形品

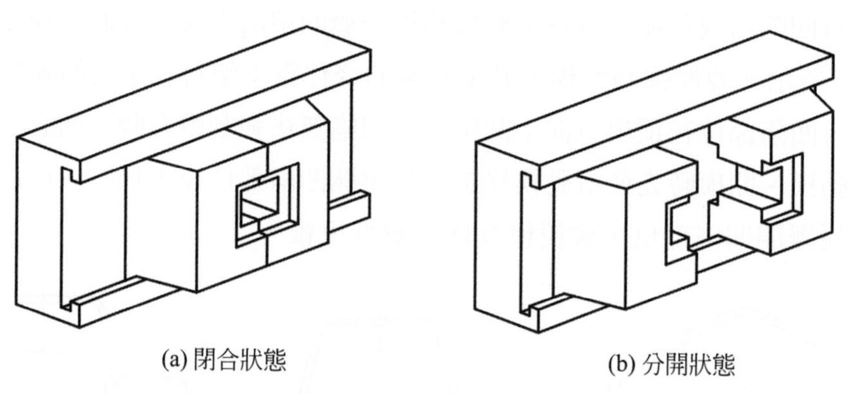

圖 3.117 分件模基本構造

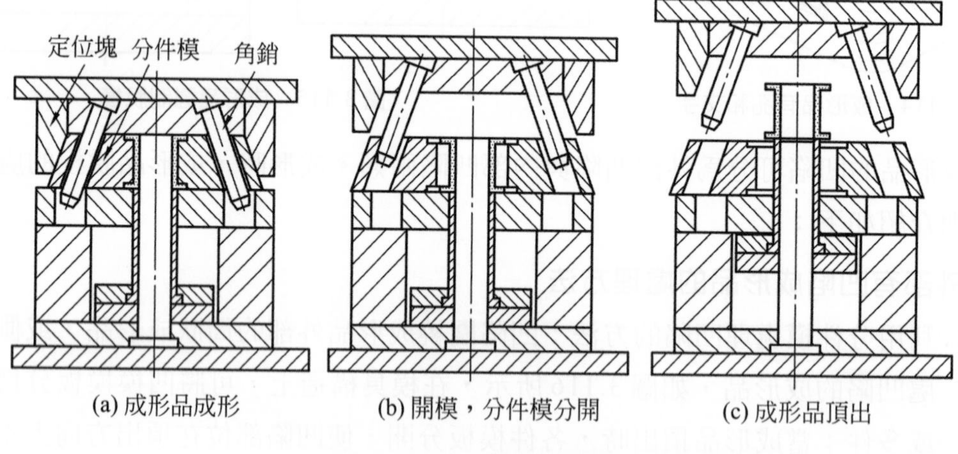

圖 3.118 角銷帶動分件模

⑴角銷作動：以角銷帶動分件模的方式如圖 3.118 所示，其開模動作順序如下：圖(a)爲成形品在模具中成形之狀態。圖(b)開模，定位塊先離開分件模，再由角銷帶動分件模分開。圖(c)繼續開模，頂出板帶動套筒將成形

品頂出。模具閉合時，分件模是以角銷帶動的，但角銷強度不高，無法承受成形壓力，因此必須設置定位塊，用以在閉模的最後階段，將分件模扣緊定位，其構成如圖 3.119 所示。分件模之孔與角銷的配合約留 0.5mm的間隙，避免角銷在閉模後受力，並可在開模時延遲分件模的移動。

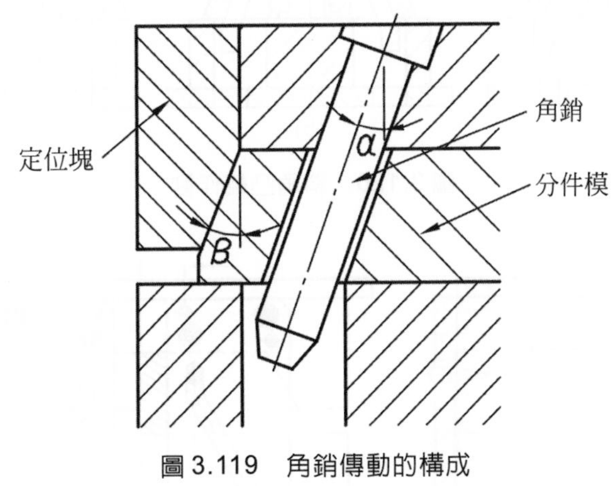

圖 3.119　角銷傳動的構成

角銷的傾斜角度α一般使用約在10°～25°之間，角度較大，可使分件模移動距離較大，但也會使側向推力減小，同時角銷容易折斷；因此，欲加大分件模移動距離，應以增加角銷長度代替使用較大的角度。

當角銷在帶動分件模開閉時，定位塊不與分件模接觸，只有在閉模最後階段，由定位塊與分件模之斜面接觸，將分件模鎖緊並定位。定位塊鎖緊分件模之動作，是由斜面控制，爲避免干涉到角銷的帶動，通常斜面的傾斜角度β應比角銷的傾斜角度α約大 2 度；如此也可使開模時，角銷帶動分件模之動作，不會受定位塊影響。

(2)斜角凸輪作動：斜角凸輪帶動分件模的方式如圖 3.120 所示，圖(a)爲成形品在模具中成形。圖(b)可動模後退，定位塊離開，斜角凸輪尚未作用，而固定側之模心已脫離成形品。圖(c)繼續開模，斜角凸輪帶動分件模移動，成形品脫離模具。

(3)凸輪板作動：凸輪板帶動分件模的方式如圖 3.121 所示，是以凸輪板上的溝槽引導分件模上的滾子，而帶動分件模移動。

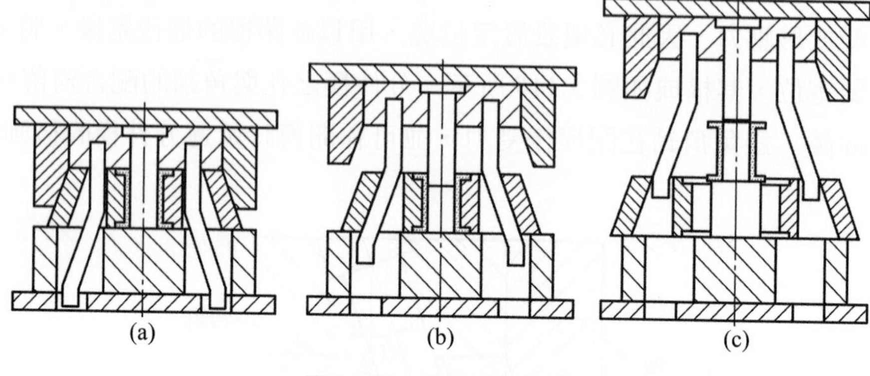

圖 3.120 斜角凸輪作動

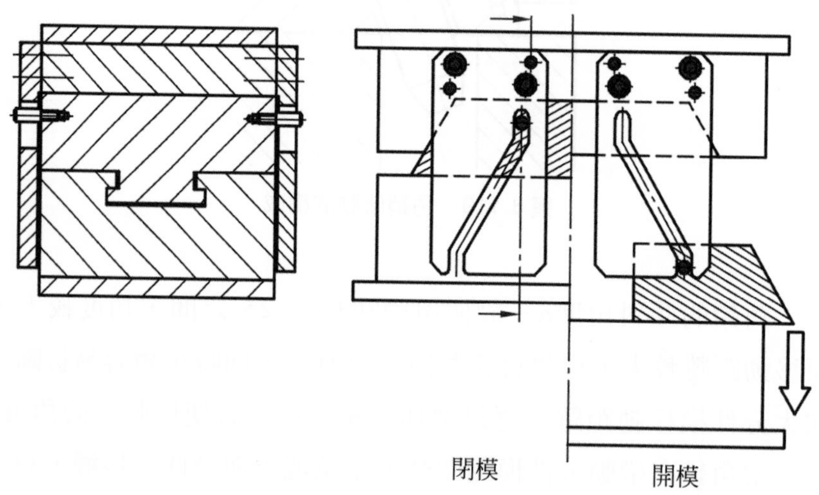

圖 3.121 凸輪板作動

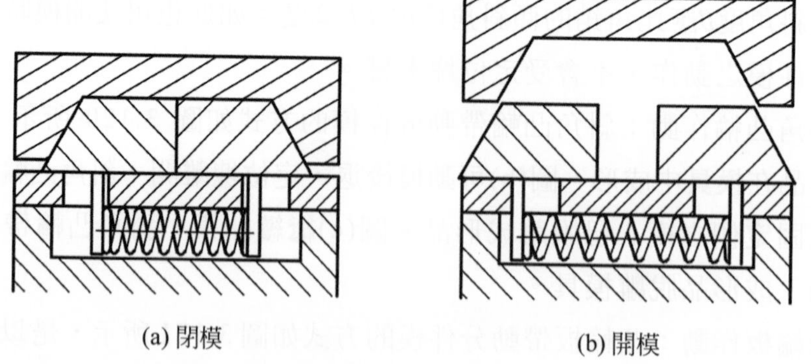

圖 3.122 彈簧作動

⑷彈簧作動：以彈簧帶動分件模的方式如圖 3.122 所示，一般用於較小型的模具。

⑸油壓、氣壓作動：以油壓缸或氣壓缸帶動分件模的方式如圖 3.123 所示，分件模的移動量可自由調整，且動作確實，故障少。

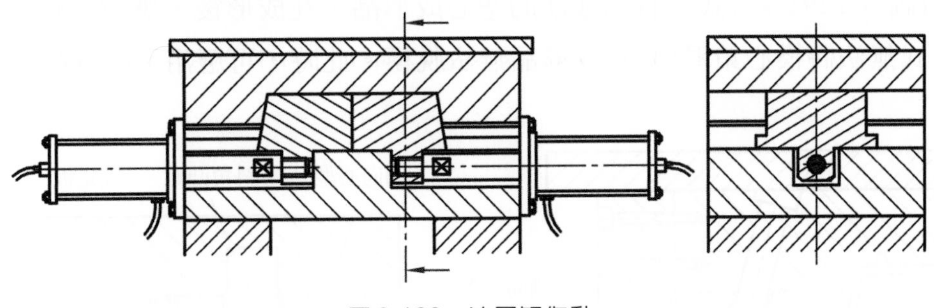

圖 3.123　油壓缸作動

⑹傾斜頂出銷作動：以傾斜頂出銷帶動分件模的方式如圖 3.124，傾斜頂出銷可將分件模分開，同時頂出成形品。

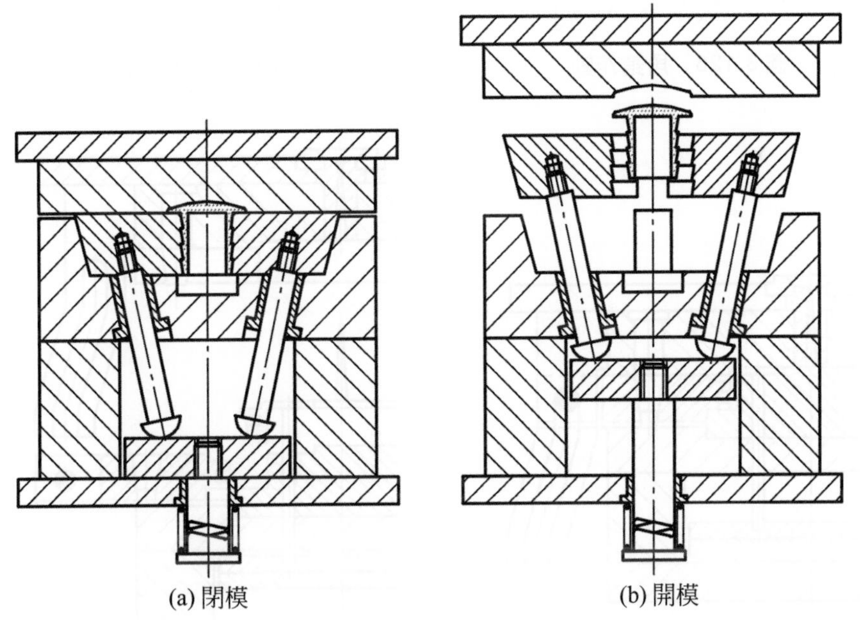

(a) 閉模　(b) 開模

圖 3.124　傾斜頂出銷作動

2. 利用側向滑動模處理凹陷的方法：成形品側面有局部凹陷時，可以只在該部位設側向滑動模來處理。側向滑動模爲構成凹模的一部分，該部分可單獨移動，使成形品凹陷部位先與模具分離，再進行整個成形品的頂出。實際上，側向滑動模可視爲局部的分件模，其動作通常也是隨著模具的開閉而動作，其傳動方式與分件模大同小異，包含以角銷作動(圖 3.125)、斜角凸輪作動(圖 3.126)、凸輪板作動(圖 3.127)、彈簧作動(圖 3.128)、油壓或氣壓作動(圖 3.129)等方式。有圓弧狀的空心成形品，在成形後，應用一般的傳動方式無法將模心銷退出 ， 成形品無法脫模。此時，可應用迴轉滑動模，如圖

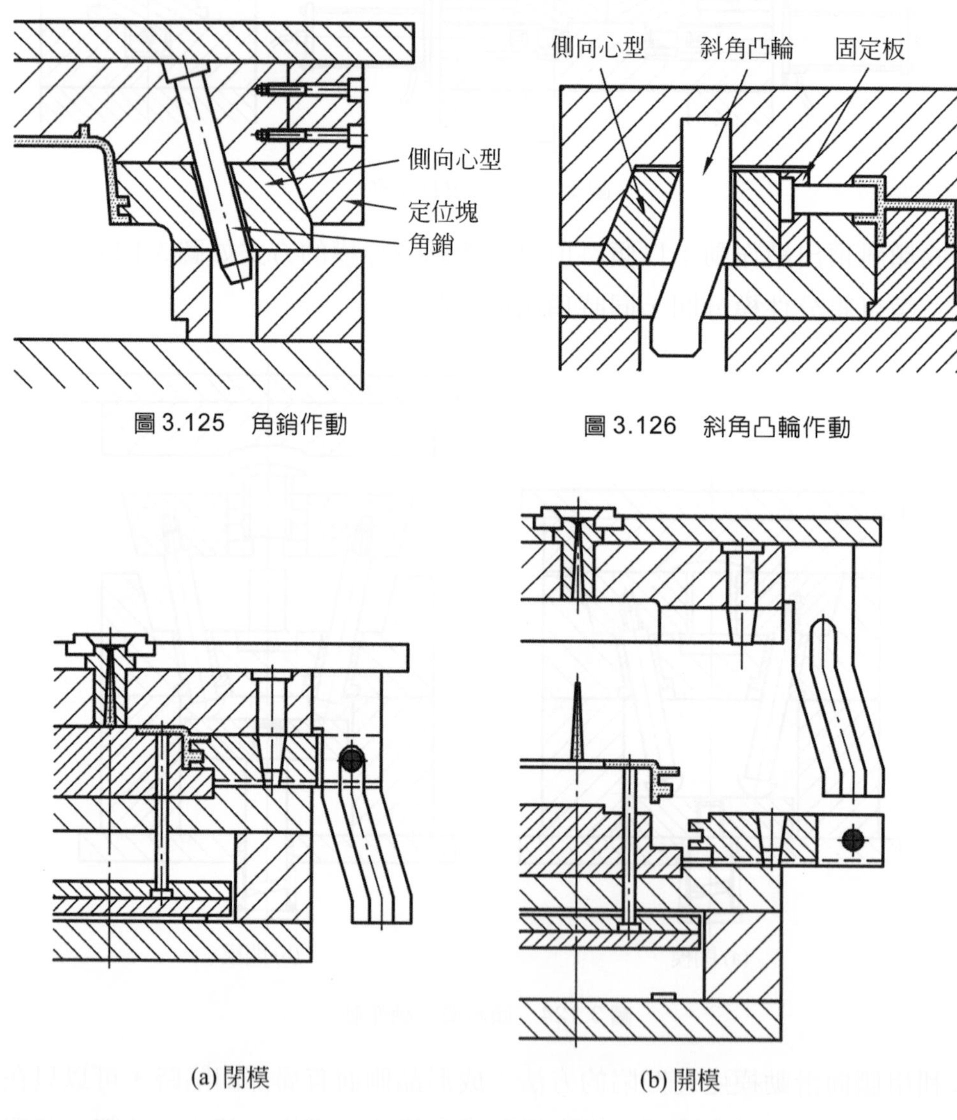

圖 3.125　角銷作動

圖 3.126　斜角凸輪作動

(a) 閉模

(b) 開模

圖 3.127　凸輪板作動

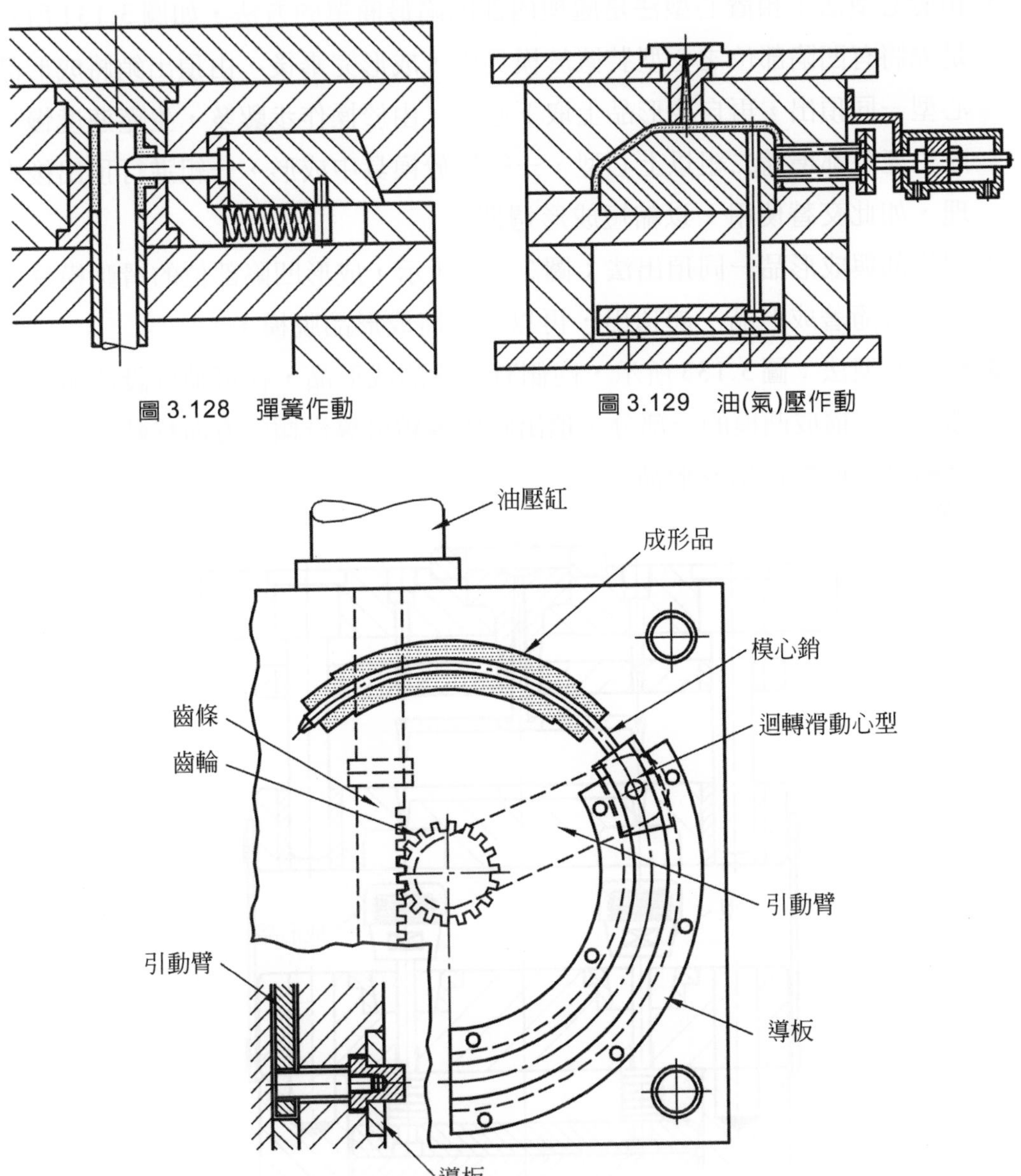

圖 3.128　彈簧作動

圖 3.129　油(氣)壓作動

圖 3.130　迴轉滑動模具

3.130 所示，以油壓缸帶動齒條做直線運動，再由齒條帶動齒輪，使引動臂帶動滑動模沿導板做圓弧運動而退出模心銷。

二、內部有凹陷成形品的處理方法

1. 預置心型法：預置心型法是處理內部凹陷最簡單的方法，如圖 3.131 所示，是先將有凹陷部位之心型裝置於模具中，成形完畢後，由頂出銷將成形品與心型一同頂出，再自成形品上取下心型。由於操作步驟多，生產速度慢。一般生產時都準備二組以上心型，一組裝於模具中成形，一組進行頂出後之處理，如此交替使用，以縮短成形週期。
2. 凹陷部與成形品一同頂出法：圖 3.132 所示，成形凹陷部位的滑動模具，在頂出時隨著成形品一起頂出，再以人工將成形品脫模。
3. 漲縮心型法：圖 3.133 所示，內側有凸緣的成形品，在可動側設漲縮心型。漲縮心型構成凸模的一部分，頂出時由導銷引導沿傾斜方向移動，造成凸模之縮合，而能頂出成形品。

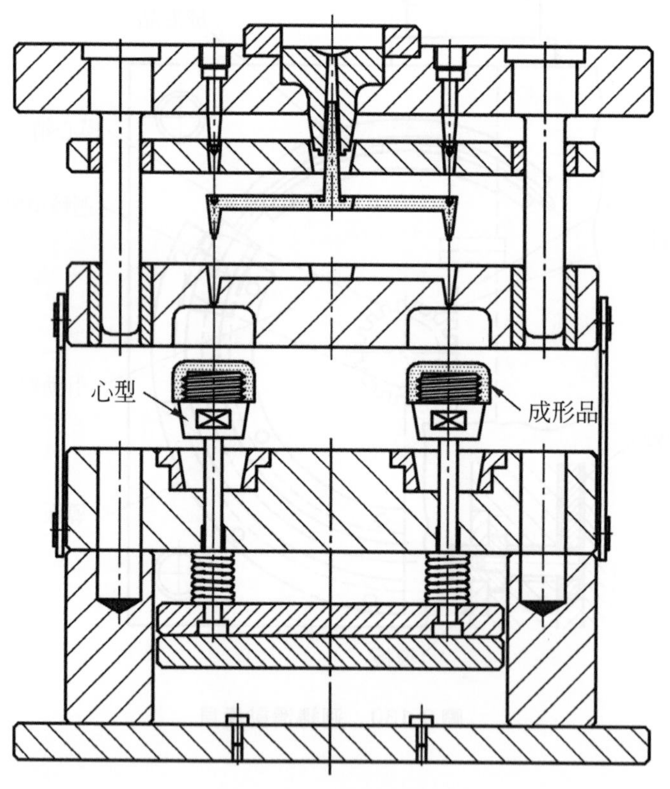

圖 3.131　預置心型法

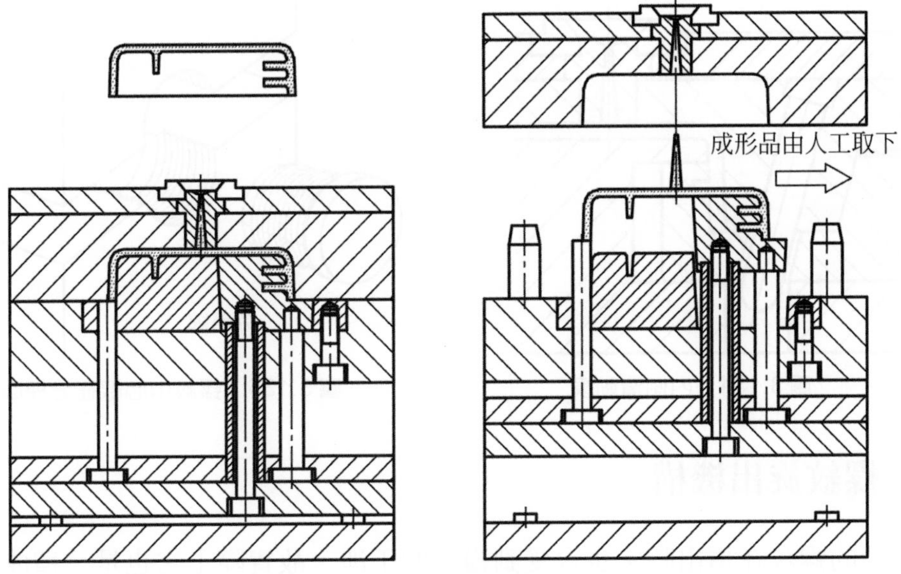

圖 3.132　凹陷部與成形品一同頂出

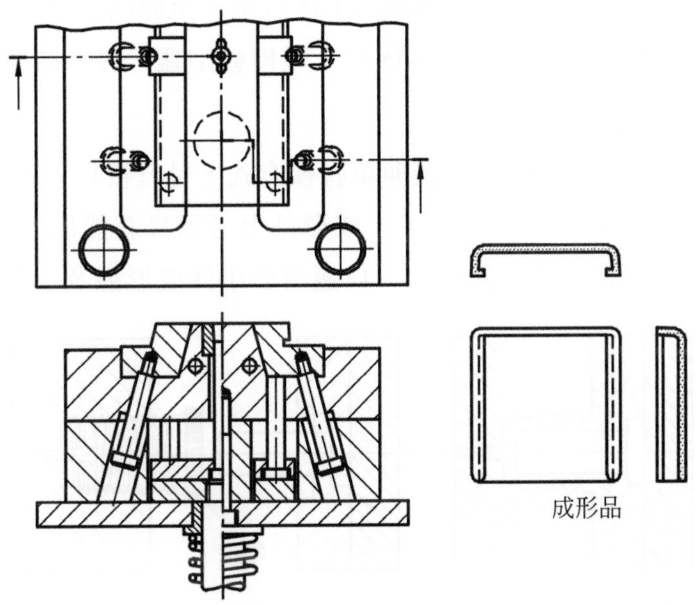

圖 3.133　漲縮心型法

4. 內側滑動模法：圖 3.134 所示，用於內側有局部凸出或凹入的成形品。將凹陷部位做成滑動模，開模時利用角銷帶動，能使凹陷部位脫離，而將成形品頂出。

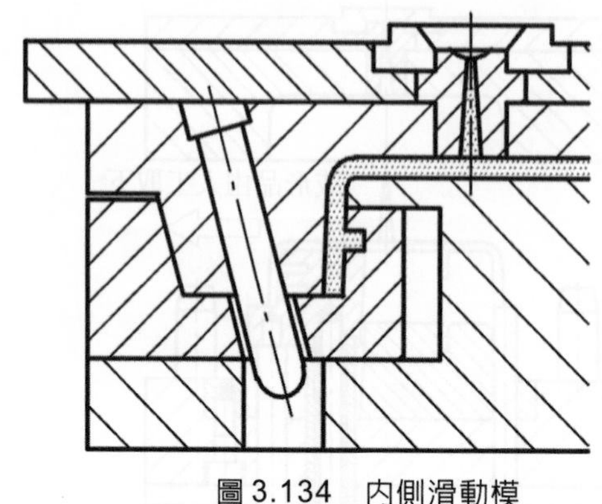

圖 3.134　內側滑動模

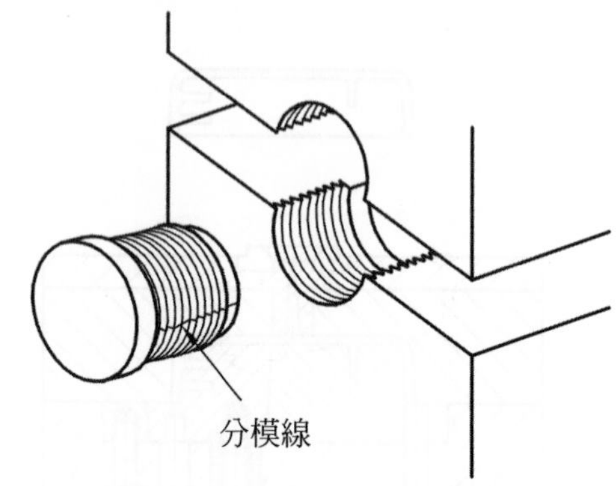

圖 3.135　螺紋中心線在分模面

3.6.3　螺紋旋出機構

成形品的螺紋在頂出時，也會受到模具的干涉，故實際上它也是一種成形品的凹陷。螺紋有外螺紋、內螺紋兩種，通常外螺紋之脫模較容易處理，如將螺紋中心線安排在分模面時，可直接脫模，如圖 3.135 所示；至於內螺紋，因成形時塑料收縮較模具大，且形成之凹陷在成形品內部，脫模較困難，設計時應詳加考慮。

一、螺紋成形品的脫模方法

1. 手工脫模：成形品有螺紋的最簡單脫模方式，是直接以人工將成形品從模具上旋轉出來。如圖 3.136 所示，成形品上必須具有能用手或工具旋轉之部位。採用人工脫模費時又費力，只適用於小件成形品及小量生產。

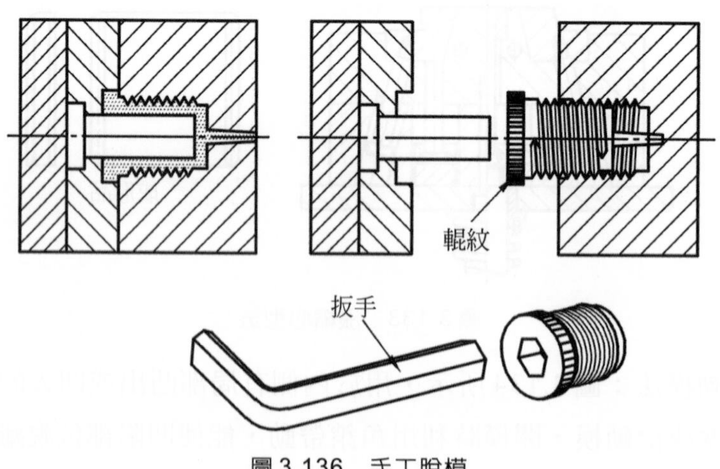

圖 3.136　手工脫模

2. 強制脫模：若成形品的螺紋爲半圓形、高度小，且塑料具有彈性時，可直接應用一般的頂出方法，將成形品強制頂出模具。

3. 螺紋部製作成預置嵌件：如圖3.131所示，將成形螺紋的模具部位製作成嵌件，在成形前先放置於模具中。成形後，將成形品與嵌件一同頂出，再將成形品與嵌件旋轉分離。此種方法可用於外螺紋及內螺紋成形。

4. 以分件模成形螺紋：此種方法主要用於外螺紋的成形，如圖3.137所示，開模時，成形品可由分件模分模面取出，但在螺紋部位會留下分模線痕跡，較不美觀，有時還會影響組裝。

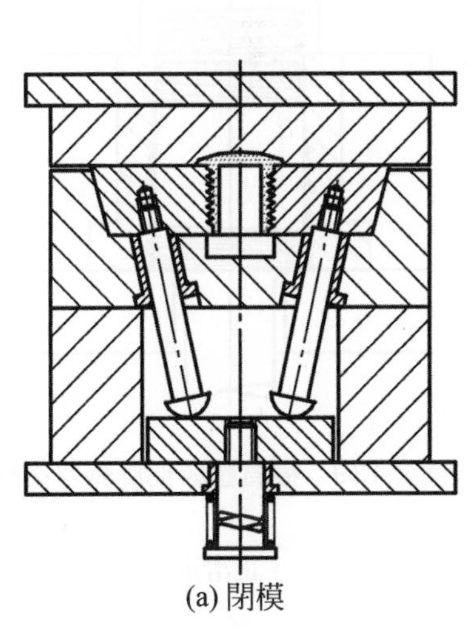

(a) 閉模

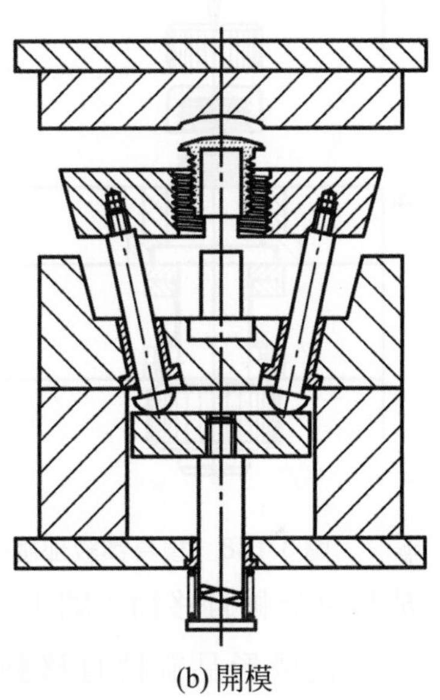

(b) 開模

圖3.137　以分件模成形螺紋

5. 成形品或螺紋部旋轉：在開模時，使成形品或模具成形螺紋部位自動旋轉而脫離之方式。成形品上必須設有止滑定位，防止旋出時成形品在模具中滑動而無法脫模。在旋出的同時，有時也必須能使成形品或模具螺紋部做後移之動作，否則成形品會受損。

⑴模具螺紋部旋轉：圖3.138所示是使有螺紋的心型旋轉，而取出成形品的方法。螺紋旋出的速度必須配合分模面開模的速度，若螺紋旋出速度過快，成形品螺紋會受損；若螺紋旋出速度過慢，成形品外表面止滑部位先脫離模具，成形品將隨心型旋轉，無法脫模。

⑵模具螺紋部旋轉且後移：圖3.139所示是使有螺紋的心型旋轉同時後移的方法。心型旋出時，成形品仍附著於模具可動側，等心型完全旋出後，成形品才脫模，故在成形品端面須設止滑定位。

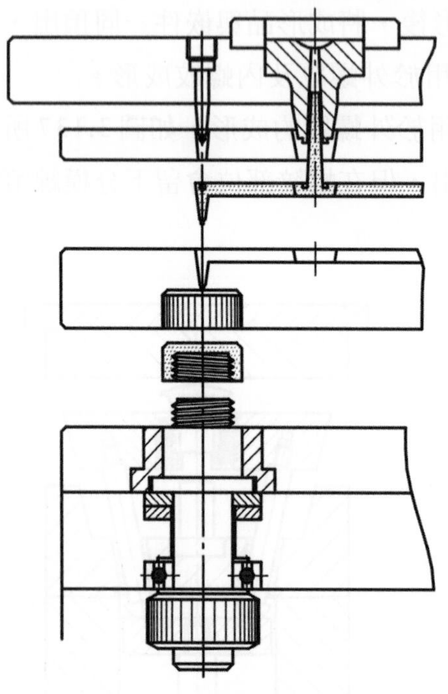

圖3.138　模具螺紋部旋轉

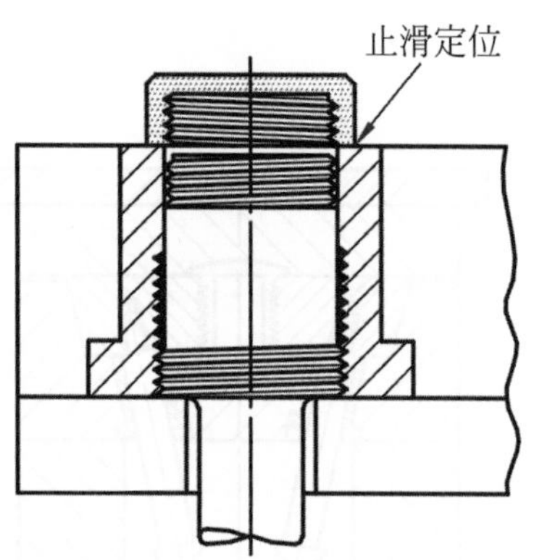

圖3.139　模具螺紋部旋轉且後移

⑶成形品旋轉且移動：圖3.140所示是使成形品旋轉且移動的方法。模具在止滑部位帶動成形品旋出，成形品螺紋旋出的同時，中心之螺桿(a)隨著成形品一起移動。當螺紋完全旋出後，成形品止滑部位仍會附著於螺桿(a)上，需另有頂出裝置，才能使成形品完全脫模。

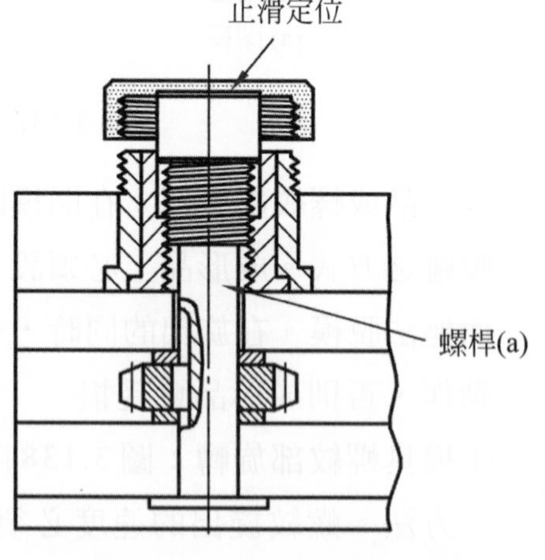

圖3.140　成形品旋轉且移動

6. 可收縮的套筒模具：如圖 3.141 所示，其構造是由一支錐度的模銷與一組套筒所組成。合模時，模銷與套筒配合位置如圖(a)；頂出時如圖(b)，模銷退後，套筒收縮，螺紋部與成形品分離，再由脫料板頂出成形品。圖(c)為套筒收縮前、後之狀態。

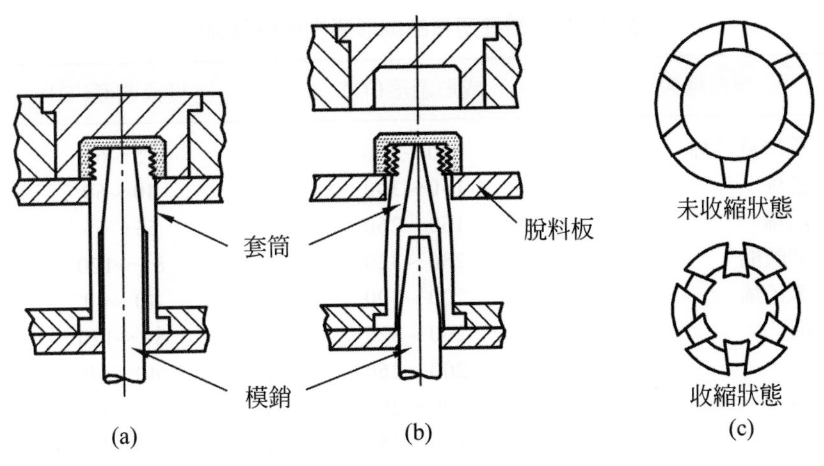

圖 3.141　可收縮的套筒模具

3.7 模溫控制

射出成形加工是利用塑料在高溫狀態下的流動性充填模穴成形，再在模具中冷卻、凝固而定型。因此，在射出加工過程中，溫度的變化是最重要的影響因素。溫度的變化是指塑料與成形品的溫度差距，但實際影響成形品生產的是模具溫度。模具溫度不同會造成塑料冷卻速度的差異，進而影響成形品品質、生產效率。此外，因塑料種類極多，成形品型態變化極大，對不同的塑料、成形品都需要有合理、穩定的模具溫度，才能生產良好的成形品。故在模具設計、製造與生產作業中，模具溫度控制是一不可忽視的重要事項。

3.7.1 模具溫度

在成形過程中，塑料通常必須加熱至 150～350℃，以具有理想的流動性來充填模穴。但在模具中必須使塑料冷卻、凝固成形，才能脫模，其溫度通常在50～60℃

以下。若連續成形時，高溫塑料不斷將熱量帶入模具中，會造成模具溫度的變化。當模具溫度不穩定，生產作業、成形品品質將會受影響。因此，在成形作業中，必須將模具溫度控制在一穩定之範圍內，一般常用塑料適當的成形溫度與模具溫度如表 3.3。

表 3.3 熱塑性塑料的成形溫度與模具溫度

塑料種類	成形溫度(˚C)	模具溫度(˚C)
硬質聚氯乙烯	180～210	45～60
聚乙烯	150～300	40～60
聚丙烯	160～260	55～65
聚碳酸酯	280～320	85～120
聚苯乙烯	200～300	40～60
尼龍	200～320	80～120
AS	200～260	40～60
ABS	200～260	40～60
壓克力	180～250	50～70
氟氯乙烯	250～300	40～150
聚縮醛(delrin)	180～220	80～110

(全華：模具學(三)，陳昭福、翁寬仁編著，第 10 頁)

一、模具溫度與成形品的關係

1. 模具溫度低的影響：模具溫度較低時，可縮短成形品冷卻時間，成形效率較好。但因冷卻較快，塑料流動性降低，需使用較高成形壓力；又因塑料分子急冷而處於不穩定狀態，會有後收縮現象，可能造成成形品品質不良。

2. 模具溫度高的影響：模具溫度較高時，塑料冷卻速度慢，流動性較佳，充填效果好；且分子排向整齊，成形品強度提高，表面光度較佳，殘留應力可改善；但也因分子的排向而使成形收縮率較大。

二、模具溫度之控制

射出成形作業開始進行時，模具溫度低，必須對模具加熱，使其溫度達到正常生產之溫度；但當連續生產時，塑料不斷將熱量帶入模具中，模具溫度會逐漸昇高，此時必須對模具進行冷卻，將熱量帶離開模具。通常，模具需要加熱之時間短，連續生產時之溫度控制是以冷卻爲主；在模具中加工用以控制模具溫度的液體通道，即通稱爲冷卻管道。

模具溫度的控制方式，是在冷卻管道中流通液體冷媒，以加熱或冷卻模具。使用之冷媒依需要而選擇，當生產速度快時，塑料帶入模具的熱量多，需使用低溫的水來加快冷卻速度，水溫通常在5～20℃，爲防止水低溫凝固，水中可添加乙二醇乙烯。成形品體積較大，生產速度慢時，可應用常溫的水來冷卻。若成形硬質塑料，如PC、PPO等，避免產生應力，或須保留時間使塑料結晶，而需緩較慢冷卻時，可用溫水保持模具溫度。當需要提高模具溫度時，則可通入熱水以加熱模具；但在有些成形作業中，模具溫度需高於100℃，使用熱水無法加熱到如此高溫，可應用熱油或多氯聯苯加熱，或有些模具會加裝電熱器加熱。

三、模具溫度控制的計算

熱的傳遞方式有輻射、對流和傳導三種，其中輻射主要發生在空氣中；對流發生在流體，包含空氣與液體中；傳導則發生在液體及固體中。在模具中，塑料帶入模具的熱量藉傳導被模具吸收，模具溫度會逐漸昇高；而模具吸收的熱量約有5％會因輻射、對流發散到空氣中，其餘的95％留在模具內，必須以冷媒將熱量帶出模具。當冷媒在模具之冷卻管道中流通，熱量也是以傳導方式被冷媒吸收，吸收量的多少會因冷媒的黏度、流速、熱傳導率以及管道的大小、界膜傳熱係數等而改變。

控制模具溫度穩定的原理，是使塑料帶入而留在模具的熱量由冷媒帶出。

3.7.2 冷卻管道設計

一、冷卻管道型態

塑料是在模具的模穴中凝固成形的，熱量主要也是經由模穴傳達到模具，因此冷卻管道的功能也是以控制模穴溫度爲主。在模具中，模穴的形狀隨著成形品而變化多端，爲控制模穴溫度的穩定，冷卻管道必須依據模穴各部位之需要加以安排。模具中常用之冷卻管道型態包含：

1. 鑽孔法：冷卻管道的加工最常用的是鑽孔法，因鑽孔法加工容易、製造簡便，通常模具之冷卻管道都會盡量採用。鑽孔法是在模板、心型或承板上鑽孔形成流通迴路，使冷媒可在迴路中流動，而達到冷卻模具的目的。圖3.142爲在模板上鑽貫穿孔，各孔可個別流通冷媒，也可在孔與孔間以管子連接成迴路。圖 3.143(a)所示為鑽孔構成 U 形冷卻迴路，(b)為圍繞模穴的冷卻迴路，不必要的通路用管塞塞住。圖 3.144 所示較深的方形或長方形成形品，安排三層冷卻管道之迴路。圖 3.145 所示用於較深的圓形成形品。圖 3.146 所示為小直徑心型的冷卻管道，使冷卻孔前端交叉相通。

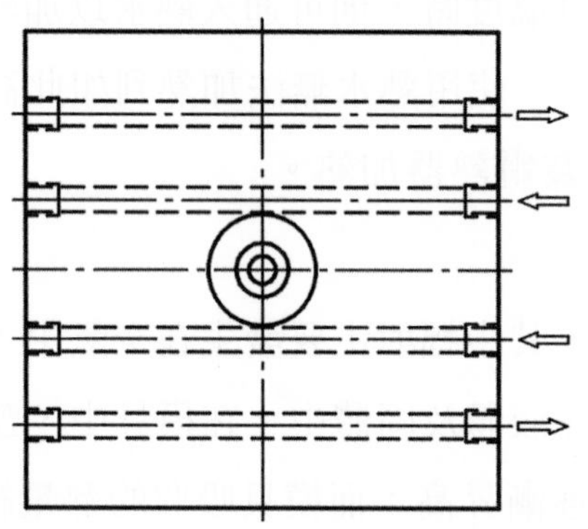
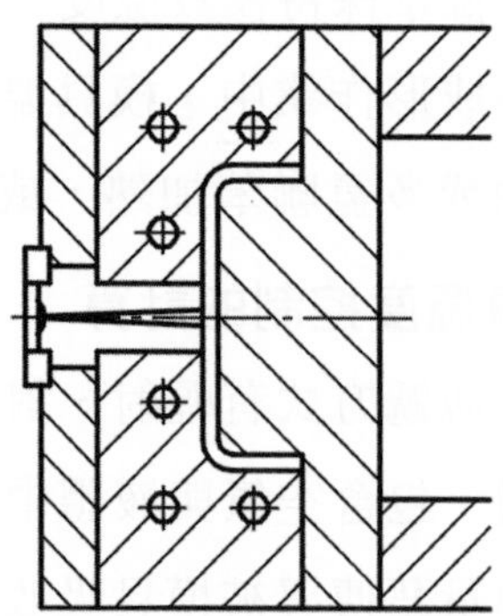

圖 3.142 模板上鑽貫穿孔

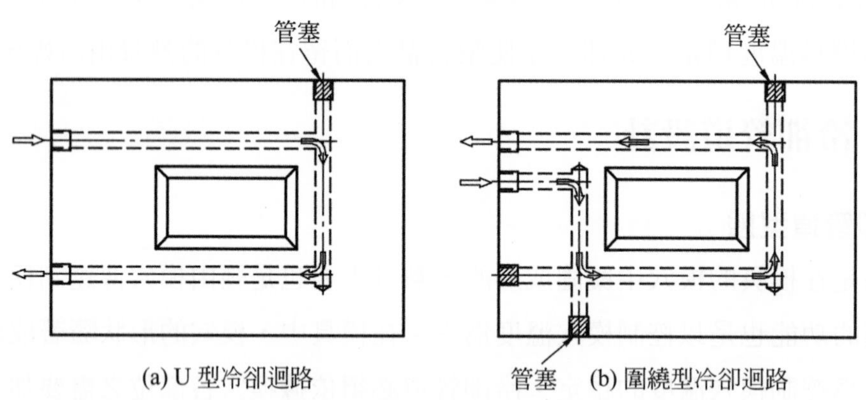

圖 3.143 冷卻管道迴路

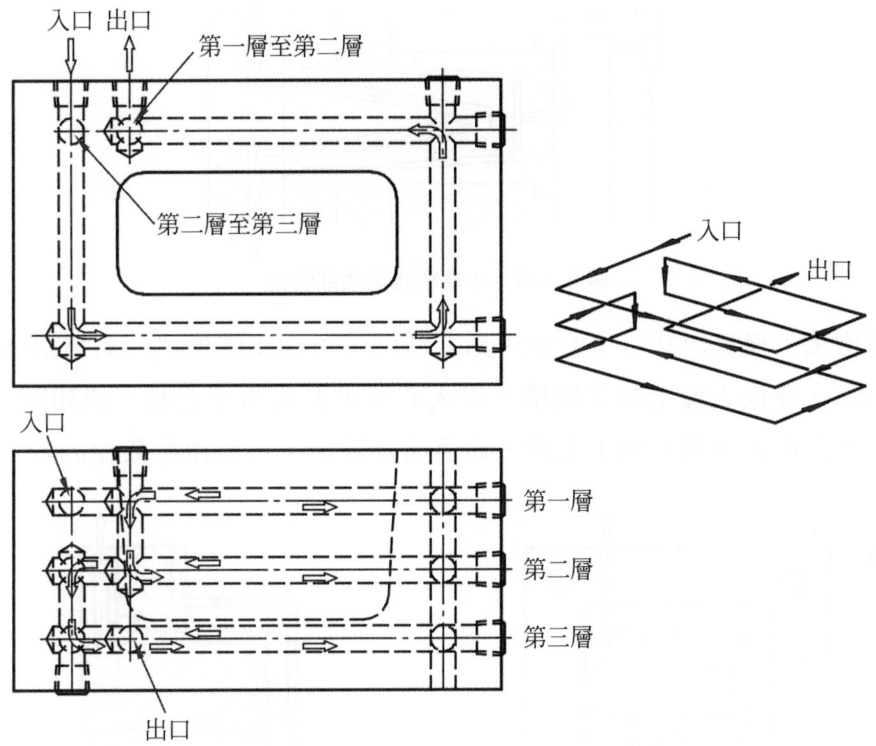

圖 3.144　三層冷卻管道迴路

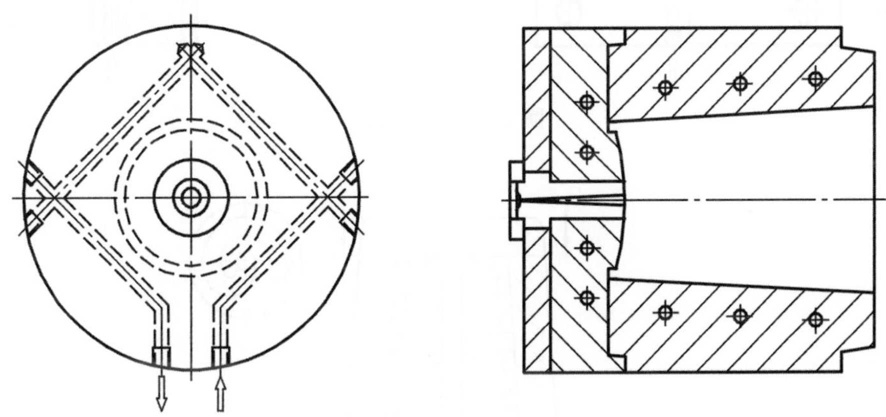

圖 3.145　圓形成形品冷卻管道迴路

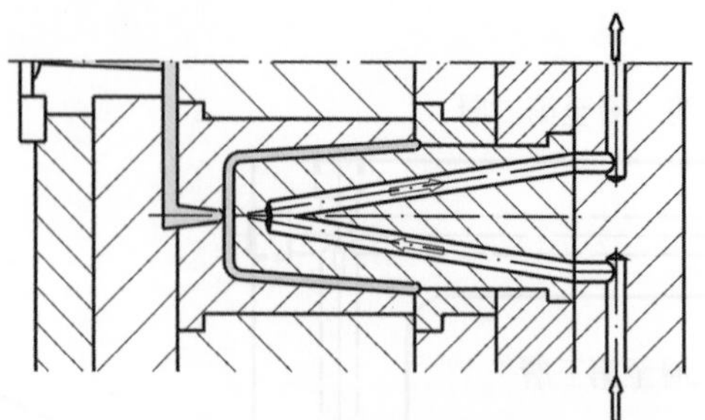

圖 3.146 小直徑心型冷卻管道

2. 溝槽法：模具形狀不適合應用鑽孔法時，可採用溝槽法。溝槽法如圖 3.147 所示，在嵌入塊上加工溝槽，嵌入心型中形成冷卻迴路。或如圖 3.148 所示，在嵌入塊側面加工溝槽，做為冷卻管道，可應用於較深的成形品。

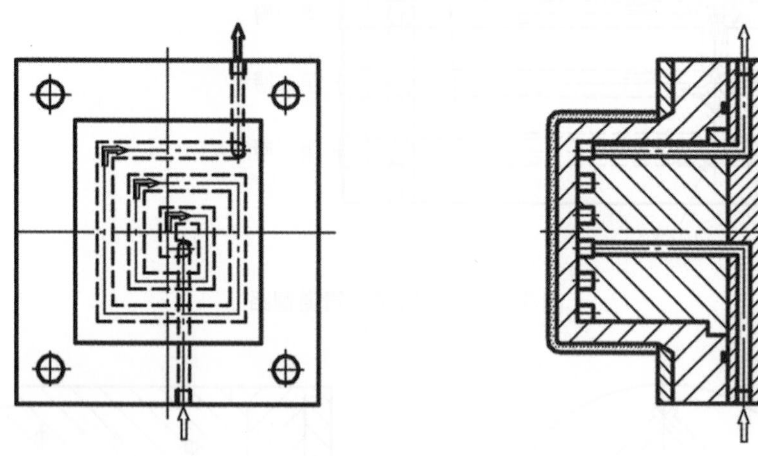

圖 3.147 溝槽法

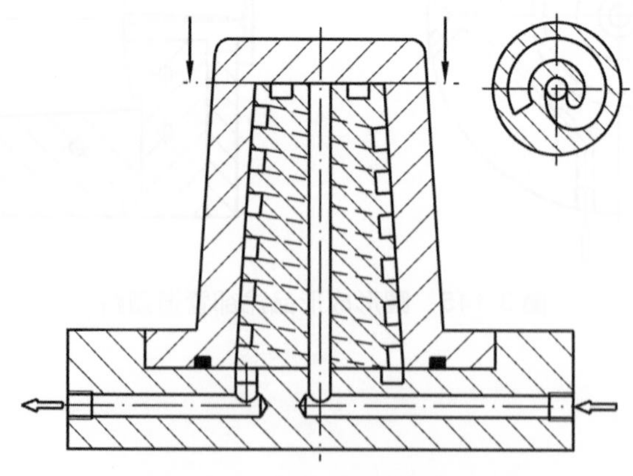

圖 3.148 嵌入塊側面加工溝槽

3. 隔板法：隔板法爲在孔中裝置隔板，使其分隔爲冷媒進出的通道，如圖 3.149 所示，用於較細之心型或以套筒頂出之模具，或如圖 3.150 所示，可用於較大的心型。

4. 套管法：套管的應用與隔板類似，如圖 3.151 所示，在心型鑽孔，孔中裝入套管。當如圖(a)之情況，主要用於冷卻豎澆道時，冷媒應自套管中噴流，經外側通道流出；若是側面澆口之心型，如圖(b)時，冷卻重點在模穴時，冷媒宜自外側流入套管，較易獲得均勻的冷卻。

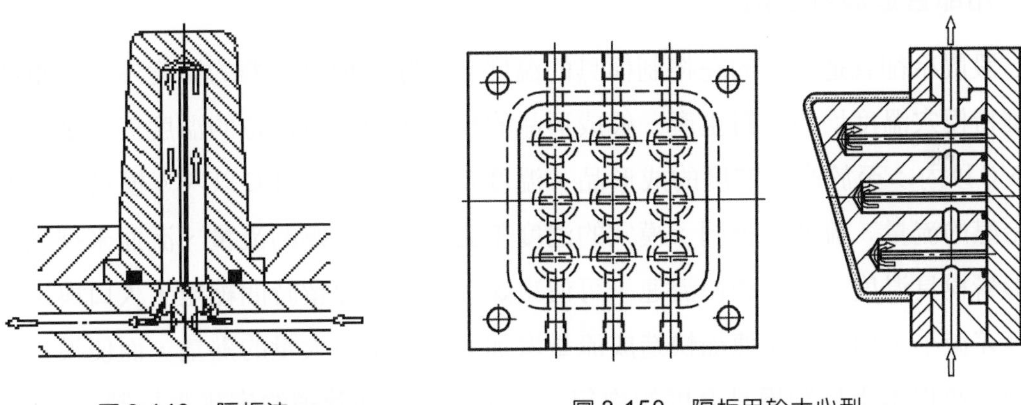

圖 3.149　隔板法

圖 3.150　隔板用於大心型

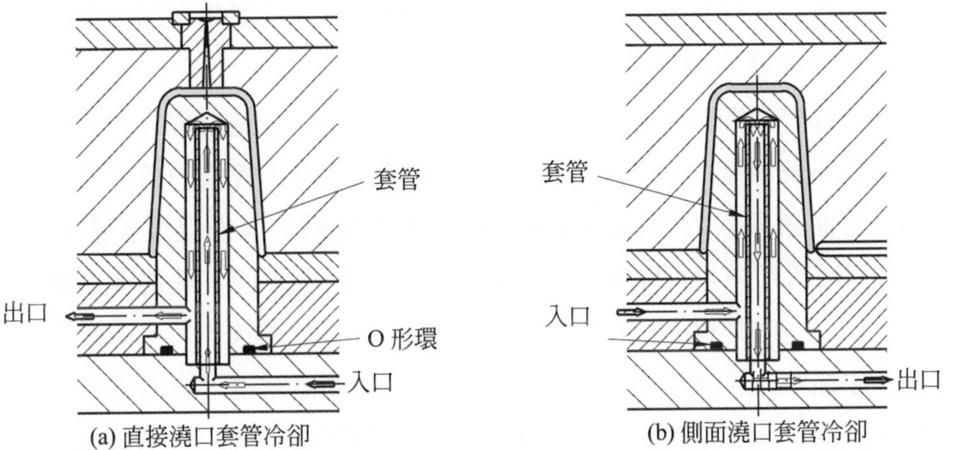

圖 3.151　套管法

5. 間接冷卻法：模具中的細小心型或凸出部位，無法加工冷卻管道時，可如圖3.152所示，以鈹銅做成心型裝於模具中，或將銅、鈹銅、鋁或專用之冷卻棒等熱傳導率高的金屬一端埋入心型內，再以冷媒流經另一端以帶走熱量。

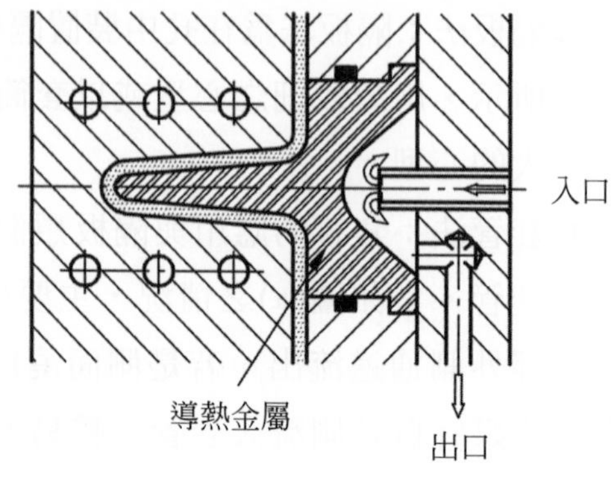

圖3.152　間接冷卻法

二、冷卻管道設計原則

設置冷卻管道的目的在控制模具的溫度，但除了模具整體的溫度外，更重要的是維持模穴溫度均勻。對生產一般成形品的模具，模穴各部位的溫度差，應能控制在5℃以內；至於高精密度的成形品，溫度差更應控制在2℃以內。模具的溫度可由冷媒的流量、流速來控制；模穴的溫度差雖亦可由冷媒的流量、流速來控制，但會影響模具溫度。例如加快流速，可使冷媒在模具內停留時間縮短，入口與出口之溫度差減小，但也因流速加快造成流量增加，會帶走較大量的熱量，而使模具溫度下降。故根本上控制模具溫度的均勻，還是應由冷卻管道的安排來控制較理想。

冷卻管道設計不良，會造成模具內的溫度不均及不穩定，影響成形品品質與生產效率。然因熱量在模具中之傳遞極為複雜，且模具型式變化多端，無法以定律或公式來安排，僅能就一般性之原則介紹如下：

1. 控制冷卻管道間及冷卻管道至模穴的距離：冷卻管道至模穴的距離，會影響冷卻效果及溫度的均勻，如圖3.153(a)所示，冷卻管道的溫度分佈是成同心圓，當距離模穴近時冷卻效果較好，但會使模穴表面溫度差距較大。由圖3.153(b)所示中也可瞭解，冷卻管道至模穴距離不同，熱傳導距離的差距比較，$(A_2-A_1)>(B_2-B_1)$表示A之模穴表面溫度差較B大。為維持均勻的溫度，須減小冷卻管道間之距離；而冷卻管道間距離近，會影響模具強度。因此，設計冷卻管道時應兼顧冷卻效果、溫度均勻、模具強度等因素。圖3.154所示為冷卻管道間及冷卻管道至模穴距離之關係，圖中所列為其最大值，即管道與模穴間距離不宜超過管徑的3倍，管道間距離不宜超過管徑的5倍。

此外，成形品厚度較厚處，如圖 3.155 所示，應縮小管道間距離及與模穴間距離，才能獲得均勻的冷卻。

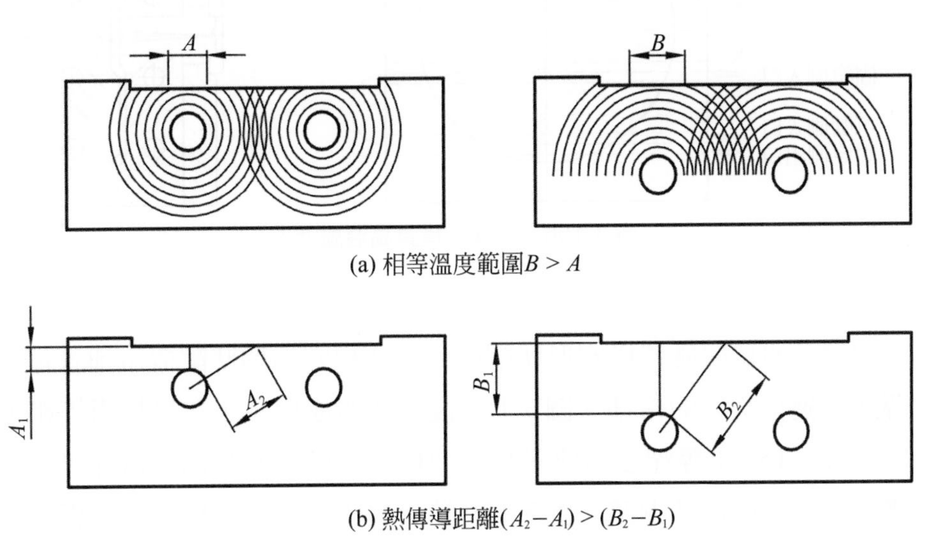

(a) 相等溫度範圍 $B > A$

(b) 熱傳導距離 $(A_2 - A_1) > (B_2 - B_1)$

圖 3.153　冷卻管道溫度分佈

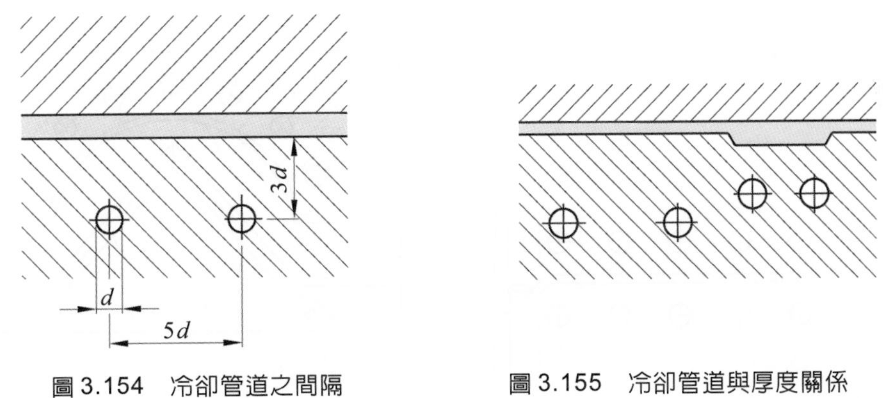

圖 3.154　冷卻管道之間隔

圖 3.155　冷卻管道與厚度關係

2. 冷媒應從模具高溫處進入：爲使模具溫度均勻，冷媒通過冷卻管道，應從較高溫處進入，然後循環至溫度較低處流出。圖 3.156 中，豎澆道、澆口溫度較高，冷媒應先流經其附近。冷卻管道的入口及出口，應在模具上做好明確的記號，以避免誤接，特別是有多個冷卻迴路時，應予編號。

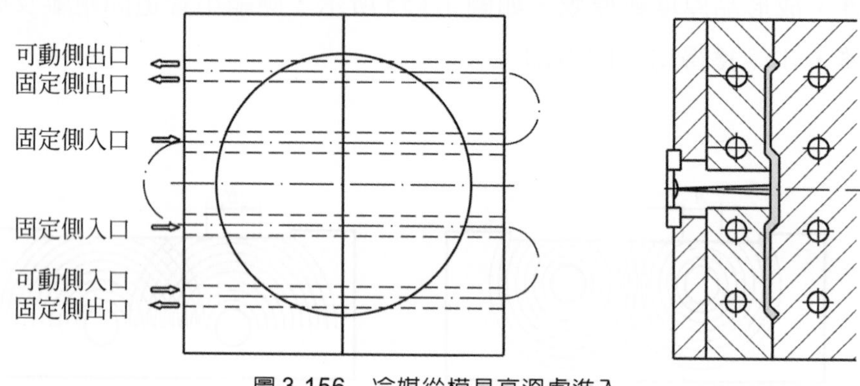

圖 3.156　冷媒從模具高溫處進入

3. 冷卻管道的位置應依模穴形狀配置：依據模穴的形狀配置冷卻管道，才能使各部位獲得均勻的冷卻。圖 3.157 淺而薄的成形品，在模板鑽等距離的孔即可。圖 3.158 中等深度的成形品，凹模依照模穴形狀加工冷卻管道，凸模則鑽交叉孔構成冷卻迴路。圖 3.159 較深的成形品，凸模採用隔板法，冷媒是從中央豎澆道附近進入。

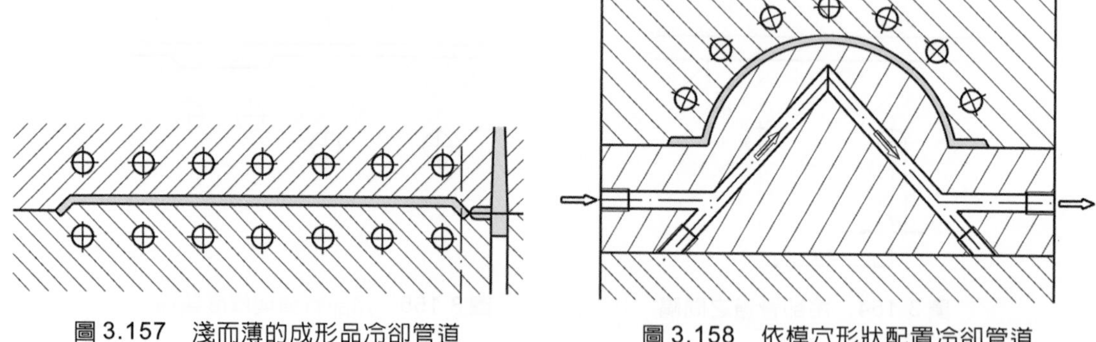

圖 3.157　淺而薄的成形品冷卻管道

圖 3.158　依模穴形狀配置冷卻管道

4. 細長心型應加強冷卻：成形時，細長心型通常被塑料包覆著，接受的熱量較集中，是溫度較高的部位，應特別注意其冷卻。圖 3.160，心型的冷卻可用套管或隔板。圖 3.161，細小心型無法設置冷卻管道時，可應用間接冷卻法。

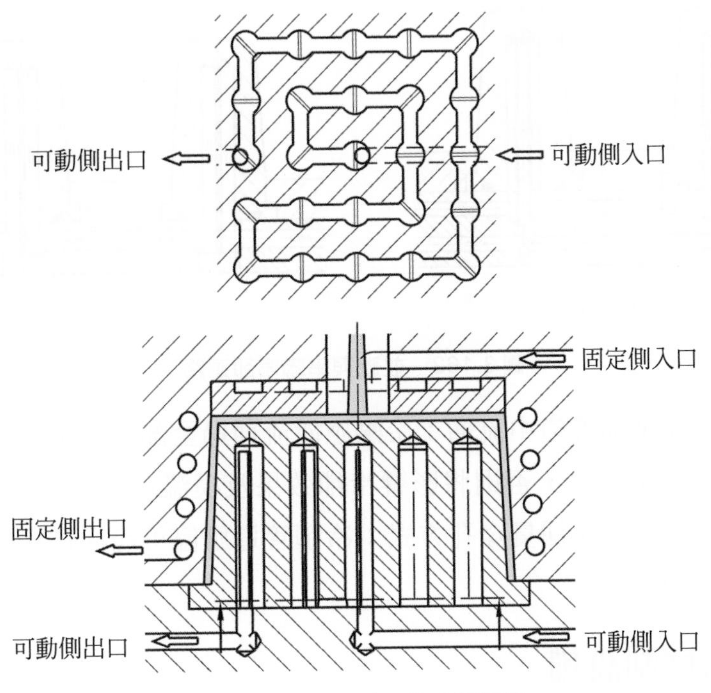

圖 3.159　深成形品的冷卻管道

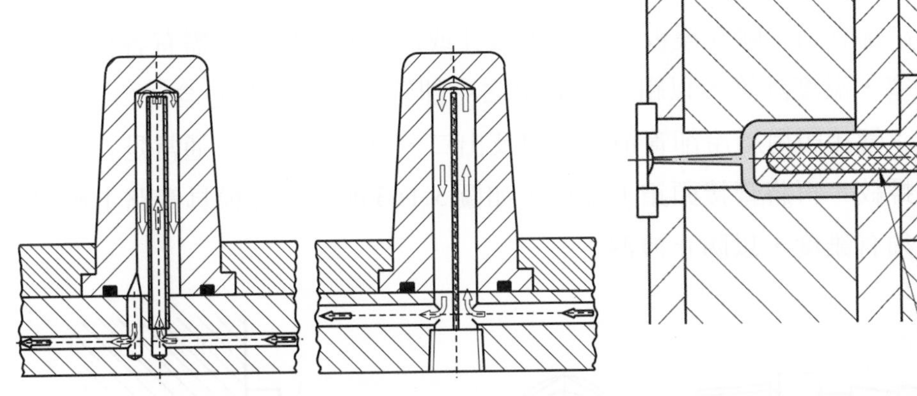

圖 3.160　套管與隔板冷卻心型

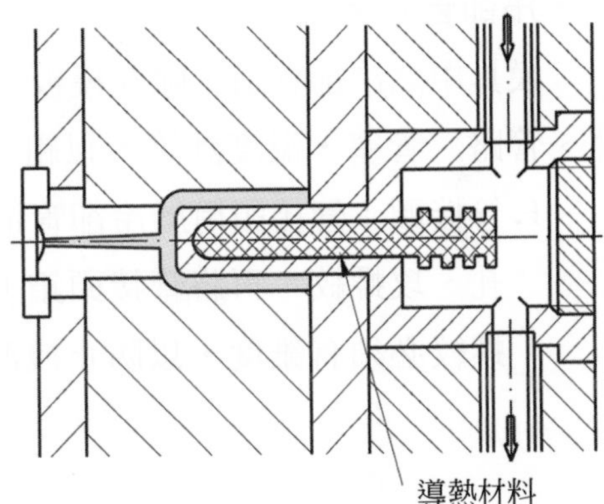

圖 3.161　細小心型間接冷卻

5. 冷媒在模具中流動距離勿過長：冷媒在模具中流動距離長即流動時間久，在模具中停留時間久，吸收的熱量多，對降低模溫有利，但也使入口及出口溫度差距加大，不利於模溫的均勻。模具中之冷卻管道長時，可考慮分段冷卻，或如圖 3.162 所示，採用並聯式冷卻迴路。並聯式冷卻迴路使模具內之冷卻均勻，管道內一部分阻塞，冷媒仍能流通；但因在模具內流路分散，流速會較慢。

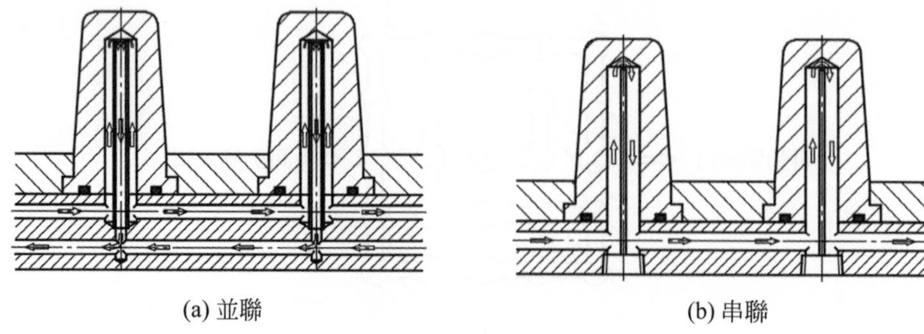

(a) 並聯　　(b) 串聯

圖 3.162　並聯與串聯冷卻迴路

6. 冷媒應能在全部管道中流通：冷媒應能流通過全部的冷卻管道，流通中不得有短捷或停留現象，否則將影響冷卻效果及模溫均勻。

7. 冷卻管道應儘可能採貫穿孔方式：冷卻管道應儘可能採貫穿孔方式，方便於保養、清理。

3.7.3 模溫控制設備

一、冷卻管道零件

模具中之冷卻管道，除在模板、心型上鑽孔或加工溝槽外，尚需有各種接合零件、管路、管塞、溫度計等，以組合成完整之冷卻管道。其種類包含：

1. 管接頭：管接頭用於冷卻管道的入口及出口，以連接管路。通常是在管道鑽孔、攻螺紋，再將管接頭鎖上即可，如圖 3.163 所示。在模具管路上應用之螺紋必須有錐度，以防止洩漏。

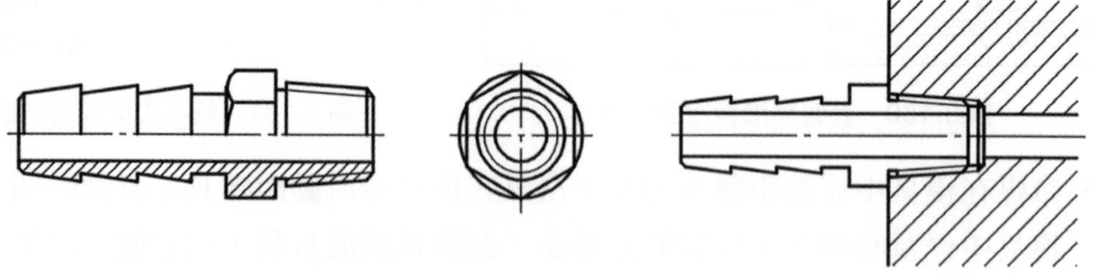

圖 3.163　管接頭

2. 管塞：管塞用以封閉不用之管路，使用時直接在管道鑽孔、攻螺紋，再鎖上管塞即可，如圖 3.164 所示。

3. 管路：用以在模具外構成冷卻管道的迴路，或連接冷卻管道至供水、排水裝置。管路一般有軟管及硬管二類，軟管用於低溫之冷卻管路，安裝時可直接加壓套於管接頭上；硬管用於高溫之冷卻管路，常用的有銅管或鋼管，與模具接合時，必須用螺帽鎖緊。

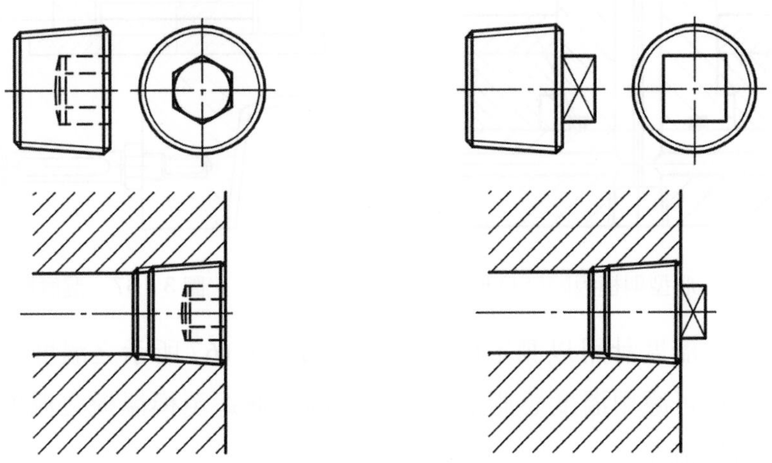

圖 3.164　管塞

4. O 形環：O 形環用以防止冷媒的洩漏，裝置的方式可如圖 3.165 所示，在模板相接面的冷卻管道周圍加工凹槽，將 O 形環裝於凹槽內，模板鎖緊時即可壓縮O形環而達到防漏的效果。或如圖 3.166 所示，用於心型與模板間，防止接合面的洩漏。

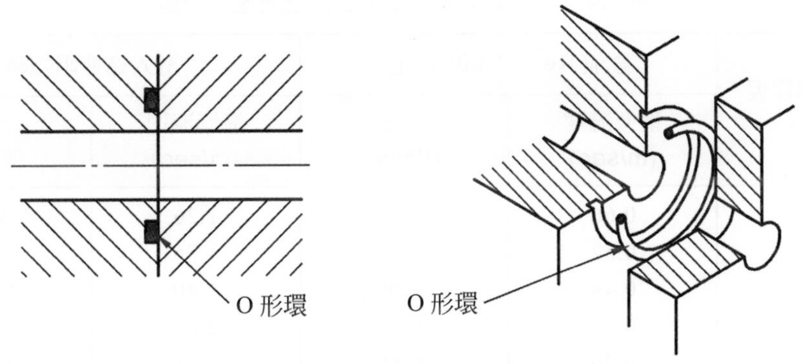

圖 3.165　O 形環裝置

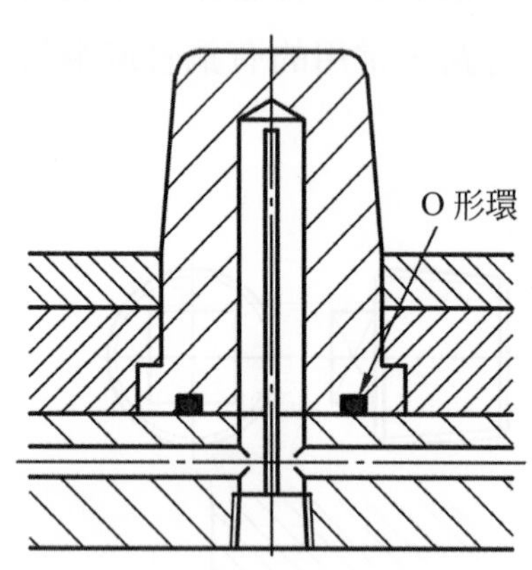

圖 3.166　心型與模板間裝 O 形環

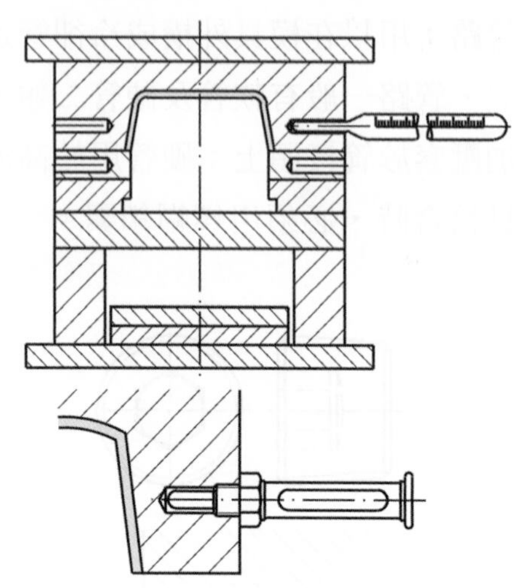

圖 3.167　溫度計

5. 溫度計：溫度計用以測定模具溫度，如圖 3.167 所示之溫度計，可直接讀出溫度。或可應用溫度感測器，將模具溫度傳送至模溫機之溫度控制器，藉以控制冷媒流量。

二、模溫機

當冷媒流速慢，冷卻管道轉折小時，冷媒是形成層流。層流的狀態下，接近中心的冷媒未與管壁接觸，熱交換效率差，能帶走的熱量較少。在模具中流動的冷媒，應使其形成亂流，增加冷媒與管壁的接觸，亂流的熱交換效率約可達層流的 3～5 倍。欲使冷媒的流動成亂流，必須加大流速、流量，表 3.4 爲冷卻管道產生亂流所必要的最低流速、流量之關係。

表 3.4　冷卻管道產生亂流的最低流速、流量

冷卻管道直徑 (mm)	亂流 Re = 4,000 以上		計入摩擦阻力時	
	最低流速 (m/sec)	流量 (l/min)	最低流速 (m/sec)	流量 (l/min)
8	0.66	1.98	1.26	3.78
10	0.52	2.46	1.55	7.35
12	0.44	3.00	1.80	12.20
15	0.35	3.72	2.00	21.12
20	0.26	4.92	2.31	43.52

(全華：模具學(三)，陳昭福、翁寬仁編著，第 10 頁)

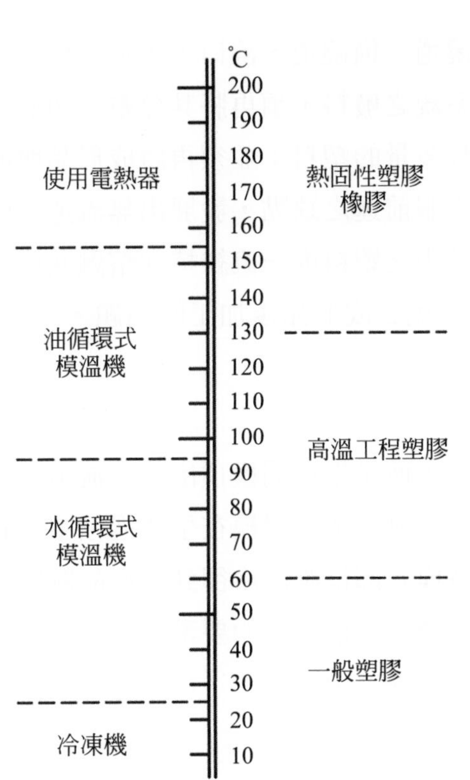

圖 3.168　模溫機適用溫度

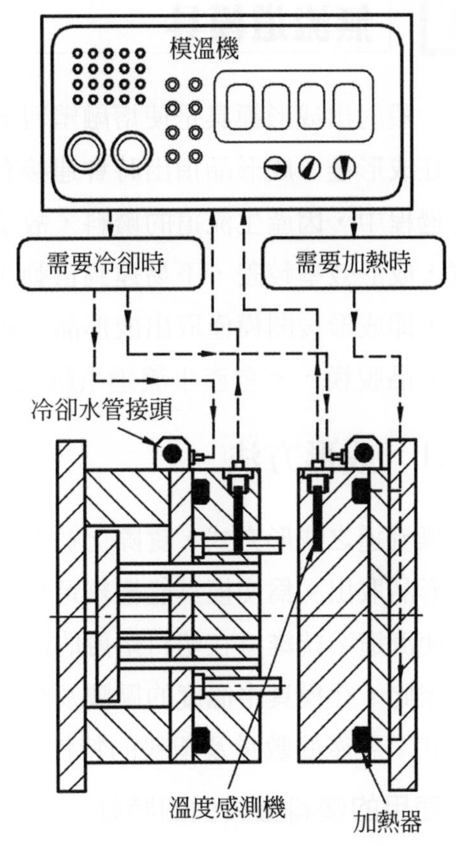

圖 3.169　模溫機作用原理

用來提供冷媒流量、流速、加溫、降溫的設備為模溫機。模溫機有多種型式，可依模具溫度需要而選用，不同模具溫度適用之模溫機如圖 3.168 所示。

1. 冷凍機：當高速射出成形，或欲縮短成形週期，須將冷媒溫度降低至常溫以下時，應使用冷凍機。冷凍機可將水溫度降至 5～20℃以下，通常若在 10℃以下時，應在水中加入乙二醇乙烯，以降低冷卻水的凝固溫度。

2. 加熱型模溫機：加熱型模溫機有水循環式及油循環式二種，水循環式適用溫度在 25～85℃，油循環式適用溫度在 85～150℃，溫度再高時，則須直接在模具上裝置電熱器加熱。模溫機之作用原理如圖 3.169 所示，模具上裝置之溫度感測器感測模具溫度，傳送至模溫機，模溫機依據設定之溫度與模具之溫度差，將高溫或低溫之冷媒加壓輸送至模具中，而達到調整溫度之目的。

3.8 無流道模具

一般射出成形模具是使熔融塑料流經豎澆道、橫澆道、澆口等，進入模穴成形的，在成形後，成形品頂出時會連接有流道系統之廢料，須再將其分離。如此，在生產過程中，因產生流道的廢料，故須使用較多量的塑料；並須再將成形品與流道分離，成形效率較差，不易達到自動化。爲克服前述之缺點，發展出無流道之成形方式，即成形後開模僅取出成形品，流道系統中之塑料則一直維持在熔融狀態，不隨成形品脫模，不會產生流道系統之廢料，也免去成形品後加工的問題。

3.8.1 成形方法

無流道之成形方式，實際上並非沒有流道；而是指在開模頂出時，流道部位不隨成形品取出。爲使模具能繼續進行成形作業，無流道塑膠模在生產過程中，必須隨時使流道系統維持在塑料熔融的溫度，同時模穴部位應能冷卻到成形品凝固的溫度。因此，在模具中溫度的區隔及控制，是影響成形最重要的要素。此外，成形品的形狀、生產的數量及塑料的特性等都是必須考慮的因素。

一、使用的塑料應具備的特性

適合應用於無流道塑膠模的塑料應具備的特性爲：

1. 熱傳導率高；塑料的熱量能迅速傳到模具，冷卻固化快，縮短成形週期。

2. 比熱低；塑料加熱時溫度上升快，冷卻固化也快。

3. 對溫度不敏感，低溫也容易流動；熔融狀態下，塑料流動性受溫度影響小；流道系統溫度範圍可較大，不致於因溫度太低而冷固，或因溫度太高而洩漏。塑料可在較低溫度成形，冷卻較快。

4. 對壓力敏感，低壓下也容易流動；熔融狀態下，受壓力作用時流動性良好，壓力消失時即不流動。

5. 熱變形溫度高，以利迅速頂出成形品；成形品凝固時在較高溫即可頂出，不會因而變形，可縮短冷卻時間。

最適合上述條件之塑料爲 PE，其次爲 PP，其他如 AS、ABS 等在經合理的設計下，亦可採用無流道塑膠模成形。近年來，因加熱澆道的發展，結構不斷改進，溫度控制日益準確，無流道塑膠模之使用範圍已擴及尼龍(PA)、聚縮醛(POM)、聚碳酸酯(PC)等工程塑膠，成爲塑膠模具發展的新趨勢。

二、無流道成形方法的種類

無流道成形方法有很多種，依其流道系統控制溫度的方式可分爲：

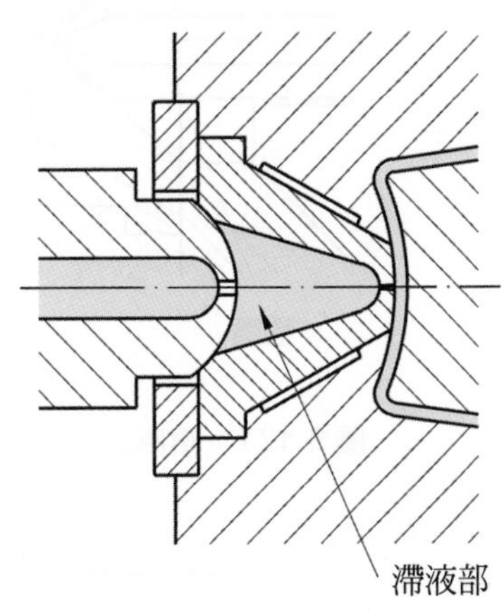

圖 3.170　滯液式噴嘴

1. 滯液式噴嘴方式；滯液式噴嘴方式也可稱爲井式噴嘴，爲最簡單的無流道成形方法，如圖 3.170 所示。在射出成形機噴嘴前端連接模具澆口處設置滯液部，以儲存熔融的塑料；在成形過程中，此滯液部之塑料必須一直保持熔融狀態。此類模具之滯液部通常不再加熱，而是利用接觸模具冷凝之外層塑料做爲隔熱層，使內層塑料溫度不致下降，維持在熔融狀態，適用於成形溫度範圍大或成形週期短的塑料。滯液式噴嘴方式之模具可說是以滯液部代替豎澆道，一次成形只能獲得一件成形品。
2. 延長噴嘴方式；延長噴嘴方式是將射出成形機之噴嘴，延長至直接連接模具澆口，如圖 3.171 所示，或使噴嘴成爲模穴的一部分，如圖 3.172 所示。成形時塑料自噴嘴通過澆口，直接進入模穴中。延長噴嘴方式之模具通常不設豎澆道，一次只能成形一件成形品。
3. 絕熱澆道方式；絕熱澆道方式之原理與滯液式噴嘴方式相同，但塑料維持熔融狀態之範圍，延伸至橫澆道。爲避免橫澆道中塑料冷凝，須加大橫澆道直徑，使其外層塑料形成隔熱層，而內層塑料不致於凝固，如圖 3.173 所示。絕熱澆道方式在橫澆道中塑料維持高溫，可一次成形多件成形品。
4. 加熱澆道方式；在絕熱澆道中之塑料，會因溫度降低而使流動性變差，影響模穴充填；也會因溫度不穩定，影響成形品品質，因而發展出加熱澆道方式。加熱澆道方式維持流道系統之溫度，不是利用塑料的隔熱層，而是在流道系統裝置加熱器，使流道系統可維持較高而穩定的溫度，其加熱之範圍，

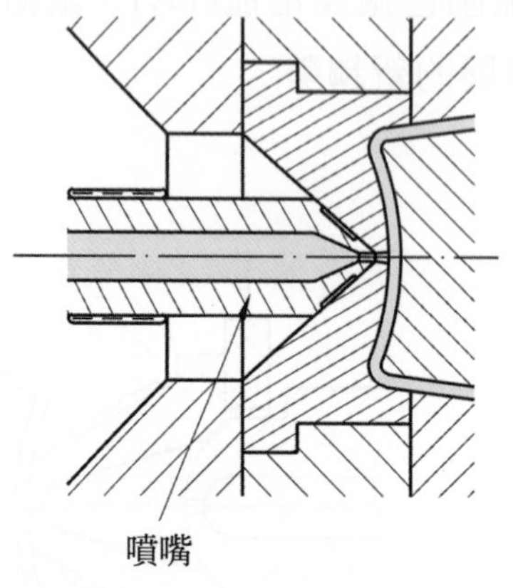

圖 3.171　噴嘴延長連接澆口

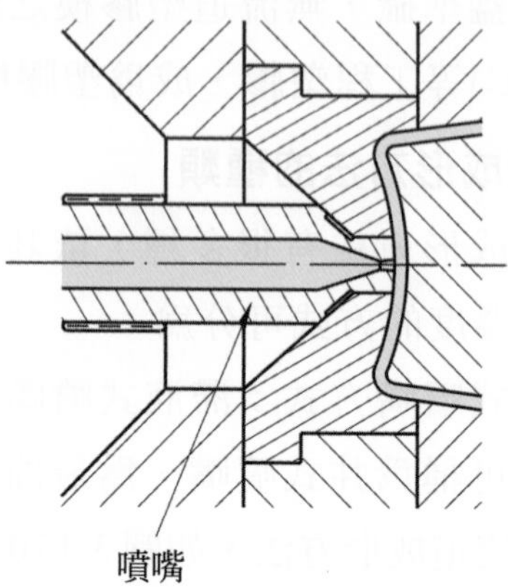

圖 3.172　噴嘴延長至模穴

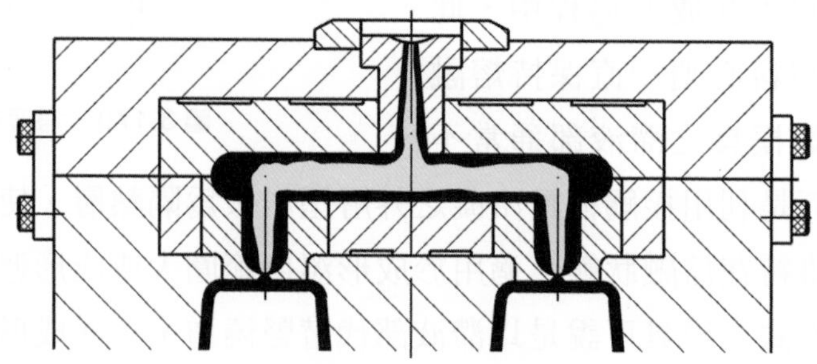

圖 3.173　絕熱澆道

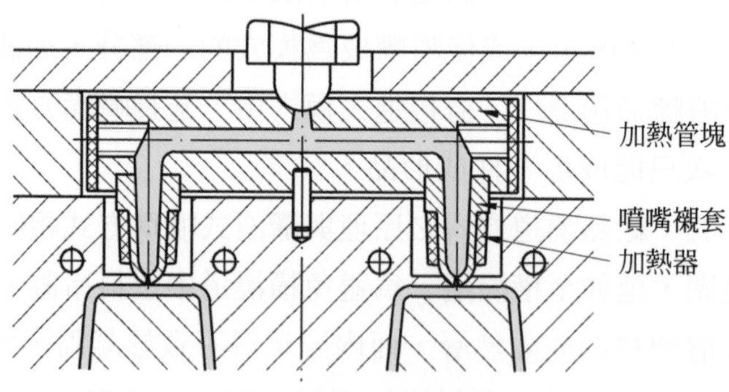

圖 3.174　加熱澆道

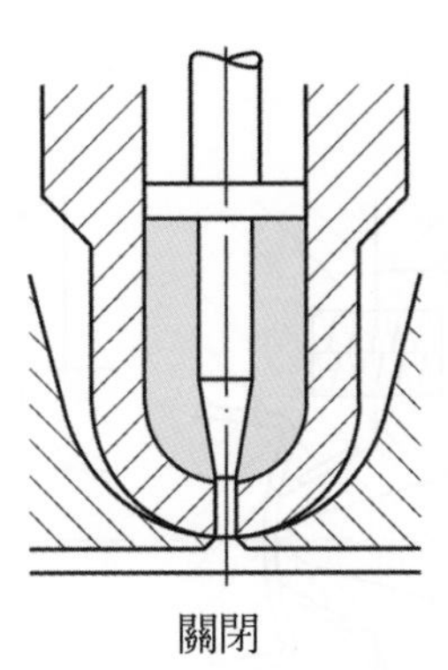

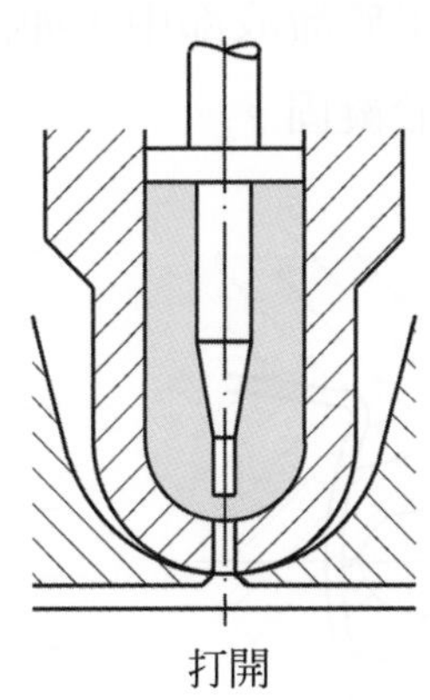

圖 3.175　閥澆口

可包含整個塑料流道系統，如圖 3.174。流道系統中之塑料必須維持熔融狀態，成形品則必須冷卻硬化，澆口是在二者之連接部位。當澆口較小時，澆口部位之塑料容易冷凝，無法繼續射出；當澆口較大時，成形品上會留下大痕跡，澆口的熔融塑料會黏著在成形品上，也會有抽絲、涕流的情況，影響成形品美觀。爲解決澆口部位的問題，可在加熱澆道的二次噴嘴裝置閥門，在射出後成形品冷卻時，將噴嘴口關閉，稱爲閥澆口，如圖 3.175 所示。

3.8.2　模具型式與構造

各種無流道成形方法應用之模具，在構造上均有差異，主要不同的地方在於流道系統，以下將介紹各種模具流道系統之特點。

一、滯液式噴嘴方式

滯液式噴嘴之模具，在接合噴嘴處是以滯液部來代替豎澆道的。如圖 3.170 所示，爲避免滯液部內塑料凝固，滯液部應加工於滯液部襯套，襯套與模板間保留空隙以隔熱，並減小與模板的接觸面積。

滯液部大時可防止塑料凝固，但因滯液部中溫度較低之熔融塑料，會在下一成形週期射出成爲成形品，充塡較差，且強度不好。因此，在澆口不固化的範圍內，滯液部的容量應儘量小，最大不得超過成形品體積的一半。

滯液式噴嘴方式，爲解決滯液部冷凝的問題，可應用以下方法：

1. 噴嘴前端凸出於滯液部中，如圖 3.176 所示，使滯液部中之塑料受噴嘴溫度影響，不致於凝固。

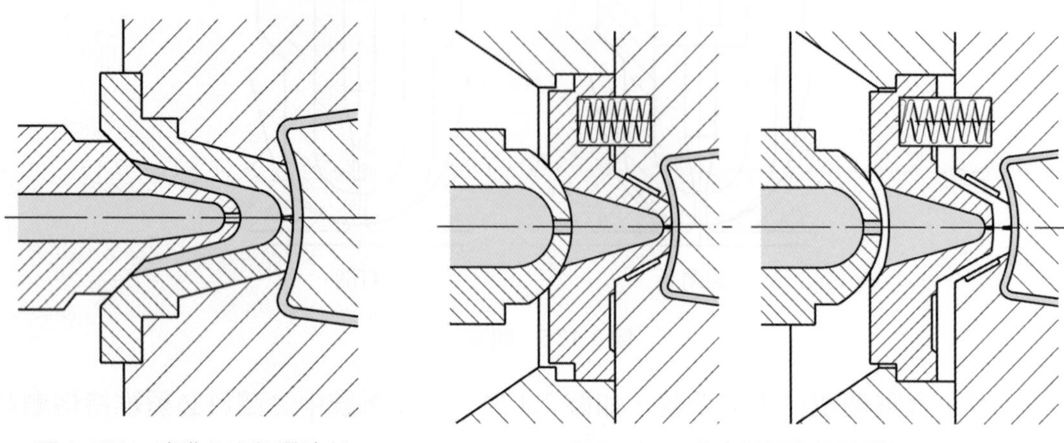

圖 3.176　噴嘴凸出於滯液部

圖 3.177　滯液部襯套加裝彈簧

2. 滯液部襯套與模板間加裝彈簧，如圖 3.177 所示，在每次射出後，滯液部襯套與噴嘴一起退後，離開模板，不會隨模板冷卻，也同時切斷澆口。
3. 噴嘴前端設倒鉤，如圖 3.178 所示，在噴嘴後退時，將滯液部中之塑料拉離開滯液部襯套，避免受模具溫度影響，而在下次射出噴嘴前進時，再將滯液部推回。

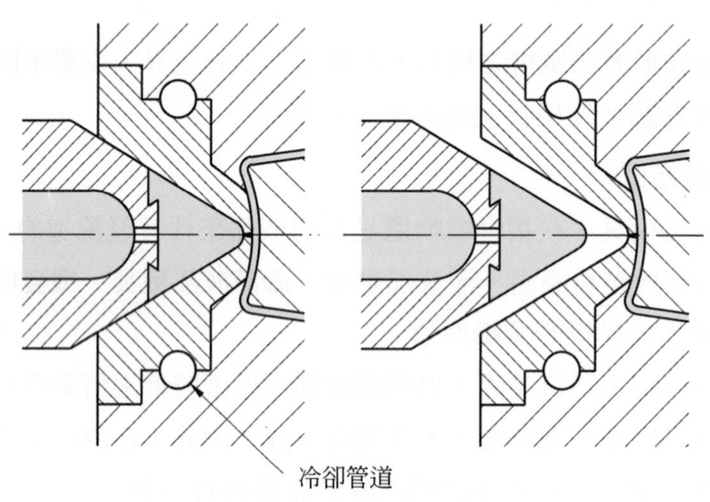

圖 3.178　噴嘴前端設倒鉤

二、延長噴嘴方式

延長噴嘴方式是將射出機的噴嘴延伸至模具內，以代替豎澆道的方式。噴嘴部位裝有加熱器，以維持塑料溫度，但與模具接觸，會增高模具溫度，影響成形週期。因此在射出完時，應使噴嘴離開模具，避免影響模具溫度，也防止噴嘴冷凝。噴嘴與模具相接處，其型式如下：

1. 噴嘴前端成為模穴的一部分，如圖 3.179 所示，噴嘴必須配合模穴形狀加工。

2. 噴嘴前端成錐形連接模具，如圖 3.180 所示。

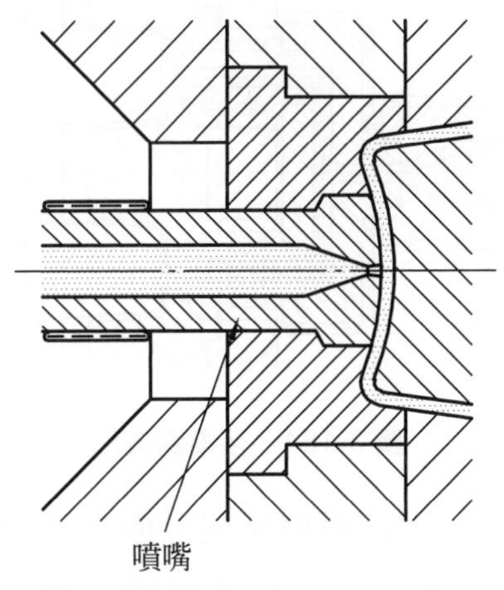

圖 3.179　噴嘴成為模穴的一部分

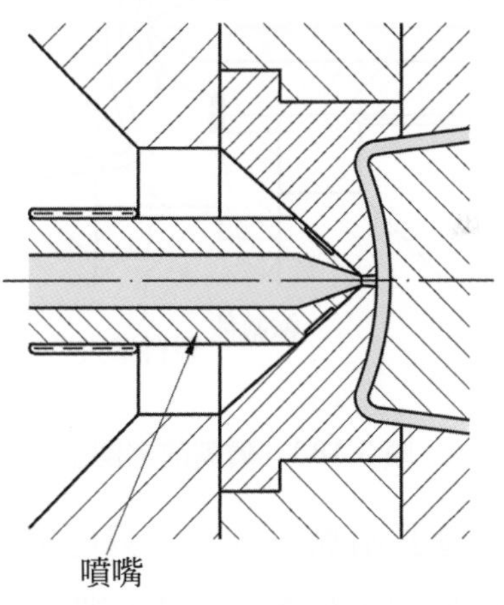

圖 3.180　前端錐形噴嘴

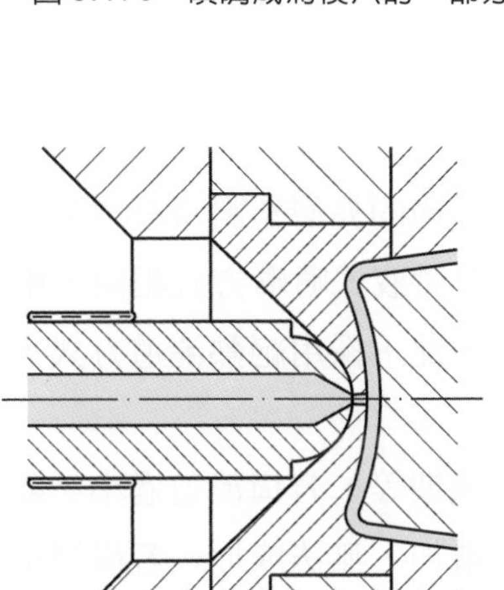

圖 3.181　球端延長噴嘴

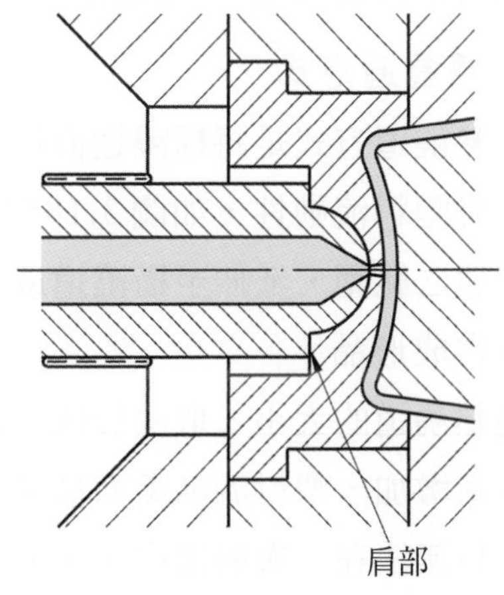

圖 3.182　有肩部球端噴嘴

3. 噴嘴前端成球面連接模具，如圖3.181所示，連接部位模具強度較差，易變形，可如圖 3.182 所示，採用有肩部的球端噴嘴。球端噴嘴與模具接觸面大，易傳導熱量，可如圖3.183所示，使噴嘴前端與模具間留空隙，射出時塑料會滲入空隙中，形成隔熱層。

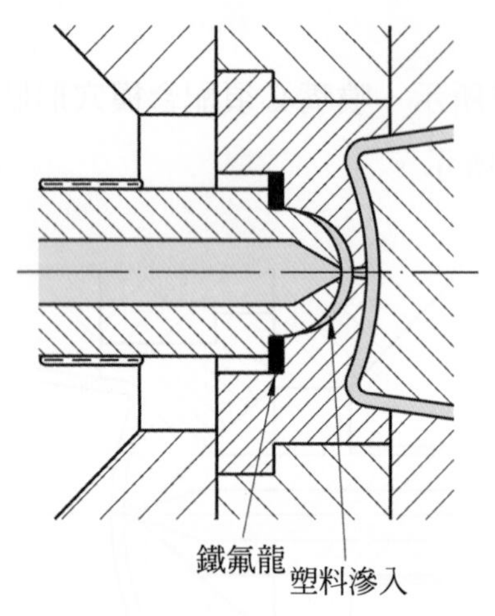

圖 3.183　噴嘴前端留空隙

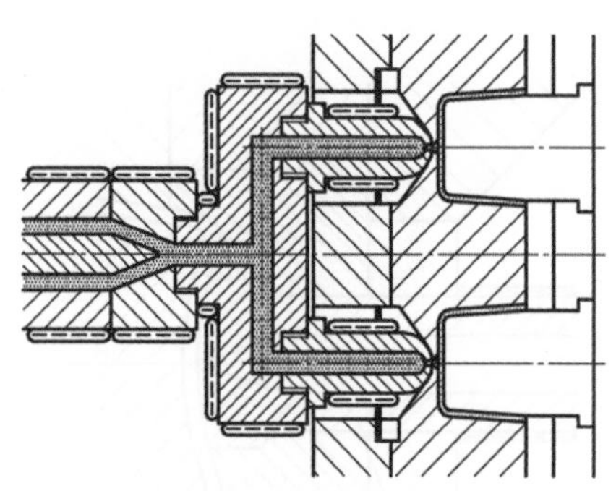

圖 3.184　多噴嘴成形

通常延長噴嘴方式一次只能成形一件成形品，但若將射出成形機之噴嘴，裝置成多噴嘴型態，如圖3.184，則可一次成形多件成形品。多噴嘴裝置必須配合特定的模具使用，使用時應注意噴嘴間與模穴間，因溫度差異造成的尺度差距；此外，因射出成形機之限制，只能用於小件成形品。

三、絕熱澆道方式

絕熱澆道方式是將橫澆道直徑加大，使橫澆道內的外層塑料冷凝成隔熱層，以維持內層塑料流動性，如圖3.185所示。其原理與滯液式噴嘴方式相同，唯塑料成熔融狀態之範圍，延伸至橫澆道或分支橫澆道。因此，採用絕熱澆道方式，可一次成形多件成形品。

絕熱澆道的大小，取決於成形品重量、成形週期等。若橫澆道過小，隔熱層厚度會逐漸增加，塑料流動斷面積減小，流動阻力增加，無法成形。若橫澆道過大，內層塑料無法在一次射出中完全進入模穴，會造成下一次射出之塑料溫度差異，影響成形品品質。一般模具使用之絕熱澆道直徑約在15～25mm，若塑料流經主橫澆道、分支橫澆道才進入模穴時，因分支橫澆道溫度較低，隔熱層較厚，故分支橫澆道應較主橫澆道略大。

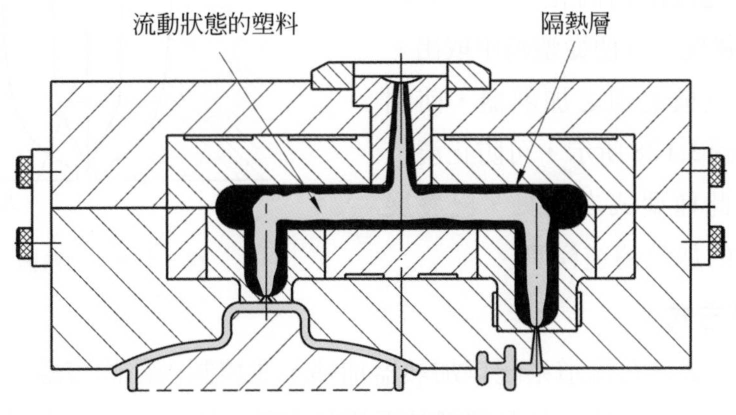

圖 3.185　絕熱澆道

絕熱澆道必須設置分模面，用以在作業停止時取出橫澆道。當連續成形時，此分模面是不分開的，必須予以固定。

絕熱澆道在澆口部位的塑料固化，也是絕熱澆道的問題，可用下列方法解決。

1. 澆口處使用襯套，採用類似小豎澆道之澆口，如圖 3.186 所示，使成形品與流道分隔較遠；在接近小徑部位將澆道做成圖中形狀，或在襯套加裝帶式加熱器，以保持小徑部位的溫度。此外，襯套與模板間應留間隙，減少熱量的傳導。

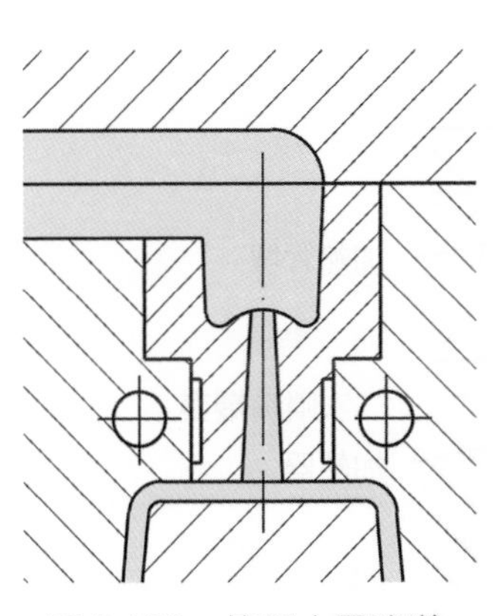

圖 3.186　使用小豎澆道

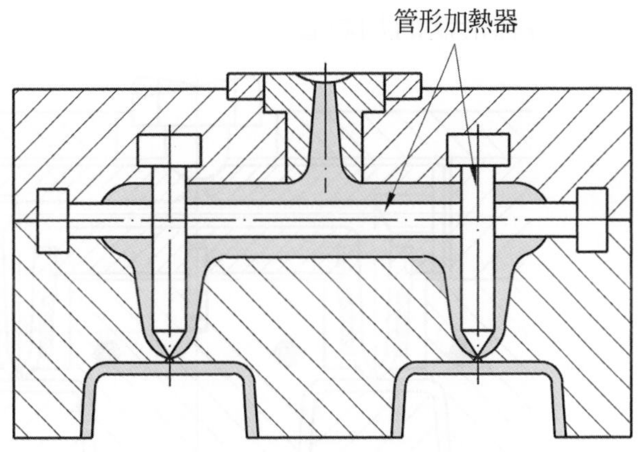

圖 3.187　使用管形加熱器

2. 在橫澆道或分支橫澆道內部裝置管形加熱器，如圖 3.187 所示，可防止澆道及澆口固化，管形加熱器應有錐度，方便從塑料中取出。裝於分支橫澆道之加熱器，前端形狀如圖 3.188 所示，可防止澆口固化。此種型式之模具，已發展爲簡單的加熱澆道模具。

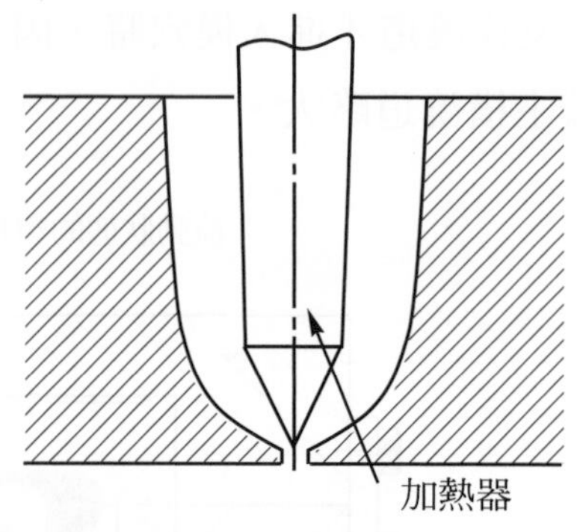

圖 3.188　加熱器尖端

四、加熱澆道方式

加熱澆道方式是在流道系統以加熱器加熱，並控制內部的熔融塑料在一定的溫度範圍，可視爲是成形機的加熱筒延伸至模具內部。因流道系統與模具的其他部位溫度需求有差異，二者之間必須隔離，即流道系統在模具中是一獨立的結構。

1. 流道系統的構成；加熱澆道模具流道系統之構成如圖 3.189 所示，主要組件爲加熱管塊與二次噴嘴襯套。

⑴加熱管塊：加熱管塊或稱爲歧管塊，通常裝置於固定側模板與固定側安裝板之間，是連接於射出成形機噴嘴的通道；加熱管塊必須以加熱器加熱，使塑料在流經其內部的橫澆道時，可維持在熔融狀態。塑料自射出成形機的噴嘴，流經加熱管塊中的橫澆道，再經二次噴嘴到澆口。因此，加熱管塊的形狀，必須依據成形品的形狀、澆口的位置來決定，圖 3.190 所示爲各種形狀的加熱管塊。

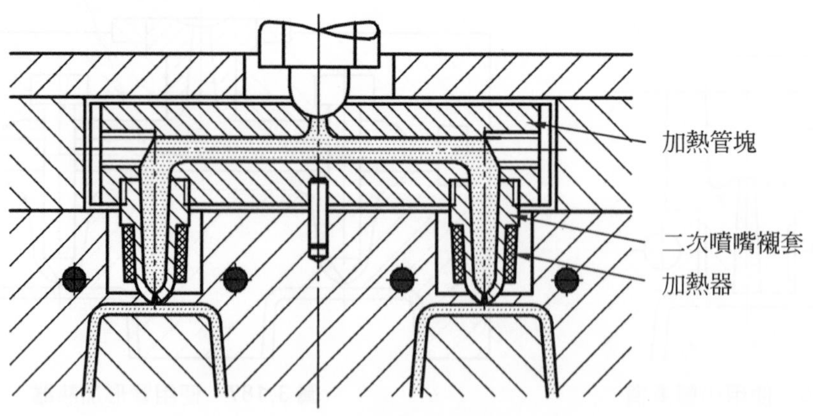

圖 3.189　加熱澆道流道系統構成

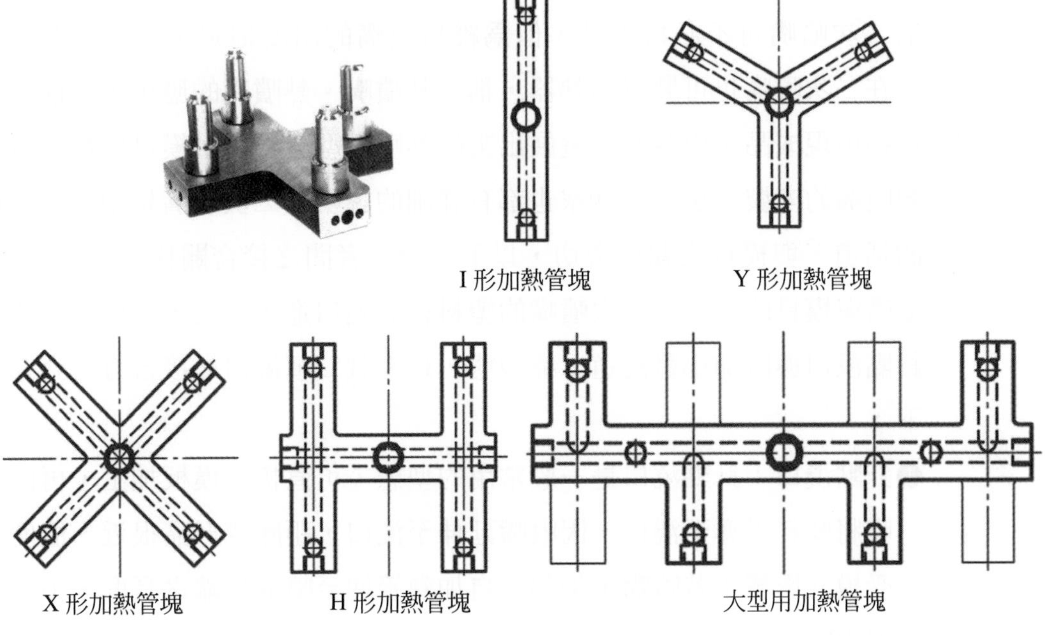

圖 3.190　加熱管塊形狀

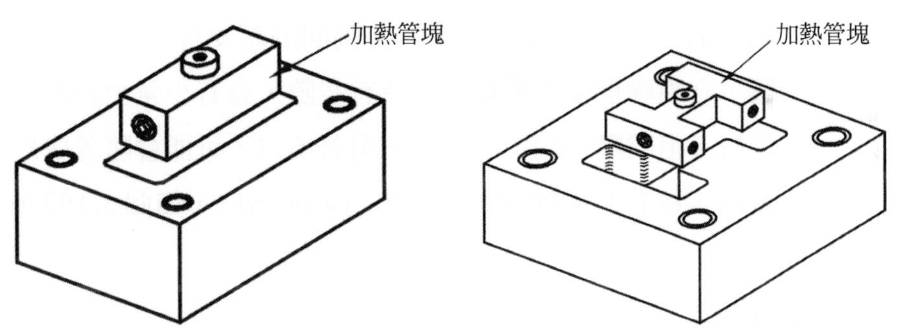

圖 3.191　加工溝槽裝置加熱管塊

加熱管塊裝置時，必須在固定側模板上加工凹槽，如圖 3.191 所示，凹槽的形狀配合加熱管塊的形狀，但須預留加熱器、隔熱層及固定裝置之空間。

加熱管塊中的橫澆道大小依成形品重量而定，一般使用直徑約 6～15mm，橫澆道內部必須加工光滑，使塑料流動順利。在橫澆道轉角處應儘量加工成圓角，避免使塑料在內部滯留，否則會因長時間加熱造成塑料分解，影響成形品品質。

⑵二次噴嘴襯套：二次噴嘴是將加熱管塊內橫澆道塑料引導至模穴的通道。一般二次噴嘴可不必再加熱，但爲維持噴嘴的溫度穩定，提高成形品品質，在二次噴嘴也可裝置加熱器，稱爲熱噴嘴。熱噴嘴的應用，目前大部分都採用現成品，由各廠家發展出來的熱噴嘴型式很多，模具的加工方式及熱噴嘴的安裝方法，各廠家也都有詳細的說明。二次噴嘴是塑料進入模穴的通道，與模具之關係密切，以下介紹二者間之接合關係。

①噴嘴與模具的接合：二次噴嘴的塑料經過澆口進入模穴，澆口之型態有針點澆口與附加小豎澆道二種型態，以下就二種澆口之接合方式介紹如下：

❶針點澆口：針點澆口是一般常用的型態，可直接在模板加工，再由噴嘴將塑料引導至澆口。因噴嘴延伸至澆口，距離成形品很近，溫度易受模穴影響；若噴嘴未加熱，自加熱管塊至噴嘴尖端之長度，不可超過40mm。

(a)完全絕熱噴嘴：完全絕熱噴嘴如圖 3.192 所示，噴嘴與模板不接觸，而在加熱管塊與模板間裝置間隔環支撐。因噴嘴與模板不接觸，在噴嘴前端與模板之間留有空隙，會有少量塑料滲入，形成隔熱層。但噴嘴前端塑料出口正對著澆口，可能會隨著成形品冷卻而凝固，故有的噴嘴會將塑料出口避開澆口，如圖 3.193 所示。

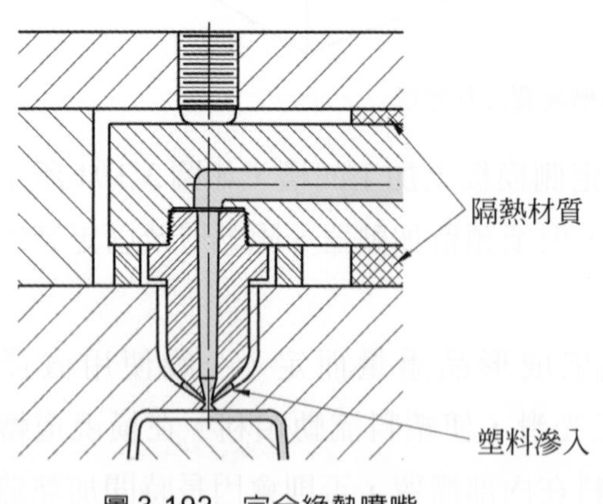

圖 3.192　完全絕熱噴嘴

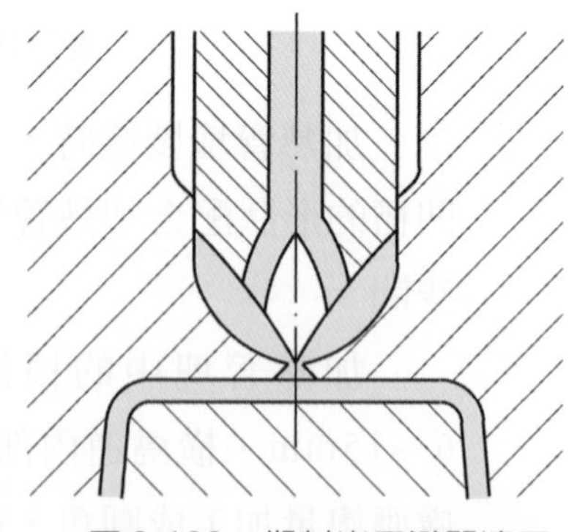
圖 3.193　塑料出口避開澆口

(b)半絕熱噴嘴：半絕熱噴嘴如圖 3.194 所示，噴嘴是以肩部與模板接觸，不需用間隔環支撐。在噴嘴前端與模板之間會形成空隙，可使塑料滲入，形成隔熱層。

(c)直接接觸噴嘴：直接接觸噴嘴如圖 3.195 所示，噴嘴前端直接接觸模板，或形成模穴的一部分。當採用完全絕熱噴嘴或半絕熱噴嘴時，在噴嘴與模板間滲入的塑料，會因長時間受熱而分解，其中會有少量隨著熔融塑料進入模穴中，而影響成形品品質。若採用直接接觸噴嘴，可解決此問題；但噴嘴熱量易傳導到模具，模穴接近澆口部位，也易受噴嘴溫度影響。

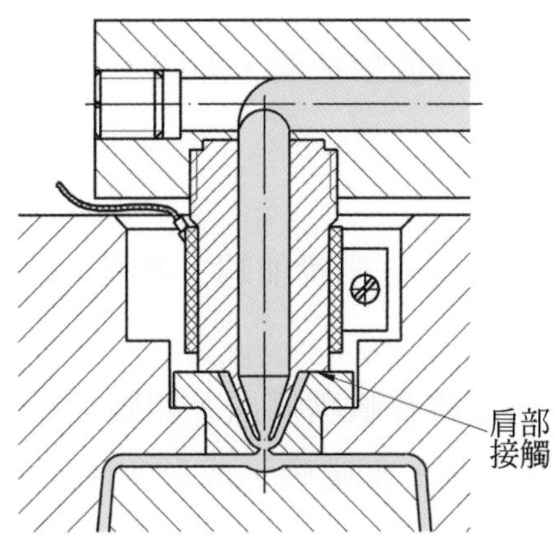

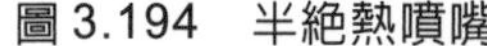
圖 3.194　半絕熱噴嘴

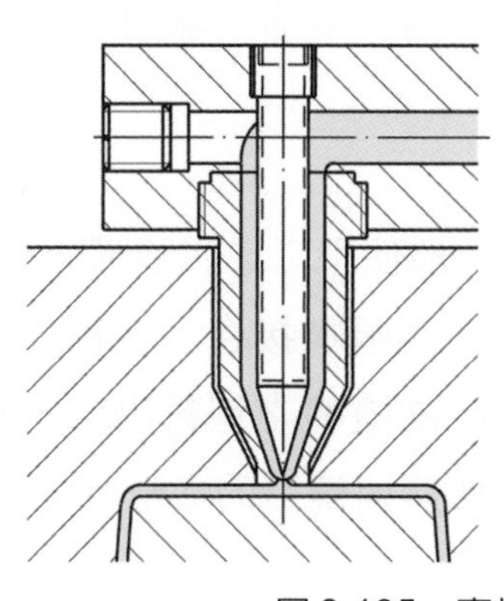

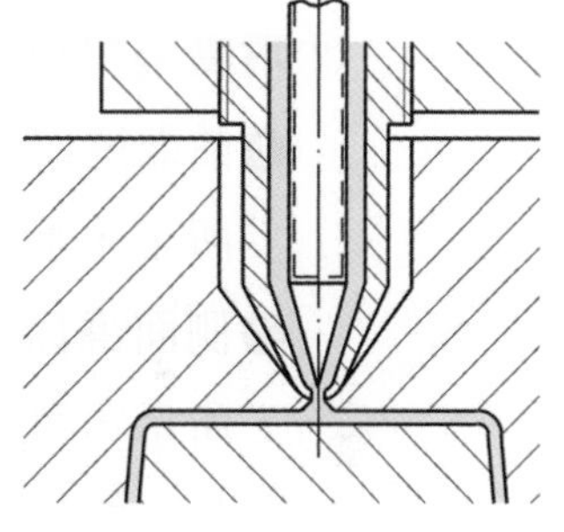

圖 3.195　直接接觸噴嘴

❷附加小豎澆道：採用針點澆口時，因噴嘴口接近模穴，塑料溫度會下降，容易冷凝，可在噴嘴口與模穴間加小豎澆道，使噴嘴與模穴間之溫度影響減小。當噴嘴長度較長時，噴嘴必須加熱，如應用小豎澆道，可縮短噴嘴長度而不需裝置加熱器；但小豎澆道的廢料會附著在成形品上，必須二次加工將其切斷。附加小豎澆道時，噴嘴與豎澆道襯套之接合方式有：

(a)半絕熱噴嘴：噴嘴以肩部與附加小豎澆道襯套接觸，如圖 3.196 所示，噴嘴前端與小豎澆道襯套間留有空隙，會有塑料滲入形成隔熱層。

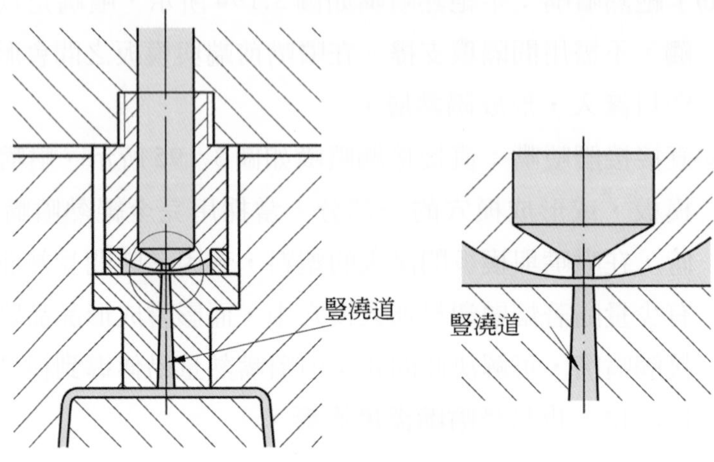

圖 3.196　半絕熱噴嘴

(b)直接接觸噴嘴：噴嘴前端與小豎澆道襯套直接接觸，如圖 3.197 所示。

②噴嘴澆口位置

❶前端澆口：一般使用之二次噴嘴，塑料出口多在噴嘴前端，如圖 3.198 所示，通常一個噴嘴接合一個模穴澆口。

❷側面澆口：二次噴嘴之塑料出口，有些安排在噴嘴側面，如圖 3.199 所示，可用於側面澆口的成形品，也可應用一個噴嘴，成形多件成形品。

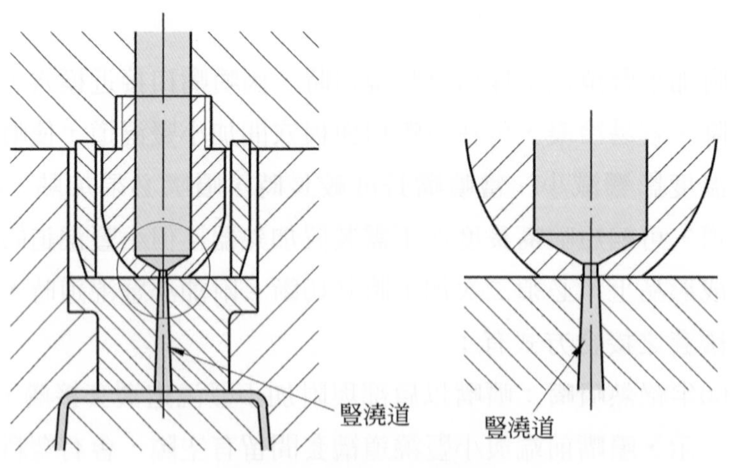

圖 3.197　直接接觸噴嘴

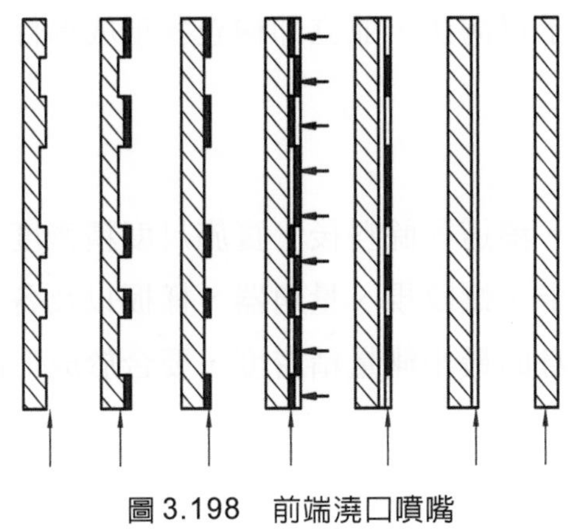
圖 3.198　前端澆口噴嘴

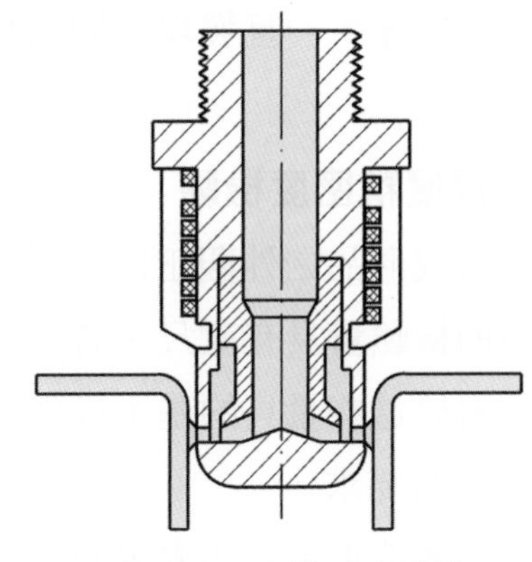
圖 3.199　側面澆口噴嘴

3.9 成品後處理

由塑膠材料加工成形品之過程，因遷涉的因素極多，可能造成品質不穩定，故必須經檢驗之程序以管制品質。對於檢驗後之成形品，有時可直接使用，有時爲了增加美觀、具備特殊之性質或進一步改變形狀，而必須實施再加工。這一些程序都是在成形品成形後再做的處理，統稱爲後處理，爲塑膠成形品生產的重要步驟。

3.9.1 成形品的檢驗

設計及製作模具的目的是要生產塑膠製品。當模具製作完成經檢驗後，調整好塑膠機各項成形操作條件即可開始生產；通常剛開始生產時，各項條件還未穩定，須慢慢做修正。因此成形品並非立即能達到要求，而是經多次檢驗、修正後，條件趨於穩定，品質合於標準，才能正式進入生產階段。但在生產過程中，成形條件仍有可能會變動，而影響成形品的品質，因此，必須實施各種檢驗，以確保成形品合乎要求。

一般對於成形品的檢驗，包括外觀、尺度精密度、塑料性質等三方面，分別介紹如下：

一、外觀檢驗

由現場操作人員直接以目測方式，詳細觀察成形品的外觀是否有缺陷，這些缺陷包括：充填不足、變形、翹曲、變色、流痕、毛邊、氣泡、表面模糊、層裂、油污、燒焦等。一旦發現成形品有缺陷，應予以淘汰，並立即檢查各項成形條件與模具。

二、尺度精密度檢驗

當成形品之外觀正常，則於去除澆口、澆道等餘料後，實施尺度精密度檢驗。使用的檢驗量具有直尺、游標卡尺、分厘卡、螺紋規、量角器、樣板以及各種量規等。對於這些量具的基本條件是，量具本身的最小測量精密度，要合於成形品尺度許可差的要求。

影響成形品尺度精密度的因素有：

⑴與模具有關的因素：包括模具設計、模具製作精密度、模具材料選用及模具是否磨損等。

⑵與成形條件有關的因素：成形條件會影響塑料的收縮率，進而影響成形品的尺度精密度。在生產作業中除了應維持成形條件之穩定外，選擇理想之成形條件更為重要。這些條件包含：成形壓力、鎖模力、塑料溫度、模具溫度、射出速度、成形週期等。

⑶與塑料有關的因素：包含塑料本身的收縮率、分子結構、流動性、乾燥程度等。

三、塑料性質檢驗

塑料性質的檢驗包含抗拉強度、衝擊強度、耐磨耗性、高溫變形程度、低溫硬脆現象、酸鹼藥品的耐蝕性、吸濕性、電絕緣性等。

3.9.2 成形品的缺陷與補救

射出成形生產過程中，造成成形品缺陷的因素有很多，但主要是由：⑴模具設計與製作的不完備，⑵成形品設計不當，⑶塑膠本身的性質所致，⑷成形條件的選擇不當，⑸射出成形機的能力不足等因素所引起的。實際上，成形品的缺陷狀況類型很多，形成的原因通常並不單純，可能是由上述多種原因同時引起的，且相互之間也有關連性。表 3.5 中列出射出成形加工成形品上常常出現的缺陷與補救對策。

表3.5　射出成形加工成形品的缺陷及補救對策

一、成形品外形充填不滿，殘缺不全	
發生原因	解決對策
1. 射出量不夠，加料量及塑化能力不足。	1. 加大射出量、加料量，增加塑化能力。
2. 噴嘴及加熱筒溫度太低，或噴嘴孔徑太小。	2. 提高噴嘴及加熱筒溫度，或更換新噴嘴。
3. 射出速度太快或太慢。	3. 合理控制射出速度。
4. 射出壓力小，射出時間短，保壓時間不夠，螺桿或柱塞過早退回。	4. 提高射出壓力、延長射出時間及保壓時間。
5. 模溫低，塑料冷卻過快。	5. 提高模溫。
6. 模具流路系統流動阻力大，澆口斷面太小位置不當。	6. 修整流道及澆口，加大澆口斷面。
7. 多模穴模具，澆口平衡不佳。	7. 修整澆口。
8. 排氣不良、無冷料穴或冷料穴設計不當。	8. 增加或修整冷料穴，使模具排氣順利。
9. 脫模劑過多，模穴中有水份。	9. 適當使用脫模劑，清除模穴內水份。
10. 廢邊溢料過多。	10. 減小溢料槽。
11. 塑料流動性不好。	11. 選擇流動性適合之塑料。
12. 塑料粒度不同或不均勻。	12. 使用新塑料。
13. 塑料中含水份或揮發物。	13. 使用前塑料烘乾。

二、成形品尺度變化不穩定	
發生原因	解決對策
1. 射出成形機電路或液壓系統不穩定。	1. 調整射出成形機，使電路、液壓系統穩定。
2. 模具合模時，時緊時鬆，產生廢邊。	2. 提高鎖模力，使合模穩定。
3. 成形條件(溫度、壓力、時間)變化，成形周期不穩定。	3. 控制成形條件，使每一個成形品成形周期穩定一致。
4. 模具精度不良，活動零件動作不穩定，定位不準確。	4. 調整模具，使活動零件動作穩定，定位零件定位準確。
5. 模具強度不足，導銷彎曲、磨損。	5. 提高模具強度，更換導銷。
6. 澆口太小，多模穴進料口大小不一致，進料不平衡。	6. 修整澆口，使進料正常。
7. 塑料加料量不均。	7. 控制加料量，使每次加料量一致。
8. 塑料顆粒大小不均，收縮率不穩定。	8. 採用新塑料。

表 3.5 射出成形加工成形品的缺陷及補救對策(續)

三、成形品內部產生氣泡	
發生原因	解決對策
1. 射出速度太快。 2. 射出壓力小。 3. 柱塞或螺桿太早退回。 4. 模具溫度過低。 5. 模具排氣不良。 6. 塑料溫度高，加熱時間長。 7. 模具模穴內有水、油污或使用脫模劑不當。 8. 塑料含水份太多或有揮發物。	1. 降低射出速度。 2. 加大射出壓力。 3. 控制柱塞或螺桿退回時間。 4. 提高模具溫度。 5. 加設冷料穴，使模具排氣良好。 6. 降低塑料溫度，減少加熱時間。 7. 清除模穴內水份及油污，正確使用脫模劑。 8. 更換新塑料或在使用前確實烘乾。
四、成形品產生凹陷或氣泡	
發生原因	解決對策
1. 射出壓力小，速度慢。 2. 保壓時間太短。 3. 塑料溫度高、模具溫度高、冷卻時間短，造成凹陷。 4. 模溫過低造成真空泡。 5. 澆口太小或數量不夠。 6. 澆口位置不當。 7. 成形品設計不合理，壁厚太厚或厚薄不均。 8. 加料及供料不足。 9. 塑料流動不良，溢料多。	1. 加大射出壓力及射出速度。 2. 延長保壓時間。 3. 降低塑料溫度、模具溫度，延長冷卻時間。 4. 提高模具溫度。 5. 加大澆口斷面積或增加澆口數量。 6. 改變澆口位置。 7. 改進成形品設計。 8. 增加供料量。 9. 減小溢料槽面積。
五、成形品廢邊過大	
發生原因	解決對策
1. 射出壓力大，鎖模力不足或鎖模機構不良；射出成形機固定側及可動側模盤不平行。 2. 塑料流動性太大，料溫、模溫過高、射出速度過快。 3. 成形品投影面積超過射出機所允許的塑製面積。 4. 模具強度、剛性不足。 5. 模具各接合面平行度差。 6. 模具單側受力或安裝時未鎖緊。 7. 分模面不緊密，有間隙。模穴、模心及滑動零件間隙過大。 8. 加料量過多。	1. 降低射出壓力，提高鎖模力，重新調整射出成形機。 2. 更換塑料，重新調整射出速度，降低料溫、模溫。 3. 使用較大型射出成形機。 4. 提高模具強度及剛性。 5. 修整模具，使各接合面互相平行。 6. 重新安裝模具。 7. 調整模具，使分模面密合。減小模穴、模心及滑動零件之間隙。 8. 減少加料量。

表 3.5　射出成形加工成形品的缺陷及補救對策(續)

六、成形品表面或內部產生明顯細縫	
發生原因	解決對策
1. 塑料溫度、模具溫度過低。	1. 提高塑料溫度、模具溫度。
2. 射出速度慢，射出壓力小。	2. 加快射出速度，提高射出壓力。
3. 澆口位置不當，流道長，流動阻力大或料溫下降太快。	3. 調整澆口及流路系統。
4. 模具冷卻系統設計不合理。	4. 改變冷卻水道，使冷卻均匀。
5. 模具排氣不良。	5. 增加排氣槽，使排氣良好。
6. 成形品薄，嵌件過多或厚薄不均，使塑料在薄壁處會合造成熔接不良。	6. 重新改變成形品設計。
7. 嵌件溫度太低。	7. 嵌件使用前先預熱。
8. 模具模穴內有水份、潤滑劑或脫模劑太多。	8. 清除模具內水份，適量使用潤滑劑、脫模劑。
9. 塑料流動性差。	9. 更換流動性較好的塑料。
10. 纖維填充料分佈融合不均匀。	10. 改善填充料，使均匀分佈。

七、成形品表面出現波紋	
發生原因	解決對策
1. 射出壓力小，射出速度慢。	1. 提高射出壓力，加快射出速度。
2. 料溫、模溫、噴嘴溫度低。	2. 提高料溫、模溫及噴嘴溫度。
3. 流道曲折、狹窄，表面粗糙。	3. 修改流道，拋光流道表面。
4. 流路長，斷面積小；澆口大小、形狀、位置不正確，塑料流動受阻；冷卻過快，造成波紋狀。	4. 改進流路系統，加大斷面積。
5. 模具冷卻系統設計不合理。	5. 修改模具冷卻系統。
6. 冷料穴中冷料未清除。	6. 清除冷料穴中之冷料。
7. 成形品壁薄，投影面積大，形狀複雜。	7. 更改成形品設計。
8. 供料量不足。	8. 加大供料量。
9. 塑料流動性差。	9. 更換流動性較好的塑料。

八、成形品表面沿流動方向產生銀白色條紋	
發生原因	解決對策
1. 射出壓力太小。	1. 加大射出壓力。
2. 模溫低，射出速度低，造成塑料充填慢、冷卻快。	2. 提高模溫，加快射出速度。
3. 流道澆口小。	3. 加大流道澆口。
4. 模具排氣不良。	4. 改進模具排氣。
5. 模具模穴內有水份、潤滑劑，或脫模劑使用太多。	5. 清除模具模穴內水份、合理使用潤滑劑，脫模劑。

表 3.5 射出成形加工成形品的缺陷及補救對策(續)

八、成形品表面沿流動方向產生銀白色條紋	
發生原因	解決對策
6. 塑料自薄壁流入厚壁時膨脹，揮發物氣化形成銀條。	6. 改進成形品設計，使厚、薄壁均勻變化。
7. 塑料溫度、模具溫度太高。	7. 降低塑料溫度、模具溫度。
8. 塑料含水份及揮發物。	8. 塑製前塑料烘乾。
9. 配料不當，混入異物或不溶料，造成分層脫離。	9. 注意塑料純度。
九、成形品翹曲變形	
發生原因	解決對策
1. 料溫、模溫低，射出壓力小，射出速度快，保壓時間不足，冷卻不均，收縮不均。	1. 重新調整設定成形條件。
2. 模溫高，冷卻時間不夠。	2. 延長冷卻時間，降低模溫。
3. 模具可動側、固定側溫差大，冷卻不均而造成變形。	3. 控制模溫，使可動側、固定側溫度均勻。
4. 冷卻時間不夠，脫模太快。	4. 控制成形品脫模時間。
5. 模具強度不足，易變形磨損，精度低，定位不可靠。	5. 修整或重新裝配模具。
6. 成形品厚薄相差太大，強度不足；嵌件裝置位置不當，預熱不足。	6. 成形品重新設計。
7. 澆口位置不合理，尺寸太小。	7. 改變澆口位置，加大澆口。
8. 澆口位置不佳，塑料直接衝擊模穴，兩側受力不均。	8. 改變澆口位置。
9. 頂出銷頂出位置不當，頂出力量不均。	9. 改變頂出銷位置，使頂出力量均勻。
10. 塑料塑化不均勻，供料不足或過量。	10. 定量供料。
十、成形品產生裂痕	
發生原因	解決對策
1. 模溫太低或模具溫度不均勻。	1. 提高模溫，並使模具溫度均勻。
2. 冷卻時間過長或過短。	2. 合理控制冷卻時間。
3. 成形條件不合理。	3. 改變成形條件。
4. 模穴脫模斜度小，成形品有尖角或缺口，造成應力集中。	4. 修正模穴脫模斜度，改變成形品設計。
5. 澆口過大或形狀不正確，產生應力。	5. 修正澆口尺度及形狀。
6. 頂出銷頂出位置不當，頂出力量不均。	6. 調整模具頂出機構，使頂出力量均勻。
7. 嵌件不清潔或預熱不夠。	7. 預熱嵌件，清除表面雜質雜物。

表 3.5　射出成形加工成形品的缺陷及補救對策(續)

十、成形品產生裂痕	
發生原因	解決對策
8. 脫模劑使用不當。 9. 塑料混入雜質。 10. 填充料分佈不均。	8. 正確使用脫模劑。 9. 使用乾淨塑料。 10. 改變填充料或攪拌均勻。
十一、成形品表面產生黑點、黑條或呈炭狀燒焦	
發生原因	解決對策
1. 加熱筒不清潔或混有雜物。 2. 模具排氣不良或鎖模力太大。 3. 塑料中或模穴表面有可燃性揮發物。 4. 塑料受潮，水解變黑。 5. 染色不均勻，有深色物或顏料變質。 6. 塑料分解變質。	1. 清洗加熱筒，清除雜物。 2. 修整模具排氣系統，減小鎖模力。 3. 清理模穴表面。 4. 塑料使用前先烘乾。 5. 配料攪拌均勻。 6. 使用新塑料。
十二、成形品色澤不均勻或變色	
發生原因	解決對策
1. 結晶度低或塑件厚度不均，影響透明度或造成色澤不均。 2. 模穴表面有水份、油污，或脫模劑過多。 3. 塑料或顏料中混入雜質。 4. 顏料品質不好，攪拌不均勻或塑化不均。	1. 改進成形品設計。 2. 清除模穴水份、油污，適當使用脫模劑。 3. 更換塑料。 4. 更換顏料，攪拌並使塑化勻均。
十三、脫模困難	
發生原因	解決對策
1. 模具溫度太高或太低。 2. 成形時間不合適。 3. 模穴表面粗糙。 4. 模穴脫模斜度小。 5. 模心無進氣孔。 6. 模具鑲塊接合面縫隙太大。 7. 頂出銷太短無法完成頂出。 8. 拉料銷無作用。 9. 模穴變形大，表面有傷痕。 10. 活動模心未及時脫模。	1. 修正模具溫度。 2. 控制成形時間。 3. 拋光模穴表面。 4. 修整模穴，加大脫模斜度。 5. 增設進氣孔。 6. 修整模具，使接合面密合。 7. 加長頂出銷。 8. 調整拉料銷。 9. 修整模穴並拋光表面。 10. 修正活動模心傳動裝置動作。

表 3.5　射出成形加工成形品的缺陷及補救對策(續)

十三、脫模困難	
發生原因	解決對策
11.成形品設計缺陷。 12.塑料變脆，收縮大。	11.修正成形品設計。 12.更換塑料。
十四、成形品黏模	
發生原因	解決對策
1.塑料溫度、模具溫度及噴嘴溫度過低。 2.冷卻時間不足。 3.噴嘴與澆道襯套不吻合。 4.模穴表面粗糙。 5.澆道、流道斜度不正確，未使用脫模劑。 6.拉料銷無作用。 7.豎澆道及流道連接部位強度不夠。 8.塑料相混、塑化不均。	1.提高塑料溫度、模具溫度及噴嘴溫度。 2.延長冷卻時間。 3.更換噴嘴或澆道襯套。 4.拋光模穴表面。 5.修正澆道、流道斜度，成形時使用脫模劑。 6.更換拉料銷。 7.改善豎澆道及流道連接部位強度。 8.使用乾淨塑料。
十五、成形品透明度低	
發生原因	解決對策
1.模具溫度、塑料溫度低，使塑料與模穴表面未緊密貼合。 2.塑料溫度太高而分解變質。 3.模具模穴表面粗糙，有水份、油污。 4.脫模劑太多。 5.塑料含有水份及雜質。	1.提高模具溫度、塑料溫度。 2.降低塑料溫度。 3.拋光並清潔模具模穴表面。 4.適量使用脫模劑。 5.烘乾塑料並清除雜質。
十六、成形品表面光澤不良	
發生原因	解決對策
1.射出速度快、澆口小致塑料氣化，呈乳白色薄層。 2.塑料溫度、模具溫度低，射出速度慢。 3.塑料溫度、模具溫度不穩定。 4.模具模穴表面粗糙。 5.模具排氣不良，熔融塑料中包含有氣體。 6.模具模穴內有雜質、水份或油污。 7.脫模斜度小。 8.生產時表面擦傷。	1.降低射出速度、加大澆口。 2.修正成形條件。 3.適當控制塑料溫度、模具溫度。 4.模具模穴表面拋光或鍍鉻。 5.改善模具排氣系統。 6.射出作業中須清理模具模穴。 7.加大脫模斜度。 8.排除造成擦傷原因。

表 3.5　射出成形加工成形品的缺陷及補救對策(續)

十六、成形品表面光澤不良	
發生原因	解決對策
9.脫模劑太多。 10.塑料供料不足，塑化不良。 11.塑料中含水份及揮發物。 12.塑料混入異物。 13.塑料及顏料分解、變質，流動性差。	9.適量使用脫模劑。 10.合理定量供料。 11.烘乾塑料。 12.更換新塑料。 13.更換新塑料。

3.9.3 成形品的後續加工

生產塑膠成形品理想之情況爲成形開模後，成形品與澆道同時分離，澆道予以回收，而成形品即可直接使用，或做爲裝配之零組件。但有時爲了某些特殊目的，如增加美觀、提高價値、改變塑料之物性、增進機械、絕緣、耐熱、抗腐蝕等性質，而須對成形品實施後續加工，其方法包括有：修飾加工、機械加工、黏接加工、熔接加工、塗裝、印刷、表面處理等。

一、修飾加工

1. 澆口處理：一般的射出成形模具，在成形品脫模後，通常會連接有澆道的廢料，必須予以去除。對此澆道廢料，因塑膠爲韌性材料，不易直接將其拉斷或折斷；若強行拉斷，可能造成成形品裂痕、變形或白化等現象，應使用適當之工具，依正確的方法予以切除。

2. 毛邊處理：成形品上之毛邊，通常以刀片予以修整。但原則上應於生產時修正成形條件，以減少毛邊之發生，或檢查模具是否磨損，而修整模具。

3. 布輪拋光：成形品之表面若有光澤不理想、傷痕、澆口去除後之痕跡、流動痕跡時，須以布輪拋光，以達表面高度之光澤。拋光時，布輪上一般不加研磨劑，除非有特別需要光澤之要求，才使用研磨劑拋光。

二、機械加工

1. 鑽孔：鑽孔工作常採用桌上型鑽床。因塑膠質較軟，鑽孔時摩擦產生之熱量會使孔變形，且鑽屑會黏著於鑽頭，因此須使用較低之切削速度，進刀量也應減小。

2. 車削：塑膠成形品在車床上車削時，應注意夾持，並以較低之切削速度及較小之進刀量切削，以防止因熱而使塑膠熔化。使用車刀應較尖銳。

3. 鋸切：塑膠之鋸切可用手弓鋸、圓鋸機或帶鋸機，但須注意因發熱造成的膨脹或熔化，會卡住鋸條或鋸片。

4. 剪切：大平面之塑膠板可使用剪床剪切，若形狀較為特殊時，可應用沖床與沖模做剪切工作，但硬脆之材料如壓克力、聚苯乙烯等，容易碎裂，不適合剪切。

5. 研磨：塑膠板、管、棒等材料，經切斷之邊緣較粗糙，可先用銼刀、鉋刀修飾。若需較平滑時，則以研磨棒、砂紙、布輪等修整。

三、黏接加工

1. 使用溶劑黏接：主要用於同類熱塑性塑膠間之接合。大部分之非結晶型塑膠，均可被溶劑溶解；將溶劑塗佈於塑膠之接合面時，會將塑膠溶解，只需稍加壓力即可黏接，但在溶劑未揮發時強度稍差。若使用之溶劑揮發速度太快，作業較困難，且可能使接合處產生裂痕，此時可添加較高沸點之溶劑，以減慢揮發速度。黏接塑膠常用之溶劑有：二氯乙烯、三氯甲烷(氯仿)、苯、甲苯、丙酮等。

2. 使用接著劑黏接：用於異種塑膠間或塑膠與金屬、木材、布類之間之黏接。接著劑之種類如下述，可依塑膠之類別與使用目的來選用。

   ⑴橡膠系接著劑：常用於金屬、木材、橡膠與塑膠間之黏接，尤其是合成橡膠系的接著劑，最適於苯乙烯基系塑膠之黏接。使用時，先將接著劑塗佈於接合面上，放置一段時間，待溶劑揮發後再予以貼合黏接，市面上販售之強力膠即為此類接著劑。

   ⑵環氧樹脂類接著劑：常用於各種熱固性塑膠間之黏接，亦可用於塑膠與金屬、玻璃、木材間之黏接，黏接強度高。此類接著劑通常包含主劑與硬化劑，使用時必須先將二劑混合，塗佈於接合面後便可立即貼合，放置一段時間，待樹脂硬化而完成黏接，市面上販售之AB膠即為此類接著劑。

   ⑶其他接著劑：除結晶性塑膠外，其他塑膠大部分都可做為接著劑用，適用於塑膠黏接的包括乙烯基系接著劑、尿素樹脂系接著劑、多元酯系接著劑等。

四、熔接加工

1. 加熱封接：將欲接合之熱塑性塑膠薄膜或薄板疊合後，由外部加熱使其熔化並加壓而接合在一起之加工，稱爲加熱封接，其應用範圍有包裝、充氣玩具、雨衣、汽車座墊等。加熱封接是以電爲熱源，封接裝置簡單的是手提式電熱滾輪或電熱棒，如圖 3.200 所示，複雜的有大型的自動液壓熱封機。對小型熱封作業可使用電熱棒，若爲雨衣、袋子等薄膜長距離直線熱封，宜使用電熱滾輪；較大型熱封且生產量大時，則可用自動液壓熱封機。

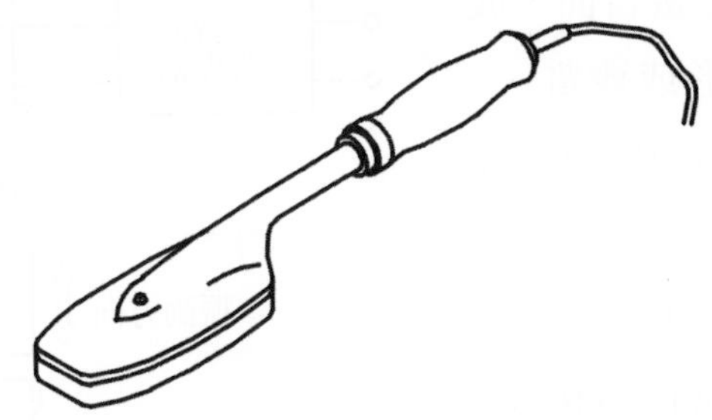

圖 3.200　電熱棒

2. 高週波熔接：應用電磁感應之原理，如圖 3.201 所示，將塑膠薄膜或塑膠皮，置於高週波熱封機之電極間，通電以後發生高週波電場，此時由於分子產生急速運動，導致塑膠溫度上升而熔化，再施加壓力，即可達到熔接之目的。

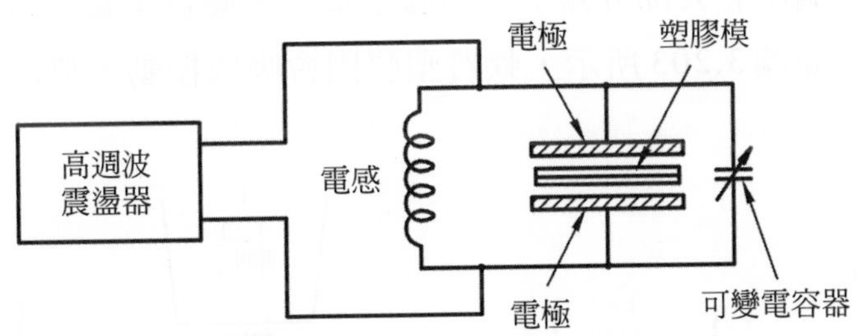

圖 3.201　高週波熔接原理

高週波熔接速度快、效率高，但因屬於塑膠本身內部加熱，僅適用於高週波損失多的塑膠，如軟質 PVC、VDC 等。

3. 超音波熔接：超音波是指振動頻率在 16～40kHZ 之音波；利用超音波振盪器，可將電能轉變爲低振幅高頻率的機械能，其振動頻率即在超音波之範圍內。將此高頻率振動，藉由工具喇叭傳達到塑膠接合面，使受有壓力的接合面間造成摩擦而發熱熔化，即可使塑膠熔合，如圖 3.202 所示。超音波熔接作業快速，應用範圍廣，除了氟系塑膠外，所有的熱塑性塑膠均適用；且不限於塑膠膜、塑膠皮，也可用於厚塑膠製品之熔接。

⑴超音波熔接之特色

①熔接快速，約一秒鐘即可完成，且不需乾燥或冷卻時間。

②超音波作用於接合面，成形品不會變形或變質。

③操作簡單，不需對成形品施行前處理。

④熔接精密度高且安定。

⑤可達完全氣密性熔接。

⑵超音波熔接之缺點：施行超音波熔接時，因高頻率振動，故噪音甚大。

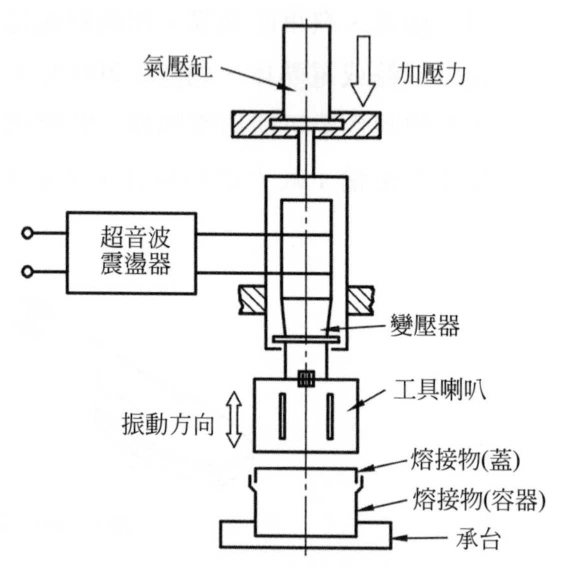

圖 3.202　超音波熔接方法

⑶超音波熔接之應用

①熔接：適用於大部分熱塑性塑膠之接合，硬質塑膠亦可用於厚成形品之接合，如圖 3.203 所示，軟質塑膠因會吸收振動，無法接合較厚之成形品。

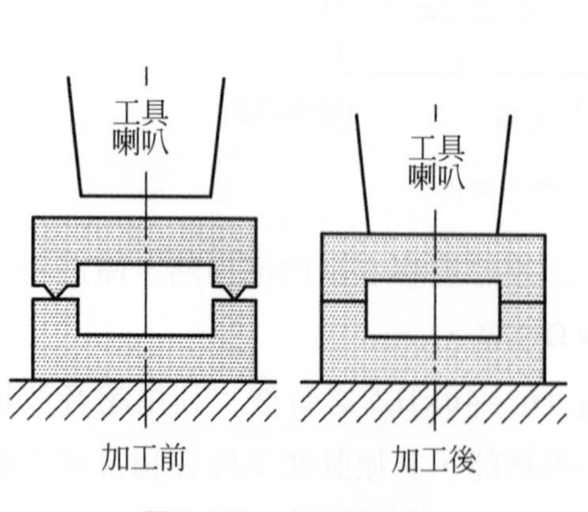

圖 3.203　超音波熔接

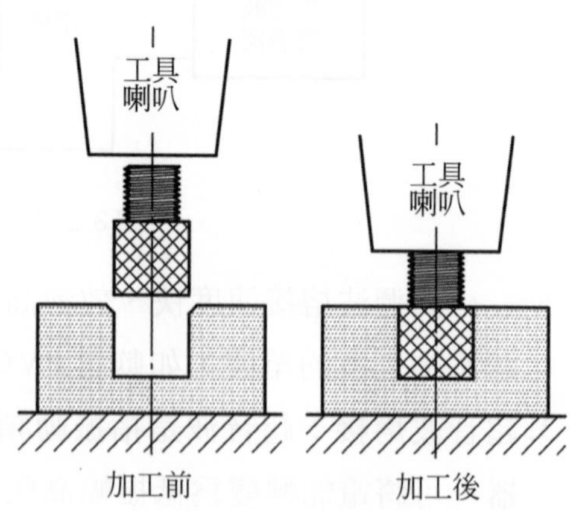

圖 3.204　超音波金屬嵌入

②金屬嵌入：將金屬嵌件，以超音波振動加熱的方法，嵌入塑膠製品中，如圖3.204所示，有金屬嵌件的塑膠成形品，可在成形後再以此方法安裝嵌件。

③鉚接：類似金屬鉚接，可將塑膠製品凸出準備鉚接部位，或塑膠銷、棒之端面，加壓成扁平或半圓球形狀，如圖3.205所示。

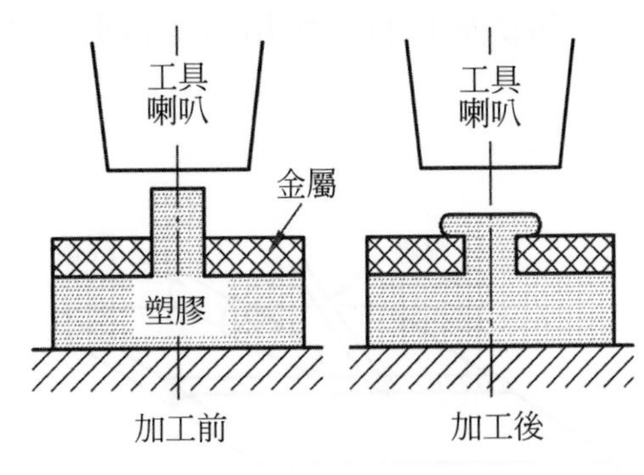

圖3.205　超音波鉚接

④連續封接：較長之塑膠皮、膜之熔接，可應用超音波連續封接法，將待封接之塑膠皮、膜，推送於超音波工具喇叭與滾輪之間，稍加適當壓力，藉著滾輪旋轉前進即可完成熔接，如圖3.206所示。

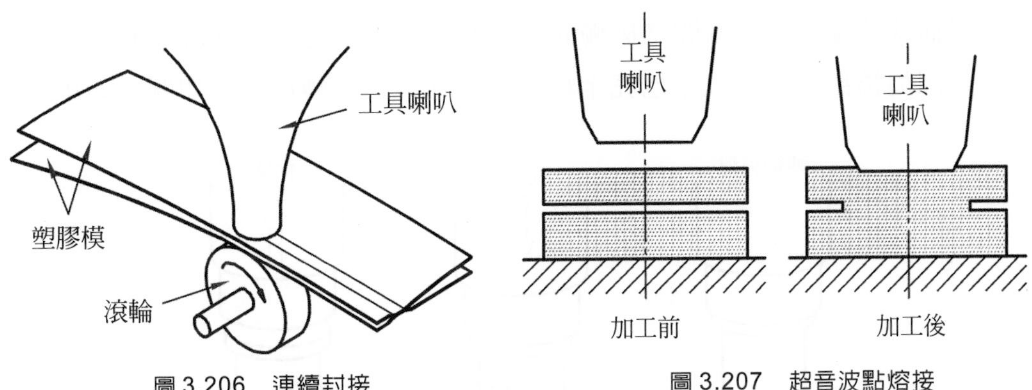

圖3.206　連續封接

圖3.207　超音波點熔接

⑤點熔接：對於塑膠製品施行局部小面積之熔接，如圖3.207所示，可使用固定式或手提式小型超音波熔接機來加工。

4. 熱氣體熔接：熱氣體熔接類似金屬的銲接，使用銲槍(有電熱式及氣熱式兩種)及與待熔接製品相同材質之塑膠銲條，將高熱之空氣或氮氣噴向銲條，使銲條熔化後充填接合面，待冷卻後即固化而達熔接之目的，如圖3.208所示。

使用熱氣體熔接時，不產生火焰，溫度不可過高，否則會使塑膠燃燒或氧化。在熔接前須對熔接材料做適當之去污、脫脂及做好熔接前之配置，如

圖 3.209 所示。熱氣體熔接常用於乙烯系及丙烯系之塑膠製品，因熔接材料無法與母材完全熔合，故強度不如原材料。

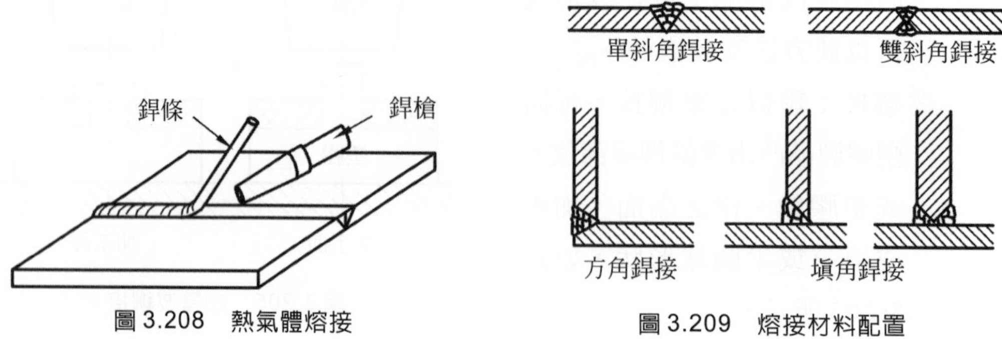

圖 3.208 熱氣體熔接　　圖 3.209 熔接材料配置

5. 摩擦熔接：摩擦熔接又稱旋轉熔接，是將塑膠材料摩擦生熱而熔化，再加壓使其接合的方法，適用於圓柱形塑膠製品之接合。摩擦熔接可在一般車床、鑽床上進行，熔接時先將其中之一塑膠製品固定，另一塑膠製品在接合面抵緊而快速旋轉，二者間之接觸面因摩擦生熱而熔化，加以適當壓力至接合部位四周擠出毛邊，表示已完全熔合，立即停止旋轉即可，如圖 3.210 所示。

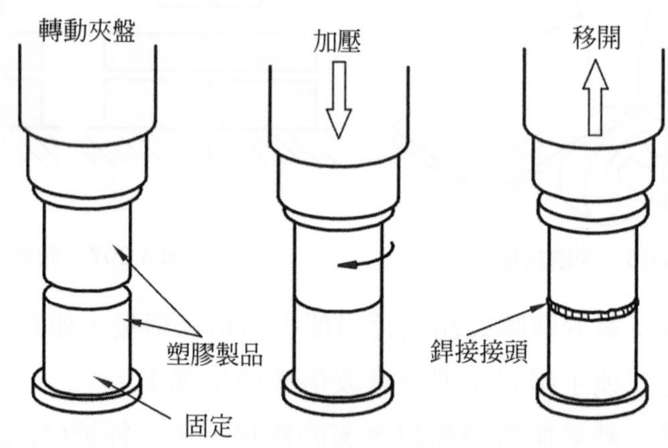

圖 3.210 摩擦熔接

五、塗裝及印刷

1. 塗裝：塑膠本身具有多樣化的色彩，但有時爲了提高商品價値或特殊目的，也必須在表面進行塗裝。塗裝之目的包含著色、裝飾，增加耐候性、耐磨耗性、耐藥品性等，常用的成形品如汽車保險桿、電視及收音機外殼、玩具、家庭用品等。成形品之塗裝，可應用刷子、滾輪、浸漬或噴漆等方式，塗裝時主要考慮的是塗料中溶劑與塑膠之可容性、附著性、包覆性、耐磨性等，常用的塗料有壓克力系列、環氧樹脂系列、多元酯系列等。此外，填入塗裝在塑膠成形品也常應用，即在成形品凹入部位填入塗料，以構成特定形狀圖案、文字的方式。塑膠塗裝時應注意下列事項：

⑴塑膠耐熱溫度低，不宜使用高溫塗裝法(烤漆)。

⑵採用不適合之溶劑，可能造成殘留應力，容易在澆口部位發生裂痕。

⑶事先在塑膠表面施以氧化處理，可獲得強力附著之塗裝效果。

⑷塗裝前塑膠成形品表面不得有變形，並應清除殘留之離型劑、油污。

2. 印刷：塑膠成形品表面施行印刷加工，可印出文字、標記等微小字體或圖案，也可印出類似木紋、石頭紋路等之大型印刷效果，常用之印刷方法有：

⑴凹版印刷：凹版印刷的原理如圖 3.211 所示，是在版筒表面雕刻細微的凹紋，版筒轉動帶上油墨後，以刮板刮其表面，此時油墨會殘留在版筒的凹紋內，再使塑膠膜經版筒與壓筒輾壓，即可連續印出圖案。

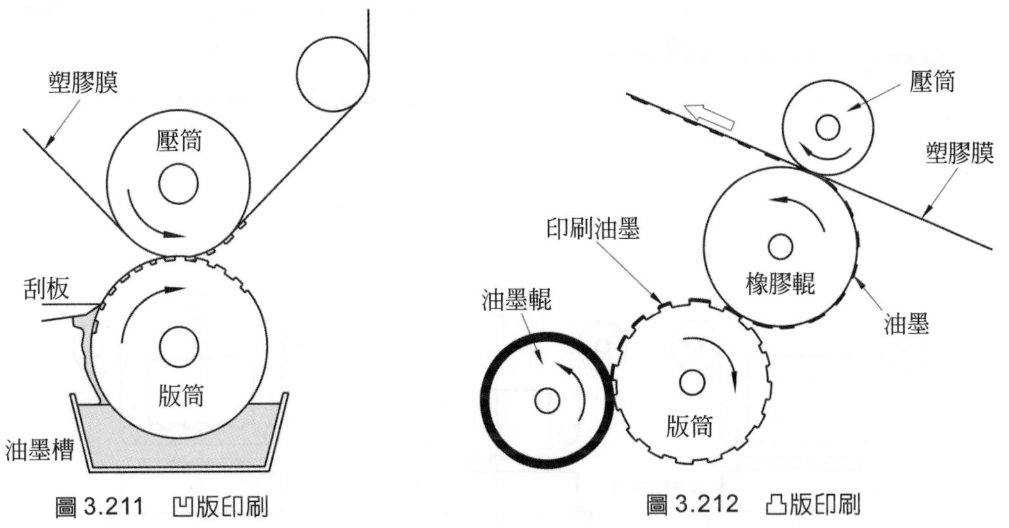

圖 3.211　凹版印刷

圖 3.212　凸版印刷

⑵凸版印刷：凸版印刷的原理如圖 3.212 所示，版筒上的花紋、圖案是凸出的，印刷時是先使版筒輾過油墨輥，油墨殘留於版筒之凸出圖案上，再經橡膠輥轉印至塑膠膜。

(3)轉印法：轉印法也稱為熱像印刷法，是先將圖案印在轉印紙上，轉印紙如圖 3.213 所示。轉印時是使塑膠膜與轉印紙一起通過橡膠輥與加熱輥之間，轉印紙上之圖案因受熱而與紙脫離，同時乙烯基塑料黏性增加，而黏附在塑膠膜上，如圖 3.214 所示。

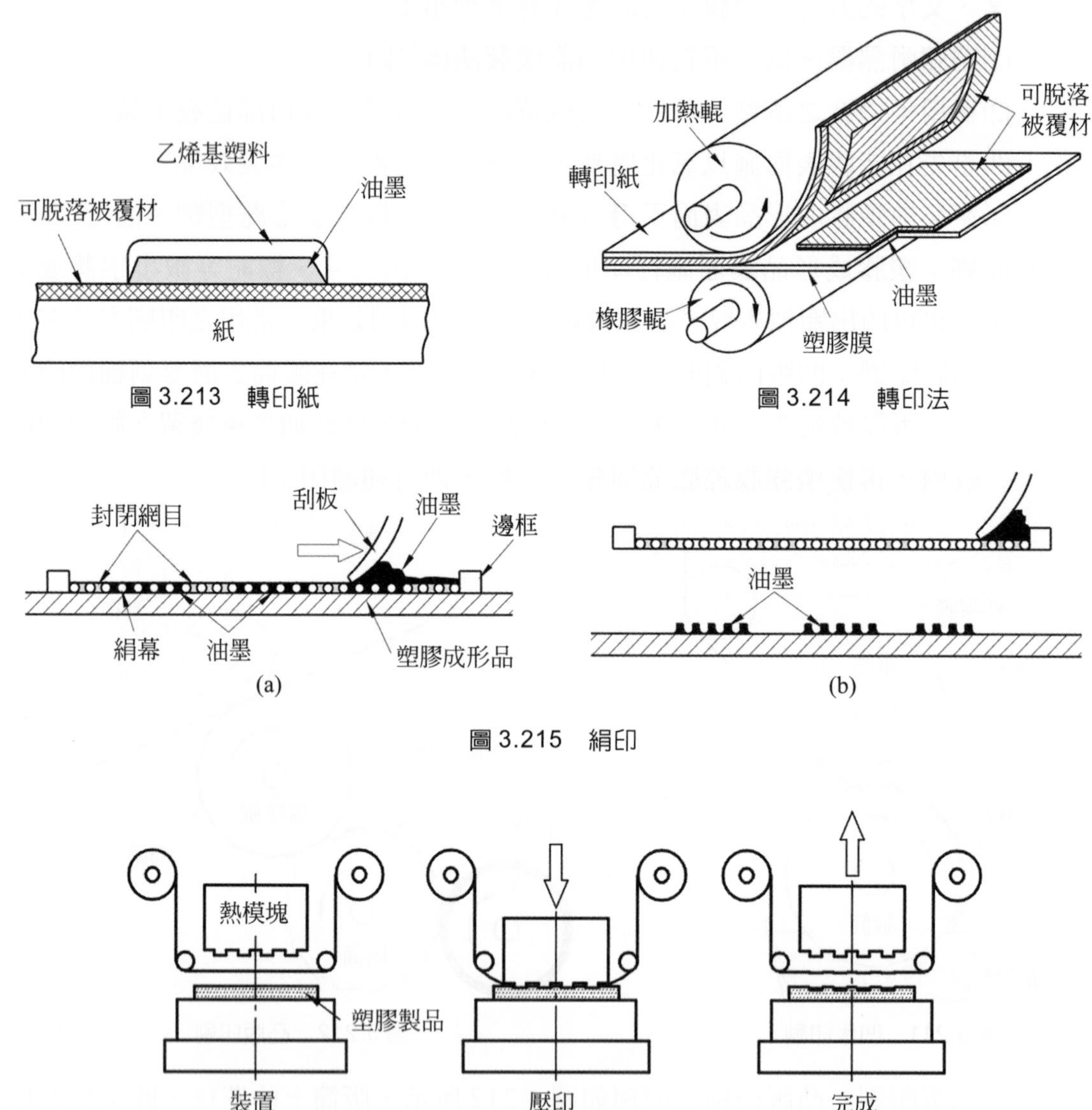

圖 3.213 轉印紙

圖 3.214 轉印法

圖 3.215 絹印

圖 3.216 熱壓印

⑷絹印：絹印如圖 3.215 所示，是將油墨經過細絹幕之網目轉移到塑膠製品表面的印刷方法。細絹幕可用絹、尼龍或金屬製成，將細絹幕以手繪、感光製版、照相製版等方式，以膠蠟封閉部分網目，製成絹印版。印刷時將絹印版覆蓋於塑膠成形品，絹印版上添加油墨，以刮板或滾輪將油墨刮過絹印版網目，油墨即透過未封閉之網目附著於塑膠表面，而成特定之圖案；當需要多色圖案時，可製作多個絹印版，分別套入不同顏色。

⑸熱壓印：熱壓印又稱燙金，其加工方式如圖 3.216 所示，是利用雕刻有文字、圖案的加熱模塊，將附著有油漆、金屬塗料的箔片在塑膠製品表面加壓，加壓後油漆、金屬塗料之文字、圖案即留存在塑膠製品上。加熱模塊也可以平板的矽橡膠模板代替，用於不規則表面之壓印，如圖 3.217 所示。

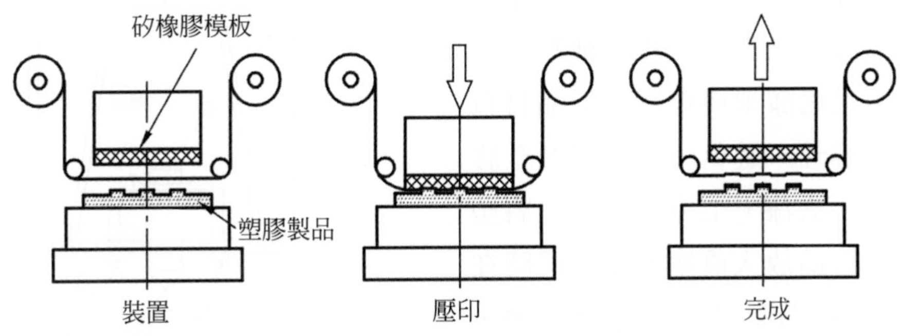

圖 3.217　以矽橡膠模板壓印

六、表面金屬鍍層

表面金屬鍍層是指將塑膠表面金屬化，常用於照明器具的反射鏡、電器用品零件、汽車零件、裝飾品等。塑膠成形品經金屬鍍層後，具有以下優點：

1. 有金屬感、美觀、表面光度佳。

2. 可提高機械強度、表面硬度、

3. 可改善耐熱性。

4. 改善耐藥品性、耐腐蝕能力，減小吸水性。

5. 不生銹。

6. 具導電性。

7. 利用鍍層的銲接，可將兩種不同的鍍層塑膠零件接合。

塑膠表面金屬鍍層，方法有很多，常用的有：

1. 導電塗料噴敷：將金屬粉末如銀粉、碳粉等，和含有黏結劑、溶劑的樹脂塗料一起攪拌混合，再噴灑、塗佈於塑膠成形品上的方法。
2. 眞空蒸發鍍金：眞空蒸發鍍金也稱物理鍍金，是在眞空狀態下，使金屬或金屬鹽類蒸發後，附著於塑膠成形品表面，而形成精細之金屬鍍層的方法，如圖 3.218 所示。幾乎所有的塑膠都可應用眞空蒸發鍍金使表面金屬化，最常用於眞空蒸發鍍金的金屬爲鋁，因其光澤良好，又配合有色漆之應用，可模擬各種金屬之顏色。

   施行眞空蒸發鍍金之塑膠成形品，須先塗上一層底漆，以增加金屬膜的附著力、改善光澤並覆蓋成形品表面之裂痕或缺陷。選用之底漆須與塑膠成形品材料具相容性，避免使用會侵蝕塑膠表面之底漆。上完底漆後，將塑膠成形品放入眞空室中，同時在眞空室中將蒸鍍金屬加熱至蒸發，蒸發之氣體金屬即會附著於塑膠成形品上，冷卻後成金屬薄膜，再塗上快乾漆做爲保護層。

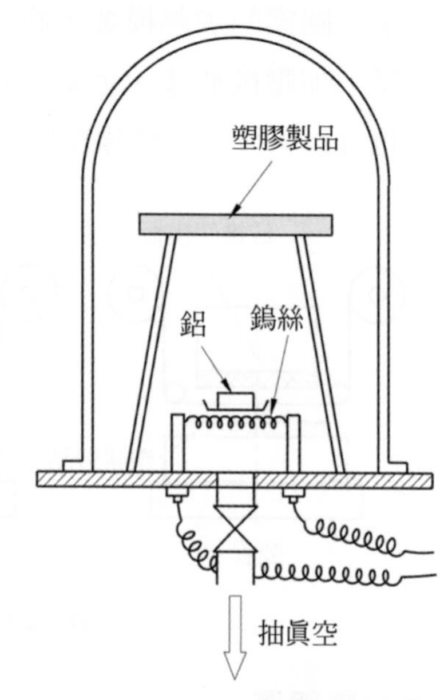

圖 3.218　真空蒸發鍍金

3. 化學還原鍍金：利用化學還原的原理，將金屬鹽溶液在還原劑中還原成爲金屬離子，金屬離子再附著沉積於塑膠成形品。可用於鍍銅、鍍鎳，因可在常溫中進行，適用於變形溫度低的塑膠成形品。
4. 化學噴鍍：化學噴鍍也是利用化學還原的原理，將金屬鹽溶液與還原劑一起進行噴鍍，適用於銀、金、銅、鎳等金屬。作業時，使用兩支噴槍，分別用來噴射金屬鹽溶液和還原劑溶液，也可使用一支噴槍，內裝兩種溶液。噴射時，兩種溶液在到達塑膠成形品表面時，因化學反應還原析出金屬，析出之金屬即沉積在塑膠成形品表面，形成鍍層，如圖 3.219 所示。

5. 電鍍：塑膠電鍍的基本原理與金屬電鍍是相同的，但塑膠是非導電體，實施電鍍前必須先使其表面附著一層金屬膜，成爲導電體，才能進行電鍍。爲了獲得牢固的電鍍層，塑膠成形品表面的金屬膜必須有良好的附著力，因此，在電鍍前必須對塑膠成形品實施前處理，前處理包含脫脂去油、化學浸蝕、敏化處理、活化處理等多道程序。經前處理的塑膠成形品，利用前述之蒸發鍍金或化學還原方法鍍上金屬膜後，即可進行電鍍。電鍍時，通常會先預電鍍一層銅，以提高導電性，再光電鍍銅、鎳、鉻等金屬在塑膠成形品上。

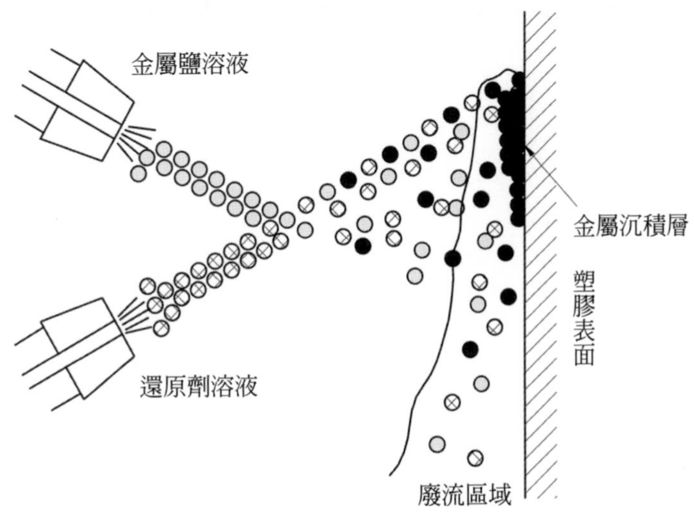

圖 3.219　化學噴鍍

習題三

1. 塑膠具有那些特性？
2. 塑膠的成形過程有那三個階段？分別加以說明。
3. 選用射出成形機時，應考慮那些項目？
4. 說明模具溫度對成形品的影響。
5. 適合無流道塑膠模具生產的塑料應具備那些特性。
6. 射出成形生產過程中，造成成形品缺陷的因素有那些？

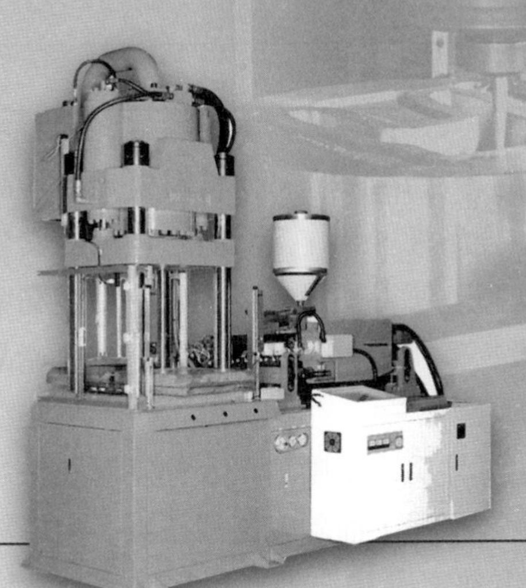

Chapter 4

壓鑄模具

4.1 壓鑄模具概論

壓鑄(Die Casting)是一種以壓力將熔融的合金熔液壓入金屬鋼模，待其凝固冷卻後取出鑄件的生產方法，雖然生產工具十分昂貴、製作又費時，但由於其生產工具壽命長、生產出來的鑄件品質佳、精密度高，使得壓鑄成為大量生產金屬零件最經濟的方法之一，諸如汽機車、船舶、飛機、事務機械、家電產品、電子產品等之零件，多以此法製作。

壓鑄法由於用於壓鑄合金的不同，基本上可分為冷室壓鑄法及熱室壓鑄法二大類，冷室壓鑄法適用於銅、鎂、鋁等高溫合金之壓鑄，而熱室壓鑄法則多用於鋅、鉛、錫等低溫合金的壓鑄。而鋅合金除可利用熱室壓鑄法外亦可用冷室壓鑄法壓鑄，由於壓鑄方法不斷的創新改進，近年來鎂合金已開始大量使用熱室壓鑄法於半固體狀態壓鑄，效果頗佳。

4.1.1 壓鑄加工的種類

壓鑄方法可分為冷室法(Cold Chamber)與熱室法(Hot Chamber)兩種，冷室法主要用於高溫壓鑄合金，如鋁、鎂、銅等合金；熱室法則用於低溫壓鑄合金，如鋅、鉛、錫等合金。

一、冷室壓鑄法

冷室壓鑄法其所使用的熔爐與壓鑄機分離，熔融的合金熔液以杓子或其他輔助進料裝置送入射料套筒內，然後再用柱塞以極高的壓力押入金屬鋼模內，待其凝固後取出鑄件的方法，如圖 4.1 所示。這種方法由於合金熔液與射料套筒的接觸時間非常短暫，可減少鋁合金對鐵的親和作用。

冷室壓鑄法由於柱塞的位置不同，可分為水平式與立式，水平式壓鑄法所使用的柱塞呈水平，圖 4.1 為使用水平式冷室壓鑄法的壓鑄過程。而立式壓鑄法所使用的柱塞呈垂直，圖 4.2 所示即為立式冷室壓鑄法的壓鑄過程。

二、熱室壓鑄法

熱室壓鑄法的熔爐裝置於壓鑄機本體內，注射缸浸漬於爐內合金熔液內，此法是以 90～500kg/cm^{2}的高壓力將合金熔液經鵝頸管送入模穴內，待合金熔液凝固後頂出的一種方法。圖 4.3 為熱室壓鑄法的壓鑄過程。

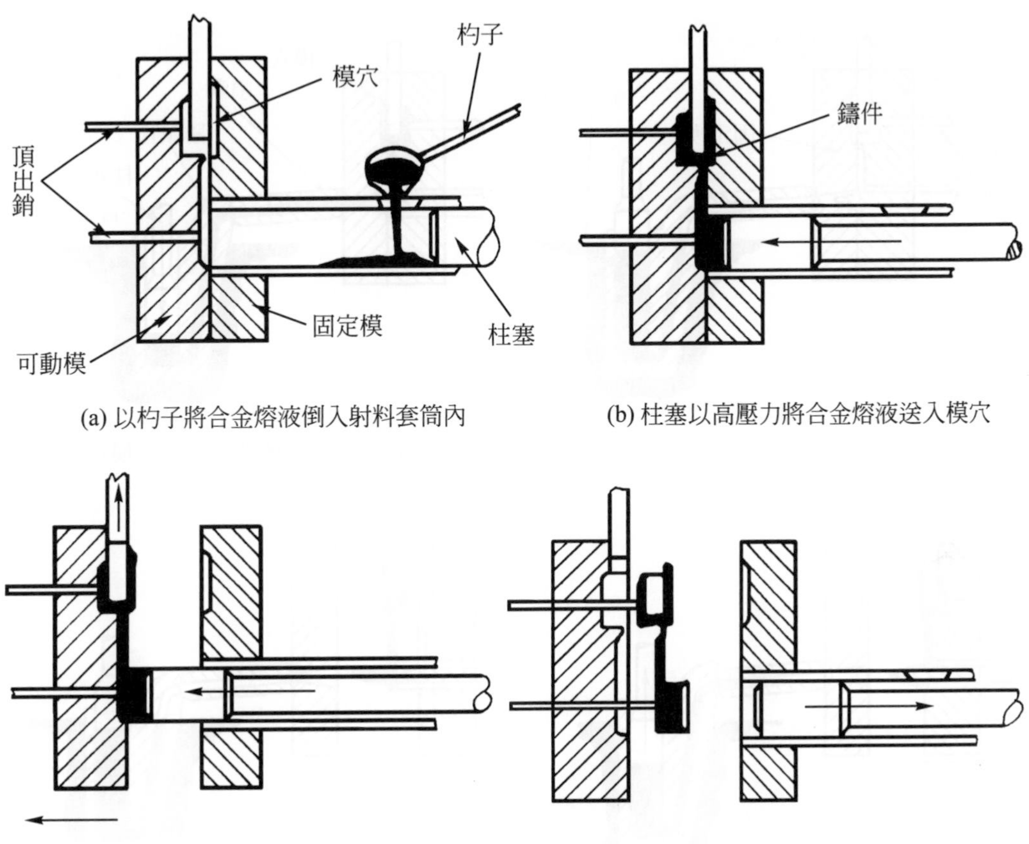

圖 4.1　水平式冷室壓鑄法的壓鑄過程

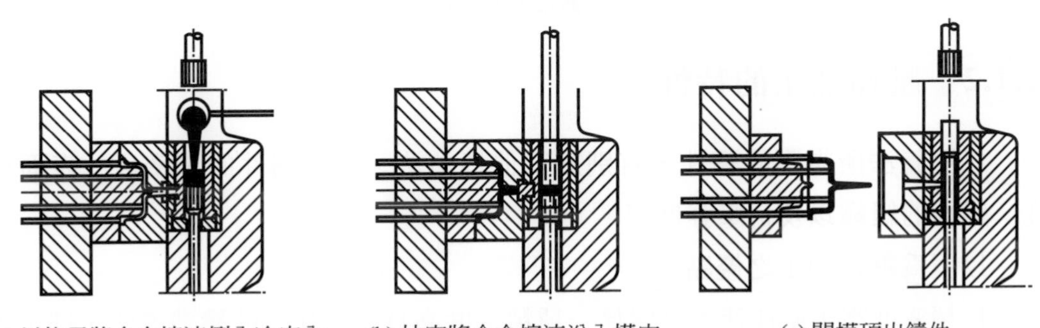

圖 4.2　立式冷室壓鑄法的壓鑄過程

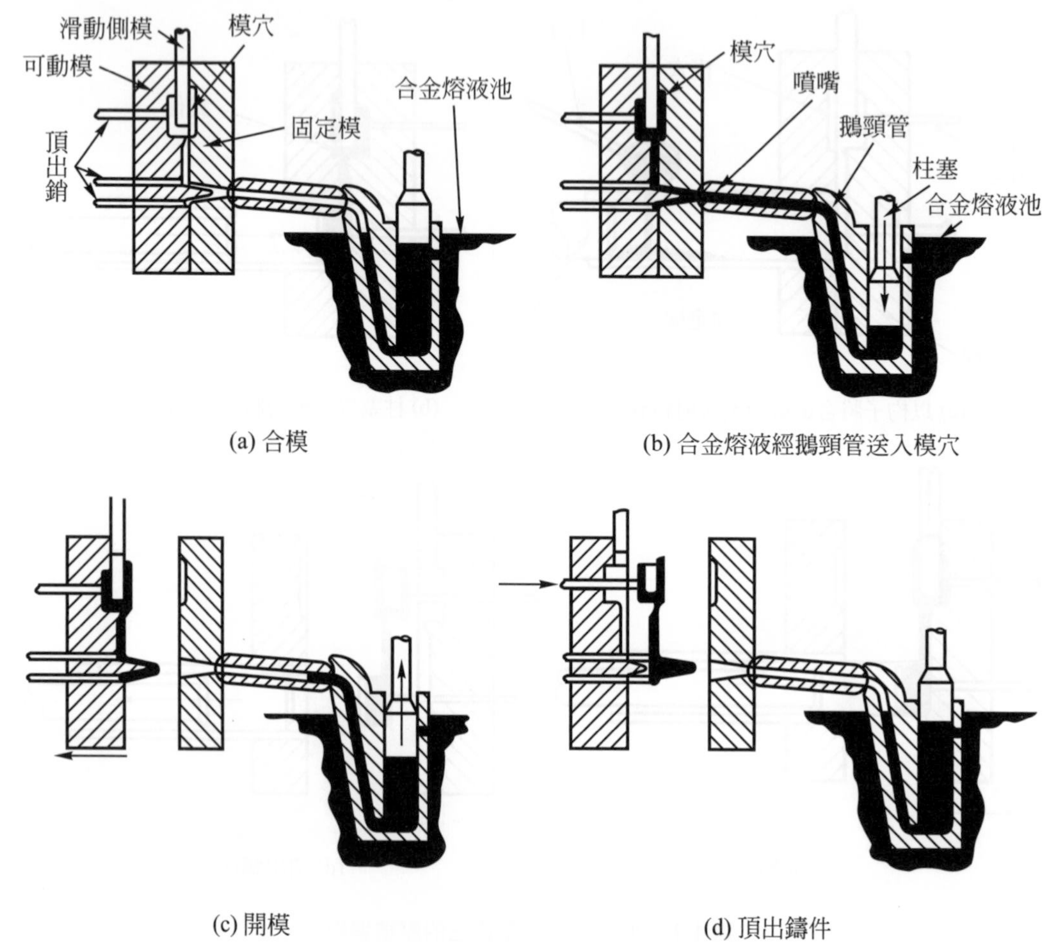

(a) 合模

(b) 合金熔液經鵝頸管送入模穴

(c) 開模

(d) 頂出鑄件

圖 4.3　熱室壓鑄法的壓鑄過程

4.1.2　壓鑄加工的特性

以壓鑄法所得到的鑄件，有別於其他鑄造法，諸如鑄件的精密度、表面粗糙度、鑄件的組織以及抗壓強度等。

以下為壓鑄加工之優點：

1. 精密度高生產快速：壓鑄係一種精密度高且生產快速的鑄造方法，經由壓鑄而鑄成的壓鑄件之尺寸許可差甚小，表面精度甚高，在大多數的情況下，壓鑄件不需再加工即可裝配使用，有螺紋的零件亦可直接鑄出。從一般的照相機件、打字機件、電子計算機件及裝飾品等小零件，以及汽車、機車、飛機等交通工具的複雜零件大多是利用壓鑄法製造的。

2. 鑄件表面佳：壓鑄件的表面平滑度取決於壓鑄模表面之光製程度，一般而言，其表面精度約為Ra=3～6.3。但是不適當的壓鑄條件，亦會影響表面之美觀。

3. 壓鑄件的強度及組織佳：壓鑄件由於在急冷高壓下凝固，是故其結晶粒度甚小(約 0.013mm)。壓鑄件之強度亦比利用其他鑄造方法所製造之鑄件佳。同時，壓鑄件的厚度可以製成比砂模、金屬模鑄件更薄，可減輕重量及成本。也許有人認為鑄件的厚度愈厚，則強度愈佳，但是就壓鑄性而言，壁厚大時，鑄件內部易生縮孔，且組織不夠細密等缺點。

4. 可大量生產，節省成本：由於壓鑄模係利用高級耐熱鋼製成，模具壽命甚長。同時，模具可適度冷卻調節溫度，以縮短每一鑄造週期所需之時間。且壓鑄件的加工裕度較小，可節省材料及加工成本。是故，壓鑄法是目前最經濟的鑄造方法。

雖然壓鑄法有上述的優點，但亦有下列缺點：

1. 壓鑄合金受限制：目前的壓鑄合金只有鋅、鉛、錫、鋁、鎂、銅等六種，其中以銅合金的熔點最高，最不易壓鑄。鎂合金所需的附屬設備最多，生產成本最高。

2. 設備費用昂貴：壓鑄生產所需之設備諸如壓鑄機、熔化爐、保溫爐及壓鑄模等費用都相當的昂貴。

3. 鑄件之氣密性差：由於熔液經高速充填至壓鑄模內時，容易產生亂流現象，且易局部形成氣孔或收縮孔，影響鑄件之耐氣密性。目前則有一種含浸處理的方法，可以用來改善耐氣密性。

4.1.3 壓鑄件的特性

壓鑄法與其他鑄造法所得到的鑄物，有許多不同點，也有它的特性，玆將其特性分述於後：

一、壓鑄件的尺寸精密度

壓鑄件的尺寸精密度較其他鑄造法為高，其尺寸精密度常受到下面因素的影響：壓鑄合金的種類、模具的設計、使用壓鑄機的性能、鑄造條件、製品形狀、模具的製作精密度等。為使需求者與製造者更經濟起見，對鑄件重要部份之精密度要求高，不重要部份精密度要求較低。

二、壓鑄件的鑄肌

壓鑄件的表面粗糙度可達 Ra=1.6 以下，可謂平滑而又美觀，有美觀的鑄肌可提高商品的價值，平滑的表面可減低機械加工及做表面處理的費用。

鑄件鑄肌的良否受到鑄模溫度、鑄造壓力、鑄造溫度、鑄造方式、鑄模表面狀況離型劑之塗佈情況等左右。

三、壓鑄件的肉厚

壓鑄件的肉厚雖較其他鑄造法之鑄件薄，但有一定的限制，太薄則合金熔液的流動不佳，太厚則鑄件的組織不夠細密，一般鋁合金的厚度以不超過 7mm，鋅合金的厚度不超過 10mm 以上爲原則，表 4.1 爲壓鑄件最小肉厚參考值。

表 4.1　為壓鑄件最小肉厚參考值

製品的表面積 (cm^2)	低溫熔融合金 (錫、鉛、鋅) mm	高溫熔融合金 (鋁、鎂) mm	高溫熔融合金 (銅) mm
25 以下	0.1～1.0	0.8～1.0	1.6～2.0
25～100	0.1～1.6	1.2～1.8	2.0～2.5
100～480	1.0～2.0	1.8～2.5	2.5～3.0
480 以上	2.0～2.5	2.5～3.0	3.0～4.0

四、壓鑄件的脫模斜度

爲使壓鑄件能自模穴或模心順利脫離，必須在沿著與分模面垂直的模穴側壁設一脫模斜度。脫模斜度之設置，視合金種類與側壁之深度而異，又一般外側壁之脫模斜度約爲內側壁的 1/2 倍。

五、壓鑄件的內部健全性與耐壓性

壓鑄件的組織緻密，其結晶粒微小，約在 0.013mm 左右，而砂模鑄件則在 1.25mm以上，金屬模鑄件則在 0.5～1.25mm。因此壓鑄件強度大於其他鑄造法的鑄件。

由於鑄模內容易殘留氣體，不易排出模外，在鑄造時將殘留在鑄件內部，形成多孔之缺陷，肉厚大處更易發生收縮孔。這些雖可改變澆口位置、排氣孔、溢流槽及增大鑄造壓力來改善，但仍無法完全避免。

壓鑄件表面雖平滑緻密，但內部易生多孔性，耐壓性並不好，其改善耐壓性的方法與砂模鑄件相同，需以充填材補修。

六、壓鑄件的經濟性

由於壓鑄是大量生產的鑄造法，生產性高，且非常經濟，但是鑄造模具昂貴，製作困難、費時，若少量生產，就單位成本而言，則不符合經濟原則。圖 4.4 所示為以壓鑄或砂模鑄造機車零件的單價成本比較。壓鑄件和其他鑄造法的鑄件相比較，有下列主要特性：

⑴重量減輕，節省材料成本。

⑵精密度高，可減少機械加工費用。

⑶製品的不良率低，且具有尺寸均一性，互換性高。

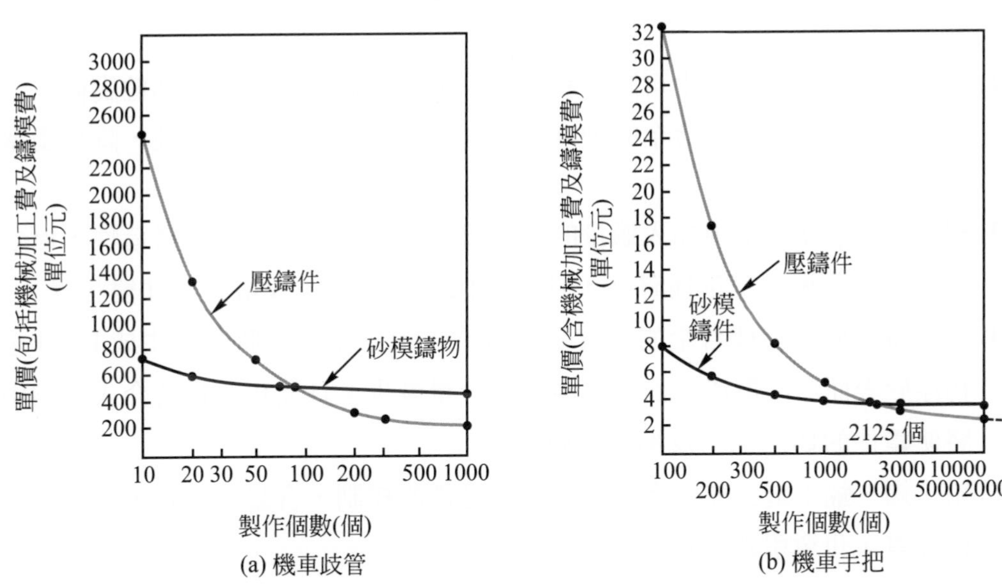

圖 4.4　以壓鑄或砂模鑄造機車零件的單價成本比較

4.2 壓鑄合金

壓鑄所用的合金有鋅、鋁、鎂、銅、鉛、錫等合金，以鋅、鋁、鎂合金使用較多，銅、鉛、錫合金次之，且一般稱鋁、鎂、銅合金為高溫壓鑄合金，鋅、鉛、錫合金為低溫合金。

4.2.1 鋅合金

鋅合金的年產量僅次於鐵、鋁、銅，大部分的鋅被用作被覆之材料，鋅合金的產品除了堅固耐用外，經處理後亦有相當美觀的外表，可以替代昂貴的金、銀、銅製品之外觀，因此鋅合金產品亦在此消費潮流下日益廣泛。

鋅壓鑄合金之主要成分以鋁、鎂、銅爲主和少量鐵、鉛、錫等不純物，其餘爲鋅。

下列說明主要合金及不純物成分對鋅合金性質的影響：

1. 鋁：鋁是鋅壓鑄合金中不可缺少的成分，適當的含量可以改善鋅壓鑄合金的機械性質、及衝擊強度，並降低鋅合金的熔鐵度，如在ZADC1合金中鋁的含量達3.5％時耐衝擊值可達最佳狀態，但當達5％時則降到最低值；對鋅合金的流動性而言，鋁的含量在接近零值及5％時最佳，在3％時流動性最差。
2. 鎂：鎂在鋅壓鑄合金中可防止鉛、錫、鎘等不純物所產生的晶粒腐蝕，含量適中時可提高鋅壓鑄合金的硬度，但含量過高時會影響流動性，降低衝擊強度值及引起熱脆性。
3. 銅：在鋅壓鑄合金中加入適量的銅，可提高耐蝕性、硬度及鑄造性，但含量過高時對機械的安定性有害，且將降低耐衝擊性、及增大尺寸變化等。
4. 鐵：鐵對於鋅壓鑄合金的性質是無害的，但含量過大時容易生成FeAl化合物浮於表面形成熔渣，而使鋅中的鋁含量減少，且此化合物若介入鑄物中，將使鑄件的切削加工及拋光困難。
5. 鉛、錫、鎘：這三種合金的含量宜作適當的控制，含量過大時，不僅降低機械性質，也會引起晶粒的腐蝕。

目前各國所使用的鋅壓鑄合金，大多是採用含4％鋁的鋁鋅系及含8～28％的鋁銅鋅系合金爲主，如表4.2所示爲國內廠商所供應的鋅合金錠成份，表4.3爲各國所使用的鋅壓鑄合金名稱對照表。

鋅合金以熱室壓鑄法壓鑄其壓鑄性及流動性頗佳，可得極薄且形狀複雜之高精密度鑄件，耐壓性、機械性質亦佳，但易受時效影響產生不安定性，表4.4爲其常溫之機械性質、表4.5爲其物理性質。

表 4.2　鋅壓鑄合金錠的種類及成分

ELEMENT	成份要求 100 %								標準名稱 Remake
	鋁 Al	鐵 Fe	鎘 Cd	銅 Cu	鎂 Mg	錫 Sn	鉛 Pb	鋅 Zn	
FD-2	3.90-4.3	0.075Max	0.002Max	0.03Max	0.03-0.044	0.001Max	0.003Max	其餘	JIS-ZDC2
FD-1	3.90-4.3	0.075Max	0.002Max	0.031-0.29	0.03-0.44	0.001Max	0.003Max	其餘	
FD-3	3.90-4.3	0.075Max	0.002Max	0.3-0.05	0.03-0.06	0.001Max	0.003Max	其餘	
FD-4	3.90-4.3	0.075Max	0.002Max	0.41-0.54	0.03-0.044	0.001Max	0.003Max	其餘	
FD-5	3.90-4.3	0.075Max	0.002Max	0.75-1.25	0.03-0.044	0.001Max	0.003Max	其餘	JIS-ZDC1
FD-A8	8.2-8.8	0.065Max	0.002Max	0.8-1.3	0.02-0.03	0.002Max	0.005Max	其餘	ASTM-ZA-8
FD-A12	10.8-11.5	0.065Max	0.002Max	0.5-1.2	0.02-0.03	0.002Max	0.005Max	其餘	ASTM-ZA-12
FD-A27	25.5-28.0	0.075Max	0.005Max	2.0-2.5	0.012-0.02	0.002Max	0.005Max	其餘	ASTM-ZA-27

資料來源：富達金屬股份有限公司

表 4.3　各國所使用的鋅壓鑄合金名稱對照表

國家標準	合金錠	鑄件	不含銅成份	含銅成份
International standard ISO (國際標準)	R301		ZnA14	ZnAl4Cu1
Japan JIS (日本)	H2201	H5301	ZADC 2 (Class 2)	ZADC 1 (Class)
U.K. BSI (英國)	BS1004	BS1004	Alloy A	Alloy B
U.S.A ASTM (美國)	B240	B86	AG40 (××m)	AC41A (××V)
U.S.Fed.Spec SAE (美國)	J4686	QQ-Z363a	AG40A 903	AC41A 925
W. Germany DIN (德國)	1743	1743	GD-ZnAl4	GD-ZnA14Cu1
R.O.C CNS (中華民國)			ZADC 2	ZADC 1

表4.4　鋅合金常溫之機械性質

	Alloy B	Alloy A
彈性限 (kg/mm^2)		6.0
降伏強度 (kg/mm^2) 0.5 %伸長量		13.9
0.2 %伸長量		19.6
抗拉強度 (kg/mm^2)	33.5	28.8
伸長量 (%)	7	10
縱彈性係數 (kg/mm^2)		9,800
壓縮強度 (kg/mm^2)	61.0	42.0
抗剪強度 (kg/mm^2)	26.7	21.7
疲勞強度 (kg/mm^2) 10^8 回轉	5.7	4.8
衝擊強度 (kg-m) 25℃	4～5	4～5
衝擊值 (kg-m)	16.1	14.4
硬度 Rockwell E	80	65

表4.5　鋅合金物理性質

特性	Alloy A	Alloy B
1. 熔融點 (℃)	387	388
2. 凝固點 (℃)	382	379
3. 比重	6.7	6.6
4. 熱膨脹係數 (10^{-6}/ ℃)	27.4	27.4
5. 導熱率 (KJ/m hr K)	392	407

鋅合金的熔解爐主要以坩堝爐爲主，也有使用低週波電爐、反射爐，但以反射爐熔解容易產生較多熔渣，適用在量多時使用，坩堝爐熱源主要以煤氣、燃油或電熱爲主。

在熔解作業中可將新的合金塊與回收材一起熔解，但原料宜緊密置入，使合金塊與坩堝爐密實接觸，以提高熱傳導，減少坩堝過熱現象。回收材的使用宜注意不純物的混入，例如炭入物、塗裝材、或電鍍之特殊回收材。

鋅合金的熔解溫度宜保持在 420～450℃，不可超過 450℃，熔解時若添加氯化鋅、氯化氨等熔劑，可提高熔解效率，同時具有脫氣及使結晶粒微細化之作用。

鋅合金壓鑄製品應用非常廣泛，從家電製品零件、吊扇、門鎖、飾品、手工具到汽機車零件、電子零件、自行車零件、高爾夫球頭等等都有。因鋅合金硬度高、熔點低、延展性佳，壓鑄加工成形性優良，且鑄件經電鍍處理後可得美觀細緻的表面，因此需求有增無減。

4.2.2　鋁合金

鋁合金主要產品使用於汽機車工業，由於產品具有堅固、輕薄、耐用的特性，隨著汽車工業之輕量化，鋁合金的需求更是有增無減，舉凡汽機車輪圈、引擎、變速箱等，零件所需的特殊鋁合金之潛在需求相當大。

鋁合金主要有鋁-矽系、鋁-矽-鎂系、鋁-鎂系、鋁-銅-矽系等幾類合金，各類合金系的主要成份除鋁本身外，尚有銅、鎂、矽、鐵、錳、鎳、鋅、鉛、錫、鈦及其他不純物等，其各合金之成份範圍示於表 4.6、表 4.7 爲各國鋁合金名稱對照表。

下面介紹鋁合金之成份及不純物對其性質之影響：

1. 矽：矽可顯著提高鋁合金的流動性，減低高溫脆性，並可減少鑄件的收縮，但對切削性有不良影響，在鋁-鎂系合金中添加少量矽可改善其壓鑄性。

表 4.6　各種鋁合金的主要成分

ASTM 名稱 (商用番號) / 鋁合金之成分(%)	一般用鋁合金			特殊用合金		
	S12A (13) ADC1	SC84A (A380) ADC10	SC114A (384) ADC12	SG100A (360) ADC3	G8A (218) ADC15	S5C (43) ADC7
銅 Cu	0.6	3.0～4.0	3.0～4.5	0.6	0.25	0.6
鐵 Fe	2.0	2.0	1.3	2.0	1.8	2.0
矽 Si	11.0～13.0	7.5～9.5	10.5～12.0	9.0～10.0	0.35	4.5～6.0
錳 Mn	0.35	0.50	0.50	0.35	0.30	0.35
鎂 Mg	0.10	0.10	0.10	0.4～0.6	7.5～8.5	0.10
鋅 Zn	0.50	3.0	1.0	0.50	0.15	0.50
鎳 Ni	0.50	0.50	0.50	0.50	0.15	0.50
錫 Sn	0.15	0.35	0.35	0.15	0.15	0.15
鋁 Al	其餘	其餘	其餘	其餘	其餘	其餘

資料來源：ASTM Aluminum Company of America；Dowchemical Co.；New Jersey Zinc CO.

表 4.7 各國鋁合金名稱對照表

JIS	各國規格對稱合金					
	ASTM	BS	DIN	Alcoa	Federal	SAE
	S9	LM-6M				
ADC1	S12A	LM-20M	GD-AlSi 12	13	A13	305
ADC3	SG100A		GD-AlSi10(Cu)	A360	A360	
ADC5	G8A	LM-5M	GD-AlMg8(Cu) GD-AlMg9	218	218	
ADC6					B214	
ADC7	S5C	LM-18M		43	43	304
ADC10	SC84A	LM-24M		A380	A380	
ADC12	SC114A	LM-2M		384	SC114A	

2. 鎂：在鋁-矽系合金中添加鎂可改善鋁合金切削性、流動性，並可增加耐蝕性、電鍍性及陽極皮膜性。但在鋁-矽-銅系合金中，鎂則屬不純物，所生成的MgSi將會產生高溫脆性，並減低耐衝擊性，因此均要求含量應控制在0.3%以下。

3. 銅：銅可以改善鋁合金的機械性及切削性，但在鋁-矽系及鋁-鎂系合金中，銅則爲不純物，應予適當控制，過量的銅將會降低耐蝕性及鑄造性。

4. 鐵：鐵在鋁合金中屬不純物，但可改善鑄件粘膜的缺點，並可提高硬度，因其容易形成$FeAl_3$的結晶而成爲硬點，影響切削加工，其成份需控制在規定之範圍內。

鋁合金因極易侵蝕鐵質物品，因此以冷室壓鑄法壓鑄較適合，鋁合金的比重小、重量輕、成本低廉，熱傳導度、電傳導度以及切削性均佳，但熔接性及電鍍性就欠佳了。

表 4.8 及表 4.9 爲鋁合金的機械性質及物理性質以及一般性質。

表 4.8　鋁合金的機械性質及物理性質

合金種類	抗拉強度 (kg/mm^2)	降伏強度 (0.2 %) (kg/mm^2)	伸長量 (%)	疲勞限(Mooro 型) (kg/mm^2)	抗剪強度 (kg/mm^2)
13	30.2	14.8	2.5	13.4	19.7
43	23.3	11.2	9.0	11.9	14.8
A214	28.1	15.5	10.0	12.7	18.3
218	31.6	19.0	8.0	14.1	20.4
360	33.0	17.6	3.0	13.4	21.1
A360	32.3	16.9	5.0	12.7	20.4
361	30.2	16.2	7.5	12.7	18.3
380	33.7	16.9	3.0	14.8	21.8
A380	33.0	16.2	4.0	14.1	21.1
384	33.0	17.6	1.0	14.8	21.1

表 4.9　鋁合金的一般性質

性質	13	A13	43	A214	218	360	A360	380	A380	384
耐熱間龜裂性	秀	秀	優	可	貧	秀	秀	優	優	優
氣密性	優	優	良	貧	貧	秀	秀	優	優	優
流動性，鑄造性	秀	秀	良	貧	可	秀	秀	優	優	優
耐蝕性	良	良	良	優	秀	優	優	可	可	良
切削性	可	可	可	優	秀	可	可	良	良	可
研磨性	貧	貧	可	秀	秀	良	良	良	良	貧
耐電氣性	良	良	優	可	貧	秀	秀	秀	秀	貧
陽極皮膜處理	貧	貧	可	優	秀	良	良	良	良	貧
化成耐蝕皮膜	良	良	良	秀	秀	良	良	貧	貧	良
高溫強度	良	良	貧	優	可	秀	良	優	優	良
熔接處理	可	可	可	可	可	可	可	可	可	可
電鍍處理	可	可	可	可	可	可	可	可	可	可

註：Best(秀)，Very good(優)，Good(良)，Fair(可)，Poor(貧)，No(否)

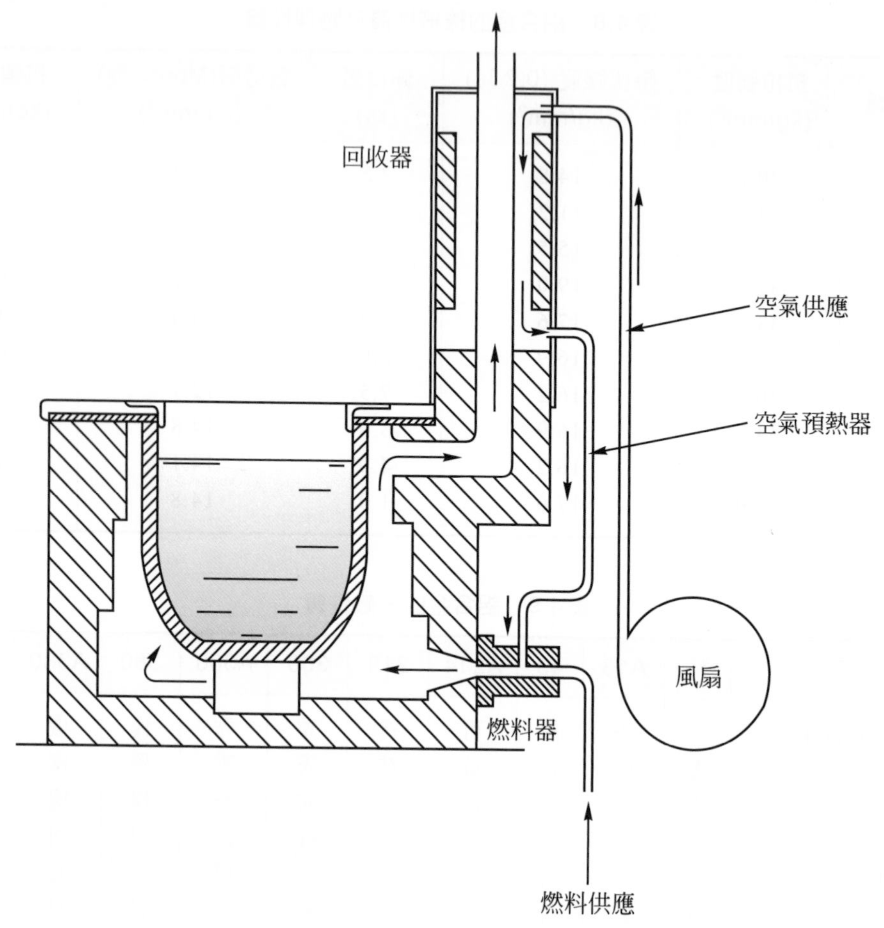

圖 4.5　外燃式坩堝爐的構造

鋁合金的熔解作業，一般是先在熔解爐熔解，再以熔液保溫爐供給至機體附近作業。

鋁合金可用反射爐、坩堝爐、感應電爐等溶解。反射爐於熔解量較多時使用，主要熱源以重油或瓦斯爲主。坩堝爐與感應電爐適用於少量或中量之生產，圖 4.5 所示爲坩堝爐的構造，而圖 4.6 所示爲無心式感應電爐的構造。

鋁合金用的保溫爐有電阻保溫爐、電氣感應保溫爐等，其爐體主要以坩堝爲主，圖 4.7 所示即爲電阻式坩堝保溫爐。坩堝主要以鑄鐵製成，須以水玻璃、礬石粉等製成裏襯，以防止鋁合金之侵蝕。

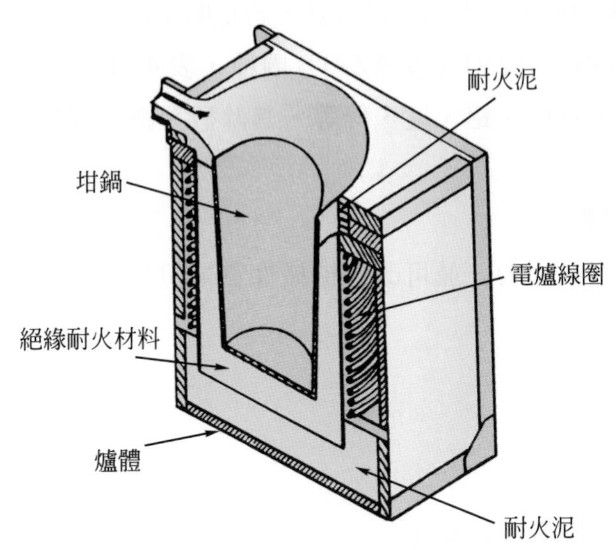

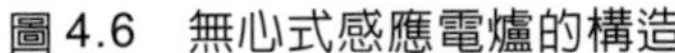
圖 4.6　無心式感應電爐的構造

圖 4.7　電阻式坩堝保溫爐

反射爐與坩堝爐之加料方式稍有不同，反射爐應先置入新合金塊，再加入回收料後加熱。坩堝爐爲了先在爐底有底爐，所以先裝入回收料，再加入合金塊，以縮短熔解時間。

熔解溫度宜控制在 670～760℃，溫度過低則不易分離雜質，過熱易生成氧化物或吸收氣體，熔解時添加溶劑以分離氧化物，或使結晶微細化，及使熔解的氫脫氣。常用的溶劑有氯化物、氟化物及矽氟化物等，視其需要而選定。

鋁合金主要用於日常用品，諸如食、衣、住、行、育、樂各類所需用具，食：廚具、烤麵包機。衣：熨斗、拉鏈頭、裝飾品。住：門窗、帷幕牆、傢俱、零件、飾品。行：汽車、機車零件、航太科技零件。育：電腦機座、廣告用品。樂：玩具、自行車零件。

4.2.3　鎂合金

在地球中鎂的蘊藏量極爲豐富，惟提煉純鎂的成本仍然居高不下，再加上其耐蝕性不佳的問題，鎂合金在以往一直是被忽略的金屬材料，不過由於鎂合金具有輕、薄、美觀、易散熱、環保等優點，被應用在散熱要求高的攜帶式產品是最佳的選擇，包括筆記型電腦、數位相機、手機、隨身聽、個人數位助理器(PDA)、投影機等外殼及汽、機車、自行車零件，都將大量使用鎂合金。由於台灣是筆記型電腦的生產重鎮，鎂合金的市場頗大，未來的產業基本面相當看好，將是明星產業之一。

壓鑄用鎂合金常用的有ASTM規格之AZ91A及AZ91B兩種，表4.10所示爲一廠商所出品的鎂合金錠的主要成份，有鎂、鋁、錳、鋅等，其餘矽、銅、鎳等屬不純物。

各種化學成份對鎂合金性質的影響：

⑴鋁：可提高鎂合金之抗張強度、耐力、並可改善機械性質，但若過量時，有害延性及鑄造性。

⑵鋅：可改善鑄造性及耐蝕性。

⑶錳：可改善機械性質及耐蝕性。

⑷錫：會使耐蝕性及鑄造性惡化。

⑸矽：含量在0.5％以上時，會使耐蝕性惡化。

⑹鈊：添加微量可防止熔解時的燃燒。

⑺鐵、銅、鎳：含量過多會使耐蝕性劣化。

表4.10 鎂合金錠的主要成份表

產品型號	AZ91D	AZ81	AM60B	AM50A
鋁(Al)	8.3～9.7	7.0～8.5	5.5～6.5	4.4～5.4
鋅(Zn)	0.35～1.0	0.3～1.0	0.22max	0.22max
錳(Mn)	0.15～0.50	0.17min	0.24～0.6(註)	0.26～0.6(註)
鐵(Fe)	0.005	0.004max	0.005	0.04
矽(Si)	0.10max	0.05max	0.10max	0.10max
鎳(Ni)，max	0.002	0.001	0.002	0.002
銅(Cu)，max	0.030	0.015	0.010	0.010
其它	0.02	0.01	0.02	0.02
鎂(Mg)	餘量	餘量	餘量	餘量

資料來源：台年高科技公司

註：當AM50A、AM60B和AZ91D之鐵成份不合時，依據國際規範，可個別符合Fe/Mn ＜ 0.015，0.021和0.032。

鎂合金的比重在 1.76～1.83 之間，爲鋁的 2/3、鋅及銅的 1/3、鋼的 1/5，因此重量極輕，對亟需減重的產品極具吸引力，且熔點在 650℃左右如表 4.12，接近鋁合金，但是在沸點方面，二者有很大的不同，鎂合金在 1107℃，而鋁合金則高達 2057℃。

鎂合金有很好的機械加工性及強度如表 4.11、表 4.12，但耐蝕性不佳，容易爲酸、鹼、鹽等物質所侵蝕，也易爲潮濕空氣氧化，故鎂鑄件需加工上塗裝後使用。在高溫時特性不易保持穩定，彈性係數低亦爲其缺點。

表 4.11　鎂合金的機械性質

試驗值	AZ91A 及 AZ91B
抗張強度(kg/mm^2)	22.4～25.2
抗張強度(kg/mm^2)	15.4～16.8
壓縮強度(kg/mm^2)	15.4～16.8
伸長量(%)	2～5
耐衝擊值(kg-m)	276
抗剪強度(kg/mm^2)	14.0
疲勞強度	9.8
硬度(H_RB)	63
Rockwell B (H_RB)	75

表 4.12　鎂合金的特性與其他合金比較

合金名稱	比重(g/cc)	熔融點(℃)	機械的性質				強度比	耐力比
			抗張強度(kg/mm^2)	耐力(kg/mm^2)	伸長量(%)	硬度		
鎂合金(AZ91)	1.82	600	28	16	2	84	15.4	9.1
鎂合金(AZ92)	2.77	598	27	17	4	85	9.8	9.0
鋁合金	7.84	1510	68	42	2.5	186	8.4	5.6
鑄鋼	8.81	1075	63	51	6	200	7.0	5.6
青銅	8.86	1275	91	70	2	350	11.2	6.4

鎂合金可用熱室法或冷室法壓鑄，惟以熱室法比起冷室法壓鑄可得較佳之效果。不論以冷室法或熱室法壓鑄鎂合金，均須注意下列事項：

⑴鑄件厚度均一性。

⑵模溫及合金溶液溫度需嚴加控制。

⑶坩堝一天中需清理數次。

⑷操作儘量連續。

⑸管理比鋅及鋁合金更重要。

鎂合金具有的特性：

⑴重量輕，爲其他合金最輕者。

⑵散熱、傳導率佳。

⑶耐衝擊性高，耐撞強度及吸震性亦佳。

⑷成型性佳，可得厚度極薄(近0.5mm)之鑄件。

⑸可防電磁波干擾。

⑹符合環保，可回收再利用。

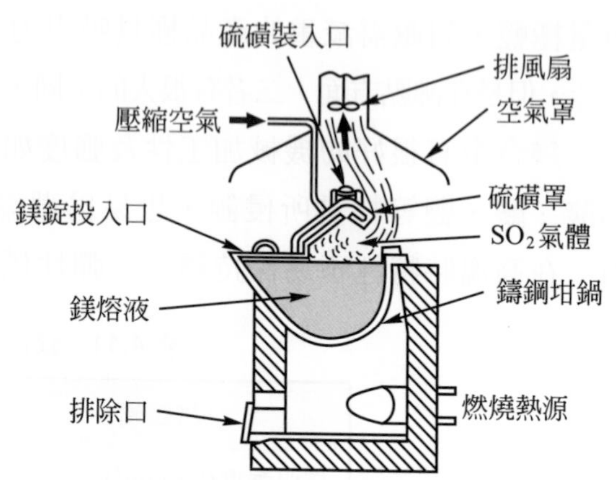

圖 4.8　鎂合金熔液保溫爐的構造

鎂合金通常以坩堝爐熔解，熔解量在27～450kg。坩堝通常以鑄鋼製作，其上面需加設空氣罩，以防止氧化之發生，圖4.8所示爲鎂合金熔液保溫爐的構造，主要熱源以重油及煤氣爲主。

鎂的熔解過程是先將坩堝加熱，熔解少量氧化防止劑(熔劑)，再依序置入回收材、再生合金塊、新合金塊和母合金。待熔解時，再散置氧化防止劑於熔液表面，以及在空氣罩內通入硫磺使之產生 SO_2保護氣，或通入氦、氖、氬、氪等惰性氣體，以防止表面氧化。

熔解的溫度，用在冷室法應控制在650～680℃左右，熱室法則在620～660℃之間，若作精煉作業時，將熔解溫度提高到 680～730℃置入精煉用溶劑攪拌精煉5～7分鐘，可使去除雜質。

鎂合金鑄件主要用於航空器材各種儀表零件、引擎體、高級相機零件及各種精巧零件等；由於應用的範圍逐漸增加，因此未來發展前景無庸置疑，包括筆記型電腦、數位相機、手機、隨身聽、個人數位助理器(PDA)、投影機等外殼及汽、機車、自行車零件，都將大量使用鎂合金壓鑄成形。

4.2.4　其他壓鑄合金

一般之銅基壓鑄合金以六四黃銅爲主，常用的有三種，其種類及化學成份如表 4.13 所示。銅合金具有高強度及高耐磨性與耐蝕性，流動性不佳，但壓鑄溫度在 870～1050℃之間，致使鑄模壽命減短，並有高溫脆性，及易生縮孔的缺點，且形狀複雜者不易壓鑄，表 4.14 爲其機械性質。

表 4.13　銅合金的種類及化學成份

ASTM 名稱 (商用番號) / 合金所含成份(%)	銅合金種類		
	Z30A (Z30A)	ZS331A (ZS331A)	ZS144A (AS144A)
銅	57.0 以上	63.0～67.0	80.0～83.0
鐵	0.25 以下	0.15 以下	0.15 以下
矽	0.25 以下	0.70～1.25	3.75～4.25
錳	0.25	0.15 以下	0.15 以下
鎂	–	–	0.01 以下
鋅	30.0	其餘部份	其餘部份
錫	1.50	0.25 以下	0.25 以下
鉛	1.50	0.25	0.15 以下
鋁	0.25	0.15 以下	0.15 以下
其他	0.50 以下	0.50 以下	0.25 以下

資料來源：ASTM-Aluminum Company of America；New Jersey Zine CO.

表 4.14　銅合金的機械性質

ASTM 名稱 / 機械性質	合金種類		
	Z30A	AS331A	ZS144A
抗拉強度 kg/mm^2	38.7	49	58
降伏點強度 kg/mm^2	23	25	35
伸長量(%)	10	15	25
硬度 Rockwell B (H_RB)	55-60	68-72	85-90
彈性係數	1.5×10^{-6}	1.5×10^{-6}	2.0×10^{-6}

資料來源：ASTM-Aluminum Company of America；New Jersey Zine CO.

銅合金可用感應電爐、電弧爐、熔解爐及反射爐等熔解，熔解時需加助熔劑，以防止其高溫氧化，一般用助熔劑有玻璃砂、硼砂、蘇打灰等。銅合金主要用於電器機械零件、冷凍設備、蒸氣閥門、軸承等。

4.2.5 鉛及錫合金

鉛合金及錫合金的種類及化學成份如表4.15所示，此類合金的機械性質甚低，但具有高耐蝕性且價格低廉及易於壓鑄之優點。表4.16爲其機械性質與物理性質。

表4.15 鉛合金及錫合金的種類及化學成份

ASTM 名稱 (號數)	所含合金成份 %							
	錫 Sn	鉛 Pb	銅 Cu	銻 Sb	鐵 Fe	砷 As	鋅 Zn	鋁 Al
No.1	99-92	0.35 以下	4-5	4-5	0.08 以下	0.08 以下	0.01 以下	0.01 以下
No.2	80-84	0.35 以下	4-6	12-14	0.08 以下	0.08 以下	0.01 以下	0.01 以下
No.3	64-66	17-19	1.5-2.5	14-16	—	0.15 以下	0.01 以下	0.01 以下
No.4	4-6	79-81	0.5 以下	14-16	—	0.15 以下	0.01 以下	0.01 以下
No.5	—	89-91	0.5 以下	9.25-10.75	—	0.15 以下	0.01 以下	0.01 以下

註：ASTM1，2，3號合金爲錫基壓鑄合金，4，5號爲鉛基壓鑄合金

表4.16 鉛、錫合金的機械性質與物理性質

ASTM 名稱 (號數)	機械性質及物理性質			
	抗拉強度 kg/mm^2	伸長率%	硬度 Brinell	熔點 ℃
No.1	6.3	2	26	204
No.2	7.0	1	30	204
No.3	5.4	1.25	27.7	232
No.4	9.7	10.5	23.2	237-256
No.5	8.8	2.0	24.1	240-268

註：ASTM1，2，3號合金爲錫基壓鑄合金，4，5號爲鉛基壓鑄合金

鉛基壓鑄合金的壓鑄溫度約在 240～320℃左右，壓鑄時宜注意鉛所排放之毒氣，由於機械性質低，主要用於強度不需要求的消防器材及醫療器材設備等。

錫基壓鑄合金的壓鑄溫度在220℃左右，具有極高的耐蝕性與抗銹性，主要用於軸承、製糖、製奶設備等。

4.3 壓鑄機

壓鑄機由於使用在不同的壓鑄合金，基本上可分成冷室壓鑄機及熱室壓鑄機二大類。冷室壓鑄機適用於銅、鎂、鋁等高溫合金的壓鑄，而熱室壓鑄機則應用於鋅、錫、鉛等低溫合金的壓鑄。而鋅合金、鎂合金可用熱室壓鑄機壓鑄亦可用冷室壓鑄機壓鑄。高溫壓鑄合金何以不用熱室法壓鑄？主要原因乃在於熱室機之柱塞浸漬於機械之熔鍋中，柱塞中的鐵元素容易與合金結合成化合物成份，因此高溫合金大多以冷室機壓鑄較多。

4.3.1 壓鑄機的種類與構造

一、壓鑄機的種類

壓鑄機的型式種類繁多，一般皆以進料方式、模具安裝方向及鎖模機構來分類：

1. 以進料方式區分：若以進料的方式區分壓鑄機可分為熱室壓鑄機與冷室壓鑄機兩種，熱室壓鑄機的熔化爐置於機體內，爐內的合金熔液以柱塞壓入唧筒，經由鵝頸管、噴嘴再進入模內，主要用於鋅合金、鎂合金、鉛合金、錫合金等。如圖 4.9、圖 4.10 所示。

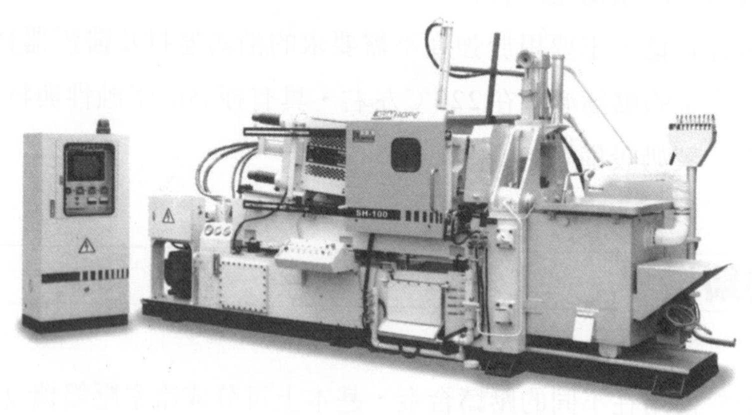

圖 4.9 熱室壓鑄機(信鋐工業股份有限公司)

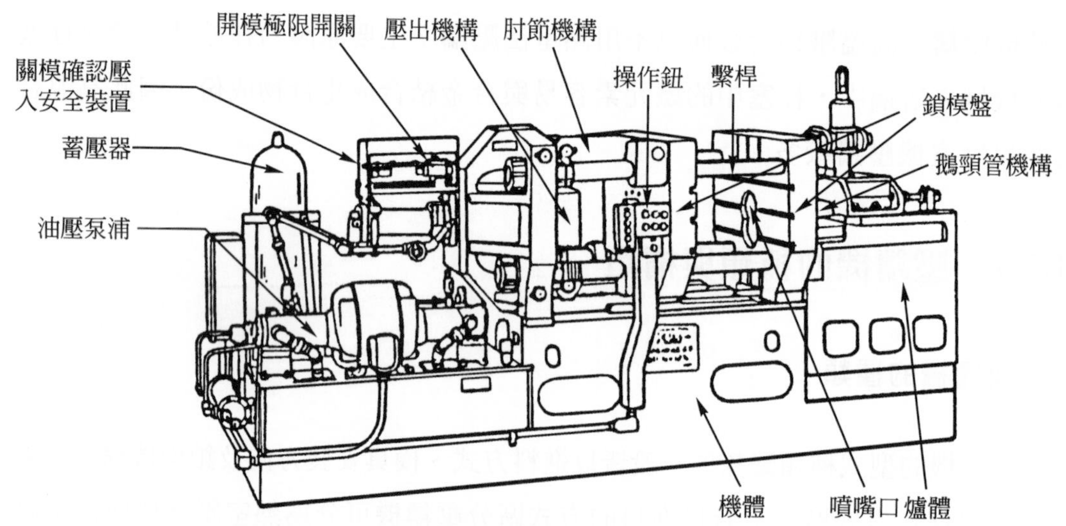

圖 4.10 熱室壓鑄機的構造

冷室壓鑄機的熔化爐與機體分開，合金熔液以杓或自動供給熔液裝置自機體旁的保溫爐中供給到射料套筒內，再以柱塞壓入模內而獲得鑄物，主要用於鋁合金、鎂合金、銅合金等高熔點壓鑄合金。如圖 4.11、圖 4.12 所示。

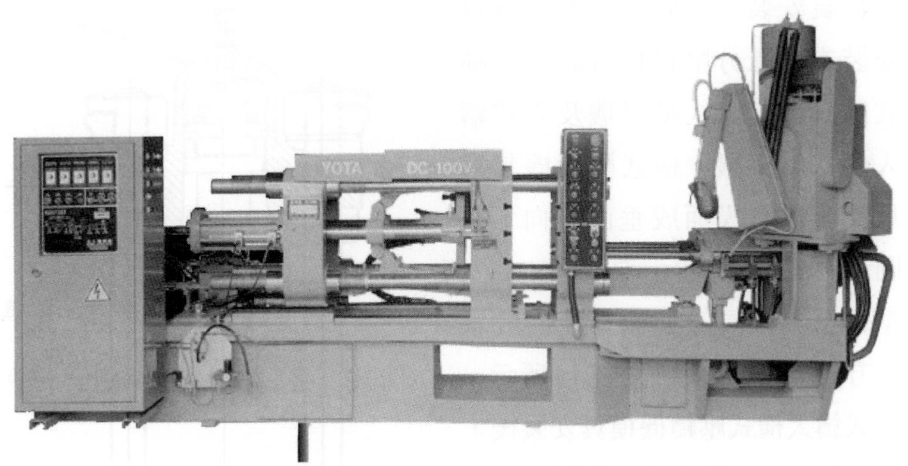

圖 4.11　冷室壓鑄機(信鋐工業股份有限公司)

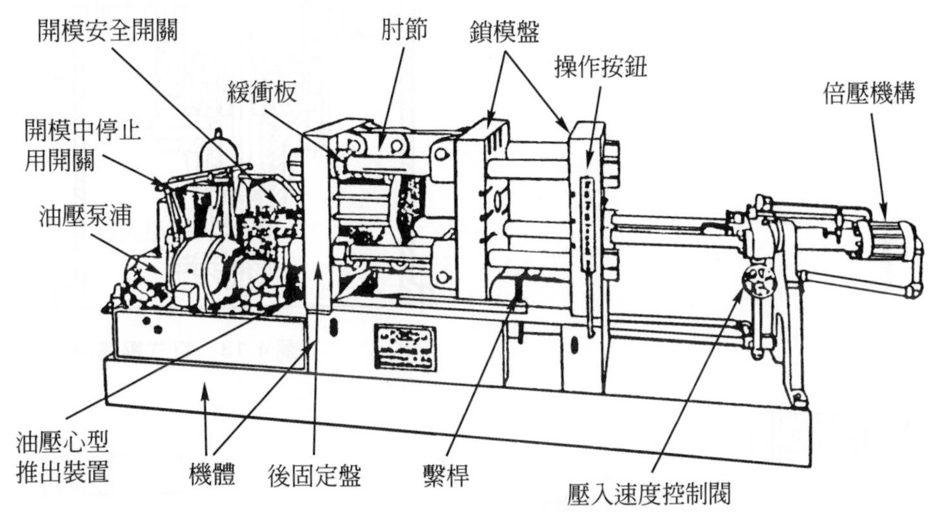

圖 4.12　冷室壓鑄機的構造

2. 以模具安裝方向區分：若以模具安裝方向區分壓鑄機可區分爲橫式壓鑄機、立式壓鑄機及立式鑄入橫式壓鑄機。橫式壓鑄機其模具安裝後分模面成垂直方向，如圖4.9、圖4.11所示均屬之。立式壓鑄機其模具安裝後分模面成水平方向，如圖4.13、圖4.14所示。立式鑄入橫式壓鑄機模具安裝後，其分模面成垂直方向，如圖4.15、圖4.16所示。

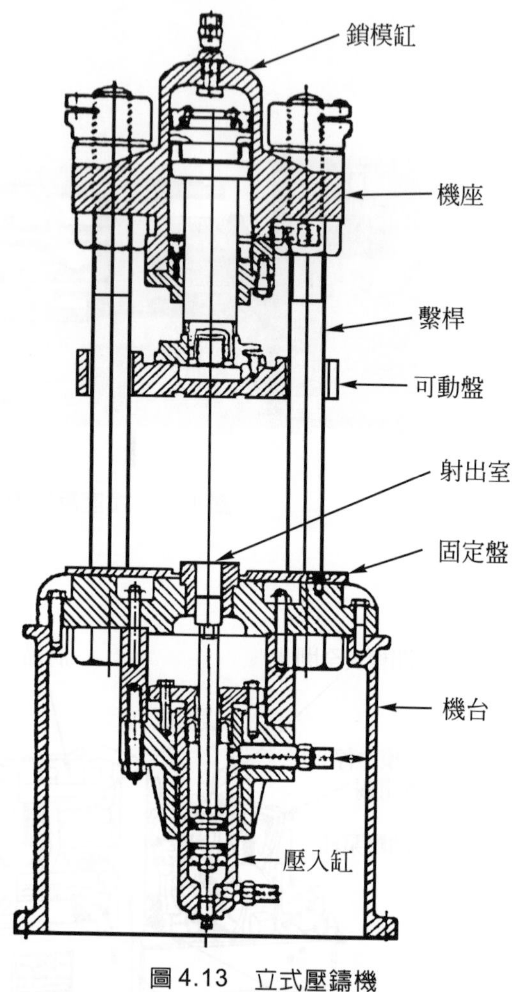

圖4.13 立式壓鑄機

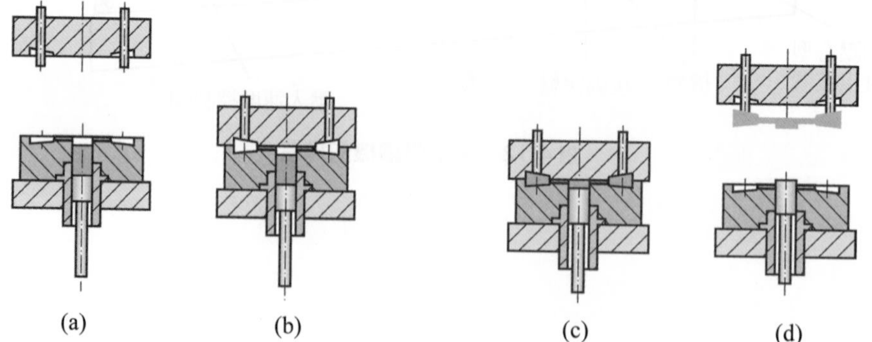

圖4.14 立式壓鑄機的壓鑄過程

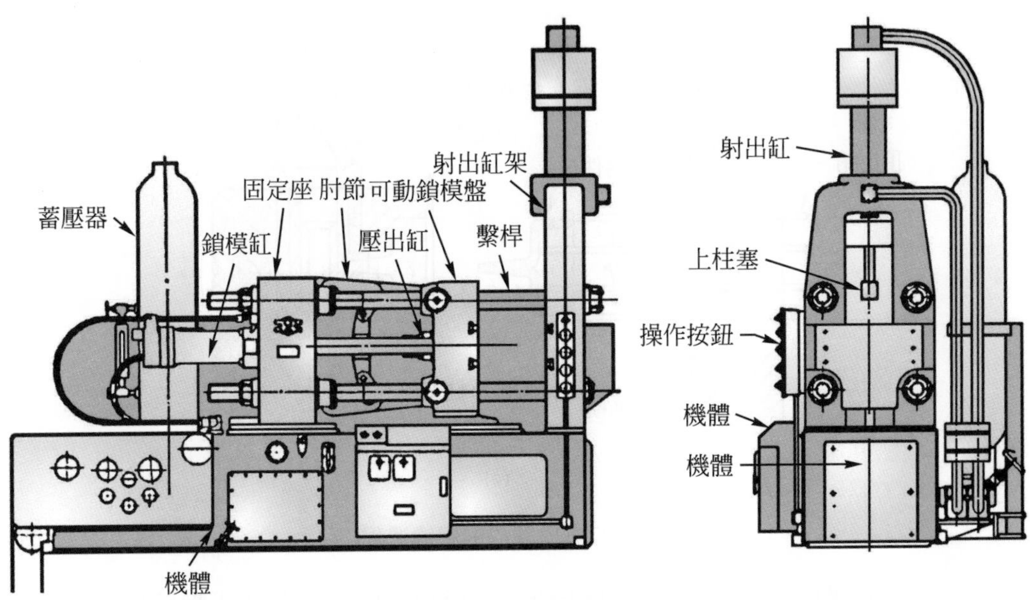

圖 4.15　立式鑄入橫式壓鑄機

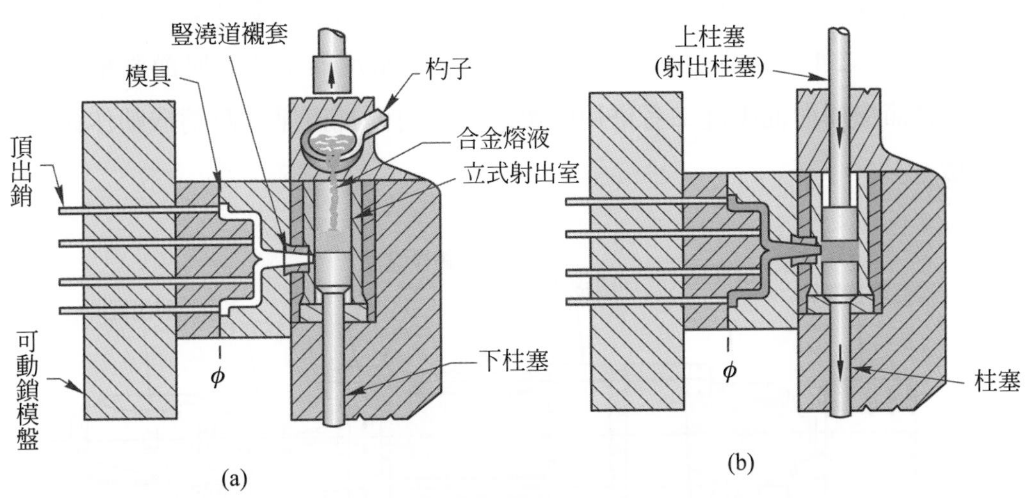

圖 4.16　立式壓鑄機的壓鑄過程

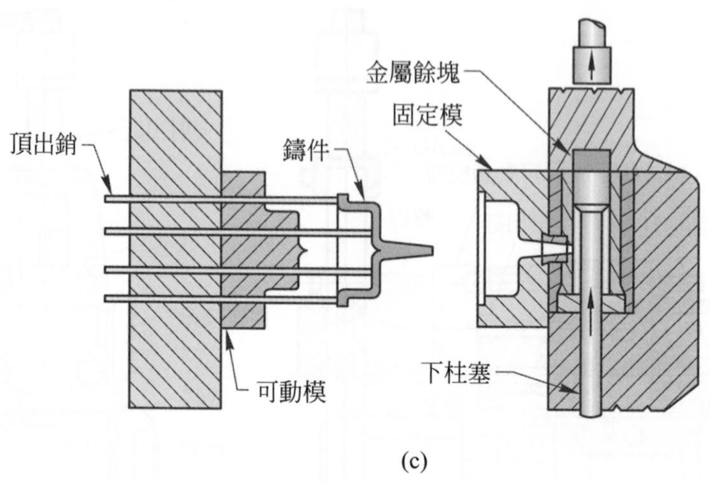

(c)

圖 4.16　立式壓鑄機的壓鑄過程(續)

3. 以鎖模機構區分：若以鎖模機構區分壓鑄機可分為直壓式壓鑄機、肘節式壓鑄機及肘節直壓式壓鑄機三類。直壓式壓鑄機是以油壓缸直接作動鎖模盤的方式鎖模，如圖 4.17 所示，可得到較大的鎖模力，但動作較緩慢；圖 4.10、圖 4.12 之壓鑄機即為肘節式壓鑄機，為較常用的型式；肘節直壓式壓鑄機為肘節機構與油壓缸二者併用的壓鑄機，可彌補直壓式壓鑄機動作緩慢之缺點。

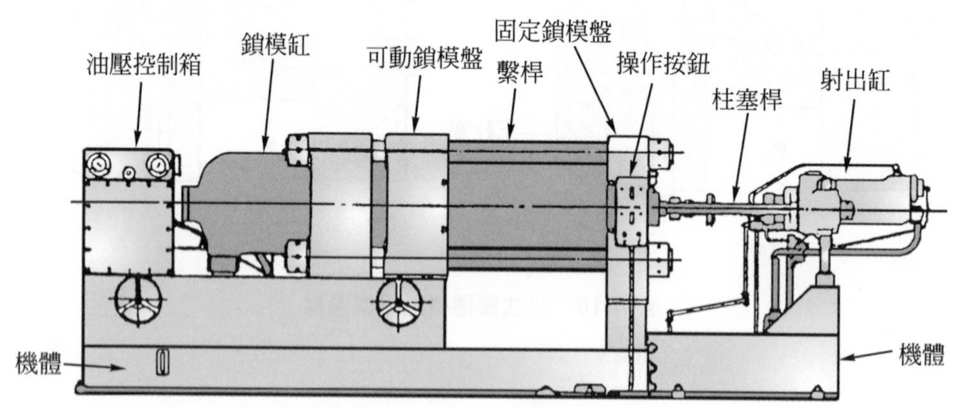

圖 4.17　直壓式壓鑄機

二、壓鑄機的構造

壓鑄機的主要構造包括開閉模的鎖模機構、合金熔液的壓入機構、鑄件的頂出機構、合金的熔化裝置和油壓電路控制系統等。如圖 4.9、圖 4.11、圖 4.13、圖 4.15、圖 4.17 所示壓鑄機的各部名稱。

鎖模機構包括固定鎖模盤(板)、可動鎖模盤、支持之繫桿以及開閉鎖模盤的裝置，鎖模的行程通常是先高速閉模，再以低速鎖模，如圖 4.18 所示。而發生強大鎖模力的機構有肘節式、直壓式、楔鎖式、肘節直壓式等各種型式。

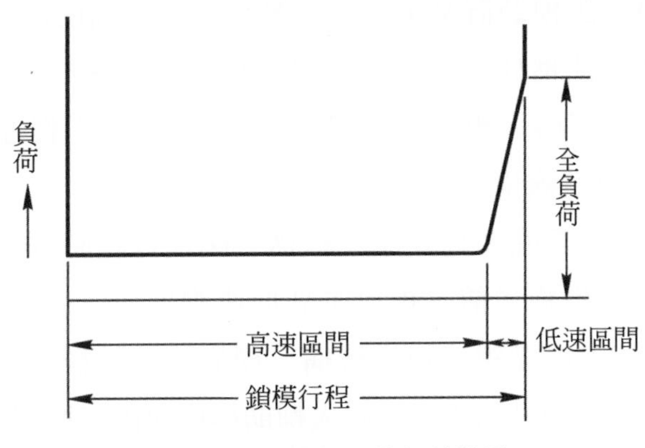

圖 4.18　鎖模行程的負荷情形

1. 肘節式：圖 4.19 所示為兩組連桿組成的雙連桿肘節式鎖模機構，鎖模缸之活塞桿伸出時，推開肘節連桿，而增大鎖模缸的鎖模力，圖 4.20 所示為肘節機構的作動原理，鎖模力隨著θ的減小而增大。

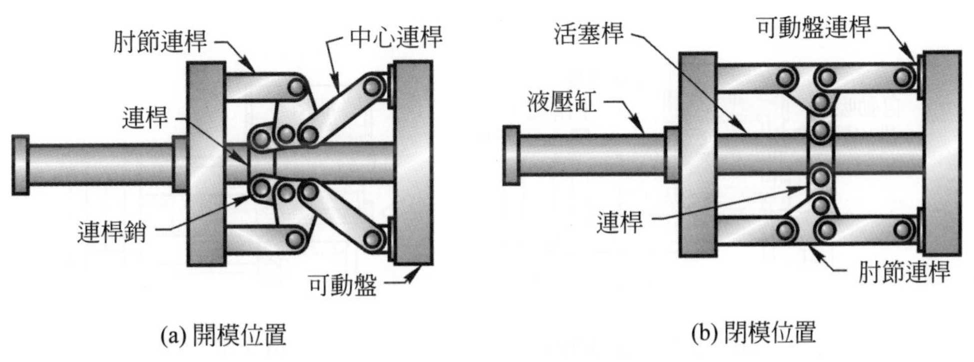

圖 4.19　肘節式鎖模機構

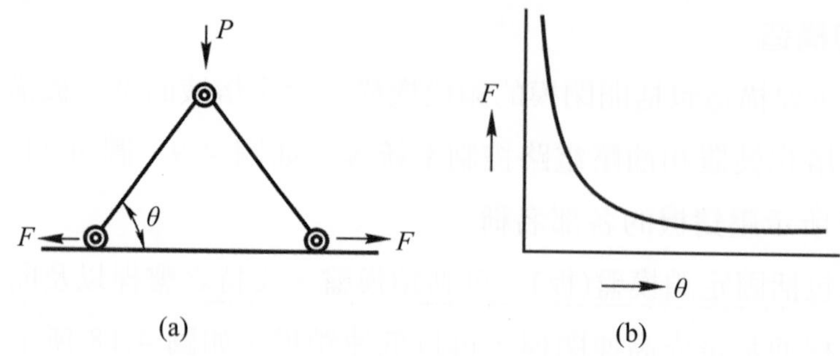

(a) (b)

圖 4.20　肘節式鎖模機構的作動原理

2. 直壓式：直壓式鎖模裝置又可分爲昇壓滑塊式、輔助缸式及增壓缸式三種，其原理皆是藉著油壓缸的壓力驅動鎖模盤，閉模時先以昇壓滑塊快速閉模，直至接近閉模終了時，再以主滑塊(主缸)全部的壓力慢速鎖模，圖 4.21 所示爲昇壓滑塊式鎖模機構。

　　圖 4.22 所示爲輔助缸式鎖模機構，閉模行程時油路先由輔助缸作動，高速閉模，在閉模終了前，再以主缸低速鎖模。

3. 楔鎖式：圖 4.23 爲楔鎖式鎖模機構，楔形塊與鎖模缸的連桿連結，在閉模行程終止前與連桿連結的楔形塊壓入輔助模板與固定塊間，因而提高鎖模力。

　　肘節式與楔鎖式鎖模機構，安裝不同厚度的模具時，以移動繫桿螺帽的位置來調整鎖模盤(板)間的距離。

4. 肘節直壓式：肘節直壓式鎖模裝置爲肘節式機構與直壓式機構二者併用，外觀與肘節式機構相近。其動作是先以肘節機構高速閉模，再以直壓式鎖模缸發生鎖模力，如圖 4.24 所示。

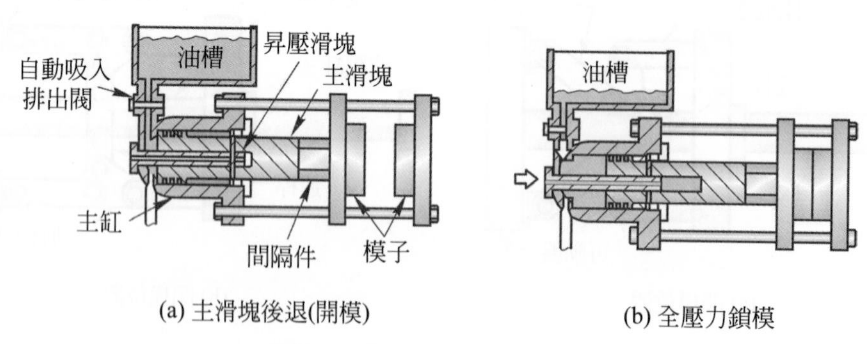

(a) 主滑塊後退(開模)　(b) 全壓力鎖模

圖 4.21　昇壓滑塊式鎖模機構

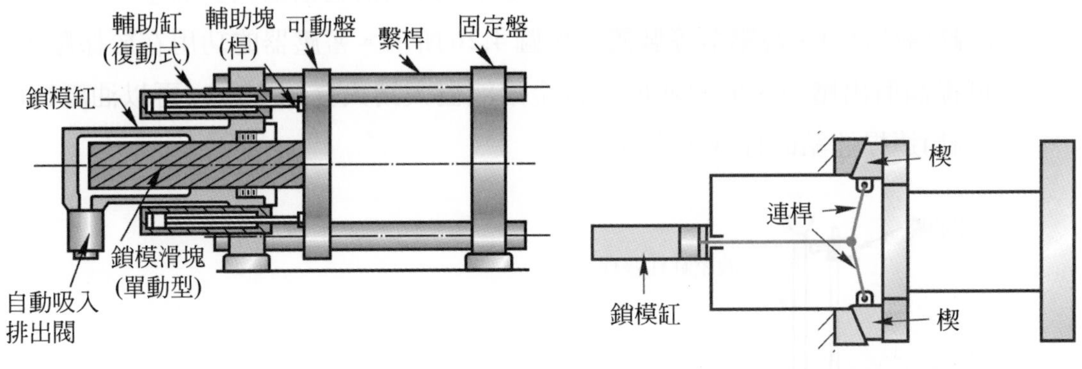

圖 4.22　輔助缸式鎖模機構

圖 4.23　楔鎖式鎖模機構的簡圖

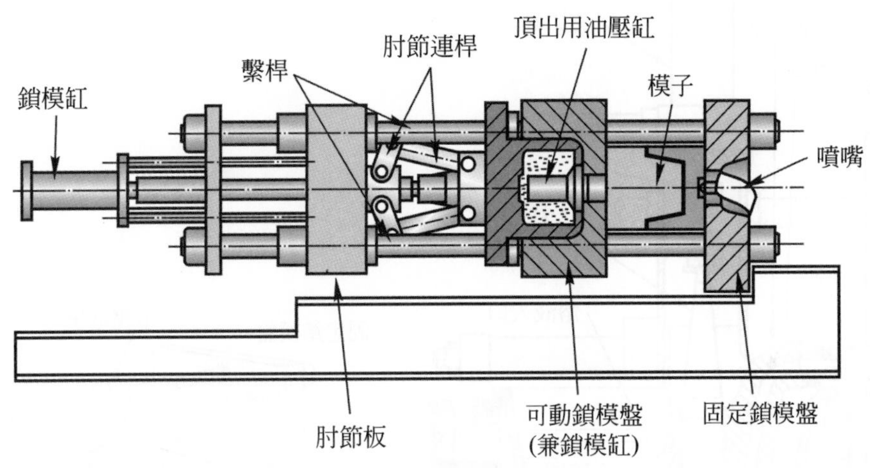

圖 4.24　肘節直壓式鎖模裝置

壓鑄機的壓入機構說明如下：

1. 熱室壓鑄機的壓入機構：熱室壓鑄機的壓入機構其主要構造有油壓缸、注入缸、柱塞、鵝頸管和噴嘴等，如圖 4.25 所示。鵝頸管與浸在合金熔液的注入缸一體，油壓缸的活塞與注入缸的柱塞桿連結，當活塞上昇至頂端時，合金熔液從入口進入注入缸，活塞向下作動時，在注入缸內的合金熔液由於受到壓力，即沿鵝頸管內的孔道從噴嘴口射入模具。注入缸體及其柱塞一般爲鑄鐵或鑄鋼製成，套筒常以特殊鋼製造後氮化，磨耗時可自注入缸體卸下更換。熔解坩堝爐一般以鑄鐵製成，也有以特殊鑄鐵製作的。

2. 冷室壓鑄機的壓入機構：冷室壓鑄機的壓入機構包括鑄入套筒室、柱塞、油壓缸(射出缸)、蓄壓器等裝置，如圖 4.26 所示。蓄壓器的功用在於保壓，並可提高射出壓力、射出速度。合金熔液置入鑄入套筒室內，再以油壓缸(射出缸)連桿連結的柱塞壓入模穴。

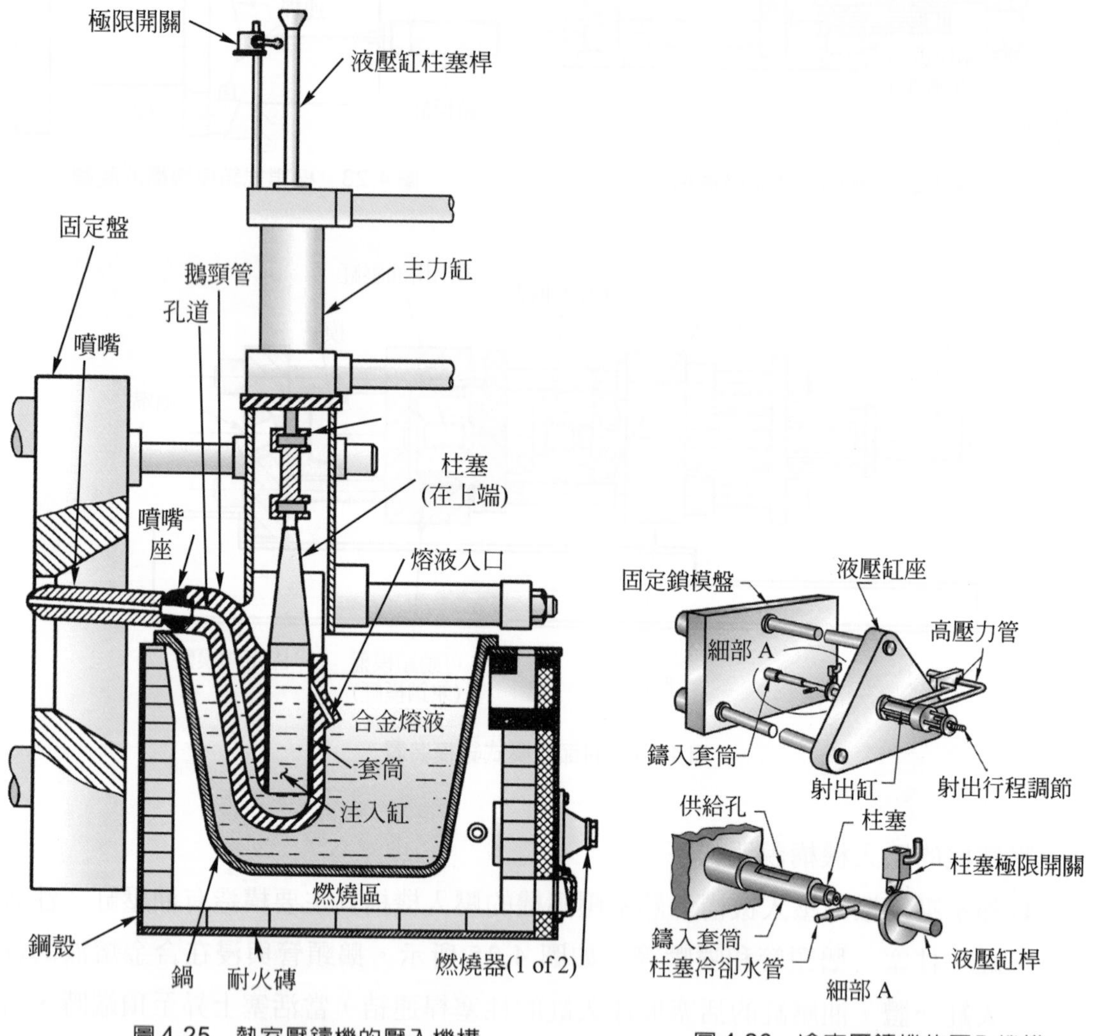

圖 4.25　熱室壓鑄機的壓入機構

圖 4.26　冷室壓鑄機的壓入機構

3. 立式冷室壓鑄機的壓入機構：圖 4.27 所示即為立式冷室壓鑄機的壓入機構，包括射出缸、柱塞、套筒、熔液輸送管等機構，合金熔液從垂直的射料套筒室由下向上壓入模具。

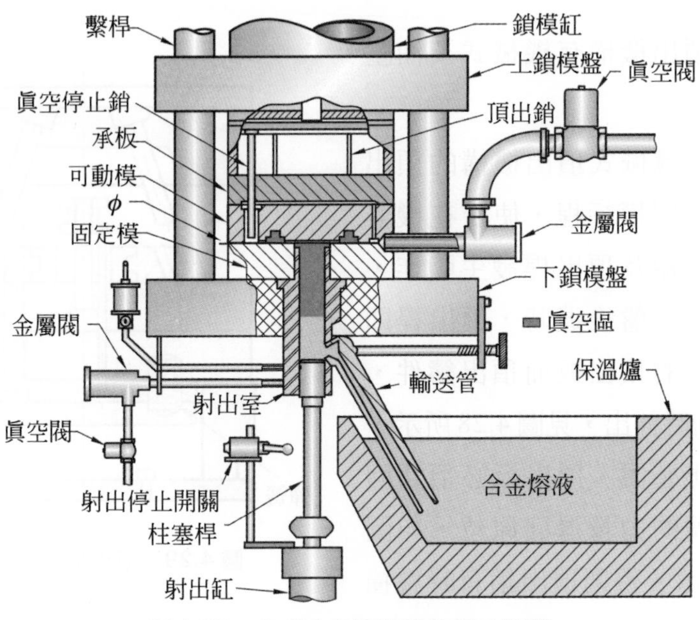

圖 4.27　立式冷室壓鑄機的壓入機構

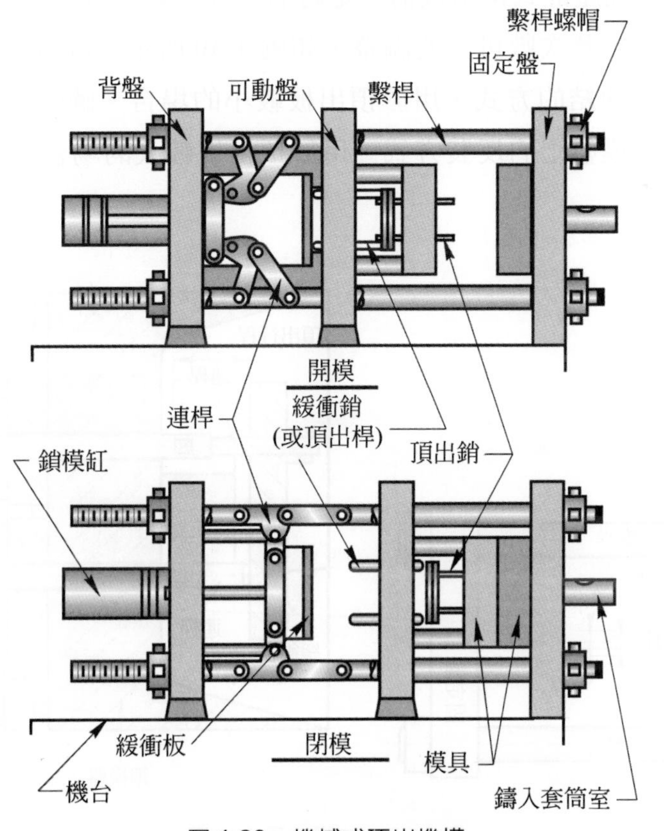

圖 4.28　機械式頂出機構

壓鑄機的頂出機構有機械式及油壓缸式兩種。

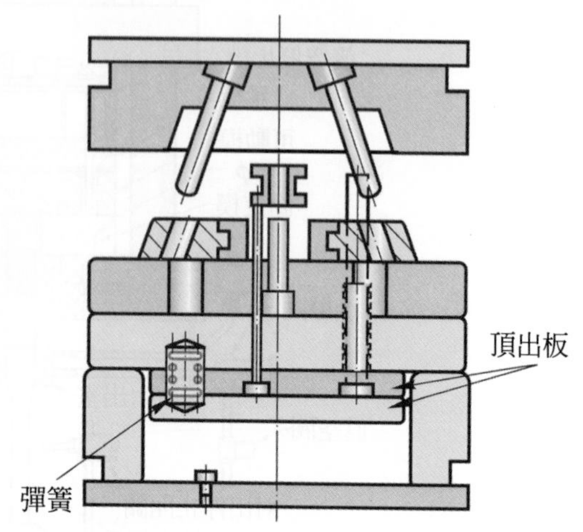

圖 4.29　頂出板藉彈力退回原位

1. 機械式：機械式頂出機構的頂出原理是藉開模行程，使裝在機器上的緩衝器及頂出桿發生動作，當可動鎖模盤後退時，頂出桿即推動模子的頂出板而頂出鑄件，回銷也同時伸出，見圖 4.28 所示，此種頂出裝置，頂出板必須藉回銷或彈簧的力量退回原位，如圖 4.29 所示，否則頂出銷有時會撞擊到角銷。
2. 油壓缸式：油壓缸式頂出機構，是將油壓缸安裝於可動鎖模盤上，特點是頂出的壓力大小及次數可方便調整，如圖 4.30 所示。圖(a)為油壓缸的連桿與頂出板直接連結的方式，用於頂出板較小的場合。圖(b)為油壓缸的連桿安裝在可動鎖模盤上的反裝方式，用於頂出板較大的場合。

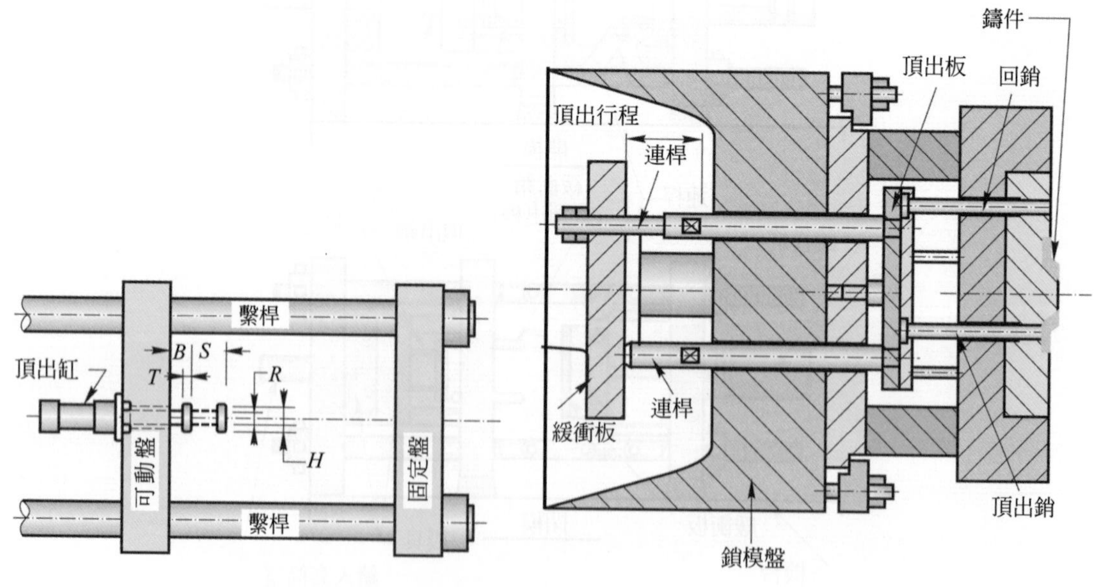

圖 4.30　油壓缸頂出機構

壓鑄機的壓入裝置設有蓄壓器，以保持射出力的穩定性及射出能力，並可提高柱塞的射出速度，其結構系統如圖 4.31 所示，其操作程序如下：

⑴馬達起動泵浦將液壓油送入充滿氮氣的蓄壓器，直到極限壓力。

⑵壓入合金熔液時，打開操作閥及射出控制閥，蓄壓器內受到高壓力壓縮的氮氣迫使液壓油作動活塞，活塞再帶動柱塞將合金熔液壓入模穴內。

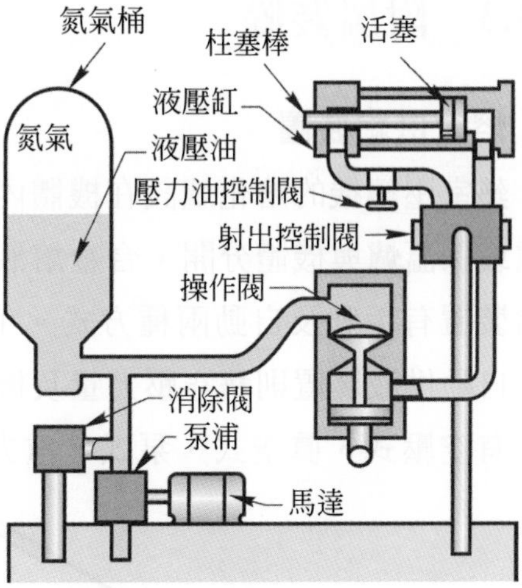

圖 4.31　蓄壓器的構造系統

4.3.2　控制系統

壓鑄機的控制系統包括電力系統及油壓系統兩部份。

一、油壓控制系統

在壓鑄機裏主要的油壓系統有泵、洩壓閥、卸載閥、變換閥、流量控制閥等，圖 4.32 所示為輪葉式泵，輪葉藉轉子旋轉產生局部的眞空，從流入口吸入油，再由輪葉側面襯套的吐出口推出而產生高壓油。

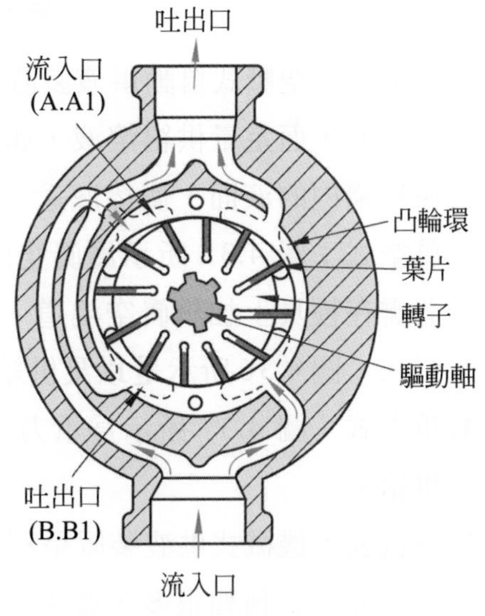

圖 4.32　輪葉式泵

二、電系控制系統

新型的壓鑄機可以手動、半自動、全自動操作，手動操作是以各個開關個別控制開模、閉模、壓入、壓入後退、頂出等動作，若按下緊急停止鈕，可隨時停止機器之運轉。

4.3.3 附屬裝置

一、熔液供給裝置

熱室壓鑄機的熔化爐設在機體內，所以不需熔液供給裝置。冷室壓鑄機由於熔解爐或保溫爐與機體分開，合金熔液必須再以供液裝置送入鑄入套筒內。一般熔液供給裝置有手動及自動兩種方式。手動供液是以杓送至鑄入套筒內，如圖 4.33 所示。自動供液裝置則藉空壓力量及機械機構將熔液送入鑄入套筒室內。自動供液裝置又有空壓式、眞空式、泵式、重力式及機械式多種。

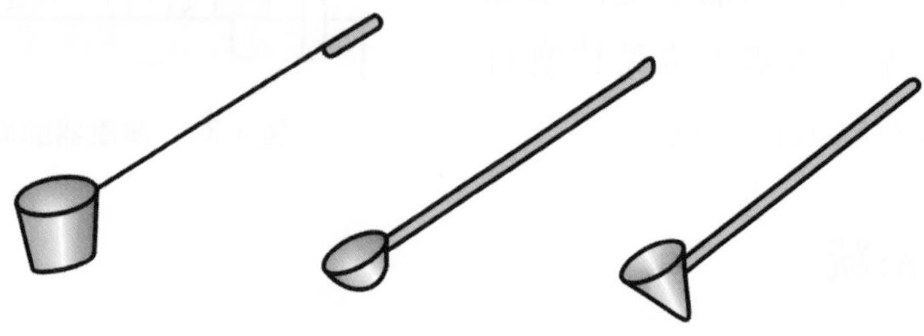

圖 4.33 鑄入用杓

1. 空壓式：空壓式自動供液裝置是利用大氣壓力之原理，以低的空氣壓力施於熔液面，而定量供給熔液，如圖 4.34(a)所示，圖 4.34(b)是以空氣壓力施於保持鍋內的液面，使熔液送入供給筒的方式。
2. 眞空式：圖 4.35 所示爲眞空供液裝置，藉眞空吸入原理供給熔液。此種裝置需在模具上加設眞空澆道，並以眞空泵浦抽成眞空。
3. 泵式：圖 4.36 所示是以泵供給熔液的裝置。
4. 重力式：圖 4.37 所示爲重力式供液裝置，藉熔液本身的重量向下流的特性供給。
5. 機械式：機械式供液裝置是利用機械杓從熔爐取出熔液，供給鑄入套筒的方式，此方式種類很多，圖 4.38 及圖 4.39 所示爲代表性型式。另外還有一種置換式的供液裝置，如圖 4.40 所示，以置換體放入坩堝，讓熔液自然溢出，流入導管。

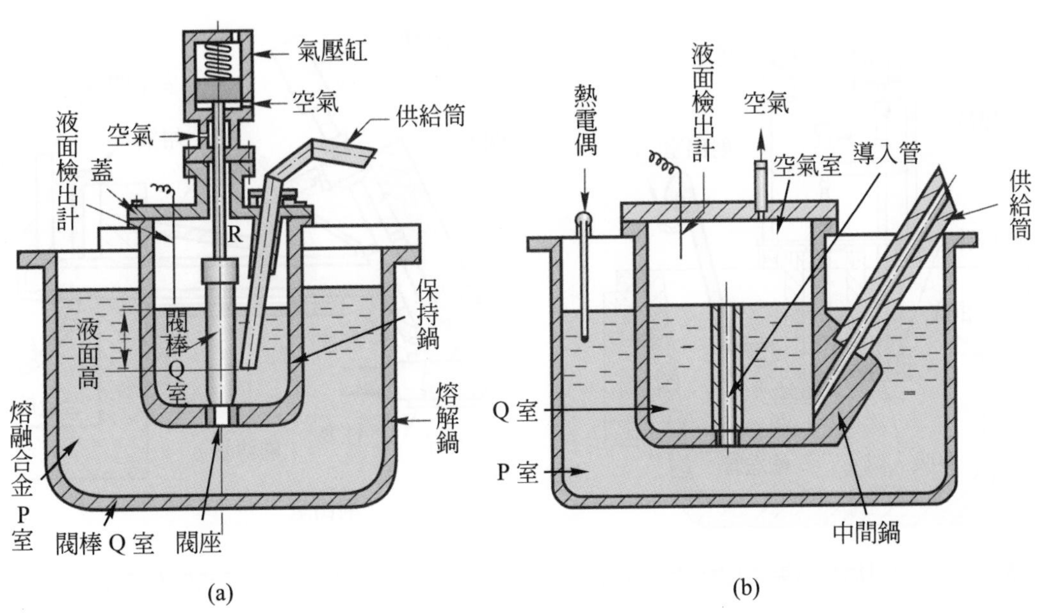

圖 4.34　空壓式自動供液裝置

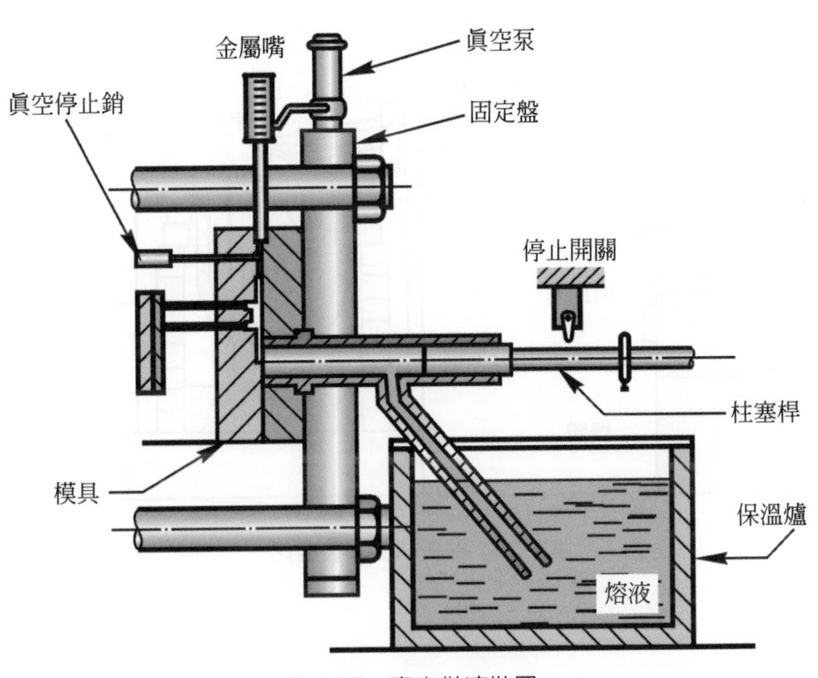

圖 4.35　真空供液裝置

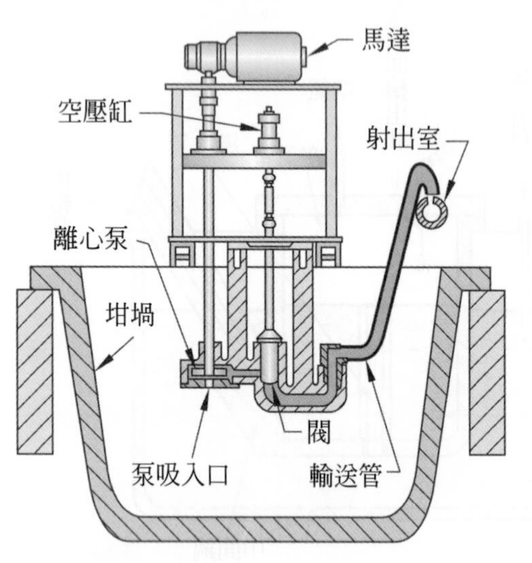

圖 4.36　泵供給熔液裝置(適用於鎂合金)

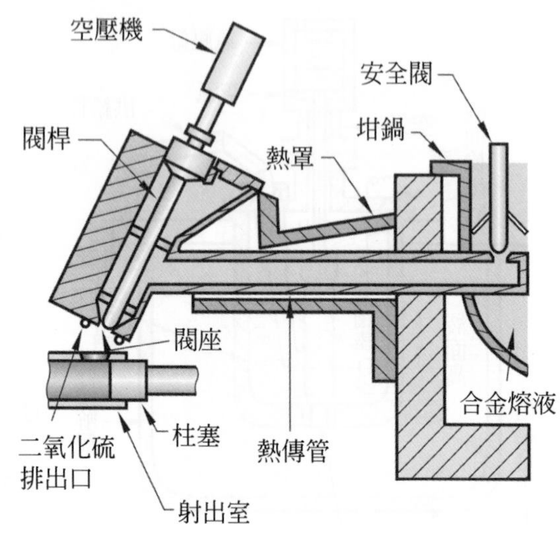

圖 4.37　重力式供液裝置

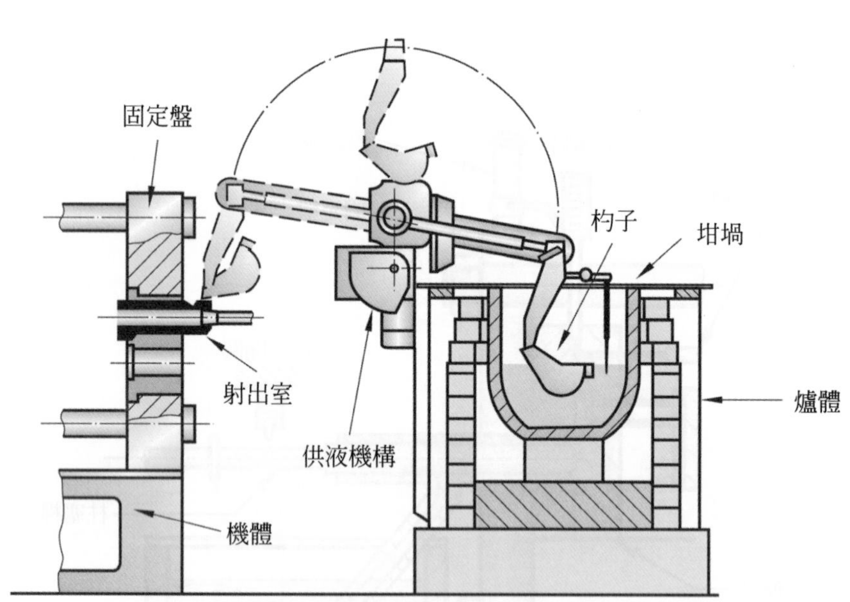

圖 4.38　機械式供液裝置之一

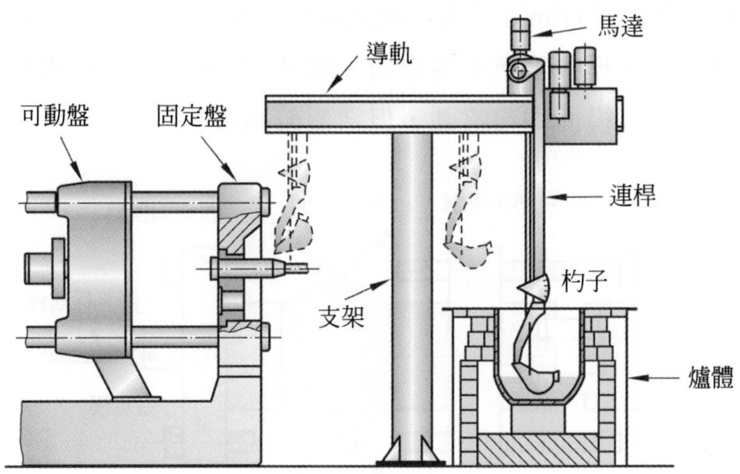

圖 4.39　機械式供液裝置之二

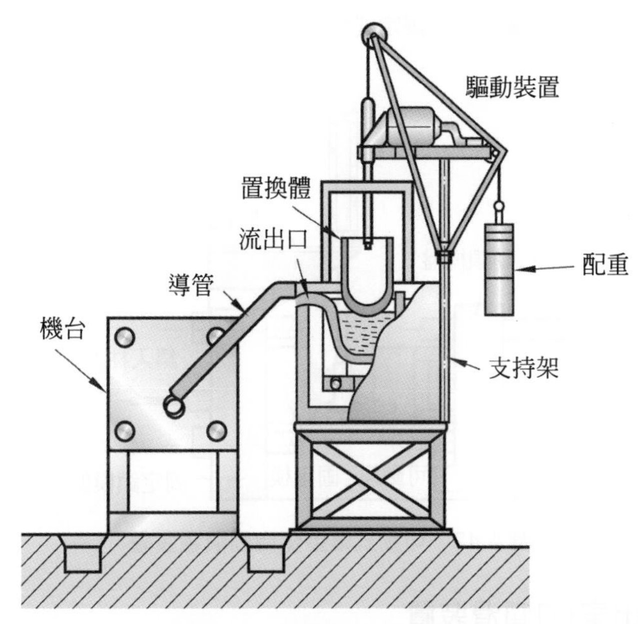

圖 4.40　置換式的供液裝置

二、離型劑噴灑裝置

在壓鑄操作過程中，每次頂出鑄件後，需噴灑離型劑於模穴上，以防止鑄件黏模，並降低模溫，及潤滑頂出銷、導銷，和增加合金熔液之流動性，提高鑄件品質。

離型劑的功用，除使鑄件容易脫模外，並有潤滑作用，一般離型劑是以礦物油與石墨混合成膠狀，再稀釋使用。

離型劑自動噴灑裝置有固定式與可動式兩種。圖 4.41 所示為固定式噴灑裝置，由於噴槍置於模具外，模穴噴塗不易均勻。圖 4.42 所示為可動式噴灑裝置，噴槍由液壓缸控制，可伸入模面均勻噴灑，但造價較昂貴。

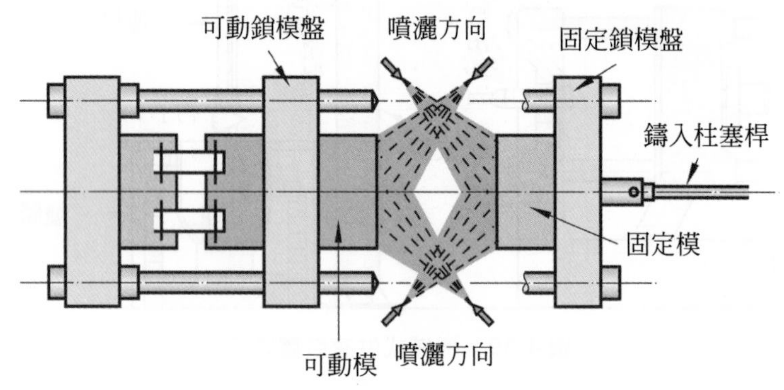

圖 4.41　固定式離型劑自動噴灑裝置

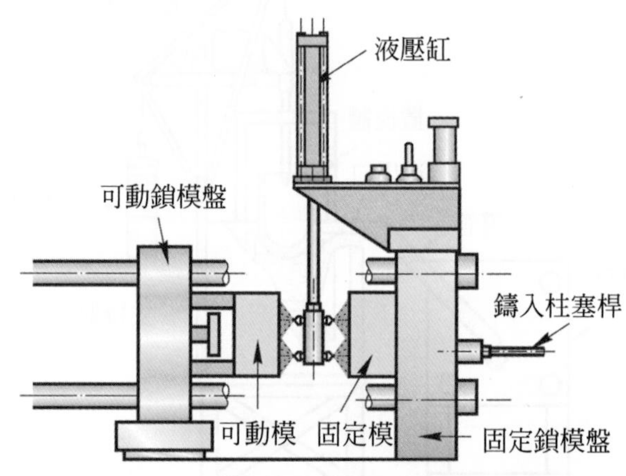

圖 4.42　可動式離型劑自動噴灑裝置

三、鑄入套筒(射出室)的潤滑裝置

適當地對鑄入套筒及柱塞作潤滑可延長其使用壽命，圖 4.43 所示是在鑄入套筒室內製作一油溝槽以潤滑柱塞的裝置，其潤滑油是由馬達泵經橡皮管輸送至潤滑溝，當柱塞後退時泵即停止輸送。

圖 4.44 所示為利用柱塞前進或後退時，自動開閉潤滑通路的一種裝置。

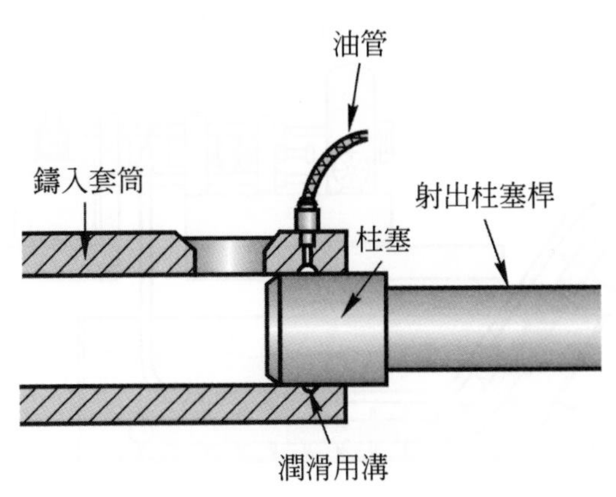

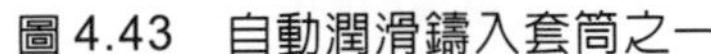
圖 4.43　自動潤滑鑄入套筒之一

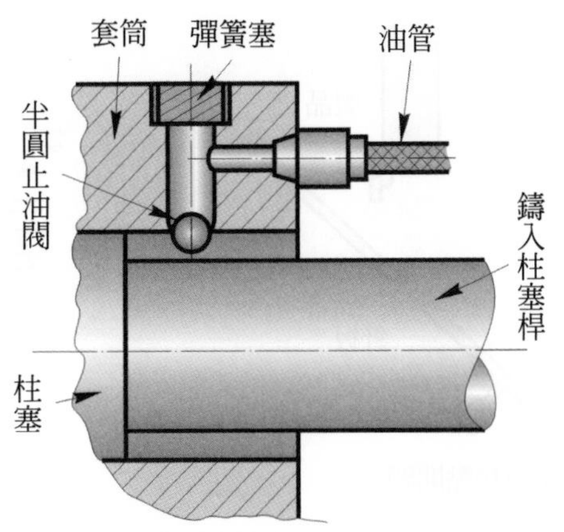

圖 4.44　自動潤滑鑄入套筒之二

四、自動化裝置及其安全裝置

在科技日新月異的今日，壓鑄廠的作業也由自動化或無人化生產方式取代傳統人為作業方式。

壓鑄機採自動化或無人化的操作，最基本的要求，就是製品是否完全脫開模具，必須有一製品落下確認裝置予以控制機器的動作，才能保護模具。製品落下確認裝置，有光電管式及電器機械式等方法，圖 4.45 為光電管式的安全裝置，圖 4.46 所示為電氣接點式的安全裝置。

自動化裝置不僅止於壓鑄機的操作自動化，至於與鑄件自動輸送及自動後加工處理的結合，使壓鑄作業完全自動化，已是目前的趨勢。圖 4.47 所示為壓鑄自動化作業的代表實例。

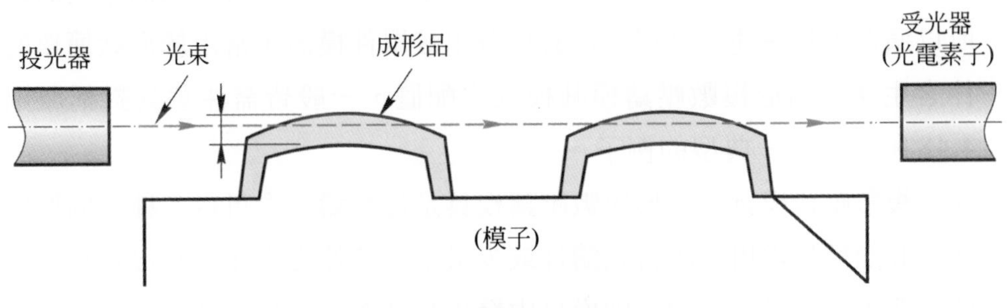

圖 4.45　光電管式的安全裝置

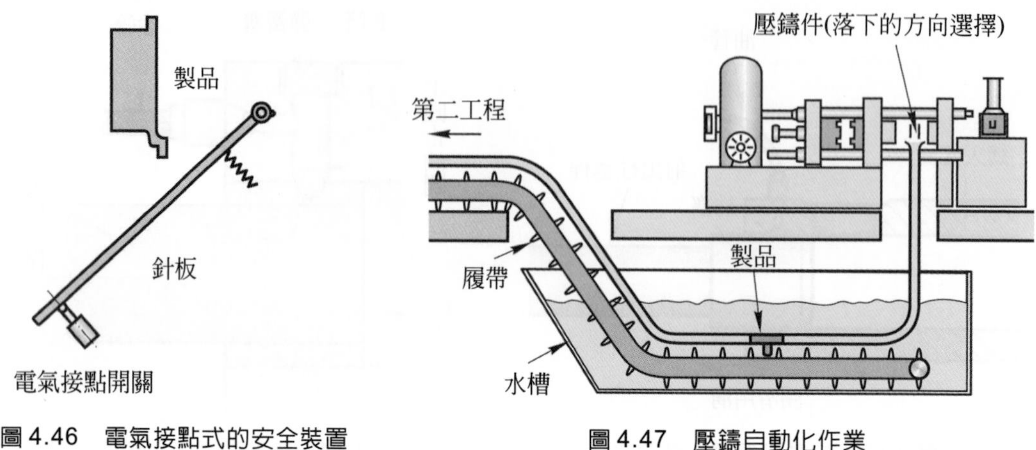

圖 4.46　電氣接點式的安全裝置

圖 4.47　壓鑄自動化作業

4.4 壓鑄模具結構

壓鑄模具是指壓鑄時使合金溶液成形的生產工具，通常可分為固定側與活動側兩部份。

4.4.1 壓鑄模具的種類

壓鑄模具的種類可依壓鑄件數、模具構造及所使用的壓鑄機來區分。

一、以壓鑄件個數區分

1. 單件壓鑄模具：單件壓鑄模具一次只生產一個鑄件，所以不適合大量快速生產用，但製模費用低，較適合大型或形狀複雜鑄件之生產。
2. 同形複數壓鑄模具：同形複數壓鑄模具是每壓鑄一次可得數個相同的鑄件，所以適合大量快速生產用，惟製模費用較單件模高，常用於形狀簡單的小鑄件之生產。同形複數壓鑄模其模穴之配置，一般皆需注意其對稱原則，圖 4.48 所示即是一典型的例子。
3. 異形複數壓鑄模具：異形複數壓鑄模具是每壓鑄一次可得多種不同形狀的鑄件，此類模具常用於組合式鑄件或少量小型鑄件之生產。其優點在於可節省製模費用，但是若在同一副模具中發生良品率不一時，產量就會有不平衡的現象。

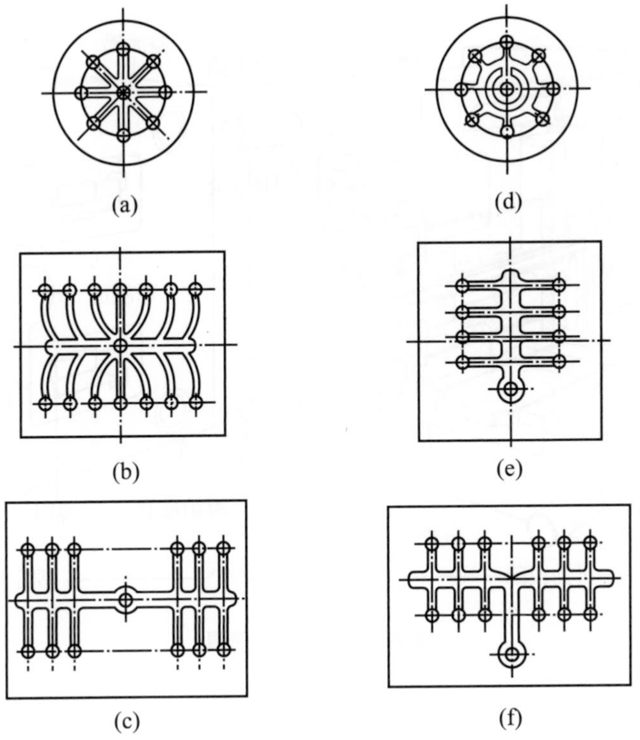

圖 4.48　同形複數壓鑄模其模穴配置之例

二、以模具構造區分

以模具的構造可區分為直雕模、嵌入模、單元模等。

1. 直雕模：為在可動模或固定模直接雕出公模或母模形狀的模具，此類模具之構造常用於小型模具，若用於大型模具易使模具於熱處理時發生變形，影響鑄件的精密度。

2. 嵌入型模具：嵌入型模具為公模或母模直接雕於嵌模上，嵌模再嵌入模框內的模具，嵌模採用特殊模具用鋼，以提高模具壽命，並可減少模具材料費及熱處理時的變形，此型模具適用於大型鑄件及量多之生產，如圖 4.49 所示。

3. 單元模：單元模為特殊組合式模具，其特點是將模具的公模及母模做成可拆卸組件，而澆道及其他機構做成標準型式。如欲更換生產鑄件時，只需拆下單元模(即公模、母模部分)更換即可，節省換模、拆模的時間是此種模具最大的優點，如圖 4.50 所示。

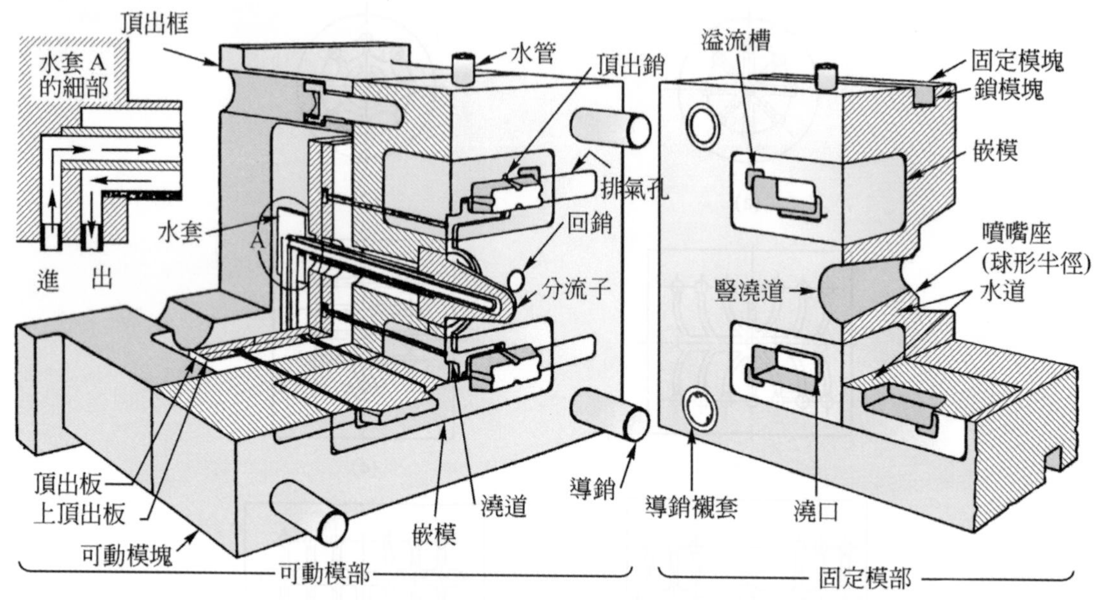

圖 4.49 嵌入型模具

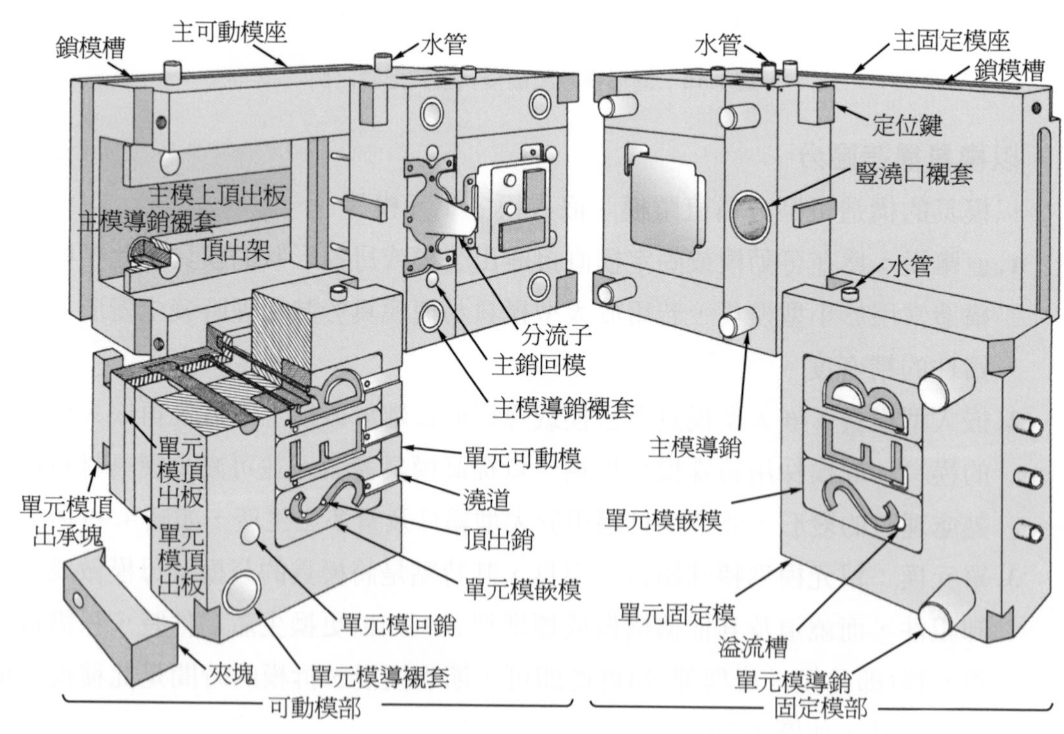

圖 4.50 單元模

三、以使用壓鑄機區分

壓鑄模具若以使用的壓鑄機來區分，可區分爲熱室壓鑄機用模具、冷室壓鑄機用模具兩類。

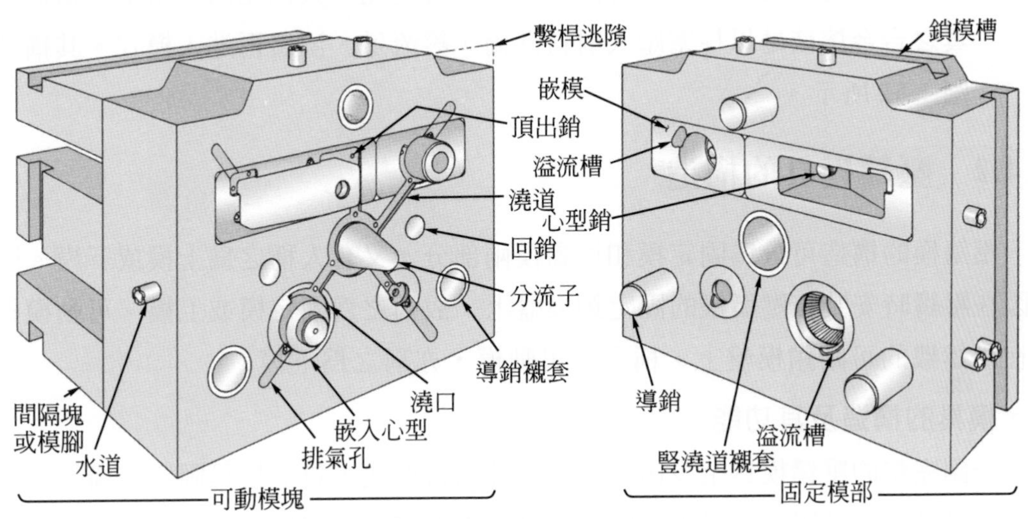

圖 4.51　熱室壓鑄機用模具

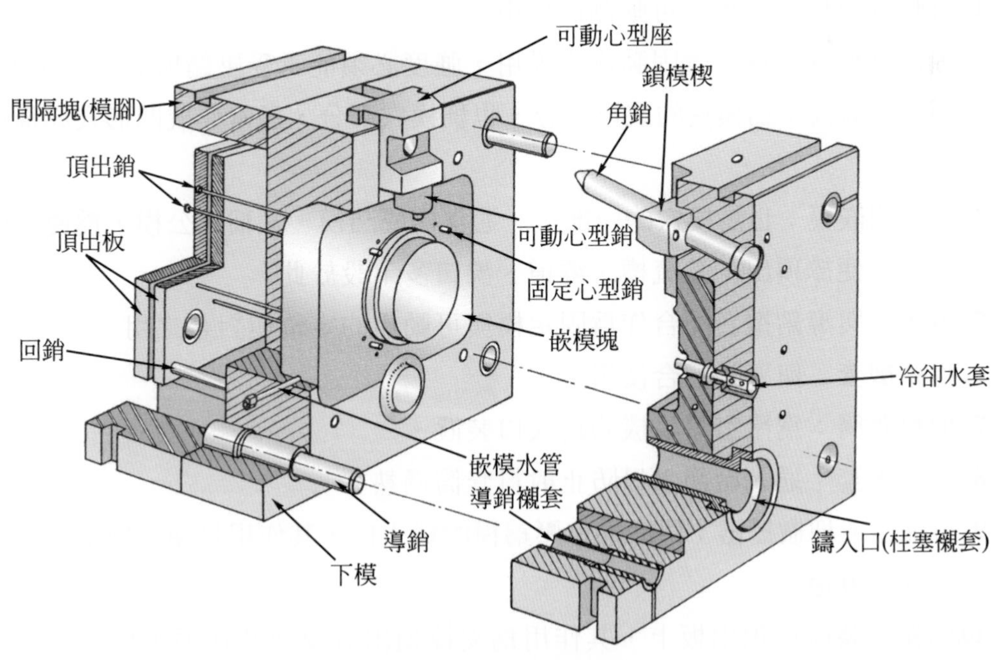

圖 4.52　冷室壓鑄機用模具

1. 熱室壓鑄機用模具：熱室壓鑄機用模具其合金熔液是以鵝頸管射出，經豎澆道、澆道、澆口再進入模穴。如圖 4.51 所示。
2. 冷室壓鑄機用模具：冷室壓鑄機用模具與熱室壓鑄機用模具最大的不同點在於進料系統之設計，其餘各部分之構造及功能則大抵相同，冷室壓鑄機用模具之合金熔液是以柱塞壓入射料套筒，經流道、澆口再進入模穴。其構造如圖 4.52 所示。

4.4.2 壓鑄模具的構造

壓鑄模的構造可分為固定模和可動模兩部分，又有人稱之為上模或下模。固定模因在壓鑄時安裝在壓鑄機的固定鎖模盤上，故稱之為固定模或上模。可動模則安裝在壓鑄機的可動鎖模盤上，稱之為可動模，亦稱之為下模。

一、模具的構造及其功能

一副完整的壓鑄模具至少由十幾種零件組合而成，包括模具固定結構件、頂出裝置、模具對合裝置、模溫調節裝置等等。零件雖多但樣樣皆有其特殊功能，缺一不可，如圖 4.51、圖 4.52 所示。模具的構造及其功能分述如下：

1. 可動側模框：為承置可動側嵌模用。
2. 固定側模框：為承置固動側嵌模用，強度必須能承受壓鑄所發生的壓力。
3. 固定側嵌模：為模具的成形部分，也稱模穴部分，通常作成凹形穴亦稱為母模。
4. 可動側嵌模：也是模穴的一部份，通常作成凸模，又稱為公模，為使鑄件露於其上便於頂出，溢流槽、澆道、澆口多半設於此。
5. 導銷：與導銷襯套配合作為固定模與可動模的定位與對合之用。
6. 導銷襯套：與導銷配合使用。
7. 射料套筒：為冷室壓鑄機的鑄入口裝置，
8. 冷卻水套：通入冷卻水以防止射料套筒過熱。
9. 分流器或稱撒播器：位於熱室壓鑄模的鑄入口，其作用是使金屬熔液能均勻地進入澆道。
10. 回銷：裝置於頂出板上，其作用為支撐頂出板及使裝在頂出板的頂出銷能在頂出鑄件後回到原位。

11.頂出銷：頂出銷於開模後將鑄件頂出、脫離模心的一種裝置，其型式除頂出銷外，尚有頂出套筒、頂出板(或稱脫料板)、頂出環等。

12.上下頂出板：用以支持頂出銷及回銷的板。

13.止塊：止塊的作用為限制頂出板的作動長度，壓鑄機雖設有頂出長短控制裝置，但在試模時往往一疏忽，即將分流子冷卻水套壓壞，有止塊設置則可避免。

14.間隔塊或稱模腳：左右各一塊用以支承可動側模板之用，設計時宜注意高度必須要能容納上下頂出板的厚度及頂出衝程長度，且左右高度必須一致，否則分模面不易密合。

15.溢流槽：主要功能在於收集模穴內的金屬餘料或空氣。

16.排氣孔：當進行壓鑄作業時，金屬熔液所產生的氣體、或留在模穴內的空氣，經排氣孔溢出，可增加鑄件的品質。

17.吊鉤：設置吊鉤的目的為便於利用起重機在壓鑄機上安裝模具。

18.冷卻水孔：為通入冷卻水以調整模溫之用。

19.自循環冷卻水套：通常裝於壓鑄模的鑄入口，以調節模溫。

4.4.3　壓鑄件的設計

一、壓鑄件的設計要項

壓鑄件的成品設計對於模具的簡化、模具的製作、成品的外觀、強度、尺寸精密度及生產成本等，都有決定性的影響，所以設計者必須謹慎設計，以下是成品設計時必須注意的要項：

⑴分模線的設計。

⑵流道系統的設計。

⑶鑄件的脫模問題。

⑷鑄件清角部份如何解決。

⑸外觀缺陷的處理方法。

⑹簡化鑄件的整修工作。

⑺鑄件是否做最後的表面處理。

⑻鑄件的尺度要求。

⑼鑄件的厚度要求一致。

⑽鑄件的強度要求。

二、壓鑄件的一般設計

1. 尺寸精密度：鑄件長度的尺寸許可差，可分為

⑴精密許可差(mm)

⑵一般許可差(mm)

⑶分模許可差(追加許可差)(mm)

⑷滑動模部的尺寸許可差(追加許可差)

表 4.17　鑄件的最小厚度

壓鑄件的表面積 (cm^2)	低溫壓鑄合金 (錫、鉛、鋅) (mm)	高溫壓鑄合金 (鋁、鎂) (mm)	高溫壓鑄合金 (銅) (mm)
25 以下	0.6～1.0	0.8～1.2	1.5～2.0
25～100	1.0～1.5	1.2～1.8	2.0～2.5
100～500	1.5～2.0	1.8～2.5	2.5～3.0
500 以上	2.0～2.5	2.5～3.0	3.0～4.0

2. 壓鑄件的厚度：鑄件的厚度有一定的限制，太薄則合金熔液無法流動，太厚則鑄件組織不易細密，鑄件最小的厚度範圍可參考表 4.17 所提供的資料，而鑄件的厚度一般鋁合金以不超過 7mm 為原則，而鋅等低熔點合金以不超過 10mm 以上為原則。

三、壓鑄件的收縮率

壓鑄合金的熔液從高溫凝固時其體積會發生收縮變化，這種體積的變化受到以下各種因素的影響：(a)合金熔液壓入模具的溫度。(b)模具的溫度。(c)鑄件的形狀。

因此，在製模前必須瞭解合金的收縮量，才能得到預定尺寸的鑄件。而影響收縮的鑄件形狀可分為三類，即第一類為有心型的形狀，第二類為沒有心型的形狀，第三類為一般的形狀。

在圖 4.53 所示，(a)、(b)鑄件 L 所表示的部位為第一類情況；(c)、(d) 鑄件的 L 、L_1，L_2 所示尺寸部位即為第二類情況；(e)鑄件中的 L_1、L_2、L_3 屬第三類情況，其中 L_1、L_3 處尺寸屬第二類情況，L_2屬第一類情況。以上三類的鑄件形狀其

收縮量，均有所不同，若要精確地計算實屬不易，一般皆以經驗法計算近似值，經試模後再予修正。

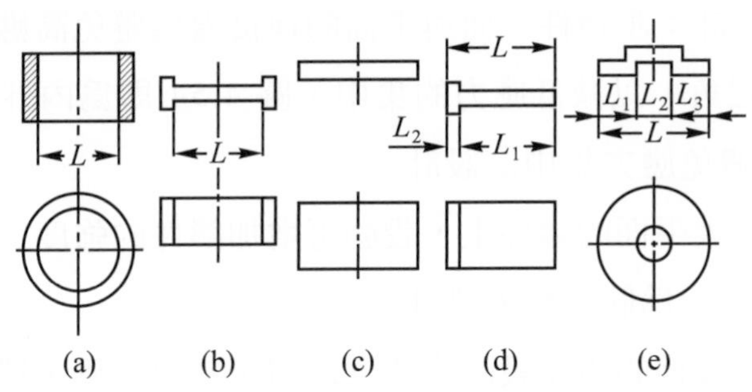

圖 4.53　鑄件的形狀

經驗公式如下：

$$L_0 = (1 + \Delta L)L$$

L_0＝模穴的尺寸(mm)

L＝鑄件的尺度(mm)

ΔL＝鑄件的收縮率(由下表直接取得)

表 4.18 壓鑄合金的收縮率約值，表 4.19 爲鑄件有心型時的收縮率約值。

表 4.18　壓鑄合金的收縮率約值

合金的種類	收縮率
鋅合金	$4.0\times10^{-3}\sim7.0\times10^{-3}$
鋁、鎂合金	$5.0\times10^{-3}\sim8.0\times10^{-3}$
銅合金	$6.0\times10^{-3}\sim9.0\times10^{-3}$

表 4.19　鑄件有心型時的收縮率約值

鑄件肉厚 (mm)	收縮率 ($\times10^{-3}$)	
	鋅合金	鋁合金
1～2	2.0～4.0	2.0～4.5
2～3	3.0～5.0	3.0～5.5
3～4	4.0～6.0	4.0～6.5
4 以上	−	5.0～7.5

四、壓鑄件的形狀設計

1. 內外圓角的設計：壓鑄件平面與平面的連接處爲避免高應力的集中，特在連接處設計成圓角，以減低應力的集中，圖 4.54 即爲內外圓角的參考設計，圖 4.55 爲應避免應力集中之設計。
2. 肋的設計：在大平面的鑄件上，設肋可增加鑄件的強度，但是必須正確的設計，圖 4.56 所示爲肋的參考設計。
3. 肉厚的設計：鑄件的肉厚設計應注意均勻，其理由爲，鑄件肉厚不均勻時，其所產生的冷卻收縮則不同，鑄件易因收縮不同而產生內應力，進而影響鑄件的強度及尺寸精密度，圖 4.57 即爲肉厚不均勻的建議設計例子。

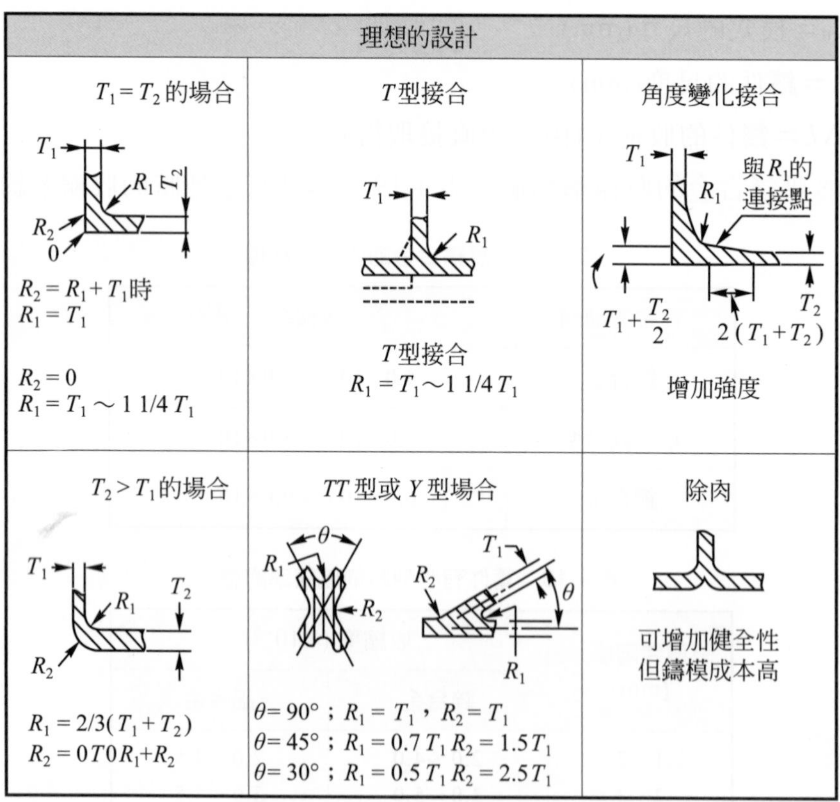

圖 4.54 內外圓角的參考設計

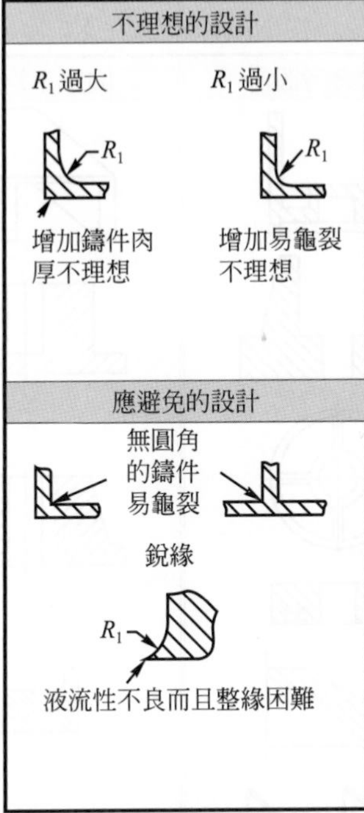

圖 4.55　避免應力集中之設計

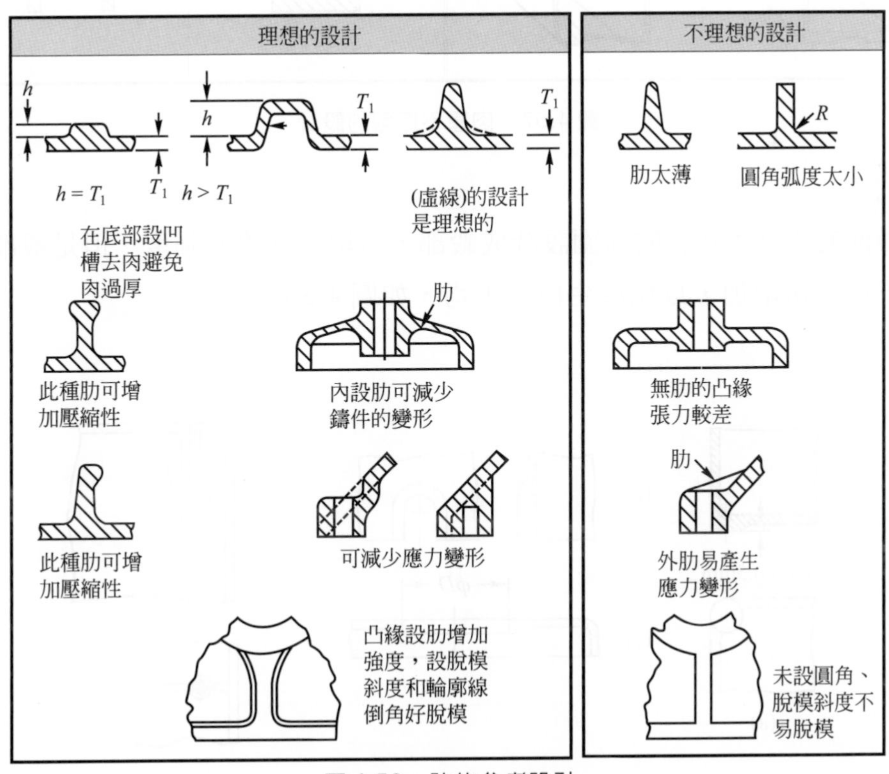

圖 4.56　肋的參考設計

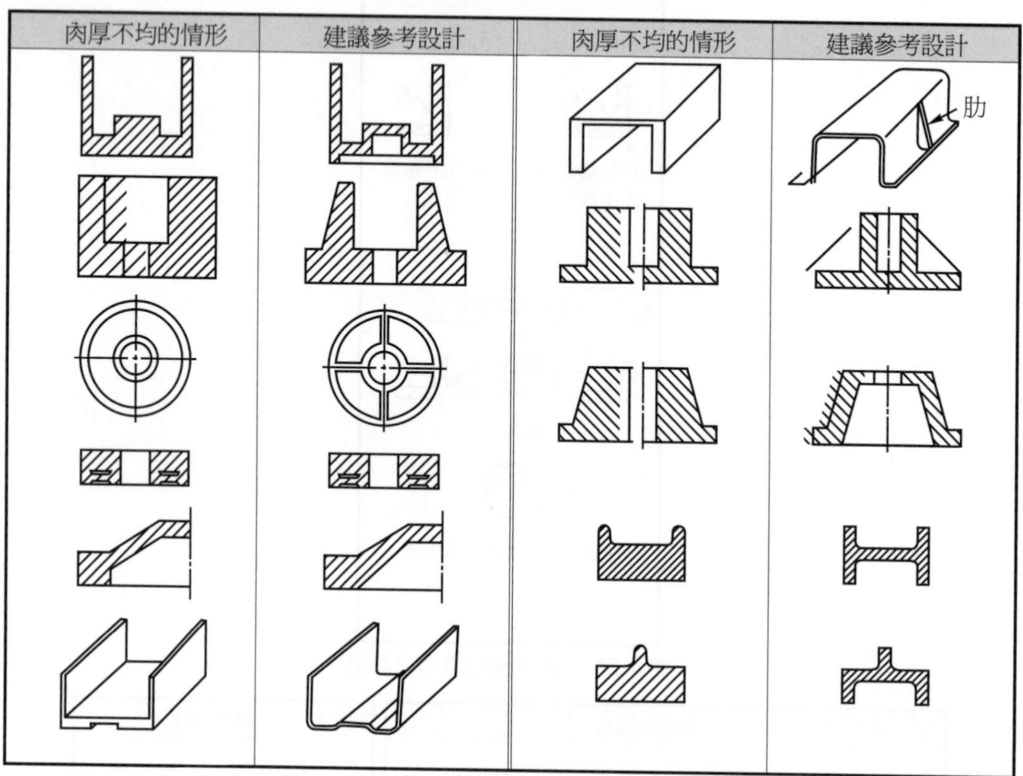

圖 4.57　肉厚不均勻的設計

4. 轂部的設計：在孔的周圍設計成轂部，可增強孔邊的強度，但是轂部的肉厚不可過份增加，以免產生肉厚不均，如圖 4.58 所示。

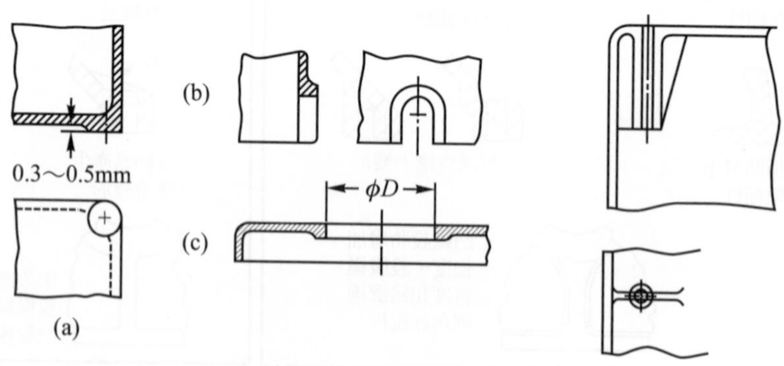

圖 4.58　轂部的設計

5. 文字或標誌的設計：在鑄件上設計文字或標誌可分爲突出型與凹入型兩種，一般以突出的文字之模具較易製作，文字的設計如圖 4.59 所示，又文字、標誌設計在側模時須注意脫模問題。

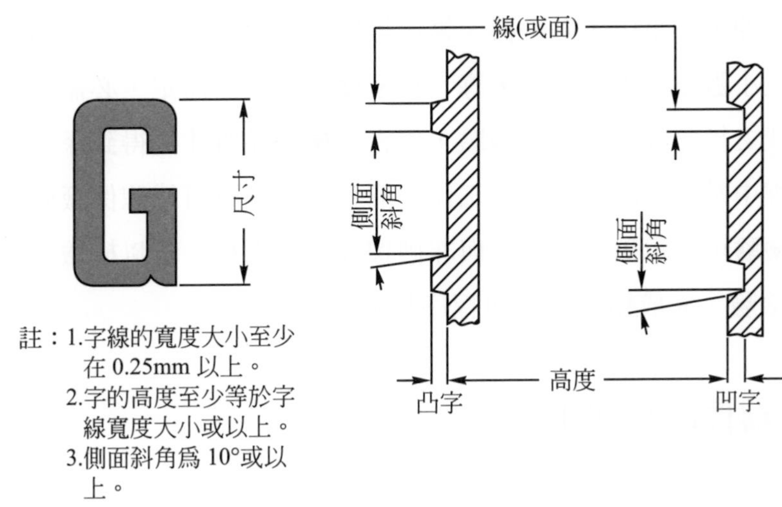

圖 4.59　文字或標誌的設計

6. 避免清角(Under cut)之設計：鑄件的設計應儘可能避免有清角的情形，因有清角時模具必須設側模，模具增加困難度，且間接影響到製作成本。鑄件有清角的情形如圖 4.60 所示。

7. 鑄件避免尖角設計：鑄件應儘可能設計成圓角，以避免應力集中及碰傷。

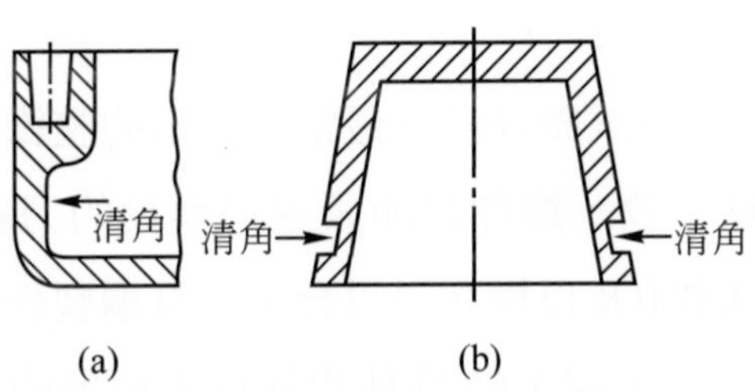

圖 4.60　避免清角設計

4.5 壓鑄件後處理

剛壓鑄出來的鑄件，通常多留有進料澆口、溢流口等餘料，去除之後才能得到成品，這類壓鑄餘料不能像塑膠製品一樣隨手以刀片去除，通常需輔以手工具如銼刀、斜口鉗或沖床、車床、砂輪機、鋸床等機具去除；而決定去除的方式，一般以考慮鑄件的大小數量、去除量的多寡、精密度的要求等而定，必需合乎經濟效益。

鑄件完成之後需經過嚴密的檢驗，嚴密的檢驗品質才能得到保證，鑄件的檢驗在壓鑄的製程中是一項非常重要的工作，而良好的品質可以確保廠商信譽與水準。一般鑄件的檢驗可分爲破壞性檢驗與非破壞性檢驗兩種，若以檢驗性質而言又可分爲現場鑄件檢驗、完成鑄件檢驗與程序檢驗等。

4.5.1 壓鑄件的後加工

一、鑄件的整緣加工

所謂鑄件整緣加工，即是以沖模或其它方式去除鑄件的毛屑及澆道澆口餘料的加工。

1. 沖模加工：以整緣沖模去除壓鑄餘料，鑄件餘料的厚度在0.25到0.50mm最佳。若餘料非常薄，鑄件的整緣工作就不理想了，薄的餘料經常爲整緣模所折疊，餘料無法完全去除，而有些情況，鑄件的澆道宜先去除，再置於整緣模上，有時也故意設計出餘料做爲定位器，以利於鑄件在整緣模上的定位。一般整緣用模具可分爲：

⑴下料式整緣模：下料式整緣模爲最常被使用的整緣模，這種模具的刀緣輪廓與鑄件的外緣一致，鑄件以沖頭逼過模具的刀緣，即可把壓鑄餘料去除，此類模具的沖頭及母模必須以合金工具鋼製作，方能耐久使用，如圖4.61及圖4.62所示，圖4.62爲使用鑄件定位器的下料整緣模。

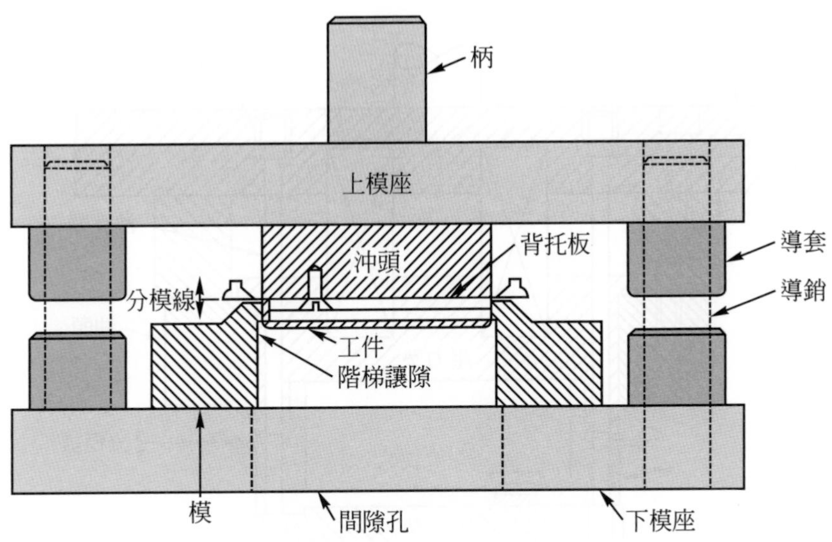

圖 4.61　下料整緣模(一)

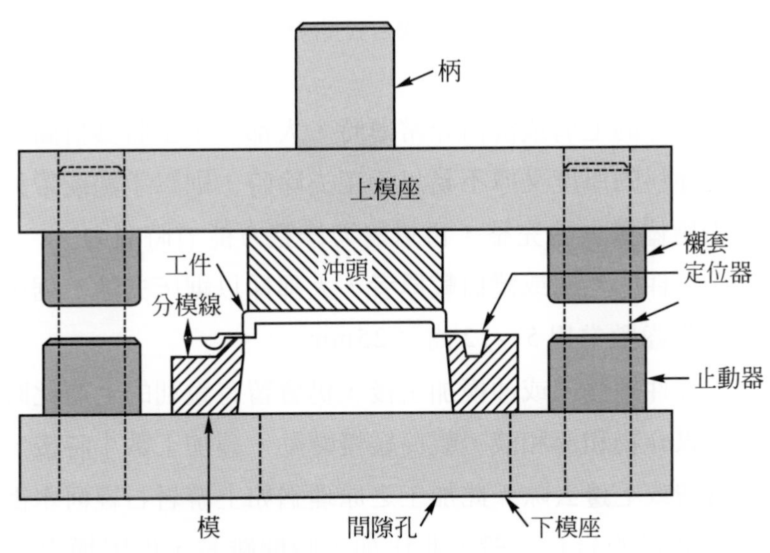

圖 4.62　下料整緣模(二)

⑵複合式整緣模：圖 4.63 所示爲一簡單的複合式整緣模，當壓鑄件置於定位墊中，壓力墊受彈簧的作用先壓住鑄件使之定位，再以沖頭刀口把壓鑄餘料剪除。壓墊的作用在於沖剪餘料時，防止鑄件留在沖頭上而發生變形，一般壓力墊以軟鋼或強化的環氧樹脂製成。

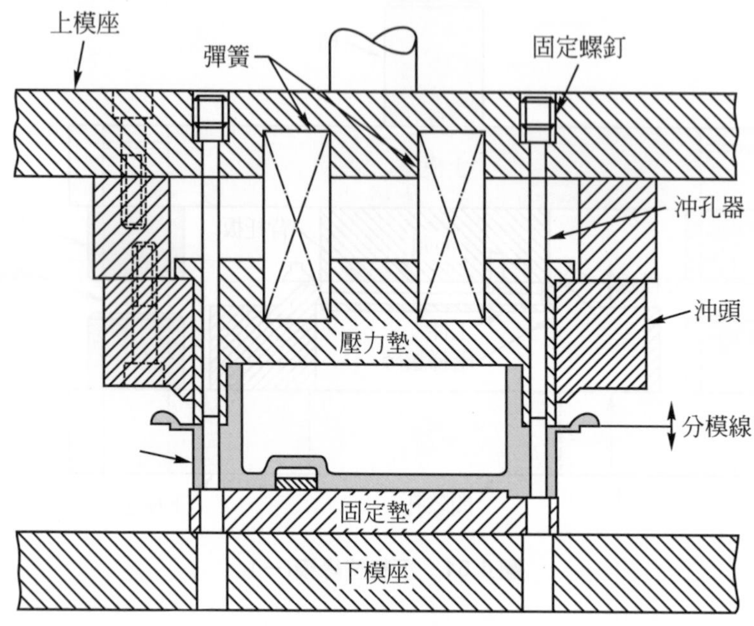

圖 4.63　複合式整緣模

2. 手工加工：鑄件的毛屑或澆口非常薄時，大都以手工將其折斷去除。若鑄件的量少，且餘料的厚度又厚不易以手工去除時，則以手鎚或帶鋸去除。澆口及毛屑部份應儘量去除完整，再以銼刀修整方能省時省力。
3. 鋸床加工：鑄件的毛屑或澆口較厚者，大都採以鋸床去除，鋸床有圓鋸或帶鋸兩種，鋸齒齒數常用 5～12 齒／25mm。
4. 輥筒加工：鑄件經銼刀或沖模加工後，仍會留有銳利的毛屑此時可放入輥筒內，再加入媒介物和混和液，輥筒緩慢轉動，經加工數小時後，鑄件與媒介物衝擊使贅屑或毛邊去除。此加工之原理猶如上游岩石經河水衝擊滾動到下游即成小粒圓滑的岩石一般，此法加工時間雖長，但因桶中之鑄件數量很多，整體而言，每一鑄件的加工還算經濟。如圖 4.64 所示。

　　輥筒加工所用的媒介物，依其加工之目的有去除毛屑、去銹、拋光、擦光、去污等；其形狀則有球狀、蛋形、錐形、圓形及三角、四角形等；材料則有氧化鋁、矽石、石灰岩、鋼、鋅及其它合金等，粒度大小約在 1.5～60mm 不等。

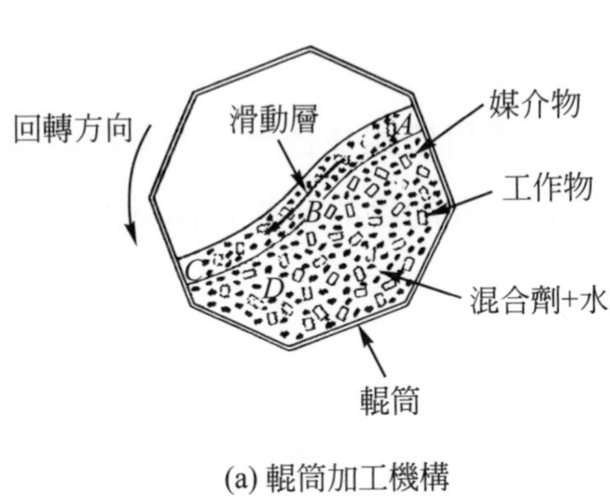

(a) 輥筒加工機構

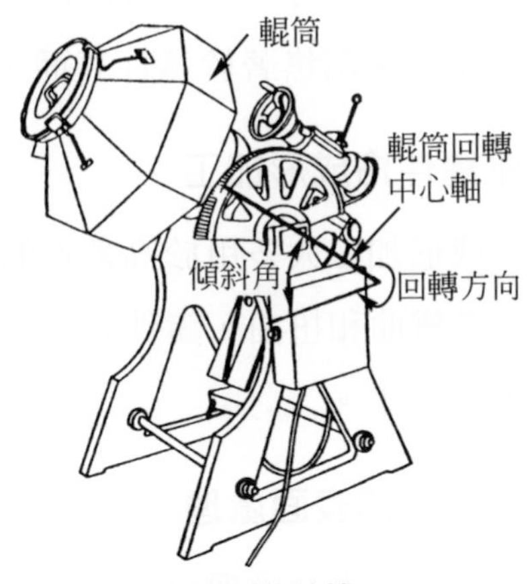

(b) 八角形傾斜輥筒機

圖 4.64

5. 噴砂加工：噴砂法是把小圓粒媒介物加壓噴射除去鑄件表面的氧化物、毛屑等的方法，爲鑄件電鍍、塗裝前的重要加工。

二、壓鑄件的拋光處理

鑄件於電鍍或塗裝前，若其鑄肌不平滑，宜先以拋光輪研磨，其方法是將鑄件塗上塗料或研磨劑以帆布、毯、平革製成的拋光輪研磨，如此可使鑄件光滑平整。此法加工不能準確的控制切削深度，因此無法得到精確的尺寸，只能把表面研磨光亮，改善鑄件表面品質。如圖 4.65 所示。

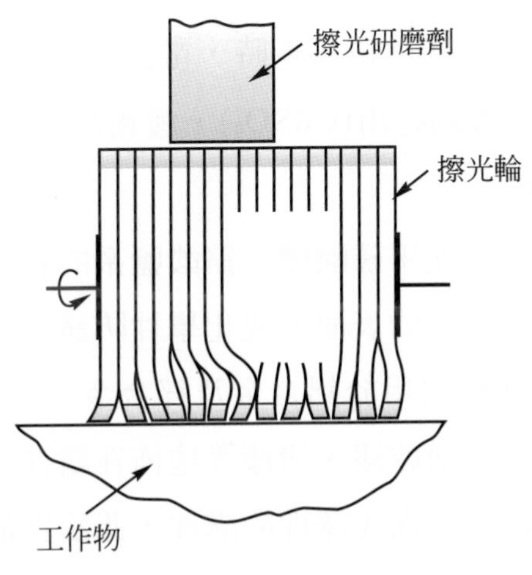

圖 4.65　拋光加工

操作拋光輪時，不可將鑄件強力壓觸，否則鑄件易過熱，而使表面產生細紋現象，或使研磨劑焦著於鑄件表面，影響電鍍作業。

三、壓鑄件冷成形加工

冷成形加工大多用於高延性的鋅合金，但也適用於銅基合金，大多數的冷成形加工只做彎曲和扭曲，鑄件做冷成形二次加工最主要的目的爲簡化模具的複雜度，降低製作成本。

四、壓鑄件的表面處理

鋁合金的表面處理以陽極氧化皮膜處理、電鍍、化成處理等方式較多，鋅合金則以電鍍、化成處理及塗裝較多。

1. 陽極氧化處理：陽極氧化處理是利用金屬在電解液中不同的反應，經電解處理後，在陽極氧化金屬的表面形成薄膜或塗層，這種塗層具有耐久及裝飾的功能。鋁和鎂合金的表面處理大多採陽極氧化皮膜處理。陽極氧化塗層法是以交流或直流電或兩種合併使用，在鋁的表面形成電解物，常用的電解液包括硫酸、鉻酸、草酸、或其他的有機酸等。

2. 電鍍法：將鑄件予以電鍍可增加鑄件的表面硬度及耐蝕性，並可提高表面光澤，增加美觀。電鍍法是將欲電鍍物及欲披覆的材料同時置於電鍍溶液中，欲電鍍物置於負極，披覆的材料置於正極，通以電流即可在鑄件表面形成美觀的披覆薄層，鑄件表面欲電鍍銅時，電鍍液宜用硫酸銅($CuSO_4$)、鍍鋅時用硫酸鋅($ZnSO_4$)，鍍鎘時用($CdSO_4$)，鍍錫時用錫酸鈉($NaSnO_3$)，鍍鉻時用鉻酸鉻($CrCrO_4$)。

3. 化成處理：化成處理爲使用磷酸鹽、鉻酸鹽系的特殊處理，使用鉻酸鹽系及磷酸鹽系的方法爲在鑄件的表面形成化學性防銹皮膜，可提高鑄件的耐蝕性及塗料的密著性。此法常用於鋁合金及鋅合金。

4. 塗裝處理：使用油漆、快乾漆、清漆等塗佈在鑄件的表面，增加鑄件的耐蝕性、電氣絕緣性及增加表面光澤性的處理，此法爲最簡便且用得最多的防蝕防銹處理方法。

4.6 壓鑄件缺陷與檢驗

4.6.1 壓鑄件發生缺陷的原因

壓鑄件發生缺陷的原因，不外乎與壓鑄件的設計，壓鑄機的性能、壓鑄模具、壓鑄作業有關。

1. 與壓鑄件的設計有關者

⑴壓鑄件的肉厚設計不良。

⑵壓鑄件的形狀太複雜。

⑶壓鑄件的脫模斜度不當。

2. 與壓鑄機的性能有關者

⑴鎖模力、射出力不足。

⑵壓鑄機射出量不足或太多。

⑶壓鑄速度不正確。

3. 與壓鑄模具有關者

⑴模具製作精度不合及脫模斜度不良。

⑵頂出方式選擇不當。

⑶流道系統設計不良。

⑷氣孔及溢流槽數目太少。

⑸模具選擇材料不良。

⑹冷卻水道的位置大小等設計或製作不當。

4. 與壓鑄作業有關者

⑴合金熔液的溫度控制不當。

⑵模溫的控制不當。

⑶離型劑的使用不當。

⑷合金熔化處理不當，混摻雜物。

⑸合金原料的管制不當。

4.6.2 壓鑄件的缺陷種類

壓鑄件的缺陷有

1. 尺寸上的缺陷：尺寸誤差、翹曲變形、鑄模偏位、形狀及尺寸錯誤。

2. 外觀上的缺陷：冷紋(流紋)、縮陷、縮裂、隔層、刮痕、變形、氣泡(鼓起)、條紋、鼠尾、表面過熱等。

3. 材料上的缺陷：硬點、材料不良、氧化物生成等。

4. 內部的缺陷：收縮孔、氣孔等。

4.6.3 壓鑄件缺陷及其對策

1. 鑄件表面冷紋：所謂表面冷紋是指不同的固化區間的細接合線，這種缺陷的形成，主要是模溫太低，離型劑塗佈過量或模溫與合金的溫差過大，冷紋一旦形成則對鑄件的鍍層或著漆等不利，在澆口處也易產生內應力。其防止的方法為：

⑴提高模溫。

⑵增設溢流槽。

⑶注意離型劑的使用。

⑷必要時加大流道系統。

2. 縮裂：縮裂的發生是由於鑄件的內應力，脫模斜度過小或頂出不良所影響，其防止方法為加大鑄件脫模斜度，檢討頂出方式及鑄件的形狀和射出。

3. 縮陷：鑄件較厚處與模穴局部過熱點，該處冷卻凝固緩慢，且常發生表面凹陷現象，其預防方法為：

⑴注意模具的設計與鑄件的形狀設計肉厚應均勻。

⑵增高熔液的射出壓力。

⑶注意澆口的位置形狀及大小。

4. 隔層或冷界：金屬熔液由於射出速度太慢，射出壓力不足或模溫過低，其前端在模穴內形成氧化膜，而使溶液無法完全熔合，而產生的隔層界線。其預防方法為：

⑴增大射出速度及射出壓力。

⑵提高合金熔液溫度及模溫。

⑶增大澆道及澆口斷面積。

⑷改變澆口的位置。

⑸增加溢流槽的設置。

5. 表面砂眼(氣泡)：砂眼或氣泡是壓鑄時在鑄件的表面殘留有空氣囊，在壓鑄過程中若射出壓力狀態下合金熔液的強度無法防止空氣膨脹，就會出現氣泡，尤其厚度低於 1mm 的薄鑄件更易發生。此時若降低模溫，增大射出壓力，則可降低氣泡的發生。

6. 鼠尾：由於模溫過低，離型劑塗佈過多，前後進入模穴的熔液成層狀覆蓋，此時鑄件表面形成粗糙狀或細接縫交錯。其預防方法爲：

⑴提高模溫，或增設溢流槽。

⑵變更橫流道、澆口斷面積大小與位置。

⑶注意離型劑的使用。

⑷注意合金的液溫。

7. 表面過熱：鑄件若過熱則在表面產生橙皮狀，此類缺陷是由於模穴的熱流與金屬熔液的相互作用所生成的，應降低模溫與液溫，及注意冷卻效果。

8. 翹曲或變形：鑄件發生翹曲或變形的原因爲

⑴冷卻水道的設置不當，造成冷卻收縮不均勻。

⑵合金熔液未完全凝固即頂出。

⑶鑄件脫模時的頂出力不均。

⑷鑄件的形狀設計不良。

預防方法爲：

⑴注意模溫的平衡，以及水道的配置。

⑵延遲開模時間。

⑶變更模具頂出位置。

⑷變更澆道、澆口的位置。

9. 黏模：鑄件發生黏模的原因爲：

⑴模穴溫度過高。

⑵模具設計不良，頂出銷配置不均，鑄件頂出不平衡。

⑶模具發生變形或脫模斜度不良。

⑷射出壓力不足。

⑸脫模時間過長，合金熔液凝固收縮包住模心。

⑹離型劑使用不當。

預防方法為：

⑴降低模溫。

⑵注意正確的脫模時間。

⑶正確使用離型劑。

⑷提高射出壓力。

⑸提高模穴表面光度。

10.內孔隙(收縮孔)：模穴的熔液冷卻、凝固、收縮時，在內部發生孔隙現象，因鑄件厚度不均，造成肉薄者先凝固，阻塞肉厚者的熔液補給與壓力傳送。其預防方法為：

⑴改變澆口大小及位置。

⑵增大射出速度及射出壓力。

⑶調節模溫。

⑷增加溢流槽與排氣孔。

⑸避免肉厚不均的設計。

11.氣孔：模穴內的空氣、或熔液及離型劑所生成之氣體與溶液混雜，凝固後鑄件因而生孔蝕現象。其預防方法為：

⑴改變排氣孔的位置與大小。

⑵注意離型劑的使用。

⑶檢查流動系統的斷面，其斷面積應循流動方向漸縮小。

⑷注意合金的熔化處理，合金液溫不可過高。

12.硬點：鑄件硬點的發生，大都是因合金熔液混入雜質或化合物，或模溫過高，鑄件若需再加工，易使刀具損傷。預防方法為：

⑴保持合金熔液的清潔，注意合金的不純物。

⑵調節模溫。

⑶注意合金熔液的熔化溫度及熔化方法。

13.充填不足：由於前端的合金熔液先行凝固，以致無法充滿模穴，其原因爲模溫過低，或澆口位置不當。其預防方法爲：

⑴調節適當的模溫。

⑵變更澆口大小及位置。

⑶注意離型劑的塗佈不可過量。

14.尺寸誤差：尺寸誤差的成因很多，主要的原因是鑄件毛邊的影響，生成毛邊的原因是模穴內的合金液體壓力大於鎖模力，逼開模面，毛邊過多造成鑄件的加工困難，增加成本。其次的原因是因爲模溫及鑄件的脫模時間未加以限制。

15.多孔性：鑄件內生細孔，類似海綿狀組織，其發生的主要原因爲合金熔液溫度過高，離型劑塗佈過量，氮氣桶壓力不足等。

⑴適當控制合金液溫。

⑵注意離型劑的塗佈。

⑶增高射出壓力，並降低射出速度，模穴氣體能充份排除。

⑷補足蓄壓桶內氮氣量。

⑸合金熔化處理時，避免攪拌，以降低擾流發生。

4.6.4　壓鑄件的檢驗

對於壓鑄件的品質要求，不外乎外觀、尺寸精密度、物理性質等，而這些項目常需經檢驗才知合不合乎要求，檢驗依其方式可分爲兩種：

1. 非破壞性檢驗：非破壞性檢驗主要以X光、超音波及簡單的目視檢查爲主，檢驗項目爲鑄件的尺寸、外觀、變形、龜裂、縮孔、硬點、氣孔、砂孔等。

2. 破壞性檢驗：破壞性檢驗採金相、抗壓、抗拉、耐壓實驗等方式，檢驗項目以鋁的組織及強度爲主。

習題四

1. 壓鑄件的尺寸精密度受何因素影響？
2. 壓鑄件與其他鑄造的鑄品比較有那些主要特性？
3. 試述冷室壓鑄機與熱室壓鑄機不同點。
4. 壓鑄件的表面處理可分爲那幾種？
5. 壓鑄件可能有那些缺陷產生？

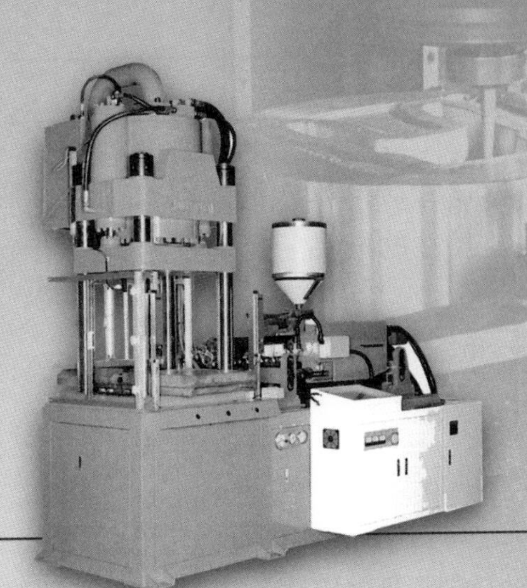

Chapter 5

特殊模具

5.1 粉末冶金模具

粉末冶金，是指將混合完成之金屬粉末或合金粉末放入模具內，並行高壓成型，經燒結後製成所使用的模具要求之形狀及尺寸的成品。目前採用粉末冶金模具，可以製造下列各種零件：

⑴軸承，一般以自潤軸承爲主，可滲石墨或滲油。

⑵精密機械或儀器之零組件。

⑶過濾器，過濾氣體或液體之零組件。

⑷磁性零件，軟磁或硬磁材料皆可用之。

採取粉末冶金，經粉末冶金模具壓製後燒結成型之零件，其精密度高、純度高，可大量生產，並減少了機械切削加工，節省材料浪費，降低成本，是當前機械加工較先進加工之一。

粉末冶金模具結構分類，可分爲兩種：一種爲手動成型模，另一種爲自動成型模；如圖 5.1 所示爲一單向實體壓製模結構。主要用於壓製較小之零件，模具先利用裝料斗，裝入粉末；由於壓製的截面較小，不容易控制壓力，模具採用了定位塊定位。模具由上凸模與下凸模及凹模和導套組成，模具在工作後，通過脫模座並取下成品。

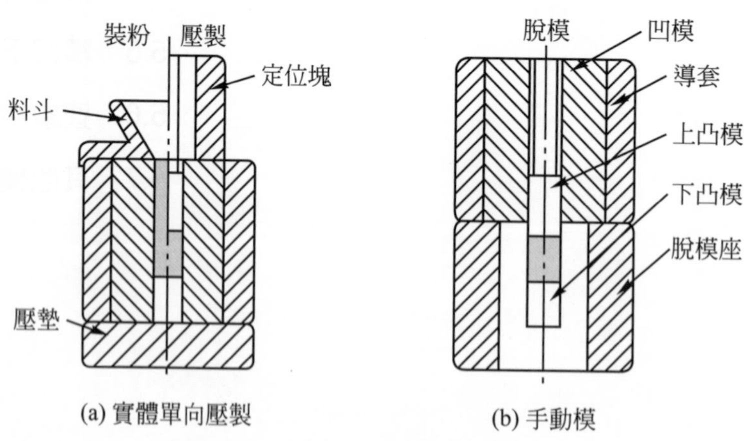

圖 5.1　實體單向壓製手動模

圖 5.2 所示爲應用於自動壓床上的壓製成型之結構，此模具一般用於套筒零件的壓製。

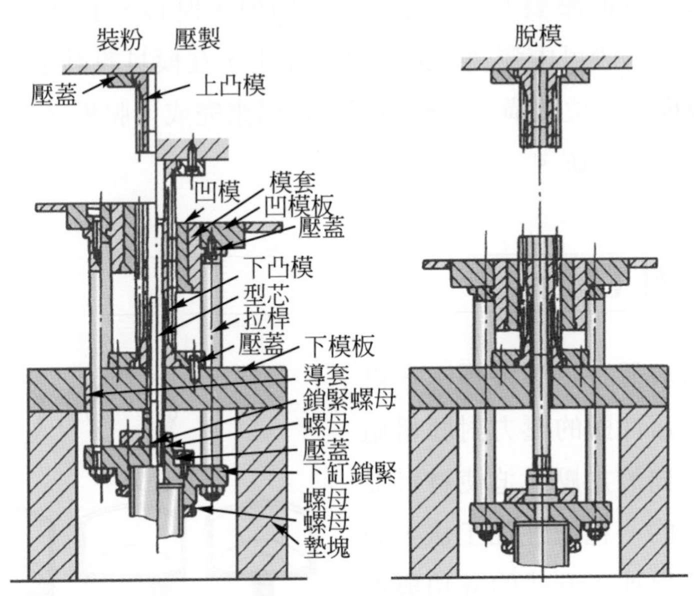

圖 5.2　直齒輪粉末冶金壓模

粉末冶金模具在設計與製造之特點如下：

1. 模穴尺寸之確定，粉末冶金模具模穴的徑向尺寸，對於需要整形的工件，應先計算整形模尺寸，後計算成形模尺寸，對於不需要整形的工件，可直接計算成型模穴尺寸。
2. 凹模高度計算(圖 5.3)

$$h = h_0 + h_1 + h_2$$

h_0：裝粉高度(mm)

h_1：下凸模定位高度，一般取 10～15mm

h_2：手動模裝粉末高度

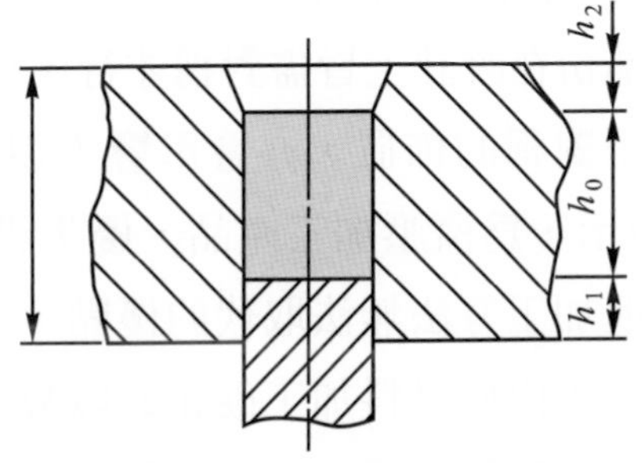

圖 5.3　凹模高度計算

3. 凹模的材料要求，一般使用碳素工具鋼、高速鋼、合金工具鋼及硬質合金等，其鋼熱處理硬度 H_RC60～63，工作表面粗糙度 Ra0.6～0.16。

4. 模心及上、下凸模材料，其鋼熱處理硬度 HRC56～60，工作表面粗糙度 Ra0.6～0.16。
5. 模具根據不同的壓製方式，往往需要凹模、模心、上及下凸模採用浮動裝置，其浮力一般可由彈簧、氣液壓等產生，在模具設計上不可忽視。
6. 模具的脫模及歸位機構，一般由同一結構來完成，脫模之動作要準確，歸位則要求位置要正確。

5.2 擠製加工模具

將金屬胚料放置在擠製沖模，在再結晶溫度以下，藉沖頭的壓力對胚料施行單方向或兩方向的加壓，迫使材料從沖模的間隙流出的一種塑性加工法，謂之擠製加工，此種加工方式的成功與否決定於產品的設計，擠製材料的選擇及潤滑方式，模具設計及熱處理條件等。擠製加工需要很高的平均壓力，也需下番功夫，圓筒製品擠製時，側壁上如有任何不對稱的缺陷會誘生側向壓力，使沖頭產生偏向，因此圓筒內側壁之肋條或其他部份在設計上皆需對稱才行，位於圓筒底面內側或外側之突出面凹陷凸窩等，如有不對稱的佈置，亦會影響不規則性的金屬流動，會迫使沖頭趨於偏向，如圖 5.4 所示，爲擠壓加工產品，優劣設計舉例，雖然擠製加工有諸多限制，但也有許多其他加工方法無法取代的優點，分述如下：

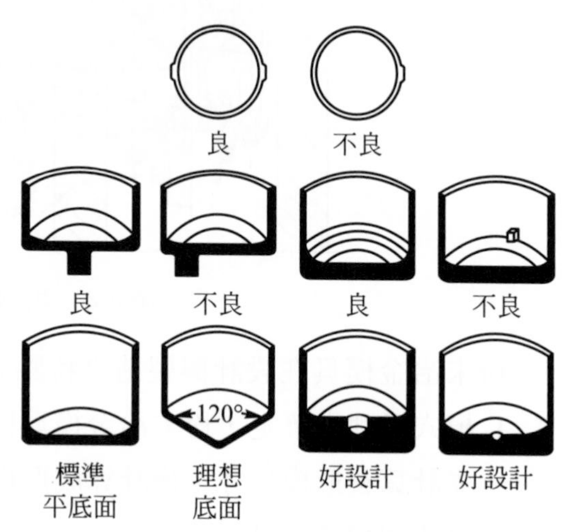

圖 5.4 擠伸加工產品的設計

⑴由於材料加工硬化的緣故，製品強度會提高。

⑵因屬冷壓加工，金屬表面不會被氧化，故不會產生氧化膜。

⑶製品表面光度佳、尺寸精密度高。

⑷擠製完成，成品組織會更密緻。

缺點是：

⑴金屬變形抵抗力大，擠壓模容易磨耗及破裂。

⑵金屬變形量有限制、加工量大時，擠壓次數勢必增多。

擠製加工的種類：

擠製加工依據擠製方向不同，可分爲前向擠製、後向擠製及複合擠製等三種。

1. 向後擠製：將金屬胚料放置在擠製模中，然後沖頭對胚料施加壓力，迫使材料向沖頭相反的方向流動，此種加工方式稱爲向後擠製加工，如圖 5.5 所示，此種加工方式常見的如鋁製的牙膏管或水彩管、錫罐的加工方式茲舉例如圖 5.6 所示，衝擊擠製製造鋁質牙膏管的狀況，圖中(a)爲胚料片，(b)將料片放入擠製模中準備作擠製加工，(c)沖頭沖壓中，牙膏盒頭先成形的狀況，(d)爲材料受擠製而迅速的從沖頭及下模之間約 0.25mm 的空隙向上方擠製，

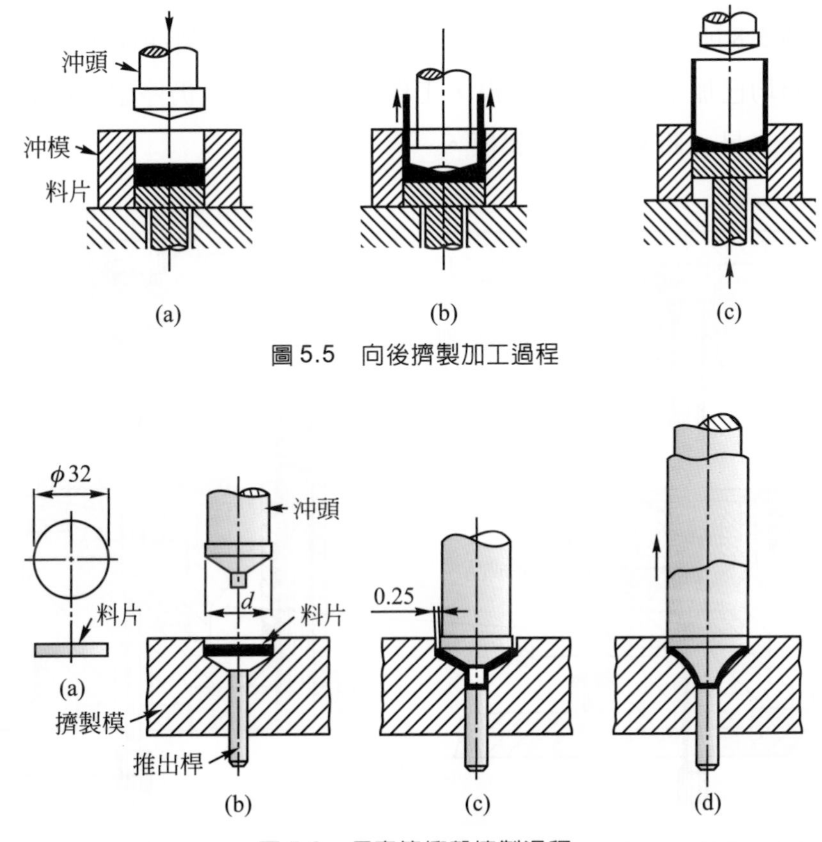

圖 5.5　向後擠製加工過程

圖 5.6　牙膏筒衝擊擠製過程

此種加工都是一次擠製完成，然後再用其他的工程輾薄引伸或封底加工來完成成品。

2. 向前擠製：將金屬胚料放置在擠製模中，然後沖頭對胚料施加壓力，迫使材料沿著沖頭運動方向，擠製的加工方式謂之前向擠製加工，如圖 5.7 所示。

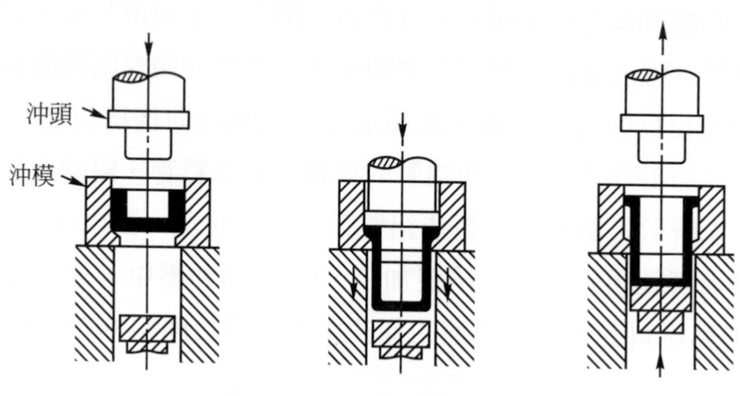

圖 5.7　向前擠製過程

圖 5.8 所示及圖 5.9 所示圓柱及中空筒前向擠製沖模，模具構造圖，圖中沖頭均已加工完成離開沖模，工件已成形完成，仍停留在擠製模中，等待推料桿上昇，將其推出擠製模。

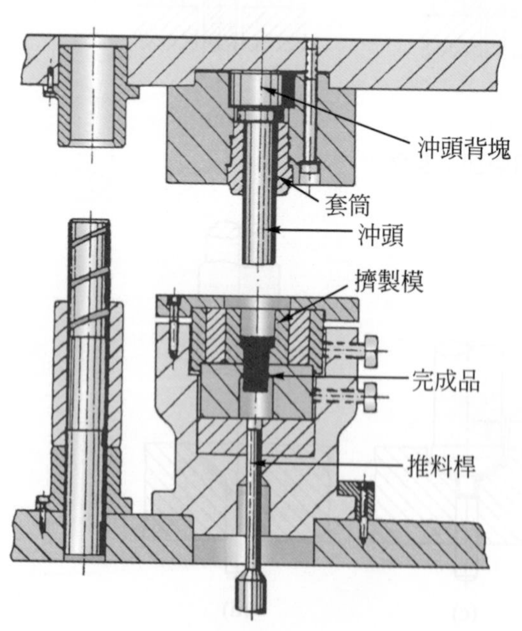

圖 5.8　圓柱向前擠製沖模

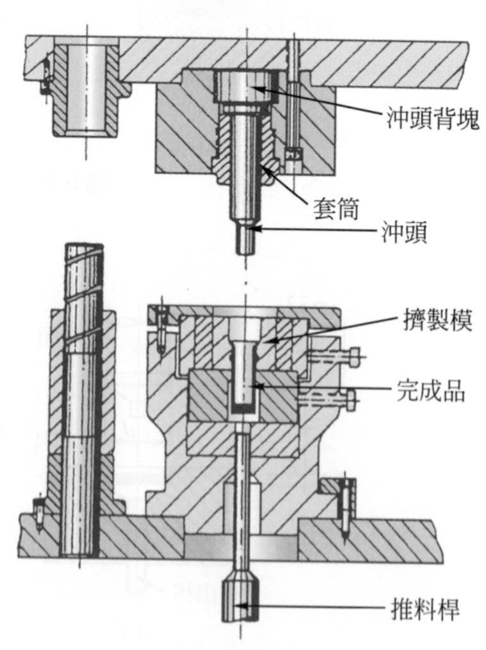

圖 5.9　中空體向前擠製沖模

3. 複合擠製加工：材料的流動沿前後兩方向同時進行，此種擠製乃爲向前及向後擠製的組合，其加工方式如圖 5.10 所示。

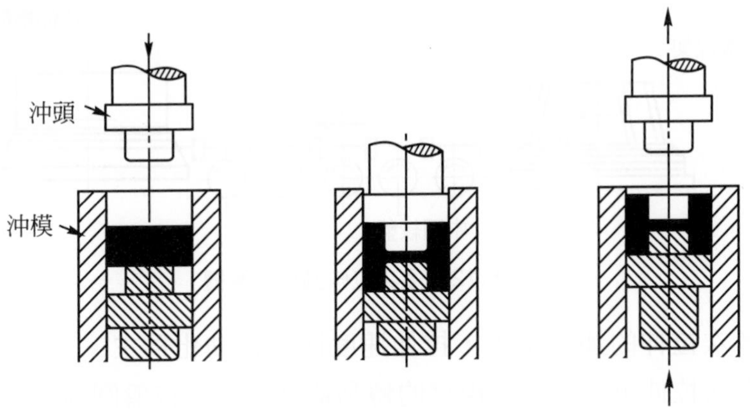

圖 5.10　複合擠製過程

5.3 抽線模具

抽線模乃以拉伸方式對金屬胚料施以拉力，使之通過模孔，以獲得與模孔尺寸、形狀相同並具有一定性能、狀態製品的塑性加工方法。拉伸過程一般都是在常溫狀態下進行的，但對於一些在常溫下強度高、塑性差的金屬，如某些材料：鈹、鎢、鎂等，則常採用高溫拉伸。

1. 棒、線材的拉伸方法

⑴一次拉伸：一次拉伸是指拉伸時製品只通過一個模孔，一般用於生產棒材和粗線材，如圖 5.11 所示，一次拉伸的道次加工率大，操作較簡單；但它拉出的製品較短，生產效率低。

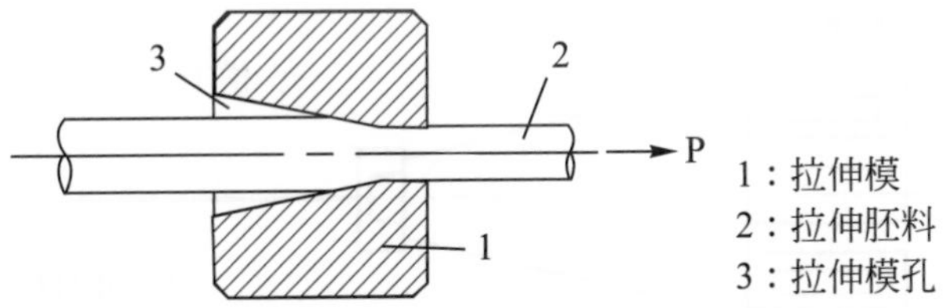

圖 5.11　拉伸過程示意圖

⑵多次拉伸：多次拉伸是指拉伸時製品連續地通過兩個或兩個以上的模孔，一般用於大量生產線材，如圖 5.12 所示。

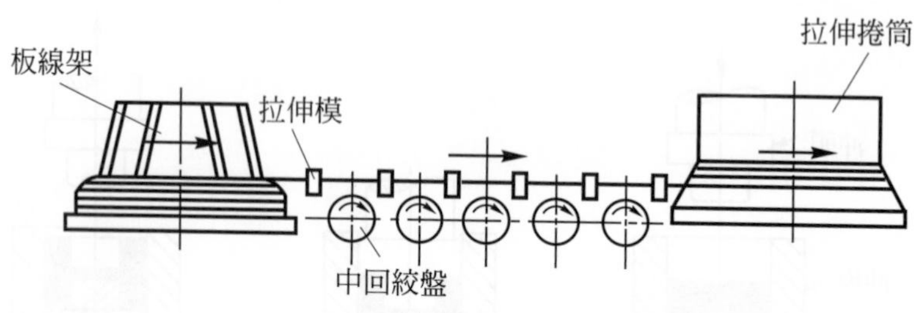

圖 5.12 多次拉伸過程示意圖

多次拉伸的加工率大，拉伸速度快，自動化爲主。

多次拉伸可以依金屬線材的轉動速度與拉伸絞盤圓周速度之間的關係，分爲滑動的連續式多次拉伸、無滑動的連續式多次拉伸和無滑動的積蓄式多次拉伸兩種。無滑動的多次拉伸適用於拉製硬度高(如鋼絲等)或硬度較低(如鋁等)的金屬線材；而滑動的多次拉伸一般用於拉製中等硬度的金屬及其合金(如銅等)線材；但對於一些表面質量要求較高的銅線材也常用無滑動的多次拉伸或一次拉伸來生產。

2. 型材的拉伸方法：用拉伸的方法可以生產許多簡單斷面形狀的型材(異形棒、線材和異形管材)，如三角形、方形、矩形、六角形、梯形、橢圓形、工字形以及其他形狀較爲複雜的對稱或非對稱形狀的型材等。

型材拉伸的關鍵在於選擇原始胚料的形狀和尺寸，如果所選擇的胚料形狀與成品形狀相似，則拉伸過程可較順利地進行，而且製品的不均勻變形減少。

3. 其他拉伸方法：超音波拉伸：超音波拉伸可用於拉伸加工的不銹鋼管和拉伸小直徑薄壁管，如圖 5.12、圖 5.13 所示。

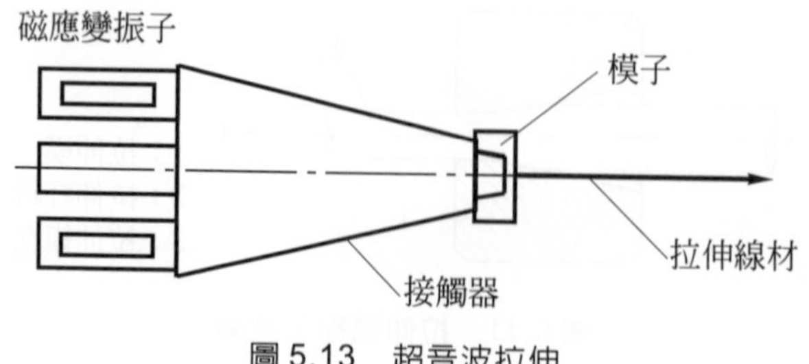

圖 5.13 超音波拉伸

5.4 鍛造模具

鍛造的定義爲利用工具、模具等，把固體材料的一部份或整體，經由錘打或壓縮而加以成形或鍛鍊的過程。就用途的觀點而言，在機械、結構物、器具零件中，將必須具備強度或剛性的部份，做成厚度大、棒狀或塊狀的成形技術就稱爲鍛造。

5.4.1 鍛造的方法

一、依作業溫度分類

1. 熱鍛：將材料加熱至再結晶溫度以上，固相線溫度以下之溫度範圍內所進行的鍛造法稱之爲熱鍛(Hot forging)。利用加熱使材料軟化，使常溫下可得既硬且脆的材料、鑄件、變形量大及形狀複雜的鑄件等，得以加工成形(圖 5.14)而利用大變形及熱能，可使粗大晶粒或偏析組織微細化。鍛造件或燒結件內之氣泡，會經由鍛造而被壓碎，使材料更爲優異，不同材料可藉壓接而形成複合材料。

圖 5.14　利用金屬模之熱鍛造產品

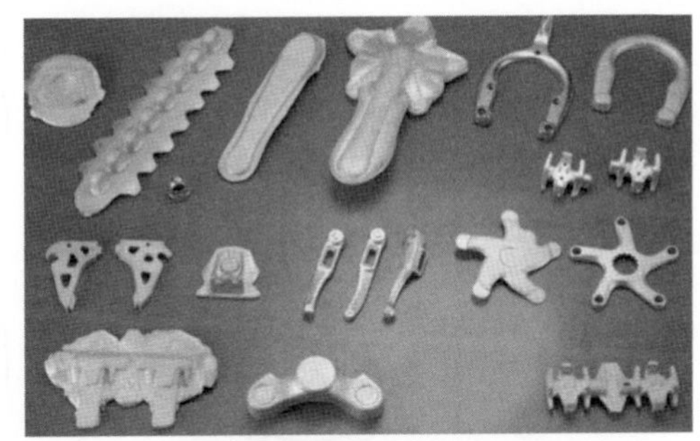

圖 5.15　冷鍛鋼製品例

2. 冷鍛：材料不予加熱，在常溫或接近常溫下進行的鍛造作業稱爲冷鍛(Cold forging)。材料之材質必須是容易變形的成分及組織，不可有表面缺陷，冷鍛乃利用模具，將材料予以鍛壓成形，因在常溫或再結晶溫度以下鍛壓加工，工件可同時變形強化，而冷鍛件尺寸精密度及表面狀態佳，很多情況下幾乎不需後續加工或者是僅需打磨就完成了。模具壽命依模具使用之材料可由數千個到數十萬個以上，如圖 5.15 所示，爲常見之冷鍛鋼製品。

3. 溫鍛：鍛造的溫度介於一般的熱鍛及冷鍛之間的鍛造作業稱爲溫鍛，是兼具熱鍛及冷鍛優點的新鍛造法。由於沒有適當的工具材料及潤滑劑，所以上述兩種鍛造的缺點也會發生。溫鍛件或熱鍛件也經常再採用冷鍛精加工，而形成一複合鍛造製程。

4. 恆溫鍛造：對要求耐熱性佳之鎳合金或鈦合金零件，因加工困難，必須在特定溫度之超塑性狀態下才能進行成形加工。爲此，要使用可防止冷卻或溫升的加熱金屬模，而模具與工件同一溫度，慢慢加以鍛造的過程稱爲恆溫鍛造，如圖 5.16 所示。

圖 5.16　鋁合金恆溫鍛造製品例

二、依變形形態分類

1. 直接壓縮鍛造：利用工具把素材整體或其一部份施予壓力，使其在加壓方向收縮，而垂直於加壓方向的素材則擴大尺寸之鍛造方式。加壓方向爲素材軸方向者，有鍛粗、鍾頭、凸緣等加工方式，如圖 5.17 所示。另外，加壓方向與素材軸向垂直者有展寬、伸長等加工方式，如圖 5.18 所示。

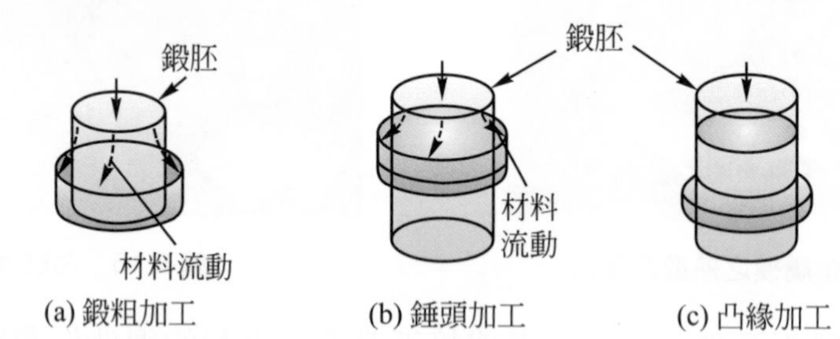

圖 5.17　由軸向直接壓縮的鍛造作業例

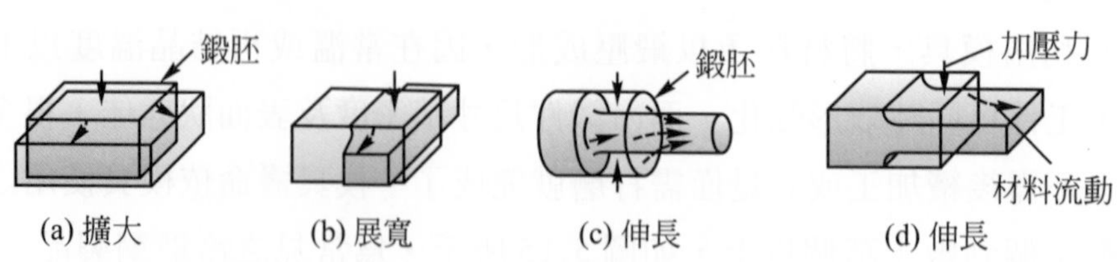

圖 5.18　由橫向直接壓縮的鍛造作業例

2. 間接壓縮鍛造：利用工具對材料施壓，材料會受到由工具表面所傳來的作用力，這作用力使材料產生形變可能與加壓力方向平行、垂直，或呈一斜度方向，藉上述作用力使材料在加壓方向延伸的加工。各種不同的「擠製」作業均屬於此類加工，爲了與一次加工之長尺寸擠製加工有所區別，此種鍛造方式有時又稱爲擠製鍛造。
3. 直接－間接複合壓縮鍛造：把直接壓縮鍛造及間接壓縮鍛造混合進行的作業，有模鍛、鍛粗－擠製、旋鍛等，如圖 5.19 所示。

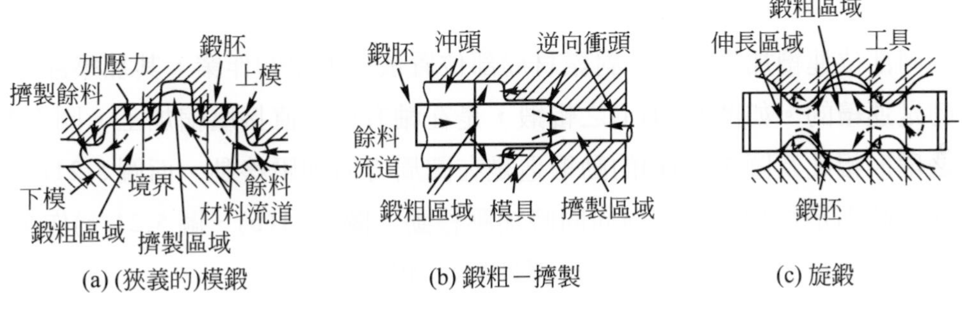

圖 5.19 間接壓縮鍛造加工例

三、依變形動態分類

1. 同一部位一次加壓鍛造：最單純的作業，如圖 5.17 及圖 5.19(a)(b)所示，將素材一次加工就可完成所要的鍛造品。
2. 同一部位重複加壓鍛造：在錘打鍛造中，以同一工具重複作業就是一例。冷鍛時，於加工中途停止，將材料施以退火及再潤滑處理後，對相同部位用別的模具再加壓成形者。不論是哪一種加工方式，當所加壓力或加壓能超過工具或機具的限制時，或變形量超過素材之變形能時，則可採用本鍛造法。
3. 不同部位間歇加壓鍛造：素材某方向較長，當加工負載受限制或爲了避免發生挫曲，以致不能一次整體形成，而只能依次對局部做間歇性之加壓作業。加壓部份沿著素材軸線或長度方向移動，如圖 5.20(a)所示是二次鍛打的錘頭加工；圖 5.20(b)是伸長加工；在圓周方向移動者有圖 5.20(c)的擴孔加工；圖 5.20(d)又稱爲旋轉鍛造或徑向鍛造，加工過程，素材會作軸向移動及圓周方向的迴轉。

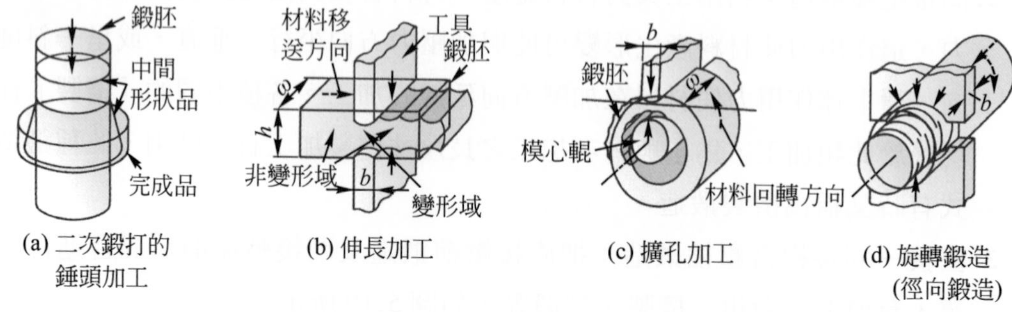

圖 5.20 在素材不同部位間歇加壓之鍛造加工例

4. 不同部位連續加壓鍛造：對素材局部位置依序加壓的作業，其加壓部位之移動是連續的。如圖 5.21(a)之輥鍛，是在軸方向上直接壓縮加工。圖 5.21(b)之環形輥軋及圖 5.21(c)的動鍛造是在圓周方向加壓移動，而圖 5.21(d)的交叉輥軋則是往軸向及圓周向同時加壓移動。圖 5.21(b)、圖 5.21(c)作業具有製程中素材之同一部位會被反覆地局部加壓的特性。

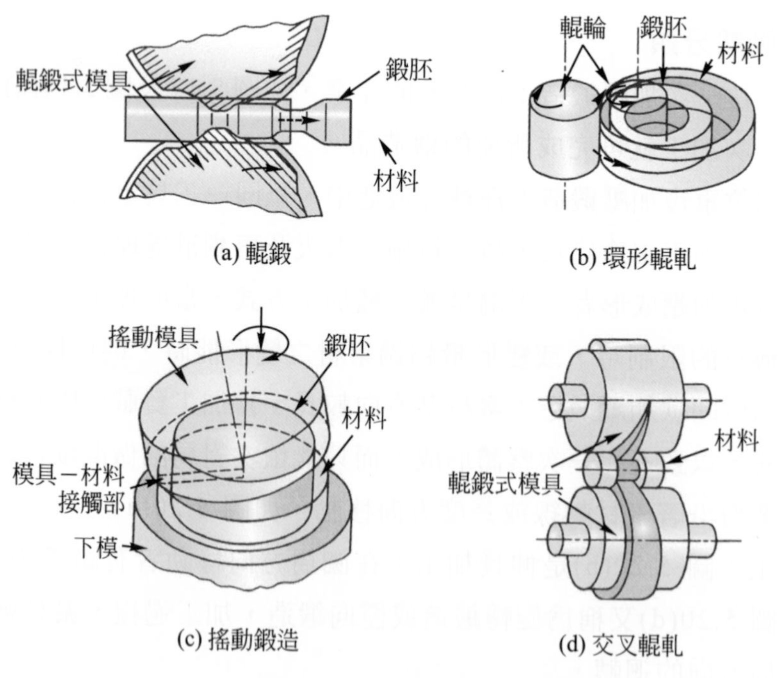

圖 5.21 在素材不同部位連續加壓之鍛造加工例

四、依工具形式或運動方式分類

1. 自由鍛：利用具有平面或簡單曲面的汎用工具，移動或旋轉素材或工具，間歇式對素材加壓的作業。以同一套工具就可對各種不同之鍛件加以成形，適用於大中型工件之多樣極少量的生產作業方式。所以又稱爲開放模鍛。如圖 5.20(b)～(d)所示。

2. 模鍛：利用與鍛件表面形狀及尺寸相同的模具，對素材之大部份加壓或拘束而予以成形，適合大量生產之鍛造作業。如圖 5.19(a)所示，把週邊多餘材料以毛邊方式加以剪掉之金屬模作業稱爲模鍛(Die forging)。壓印是把素材表面先整平後，在素材厚度方向做精密加工，使表面產生凹凸形狀的一種鍛造作業。

在金屬模具方面，對素材外形做成形加工者稱爲下模，用來拘束素材外形的稱爲外模，對內部形狀加工或嵌入模具孔內的稱爲沖頭及當做內模拘束用的稱爲心軸等，依不同使用場合而有不同稱呼。

五、依加工機具分類

有利用加工能量做控制的鍛鎚，利用加工負荷做控制的油壓沖床，以加工衝程做控制的機械沖床，及以扭力做控制的軋輥等，按加工機械之型式又可把作業分成落鎚鍛造、沖壓鍛造、鍛粗鍛造、輥鍛等。尤其，當撞鎚速度大於 10m/s時，稱爲高能量速度鍛造。

六、按素材形態的分類

以往就把熔製材當做鍛造材料，像線材、棒材、管材及板材等，這些材料並沒有特別名稱。最近有使用粉末燒結的素材或預製成形製品再施予鍛造者，稱之爲粉末鍛造。

5.4.2　鍛造之製程參數

一、正面之參數

鍛造正面之製程參數有⑴大變形加工⑵改善材質⑶改變鍛造流線增加強韌化⑷可作大量生產⑸亦可達彈性多種少量生產。

1. 可做大變形加工：鍛造時材料內主要是承受 1、2 軸或 3 軸向的壓縮應力，由於施加在材料變形能高，故可以做較大的變形。這意謂著素材在尺寸或形狀上具有相當程度的自由度。
2. 材質可加以改善：將鍛造或粉末燒結所得到的脆性組織配合熱處理，將材料加以強韌化，軟質材料因加工硬化而得以強化，不僅可改善切削性，亦可利用異材料之壓接而製造出複合材料。
3. 利用鍛造流線可提高韌性：由軋延、擠製、鍛造等一次塑性加工而具有纖維組織的材料當做鍛造素材時，這些纖維會沿著鍛造件表面成鍛造流線，沿流線方向之材質較爲強韌，有助於抵抗鍛造件使用時沿此方向產生之應力。而此種強韌性，使得鍛造法與其他加工方法相比，一直居於優勢地位。
4. 可達大量生產性：利用金屬模鍛造可以在 1 分鐘製造數個至數百件成品尺寸形狀或表面狀況接近成品的鍛造件。
5. 具多樣少量生產的彈性：自由鍛造件再利用一般工作母機加工，對於多樣少量的生產需求，具有相當的彈性。對於具有凹陷等複雜形狀也可加以成形。由於利用局部加壓，故加工所需負荷低，對大工件，用容量小的機械也可以加工製造。

二、負面之參數

鍛造負面之參數有⑴機具負荷大⑵材料價格高⑶環境不佳⑷時間長⑸熟練操作技術。

1. 作用在工具或機械上的負荷大：在素材與工具間的壓力，即使在最小時，也相當於材料的變形抵抗，至於模鍛或擠製甚至可高達數倍。這種壓力加上變形大及磨擦大，或者熱鍛或溫鍛時素材加熱造成潤滑油膜之破壞及工具面的過熱等，就很容易造成工具表面之塌陷或磨損、燒著，甚至工具的破裂。因此金屬模或設備造價就很高，不適合少量生產方式。
2. 素材價格高：鍛造用素材必須具有某種程度以上的變形。尤其是冷鍛用材料，不僅要求高變形，低變形抵抗及良好的淬火性，同時爲了省掉加工切削、研磨等，對素材之高尺寸精密度和表面品質也都會加以要求，材料單價因而提高。對具有複雜形狀之鍛造件利用形狀單純的素材成形時，有時因毛邊多，致使浪費的材料體積頗多。鍛造後如果還要作後續加工時，材料的鍛造性及切削性兩者都必須加以考慮。

3. 環境不佳：多數鍛造的作業都易伴隨著危險或令人不愉快的因素，特別是錘打或機械沖床的作業，針對噪音及振動問題的改善，還需花許多費用。
4. 作業變更時間長：利用模具作自動化生產之高產能設備，或爲改善作業環境，作業中變更操作必須花費相當長的時間，不利於多樣少量的生產。
5. 熟練的必要性：以金屬模鍛造的情形而言，依序成形的製程及短交期的模具設計，都必須具備相當的熟練度。另外，決定自由鍛造作業方案時，也都需要有相當熟練的經驗。

5.4.3 鍛造的製造發展

船舶用柴油引擎及減速機零件、傳動軸、火車車軸、大齒輪，鋼鐵工業之軋延機用軋輥、聯軸器、傳動軸、天車吊鉤、工作母機和金屬加工機的轉軸或齒輪類，化工業的反應塔、熱交換器，其他還有發電廠的機械軸類、轉子，核電廠壓力容器用噴嘴，熱交換器水箱等，重量由約 1 公斤到 600 噸的少量產品，都是主要之鍛造件。

鍛製件是指材料的熱間模鍛件，大約六成是屬於大量生產的汽車引擎、傳動及操控等相關零件，其餘才是應用於產業機械機具、土木或建設機械等。單件的重量由數公克到 1 噸不等。圖 5.14 所示者爲鍛製件應用例。

鋼的冷鍛或溫鍛件，重量由 1g～30kg 不等，其中，螺栓、螺帽，軸承用鋼珠及滾子佔大宗。

鍛造件不論是素材或成品，都必須面臨與其他鑄造件、粉末燒結件、板材成形件、切削加工件等，激烈的價格競爭，因此生產成本的降低、省力化及提高附加價值便成爲嚴苛的努力目標。而提高附加價格的重要關鍵，乃依鍛造件是否須再少許的加工切削，甚至須稍加研磨加工就完成而定，是今後努力的目標。

爲了高效率完成上述的鍛造加工，可以自長件材料或線材的切斷，經過若干成形程序，再完成鍛件成品，這種自動多段鍛造生產線已相當普及。

爲了製作具有複雜形狀的近成形品加工，最近流行把素材放入模具或外箱內加以閉鎖，並利用沖頭由多方向同時加壓的複動鍛造。

鍛造製程以外的周邊技術，研發的技術包括：適合鍛造及後續加工、熱處理之素材材料，把材料作成鍛胚之精密切斷設備，素材之省能源和低氧化加熱爐，金屬模材料，金屬模加工，熱處理和表面被覆技術與設備，乾淨的潤滑劑和潤滑裝置，多功能、高精密度、高剛性鍛造機和快速換模裝置，材料或鍛造件之自動檢查、選別設備等硬體之改善改良外，用電腦模擬鍛造製程或程序計畫，金屬模具之設計、製造，鍛造機械設計、控制等軟體也已陸續開發出來。

5.4.4 鍛造機械的種類

一、鍛造機械的特徵

鍛造機械，如錘鍛工作是藉由重複的錘打而使工件變形，由沖錘速度與質量決定沖擊能量。落錘鍛造機爲鍛造複雜產品上不可或缺的機械。鍛造機械，其特徵乃利用重力、動力、液壓式、機械式或高能率產生大壓力，使能於短時間完成工件。了解機械或設備的特性，按加工方法選出最適當的鍛造設備是一件非常重要的事。

(一)常用於鍛造之沖床種類

1. 機械沖床：對冷鍛、溫鍛乃至於熱鍛都有使用的設備，不過必須選擇適合各種鍛造加工法的沖床。如圖 5.22 所示之冷鍛沖床，在下死點附近使用速度慢的關節機構或連桿機構，但是熱鍛沖床，如圖 5.23 所示，則使用曲軸機構。因爲這些沖床生產性高，自動化也比較容易，而且故障又少，所以鍛造爲主的製程應用非常普遍。

圖 5.22 冷鍛沖床

圖 5.23 熱鍛沖床

2. 油壓沖床：如圖 5.24 所示，由於油壓沖床隨時都可得到與滑塊位置無關的一定壓力，因此很適合長衝程的擠製成形。因爲機械沖床的滑塊衝程受到限制，所以衝程 500mm 以上的情形，經常使用油壓沖床。生產速度比機械沖床慢，大多使用於多樣少量的生產上。
3. 螺桿式壓床：如圖 5.25 所示，把能量儲蓄在飛輪上，加壓時再全部釋出進行成形，所以比機械沖床更像鐵鎚。這種沖床在熱鍛或冷壓印領域非常受歡迎。過去操作上需要某種程度的熟練，最近因裝載電腦，已經可控制加工能量，需要人工熟練度的程序降低，甚至可以自動化。
4. 自動多段沖床：又稱爲鍛打機或成形機，這種沖床由於使用鋼捲材，由切斷到鍛造一貫加工，而且生產性高，是適合大量生產用之機械。在加工溫度方面，冷鍛也使用，利用感應電氣加熱爐等對鋼捲加熱，熱間也使用多段沖床。
5. 鍛錘：鍛錘是利用滑塊落下時之運動能，使工件成形的加工機械。鍛錘藉由控制滑塊的落下速度及打擊次數就可以鍛造出所要的鍛件。作業員必須視變形量給予相應的能量，因此要求較高的熟練技巧。

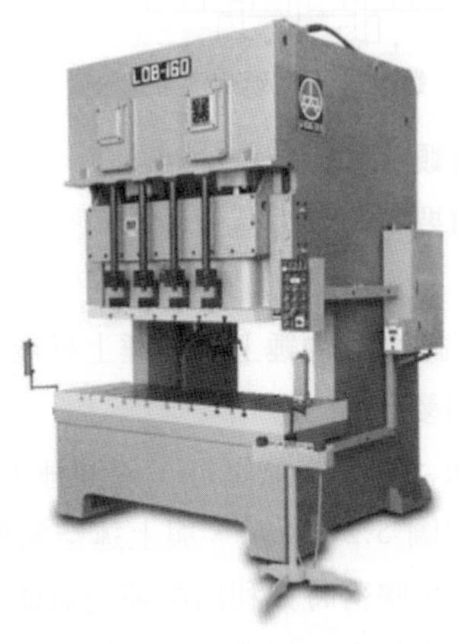

圖 5.24　油壓沖床

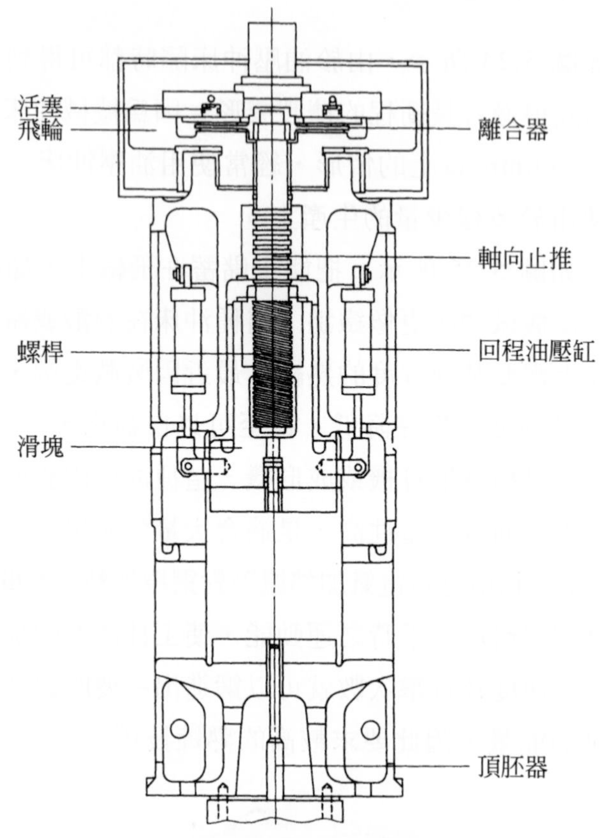

圖 5.25 螺桿式壓床(新州企業有限公司提供)

(二)常用鍾打、熱鍛之沖床種類

落錘鍛造在錘鍛上十分重要，而動力落錘沖床可分成以下四種，其中使用最多者爲空氣落錘錘打床。

1. 板落式錘打沖床：板子結合在沖錘上，沖錘上昇後，再自由落下，利用由沖錘所獲得之能量使材料變形。
2. 空氣舉昇落錘錘打沖床：利用空氣壓缸，使沖錘上昇再讓其自由落下。
3. 空氣落錘錘打沖床：如圖 5.26 所示，與上述空氣舉昇落錘錘打床相同，利用空氣壓缸使沖錘上昇，墜落時亦利用壓縮空氣使沖錘加速。這樣可使沖擊能量變大，而變形量亦會加大。打擊力可利用腳踏板的踏深量做調整，所以由輕工作量之預備成形，到大工作量且需要精加工爲止，作業者均可自由加以控制，這是它的特徵。3 噸以下之錘打床，爲了提升其單位時間的生產數量，有時也將衝程縮短，沖錘直徑加大，甚至使用回程速度加快的高速空氣落錘錘打床。

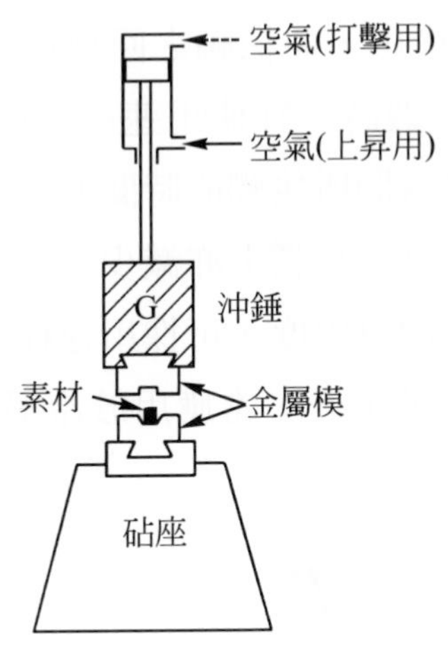

圖 5.26　空氣式落錘錘打床

4. 逆擊式錘打沖床：前述三種均是在沖擊的砧座上加工，但是逆擊式鍛錘，以運動的下沖錘代替砧座，用鋼帶把兩個沖錘連結，在上沖錘下降的同時，也使下沖錘上昇，而在中間撞擊工件成形。因此，砧座損失較低，效率較佳，傳遞到地板的振動也較小，作業環境因而改善。

二、安全設備與安全作業等

鍛造機在使用時，有一步驟弄錯的話，很可能引起非常嚴重的後果，確保安全的各種對策是必需的，就是機械本身的安全化，當人體的一部分曝露在鍛造機等的危險範圍內時，該鍛造機必須無法啓動；而當鍛造機啓動後，身體的一部分就無法進入鍛造機的危險範圍內，萬一身體的一部分進到鍛造機的危險範圍內，則必須會自動地將危險區內的異物排除。除此之外，關於沖床等的安全裝置有雙手操作方式、光感應式、手觸控式等多種，鍛造機的定期檢查、模具交換作業有關的資料等，亦有所規定。

5.4.5　用於鍛造之機械沖床

一、機械沖床的機構和構造

鍛造上使用的機械沖床，其傳動使用曲柄軸、肘節、及連桿等機構，如圖 5.27 所示。其中曲柄軸機構不限於鍛造，鈑金壓床等很多領域亦採用。圖 5.28 表示，這些機構中，曲柄軸之回轉角度與滑塊行程、滑塊速度關係的比較結果。在溫、熱鍛時，宜使用速度快的曲柄軸機構。就加工速度來看，工具與被加熱的素材間所接觸的時間非常短，因此工具的溫度上升及素材的溫度下降很少，工具的磨耗上亦減少。爲了減緩下降速度、加快回復上升速度等提高速度模式的自由度，可採用連桿機構。肘節機構在下死點附近之速度低，加壓能力急速上升，常應用於冷鍛。

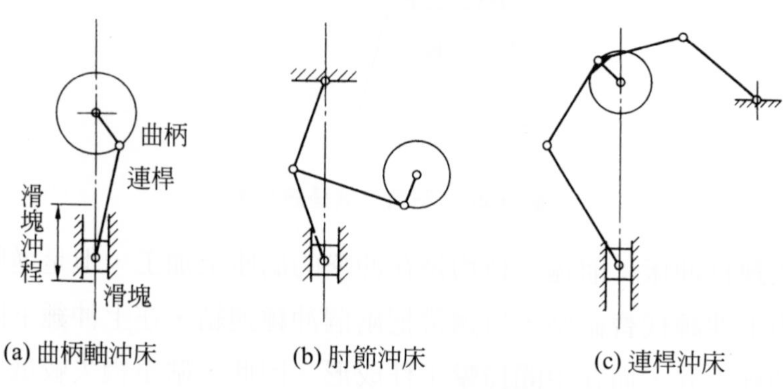

圖 5.27 機械沖床之滑塊驅動機構

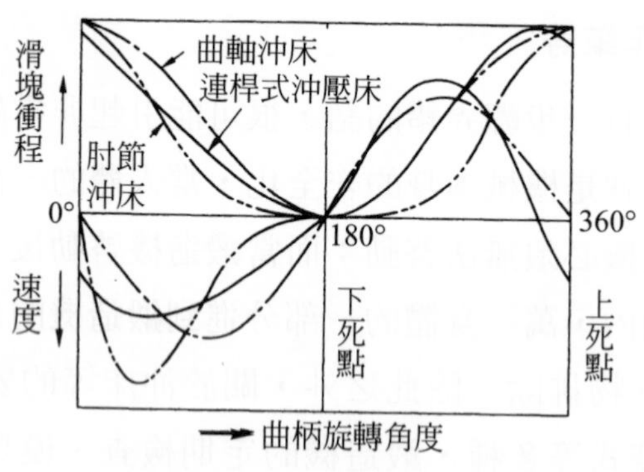

圖 5.28 曲柄軸旋轉角度與滑塊衝程、滑塊速度的關係

如圖 5.29 所示曲柄軸鍛造沖床的構造。機械沖床的構造大致可分爲機頂、機架、機座，以及滑塊。小型沖床除了滑塊外，多爲一體式結構，大型沖床由於有加工及運送的問題，一般都是分成幾部分，再利用連結桿加以結合組成之構造。安置

在機座的機台叫做承壓板，而下模就是固定在承壓板上。機座不只要支撐沖床上部的重量，在鍛造時尚要承受負荷。鍛造時面積小的承壓板要受到很大的荷重，所以有時會用熱處理過的工具鋼或合金鋼的嵌入板。

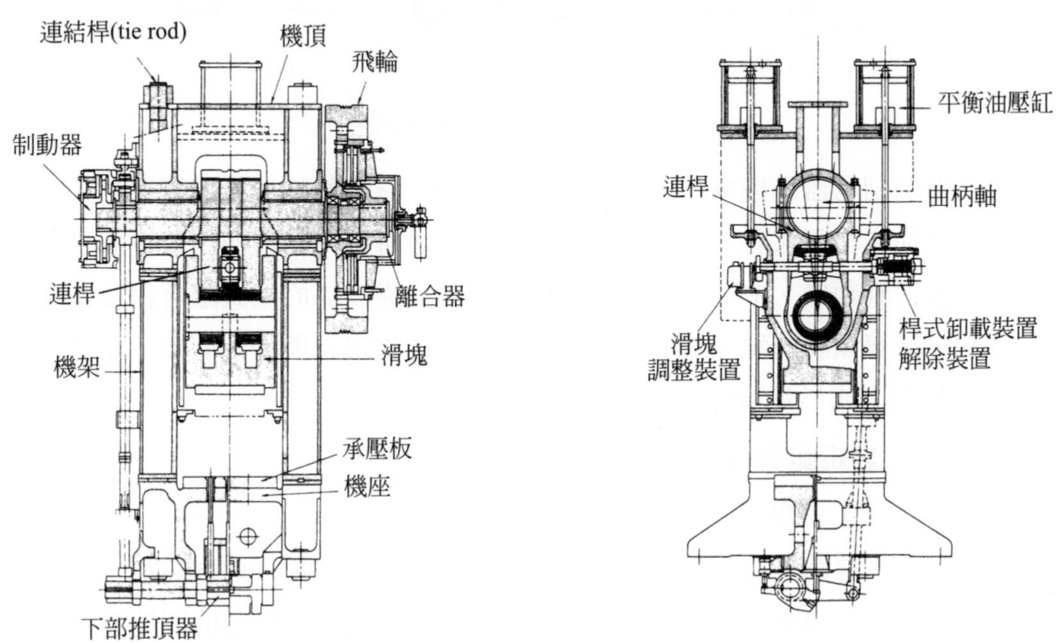

圖 5.29 具有曲柄軸機構之鍛造沖床的結構

來自馬達的能量，以回轉運動能儲存在飛輪上。鍛造所需之能量再經由離合器、曲柄軸、連桿而傳遞給滑塊。連桿下端，利用耳軸與滑塊相連結，又叫轉轍部。其數量因連結桿數而分類為一轉轍及二轉轍。在這個部位上安裝有調整滑塊高度的機構，而上模台則裝在滑塊上。

在機架內側則裝有滑槽，以導引滑塊的上下動作。這個導引面的數量及配置亦影響剛性。關於機架結構、滑塊引導部等，實驗性的、理論性的研究尚在進行(圖 5.30)，而反映在產品中。上下模的側向偏差會降低鍛件精密度，同時也使模具受到不當的力量而減短壽命，所以為了保證滑塊的運動，必須把滑塊導引的間隙抑制在最小值內。必須考慮受到負荷作用時滑塊的彈性變形，及熱鍛因熱膨脹而導致尺寸的變化。目前正在開發即使產生熱膨脹，對滑塊之導引精密度影響也很小的結構。

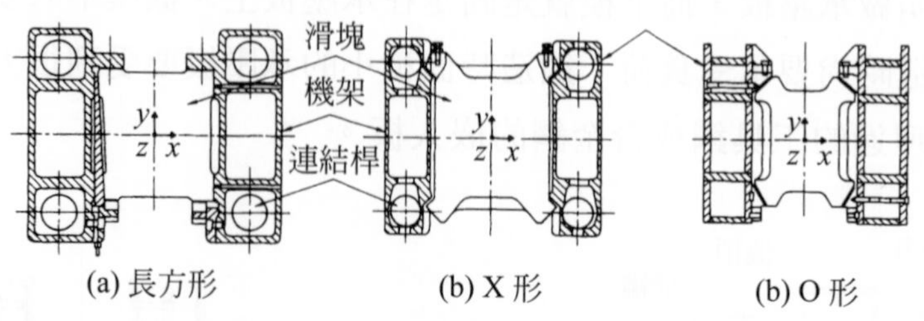

圖 5.30　滑塊導引面之配置方法

離合器及制動器是機械沖床上很重要的部分。它們的性能會影響到沖床的生產能力，另外從安全面來看，也必須具有高可靠度才可以。目前使用最多的是多板式摩擦離合器、制動器。中小型沖床機種，則使用可靠度高的濕式離合器及制動器。

曲柄軸裝有頂胚凸輪，透過頂胚驅動軸使下端頂出桿與滑塊同步，藉其上下運動而把模具內之成形件頂出。

二、機械沖床之規範與選定

機械沖床之主要規範與特性如下：

1. 每分鐘衝程數：這是與生產速度直接關聯的重要數值。衝程越短，每分鐘衝程數越多。每分鐘衝程數按連續運轉或者在上死點要停止的間歇運轉而有所不同，後者衝程數比前者小。利用自動運送設備時，採用可變速馬達等以便自由改變生產速度，此可變衝程數者會比固定衝程數者更方便。
2. 衝程：機械沖床之衝程長度較液壓沖床短，必要的衝程依成形方法、形狀、模具構造、自動化的方法而不同。手動或使用機器人來做間歇成形時，衝程是產品長度之 2 倍，連續自動化成形等的連續成形時，則必須 3 倍以上。
3. 滑塊速度：滑塊速度並非一定，由圖 5.28 可知道，越接近下死點附近，就會越慢。特別是冷鍛，由於採用肘節或連桿機構，會比曲柄軸機構者更慢。在溫、熱鍛時，速度一慢，素材熱量會被模具吸收而造成溫度下降，變形抵抗因而變大。工具溫度則反而上升而造成硬度下降，發生早期磨耗等弊害。因此熱鍛多採用下死點附近速度較快的曲柄軸機構的沖床。

4. 負載能力：機械沖床的容許加壓力大小，視滑塊、連桿、機架、機座、承壓板等強度，而如圖 5.31 中之*ABC*，受到限制。另一方面，由離合器、傳動軸、減速齒輪、曲柄軸等對扭力的承受能力爲*DBE*。結果容許加壓力就受限於滑塊衝程，變成圖中的*DBA*。

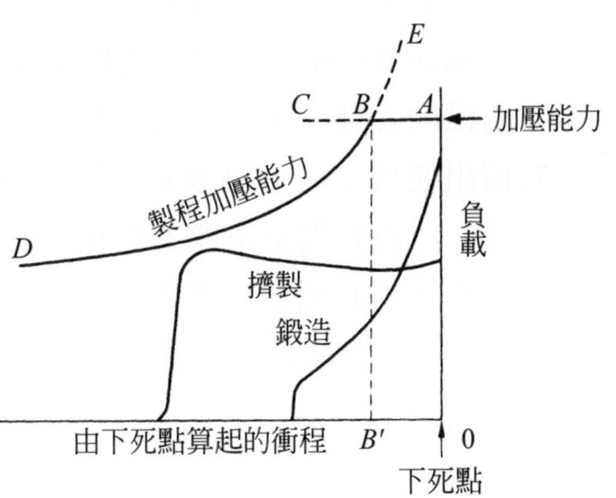

圖 5.31 機械沖床的負載能力

直線*AB*所表示的值叫做加壓能力或壓力能力，而曲線BD所表示的負載叫做製程加壓能力。線段*AB*之長度(距下死點之距離)與前述諸零件的扭力強度有關，叫做扭力能力。所以機械沖床的加壓能力是由下死點到指定的距離，沖床可承受的壓力來決定的。

冷鍛沖床的加壓能力發生位置，標準衝程者爲 4～10mm，長衝程者爲 10～30mm。

在選定機械沖床時，由成形開始到結束的負載，如圖 5.31 所示，必須考慮在沖床能力線圖*DBA*以下。特別是在擠製形式的加工中，必須注意製程的加壓能力。

冷鍛時，按材質的化學成分、潤滑良否、退火硬度等因素，所需壓力會有所變化，所以要考慮沖床的加壓能力時，應保留有充份裕度而來選擇設備。

自動連續加工時，偏心負荷通常不易避免，偏心負荷作用時，容許負載能力會比額定負載能力低。自動連續加工時，基本上可選擇 2 步驟的沖壓。第一步驟的沖壓，在沖壓中心做主要成形，在下一製程則做負荷較小的沖孔等的輔助加工。

5. 加工能力：這是用以表示，在一次加工中，容許的能量消耗，其值係依據主馬達容量、飛輪之慣性矩和回轉速度而定。鍛造上所需的功(加工能量)視飛輪的轉動能量而定。連續成形時，加工能力設定爲低於飛輪轉動能量的 7.5～10％。採用有變速馬達的沖床做連續成形時，隨著每分鐘衝程數的變少，能量會快速減少。

6. 可安裝模具高度：將滑塊置於機構之下死點，而調節範圍設定於上限，滑塊下端面與承壓板上端間的間距叫做可安裝模具高度。若考慮材料的排出，金屬模的安裝，則可安裝模具高度一般為滑塊衝程的2～3倍。
7. 頂出裝置：成形品要從鍛造沖床的模具內取出時，需要頂出裝置或者頂出桿。一般頭端頂出能力為加壓能力的5％，但長軸件作擠製加工或半密閉鍛造時，則必須為沖床能力的10％左右。頂出行程一般取滑塊衝程的1/2即可。成形品之取出，除了利用滑塊驅動系統的動作，有時亦利用油壓或空壓來完成。

5.4.6 用於鍛造之液壓沖床

一、液壓沖床之機構與構造

液壓沖床是利用油壓或水壓驅動的液壓缸，並藉以推動滑塊進行成形加工的機械。大多是利用油泵直接驅動的形式居多，這種形式的液壓沖床具有如下之特徵：

⑴可得到較長的滑塊衝程。

⑵衝程之任何位置上均可使用。

⑶滑塊速度可選用的範圍較廣。

⑷在全衝程中都可發揮最大加壓能力。

⑸在加工的末期，可增加加壓時間。

液壓沖床不僅用於鍛造形式的加工，亦適用於擠製形式之加工。因為滑塊之下死點不定，利用上模碰到下模而使滑塊停止，或利用伺服控制使之停止。

無負載時為了使上升或下降的速度相對的提高，可採用高壓油壓系統及預充式的油壓系統。有時也可將油壓裝置與沖床的加壓部加以分開，一部油壓裝置，可依序分別驅動多部的沖床。

圖 5.32 表示備有蓄壓器形式的沖床油壓回路。利用待機時泵之作動，把具有能量的壓縮氣體儲存，鍛造時利用釋出這些氣體所蓄能量的一部分來做成形，利用各次短暫的壓力能下降，例如10～15％以下，來進行加工。這種形式的驅動方法，與用飛輪的機械沖床是相似的，在大型沖床或高速加工的情況非常有效。

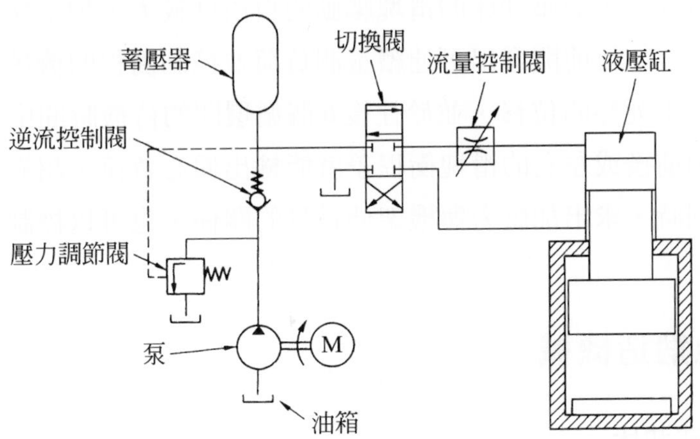

圖 5.32　蓄壓器式液壓沖床之液壓回路

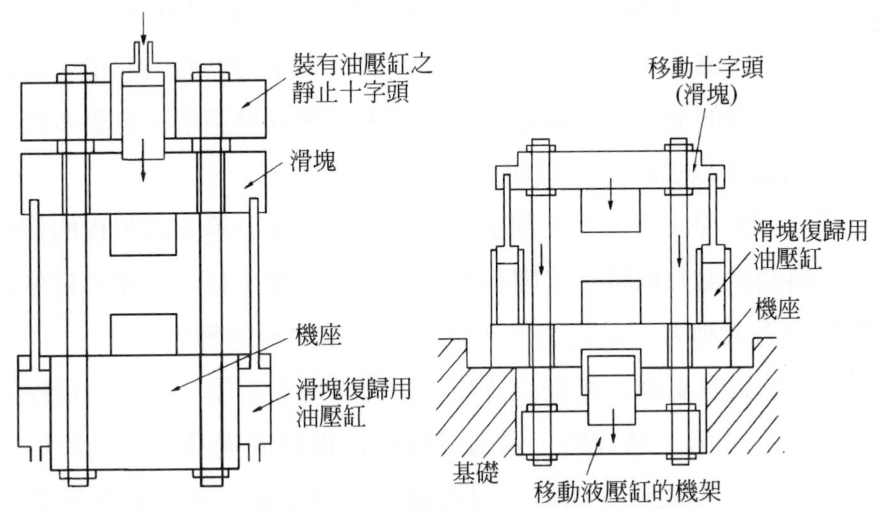

圖 5.33　液壓沖床之滑塊驅動形式

機頂、機架、機座、滑塊等負荷支撐部，基本上與機械沖床相同。滑塊驅動形式如圖 5.33 所示有兩種。一種是利用油壓缸推動滑塊的推下式，另外一種是把滑塊拉下式，後者適用於廠房較矮的場合。

二、液壓沖床的選擇

液壓沖床的定位時間長，生產力低，但適合於大型零件，特殊加工件，長軸件之擠製，對多樣少量生產及多用途之應用最適合。

相較於機械沖床，液壓沖床的滑塊驅動的自由度較大，加上採用控制技術，所以功能一直在提昇。目前開發出可連續量測負荷並控制衝程的機械。另外也開發出可檢測出運轉中下死點的位移，並於往後6個循環間的待機時間中會自動調整到目標值的機械。由前後或左右的滑塊衝程差就能檢出偏心負荷，超過設定值的話，就會緊急停止，同時，求出加壓力與機架伸長量的關係，也可以控制與負荷大小無關之下死點位置。

5.4.7 其他鍛造機械

一、自動多段式沖床

臥式多段沖床使用鋼捲材，可將數個製程之模具加以組合。由素材供給、切斷設備，至自動連續傳送機構等一應俱全，爲生產力極高的沖床，適合用於大量生產。使用磷酸鹽皮膜處理過的鋼捲，並用油系潤滑劑做切斷面的潤滑。對臥式機台而言，模具塗上多量的油，亦不擔心油滯留下來，所以很適用。自動多段沖床中，對較長胚料料端部予以加壓的裝置叫做打頭機。

相較於採用單動沖床進行重複潤滑、退火、冷間成形等多段製程的情況，自動多段沖床因材料發熱溫升而致使其變形抵抗下降的影響，有時可能導致無法完成成形加工。加壓能力或動力不足之情況，可採用間歇送料的權宜方法。

在準備階段的模具更換，衝程以及頂出器調整所需時間，應儘可能縮短。若沖頭與模具的對準在沖床上進行時，會造成機械停機時間過長，所以最近生產的機械，對各階段都加以模組化，因而可以在線外個別準備完成。新機械都搭載有電腦，也可以對各加工站上之加工負載加以管理，各種準備資訊的累積及指示，甚至對更換模具之專用吊車都加以控制。各種冷、溫、熱鍛，都有相對應的機械。以溫、熱間加工機而言，在鋼捲運送輥與切斷部之間，便可將材料進行感應加熱。

如圖 5.34 所示，利用曲柄軸或偏心軸的機構加以驅動的臥式沖床很多，蓄能機構、滑塊驅動法等，在原理上與機械沖床相同。多製程之加工作用力的合力發生偏心，一般無法避免，所以機架、滑塊、沖頭固定座、模具固定座等的剛性都設計得比較大。滑槽須考慮耐磨耗性，有時也使用超硬合金者。產品的頂出機構是由同一曲柄軸來驅動。

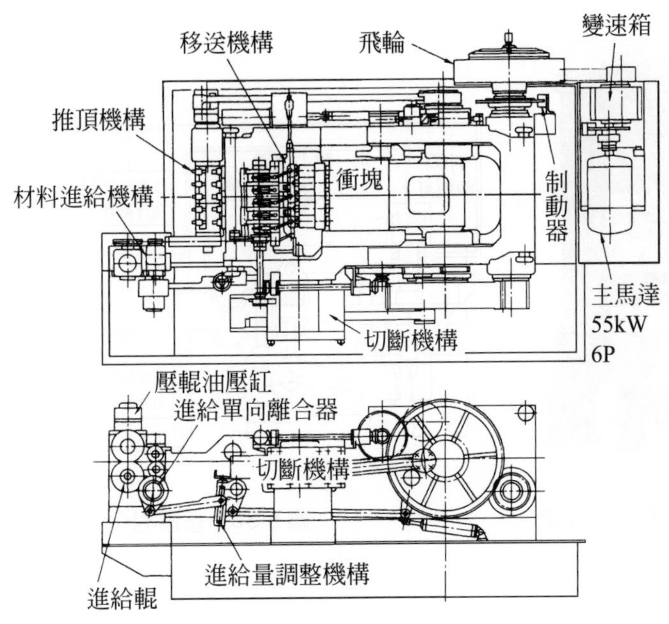

圖 5.34 臥式自動多段沖床的結構例

二、複動沖床

複動沖床爲具有多個滑塊，可分別獨立運動的沖床。其個別如閉鎖模鍛造、橫向擠製、冷鍛時，使用在對開金屬模之結合、沖頭的壓痕等。利用此種沖床可製造閥本體、汽車等速接頭零件等。

機械式複動沖床和單動沖床一樣，有曲柄式、肘節式、連桿式及組合式。液壓沖床除了有單動液壓的柔軟性，同時視目的亦很容易同步驅動各滑塊，很簡單地就能實現相當複雜的運動。一邊控制沖頭，一邊壓住來自多方向的素材，再加以造形之多種錘鍛造的機械也有。如圖 5.35 表示之複動沖床，可以對縱向對分的金屬模做結合及打開，因此可以製造具有倒凹形狀的產品。

僅具備單動驅動滑塊的沖床，利用齒條、小齒輪、連桿機構或楔塊，也可以產生與複動沖床相同之金屬模驅動力。

桿端鍛粗機，如圖 5.37 所示，雖然不屬於複動沖床範圍，利用對開模具可抓住長鍛件，所以可以做頭部鍛粗及沖頭的壓痕。

圖 5.35 臥式自動多段沖床

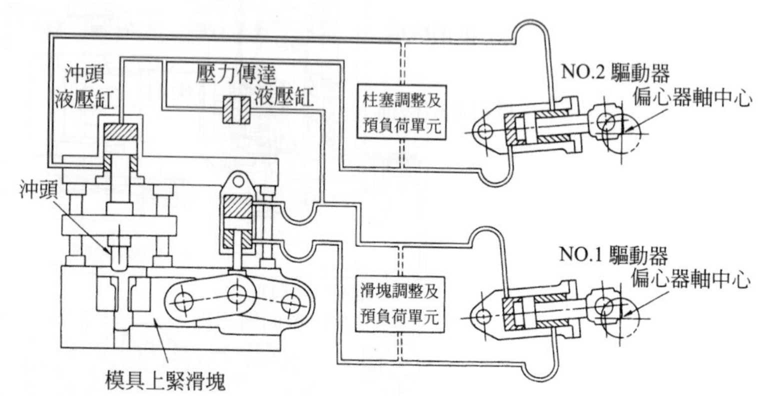

圖 5.36 垂直對分式複動沖床

三、螺桿沖床

螺桿沖床是利用螺旋機構以產生力量的沖床。在基本形式的螺桿沖床，當飛輪上所賦予之能量被耗用完後滑塊就會停止下來，此點與錘打床相同，而加壓力是經由機架支持著，此點又與機械沖床相同。加壓能量、衝程長度、及位置均可自由選擇，所以一組金屬模，可以對素材反覆施予預備成形、本體成形、加工成形等不同組合的加壓工程。

為了要保證產品之高精密度，利用上下模相互接觸時，要強迫使滑塊停止。利用這種方式使機械沖床中，因機架伸長而導致產品高度不一致的影響變小。使用在模鍛、壓印等，應用產品方面則有渦輪機葉片的鍛造。

具有最基本構造的螺桿沖床就是如圖 5.37 所示之摩擦沖床。利用馬達使摩擦板一定方向回轉，並可使左右之摩擦板滑動，視那一個摩擦板接觸到摩擦驅動飛輪，而使飛輪旋轉方向正轉或反轉，如此可以使滑塊上升或下降。此種形式之沖床零件少，構造比較簡單。由於是螺桿驅動，在滑塊上會產生水平面內之扭力，因此也有利用 2 支反向的螺桿以抵消所形成之扭力。

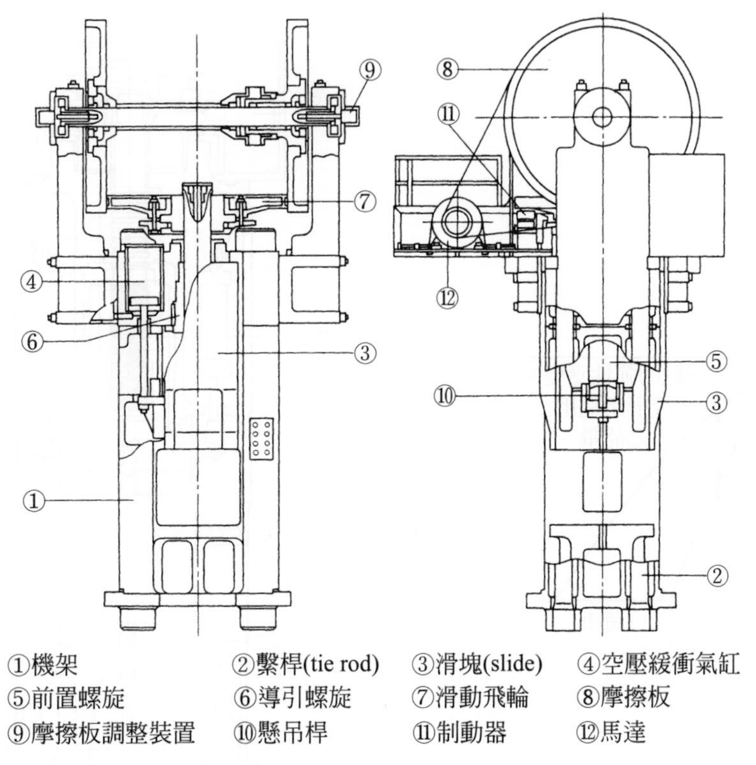

圖 5.37　摩擦螺桿沖床的結構例

由能量面來看，螺桿沖床之動作原理表示如圖 5.38 所示。當儲存在飛輪上之運動能量全部被耗用在成形、沖床彈性變形時，滑塊就會停下來，有很多螺桿沖床之實用加壓能力，比公稱加壓能力還要大。

也有讓飛輪經常旋轉著，當滑塊欲下降或加速時，將離合器結合即可利用飛輪回轉能量使滑塊動作的沖床，如圖 5.39 所示。像這種螺桿沖床，就能量原理而言，與機械沖床類似，滑塊上昇則利用油壓缸。

四、加熱設備

熱鍛與溫鍛所使用之加熱裝置，要考慮鍛造素材的材質、加工溫度、鍛造機械、生產量後再加以選擇。加熱溫度會對鍛造件品質、成形負荷給予直接影響，所以要求對加熱溫度要做正確管理，以使素材由外表至中心的溫度均勻。

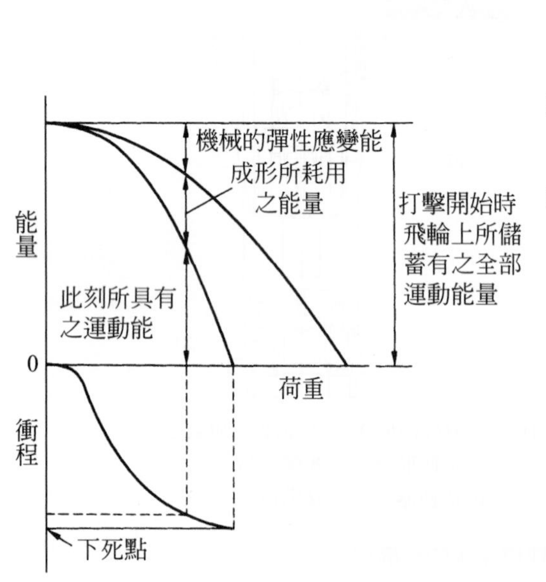

圖 5.38　螺桿沖床能量與加工力之關係

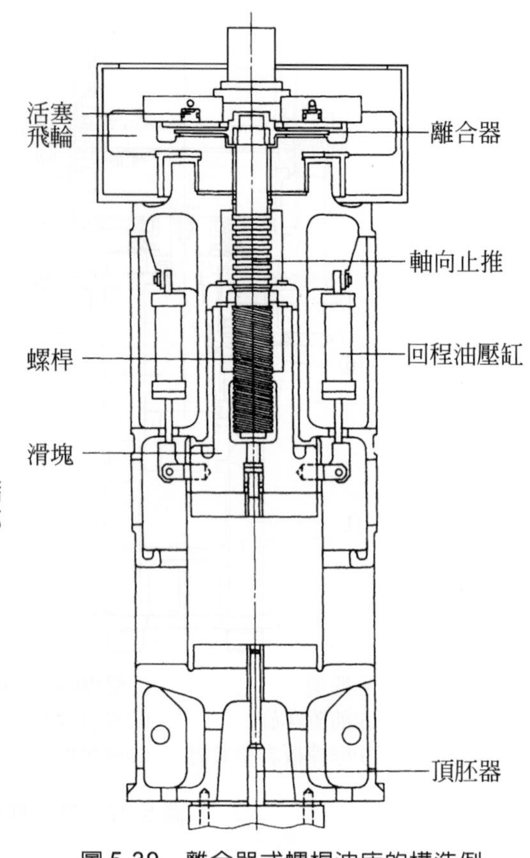

圖 5.39　離合器式螺桿沖床的構造例

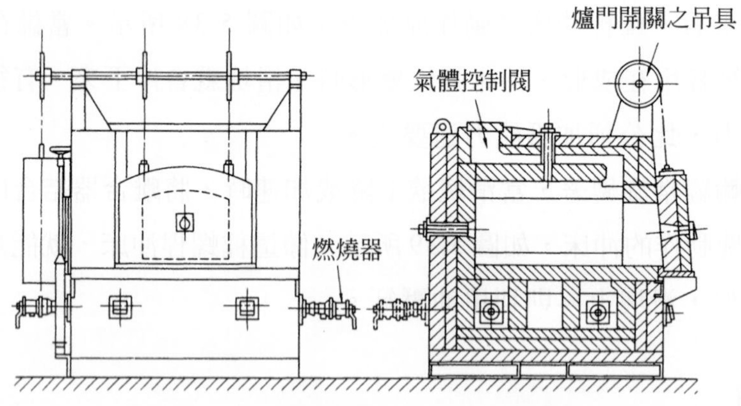

圖 5.40　氣體燃燒式批次爐之結構例

按熱源加以分類的話，可分爲使用液體或氣體的燃燒爐及電爐。燃燒爐不拘材質或鍛造機，一般都可使用，自動多段式沖床、機械沖床、螺桿沖床的熱鍛或溫鍛，多使用感應電加熱爐。

1. 批次加熱爐：批次加熱爐如圖 5.40 所示，由於操作簡單、設備費用低，所以使用最多。這種加熱爐普通都採開放式，進行材料之投入或取出，所以熱效率差。

2. 推桿式加熱爐：利用排氣熱一邊將素材加熱，再依次送入爐內加熱。送入的方法有利用空壓、油壓缸或凸輪等機械式方法或利用振動的方法。熱效率比較高容易自動化，設備費也低是其優點。

3. 旋轉爐床式加熱爐：如圖 5.41 所示，不論鍛造素材形狀如何，均可調整旋轉速度及裝在爐旁邊的燃燒器，因此能對加熱時間或溫度加以控制是其優點。爐壁或爐床因使用鑄式耐火材，維護週期亦較長，容易做維持管理。

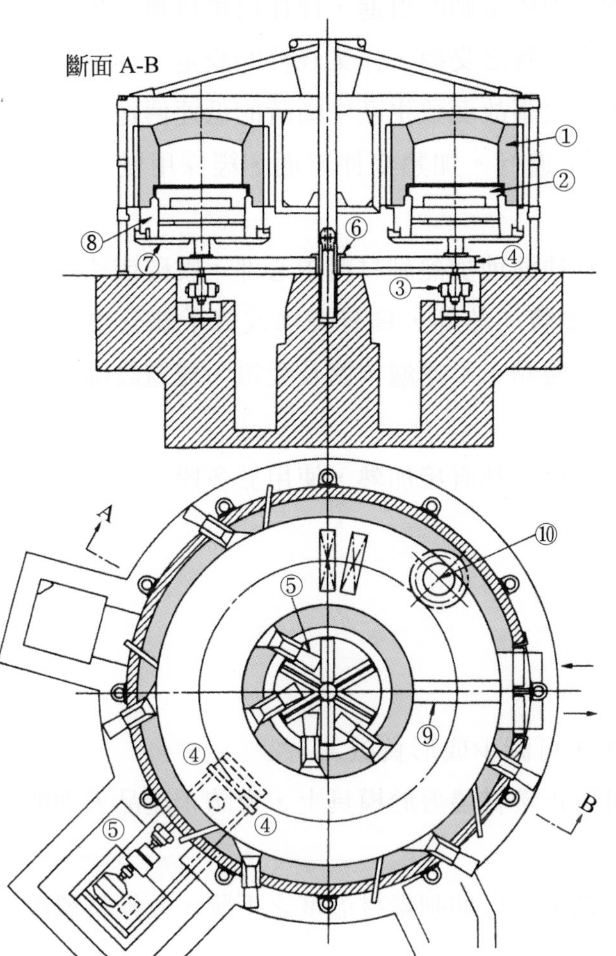

圖 5.41　旋轉爐床式加熱爐的結構例

缺點是熱效率差，若旋轉部間隙有熔渣或破裂的耐火磚掉落，易造成旋轉困難等問題。

4. 全旋轉式加熱爐：旋轉爐床式加熱爐只有爐床旋轉，外壁是不動的，素材出入口只要一個位置就夠了。全旋轉式是爐床與外壁成一體旋轉，素材之取出是利用設在外壁上幾個窗口的開關來進行的。在這種爐旋轉部之間隙素材或異物掉落的故障比較少。

5. 感應式電加熱爐：是使用在自動化機械沖床、大型熱鍛用自動多段式沖床或溫鍛時素材的披覆及加熱上。頻率變換可經由馬達發電機到矽控變頻器或電晶體，作有效率且高度的控制。由於電腦的引進，操作已可以無人化了。更換時線圈的交換、結線更換、冷卻管之交換，作業條件的設定、作業開始時之溫度補償控制、操作中沖床側之事故而致生產中斷時的低速傳送保溫控制等，均可利用預先輸入之程式來進行。加熱條件方面，經採用雙重頻率電源，以防止過熱又可節省能源。

利用這種加熱爐可以均勻且快速地加熱到材料中心部，脫碳或渣物很少發生，溫度調整很簡單，除了整體加熱外，具有長棒或管子部分也可以加熱，溫度上昇時間非常短等諸多優點，不過爐本體及受電、變電設備價位高等是其缺點。

6. 其他：在線材或棒材通電，利用焦耳熱直接加熱，使用於多段式沖床、電力式鍛機。

五、潤滑的意義

潤滑處理的目的，一般說明如下：

⑴鍛造時可使材料流動安定。

⑵降低素材與金屬模間之摩擦，可減少成形負載。

⑶介於素材與金屬模之間，可防止素材燒著於模具上，及防止產品表面的惡化等。

⑷經由抑制素材傳給模具的熱量，可以抑制素材溫度之下降，及模具溫度之上昇。

⑸利用潤滑劑媒體蒸發之潛熱，以冷卻金屬模。

⑹鍛造件很容易自模具上取出。

冷鍛時在被加工材上做潤滑，金屬模不做潤滑，而熱鍛時僅對金屬模做潤滑處理。成形作業結束後，從材料表面除去潤滑劑之難易也是重要評估項目。

(一)乾式潤滑劑

碳鋼以及低合金鋼進行冷鍛時，先在素材料面形成磷酸鹽皮膜，然後再把潤滑劑塗上去。表 5.1 表示該處理製程的案例。

表 5.1　一般鋼材之磷酸鹽皮膜潤滑處理製程

1	2	3	4	5	6	7	8	9
脫脂	水洗	酸洗	水洗	皮膜化成	水洗	中和	潤滑	乾燥
鹼		鹽酸或硫酸		磷酸鹽		鹼	蘇打肥皂	熱風

磷酸鹽皮膜處理潤滑設備之案例。潤滑處理製程之各浴槽的排列方法有直線形及圓形。加載、浴槽間之搬移、卸載也都可全自動化。旋轉滾筒式中，可用螺旋輸送機來送料。對高合金鋼、不銹鋼，則使用溴酸鹽皮膜比較多。爲了做好潤滑處理應注意以下幾點因素：

1. 爲了不讓素材間之接觸而生成不良皮膜，要注意使素材能連續性或者間斷性的移動。
2. 對容器狀的預備成形品，要注意使容器內部的處理液也必須不斷地流入流出。
3. 加熱方法有蒸氣、瓦斯、電等，其中以選擇利用蒸氣而間接加熱的方法最多。

可用二硫化鉬代替最上層的肥皀，在浸入二硫化鉬懸浮液的情況時，可使用與肥皀情況相同的設備。對自動多段式沖床上加工的鋼捲之潤滑處理，有時亦使用包含拉伸製程的連線化設備。

(二)濕式潤滑劑

濕式潤滑劑使用於熱鍛或溫鍛。作業性佳、安全性高及均勻覆蓋模具表面的濕潤性是非常重要的。濕潤性也受到模具溫度影響，熱鍛時以用水或油將微細的石墨粉末稀釋來使用較多。水比油對模具的冷卻效果要大，但對模具表面的擴散性較差。可是用油的情況，有引起冒煙、起火的危險，對作業環境不佳。由於油的燃燒所形成之氣體被封閉在模具的凹入部位，有時會造成鍛件的缺陷。熱鍛時在生產線上，對金屬模具塗上潤滑劑，或者用空氣槍噴附上去。自動化生產線上的噴嘴有固定式及移動式兩種。模具內孔深或者形狀複雜時，在不妨礙滑塊運動狀況下，亦有將噴嘴移到模具內孔最頂端再噴射的情況。如圖 5.42 所示。

石墨會造成作業環境的惡化，因此非石墨系的潤滑劑受到矚目，碳酸類合成潤滑劑的使用逐漸變多。亦有使用低融點玻璃、合成雲母及氮化氟等。

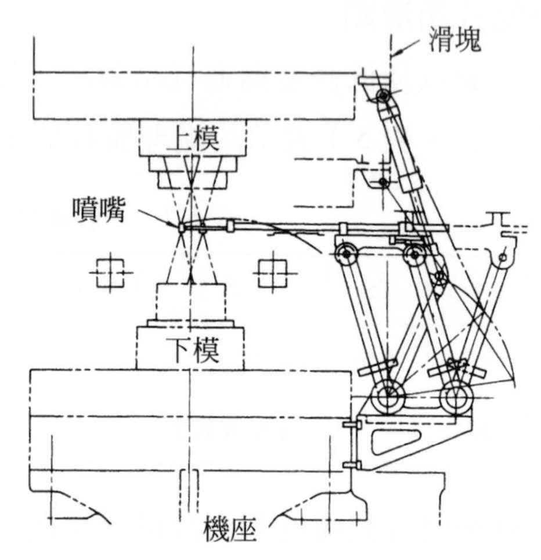

圖 5.42　滑塊連動噴嘴式金屬模潤滑設備

潤滑劑及氧化銹皮是熱鍛機周邊環境惡化的主要原因。模具夾持工具、滑塊之內側面，所附著的銹皮或潤滑劑可用高壓水除去。成霧狀的粉塵會往機械周圍飛散，與銹皮一齊殘留在檢修凹孔內，就作業者的衛生上，準備作業或日常維修作業上往往造成障礙或故障。最近的鍛造冲床，把模具周圍的護罩做成密閉結構，因此可以防止粉塵往外部的飛散。

六、搬運設備

1. 整列設備：此設備的功能是把零散堆積的素材或加工半成品加以儲存，並加以排列再送到待機位置上。有斜梯式(如圖 5.43)、振動抓斗式、往復漏斗式等諸多式。

2. 分離設備：此設備的功能是把連續輸送中的素材依定數量加以隔開，再裝入機器之特定位置。有棘輪式(如圖 5.44)、飛梭式及扇板式。

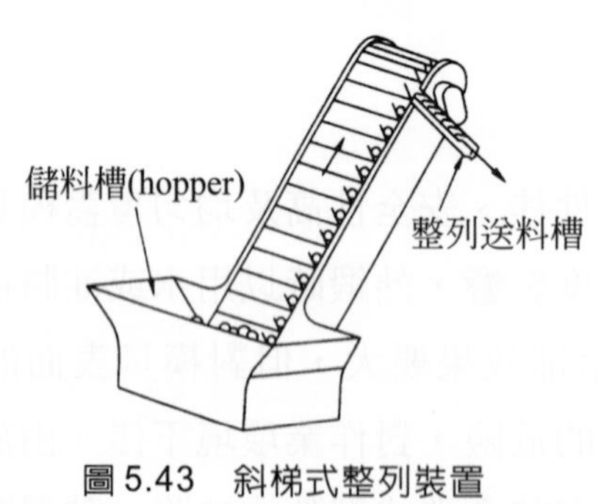

圖 5.43　斜梯式整列裝置

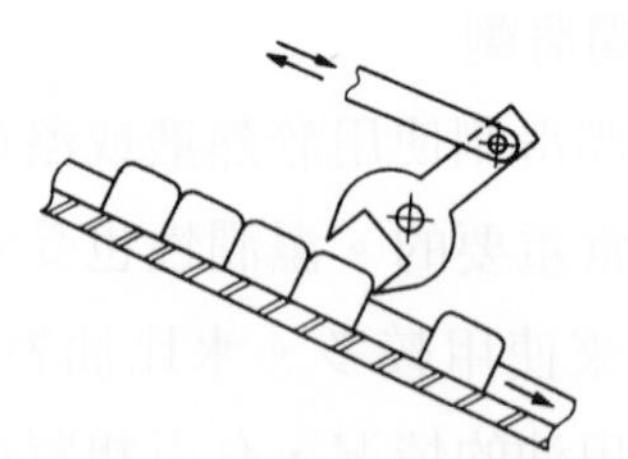
圖 5.44　棘輪式分離機構

3. 裝填、退出設備：如傳送進給裝置(又稱自動進料器)，如圖 5.45 所示二次元送料機的動作。利用裝在填料桿上之機械手指，挾住素材送入金屬模具之中心，當手指打開時，素材就自由落下或者利用沖頭下降而將素材裝填入模具內。接著在加工中或沖床滑塊的上昇中，連續地將填料桿收回來。

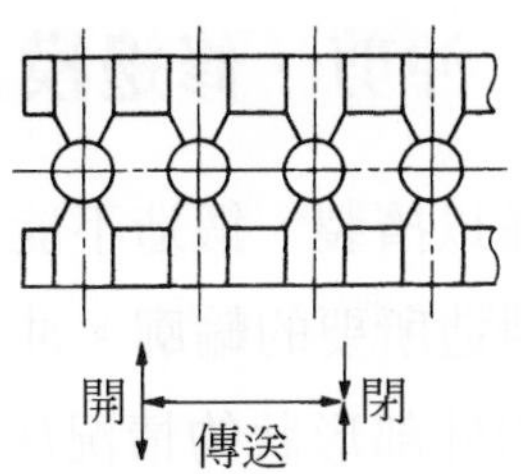

圖 5.45　二次元傳送進給裝置的動作

填料桿的移動、開閉是利用凸輪、輥齒或行星齒輪機構等機械元件行成的。如圖 5.46 所示三次元運動的填料機案例。機械式的動力源是利用沖床曲柄軸之旋轉、滑塊的往復運動、空壓或液壓缸等。即使是機械式的填料機構，也可以實現加工件倒轉等複雜的動作，但是因應不同產品的彈性比較不容易。因此，也有利用電力系統或液壓伺服系統的機構，彈性地把傳送的各種衝程長度、速度加以變更。將液壓機構放到凸輪機構及填料夾間，較具柔軟性，更開發出可以應付各種不同種類產品的機具。

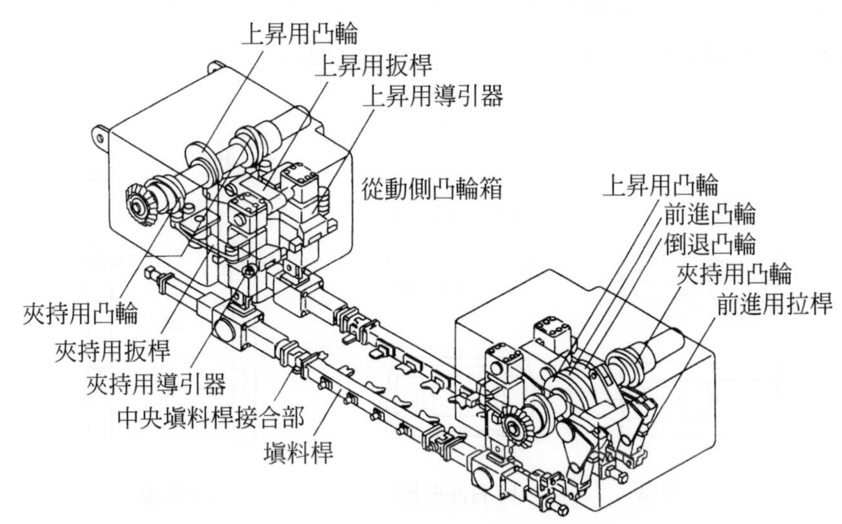

圖 5.46　上部懸架式沖壓連動機械式傳送進給裝置

在出料方面，過去有很多是利用壓縮空氣將鍛件頂出來的，但是會伴隨有噪音或在成形品上有打痕缺陷，目前仍無法避免。

5.4.8 沖剪、修邊模具

若僅以擠製、鍛造不能得到所要形狀時，須追加沖剪或修整製程，在產品上加工孔或製造所要的輪廓。沖剪是在產品上加工孔，而修整則是使用於去除毛邊或製作特定的外部形狀的情況居多。

圖 5.47 所示各種不同的案例。(a)是不使用沖剪模具，而僅用沖剪沖頭，把擠製件的肋板沖掉以做成筒狀產品，(b)是利用沖剪沖頭與模具，在擠製件的壁緣部沖孔的案例，(c)是螺栓的六角部成形後，做圓形整修，作成附有墊圈的螺栓之案例。

沖剪件之品質一般由毛邊和塌邊來決定。圖 5.48 所示毛邊等的定義。爲了得到良好的沖剪件，沖剪件厚度應儘可能地薄，如此有助於模具壽命。還有沖頭與模具間隙越大、沖剪壓力越低、而毛邊及塌垂會越大。一般把間隙縮小時，毛邊會變小，再把間隙弄得更小時，因接近擠製形態，表面粗糙度會變成平滑，但是毛邊會變大。

沖剪模具壽命一般以沖剪面之狀況來決定。沖剪之沖頭的使用壽命通常依燒著及磨耗來決定。

螺栓頭部成形用之六角整修沖頭，其切刃部一旦發生磨耗，會產生崩刃，使用壽命就達到。針對磨耗的對策是對切刃部做表面處理，非常有效。

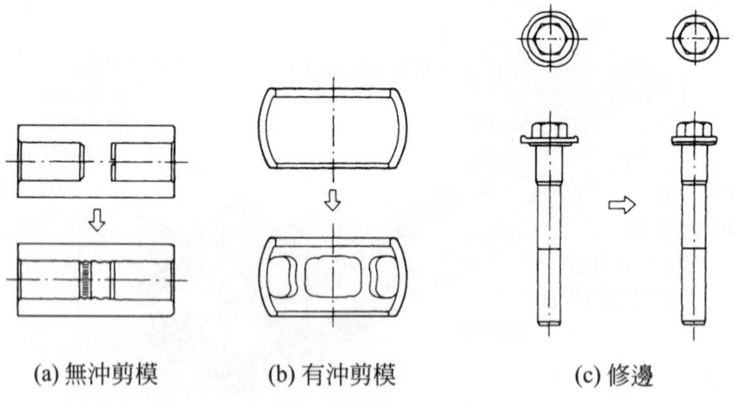

圖 5.47 後續加工沖切

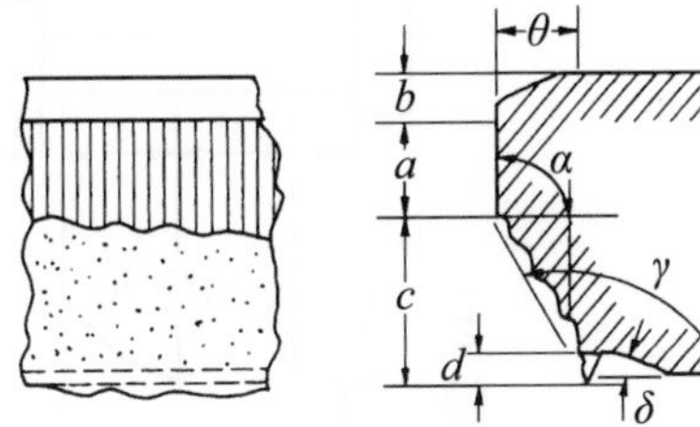

a：剪斷面長度
b：塌高
c：破斷面長度
d：毛邊高度
θ：塌邊
α：剪斷面之傾銷角
γ：破斷面之傾斜角
δ：壓痕的傾斜度

圖 5.48　剪斷加工的切斷面形狀

5.4.9　引縮模具

一、引縮的目的

施以引縮的目的是爲了進一步提昇軸擠製或容器擠製件外徑或內徑之精密度。當然亦期待能改善表面粗糙度。而且，僅作後向擠製時，加工壓力會變大，對加工不易的薄壁容器成形，亦可利用引縮加工。

二、引縮的精密度

1. 中空零件：圖 5.49 所示中空零件的汽車引擎活塞銷的引縮加工案例。圖 5.50 則是引縮前後外徑精密度量測之結果。擠製加工時，側壁經沖剪後，外徑在上下兩端都呈開口狀態，但是利用引縮可消除此一開口，其後加工及熱處理前之研磨製程就可省略，而僅做精研磨即可。另外也可利用引縮改善表面粗糙度。

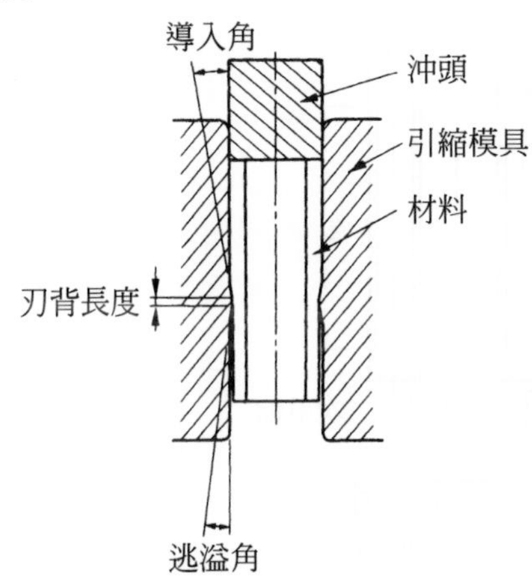

圖 5.49　中空件的引縮加工例

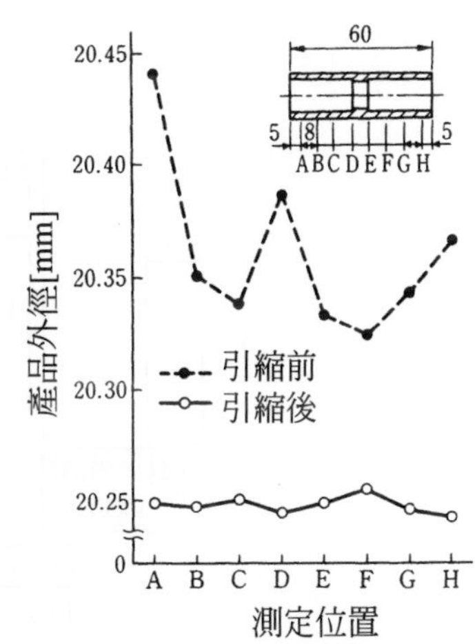

圖 5.50　活塞銷引縮加工前後之外徑精度

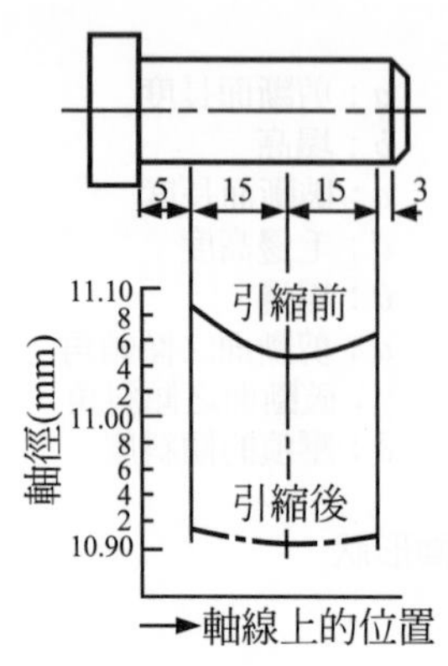

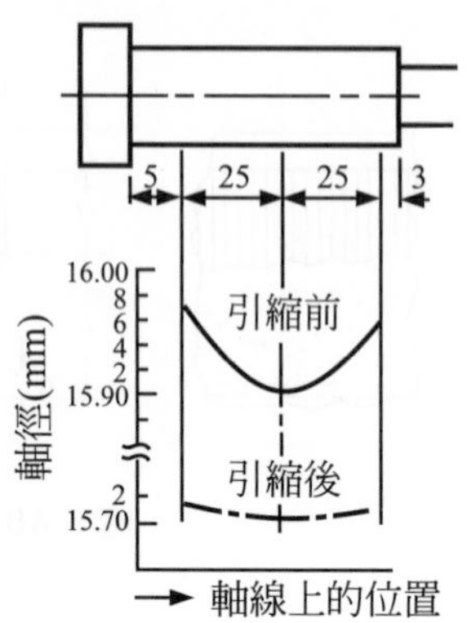

圖 5.51 利用引縮提升軸部之圓筒度

2. 實心零件：為了確保實心零件的軸徑，及形狀許可差，可進行引縮加工。圖 5.51 表示提高圓筒度的案例。利用引縮可得到穩定的軸徑及表面粗糙度，所以常被用來當做保證螺栓螺紋小徑之手段。

三、引縮加工的極限

用沖頭抵住底部做容器零件引縮加工時，介於沖頭與模具間的材料承受拉應力，當拉應力超過容器壁面材料的抗拉強度時，容器壁面材料會破斷掉。因此對引縮模具入口部之導入角必須慎重選擇。通常取10°左右如圖 5.49 所示。另外在引縮前，必須將材料退火以降低硬度。

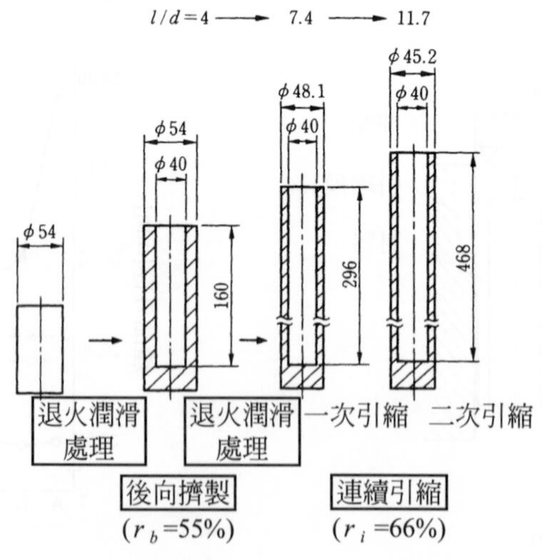

圖 5.52 利用引縮加工之深中空件的加工製程

通常將引縮加工分成二次會比一次有更高的加工極限。圖 5.52 所示，利用擠製與引縮加工，可以將擠製加工不可能做到的$l/d = 10$以上的鋼製深孔容器，完成加工的案例。另外因後向擠製之斷面減少率大，可以預期擠製沖頭壽命會下降，若巧妙配合引縮加工，可以得到精密度佳的薄壁容器。

5.4.10　壓　印

用鍛造成形出概略形狀後，爲了厚度的一致，或賦予凹凸不平爲目而做壓印加工。加工中不會產生材料大流動，但加壓的壓力會升高，因此要設法僅對必要部分進行加壓，並設計材料的逃溢口。在日常周邊的壓印加工，如硬幣文字的浮出。熱間做齒形鍛造後的斜齒輪，爲了提升其精密度及表面粗糙度，對齒面做壓印加工。

如圖 5-53 是附有軸部的容器零件的壓印。對於最終目標的平坦內底面形狀，以一次後向擠製而製成，對模具壽命而言並不實用。因此以後向擠製加工容易的形狀來成形內底面，用壓印沖頭再加壓一次。在此例中爲了防止壓印負荷變大，在壓印部附近之外側底面，設計有像圖中那樣材料逃溢口。

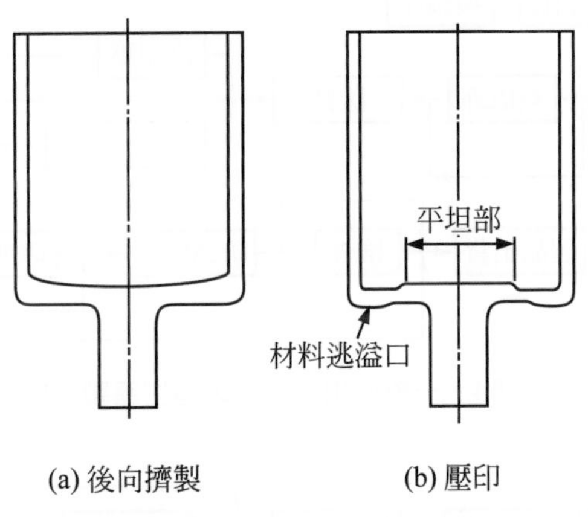

圖 5.53　容器零件之壓印例

5.4.11　矯　正

鍛造矯正的目的是要做形狀修正及提升平面度、眞直度和直角度。對付軸類彎曲，有下列二種大家所熟悉的方法：一個是用消除應變的沖床做矯正的方法；自動應變消除機也是將工件一邊旋轉，量測其彎曲量再做加壓。另外一個是利用矯正模來防止軸彎曲，在擠製模具之後加入矯正模具，可以在擠製的同時，亦做彎曲矯正，對長尺寸之軸件經常使用矯正加工。

5.4.12 鍛件設計概論

圖 5.54 所示使用沖床做冷、熱鍛工廠的代表性生產製程，而圖 5.55 所示利用自動多段成形沖床的生產製程。生產線再由這些對應製程所需之各種機械或裝置構成。其中鍛造或者多段成形以及某些製程之內部細節，是由幾個鍛造加工作業所構成。

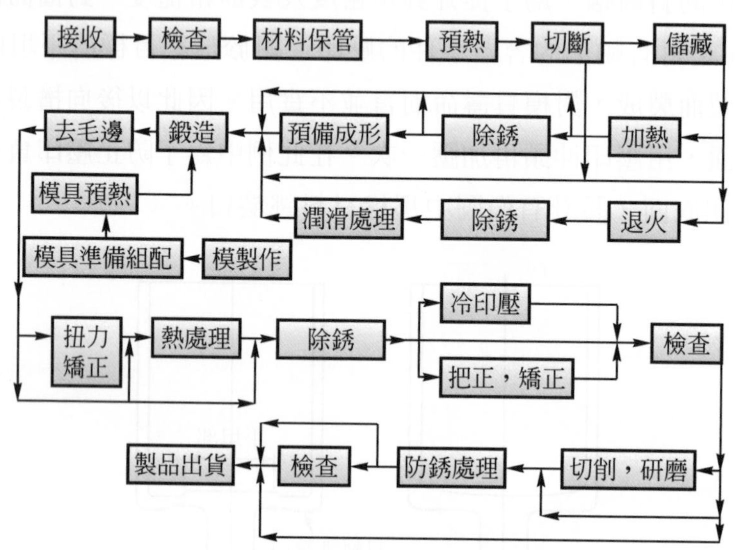

圖 5.54　一般使用沖床之鍛造生產製程例

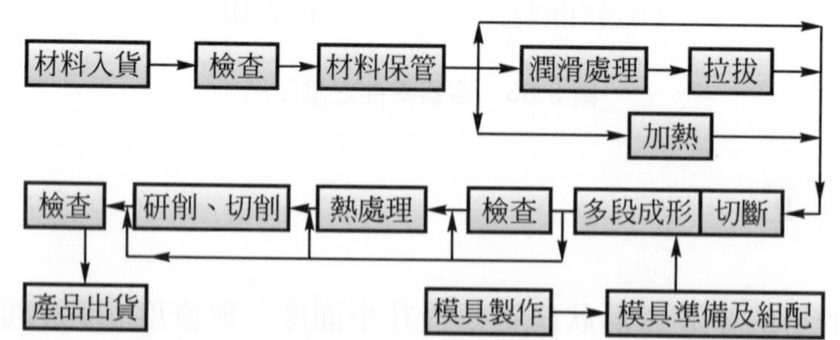

圖 5.55　運用自動多段成形壓床的冷鍛、溫鍛或熱鍛之生產製程案例

鍛造的製程也不過是全製程中的小部分而已。鍛造製程準備素材也好，對鍛造件做後加工、後處理及檢查也好，都必須投入相當多的製程。雖然這些製程會造成生產成本之提高，但是經由這些製程才能製造出所需材質和幾何造形的產品。

5.4.13 鍛造設計流程

一、縱向系統

將鍛造爲主軸的生產製程視爲一個系統來看時，對此系統的分析或統合有各種不同的表現方法。如圖 5.55 所示，是把加工製程當做要素來表示的系統。另一方式則是把流動於各製程間之被加工材料的形態視爲要素，而各要素間連接的製程名稱以下標線來表示。爲了與下一項所說明之橫向系統做比較，本系統就稱爲縱向系統。

如圖 5.56 所示，進一步地假定工場生產成品時，可供選擇的最佳生產方式之各種可能性。從素材開始，經過具有中間形狀的預備成形品，到鍛造件的整段製程就是本來的鍛造製程，爲了表示有選擇的自由，圖中形狀、溫度、靜水壓所表示之路徑意義，請參考文獻。圖中甚至把製程上有關或未來應具備的軟體的名稱用大括號表示出來。

製程的計劃與設計，當然是依據最終成品之圖面，也就是材質以及幾何學性質做爲目標來進行的。此時要決定的大方針就是原本的鍛造製程所應涵蓋的範圍。如圖 5.56 中央附近所示，在鍛造機械的前面或機械內部，把棒、線或板材加以剪斷，當做素材開始是常有的做法。可以選熱軋、冷抽、去皮切削或研磨之任何一種對材料做表面或尺寸加工。再利用鍛造、粉末冶金、熔融鍛造或其他方法把不定形材料成形爲直接或中間形狀之預備成形件，之後再開始眞正鍛造製程。

決定鍛造製程起始點的同時，也要決定其結束點。僅由鍛造作業或其他塑性加工就得到目標鍛造件，也就是說只做完全成品形狀的淨形(Net-shape)鍛造作業是可能的。事實上幾乎所有之螺栓或小螺絲都是這樣製作出來的。但是對形狀複雜的工作，成品形狀鍛造雖可經多道鍛造作業來完成，成本上多不划算，如圖 5.57 所示出上述之概念。所以起先就要決定什麼地方可中斷鍛造製程。像這種用於鍛造件設計的軟體，其重要性最近頗受討論，至於完成恐怕尙須假以時日。

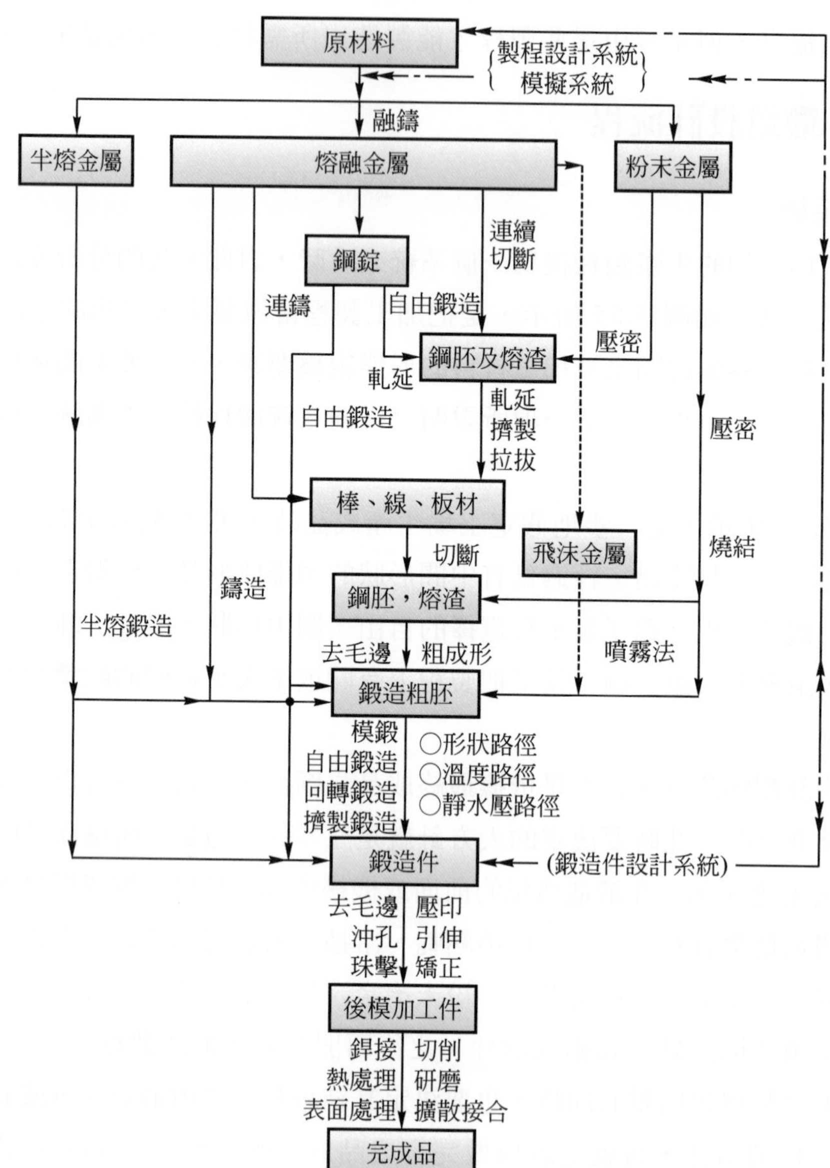

圖 5.56　以材料之形態變化表示鍛造生產線之縱向系統

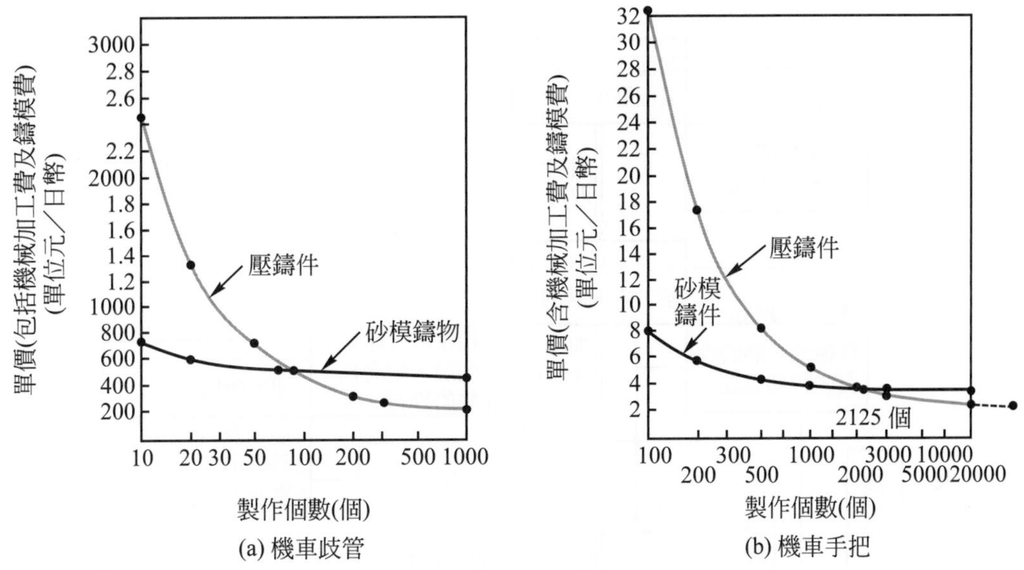

圖 5.57　鍛造及切削製程比例與總成本關係圖

二、橫向系統

為構成橫向系統之機械，金屬模和潤滑劑要素，此系統連結素材或預備成形品與鍛造品之鍛造製程。而橫向系統分別屬於各自的縱向硬軟體系統。

5.4.14　產品品質與系統間關係

由棒材、線材或板材製作鍛造件的製程中，在前一製程材料的尺寸，形狀，表面狀態乃至於機械或熱的特性會如何變化，與前面所述諸系統要素之關係，如圖 5.58 所示。材料與由此材料做成之胚料的品質都會遺傳到鍛造件中，尤其是在不做最後去除加工的鍛造製程中，不止胚料的體積、表面缺陷、尺寸精密度都會完全或者僅僅外形加以改變後即傳承到鍛造件去。

加工物儘管以工具加壓，但材料不一定就會全面地與工具密切貼著。材料內部由於產生之靜水壓不夠，材料在模具凹角處會有局部性未完全填滿的情形。在不同部位間歇或連續加壓的製程中，加壓中被排擠的材料會被推入已變形區域內去，有時也會產生應變。另一方面，工具或鍛造機械則承受來自加工過程的反作用力、磨擦及熱等的緣故，有時會產生塑性變形或磨耗，這些因素對鍛造件之尺寸或表面都產生不良的影響。

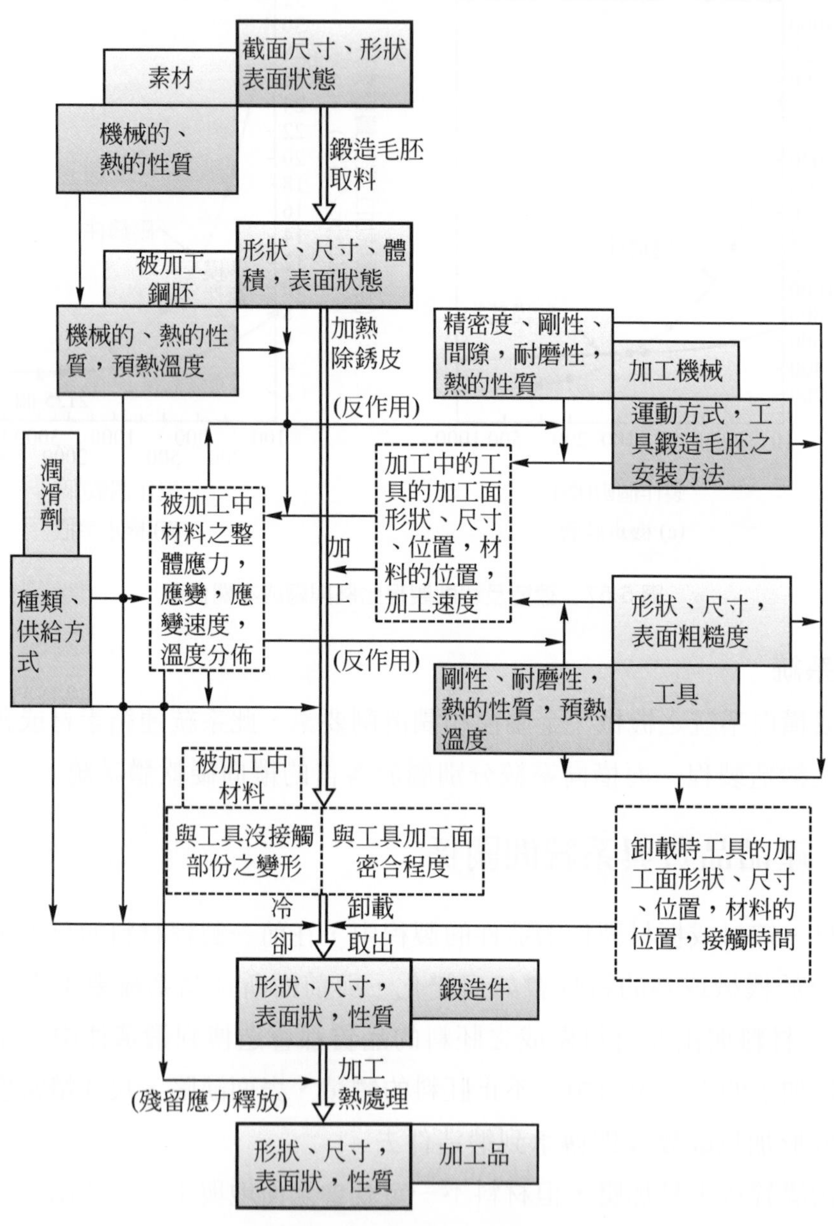

圖 5.58　產品品質與生產系統要素之關係

加壓結束後，工具、機械及鍛造件上所產生的應力會釋放出來，因此各別的尺寸都會發生彈性的變化。當鍛造件自工具內脫模時，由於相互干涉會發生稍許的塑性變形，鍛造件自工具取出後因冷卻而引起尺寸之收縮變化，也是不容忽視的。這種情況不止於熱鍛或溫間鍛造，對發熱很大冷鍛亦是如此。

由於鍛造、脫模、到冷卻時，鍛造件內會產生大大小小的殘留應力。這些應力在鍛造後之熱處理或切削加工時會釋放出來，此乃造成尺寸變化的原因，所以在考慮系統設計時，鍛造後之加工及熱處理都是必須加以考慮。

圖 5.59 所示造成鍛造件各種幾何上品質變異的原因及其作用。在這變異中又可分爲由偶然要因而造成之不規則性的變異及隨時間緩慢變動之要因所產生的時間性變異。

爲了減少或防止上述問題，對策可從圖 5.56 所示的縱向系統中去求得。

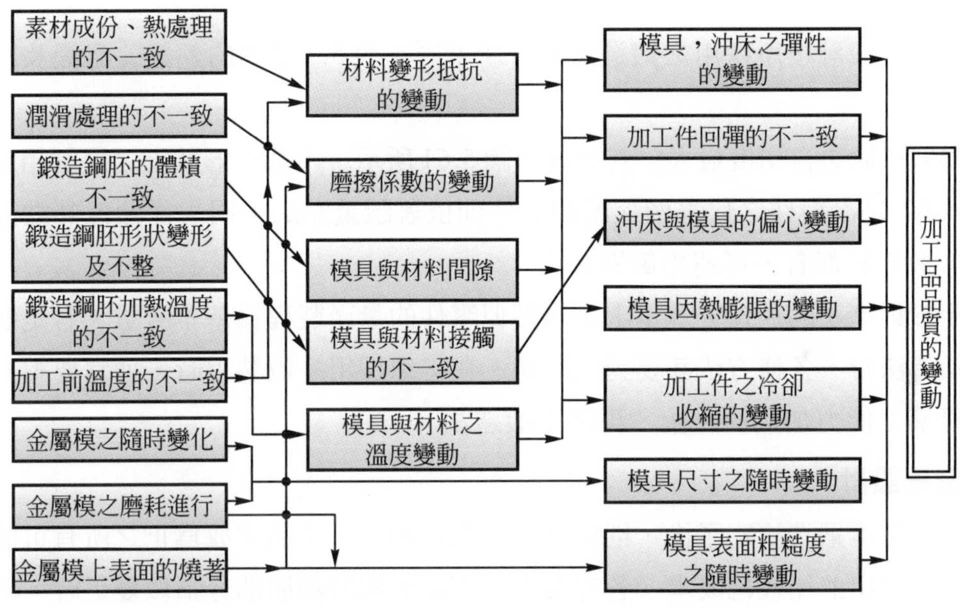

圖 5.59　沖床鍛造造成不精密之原因及其結果

5.4.15　鍛件設計要領

一、產品設計階段應注意事項

就以生產爲前提之鍛造件設計而言，產品功能上之要求並非要照單全收，而是由成本或本身擁有設備之製造能力上的限制考量下取得妥協。功能檢討的初期階段，不必太拘泥於達成產品功能的機構及其構造，以便考慮各種不同方式的可能性。

在設計的早期階段，對空間的佈置或應力值設定之自由度較大，藉由各種加工方式，產品可採用最佳形狀。爲了降低成本，增加鍛造的黑皮部份及減少加工部位，減少加工量等，是重要考慮方向。因此必須和產品設計者及機械加工人員協商，協商的項目會因零件而有所不同，不過一般性的考慮可整理，如圖 5.61 所示。

基於上述的關係，產品設計者持續對降低成本有益之鍛造形狀的認識，以及鍛造者充分了解競爭技術的趨勢是相當重要的。表 5.2 是汽車零件代表性加工法的競爭關係。

二、各種鍛造法的選擇

鍛件的設計按所採用之鍛造法而有所不同。表 5.3 是鋼的熱鍛、溫鍛及冷鍛的比較。

熱鍛形狀之自由度最大，其對象如圖 5.61 所示。冷鍛在形狀上之限制相當多。如圖 5.62 是冷鍛件之代表例。溫間鍛件則依著眼重點的不同，從類似熱鍛形狀到類似冷鍛形狀都有，可運用範圍較大。

至於鍛造法的選擇，基本上是以類似零件的量產製程爲基本考量。若是運用複動的鍛造法時，各種方法都要列入考慮。在必須採用多數製程時，通常要對本身所擁有設備之能力加以檢討後，再決定鍛造法。

三、製程設計

一旦基本鍛造決定了後，則由材料到機械加工，產品完成爲止之所有可能製程方案均要提出並比較總成本。各方案中，產品形狀的細節部分須做變更時，必須與產品設計人員做溝通。鍛造加工會受本身龐大設備能力的關係而使成形形狀、尺寸受到限制。特別是對大型設備做新的投資時，對零件未來趨勢達到某種程度之了解前，有時也須就本身設備的精密度範圍做妥協。使用於汽車驅動系統的等速接頭 (CVJ)，可視爲此例，如圖 5.62 所示，隨著使用量增加而改變。

表 5.2　汽車用鍛造件及其他有競爭性的加工法

部位	零件名稱	鍛造	鋁鍛造	粉末鍛造	燒結合金	沖床	鑄件	模鑄	樹脂	其他
引擎相關	曲柄軸	○					○			
	連桿	○	○	○			○			○
	連桿帽	○	○	○			○			○
	汽門鎖緊臂	○	○			○	○	○		
	IN&EX 汽門	○								
	活塞銷	○								○
	活塞		○					○		
驅動相關 M/T	齒輪類	○								
	離合器殼	○			○					
	換檔叉桿	○				○	○	○		
	軸承檔環	○				○	○	○		
驅動相關 A/T	齒輪類	○								
	停車鎖動齒輪	○				○				
傳動相關	傳動軸軛	○	○							
	差速齒輪	○								
	CVJ	○								
	轂	○								
轉向相關	齒條，齒輪	○ ○	○			○	○			○
腳踏相關	關節	○	○				○			
	上／下臂	○	○			○				
	軸承箱	○								
制動器關係	碟式制動器平衡輪	○				○	○	○		
	碟式制動器柱塞	○	○		○	○	○			

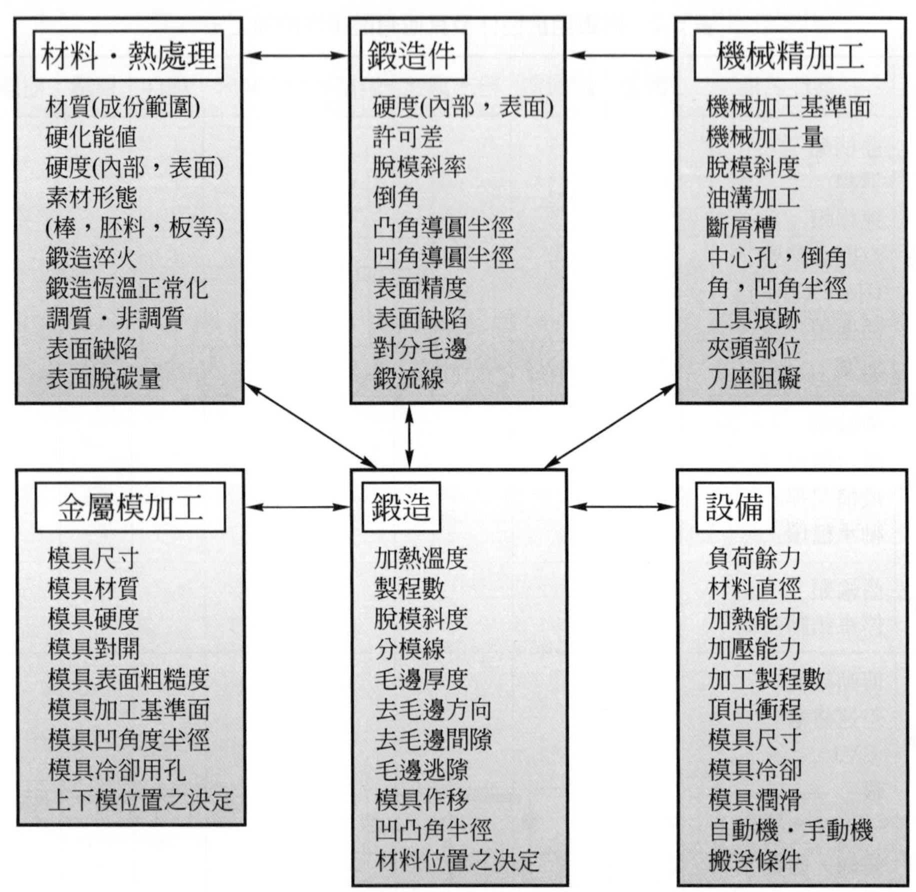

圖 5.60　鍛造件設計前與相關單位應協調事項

由這個例子也可知道，使用量增加的話，對生產設備的投資才有可能，而藉著投資設備的機會，也可以開發或引進新技術，使生產成本降低，同時也可帶來需求增加之正面效果。相反地，如果沒有需求市場，新投資的折舊費就變成大負擔，此時即使設備能做高精密度的鍛件，也無法降低成本。下面僅就製程設計階段所應考慮之項目，說明某些原則：

表 5.3　鋼之熱鍛、溫鍛、冷鍛的比較

比較項目	熱鍛	溫鍛		冷鍛
鍛造溫度	1000～1250℃	750～850℃	300～500℃	常溫
成形方法	毛邊擠出方式	(a)擠製方式 (b)毛邊擠出方式 (c)密閉方式		(a)擠製方式 (b)毛邊擠出方式 (c)密閉方式
材料的變形阻抗	小	中		大
材料的加工限度	無	無	有	有
鍛造壓力	低	低	高	高
鍛造荷重	低	介於熱鍛與冷鍛的中間		高
材料上要求之尺寸精密度	低	低	高	高
材料的前處理	不要	不要		退火，球化退火等
潤滑　材料	−	石墨等		磷酸鹽皮膜＋金屬鹼等
潤滑　金屬模	石墨等	石墨等		不用之冷卻油等
主要鍛造設備	曲軸沖床 螺桿沖床 鐓鍛機 落鎚式鍛造機	關節式沖床 曲軸沖床 液壓沖床		多段成形機 關節式沖床 曲軸沖床 液壓沖床
成形製程數	少	比冷鍛者少		多
產品　組織	粗大化	微細化(急冷組織)		微細化(急冷組織)
產品　脫炭層[mm]	0.3～0.4	0.10～0.25	無	無
產品　表面粗糙度	＜20S	＜10S	＜10S	＜10S
產品　脫模斜率	0.5°～6°	＜1°	＜1°	0°
產品　尺寸精密度[mm]　依模具而定	±0.5～±1.0	±0.05～±0.15	±0.05～±0.15	±0.025～±0.1
產品　尺寸精密度[mm]　厚度	±1.0～±2.0	±1.0～±0.25	±0.05～±0.25	±1.0～±0.20
產品　尺寸精密度[mm]　偏厚	0.7～1.0	0.10～1.40	0.10～1.40	0.05～0.20
產品　形狀	複雜	複雜	複雜形狀者也有	複雜形狀者也有

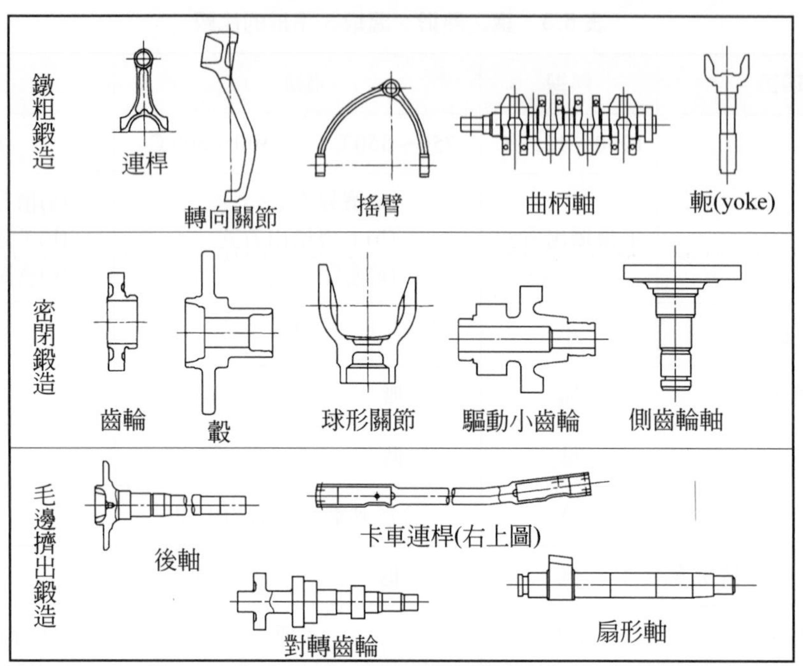

圖 5.61 利用熱鍛的產品例

1. 自動多段成形機的利用：像熱鍛成形機或冷鍛成形機的臥式自動多段成形機，因設備完整度高，以精加工形狀及尺寸之產品爲加工對象時，就有考慮採用之價值。

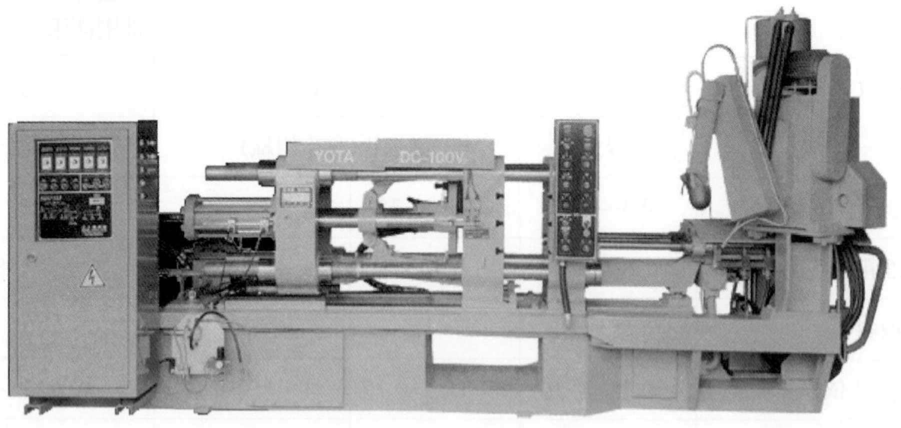

圖 5.62 CVJ 用外環之鍛造設備

2. 子母鍛造化：熱鍛成形機使用在手動變速箱內之各種齒輪，有不同之大小，只要搭配適當，可以同時將兩個齒輪之粗略形狀鍛造成形稱爲子母鍛造。這種情況，雖然形狀的自由度會受到限制，但鍛造成本降低之效果會很明顯。

3. 單腔密閉鍛造化：熱鍛時爲了提昇生產性，帶著毛邊做多腔鍛造，這種情況由於諸種因素，無法做出精密度好的鍛件。利用最近相當普及的熱鍛用高速連續沖床，可同時達成單腔密閉鍛造及提昇生產性，利用此種方式，預期可以提昇精密度並降低成本。

4. 閉鎖鍛造化：用複動模鍛造，由金屬模構成模腔，並將材料塡滿模腔的方法稱爲閉鎖鍛造，在冷鍛上的應用很多，例如可以應用在CVJ用零件之內環或三通。還有可應用在汽車用差動設備上之小齒輪之齒形成形。用此法做出之產品精密度佳，所以機械加工量小。

5. 製程之複合化：是指在熱鍛或溫鍛造後再進行冷鍛，以提高精密度的方法而言。以這種方法，對於具有倒凹形狀之零件可以做得很精確。例如，CVJ 用外環上的球溝，利用圖 5.63 所示的成形模，可進行高精密度加工。像這樣，把分割成幾件的金屬模加以組合後，可以做精密度良好的加工，實在是金屬模加工精密度大幅提升的結果，藉此使得鍛造加工的運用領域再往複雜形狀之範圍擴大了。

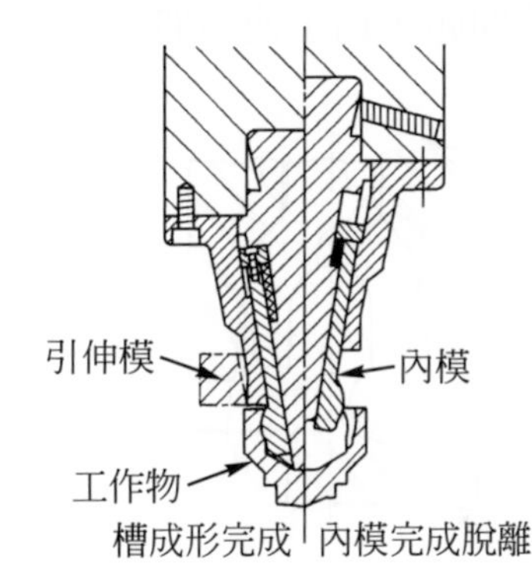

圖 5.63　CVJ 用外環之滾珠轉動槽成形模

6. 中間機械加工的運用：簡單的機械加工視爲前加工引入製程中，而認爲可以大幅提高鍛造精密度的案例很多，所以在做製程計畫時，把機械加工列入鍛造製程的一部份是值得加以檢討的。例如被稱爲鬱金香的零件，爲了加工滾珠轉動槽，把軸承用的滾珠當做工具，如圖 5.64 所示那樣進行槽的成形。但是在此加工前，溝槽部份先行機械加工，利用這樣的尺寸管理，得以維持產品的精密度。

7. 簡易熱處理的運用：最近現代化的鍛造設備中，在沖床之後設置有鍛造淬火設備或鍛造恆溫正常化裝置，或者是非調質鋼用冷卻輸送帶等。如果能利用鍛造後之餘熱進行熱處理的話，成本可期望大爲降低，因此在設計的階段，包含材料之選用，必須積極推動採用這樣的熱處理。圖 5.65 比較各種熱處理法之能源消耗量。
8. 材料的選擇：巧妙運用材料特性常可大大節省成本。最近由於製鋼技術或軋延技術改良有很大的進步，可以生產特別小批量的需求。因此，對於適用於零件的材料選用也應加以考量。
9. 兼顧機械加工的設計：軸類零件的情形，通常設有機械加工用之驅動凸緣，對不規則形狀零件則附有加工用的抓臂或標示用之部份。還有冷鍛件之切削性問題，爲了使切屑分段掉落，在冷鍛件本體上做出具有斷屑槽功能的凹凸。

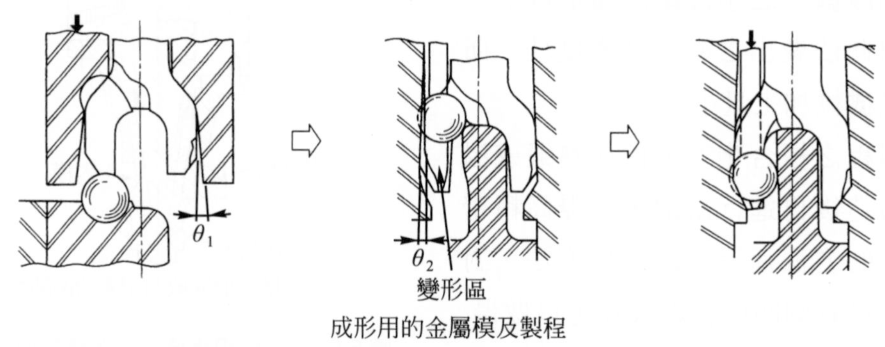

圖 5.64　GE 型 CVJ 用鬱金香的滾珠轉動成形

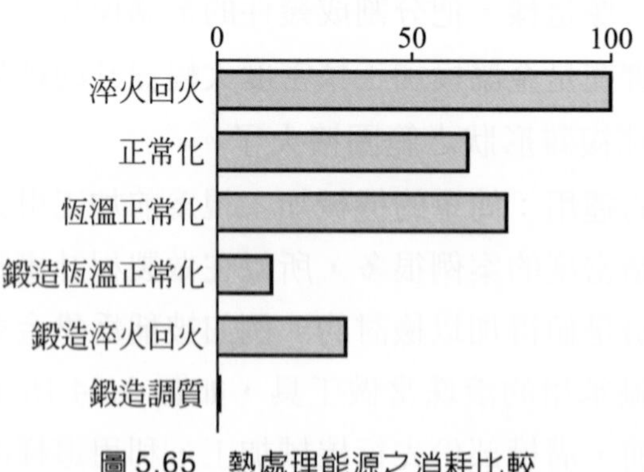

圖 5.65　熱處理能源之消耗比較

5.5 精密下料模具(Fine Blanking Mold)

1. 定義：精密下料是利用特殊設計之沖模，在三動式沖床上進行下料或沖孔之加工，使工件之剪斷面全部皆爲材料塑性流動所產生之光澤表面者稱之，精密下料之成品其強度比一般沖模下料之成品，高出許多，是目前相當重要塑性加工法之一，如圖 5.66 所示。

2. 現象

⑴模輥現象之改善：以 V 型環之設計，其模輥高度可以減少一半。

⑵剪斷面十分平整。

⑶避免撕裂面形成：沖頭間隙很小，約爲 0.5％板厚，加工時沖頭僅至下模平面而不可進入模穴，且下模需設推料桿，使胚料在加工時皆受到控制。

⑷成品很精密而無毛邊。

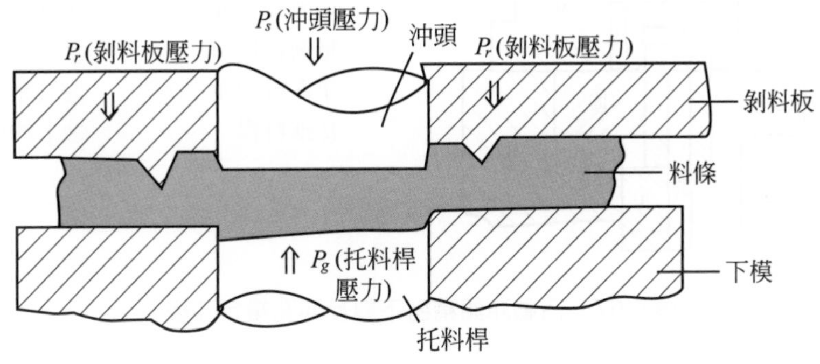

圖 5.66　精密下料模具示意圖

3. 精密下料之沖模設計：模具大多爲下料與沖孔同時加工之複合沖模。可分爲活動式沖頭與固定式沖頭二種，其中活動式適用於中、小型成品，固定式用於大、厚或孔較多之成品，如圖 5.67 所示。

⑴活動式沖模構造。

⑵加工過程：主要是利用沖頭、推料桿(逆向沖頭)和壓料板三者之作用力，故需用三動式沖床。常用三動式沖床有液壓式與肘節式，如圖 5.68 所示。

第一動作：床台⑱上昇使剝料板⑩與模子①夾住胚料，此時 V 形環會刺入胚料。

第二動作：下料沖頭⑪會隨著活塞⑲與沖頭底板⑮上昇而與模子①完成下料，且由剝料板⑩及模座下塊⑨導引而上昇胚料厚度之距離，而沖孔沖頭③不動，而與下料沖頭⑪之模孔完成沖孔，故下料與沖孔是同時完成。

第三動作：油壓活塞㉓推動壓力桿⑯與推料塊②將胚料與沖孔之廢料推出。

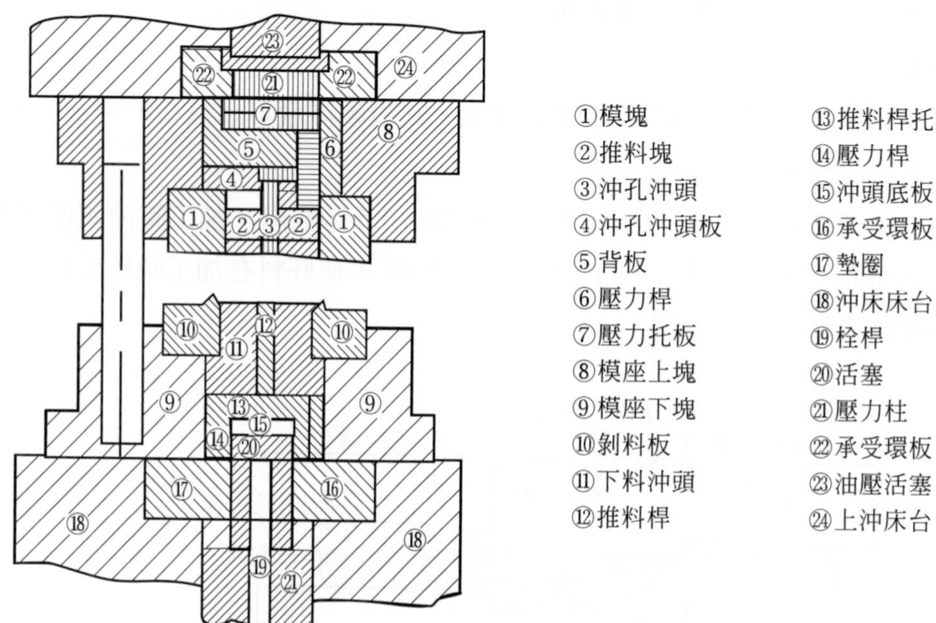

圖 5.67　活動沖頭精密下料及沖孔複合沖模

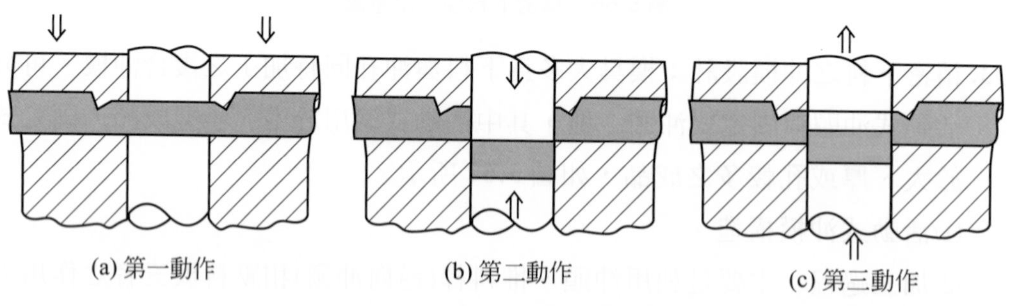

圖 5.68　活動式沖模加工過程

4. V 形環

(1)功用：避免材料在刀刃附近之彈性變形，而減少成品剪斷面之模輥。具有固定胚料且配合壓板，使胚料產生壓縮應力，塑變增加，抑制撕裂。

⑵位置：因為會產生溝槽，故設置在料條之廢料上。

①下料時：板厚 5mm 以下，在剝料板上，5mm 以上尚需在下模刀刃外周設置。

②沖孔時：孔徑 30mm 以下，不需設V形環，30mm 以上設在推料桿上。

⑶特點

① V 形環之凸出量大，則模輥少，但壓料力需高且影響模具壽命。若凸出量小，則模輥大，但壓料力可少。

②若成品外形有自然之凹面且可對胚料之移動產生限制時，則不需沿輪廓周圍設置V形環。

5. 精密下料之特點

⑴工件之剪斷面光澤平滑。

⑵使用三動式沖床(triple action presses)(壓緊，沖胚料與沖孔，反壓頂出。)

⑶下料與沖孔同時加工。

⑷ V 形環的設置。

⑸沖頭間隙為 0～0.5 ％料厚。

⑹加工時，沖頭僅達下模平面而沒有進下模穴。

⑺製品界限小，孔與料緣之距離或孔徑或凸出之頭部皆可比傳統製品小。

⑻加工後，剪斷面會強度比原來高 3 倍以上。

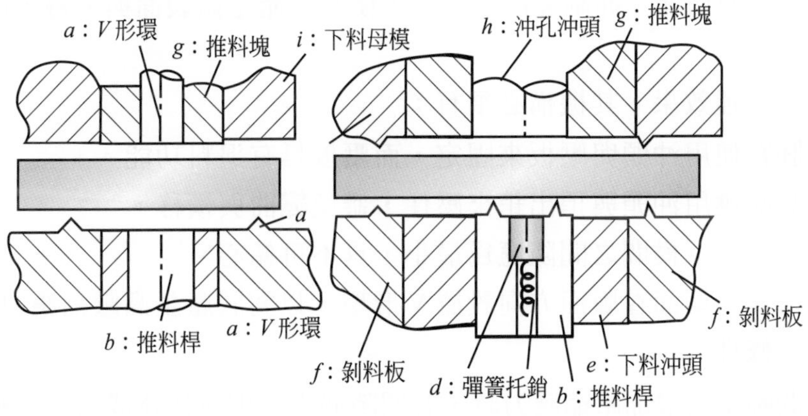

圖 5.69

⑼被加工材料有鋼、銅、黃銅、青銅、鋁等材料。

⑽被加工材料之厚度可達 30mm 以上。

傳統：$W : T = 1 : 1$

精密下料

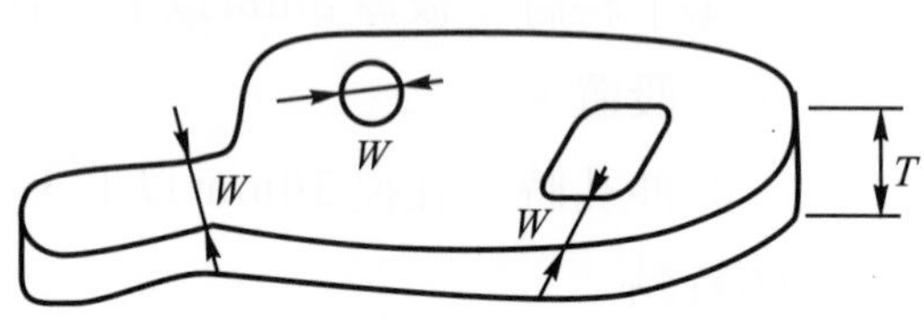

圖 5.70　製品界限

①$W : T = \frac{2}{3} : 1$

②延性大胚料

$W : T = 0.5 : 1$

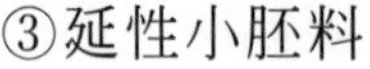

③延性小胚料

$W : T = 0.8 : 1$

6. 精密下料之缺點

⑴不適合脆性材料。

⑵形狀與尺寸有所限制，太厚或具有突出銳角之製品，易發生破裂現象。

⑶模具磨耗大，壽命短。

7. 精密下料之基本原理詳論：一般之沖剪過程，隨著沖頭之持續侵入板料，使材料先彈變再塑變，而形成剪切面，而後隨著過程繼續進行，而到達σ_{UTS}，材料因而產生撕裂面與毛邊。

而一般金屬在承受靜液壓力下，其延展性會增加，所以利用此壓力效應下延展性會增加之性質，而在剪斷加工時，在胚料上施以高的靜力壓，而延長塑變之剪切面，抑制裂痕之發生，使其不產生撕裂面與毛邊，即所謂精密下料。

⑴為了此種效果，其機構必須有：

①胚料使用沖頭與壓板來固定，而壓板具有退料功能。

②製品應用沖頭與頂出銷來壓住，避免變曲與橫移。

③沖頭與下模間之間隙應為最小，具不可偏心。

④沿著剪切面在版面方向設置 V 形環，以對胚產生高壓縮應力。

⑵加工條件

①間隙：在增加壓縮應力時，若間隙過大，則無法達成所需之壓縮應力。容許最大間隙為 1 %T。

②切刃：需有 R 角，防止發生斷裂。輪廓部分爲 0.1mm，凸出部分爲 10 % T～0.5mm。

③壓板壓力：壓板力之功能固定沖模面上之胚料，防止浮，起，使擠縮應力不致喪失。主要目的在於提高切刃前端附近材料之壓縮應力與防止沖模切刃不爲所產生之撕裂面。通常爲沖切力 30～50 %。

④逆壓力：可改善孔穴內部之撕裂，效果良好。其値爲沖切力之 10～50 %，但對下料面則無改善。

⑤V形環：配合壓板限制材料移動，且產生壓縮應力，防止撕裂面產生。

5.6 連續沖模

由於工商業快速成長，景氣持續暢旺，導致生產規模趨向大量化及造成勞動工資急遽飛漲；而另一方面，又因消費者意識之抬頭，促使工業產品之品價要求日趨嚴格，加上商業自由競爭者眾，產品之價格則日益下跌。因而對於改善生產效率、推行自動化，藉以降低成本之壓力愈來愈大。連續模具之開發使用是最佳因應，降低成本增加生產，效率最顯著之一項改善對策。

由上可知連續沖模乃依據自動化而設計，將兩組以上之單站沖模，以數學計算方法將其排列在工作站中而成爲一整沖模。換言之，連續沖模係指沖模在沖床上經一次沖壓行程中，能完成兩個或兩個以上之工作站作業之模具。

所謂自動化設計，就是各單站加工次序的安排，使料條能順利而正確地通過沖模，並考慮加工故障排除與沖模安全設施等設計。

所謂單站沖模，就是在一次沖壓加工中僅能擔任一個沖壓工作之沖模，而所謂數學計算方法就是以各工作站爲基準，應用幾何及三角法組合各單站沖模零件的尺寸，且確定其零件間之相對應的位置。例如經第一工作站加工後移送到第二站工作站以後，每次加工其間之距離必須相等，以精確地控制送料長度。

5.6.1 連續沖模加工情況

連續模具中所使用之材料一般以捲繞料帶居多，且材料在加工過程中，料帶上之多餘部份則於其逐站前進以通過沖模時逐次被剪除，同時爲了便於待加工半成品之移送起見料條，留下一條或多條狹窄料帶或半成品使各加工中之製品彼此連成一體，藉以將整條板帶依次送進模具內之各工作站。

除此之外，在某些加工場合，如製品較大若採用連續模方式生產，其模具費過高且沖床能量不足時，因而也利用單獨之胚料來製造，即胚料於第一工程自料帶剪斷之後就根本不與料帶連結在一起，亦不成爲料帶之一部份，而係利用所謂機械手、機械指或其他輔助裝置來協助工作件一站一站向前移送到一定位置，則稱爲傳送進給，一般稱之傳送模具。

料條在壓床每一衝程中向前移動之距離稱爲進距或節距，此距離即爲模具中各相鄰工作站之站間距離。

連續模具所完成之各個加工工程，皆可利用單站模具以個別之工程來完成，惟皆需分別附以單獨之進給裝置與定位裝置才行。然而在連續模具中零件則幾乎皆以連結於板帶之狀態，利用自動進給及導引定位裝置來對準沖模，俾利迅速而確實之進給。

5.6.2 連續模具之採用原則

連續模具之選用上需加以特別愼重考慮者，應屬加工製品之數量問題。儘管製品形狀或要求精度會影響到產品製造難易度及模具之結構，而使適用模具之價格發生相當幅度之差異，以及機械之加工速度等等因素都會多多少少左右產品之數量基準。然在一般情況下，連續模具之採用標準通常最少都在20,000件至30,000件程度。至於數量上此種大幅度之差異，則主要受模具構造複雜度之影響及模具價格高低所左右。換言之，即由上述最簡單之兩站沖孔及下料用串列模具以至包括著各種複雜彎曲及引伸等工程在內之10多工作站模具，其採之基準數量必然不同。因此，在連續模具之設計、製造及訂購之計劃階段，首先應將利用連續模具施行連續作業與利用單站模具在普通壓床上進行多次加工之經濟效益做詳細之分析、評估與比較，藉以做爲採用之依據。

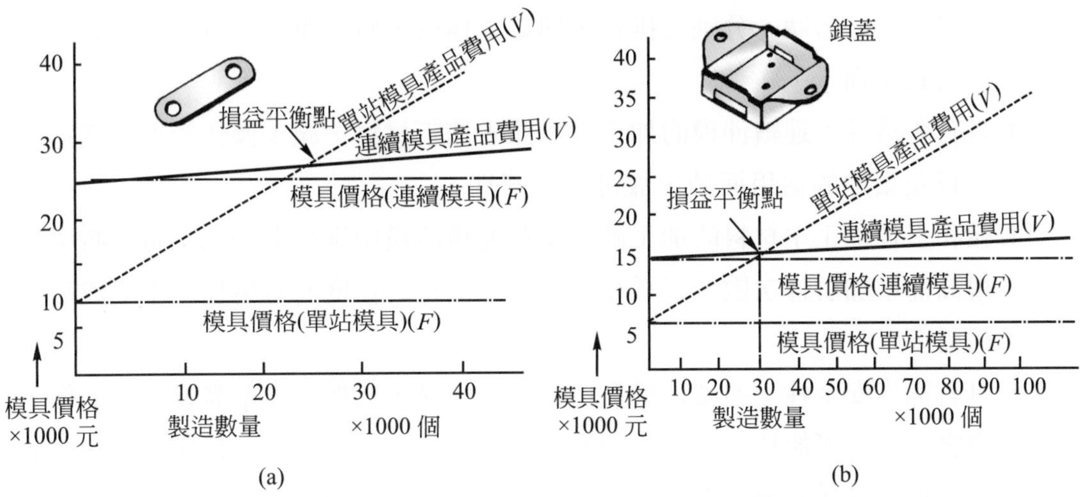

圖 5.71　連續模具之成本比較與採用計劃分析

如圖 5.71 所示，縱座標代表製造成本，橫座標代表製造數量，假定製造某種零件所需之模具總成本為固定值*F*，而變動成本*V*則由此點依製造數量之增加而比例增加。利用這兩條不同斜率之成本線就能夠很容易求得單站模具之多工程作業與連續模具之一工程作業間之損益平衡點，亦即適用於採用連續模具之最低數量點。然而，對於固定成本較低之類零件所用之模具，因模具本身之修理保養費用、重磨、調整等費用所佔比例亦高，所以在做成本比較時也要把這些費用分攤在變動成本之內。此外，隨著近代工商業之高速起飛，促使加工技術之不斷革新，企業擴充傾向之一再加速及勞務費用之年年飛漲等等問題，因在極短期間內就會有大幅度之改變，因此，以上等等因素均需併入考慮加以評估才行。

5.6.3　連續沖模的優點

1. 適應大量生產之需求：連續沖模生產速度高於其它任何作業方式及加工型態。若以曲軸沖床每分鐘沖次數(S.P.M)80～350，其每日產量可達30,000～150,000件。
2. 工程安排比較容易：單站模具無法加工或難以加工之複雜形狀製品，可藉工程之分解，使模具之構造簡單而堅固耐用。例如非常靠近之孔與凹口，或細長溝槽與凸出物等。如利用單站模具來加工，則因沖模之各種形態過分集中將會非常脆弱之現象，使得模具之壽命顯著降低或損壞。此類模具若適當分解成簡單之形狀，分別安排在不同之工作站，將可避免模具構造之脆弱部份而增長壽命。

3. 具有經濟性：連續沖模的加工可以節省加工材料、減少操作管理、搬運等人工以及廠地的佔用面積，故富有經濟性。
4. 緩和引伸加工中材料的加工硬化：在連續沖模中施行引伸加工時可將引伸率增高而增加引伸次數，以緩和材料加工硬化的程度而避免加工中半成品退火的需要。
5. 具有操作安全性：連續沖模係自動化的沖模，在加工中不需要手工操作，無傷害人體之可能性。並且連續沖模上可以裝置安全措施，當送料機發生故障或其他意外事件發生時，沖床可以立即停止動作，避免沖模遭受損毀。

5.6.4 連續沖模的使用限制

1. 產品數量的考慮：因爲連續沖模製造費用高昂，對於數量少的產品不宜使用之。如圖 5.71 所示而數量須達至 20000 件以上，才宜使用連續沖模。
2. 產品形狀的限制：大形深引伸的沖壓製品不適宜使用連續沖模，又產品上有一個或數個工程必須要在從料條剪斷而離開後方能加工時，或形狀複雜而且體積較大的沖壓製品，容易發生送料上的故障，亦不宜使用之。此類適於傳送模具方式生產。
3. 不適於製造精度公差較高之製品：連續模具作業由於需使材料板帶之推送圓滑而安全，所以各定位置都須預留此單站模具間隙稍大之滑動間隙，因此，對於製造各部相對尺寸要求極端嚴格之製品就甚難或無法製造。
4. 不適於製造會產生殘留應變之製品：某些製品，由於本身形狀之關係在連續作業中會產生殘留應變，而不適合利用連續模具製造。此問題在引伸作業或彎曲加工中比較容易發生。蓋材料板帶因經常由某些材料帶相互連結在一起，以致當最後工程將多餘之連結材料剪離之後，一部份承受畸變應力之部份因應力消除而發生彈性復原，導致加工完成之後重新出現不整之變形。
5. 指定毛頭方向之製品有時無法加工：利用連續模具製造之成品，在一般情況下胚料與孔、缺口等之毛頭幾乎都有一定關係。因此，對於特別指定毛頭方向之製造，如果指定之毛頭方向與連續模具加工品之正常方向不同，此種場合因模具會變成極端複雜，而無法利用連續模具來製造。

6. 成品材質及適用壓床之限制：連續模具之使用有時受到成品材質及壓床機械之限制，導致模具製造及使用發生困擾。譬如，極薄且軟之板料，因送料精度及導引定位無法達到確實、安定之地步，將不能獲得高精度之製品。

5.6.5　連續沖模的分類

沖模在沖床加工中通常擔任剪斷、彎曲、引伸或成型等四種基本作業型態。因此，連續沖模加工亦不例外，綜合其加工型態大致可分為：

僅以沖孔及下料作業為主的剪斷型連續沖模。

以彎曲、引伸等成型作業為主的成形型連續沖模。

目前成形連續沖模使用較廣泛，而剪斷型連續沖模則僅適用某些特定之沖壓零件而已。如果要想瞭解連續沖模，最好是從剪斷型連續沖模開始探討，依次進入成形連續沖模之領域，將可獲得事半功倍之效。為便於研讀起見，我們依照料條佈置之形狀或依各個工作站之配置順序分成五大類。

⑴剪斷下料式連續沖模。

⑵剪斷成形式連續沖模。

⑶剪送成形式連續沖模。

⑷引伸式連續沖模。

⑸剪斷壓回式連續沖模。

5.6.6　連續沖模的構造

1. 剪斷下料式連續沖模：此類之連續沖模專門適合生產平板狀之各種輪廓形狀與孔之製品，例如像生產墊圈之類最簡單之兩工作站模具，乃至於大量生產電動機(馬達)中之轉子與定子高速精密模具皆屬之。至於連續沖模之佈置原則，一般都經由沖孔、沖口、整緣等剪切加工後，進行最後工作站藉著下料、剪斷等作業方式，使製品脫離料條而定成整個沖壓作業。

2. 剪斷成形式連續沖模在沖壓作業中，除了少部份像電氣機械用的矽鋼板製品，僅憑藉沖壓加工就可以完成製品外；實際上，絕大多數皆以彎曲加工製品爲對象。如圖 5.72 所示，起初各工作站依次在料條上完成沖孔、沖口等沖剪加工作業，至最終工作站才將胚料剪斷之同時施行彎曲以完成所需製品。

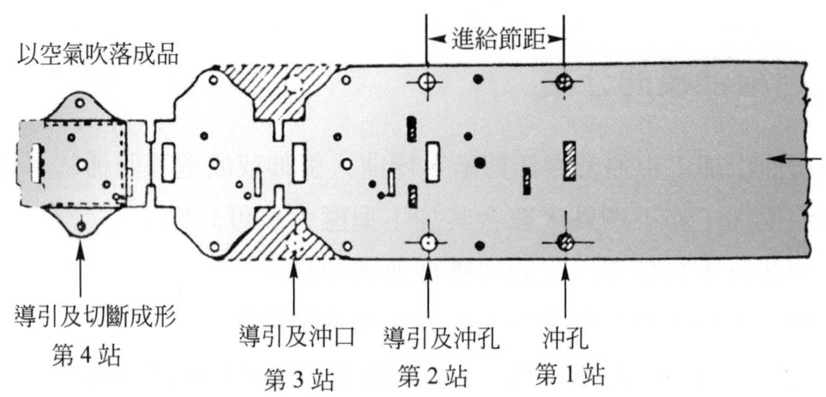

圖 5.72　銷蓋之料條佈置－剪斷成形式連續模具

剪斷成形式連續沖模依其最終之剪斷方式，可分爲二種不同之方式，即：

⑴剪斷形式。

⑵分斷形式。

3. 剪送成形式連續沖模：此類型模具之主要佈置爲帶料條需先經沖孔、沖缺口及整緣等剪斷加工，然後逐站進行各種成形加工、製品之料帶仍由料橋(bridge)或製品之平坦邊緣與料帶相互連結在一起往前推送，於最後工作站藉剪斷或分斷等方式將料橋與連結部份剪斷切開，以完成整個模具加工，一種連續沖模，這種模具在實用中佔絕大多數，由於其形成式與形狀差別很大，爲便於說明而將其歸納爲一類。茲舉二例如圖 5.73 與圖 5.74 所示。

4. 引伸式連續模具此類型模具：乃專以製造細長之筒狀或較大而淺之杯狀製品引伸加工之用。其模具構造在實質上，係屬於第 3 類型－「剪送成形式連續沖模」中之一種較特殊類型。在引伸加工前須將料條上被引伸處周圍的大部份材料先剪切掉，僅預留進給時用之料橋，以利引伸加工順利地進行。

凡從事沖模設計者幾乎都公認引伸加工爲所有沖壓作業中最困難之工作，無疑地，連續引伸作業必然更加困難，如引伸次數、模具間隙、模具之引伸環圓弧 R 及壓皺板之壓力等外，還需安排各加工站的配置與模具構造等，而引伸連續沖模就其構造而言，可依其沖頭之安裝位置分爲兩大類，引伸沖頭安裝在上模者稱爲向下引伸式，如圖 5.75 所示；反之，引伸沖頭安裝在下模者稱爲向上引伸式，如圖 5.76 所示。以上最以製品之開口方向來區分而成的，至於採用不同引伸方向之主要目的除了配合引伸加工之需外，也深受其它因素如，沖孔、沖口及成形加工等左右。一般而言，僅需 1～2 次或較少次數引伸作業就能完成之製品大部份採用向下引伸形成居多，而需引伸次數較多者方能完成製品者普通採用向上引伸形成。

5. 剪斷壓回式連續沖模：如圖 5.77 所示，此類型連續沖模之下料作業部份與單站剪切下料方式相似。只是胚料於下料完成之瞬間，利用下模托板之力量將胚料壓回料帶之原位置內，以便利用原料帶繼續推送胚料，藉以進行所需之加工，如引伸或成形後，再將製品自料帶中頂出之連續沖模。適合於本類型之沖模的製品最大特徵是胚料形狀複雜，然其後續引伸、彎曲等成形加工僅僅有局部加工或 1～2 站簡單作業即可之完成製品。

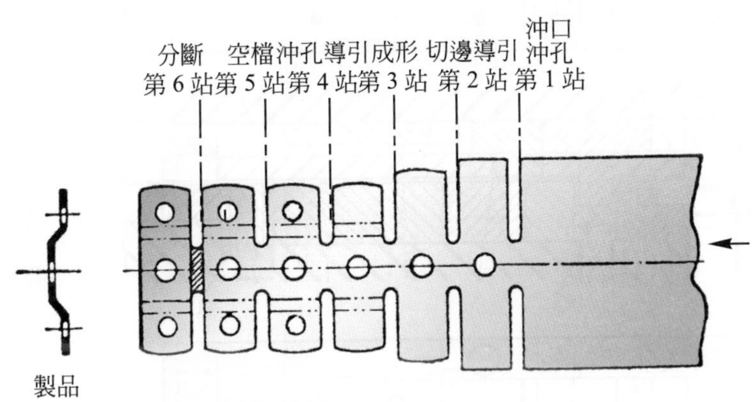

圖 5.73　剪送成形式連續模具

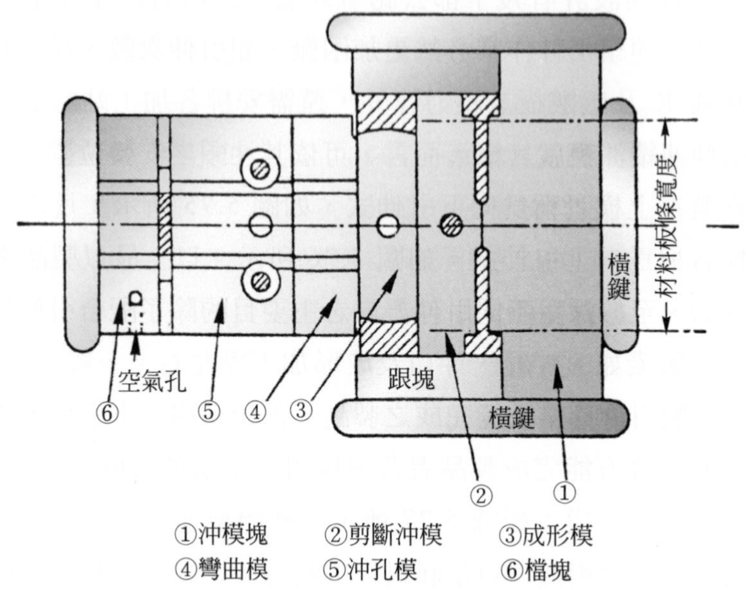

圖 5.73　剪送成形式連續模具(續)

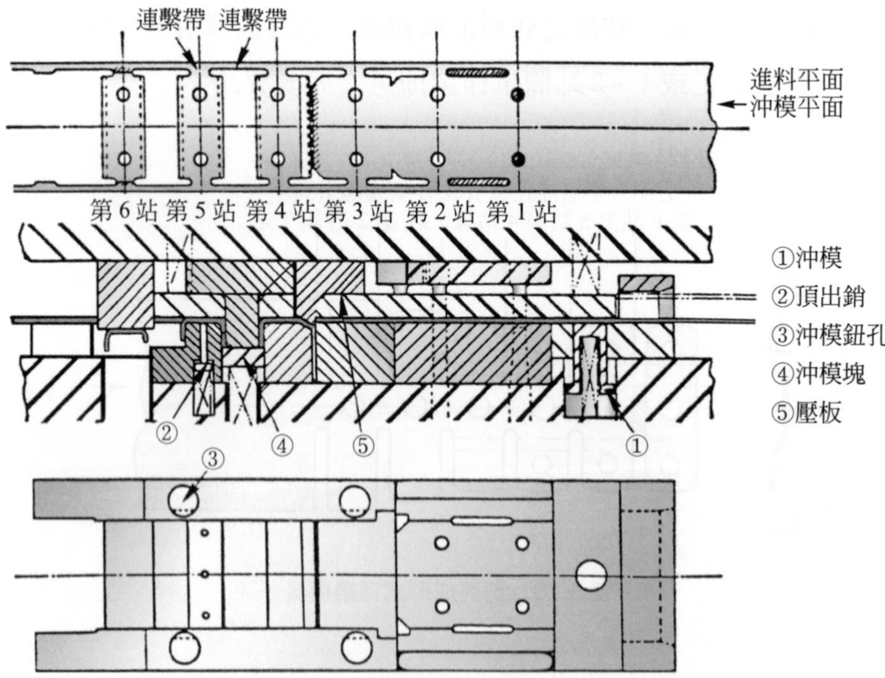

圖 5.74　U 形製品之板條佈置、模具縱剖面及沖模構造圖

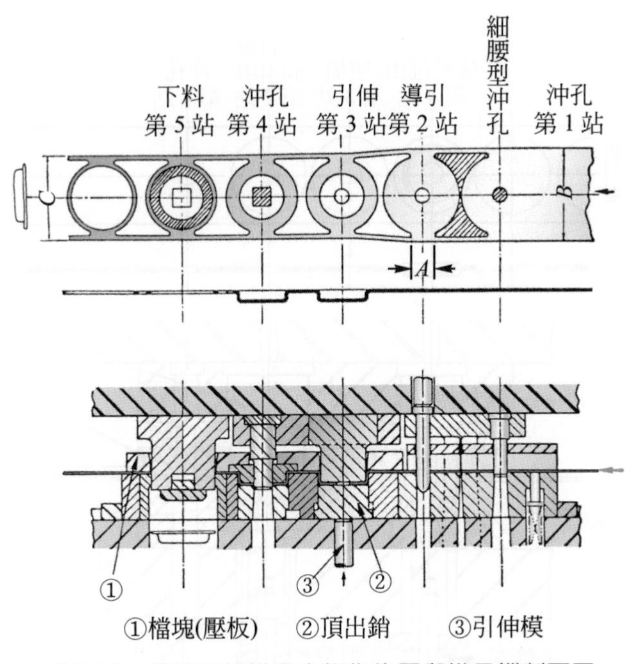

圖 5.75　連續引伸模具之板條佈置與模具縱剖面圖

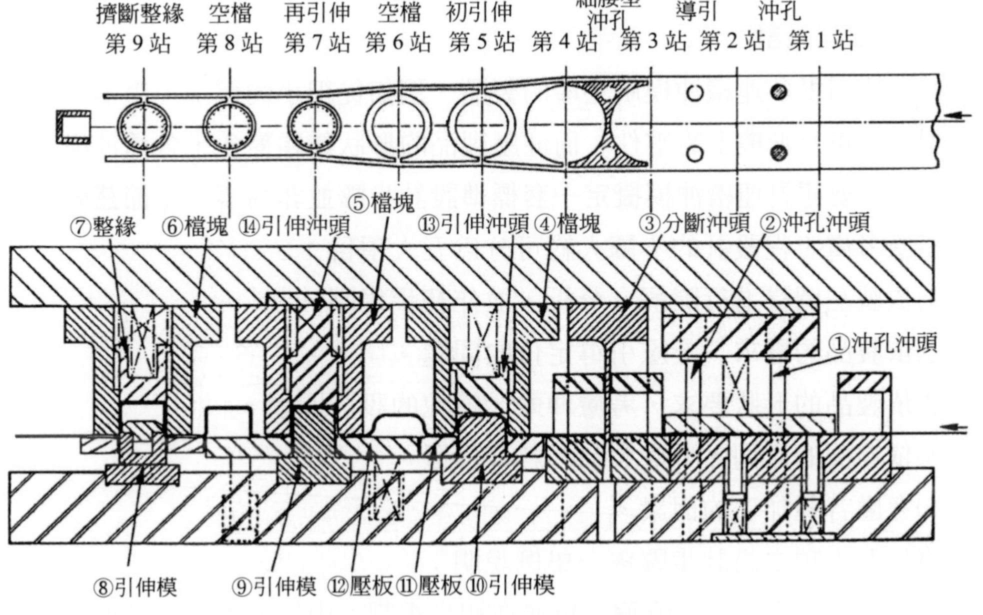

圖 5.76　向上引伸形成之連續模具

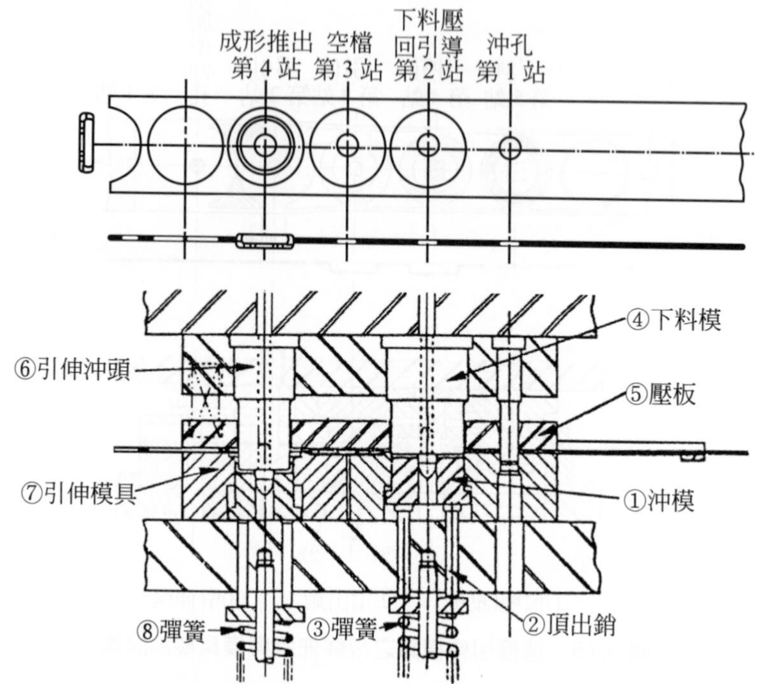

圖 5.77 剪斷壓回式連續模具之板條佈置及模具縱剖面圖

連續沖模的工程設計

市面上使用很多連續沖模所生產的製品，例如從細小的電子、電器等零件，到中、大型的汽車及飛機上的零件。而沖壓製品的形狀種類繁多，各種沖模加工的工程亦有差異，要想對連續沖模擬定一套標準設計步驟並非易事。本節茲就一般設計連續沖模應考慮工程設計的步驟大約可分爲五大項目：

⑴依製品圖樣進行瞭解、分析，並作初步規劃。

⑵依製品的需求，考慮引導定位的問題。

⑶依製品的形狀要求，考慮沖頭、模塊的設計問題。

⑷依經濟的原則，考慮製品的料條佈置。

⑸考慮各種加工的因素。

茲將這五大項之設計步驟逐一舉例說明：

1. 依製品的圖樣，進行瞭解分析並作初步規劃：由於沖模的製品形狀繁多，設計者首先依據顧客的產量需求，進行製品的圖樣瞭解，並分析其形狀上有無困難加工之位置與尺寸之精度上有無格外要求。茲舉間隔片製品如圖 5.80

所示，此製品近乎長方形，而製品中有兩不同直徑之孔。由其形狀來觀察，若以材料方向性與經濟考慮而言，採用料帶材料之進給方向為間隔片，最長的尺寸為縱方向，依次採用沖孔、沖口及分斷形式來製造似乎非常恰當，如圖 5.81 所示。方可著手從事設計工作，要不然須跟有經濟之模具製作者互相討論，以瞭解沖模在製造中所產生種種困難，方可加以克服。

從上可之，要想達到第一步驟必須尋著下列方式進行評估。⑴研讀製品圖樣。⑵計算製品的展開尺寸，並繪製料片圖。⑶概略分析沖壓加工的工作站數。

⑴研讀製品圖樣：沖模設計者在著手設計時，將可能遇見有下列三種情況：①有製品(料片)完整圖與實物，②有製品圖而無實物，③僅有製品而無製品圖，尤其是第三種務須經量具檢驗室測定製品尺寸，並與委託製造單位研討訂定公差，再繪製品圖，以確定未來設計時之依據。我們可從 3.4.1 節中瞭解，如能夠深入瞭解並分析製品，這對設計有很大幫助。

⑵計算製品的展開尺寸，並繪製料片圖：設計彎形製品時或製品中有彎形部分而未標註尺寸時，須先展開其長度並計算其尺寸，方可在彎形前正確剪切其輪廓尺寸，如圖 5.78 所示。

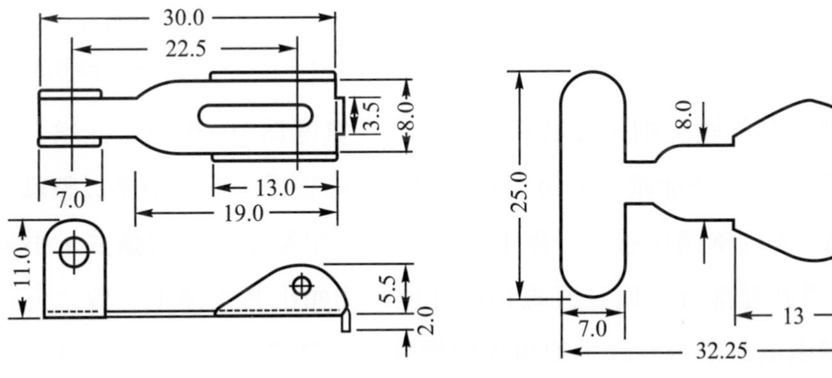

圖 5.78　料片尺寸

⑶概略分析沖壓加工的工作站數：經此分析有助於決定連續沖模工作站數，以作設計時之準則。如圖 5.81 與圖 5.79 所示為分析圖 5.80 製品之工作站數為例，並概略繪製出料條佈置圖，前圖採四工作站數，以第一站是剪料

條兩邊之工作，此工程的目的是爲了控制送料之長度與料條。

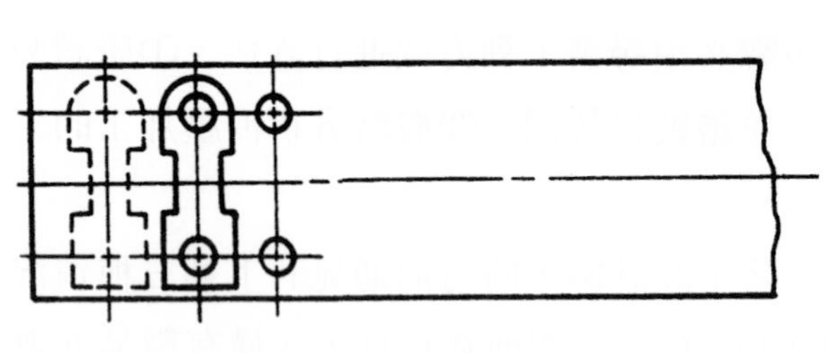

圖 5.79 分析圖

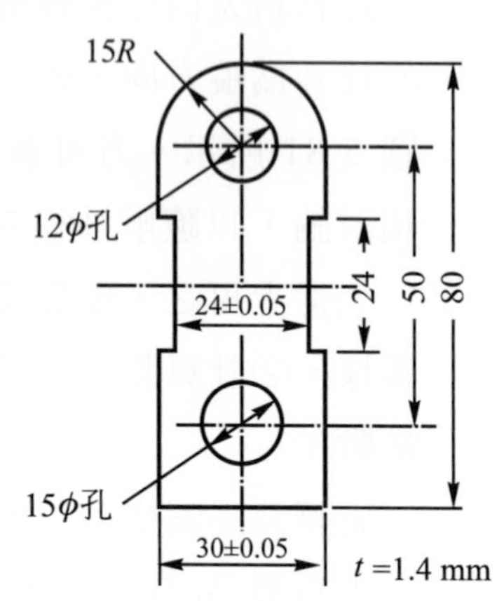

圖 5.80 間隔片零件圖

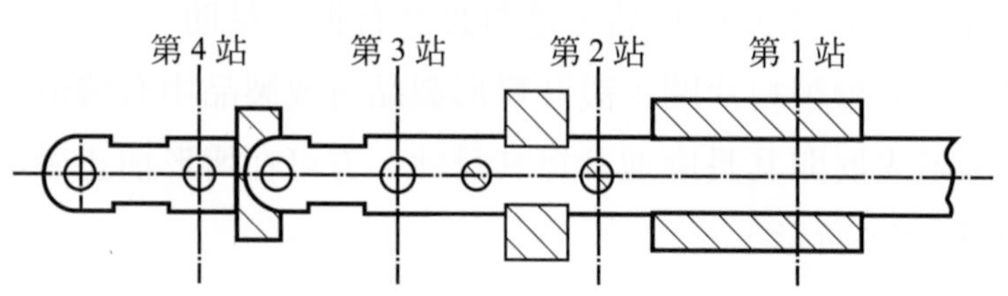

圖 5.81 間隔片之料條佈置—分斷形式

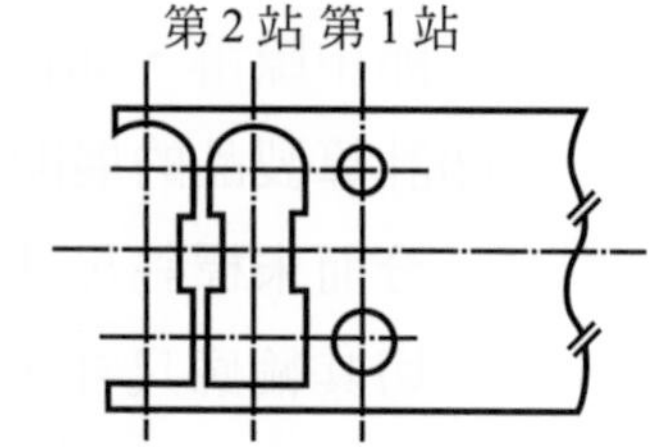

圖 5.82 間隔片之料條佈置—下料形成

然而，依據製品的圖詳細研究必然會察覺零件寬度爲30±0.05，此處公差要求爲±0.05，而一般市面上所能購買的捲筒料帶根本無法獲得，而必須施以整緣加工，因此採用圖 5.81 先行兩側切邊之分斷形式佈置。圖中都是利用剪斷式，很難製造達到 R15 之光滑圓弧部分，而且直線相鄰部位，突頭出其光澤不一致之痕跡。因此，該處不光滑處痕跡是否容許，須事先與模具製作單位或顧客方面洽商確定。避免設計者在繪圖中未顧及沖壓加工的特性。

若顧客要求其圓弧 R15 與直線相鄰處務需光滑地相切，則此製品必須改用如圖 5.82 所示，其最後一站採用直接導引兼下料形式之兩站連續作業，雖然帶料之損耗率稍增加，但力求製品的完美實有其價值。此外，兩孔間 50mm 與全長 80mm

皆未指定公差，須確定此項尺寸之容許精度，以便決定料條佈置之適用性。如果兩者之相對位置公差在±0.02mm，且製品平坦度也有嚴格限制時，應採用複合沖模方式，同時作沖孔與下料，才能達到需求之精度。不過，這種剪斷形之複合沖模作業，比沖剪下料式連續沖模作業之生產效率低。

因此，在研究製品時，能分析製品之需求再行初步擬定料條之佈置，依其所決定的料條佈置進行「模具構造草圖」，並能明確的指定沖模之沖頭、模塊及脫模板等主要零件之型態形狀。概略構想或者經設計者與有經驗的模具製作者共同研討、決定內部構造，使模具設計臻於完善，所以說一位優良之模具設計者除必須具備能應變各種類型寬之精度。第二站進行沖剪缺口、第三站是空站、第四站為剪斷工作，並同時將製品完成。若改用如圖 5.79 所示將可簡化衝程數，模具之外型尺寸相對縮小，且精度提高。雖然，同一製品可設計有多種不同的工作站數，至於取捨之間完全須視製品公差要求與客觀因素方能決定，但一經決定後模具之工作站數，便依此為基準。

2. 依製品的需求，考慮導引定位的問題：連續沖模為了使材料作適當定位與導引，以期能安全與確實之進給，而設計安裝在連續沖模之各種引導定位零件，一般就其位置構造與功能大致可分三大項：

⑴料條寬度之導引，以導件為主。

⑵料條在進給中之定位，以先導桿為主。

⑶料條端部或側部的定位以止檔為主，如圖 5.83 所示，為各部位定位之位置，分別敘述如下。

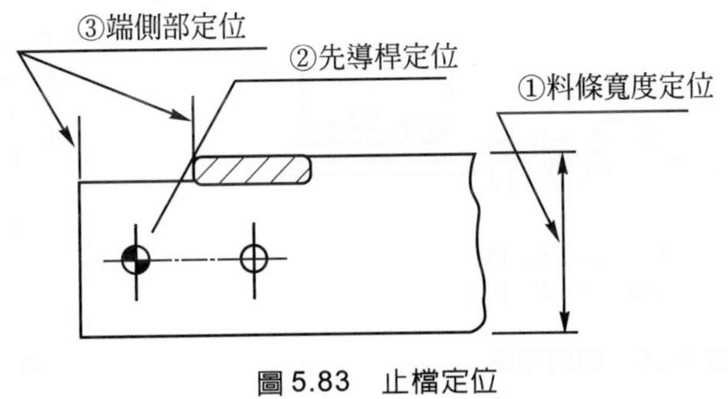

圖 5.83　止檔定位

5.7 其他模具

一、頸縮成形模具

將圓筒形或管材料的一端直徑縮小的成形加工，稱為頸縮加工。頸縮加工的縮小量，由於材料、板厚、直徑及θ角度等不同而異。一般軟質或黏性大的材料，其縮小率可以較大，如抽用鋼板在一次加工中其直徑縮小率約為 15 %，難於加工的材料，若施行退火處理亦可增加效率。

頸縮加工的製品，如圖 5.84 所示。係屬壓縮加工的一種。頸縮部份的側壁，因為直徑縮小，所以長度與板厚都會增加。

如圖 5.85 所示為頸縮用的模具構造。如圖 5.86 所示，為彈藥筒的頸縮加工，在第一道工程，常先縮成斜度及改形工作。利用第一套模具成形出單純的斜度，再由第二道套模將斜頸成形。

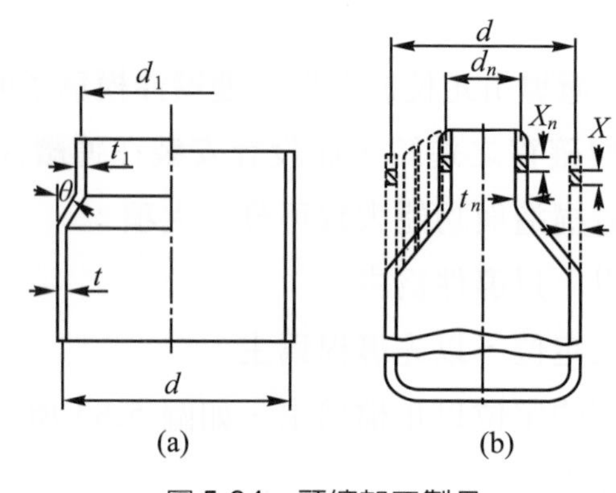

圖 5.84　頸縮加工製品

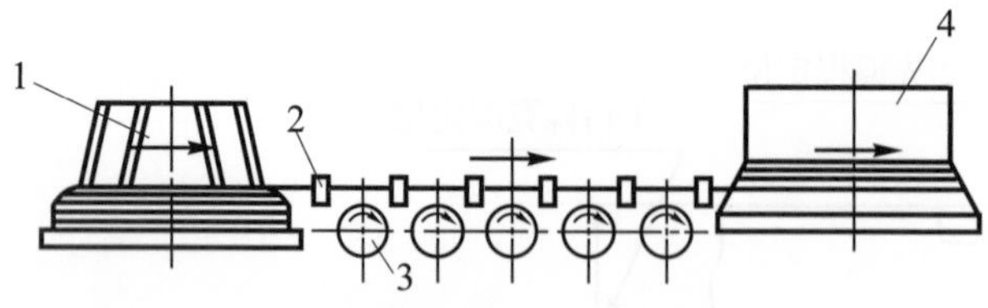

圖 5.85　頸縮模具

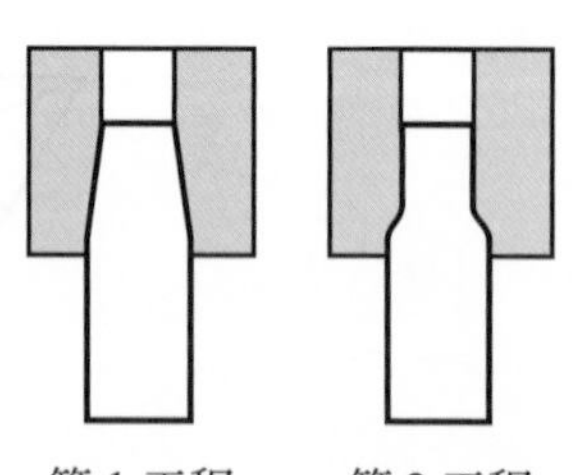

圖 5.86　彈藥筒之頸縮

二、空氣引動成形模具

空氣引動成形模具如圖 5.87 所示。毛胚係放在水平沖頭上，當滑座下降時，上沖頭首先壓住毛胚，然後由凸輪帶動水平沖頭①，將零件成形。水平沖頭的復原，係利用壓縮空氣來代替彈簧。壓力銷②，亦以同樣的壓縮空氣的壓力引動。此類模具，可用來製造夾子、圓環等零件。

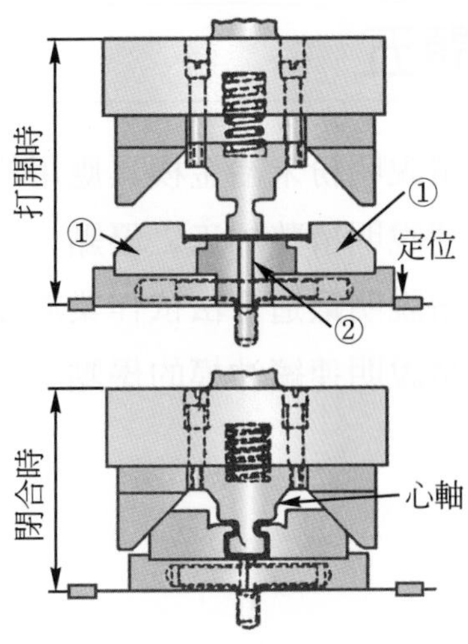

圖 5.87　空氣引動成形模具

三、圓環成形模具

圓環成形模具如圖 5.88 所示。毛胚係被放在隱蔽式巢板①之內，在滑座下降時，上部成形沖頭④首先與心軸②將毛胚成形 U 字形，如圖中模具半開的情形，此時 4 支藉模墊引動的銷子⑥，將U字形的毛胚保持在心軸與上部沖頭之間。滑座再繼續下降時，則 U 字形的兩端部與下部沖頭⑤閉合，則圓環零件的成形工作完畢。脫模銷③，在滑座上昇時藉空氣壓縮的引動，從心軸中將圓環零件推出。

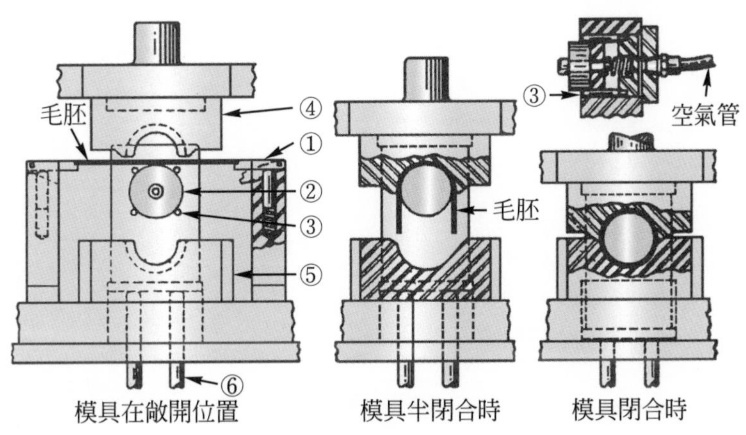

圖 5.88　圓環成形模具

習題五

1. 請說明粉末冶金模具應用的場合。
2. 請說明擠整加工之優點。
3. 請說明鍛造方法依作業溫度分類。
4. 請說明連續沖模的優點。

Chapter 6

模具設計

6.1 沖壓模具設計

6.1.1 沖模的分類

沖模的種類非常多，由於模具生產成品的不同或使用沖床及其材料各異，則其模具之設計及構造會因考慮的條件不同而有所差別，所以想將模具詳細分類並不容易，一般沖模常用的分類方法是依模具構造的方式及加工方法來區分最為普遍。

一、依模具構造方式分類

此種沖模分類法係依一付模具內所能完成的工程數目而定，可分為單一工程沖模及組合沖模兩種。

(一)單一工程沖模

此沖模為最基本之沖模，沖床每一行程，模具只能作單一工程加工，如圖 6.1 使用優力膠、脫料之簡單沖孔沖模所示。其沖頭安裝在沖頭固定板上，沖頭固定板及下模板則各安裝在模座組中，在沖床及模具的相對作用中，使沖頭及下模刀口產生沖切作用而完成孔的加工。沖床每一行程僅完成一個孔之加工。

圖 6.2 為下料沖模，當沖頭及下模產生沖切作用後，料片被剪斷且排出下模。

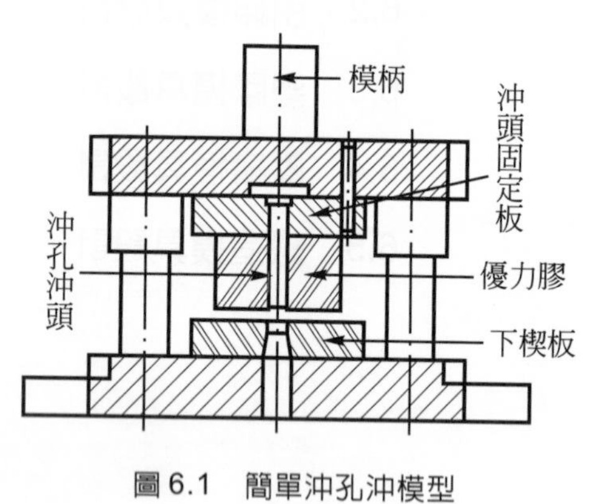

圖 6.1 簡單沖孔沖模型

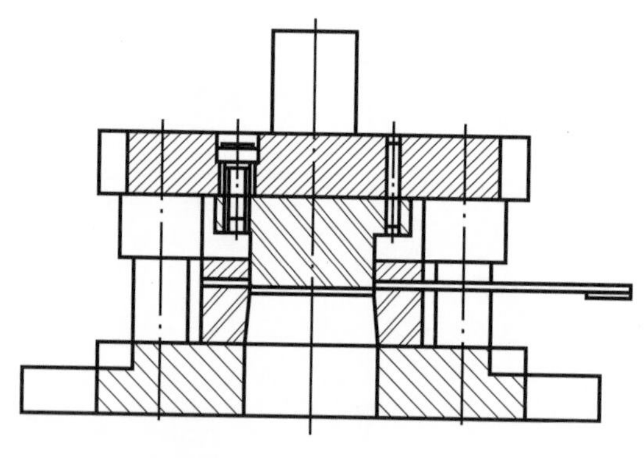

圖 6.2 簡單下料沖模

(二)組合沖模

將數個單一工程沖模組合在一起，並安排在一付模具上使沖床每一衝程能同時作數種加工，稱為組合沖模，由於組合方式的不同又可分為複合沖模及連續沖模兩種：

1. 複合沖模(compound die)：複合模具一般設計上有以下兩個共同之特徵，乃上模座安裝著下料沖模，如圖 6.3-1(b)所示，而下模座安裝沖頭之倒置結構，如圖 6.3-1(a)，其目的是使料片及廢料易於排出模外，如圖 6.3-1(c)所示爲下料及沖孔同時加工之複合沖模。產生的廢料可通過下料沖頭而落下，加工完之料條則由剝料板出下料沖頭，此種模具，使沖床每一次沖擊下，同時可完成兩個或兩個以上之工程，其優點爲：

⑴料片外壁與孔內壁毛邊向著同一方向，方便二次加工。

⑵製品料片與孔之相對尺寸精密度與沖模製造精密度相比擬，不會受送料或其他外在因素影響。

⑶製品平面度良好。

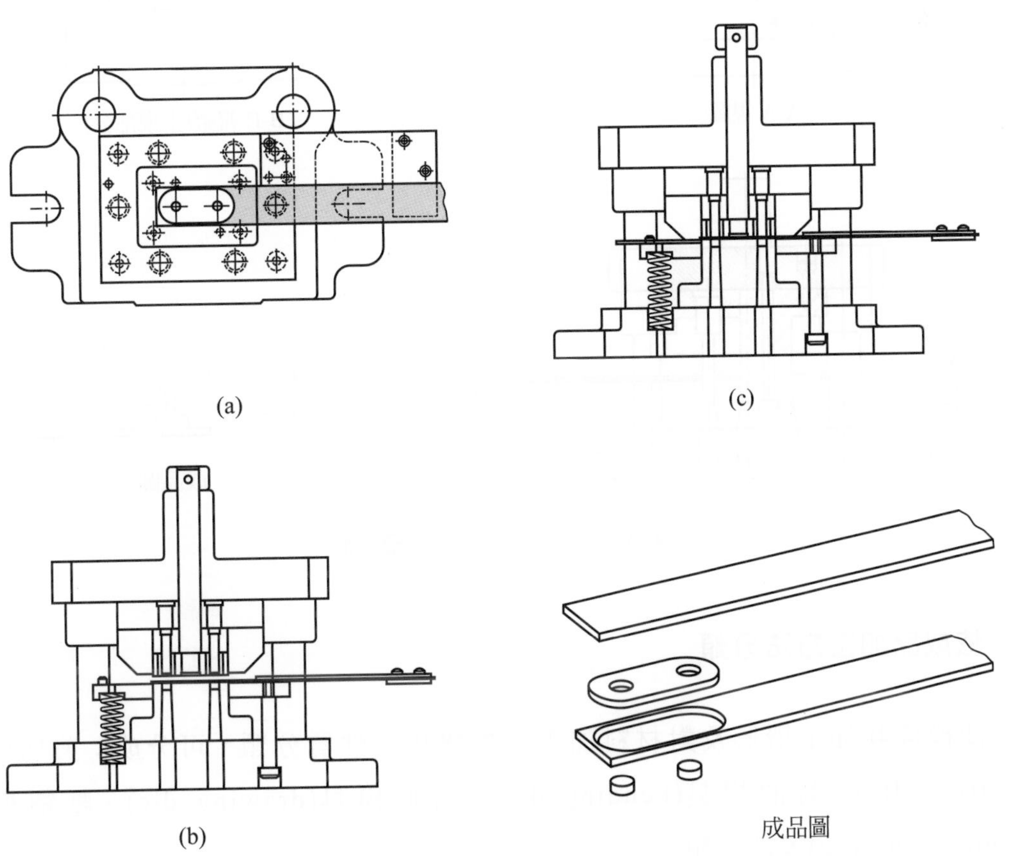

圖 6.3-1　複合模

2. 連續沖模(progressive dies)：圖 6.3-2 中之製品，如用一般單一工程模具，則需要沖孔及下料兩套沖模來完成，不但加工較複雜且費時，不符合大量生產之要求，所以大量生產需設計連續沖模，使沖孔及下料二個加工工程在同一衝程中完成，然後帶料依次通過每一工程站施行加工，一件完整的製品在最後一工程站完成之後產生—沖床每一行程即生產一個製品，爲了使每一工程站送料位置準確起見，在下料加工之前加一導料定位工程。

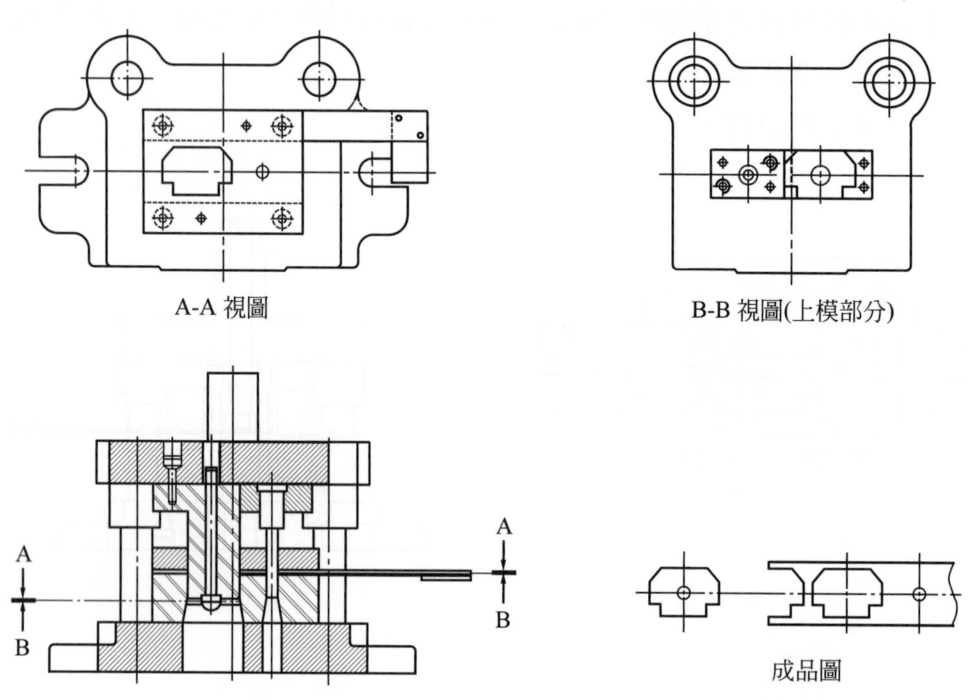

圖 6.3-2　沖孔及下料連續沖模

二、依成品加工方法分類

沖模按其加工情形及對材料加工發生變化之性質分類，可分成：剪切模具(shearing die)、彎曲模具(bending die)、引伸模具(drawing die)、壓縮模具(compressing die)等四大類。

(一)剪切模具

剪切模具是以上下模沖剪作用來完成成品之加工。常用的剪切模具有：

1. 下料沖模(blanking die)：乃是一個衝程同時沖切料片四週，而產生一個料片的沖模，如圖 6.4 所示。是目前最常用及最普遍的下料沖模。

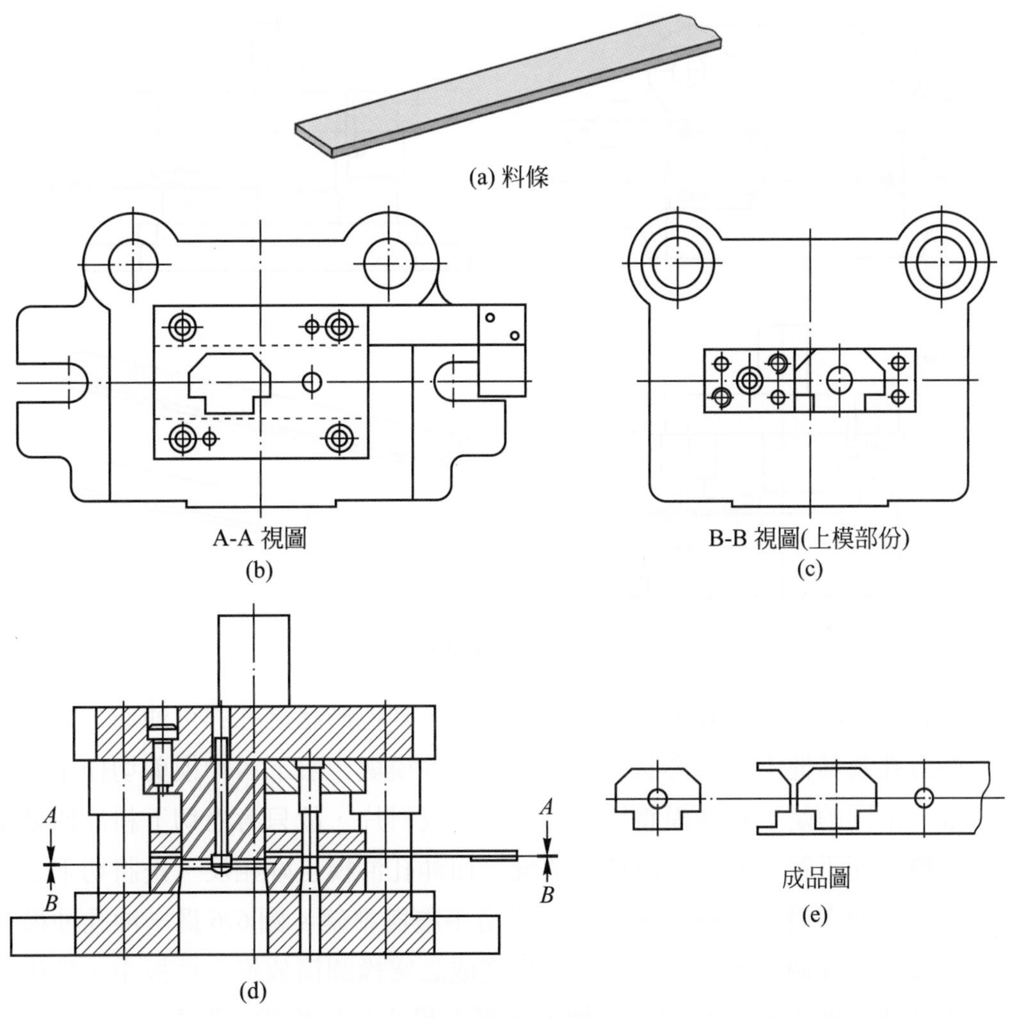

圖 6.4　下料沖模

圖(a)是料條，圖(b)是將上模移去料條插入下模導料板的情形，圖(c)是料條進到定位，沖頭即將進行沖切之情形，圖(d)是沖切動作完成，料片已經切離帶料，圖(e)則表示沖切完成之成品及沖切後之帶料。

2. 剪斷沖模(shearing die)：將料條切成小段，其切斷線可與帶料邊成垂直或成一角度、曲線等，亦可沖切一凹或凸口。圖 6.5 爲一般常用的剪斷模具。當沖剪時，料條*A*送料至定位塊*B*處停止，然後沖頭*C*落下產生剪斷作用，而把*A*剪切成小段製品。

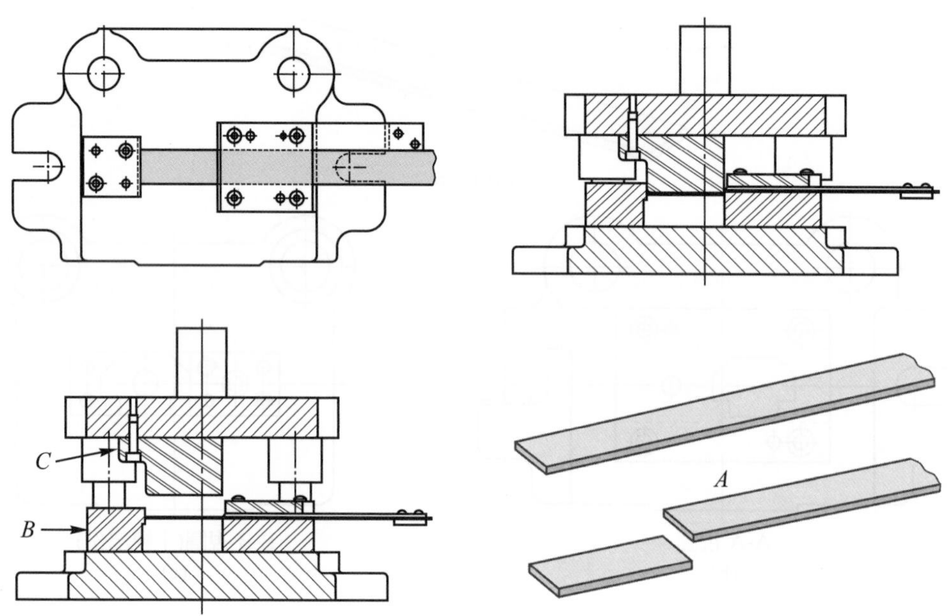

圖 6.5　剪斷沖模

3. 沖孔沖模(piercing die)：不單指沖圓孔，其他形狀之孔亦可沖切，如方孔、長方孔及其他不規則形狀之孔等。沖孔沖模與一般下料沖模剪切作用相同。唯一不同的是下料沖模將切下的部份作成料片，故只考慮切下料片四週是否平整，而不管切餘料片四週的情況。而沖孔沖模正好相反，是將切下之料片廢棄，而考慮切餘料片週圍是否光滑平整與準確。圖 6.6 爲一沖孔沖模。構造及其沖孔過程，是先把一已引伸完成之突緣圓筒放進定位板中，然後上模下降沖切四小孔，沖切完成後，上模上昇由打出桿將突圓製品剝離沖頭。

4. 剪邊沖模(trimming die)：剪邊沖模是將成形或引伸過程中材料的變形及流動不均，所產生的不規則邊緣切除，使尺寸精密整齊、美觀的一種模具。如圖 6.7 所示，*A*爲需剪邊之不規則外緣製品，*B*爲套裝突緣引伸品之定位件，*C*是廢料切斷刀。當沖頭及模體發生剪切作用把不規則的週圍剪切，剪下的廢料圈則套於下模沖頭上，上模繼續下降迫使廢料圈下降至*C*處的前後兩支廢料刀上，將其割斷而脫離沖頭，此時突緣製品被模體夾於模孔內，當上模座隨滑塊上昇時，利用打出桿將製品退出。

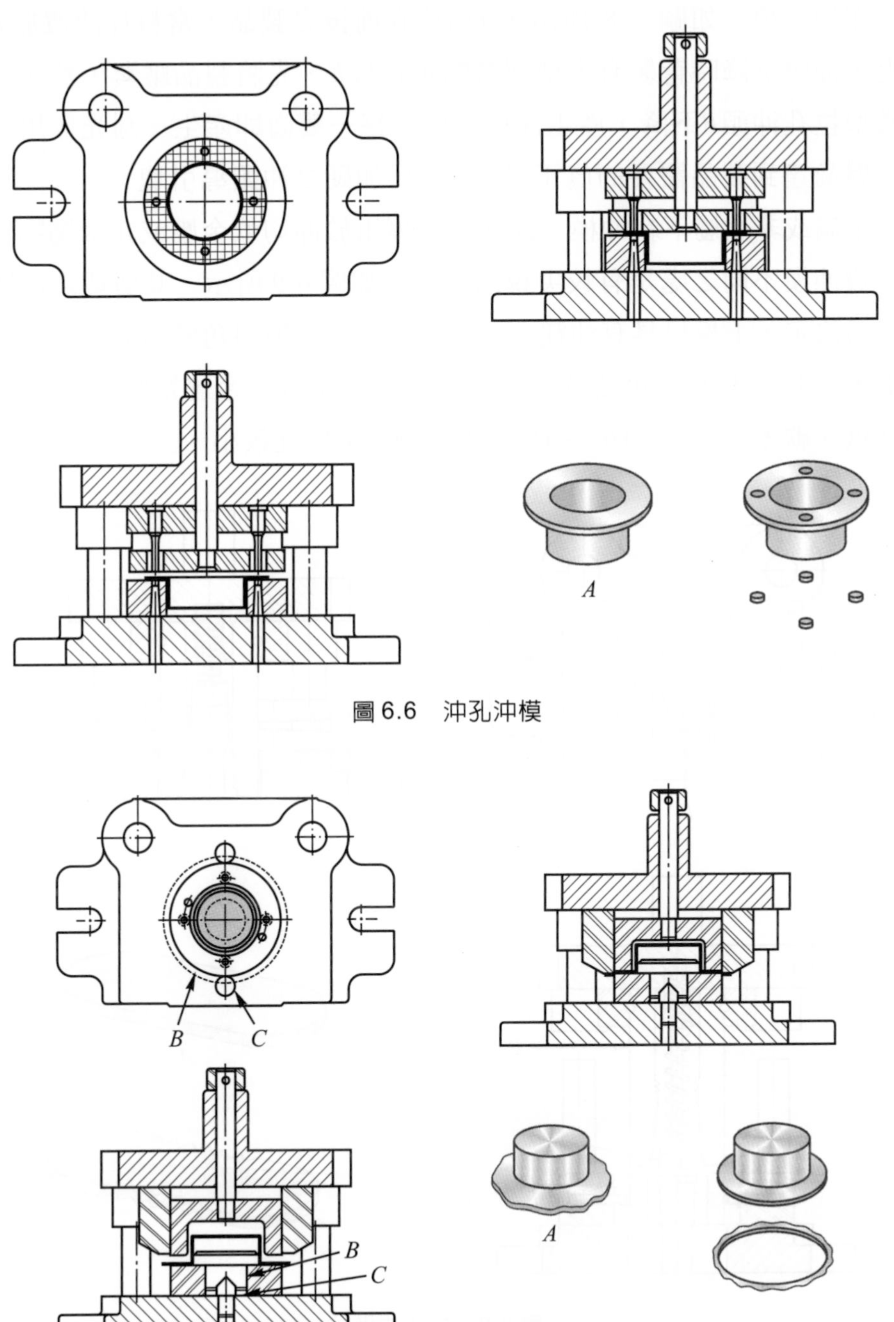

圖 6.6　沖孔沖模

圖 6.7　剪邊沖模

5. 拉孔沖模(broa ching dise)：拉孔沖模不但可以拉孔，亦可在製件外緣沖拉外形。其加工方式是將一組刮光沖頭結合在一起，連續刮切，一次完成刮光工作的沖模。如圖 6.8 所示，*A*爲拉孔前後之製品，當料片放置於定位件*D*上，沖頭下降時背裝有大型彈簧的壓料板*E*，先將製品壓緊，然後裝有兩片齒型拉孔沖頭*B*下降，產生沖切工作，每一雙齒即產生一刮光作用，至最後一對齒達到製品需要的眞正尺寸。*C*爲加硬之沖頭導引塊。

6. 軟金屬或非金屬下料沖模：此種模具專用於沖切軟金屬或非金屬物質。其與一般沖模不同之處是有較尖銳之刀刃。如圖 6.9 所示，其剪切之形狀由下模刀口決定，上模只具有沖鎚之功能。其刀刃之剪斜角隨剪切之材料不同而變更，一般在 10°～20°之間。沖製塑膠及硬紙板、金屬箔時$\alpha = 10°$。皮草、軟紙、軟木塞時$\alpha = 16°～18°$。材料愈厚α角宜較小。

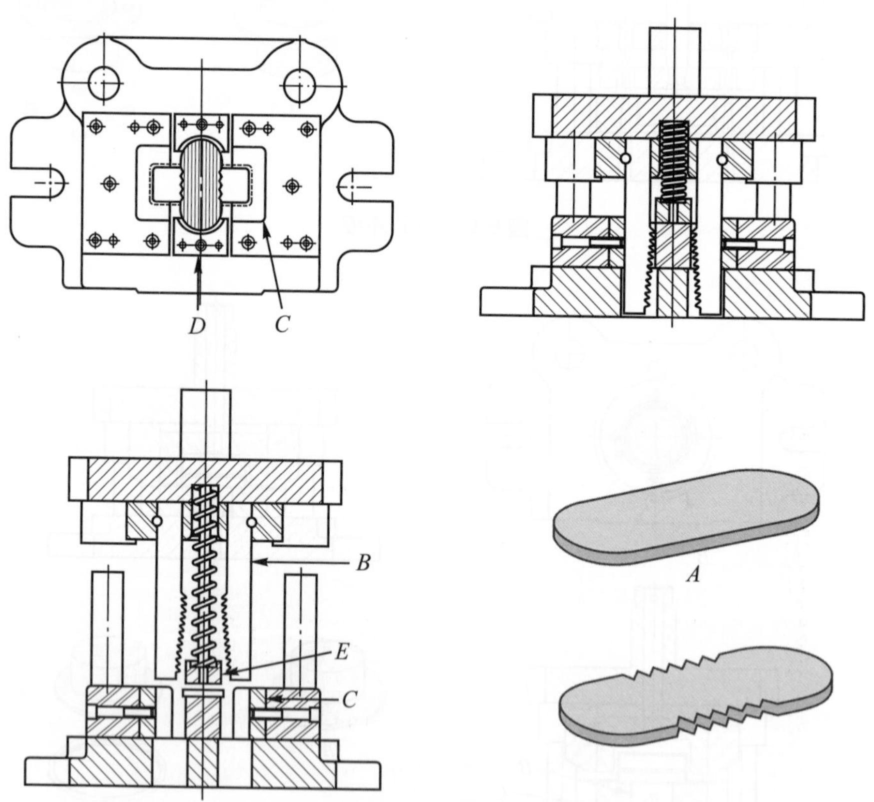

圖 6.8　拉孔沖模

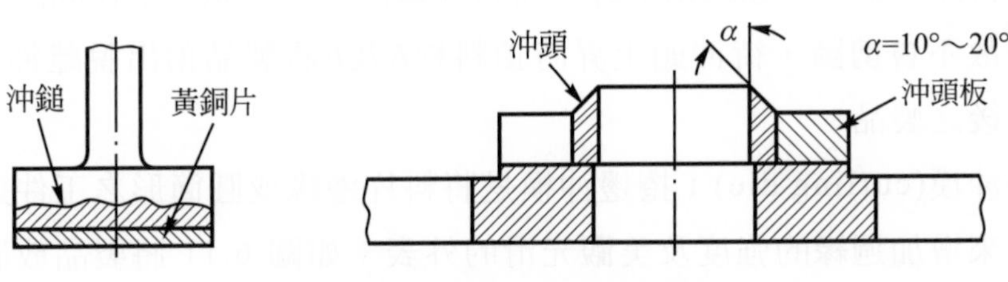

圖6.9 軟質材料下料沖模

(二)彎曲模具(bending die)

此種模具是將一平整的料片在不改變材料厚度的原則下將料片的一部或全部彎曲成一個角度。其模具種類一般依加工方式來分，可分為：

1. 一般彎曲模(bending die)：是將平的料片沖製成彎曲件，如V型彎曲、U型彎曲等。如圖6.10所示，是一U型彎曲模的加工過程。先把料片放入定位塊*A*上，定位塊則固定在沖彎模體*B*上，當彎曲沖頭*C*下降時，托料板*D*與沖

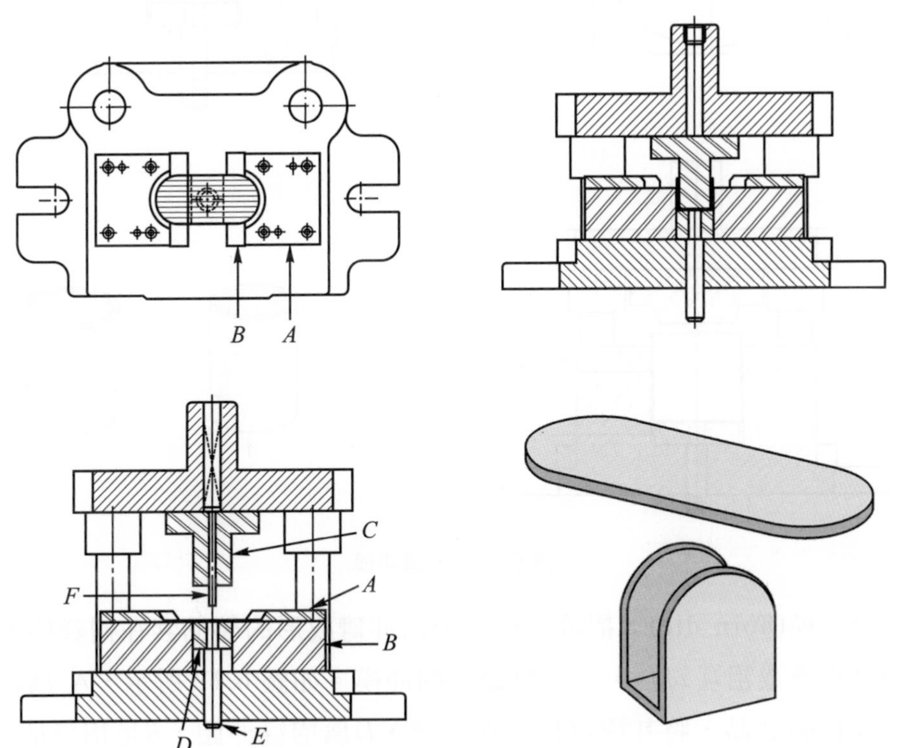

圖6.10 U型彎形模

頭把料片夾緊，沖頭繼續下降，將料片彎曲。因沖頭及下模間隙較大，且有圓角故不會剪斷，待沖頭上昇時頂料桿*E*及*F*將製品頂出脫離沖模，*G*則爲彎曲後之製品。

2. 捲邊沖模(curling die)：捲邊沖模是將料片邊緣或圓筒形之工件週緣沖壓捲邊，來增加週緣的強度及美觀光滑的外表。如圖 6.11 將製品放置於模體內以捲邊模*D*及打出板*B*使其定位，上模下降時捲邊沖頭*C*沖壓迫使工件週緣受*C*圓弧根之限制而產生捲邊作用。

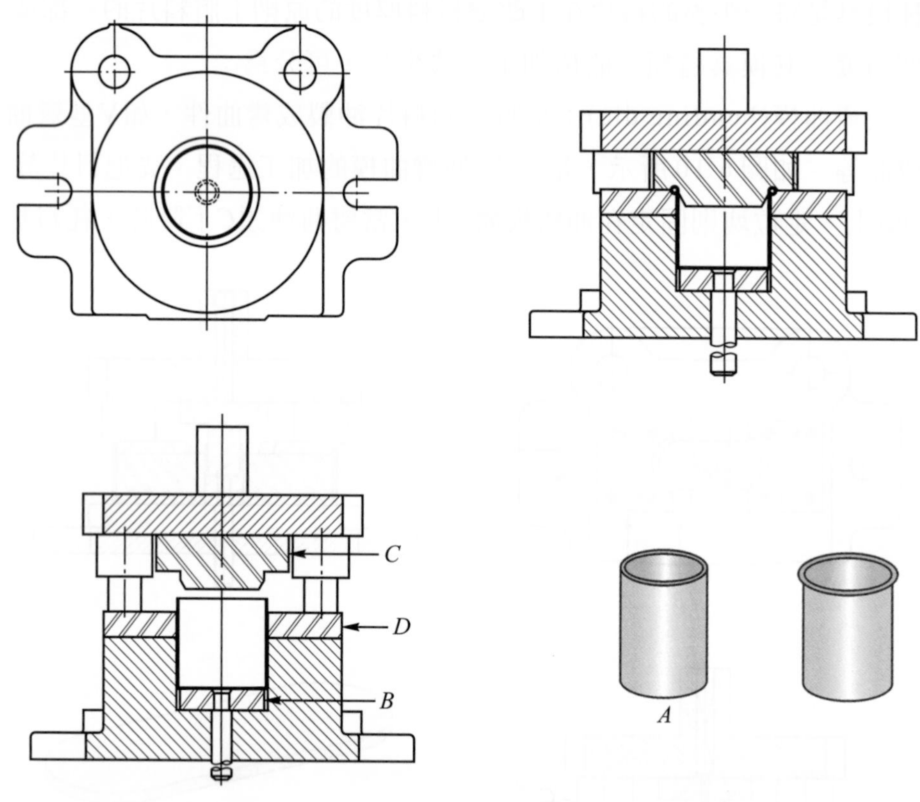

圖 6.11　捲邊沖模

3. 摺縫沖模(horn die)：摺縫沖模是把已沖彎成形的製品套在摺縫樁上，將其邊緣摺疊或相互勾合，經沖壓縫合的沖模。如圖 6.12 所示，A 爲經過反彎可勾接的製品，將其摺縫接合在一起，*D*爲摺縫沖頭，*B*是摺縫樁，*C*則是固定座。

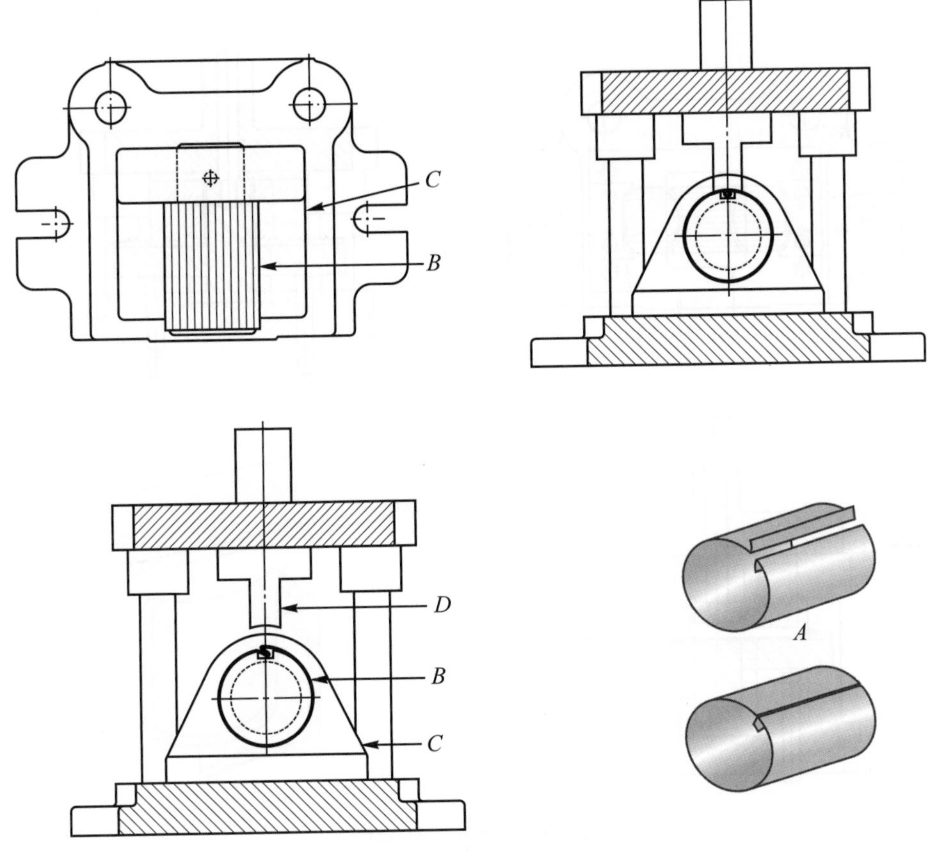

圖 6.12　摺縫沖模

4. 彎曲成形沖模(forming die)：此成形沖模是將沖頭及下模之形狀，直接再生在金屬上的加工過程。甚與彎曲沖模的工作原理相同，所不同者是其彎曲部份成曲面，而非直線；其塑性變形也較彎曲沖模來得大。如圖 6.13 所示，*A*是將平整的板料沖壓成有曲線之外形零件。其加工過程是先把料片*A*固定在托料板*C*上的定位塊*B*內，當上模下降時，料片被成形下模塊*D*與曲面式托料板*C*夾緊。上模繼續下降，料片被逼迫壓成與上下模*D*、*E*一樣的曲線，到衝程底部時，打料塊*F*已退至上死點，完成最後一道成形工作。

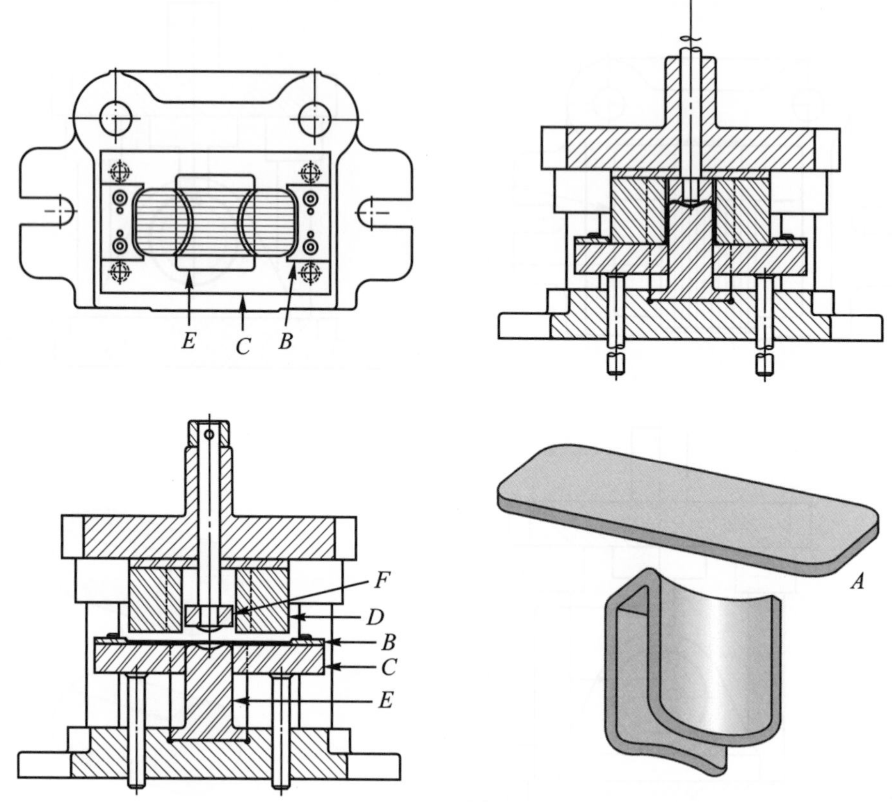

圖 6.13 彎曲成形沖模

(三)引伸沖模

是將一塊剪切好的平板材料利用塑性變形的原理，沖製成一個金屬杯子形狀的沖模，一般模具種類依加工方式來分可為：

1. 圓筒引伸：是將圓形的材料，利用適當的壓力，沖出周圍光滑而無皺紋的杯狀工作物，如圖 6.14 所示將沖切好之圓形杯料放置於托料板*B*上之定位槽中，當上模下降時，托板*B*與引伸模體*D*作用將材料夾緊，上模繼續下降，料片卻被引伸沖頭E壓入下模之內，完成引伸工作，然後利用托料桿F及打出桿*G*，將可能留在沖頭或模體內的製品推出。

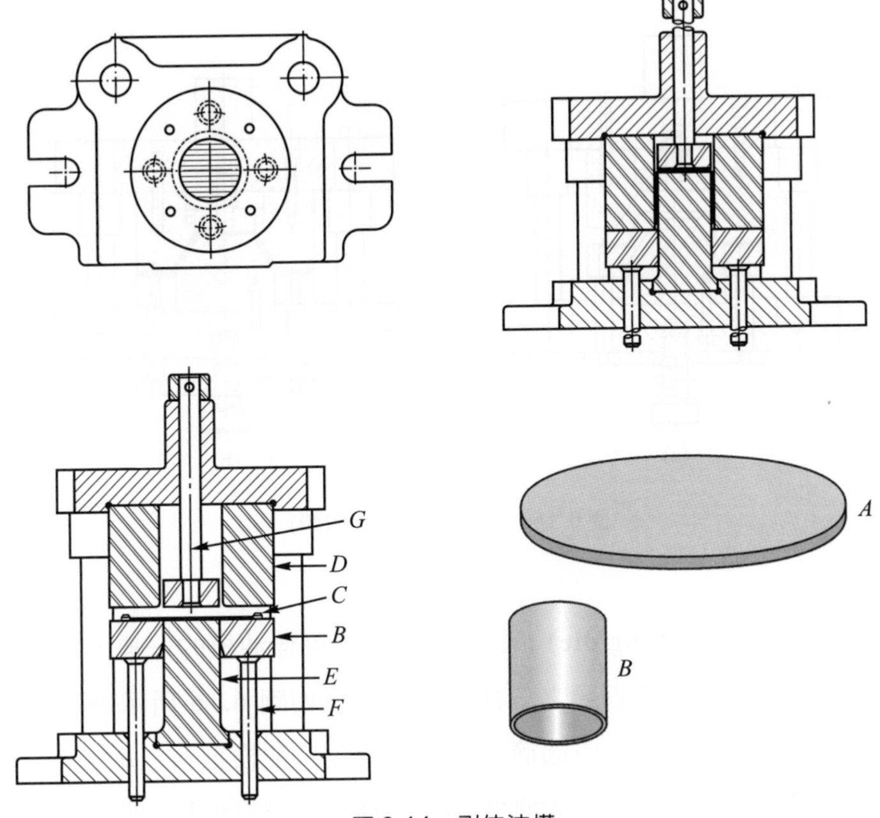

圖 6.14　引伸沖模

2. 錐形筒之引伸：錐形筒引伸沖模，其構造與零件之功能，皆與一般圓筒引伸沖模相同，如圖 6.15 所示爲淺錐形筒形引伸沖模。其加工過程先將料片引伸成半成品，再將半成品倒置在沖頭上。如圖(a)所示，引伸下降接觸半成品的情況，圖(b)則是完成加工時沖頭及下模位置。

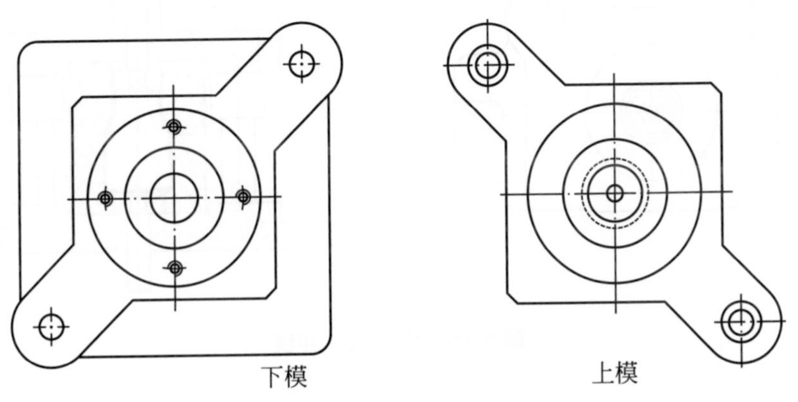

圖 6.15　錐形筒引伸沖模

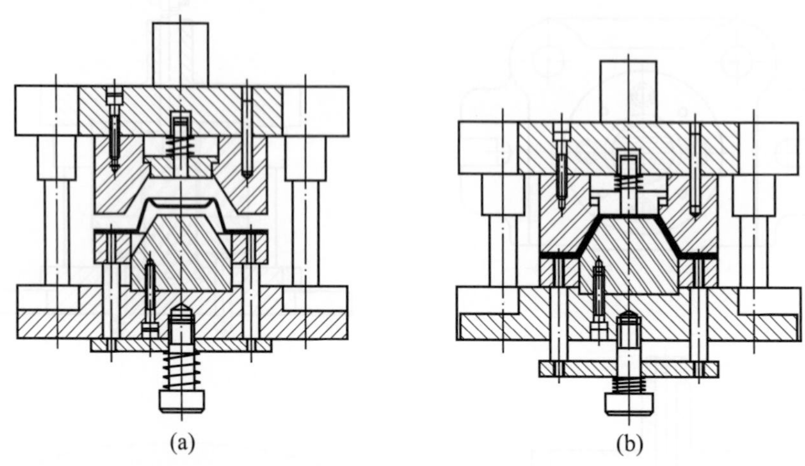

圖 6.15　錐形筒引伸沖模(續)

3. 收口成形沖模(necking die)：此沖模可視為引伸沖模的一種，它是將引伸筒之前端縮成傾斜形狀細頸之一種加工方式，如圖 6.16 所示為一收口沖模之構造及加工方式，是先將圓筒工件放置於收口沖模推料板B上。下端四面為模體內壁C緊密包著，當縮頸沖頭D下降時，沖縮圓筒上部直徑，因上部直徑減縮而使整個長度變長。

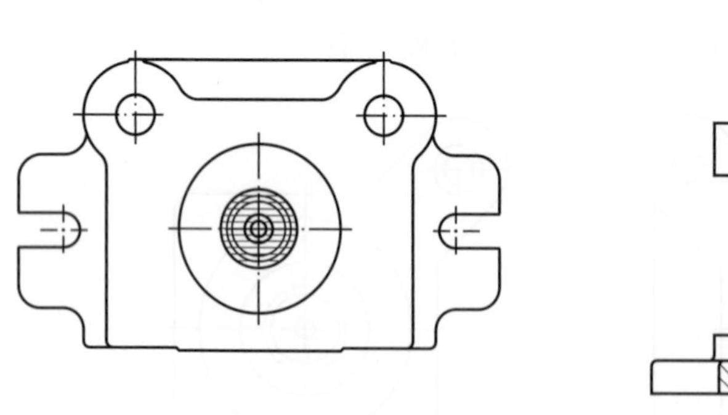

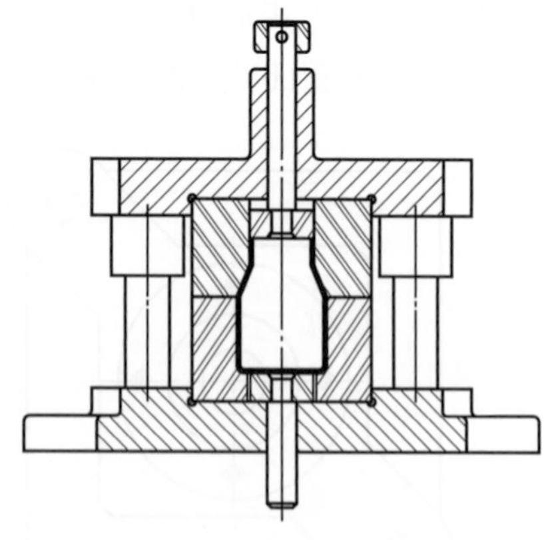

圖 6.16　收口成形沖模

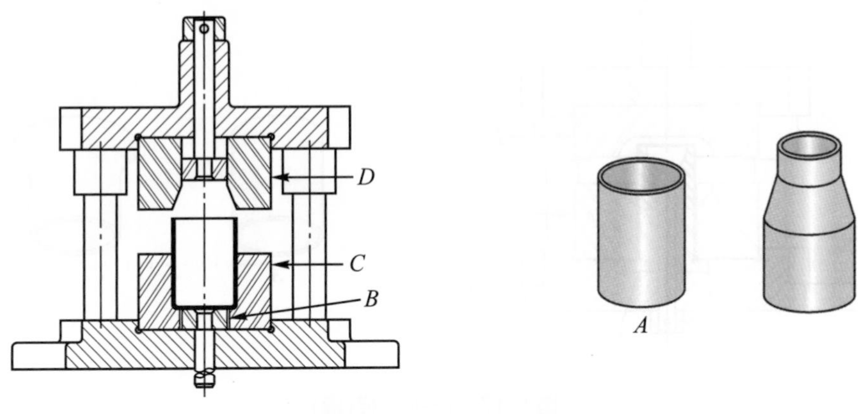

圖 6.16　收口成形沖模(續)

4. 凸張成形沖模(bulging die)：凸張沖模是將引伸加工完成之圓筒工件部份沖成凸形。一般此種工件加工的方式有兩種，即液體沖模與橡膠模。液體式沖模是用水或油來做膨脹的媒介；橡膠沖模則用橡膠或其他充塞物來做膨脹的媒介。如圖 6.17 所示爲一橡膠沖模，當沖模下降時，橡膠被迫充塞於引伸圓筒工件之內壁，使其欲膨脹的部份成形，當壓力去除後，引伸會因上模慢慢的上昇而回復到原來之形狀，仍能輕易的從工件中取出，操作時先把引伸完成之圓筒放置於沖凸形沖頭上，而圓筒下部放入下模*C*中，沖頭*B*之上端是一個套於分散桿*D*上之橡膠環，而分散桿*D*的上部份爲配合製作凸出形狀而製成圓錐曲線形，如此可使橡膠向外脹伸到需要凸出之部份。

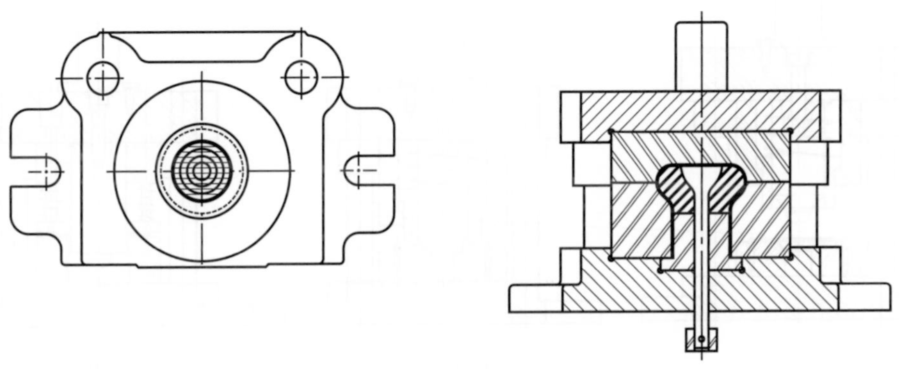

圖 6.17　凸張沖模

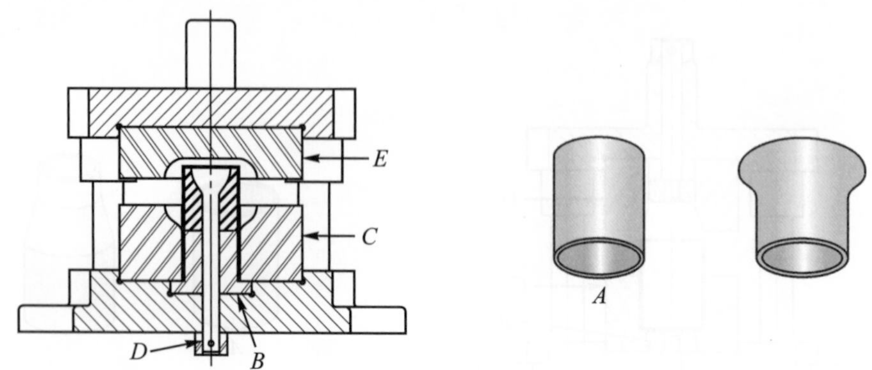

圖 6.17 凸張沖模(續)

5. 孔凸緣成形沖模(vurring die)：此種沖模是將孔的周圍施行折曲成形的加工。如圖 6.18 所示，將孔凸緣折曲成 90°，其目的在補強或是要攻螺絲用；也有折曲不及 90°，而成錐狀孔者，其目的是用來沉埋螺釘頭用，使得螺釘頭能與板表面平齊。如圖 6.18 所示(a)為錐形孔凸緣加工前之模具圖，(b)為加工完成的模具圖，圖(c)則為 90°孔凸緣加工完成的模具位置圖。

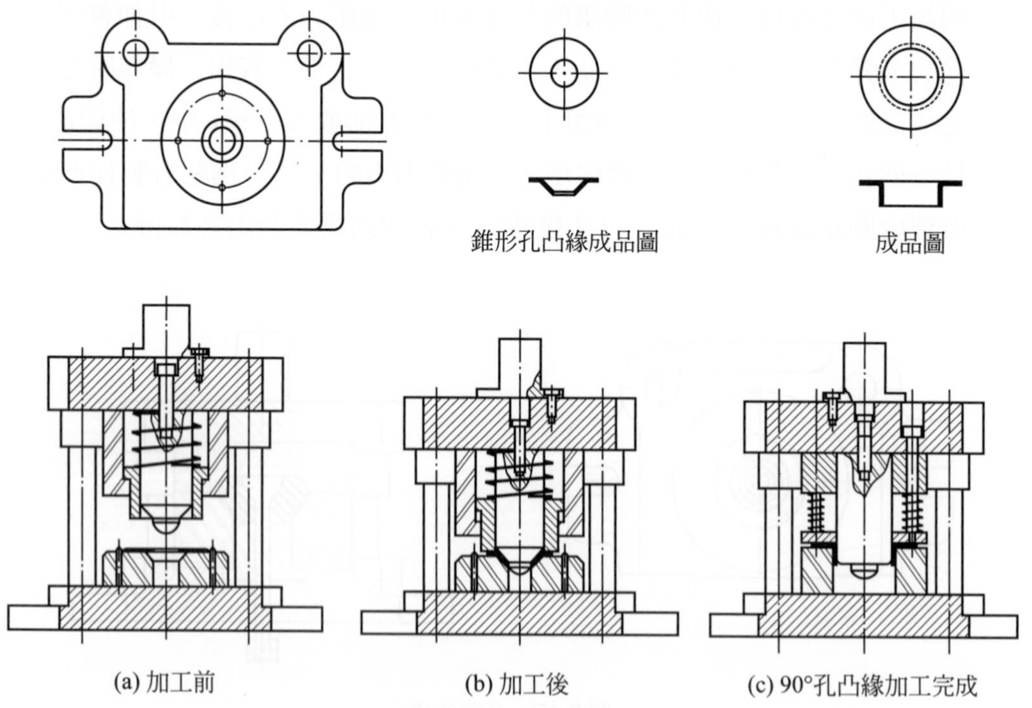

圖 6.18 孔凸緣成形沖模

(四)壓縮加工沖模

此種沖模加工係對金屬塊料或胚料直接施以壓縮力，使其產生塑性變形而改變形狀所用之工具。其沖模如按加工方式，概括可分類如下：

1. 壓型沖模(swaging die)：是運用沖模與下模體表面之特種形狀於沖模關閉時，上下模之間留一定之空間，供多餘之材料逃逸，壓迫材料發生塑性流變，而製成一定形狀之沖模，如圖 6.19 所示，爲一齒形壓型沖模，是將圖 *A*之坯料，壓成圖*B*之成品，然後剪邊成爲一齒形工件。其操作方法是先把坯料*A*放置於定位銷*C*上然後運轉沖床，上下模作用迫使金屬流動，以塡滿沖模中之空腔及齒形空間，完成壓縮加工，至沖頭上昇時，頂出板*E*由調整螺絲*D*提起帶動*F*及*C*上昇，將製品推出。

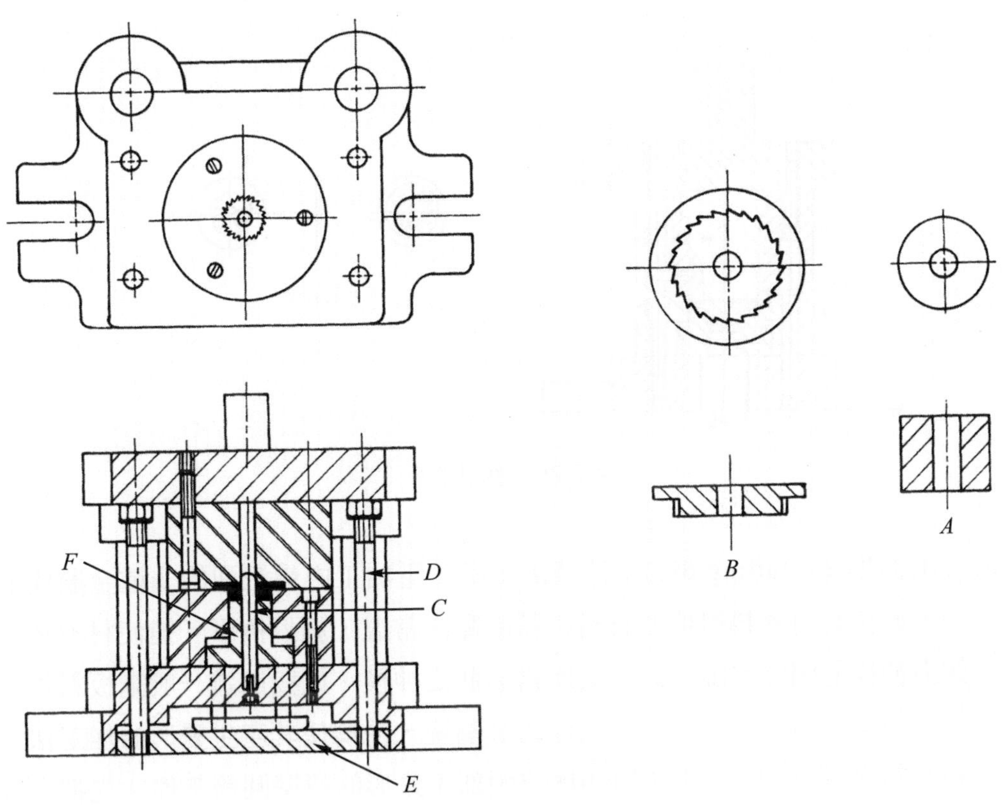

圖 6.19　壓型沖模

2. 壓印沖模(coining die)：將材料置於雕有花紋的金屬模具間施行加壓，迫使材料表面印出所需花紋形狀的沖模，稱爲壓印沖模，如硬幣、徽章、獎牌等均爲壓印加工成品。如圖 6.20 所示，爲最簡單的壓印沖模，爲壓製徽章的沖模。其操作方式：是將製品置入上緣有倒角之模環中，當上沖頭 A 與模體B作用，完成加工，上下模體間留有空隙，爲壓製徽章之眞正厚度，壓製時所需之壓力應調節適當，則可壓出明顯花紋。

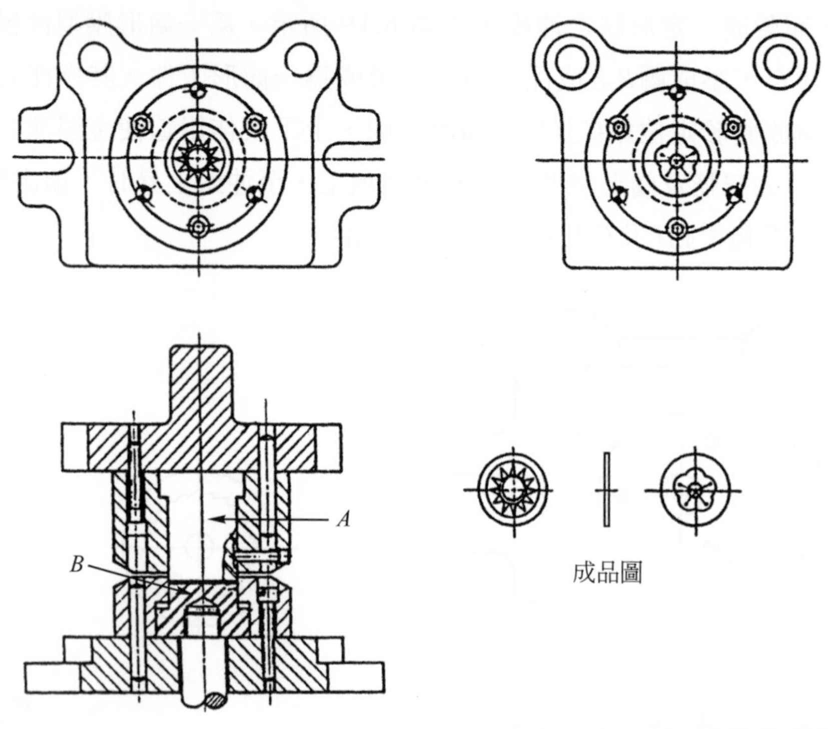

圖 6.20　壓印沖模

3. 沖擠沖模(extruding die)：沖擠加工是沖壓加工中最激烈的一種金屬成形方法，此法是將材料用低於材料再結晶點之常溫，施以擠壓，迫使材料通過沖頭與沖模體間之空隙，以作成所需形狀之沖模，此與前述一般鋼板料加工的方式稍有不同，而是用一小塊厚的金屬塊，沖擠使其產生變形的加工法。如圖 6.21 所示，是將金屬塊*A*沖擠成頭部小錐形的薄壁圓筒工件。先把金屬塊放置於模體*B*之模孔內，其下墊以熱處理之加硬板*C*，當沖擠沖頭下降時，將材料壓擠變形，然後經沖頭與下模體之間隙，向上延伸，而成加工。像牙膏罐就是用此法擠成的。圖中*E*爲沖擠沖頭，*F*爲固定板，*D*則爲打出桿。

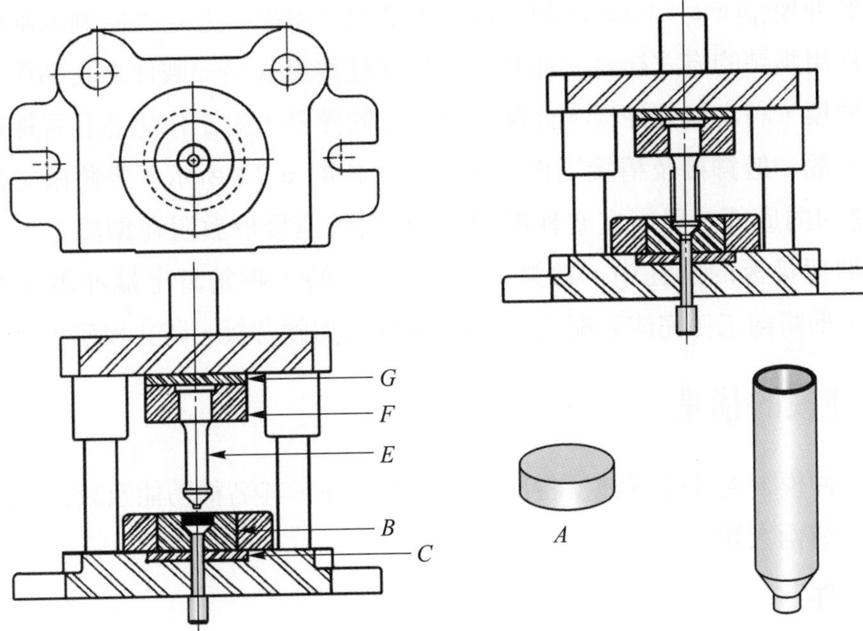

圖 6.21　沖擠沖頭

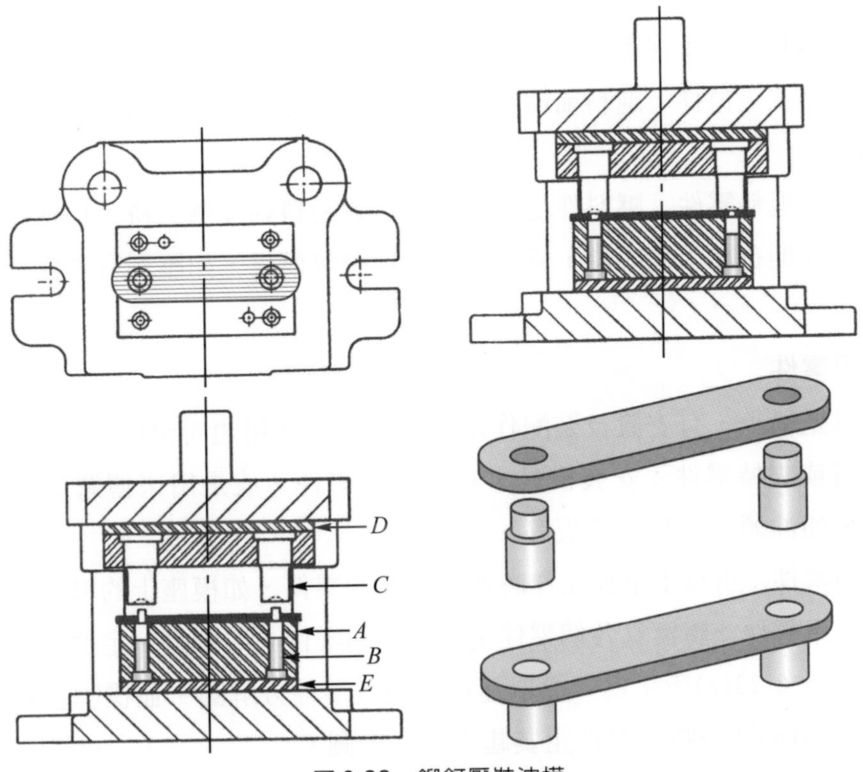

圖 6.22　鉚釘壓裝沖模

4. 壓裝沖模(press-fit assembly dies)：是利用壓配的方式將兩個或兩個以上之零件用壓裝的方式結合。如將一零件之柱塞壓入另一製件之孔部而實施裝配的沖模，謂之壓裝沖模。此種安裝方式的優點，是工作迅速且可保持緊密定位。故一般鉚接及樁接工作多採用之。如圖 6.22 所示，先將兩支銷釘放在模體*A*內底部，用兩支塞柱*B*頂住，其次將連接板放置在鉚釘上，並使銷釘插進連接板的兩孔中，當鉚接沖頭*C*下降時，將銷釘上端沖壓成鉚釘頭形狀，即將兩工件完成裝配工作，*D*、*E*則是加硬背板，防止模座被打成凹形。

6.1.2 沖模的構造

要認識沖模，先要瞭解沖模各部份組成的零件，其名稱功能及設計等，一般沖模構造可分成兩大類：

A、工作零件

在加工過程中與料條接觸，而且有直接作用的零件，依作用方式可分爲三種：

1. 工作零件：幫助工件達成加工要求的零件，如沖頭下模等。
2. 定位導料零件：在工程進行中，使工件胚料或料條正確導引，定位的零件，如固定式定位件，進料前端定位件，進料長度定位件，料寬導料件及先導桿等。
3. 壓料及退料零件：壓料件是在工程進行時將料條加壓夾持，以維持其定位，退料件則在加工完成後，協助工件廢料脫離模具，如壓剝料零件及退料零件等。

B、構造用零件

在模具結構上，有安置及裝配作用零件，以其作用也可分成三種。

1. 支持或夾持零件：安裝模具本身的工作零件，或是用來傳遞工作壓力的零件，如沖頭固定板、承板等。
2. 導向零件：引導上下模工作時運動定向的零件，如模座上的導桿、襯套等。
3. 固定用零件：將模具各個零件定位鎖緊的零件，如螺釘、定位銷等。舉一實例如圖 6.23(a)所示爲一簡單連續沖模各零件分解圖，並標明各零件名稱，圖 6.23(b)則是將各零件組裝起來之組合圖。

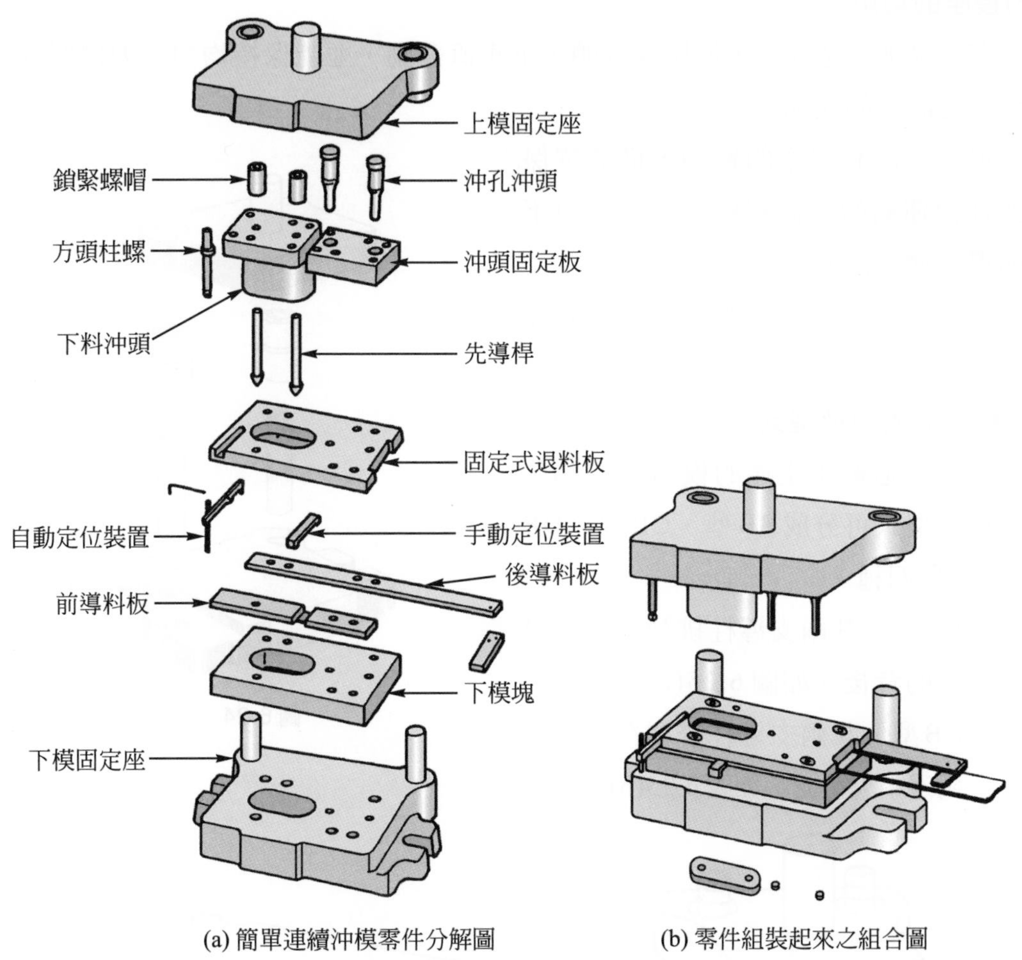

(a) 簡單連續沖模零件分解圖　　(b) 零件組裝起來之組合圖

圖 6.23　簡單連續沖模零件圖

一般沖模之主要構造為模座、定位及導料零件、先導桿、剝料版、退料零件及固定零件等。

一、模座(die sets)

模座的主要功用是在保持沖模加工時上下運動的形狀精密度，也是每付沖模必需具備的組件，他是由上模座、*B*導套、*C*導桿、*D*下模座等零件所組成，如圖 6.24 所示。

(一)模座的功用

在沖壓加工過程中，能確保沖頭上下垂直運動，並能保持均勻的刀口間隙，以得到理想劃一的產品。

縱然沖床有局部的鬆動，仍能確保沖頭往復運動的正確與穩定，使刀口不會碰傷，增長壽命。

能穩固支持沖模各零件，並吸收及承擔各零件過大或不均之力。

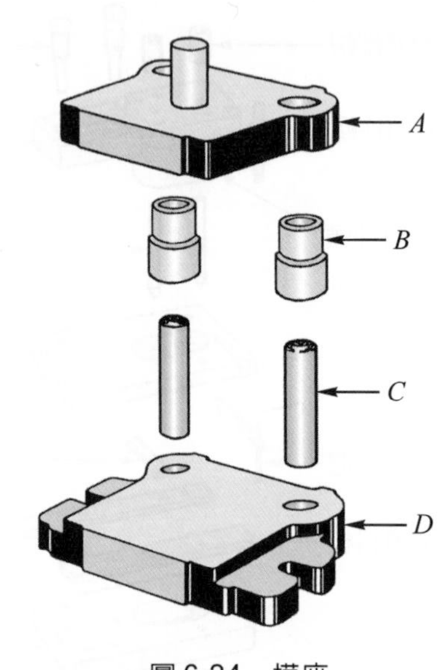

圖 6.24 模座

(二)模座的大小及型式

一般製造廠所生產的模座現成品，依其標準型式可分成BB型、CB型、DB型及FB型四種。

1. BB型：其兩支導柱排列在沖模模座的背後。如圖 6.25(a)圖所示。
2. CB型：其兩支導柱排列在模座的兩邊中央位置，如圖 6.25(b)所示。

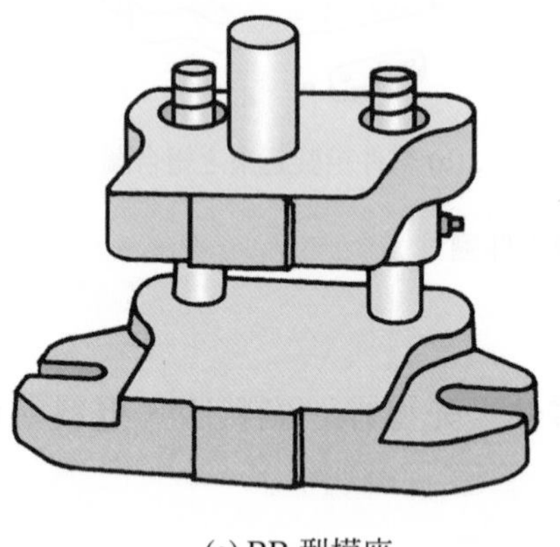
(a) BB 型模座

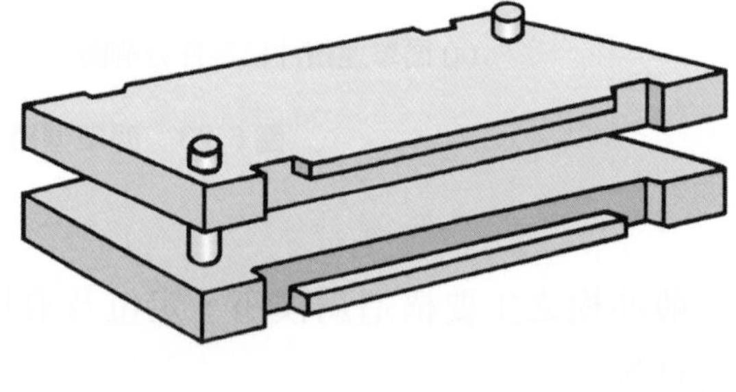
(c) DB 模座

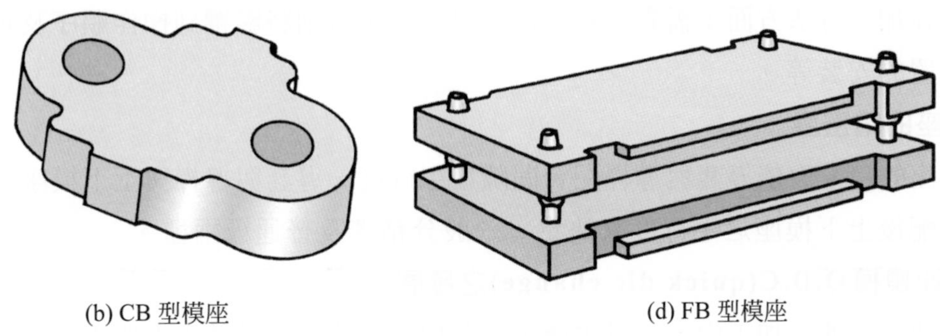

(b) CB 型模座　　(d) FB 型模座

圖 6.25　模座的型式

3. DB 型：兩支導柱在模座面成對角方向排列，如圖 6.25(c)。

4. FB 型：其四支導柱分別排列在模座面的四角。如圖 6.25(d)所示。

但如按其導引情形不同又可分爲普通導引及滾珠扣件，圖 6.26 所示爲各種型式之模座及其大小，模座面可容納沖模面積 A、B 的尺寸。如附錄表 4 所示。

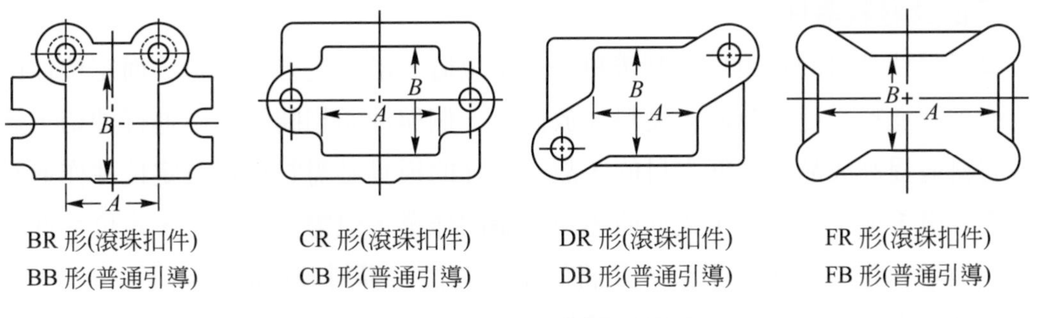

BR 形(滾珠扣件)　BB 形(普通引導)
CR 形(滾珠扣件)　CB 形(普通引導)
DR 形(滾珠扣件)　DB 形(普通引導)
FR 形(滾珠扣件)　FB 形(普通引導)

圖 6.26　模座型式及可納模塊大小的尺寸

(三)模座的選擇

由上節得知，模座通常均有一定的規格，如精密度、容量、型式等都有其標準且可在市面上購得，除非在特殊情況下，無需另行設計，但在購買或設計模座時必需先考慮下列諸事項。

1. 沖壓機械：必須對現有的沖床合模高度，台面寬度、模柄孔尺寸、衝程的長短及可否調整等有相當的認識。

2. 在產品方面：因產品的形狀、精密度的不同，模座的設計也隨之而異，如較大且複雜的產品需有較多且粗的導柱，精密度較高的產品，也必須選擇平行度好且導套與導桿配合精密度高的模座。

3. 在加工方法方面：需對進料方向予以考慮，否則將影響到操作順序及定位裝置的安裝等。

(四)模座的精密度

模座的精密度依導套與導桿配合間隙、平行度、導套與導桿與上下模座之垂直度及裝配後上下模座之平行度來決定，一般分精密及普通級兩種。

(五)快速換模 Q.D.C(quick die change)之發展

在傳統的沖壓加工中，大量生產，品質均一，速度快爲其生產的手段，此種模具製作費用及模具安裝的時間雖多，但如果平均分擔在每一零件上則又顯得極其微少。而今日市場的條件已逐漸改變，經常要求的是少量且多品樣的生產，因此模具的安裝時間，製作費用，已成爲市場上競爭具有關鍵性的影響因素，所以如何使模具零件標準化，及如何使各零件能迅速固定及定位，將是現今模具設計者應不斷追求的目標。

二、定位及導料零件

導料零件其目的是用以控制帶料在適當位置，沿一定方向進料，而定位件則是定位或控制進料長度的裝置，使料片放置在一個與沖頭相關的正確進行沖切，達到省時省料並提高成品精密度之目的，故一套好的模具必需對導料及定位件作適當的選擇與考慮，使不熟練的工人亦能迅速正確的作業，但需注意的是，定位零件的設計應勿與送料進給運動相干涉，茲將簡單的定位、導料裝置略述如下：

(一)單件定位銷式及定位板式定位零件

此種定位方式是單件製品作二次加工時最簡單而實用的定位方法，它微凸出模面，工作時利用它來抵住毛胚四週或開孔後的邊緣，如圖 6.27 所示；料片定位於六個銷子中，這些銷子製成斜角或一錐角，下方留有與材料厚度相等的垂直部份用來定位。如上模有壓料板則在銷子相對應的壓料板上鑽讓位孔。

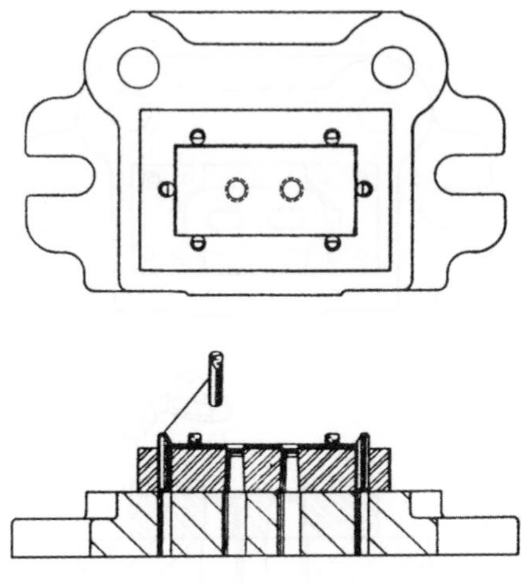
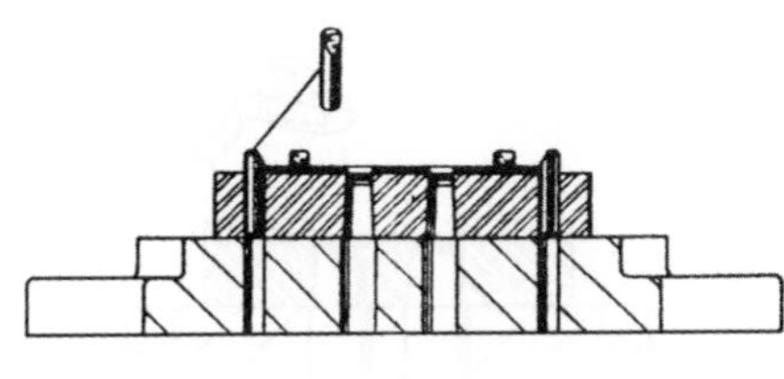

圖 6.27　斜角銷能迅速定位合乎

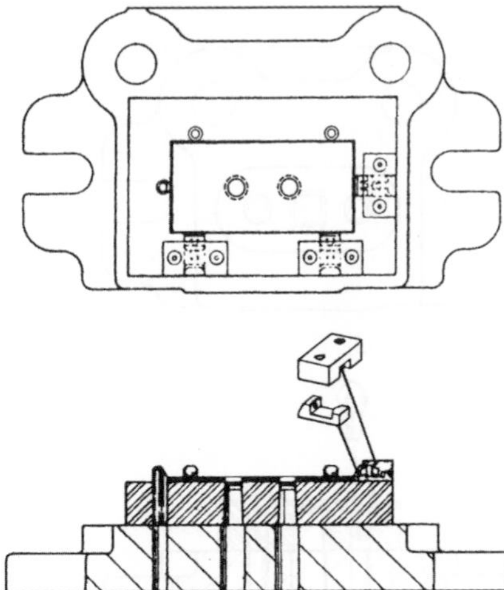

圖 6.28　推桿簧C使零件準確定位大量生產之要求

圖 6.28 所示；若要在方形料片上沖切兩孔，其孔之中心與外緣A及B之尺寸必須相當精確時可用推桿簧定位，當A和B之尺寸必需保持精確時，三個推桿簧C置於彈簧套D內，施力於零件使其能緊靠住定位銷。

圖 6.29 所示；一橢圓形料片已在前一道加工中沖切了兩個圓孔，故可利用兩橢圓形先導桿插入兩圓孔內定位，再沖切其中間的正方形孔。

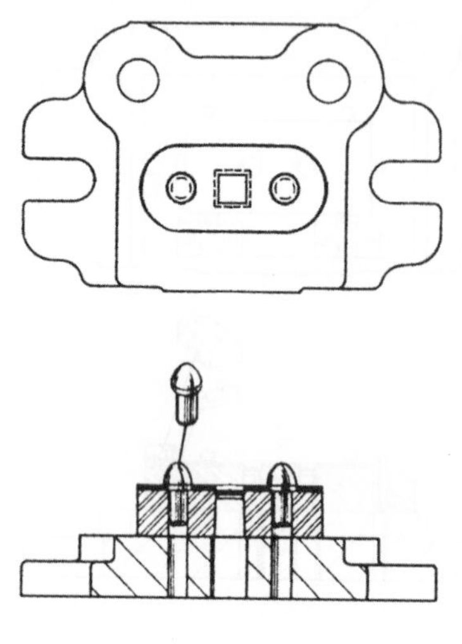

圖 6.29 用零件本身的形狀來導引

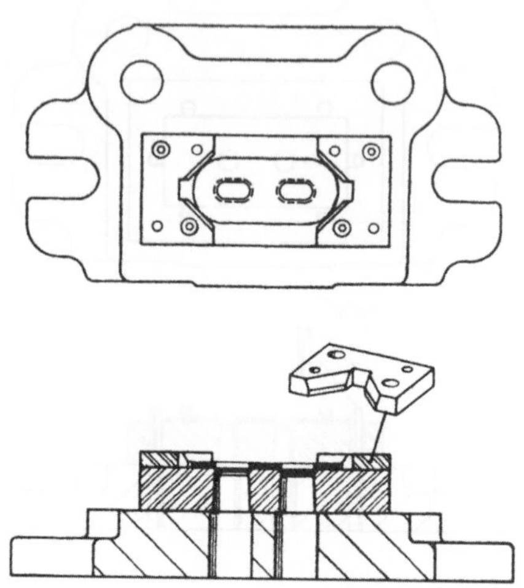

圖 6.30 V字型定位板固定零件

圖 6.30 所示，爲一V型定位板零件，因橢圓型之兩端，均具有相對之外半徑，故可運用左右兩 V 形定位板定位，再沖中間兩橢圓形孔，其每一 V 型對準面之上部均有一相當之斜面，以使零件能快速放入，下端則留有與料片厚度相等的垂直長度來把零件正確定位。

(二)導料零件

在沖模沖切之前，先將帶料或前一工程沖切完工之料片寬度維持定位的一種裝置。

1. 導料板：如圖 6.31 所示，導料板的功用在確定帶料或料條之位置，故必須有良好的定位功效，特別精密的沖模之導料板最好應具有可調整之措施。*A*、*B*爲後導料板*C*爲前導料板。

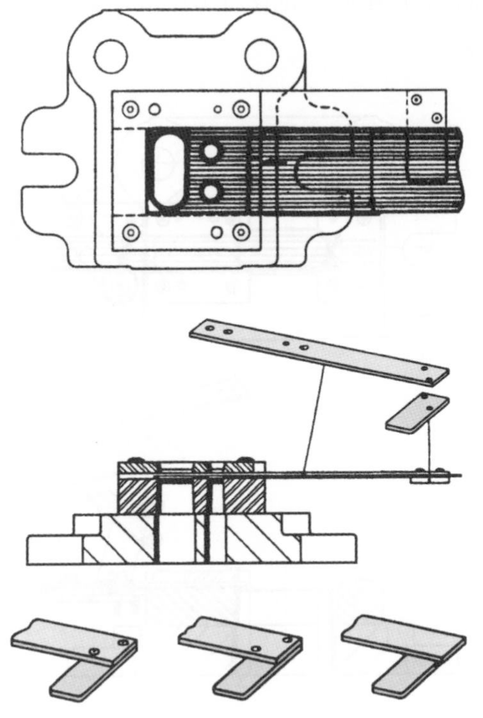

圖 6.31　導料板之裝置

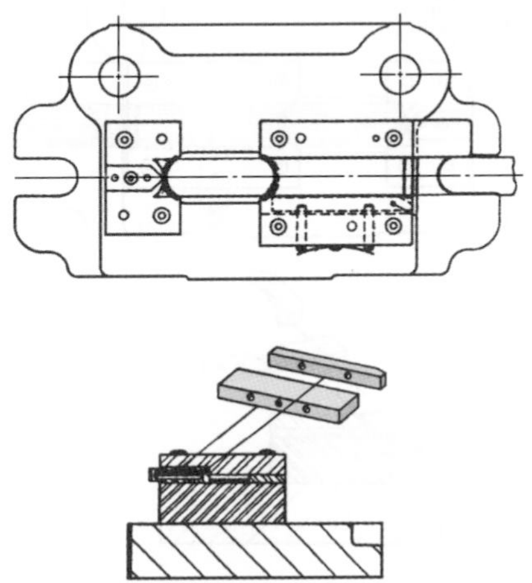

圖 6.32　彈簧板推料導料裝置

2. 導料板與材料推桿：軋鋼廠鋼板剪下之料條或帶料其尺寸可能會有所差異，如用固定寬度之導料板定位，顯然不能作精確之導引，故附裝有推料桿裝置之導料板，如圖 6.32、圖 6.33 所示，將帶料推向單邊定位，因此料條寬度若有少許尺寸差異仍將不影響其送料精密度。
3. 滾子推桿：如圖 6.34 所示，其操作方式如下：旋臂 B 以螺釘 D 固定，並可依 D 為中心而旋轉，旋臂 B 下有一滾子 A 可在旋臂 B 上旋轉，並用彈簧 C 的拉力由滾子 A 施以帶料一推力，使其緊靠導料板之另一邊送料。
4. 料條止偏器：當帶料之寬度變化較大，而寬度之裕度又少時，如將帶料一律靠於後導板送料，其較窄之料條則可能產生不規則之廢邊料，甚至不完整之切片，在此種情形下可採用平衡推料裝置，使帶料寬度有變化仍能準確的送料，裝置操作情形如下。

　　旋臂 AB，分別以兩個 C 為中心支點而旋轉，其後端並有一連臂 D 連接，另在旋臂 AB 裝四個滾子 E，此四滾子受彈簧 F 之拉力作用，將帶料夾在沖模中心，而B臂則延長作一手柄，如手柄向左擺動，則滾子E中間之距離加大，得使帶料容易放入。如圖 6.35 所示。

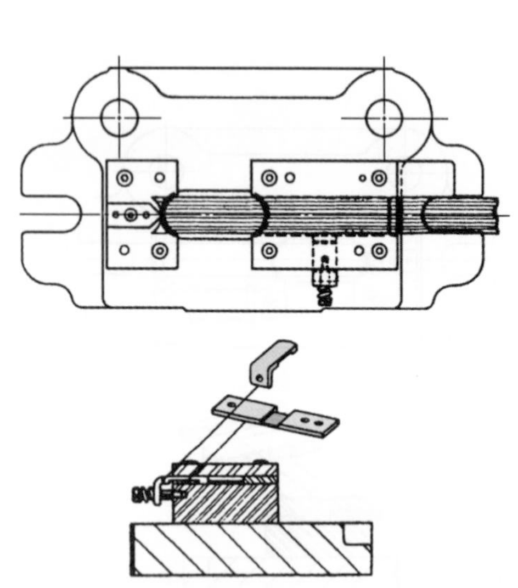

圖 6.33　彈簧推料定位裝置

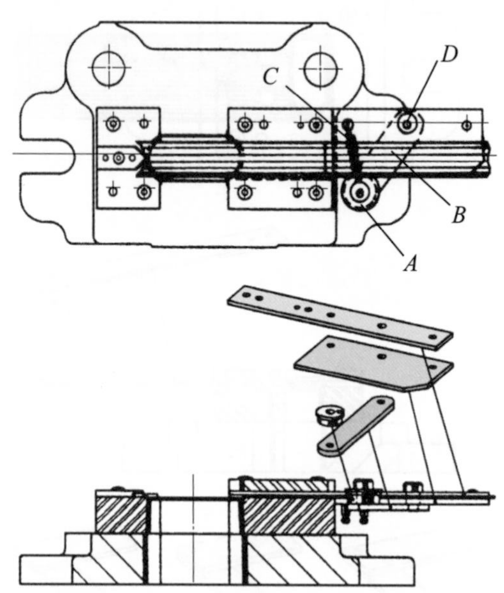

圖 6.34　滾子推桿導引料條裝置

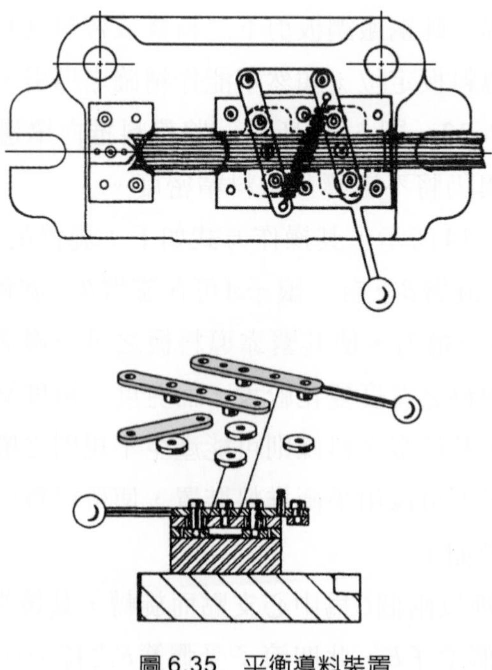

圖 6.35　平衡導料裝置

三、先導桿

在連續沖模中，僅用擋料裝置來定位是不夠的，因先後兩站送料的誤差有時候很難避免，爲了能更精密的工作，先導桿的裝置是被廣泛使用的，其作用是當沖頭下降時，先導桿首先進入料條已先沖好的孔中，將帶料精確導正後再行加工。

先導桿之先導方法可分兩種，第一種方法是利用料片上已沖完之孔作先導者，謂之直接先導法，第二種方法是在帶料的廢邊料上沖孔而後導引，謂之間接先導法。

(一)直接先導法

如圖 6.36 所示，爲常用的帶肩先導桿，其作用方式是將帶肩先導桿*A*用螺帽*C*固定於下料沖頭中，先導桿之前端伸出於下料沖頭之下端面，當帶料送料至第二工程站定位，欲作下料加工時，先導桿先進入第一工程站沖切完成的孔，移動帶料至正確位置，接著沖頭才開始沖切料片，即可使料片週緣與中間所沖之孔有一相當精確的位置關係，若孔之公差較精確，導引時可能導致擴孔時亦可在大孔中先行沖較小之孔，導引完成後在行沖切大孔。

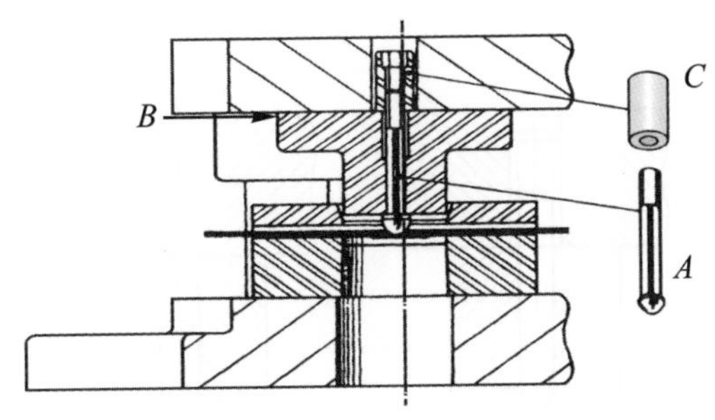

圖 6.36　直接先導及先導桿的安裝方法

(二)間接導引法

上述所提直接導引法有構造簡單，工作確實的優點，在可能的情況下盡量予以採用，但由於實際情況限制有時無法使用直接導引，如下列諸情況必須採用間接導引，利用帶料的廢料面上沖孔作爲下工程的定位用，如圖 6.37 所示爲無法用直接導引法之料片形狀舉例。

1. 孔的公差太小。

2. 無孔的沖片。

3. 孔太小。

4. 兩孔太接近。

5. 孔太接近沖片之邊緣。

6. 孔位於脆弱面積上。

7. 孔凸出或板厚度太薄等。

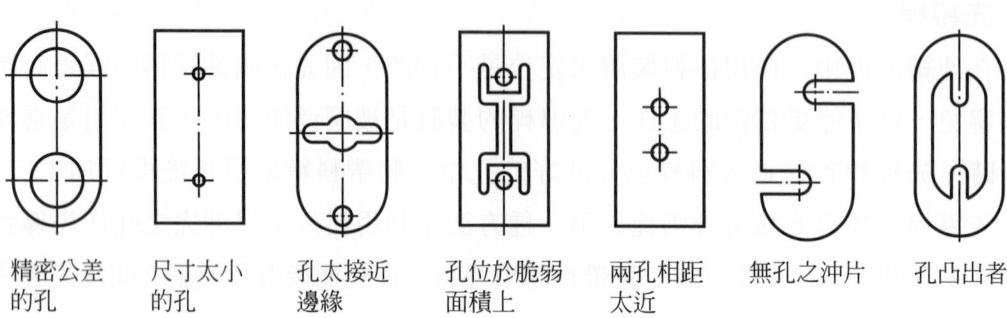

圖 6.37　無法用直接導引法之料片舉例

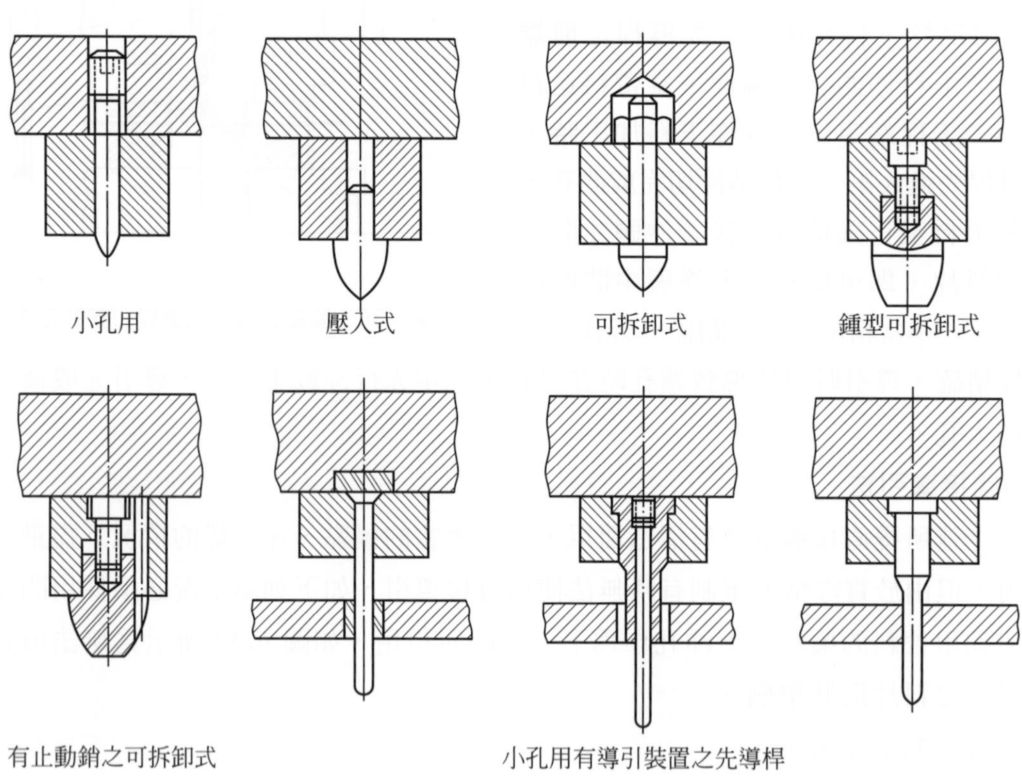

圖 6.38-1　先導桿的各種安裝方法

(三)先導桿設計應考慮的因素

1. 先導桿其強度需足夠應付沖模嚴重的震動而不致斷裂。

2. 細長的先導桿必需有充分的導引和支持來防止彎曲。

3. 先導桿如係安裝在沖頭上者，由於沖頭經常要磨銳，故必須容易拆卸，其安裝方法如圖 6.38-1 所示。

當送料錯誤，先導桿 1、2 受阻時會往上縮使操作桿因斜面接觸的關係向右推動限制開關，如圖 6.38-2 所示，迅速切斷電源，同時剎車也會發生作用，使滑塊立即停止，以免損壞模具及工件。

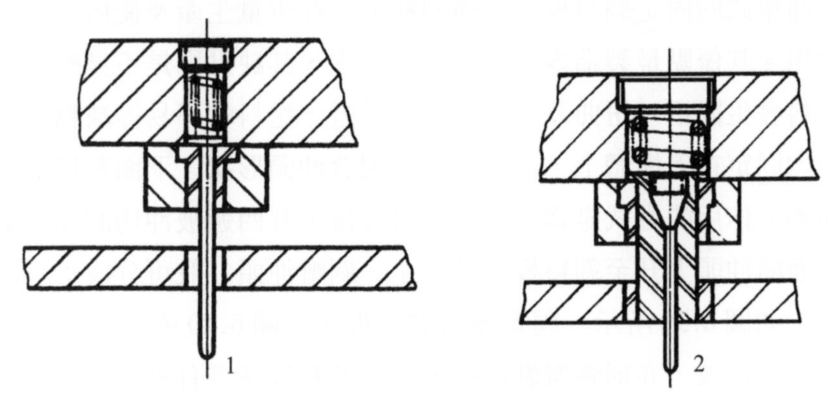

有縮回裝置之先導桿

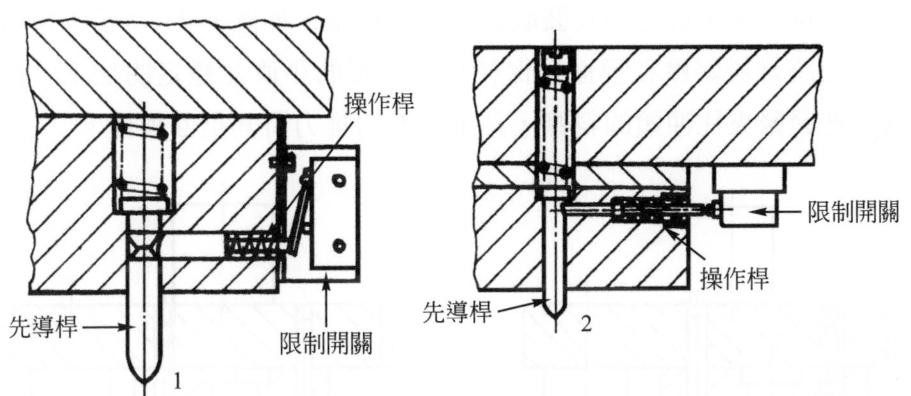

開關控制沖床剎車裝置

圖 6.38-2　先導桿的安全裝置

四、剝料板

在沖壓加工中，為提高生產率，模具應盡量設計自動化，減少人工操作，如送料、退料、裝置等，生產率提高的退料裝置是直接從下模孔「漏料」的方式，而以剝料板剝除，緊緊夾持住沖頭四週的帶料，但也有零件不適合以漏料的方式退出，而必須將工件推到下模的表面上退料，如彎曲、抽引成形、壓縮等，其加工完成之製品常擠住模具不易取出，若欲使其正確而迅速的脫離模具，提高生產率，必須有剝料，退料裝置之設計。剝料、退料裝置除了有上述之功能外，設計時有時亦同時兼具有導引沖頭、壓料之功能。

(一)剝料板的種類

1. 一般簡單式的固定剝料板：此種剝料板只在少量生產及使用人工送料的情況下採用。其優點是製造容易，可降低成本，其缺點則是不具壓料作用，容易使帶料發生皺摺、扭曲及送料時視線受阻，送料較不易等缺點。此種剝料板一般均固定在下模體上，其上有開口配合沖頭形狀，下面有導料槽，以使料條通過。作用的方式是當沖頭沖切料片後，其四週被沖切的餘料緊緊的包圍住，而隨沖頭上升至剝料板時被阻止。剝離沖頭一般可分成：三面開口式剝料板，如圖 6.39 所示。固定橋式剝料板，如圖 6.40 所示。
2. 可動式剝料板，亦稱彈簧剝料板，此種剝料板兼具有壓料作用，可避免帶料與沖頭或固定式剝料板的撞擊作用，產生扭曲而影響成品之精密度，可使操作者視線寬廣，使送料及裝載較快增加產量，如圖 6.41 所示：當滑座下降時，先將材料緊壓在模面以保持材料沖壓的平直並穩定的加工。當加工完成，把緊緊夾住沖頭的料條，利用彈簧的推力將其推回模面。

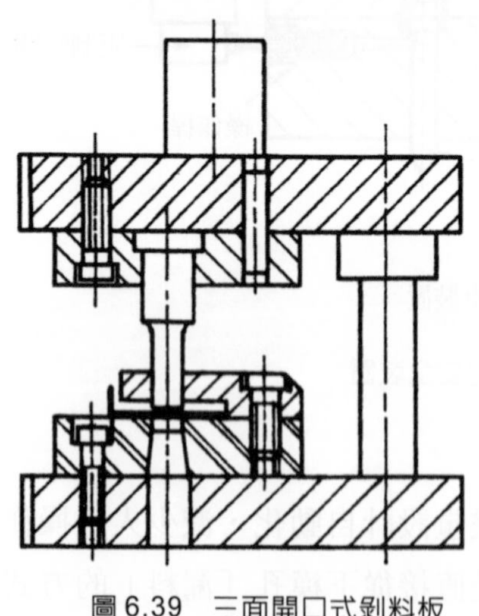

圖 6.39　三面開口式剝料板

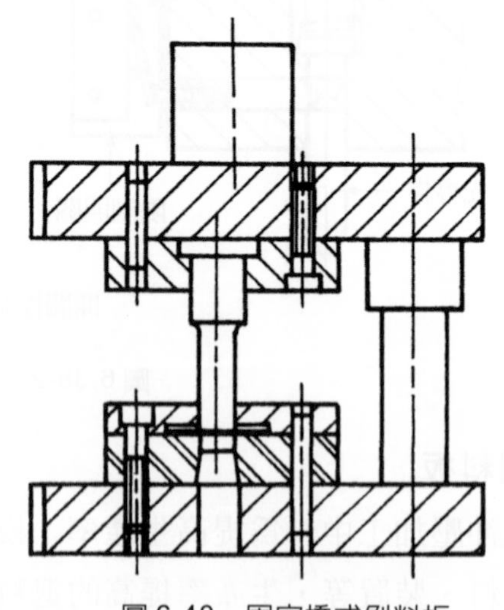

圖 6.40　固定橋式剝料板

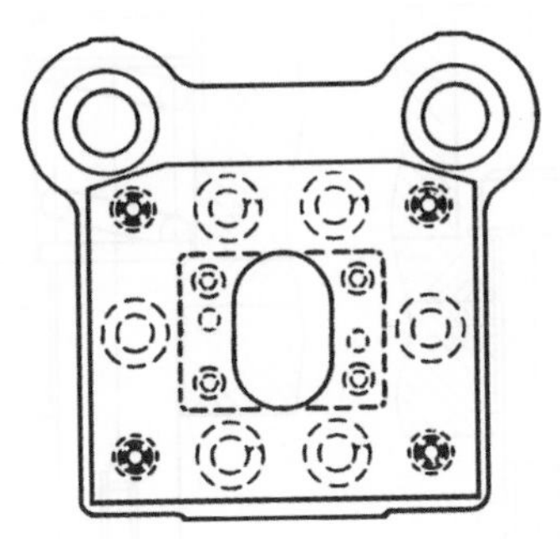

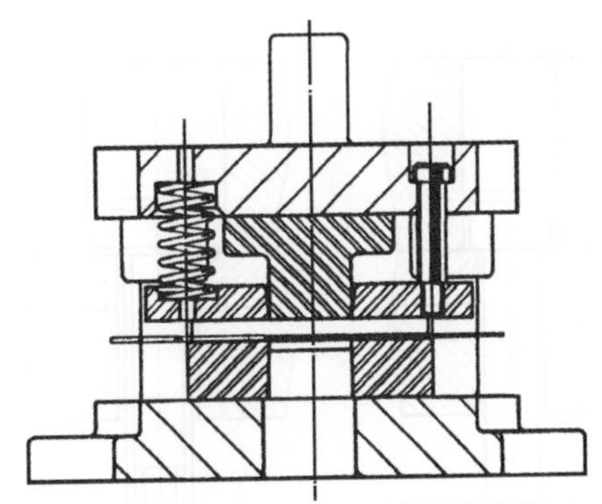

圖 6.41　可動式剝料板及其裝置情形

3. 優力膠(urethane)為一由溶鑄而成的 epoxy 塑膠類，具有天然橡膠的壓縮彈性，不易彎曲且製造容易。如圖 6.42 所示，因其安裝及拆卸都很方便，故常用來代替小加工件模具的彈簧剝料板。

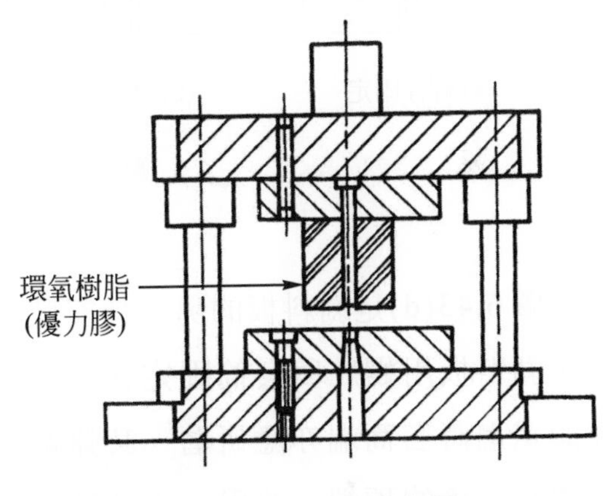

圖 6.42　剝料用優力膠

(二)剝料板的固定及彈簧安裝方法

在可動式彈簧剝料板的組裝中，為了保持剝料板底端與沖頭在適當位置，應視沖頭的長度裝置螺栓，此螺栓有些同時應具有導引剝料板上下運動的功能，雖然剝料板螺栓之縱向尺寸及配合精密度較不易控制，會導致剝料板上下平行度發生誤差，但因此法製造簡單且螺栓價廉，固被廣泛使用。

剝料板固定的方法，如圖 6.43 所示；(a)(b)(c)為螺栓固定法，(d)為套筒固定法。圖 6.43(a)螺栓固定法，此法安裝時螺栓與固定板之間的間隙較大，所以不具有導引沖頭之功能，且剝料板平行度容易發生誤差，在重磨沖頭時，螺栓頭處視磨除量而裝入適當厚度之墊圈。

圖 6.43(b)裝上軸環來導引螺栓，則可除去(a)之缺點，在沖頭重磨時亦應研磨軸環。

圖 6.43(c)雖仍為螺栓固定，但螺栓與剝料板結合部分加一螺帽固定，但重磨沖頭時要重新校正剝料板之平行度。

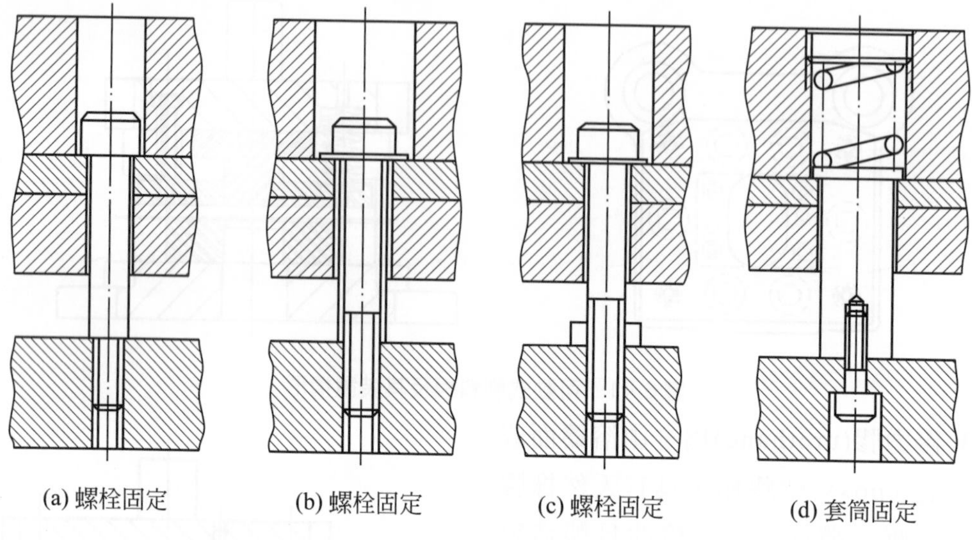

圖 6.43 剝料板的固定方法

圖 6.43(d)是剝料板的另一種安裝方式，剝料板用螺絲與套筒固定在一起，沖頭重磨時套筒端亦應研磨，其彈簧則裝置在套筒的頂端，並用一止動螺栓來定位。

一般小型沖模彈簧可以套在螺栓上，使其同時俱有固定剝料板及對剝料板施以壓力之功能，如圖 6.44 所示。但大型沖模的彈簧則要放置在兩板之間的適當位置，對剝料板施以適當壓力使其發生剝除料框的作用。

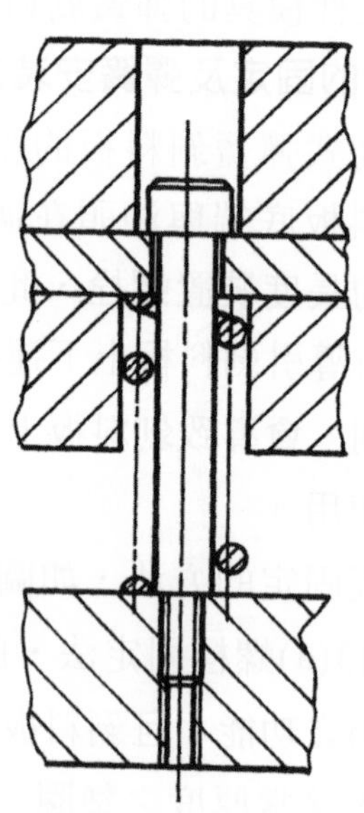

圖 6.44 剝料板固定螺栓套上彈簧的裝置

下列列舉各種不同的彈簧安裝法，如圖 6.45 所示，所有安裝方法皆以保持彈簧的正確位置爲原則。

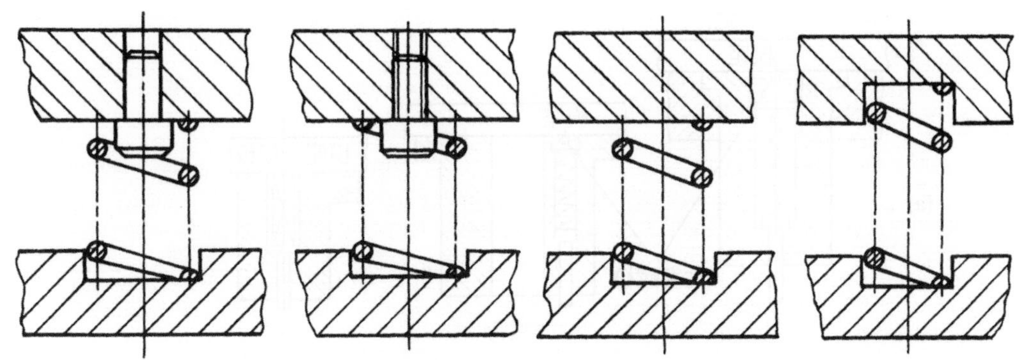

圖 6.45　彈簧的各安裝法

(三)剝料壓力的計算及彈簧的選用

在說明如何選用彈簧之前，先要瞭解其剝料壓力大小，再決定應使用彈簧的數量及每根彈簧應受的力量，壓縮量等，並依此來決定彈簧之規格。

1. 剝料壓力之計算：當沖頭沖切完成時，將料片由沖頭剝下所需的力量，可用下式計算之。

$$P_S = K \times L \times t \times K_S \tag{6.1}$$

P_S ：剝料壓力(kg)

K ：常數(如表 6.1 所示)

L ：剪斷輪廓的長度(mm)

　若輪廓爲圓形則$L = \pi D$

t ：料片厚度(mm)

K_s ：抗剪強度(kg/mm^2)

表 6.1　剝料壓力的常數 K 值表(單位：mm)

材料厚度	模具型式		
	單一沖頭之沖孔或下料模	連續沖模	多沖頭沖孔模
1 以下	0.02～0.06	0.06～0.08	0.10～0.12
1～5	0.06～0.08	0.10～0.12	0.12～0.15
5 以上	0.08～0.10	0.12～0.15	0.15～0.2

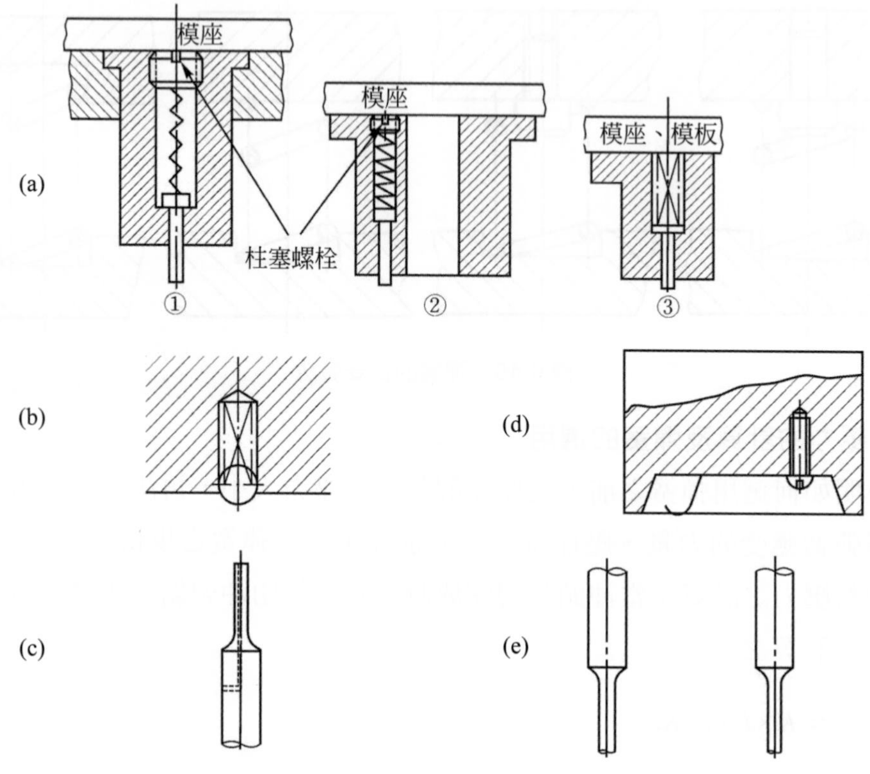

圖 6.46　各種頂料排料裝置

2. 彈簧的選用：模具一般用SWP、SUP(J.I.S)材料所製造出來之螺旋彈簧爲主。

五、退料零件

退料零件，在沖壓加工中沖製完成的成品，其可能會包圍著沖頭或塞在模孔中無法順利的退料或推出模面，甚至有些薄而扁平的沖片因材料有油膜，沖剪後常常會黏貼在沖頭底部不易脫落，或沖頭上昇送料後掉落在模面上，想繼續加工會損傷模具，故在上模升高時應將這些製件或沖屑排出，所以必須設計退料件來保護沖模的壽命。

(一)頂料銷(Ejector pin)

爲了防止沖片或沖屑隨沖頭上昇，列舉數種簡單方法如圖 6.46 所示。

(二)下模彈簧退料板(Ejector plate)

當沖切完成的製品過大或其他方式加工完成的製品無法從下模落下，必須推回模面退料者，可以設計彈簧退料板，如圖 6.47 所示：藉者彈簧的反力迫使製件推出下模，再以其他方式移出模外。

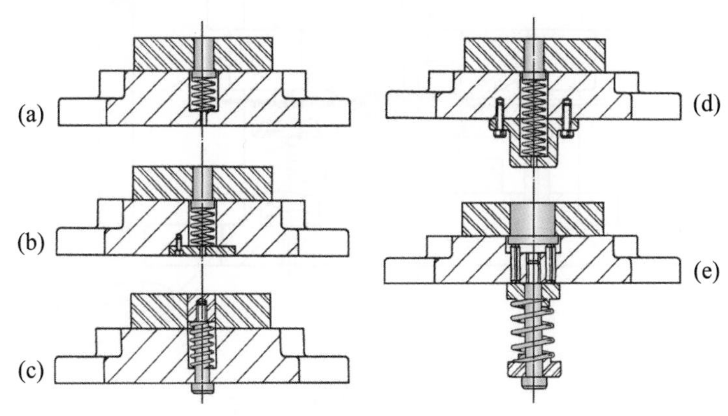

圖 6.47　彈簧退料裝置

(三)打料裝置(Knock out plate)

此種裝置在倒置下料沖模，如圖 6.48 所示用得很多，因此種沖模固定在上模座上，當沖切工作完成時，料片會隨上模上昇，因上模彈簧退料板安置的空間有限，故經常用打料裝置來退料，如圖其作用是當上模座上昇至頂點時，滑塊中的槓桿會與打出桿相撞擊而把料片推出模穴外。

六、沖模的固定零件

當沖模各部份零件加工完成後，接著的一項工作便是把這些零件固定及組裝起來才能成為一套完整的模具，發揮它應有的功能，這些組裝固定的零件不外乎螺釘與定位銷，雖然這些並非模具的主件，但其設計對整套沖模之功能與壽命影響甚大。

許多初學者對此種經常要用且用量極大的零件，其選擇與設計常感棘手，甚至設計錯誤，成為整付沖模失敗的原因，因為對一個有經驗的設計者，這些固定方式本無尺寸，位置或數量的原則可守，必須依當付模具構造及受力情形來選擇適當大小的螺釘，定位銷及選擇固定的位置，不但要使螺絲不會鬆脫、折斷，更重要的是其加工不能影響模具的強度，且能達到最好的結合及定位效果。

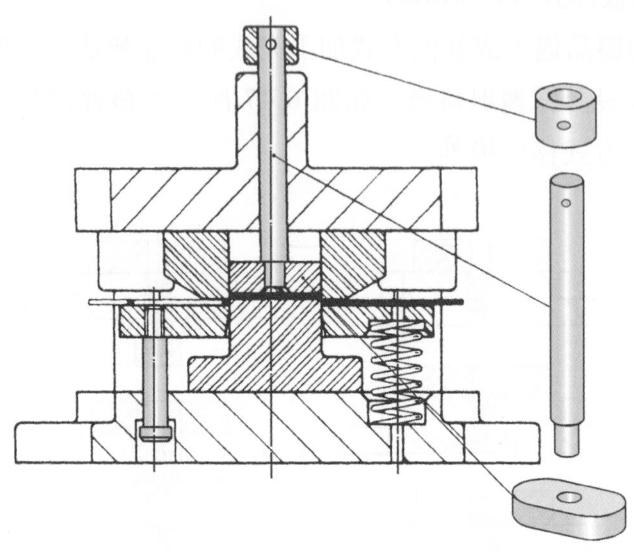

圖 6.48　打料裝置之沖模

但對於一個無經驗的初學者或學生而言，其需要的是一個可資遵循的原則及簡單且兼顧安全性的數據。

(一)固定零件設計考慮的因素

固定零件固定的位置應靠近被固定件的邊緣，以發揮最好的固定作用，但定位件所鑽的孔與零件的邊緣及孔與孔之間的距離需有相當的間隔，使該零件在受力後不致影響其強度及在熱處理硬化及長期操作中不致發生斷裂及損壞。

使用螺絲固定之目的是沖模在修配、調整、研磨、更換時能方便拆開及組裝，固螺釘最主要的功用是固定各部分的零件，但螺絲與螺孔之間有間隙，經長期工作其相對的位置會改變，故一般沖模需另外用定位銷，以確保各零件的正確位置。其加工方式是先將零件相對的位置調整正確，然後用螺釘鎖緊，並一起鑽孔、鉸孔、打銷來完成定位工作。一般定位銷以使用兩支爲原則。

設計固定件時，須先估算固定件在操作時所負擔的應力，再根據固定件之安全應力，決定所用固定零件的數目。但爲配合沖模的實際情形，必要時可用較少的大固定件，或較多的小固定零件亦能達到相同之效果。

(二)固定零件的種類

此節僅列出幾種常用於沖模構造的固定零件如圖 6.49 所示。

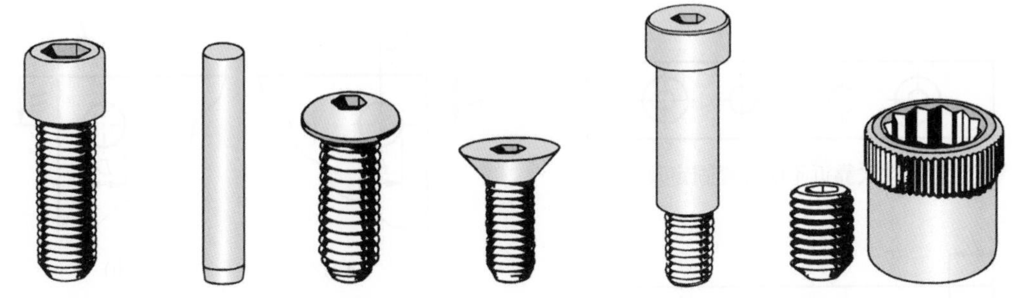

(a) 內六角沈頭螺釘　(b) 定位銷　(c) 鈕頭螺釘　(d) 沈頭平頭螺釘　(e) 剝料板螺釘　(f) 駐螺　(g) 特種螺帽

圖 6.49　沖模中固定零件的分解圖

(三)固定螺釘的相對間隔及位置

我們在設計固定件時，希望螺釘儘可能接近邊緣，使定位銷可精確定位。但孔與孔之間距離及孔與零件邊緣之距離亦有一定值，否則空間太小在熱處理或加工過程中可能會產生裂痕甚至破裂。但如定位銷靠得太近，則不能有效定位，如圖 6.50 (a)所示，必須盡量往邊緣靠，並取出適當的距離，如圖 6.50(b)所示，孔與邊緣的距離，如圖 6.51 所示。

(四)定位銷定位的方式

一般性的使用方法。如圖 6.52(a)。此種方式較少使用，因爲加工不方便，且打入時沒有空氣離隙，卸下時；成爲眞空不易拔出。如圖 6.52(b)。作成階梯孔，階梯孔爲 1/2*D*，用於排出空氣和推出定位銷。如圖 6.52(c)。

模塊較厚時，可加工離隙，方便銷子打入。

打入未加淬硬的軟材料導套，可在最後定位加工時再行絞孔打銷。如圖 6.52(d)。

只在一方向打入導套，有時用樹脂取代導套。如圖 6.52(e)。

三塊板之定位，板厚較厚時用 2 支定位銷分別定位，板厚較薄時可只用一支固定。如圖 6.52(g)(h)。

若定位的板極厚可將外緣製成較大孔徑之階級孔，方便定位銷打入或取出。如圖 6.52(f)。

(五)固定螺釘的固定方式

螺釘固定的方式不但要強度夠，能緊密的結合零件也要兼顧其美觀，一般固定的方式如圖 6.53 所示。

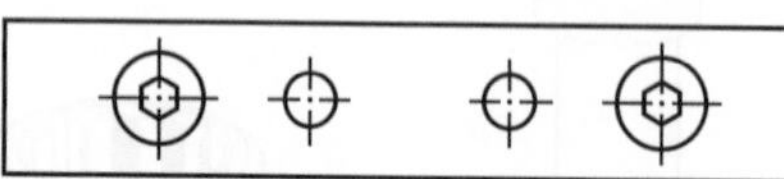

(a) 固定件太靠近不能確實固定及定位

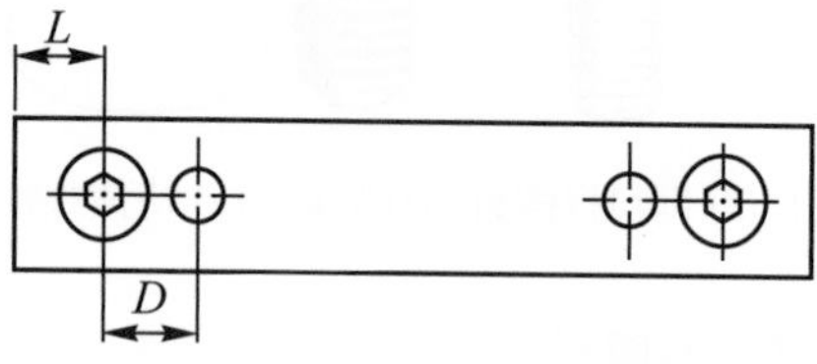

(b) L、D正確的尺寸如圖 6.51

圖 6.50 螺釘與定位銷位置

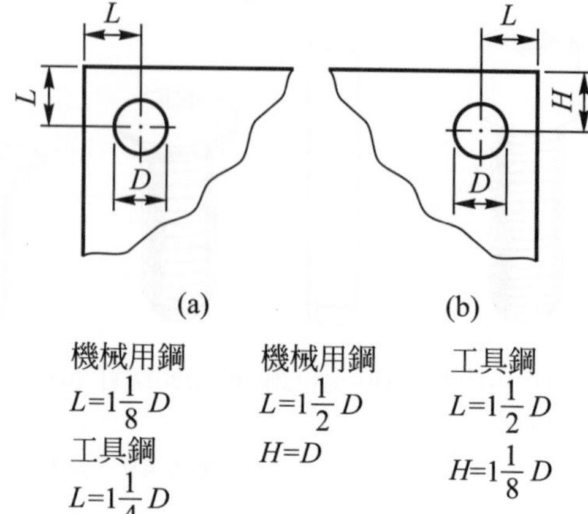

機械用鋼 $L=1\frac{1}{8}D$ 工具鋼 $L=1\frac{1}{4}D$

機械用鋼 $L=1\frac{1}{2}D$ $H=D$

工具鋼 $L=1\frac{1}{2}D$ $H=1\frac{1}{8}D$

圖 6.51 孔與邊緣的距離

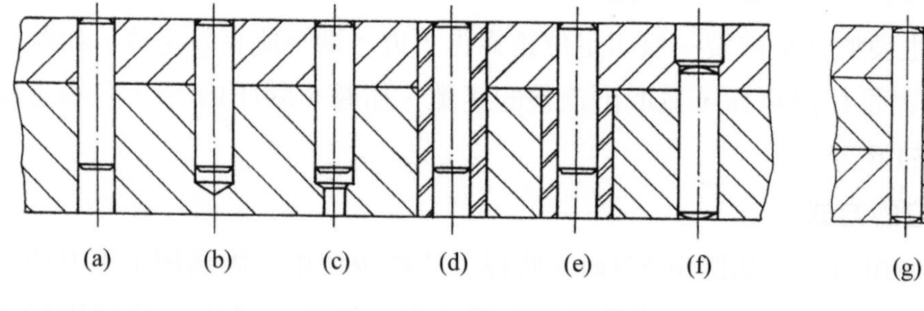

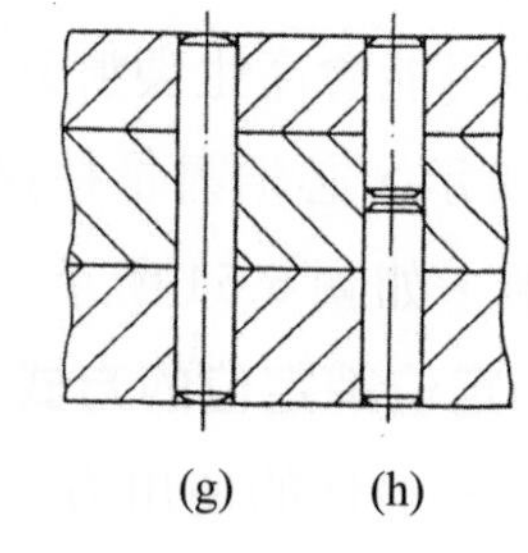

圖 6.52 常用的定位銷定位的方式

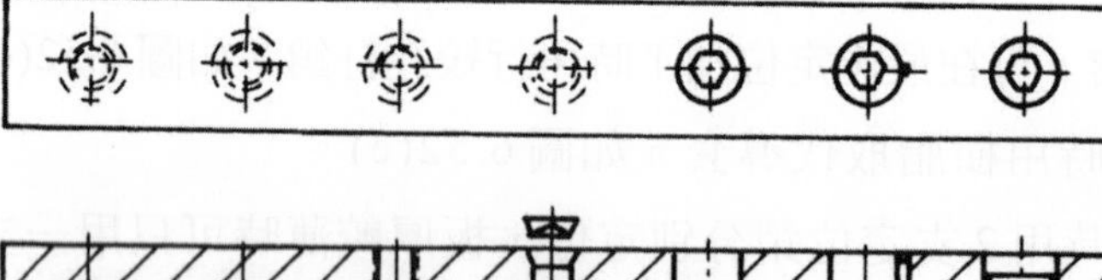

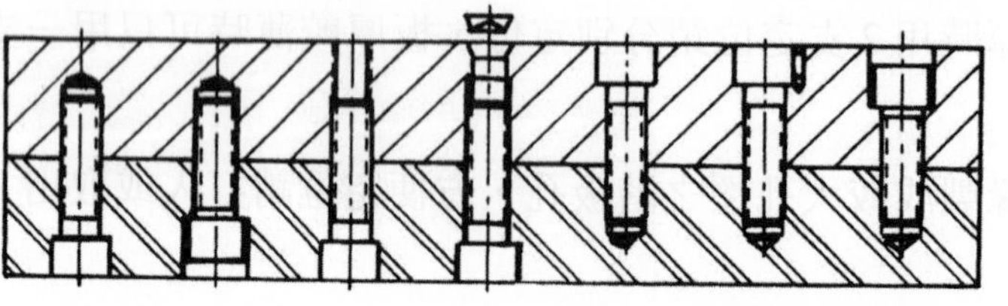

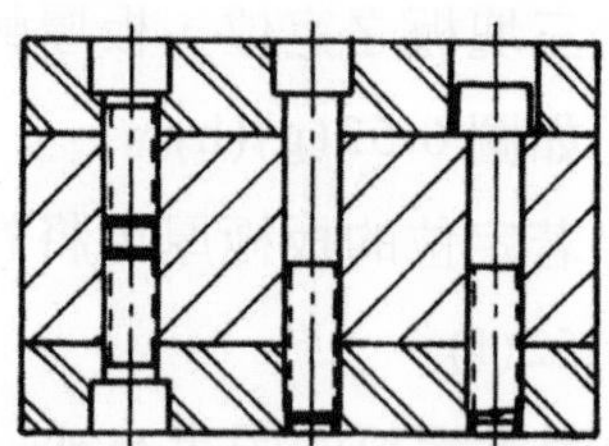

圖 6.53 螺釘一般固定的方式

6.1.3　沖模的設計要領

沖模設計時，設計者必先要蒐集設計所需要的相關資料，檢討內容，確認可行後擬出沖模的構想圖，再草繪模具圖。爲了避免因錯誤的開始而導致往後設計變更刪除，費時費力起見，構想圖的檢討、合乎理論的設計程序及步驟的建立，是一個模具設計者必須有的認識。

一、沖模設計的程序

如表6.2所示爲一般模具設計的流程圖。

表6.2　沖模設計流程表

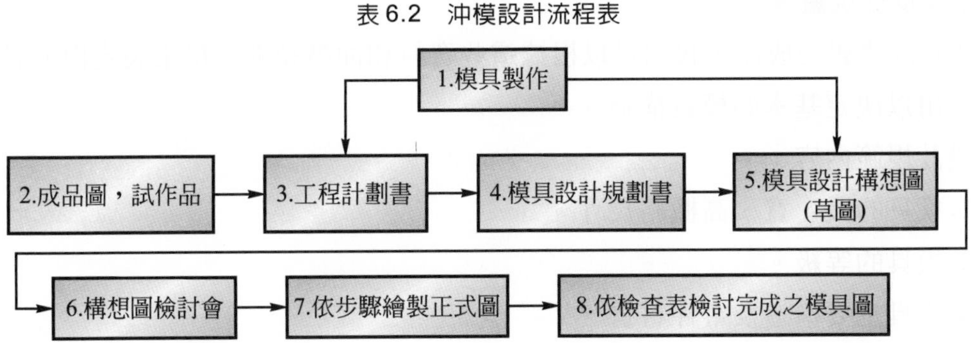

(一)製品圖之研究

設計沖模的時候，爲了要確實了解製品的尺寸機能，形狀精密度，以及零件之相關知識，先要研究製品圖，並和製品設計者，協調以熟悉製品的重點在那裏，以便設計適當的沖模。

研究成品圖時應審查的事項：

1. 是否把握住設計的重點，如：

⑴製品它要擔任那種機能。

⑵製品精密度的重要尺寸部位在那裏。

2. 製品的形狀尺寸，是否有不合理或錯誤之處。

3. 欲加工之材料是否適合製品形狀之加工。

4. 製品的形狀是否適合沖床作業。

(二)工程計畫書

研究製品圖後接下來要考慮公司所擁有的生產條件、可利用之資源及加工方式，擬定工程計畫書，把成形的構想，加工的方法，和與各生產條件的關聯性一明確的表示出來，工程計畫考慮之事項如下：

1. 生產量之多寡。

2. 工廠的生產能力、設備及操作者人數。

3. 可資利用的沖床設備，及其規格如合模高度，模柄直徑、滑塊調整量等。

4. 可資利用的自動化裝備及製品送出入方法。

5. 確定需用之沖模型式。

(三)沖模設計規畫書

工程計畫書完成後，我們可以根據這些資料和沖壓設備規格來製定模型設計規範書，用以決定基本的模具構造。

設計規範內容：

1. 模具的長、寬、高概略尺寸。

2. 模具的等級。

3. 模具主要構造及零件材質。

4. 料片的進給及工件的送入取出法。

5. 工件的定位導引法。

6. 上、下模的導引法。

7. 沖模的剝退料法。

8. 沖模的組裝法。

9. 沖模的潤滑給油方法。

(四)繪製構想草圖

在擬出構想圖時；設計者本身應從製作的可行性，經濟性、作業性、安全性、品質之確保等檢討工程計畫書、模具設計規範書、製品圖等。有自信後才著手繪製草圖。其內容包含模具概略大小、構造及附屬裝置的配置等檢討用圖面，但工件形狀簡單或工件形狀類似過去設計的經驗時，則有時候可以省略構想圖而可直接著手正式圖。

構想圖的製作要領：

1. 用紙：描圖紙。
2. 繪製方式：徒手畫。
3. 線條：淡線佈置。
4. 尺度：與正式圖大小相似尺度。
5. 圖面：下模平面圖，上模平面圖，主要剖面或輔視圖必要時劃出工件圖及料條佈置圖。
6. 其他部份內容的記入，如細部尺寸公差等。材料說明等待檢討後再行記入。

(五)構想圖檢討

當草圖繪製完成後，必須把工程計劃書，模具設計規範及構想圖之間的關係詳細的檢討，是否有疑問，或者須改善的地方，以確認其正確性，再行繪製正確的模具圖。

檢討事項：

1. 製品成形的要求是否有難以達成的地方。
2. 在不影響成品機能下，可否變更形狀精密度，以節省工程數，並使模具設計簡化。
3. 爲了減少模具的成本及作業時間，是否在必要的時候能夠合併或改變加工工程。
4. 模具的規格及構造，對於預定的生產量是否適合。
5. 作業人員的配置，以及自動化計劃是否有困難。
6. 每一工程的搬出入方法，以及廢料處理是否適切。
7. 模具的設計是否符合沖壓設備的規格。
8. 製品的精密度是否能得到保證。
9. 模具的草圖，內容是否有遺漏，如板厚材質、尺寸容許差註解及注意事項等。
10. 模具圖的表現及佈局是否適切。
11. 尺寸記載是否記載得足以使零件形狀正確的呈現使製作者一目了然。

(六)正式圖繪製

完成以上檢討程式後即可繪製正式模具圖，並按下列步驟把模具圖繪製完成。

6.1.4 沖模的安裝與維護

沖模的設計與製作本屬不易，如安裝不良可能導致間隙不均，單面磨損而影響製品之精密度，甚至嚙合不良產生撞擠現象等，嚴重影響沖模之壽命。

一、沖模的安裝方法

1. 選擇適當尺寸與容量的沖床，並檢視其運轉，操作及各附件功能是否良好。
2. 關掉馬達使飛輪在停止狀態開始擦拭滑塊，底座承板及上下模安裝面。
3. 將模具放入底座承板上近似操作的位置，並檢查下模所有碎屑落孔，是否與底座承板上的下料孔相吻合。
4. 用手運轉將滑塊徐徐下降，讓模柄插入滑塊下的模孔內直到滑塊底面與模具頂面接觸而停止，然後鎖緊模柄固定螺栓
5. 用手調動飛輪，使上模徐徐下降，將上下模確實對準中心至嚙合處，模具近似閉合高度。
6. 中心對準後，將下模用壓板，對向交替鎖緊。
7. 此時再用手輕輕的調動飛輪使上下模分離，再輕輕的調回觀察及感覺嚙合的情況，若有輕微阻力，表示上、下模中心未正確對準，應重新鬆開下模螺絲再行調整安裝。
8. 安裝完成時，調整滑塊至適當工作位置。
9. 緊固調整連桿螺絲，再將上、下模確實鎖緊。
10. 若在引伸，彎曲所要加工的材料厚度在1.5mm以上時最好能在下模的邊口上，裝上紫銅箔或紙作成的墊片，其厚度等於上下模的間隙，以確保下模的中心，而滑塊最低點與彎曲下模的距離亦可用此方法調整。
11. 先用人力將沖床轉動一衝程，若沖床較大時可用微動方式下降，以確定其運動狀態是否正常。
12. 清理工具，調整送料及退料裝置，並裝上安全裝置。
13. 啓動馬達施行加工，如成品尺寸正確，毛邊平均則安裝始告完成。

二、模具的保養方法

模具是一高精密及技術的產品，在製作過程中已投入相當多的人力，故在使用時應注意保養，使其經常保持在良好的狀態下工作，不但可增長其壽命，且可減低

費用的支出因此模具管理者必須對模具加以分類整理，建立履歷表、並記入加工數量、研磨量、故障情況及修理日期等。以期提早發現不良狀況而給予適時的保養與修理。

爲了延長模具之壽命，不可忽略以下數項加工中及加工後之注意事項：

1. 要確定模具的安裝是正確的。

2. 模面必須經常保持清潔，刀口並需經常加油使之潤滑。

3. 導桿應經常保持乾淨，並適時加油。

4. 避免沖屑掉回模面，沖壓時損壞模具。

5. 在成形或引伸時，若沖頭或下模有出現刮痕，應即時用油石磨光使其平滑。

6. 注意各零件之螺絲或彈簧是否有鬆動，應隨時予以緊固。

7. 加工完後需對模具實施檢查，以決定模具是否需要再研磨或修理。

8. 交庫保存時，模具應清理乾淨及加油。

9. 保管時應依重量大小編號存放在容易取出的位置。

6.2 引伸模具設計

一、引伸加工金屬的流程過程

杯狀圓筒之引伸加工，當引伸沖頭將平板料片壓入模孔時，外週材料收縮而隆起，有發生起皺的趨勢，因受壓板料的控制，抑制材料變厚，迫使材料向料片中央部份逐漸流動，造成該材料內產生相當複雜的塑性流變。若金屬的體積與厚度在原則上保持不變，而以等間隔同心圓與半徑線將金屬料片分成若干梯形及扇形等分，如圖 6.54 因爲料片以其中心點爲對稱點，所以每一梯形面積之材料各自在其範圍內沿著半徑方向流動，每一梯形塊進行流動時，圓週方向被壓縮，半徑方向被拉長，最後變成杯壁部份，由圖中可清楚表達出金屬在每一階段中流變的過程，深色部份表示未引伸時金屬胚料形狀，當沖頭微量沖擊的*A*階段中，毛胚的第二梯形部份被壓入模孔中，緊緊的圍著沖頭的鼻端，同時胚料凸緣上的 3、4、5 梯形部份則成幅射狀的向料片中心移動，如沖頭繼續下降，則料片的流變就如圖階段*B*、階段*C*所示。

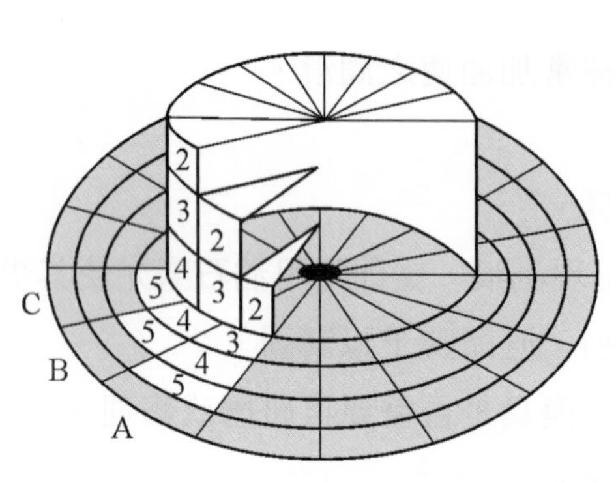

圖 6.54　金屬之階段性流變

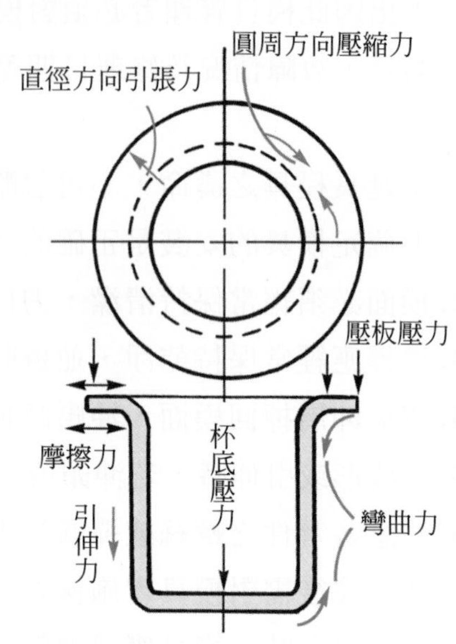

圖 6.55　材料受力情況

在此流變的過程中，扇形與沖頭底面接觸，形成容器的底面，梯形 2～4 形成圓筒的側壁，梯形 5 則爲凸緣梯形塊。每經一階段，圓周方向的長度減小，而半徑方向的長度則增加，直至被拉入模子爲止。

二、引伸加工中材料受力的情況

在引伸加工的過程中材料受到的力計有引伸力、壓縮力、彎曲力及摩擦力，如圖 6.55 所示，凸緣圓周方向的壓縮力是由於材料流動收縮時相互擠壓的結果，而凸緣半徑方向的引張力是因爲沖頭將材料拉入下模的緣故，彎曲力發生在下模入口及筒底彎曲部份，是由於平板轉變爲筒壁而產生的。摩擦力發生在材料的上下兩面是由壓料板壓力及材料流動所造成，一般可用適當的潤滑劑來降低其阻力，杯底壓是由沖頭向下運動時所加的壓力。

三、引伸加工時料厚的變化

如圖 6.56 所示，爲一材料厚度 $t = 0.97$mm 作三種無凸緣容器之引伸試驗，經驗求得料厚變化曲線，使用百分率表示，以胚料板厚爲標準線，厚度變厚用「＋」，變薄時用「－」，由圖可看出其最大變薄量，可達材料厚度的 10～15％，而厚度則可增加到 20～30％，可見料厚的變化對引伸沖模的設計頗爲重要，應加以重視。

引伸的過程中，料厚受那些因素影響而產生變化，以下分數個部份扼要說明如圖 6.57 所示。

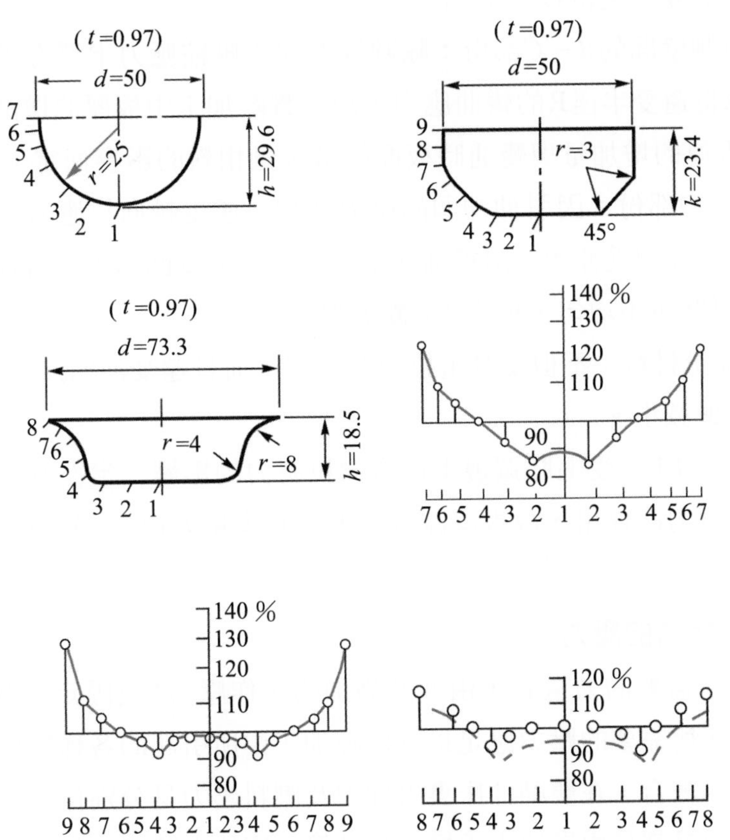

圖 6.56　各種不同引伸筒引伸加工時厚度的變化

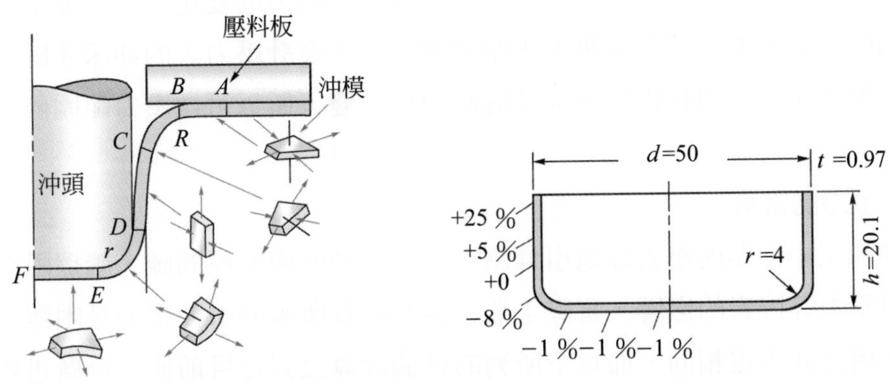

圖 6.57　引伸加工時應力的分佈及側壁厚度的變化

1. 在凸緣$A-B$部份：由於金屬板料介於沖模與壓料板間受沖頭壓力影響，逐漸流入模孔中，料片在引伸的圓周方向受到壓縮應力，半徑方向受到拉應力而產生應變，使得板厚增加。
2. 凸緣與側壁間的$B-C$部份：除圓周方向受壓縮應力半徑方受拉應力外，在模具部份還受半徑R的彎曲應力，故在實際加工中板厚的增減量是受凸緣部$A-B$板厚的增加量與彎曲時板厚的減少量相對的影響而定。
3. 筒壁$C-D$部份：因引伸沖頭的壓力使材料產生軸向拉應力，使板厚變薄，在圓周方向因受沖頭的阻擋而無法收縮，但因受凸緣板厚增加的影響，側壁CD的厚度並不均勻，愈靠近C點愈厚。
4. $D-E$部份材料：不但受雙重拉力的影響，而且還受沖頭γ的彎曲應力，以至板厚急速減小。
5. 容器底部 EF：受毛胚週邊半徑方向拉應力的影響，半徑方向及圓周方向，皆受拉應力的作用，故板厚減少，但其減少量大約 1～3 %t，一般可略而不計。

四、引伸加工所需的壓力

引伸加工所需要的力量有，由沖頭施加的工作壓力P及固定胚料的壓料壓力Q二種，所以沖床所需要的壓力應足以克服在加工中所引起的各種變化應力、摩擦阻力及壓料壓力的總合，在雙動沖床裏引伸力及壓料壓力是分別作用的，而在單動沖床裏，這兩種力量都是由滑塊來承擔，故計算沖床能力時應一起考慮。值得注意的是，引伸不同於剪切加工在下死點附近工作，而是在離下死點相當高的位置開始的，因此若使用單動的機械沖床，得需注意其壓力能力的變化，並且要確定，引伸加工開始的位置，要比「引伸壓力＋壓料壓力」之合計壓力大的沖床才能工作。對此而言液壓沖床在滑塊行程的任何位置壓力均不變，所以可做壓力範圍內充份的引伸加工。

(一)引伸壓力的計算

引伸加工中沖頭的壓力即爲引伸壓力。因受沖頭與沖模間隙、摩擦阻力、彎曲力與壓料壓力等因素的影響，實際上欲正確的計算所需的引伸壓力是困難的，因此各廠家所用公式不盡相同，而以下所列的幾個計算公式是目前使用最廣也較爲安全的方法。

1. 圓筒引伸壓力

初引伸壓力$P_1 = \pi d_1 t\sigma_B K_1$ (kg)　(6.2)

再引伸壓力$P_2 = \pi d_2 t\sigma_B K_2$ (kg)　(6.3)

2. 橢圓形筒引伸壓力

初引伸壓力$P_1 = \pi df_1\, t\sigma_B K_1$ (kg)　(6.4)

再引伸壓力$P_2 = \pi df_2\, t\sigma_B K_2$ (kg)　(6.5)

t：板厚(mm)

d_1：初引伸沖頭直徑(mm)

d_2：再引伸沖頭直徑(mm)

K_1、K_2：材料的引伸係數

df_1：橢圓形初引伸沖頭平均直徑(mm)

df_2：橢圓形再引伸沖頭平均直徑(mm)

σ_B：引伸材料的抗拉強度(kg/mm^2)

D：胚料直徑(mm)

3. 有凸緣的圓筒、圓錐筒、半球形筒的引伸壓力

⑴有凸緣圓筒引伸壓力

初引伸壓力$P = \pi d_p t\sigma_B K_F$ (kg)　(6.6)

⑵有凸緣錐筒引伸壓力

初引伸壓力$P = \pi d_k t\sigma_B K_F$ (kg)　(6.7)

d_p：圓筒的沖頭直徑(mm)

d_k：圓錐的最小直徑或球體半徑(mm)

d_f：凸緣直徑(mm)

K_F：引伸係數

t：板厚(mm)

(二)壓料壓力

引伸加工的壓料壓力是個非常微妙的數值，其壓力如果太大，不但增加沖床的負載，也可能使胚料變薄或破裂。如壓力太小，不能達到預期壓料的目的而使製品產生皺紋，故能防止製品產生皺紋的最小壓力，即爲適當的壓料壓力，其計算方式如下。而其計算的數值是個不能再大的極限值，在實際加工中，這個數值會隨著所使用的潤滑方式模子及其胚料固定座的表面整修狀態變化的。

1. 圓筒初引伸壓料壓力的計算

$$Q=\frac{\pi}{4}\left[D^{2}-(d_1+2R_d)2\right]q\ (\text{kg}) \tag{6.8}$$

2. 圓筒再引伸壓料壓力的計算

$$Q_2=\frac{\pi}{4}\left[d_{n-1}^{2}-(d_n+2R_{dn})^2\right]q\ (\text{kg}) \tag{6.9}$$

Q ：壓料壓力(kg)

q ：單位面積的下限壓料壓力如表 6.3 所示(kg/mm^2)

D ：圓形胚料直徑(mm)

R_d ：初引伸下模入口半徑(mm)

表 6.3 單位面積的下限壓料壓力q之值

材料	q (kg/mm^2)
軟質碳鋼 $t<0.5$mm	0.25～0.30
軟質碳鋼 $t>0.5$mm	0.20～0.25
鋁	0.03～0.07
銅	0.08～0.14
黃銅	0.11～0.21
不銹鋼	0.3～0.45
青銅	0.20～0.25
鋁合金	0.14～0.70

R_{dn}：第n次引伸下模入口半徑(mm)

d_1 ：初引伸沖頭直徑(mm)

d_n ：第n次引伸沖頭直徑(mm)

五、圓筒型製品胚料的展開法

在引伸加工前，應先依製品形狀高度，先予以展開以求出胚料的尺寸，作爲準備材料及模具設計的參考。由於引伸後的製品各部份板厚起變化，故要精密計算胚料尺寸並不容易，較準確的胚料大小可先把引伸模做好再用試驗的方法，決定胚料的尺寸，此法雖理想，但模具設計之初無法做整體之構想，且模具完成時無法立即得到材料加入生產行列，故一般可用近似的數學法或圖解法先求得胚料的尺寸。

六、圓筒製品的引伸性及引伸條件

(一)抽製率

設計引伸模，第一個步驟，應先決定胚料的近似尺寸，然後要考慮的是製造該圓筒應分幾次工程來引伸。而每一引伸直徑縮小多少最爲適當，當然儘可能以一個工程直接完成引伸作業是最理想的，但如果引伸比太大或引伸太深，也就是加工量超過材料的極限強度時，會在引伸作業中途產生破裂現象，就需把材料分成 2-3 次引伸工程完成，或 5-6 次以上工程也常見。

因此要決定引伸的工程次數及每一工程直徑縮小的標準數値，則必須以引伸率或引伸比的值來決定。設引伸製品的胚料直徑爲D，以胚料引伸成的圓筒直徑爲d，則引伸率及引伸比就可以下式表示之。

$$引伸率=\frac{d}{D}=m \tag{6.10}$$

$$引伸比=\frac{D}{d}=1/m \tag{6.11}$$

由此公式可知引伸比是由製品毛胚直徑與引伸後的圓筒直徑的比値，或是將較大的圓筒直徑引伸成較小的圓筒直徑的比，其倒數則爲引伸率。

m爲引伸率，以實際數値代入d/D，則可知此引伸率m的值與變形的大小相反，如$D=50$，d爲 40，則其引伸率爲小數點以下的 0.8，變形愈大(如$d=30$，m則爲 0.6)引伸率愈小。而引伸比的值則與引伸率的値正好相反，也就是與直接變形的大小成比例，引伸比大則變形就大。

若引伸率變的很小，引伸加工必然會很困難，小到某一個數值以下時，製品就會產生破裂，所以在不產生破裂的情況下，能夠引伸最小引伸率稱爲該材料的引伸界限，引伸界限受諸多因素影響，如材料成份加工條件熱處理等因素影響外，材料厚度也是重要因素之一。

故模具設計時，引伸率不能超過引伸界限，一般所採用的實用引伸率及其決定的方法有以下二種。

1. 以製品材料爲依據，如表 6.4 所示。

2. 以材料厚度t與料片直徑D之比爲根據，採用表 6.5 所列的數值。同一毛胚直徑同一引伸率，由於板厚不同，其引伸的難易往往也差別很大。

假如製品不能一次工程完成引伸，則必須按工程順序逐次引伸，其引伸過程直徑設爲d_1，d_2，$d_3 \cdots d_n$適用的引伸率爲m_1，m_2，$m_3 \cdots m_n$，則各直徑間的變化由下列公式表示之。

表 6.4 圓筒引伸率(%)

材料厚度% (mm)	初次引伸率% $m_1 = d_1/D$	第二次引伸率% $m_2 = d_2/d_1$	第三次引伸率% $m_3 = d_3/d_2$	第四次引伸率% $m_4 = d_4/d_3$
		黃銅及銅		
1.5 以下	44～55	70～76	76～78	78～80
1.5～3	50～55	76～82	82～84	84～86
3～4.5	50～55	82～85	85～85	86～87
4.5～6	50～55	85～88	88～89	89～90
6 以上	50～55	88～90	90～91	91～92
		鐵皮及鍍錫鐵皮		
1.5 以下	53～60	75～80	80～82	82～84
1.5～3	53～60	82～85	75～76	86～87
3～4.5	53～60	85～88	88～89	89～90
4.5～6	53～60	87.5～90	90～91	91～92
6 以上	53～60	90～92	92～93	93～94
		2S,3S,25S 鋁皮		
1.5 以下	58～60	75～80	80～82	82～84
1.5～3	58～60	82～85	85～86	86～87
3～4.5	58～60	85～87	88～89	89～90
4.5～6	58～60	87.5～90	90～92	91～92
6 以上	58～60	90～92	92～93	93～94

表6.5 圓筒引伸率(100 %)

引伸率%	材料厚度與料片直徑之比$\frac{t}{D}$×100 %					
	2～1.5	1.5～1.0	1.0～0.6	0.6～0.3	0.3～0.15	0.15～0.08
一次引伸	.48～.5	.5～.53	.53～.55	.55～.58	.58～.65	.6～.63
二次引伸	.73～.75	.75～.76	.76～.78	.78～.79	.79～.8	.8～.82
三次引伸	.76～.78	.78～.79	.79～.8	.8～.81	.81～.82	.82～.84
四次引伸	.78～.8	.8～.81	.81～.82	.82～.83	.83～.85	.85～.86
五次引伸	.8～.82	.82～.84	.84～.85	.85～.86	.86～.87	.87～.88

$$m_1=\frac{d_1}{D}\times 100\ \%\quad m_1\text{爲第一引伸率} \tag{6.12}$$

$$m_2=\frac{d_2}{d_1}\times 100\ \%\quad m_2\text{爲第二引伸率} \tag{6.13}$$

$$m_3=\frac{d_3}{d_2}\times 100\ \%\quad m_3\text{爲第三引伸率} \tag{6.14}$$

$$m_4=\frac{d_n}{d_{n-1}}\times 100\ \%\quad m_n\text{爲第}n\text{引伸率} \tag{6.15}$$

此m_1，m_2，m_n…引伸率由表6.5中可知並不相同，每引伸一次引伸率都變大，換句話說變形就小了，這是因爲引伸加工給板料帶來的加工硬化之故，加工工程愈多板料就愈硬化而失去伸展性，所以每一次應變因素皆小於前一次加工之値，若要多工程深引伸有時候甚至要把製品退火軟化，再進行加工。

(二)下模入口半徑R_d與沖頭肩半徑r

下模入口半徑R_d的大小影響引伸加工，R_d的半徑愈大可幫助金屬流動，引伸率降低有利於引伸，但是半徑太大材料可能太早脫離胚料壓料板，因入口部份的間隙過大而使沖壓過程發生起皺現象。對於薄材料尤其不剁，然而其半徑若太小，則材料會在拉伸邊緣的四週產生急變曲而遭致破，R_d値常用的計算方法如下：

1. 實驗所得公式：一般使用此式計算R_d之値較多。

$$R_d=0.8\sqrt{(D-d)t} \tag{6.16}$$

R_d ：下模入口半徑(mm)

D ：料片直徑(mm)

d ：下模穴的直徑(mm)

t ：材料的厚度(mm)

$D-d$之值若小於30時，引伸加工容易，R_d的值可取小，若$D-d$值大於30時，R_d之值就必須大些才好。$d>200$mm時R_d的最小值為

$$R_d = 0.039d + 2\text{mm}$$

2. 第一次引伸加工的R_d值可由表6.6查得，但是表中的R_d值若取小值，必須屬於有優良引伸性的材料，或者是加工潤滑情況良好時使用之。

表6.6 下模入口半徑R_d值

下模入口半徑 R_d	材料厚度與料片直徑之比，t/D×100 %				
	2～1.5	1.5～1	1～0.6	0.6～0.3	0.3～0.1
無邊緣之圓筒	(4～7)t	(5～8)t	(6～9)t	(7～10)t	(8～13)t
無邊緣之圓筒	(6～10)t	(8～13)t	(10～16)t	(12～18)t	(15～22)t

3. 對於較厚的材料而言，第一次引伸加工視情況可以免用壓料板，如果是淺杯引伸R_d也可被忽略，但有壓料板之較深杯引伸時R_d之值，或入口部的外形可能需要稍作修正，通常可以加大甚至可以加一個 45°角的入口倒角，如圖6.58所示。

4. 再引伸加工時R_d之值可以漸漸縮小約為上次引伸的60～80％，亦即

$$R_{d(n)} = (0.6\sim0.8)\ R_{d(n-1)} \tag{6.17}$$

沖頭肩半徑r的大小對引伸加工的影響與R_d的情況類似，當沖頭下降時，沖頭肩半徑處受到引張力、壓縮力及彎曲作用，如果半徑較大，所受之各力趨緩和較利於引伸，但r太大也會使成品的轉角處間隙太大，而發生起皺現象，若r過小，則板的擠壓抵抗增加，導致在沖頭肩角的擠壓力增加，使角隅部變薄，或是破裂，因此r的大小及整修的程度對引伸加工有很大的影響，通常決定r的大小及方法如下

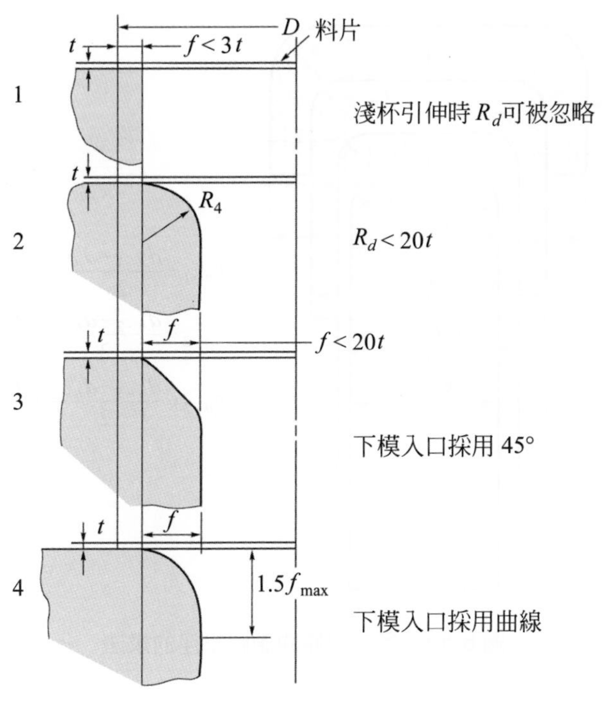

圖 6.58　各種不同的下模入口外型

一般常用估計法

$$r = (6 \sim 8)t \tag{6.18}$$

t：材料厚度

如果多次引伸時r的值應參考圖 6.59 公式所示，r的計算方式稍加修正，最後一次引伸的r值，就不需要計算其大小應與成品的角半徑相同。

(三)引伸間隙的選擇

在引伸模具中，引伸沖頭與下模直徑的差額稱爲引伸模具的總間隙，通常以 2C表示，一般計算或討論間隙常以單邊計算也就是 1C，模具的間隙主要是爲了有足夠的空間，使材料能在模具中流動，但是在引伸加工時胚料外周的板厚會增加，而且材料本身也有 10％左右厚度不均的現象，因此模具的間隙通常大於板厚，以減少材料與沖模間的摩擦，一般其間隙大小應是板厚加上防止壁面摩擦的裕度約 1.05～1.25t之間，以下提供兩種不同引伸條件及引伸次數的圓筒引伸間隙值，供學者參考。

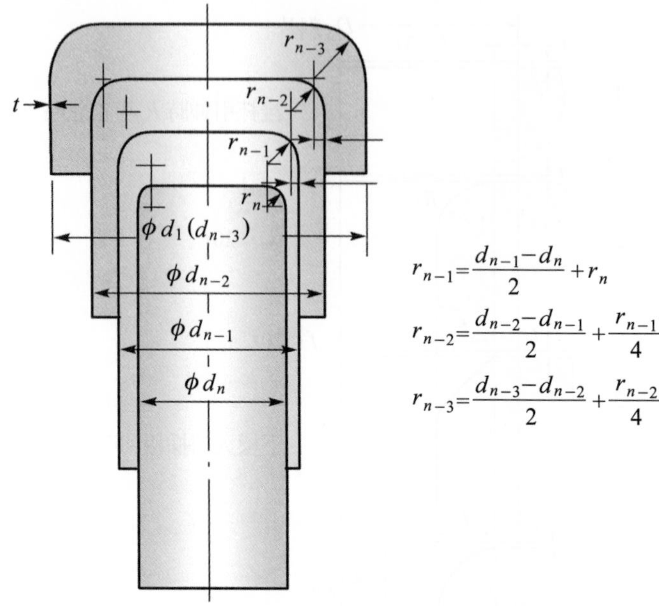

圖 6.59　多次引伸沖頭肩半徑的求法

1. 依模具型式來決定：由於模具形式或引伸條件不同，而選擇不同的間隙值，參考表 6.7 所示。

2. 依引伸次數來決定，參考表 6.8 所示。

以材質來考慮時，除須參考表 6.7 及表 6.8 外，應以潤滑程度，材質軟硬等特性稍加修正，原則上材質較軟及潤滑程度較好者，取表中數值的下限，反之則取上限。

表 6.7　不同引伸條件時的間隙值　　t＝材料厚度

引伸條件	間隙值
免用壓料板之引伸	1～1.05t
使用壓料板之引伸	1.05～1.15t
再次引伸	1.1～1.2t
壓光引伸	1.05～1.1t
輾薄至材料厚度之引伸	1.9～1t
完全不需要輾薄之引伸	1.4～2t

表 6.8　引伸沖模間隙　　t＝材料厚度

料厚 mm	初次引伸	再次引伸	壓光引伸
0.4 以下	1.07～1.09t	1.08～1.1t	1.04～1.06t
0.4～1.3	1.08～1.1t	1.09～1.12t	1.05～1.06t
1.3～3.2	1.1～1.12t	1.12～1.14t	1.07～1.09t
3.2 以上	1.12～1.14t	1.15～1.2t	1.08～1.1t

七、引伸加工速度

一般人認爲引伸速度快容易使製品破裂，總認爲速度慢一定會比較好，這是工作者的直覺並不一定正確，但就理論而言，引伸材料需要有充份的時間去流動，慢可能比較好。但太慢會影響工作效率，目前尚無較正確的實驗數據以資採用，因爲受引伸條件不同的影響，其變化甚大，以下說明之。

1. 受材質不同影響：則引伸速度會變化，如下表 6.9 所示。

2. 受引伸加工使用機械的影響：若使用液壓沖床較安定也較好，因爲引伸過程自始至終速度均相同，但機械沖床則是開始速度最快，而愈接近下始點愈慢較易形成加工困難，由表 6.9 可看出，引伸沖床是單動或複動(雙動)影響也很大。

表 6.9　引伸加工速度表

加工方法／材料	引伸加工		輾薄加工(米／秒)
	單動式(米／秒)	雙動式(米／秒)	
軟鋼板	0.28	0.25～0.18	0.13
硬鋼板		0.3	
黃銅	1	0.5	0.35
銅	0.76	0.43	
鋁	0.89	0.5	
強力合金鋁		0.2～0.15	
鋅板	0.76	0.2	
不銹鋼板		0.15～0.1	

3. 受引伸冲頭頂端形狀的影響：*g*經實驗證實，平頭冲頭在 0.05～0.2 公尺／秒，加工速度範圍內，如果引伸速度增加，則引伸率可以減小，而半球形冲頭作同樣試驗，則引伸率反而提高。

4. 受潤滑情況的影響：潤滑情況良好，引伸速度可加快，反之則不然。

八、引伸加工用潤滑劑

引伸的過程中，材料在模具中流動，為了保護模具，降低引伸力，維持製品的精度外觀等，適度的選用潤滑劑，可以確保引伸加工順利的進行，茲將潤滑劑在引伸加工中的功用，分別說明於下：

1. 減少摩擦阻力：引伸過程中，材料與冲頭下模入口及壓料板間產生極大的摩擦力，需加以潤滑，避免造成引伸不良現象，一般潤滑劑僅加在料片底面或下模穴上。

2. 冷卻作用：引伸過程中，材料流動力，所生的摩擦力，會使料片及模具的溫度升高，溫度升高可能產生膨脹現象，將有損於製品的精度，及冲模壽命，必須使用潤滑劑來散發引伸所產生的瞬間高溫。

3. 防銹作用：引伸時材料內部結晶改變的影響，較易生銹，而且引伸完成的成品，可能需要較長的時間來搬運及囤積，使用潤滑劑可以達到防銹的功能。

根據引伸的材料適當的選用潤滑劑，以達到預期的效果是非常重要的，如表 6.10 所示。良好的潤滑劑應具備下列性質：

⑴黏度愈高，其油膜愈厚，效果愈好：如此才足以抵抗工作中的壓力。

⑵有良好的附著性：形成均勻分佈的潤滑膜。

表 6.10　引伸加工用潤滑油

材料	潤滑油
低碳鋼皮	礦物油＋石墨，動物油
黃銅	調水油，肥皂水
銅皮	礦物油，肥皂水
鋁皮	礦物油，石墨，肥皂水
不銹鋼皮	乳狀肥皂水＋植物油(亞蔴仁油)石墨粉＋蓖蔴油

⑶對模具無侵蝕性：即化學安定性良好。

⑷不含毒性及惡臭免傷操作人員。

⑸易於混合及清洗。

⑹價格便宜。

6.3 塑膠模具設計

模具是用以大量製造或加工固定型式成形品的生產工具，在近代的工業用組件及民生用品，絕大多數均是利用模具生產的；當成形品需要均一的品質及自動化大量生產時，使用模具是必然的選擇。模具之應用範圍，遍及各種工業產品，包含家庭用品、玩具、電器、產業機械、交通運輸器材、建材五金、電子資訊、光電產業……等，在這些產品之零件中，大部分都是應用模具來生產的。模具用以大量生產成形品，若模具品質、功能不良，將無法製造出合格的成形品，生產效率也必然受影響；而模具品質、功能之保障，設計是第一道關卡，對於模具之構造有充分的瞭解，模具設計時能將各項因素考慮周詳，才能設計出理想的模具。

6.3.1 模具種類

塑膠爲目前使用最普遍的材料之一，其成形方式有很多，而大部分之成形均會應用到模具。模具通常都只適用於單一成形品的生產，成形品的形狀變化多端，每樣成形品都需要一套模具來生產，塑膠模具之型式亦因成形材料、成形方式、成形品形狀等之不同而變化多端。

塑膠模具之種類，可依成形方式加以區分，其中壓縮成形、轉移成形、射出成形所使用之模具，都是利用充填模穴來製作成形品的，每種成形方式使用之模具，又可能因材料、成形品之變化而有不同之構造，分別介紹如下：

一、壓縮成形模具

壓縮成形模具用於熱固性塑膠之成形，其加工方式是將定量塑料放入加熱的模具模穴中，將模具閉合並加壓，使塑料在模具內隨模穴成形並產生化學反應而硬化，再打開模具，取出成形品。壓縮成形模具主要的構成爲柱塞及模穴(或凸模與凹模)，由柱塞與模穴閉合方式的不同，壓縮成形模具又可分爲：

1. 溢出型模具：溢出型模具如圖 6.60 所示，模具之構造簡單，製作成本低，成形操作容易。在模具閉合時，會有多餘的塑料從模穴邊緣溢出，塑製之成形品會有溢流之廢邊，尺度精密度較差。成形之壓力是利用塑料溢出所受阻力，使其他塑料保留於模具中受壓，因此塑料在加工時所受的壓力不高，成形品密度較低，不適合成形含粗填充料及體積壓縮比大之塑料；且塑料無法流動太遠，無法成形較深的成形品。

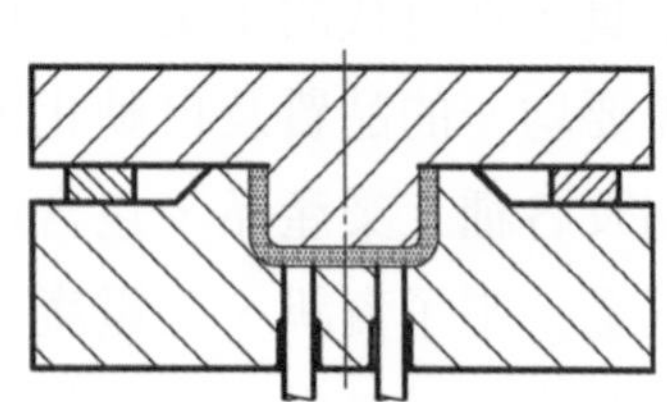
圖 6.60　溢出型模具

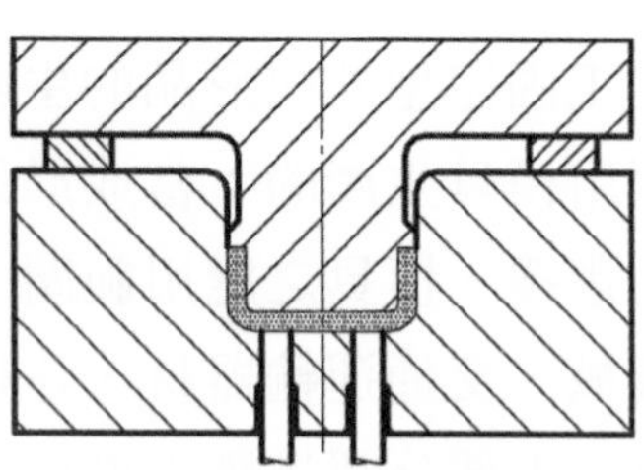
圖 6.61　防溢型模具

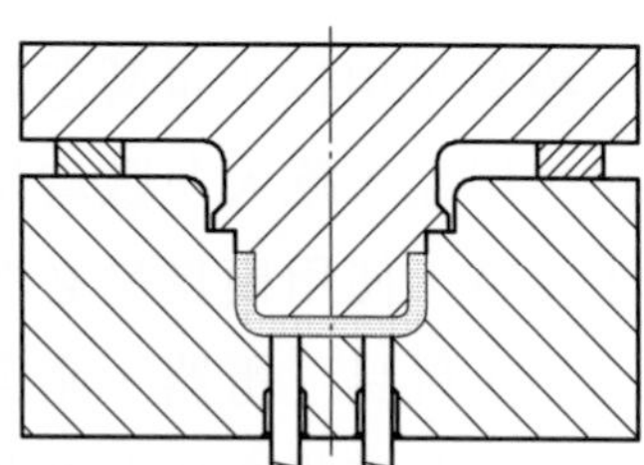
圖 6.62　半防溢型模具

2. 防溢型模具：防溢型模具如圖 6.61 所示，在模具閉合時，模穴會被柱塞封閉，沒有多餘的塑料溢出。塑料在模具內受到較高壓力，成形品密度高，適合於體積壓縮比大及含粗填充料的塑料成形。因成形時模穴是密閉的，故塑料計量必須精確，否則將影響成形品尺度精密度及密度。

3. 半防溢型模具：半防溢型模具如圖 6.62 所示，在加工初期，多餘的塑料可溢出，類似溢出型模具，當繼續加壓到柱塞封閉模穴後，則成爲防溢型模具，此時塑料會受到較高的壓力，可提高成形品密度。

二、轉移成形模具

轉移成形又稱爲傳遞成形，也是用於熱固性塑膠的成形方法。其加工方式是將塑料放在模具的加熱室中加熱，再以柱塞對熔融的塑料加壓，使其流經豎澆道、橫澆道、澆口進入閉合的模穴中，保持一段時間硬化後，打開模具取出成形品。轉移成形模具在結構上有二種基本類型：

1. 罐式轉移模具：罐式轉移模具如圖 6.63 所示，在模具上製作罐式加熱室及柱塞，用以容納塑料加熱及加壓，成形時可使用一般壓縮成形機或附有浮動模盤之轉移成形機。塑料自加熱室流經豎澆道、橫澆道、澆口而進入模穴中成形，適用於固化期較慢之熱固性塑料。

2. 柱塞式轉移模具：柱塞式轉移模具如圖 6.64 所示，使用之機器須附有柱塞，模具上僅製作加熱室。使用此種模具不需豎澆道，可縮短模塑循環時間，且塑製後在加熱室僅留下極少之餘料，可減少塑料損失。

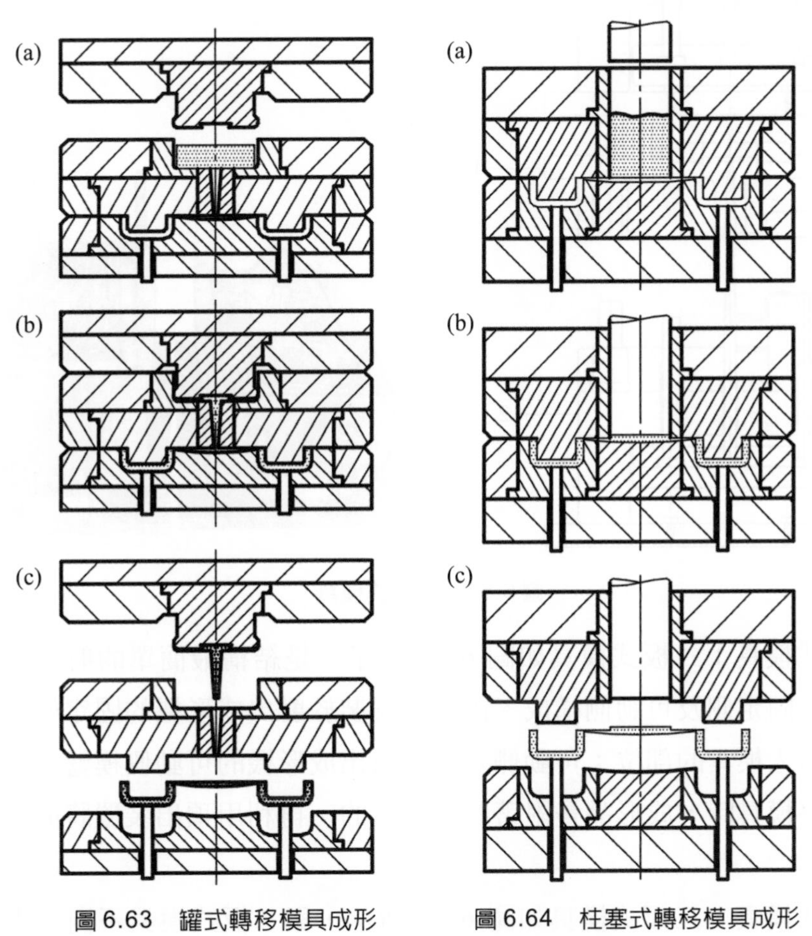

圖 6.63 罐式轉移模具成形　　圖 6.64 柱塞式轉移模具成形

三、射出成形模具

射出成形模具主要用於熱塑性塑料之成形，其加工方式是將塑料在射出成形機的加熱缸中加熱成流動狀態後，將塑料加壓，使其經由噴嘴射入密閉模具內，塑料在模具模穴中成形，經冷卻固化打開模具即可取出成形品。射出成形模具通常依其構造區分為：二板式模具、三板式模具、特殊機構模具三類。

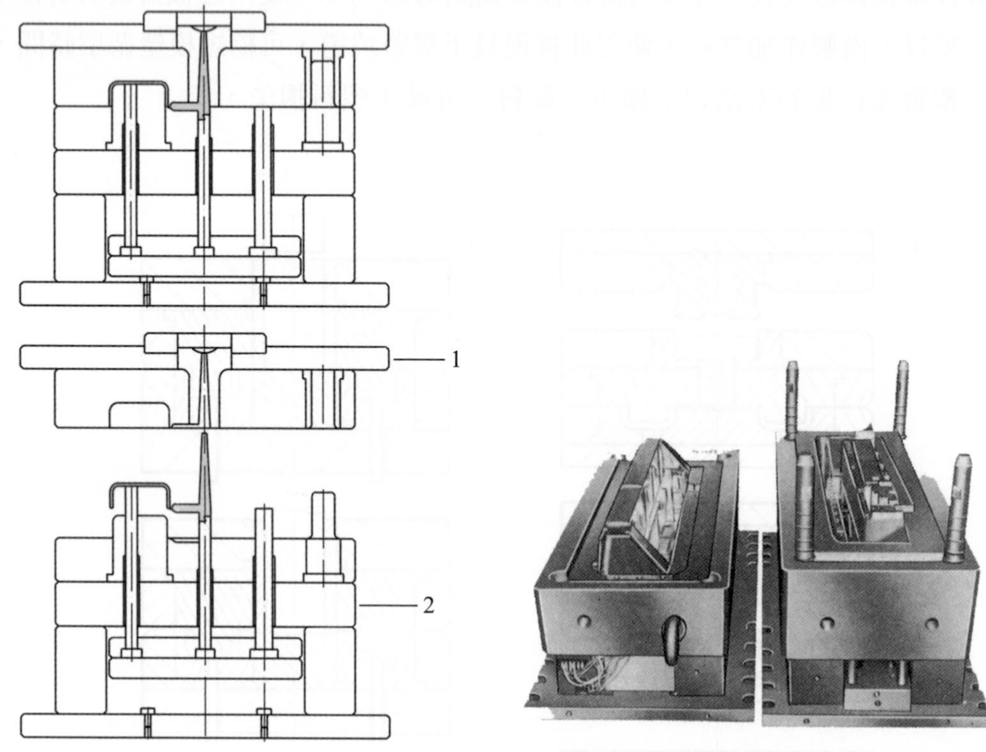

圖 6.65 二板式模具

1. 二板式模具：二板式模具如圖 6.65 所示，是結構最簡單的射出成形模具，模具由固定側及可動側構成。固定側安裝於射出成形機的固定側模盤上，是塑料射入模具的部位；可動側安裝於射出成形機的可動側模盤上，當塑製完成開啓模具時，成形品是附著在可動側的，再利用頂出裝置將成形品頂出模具。

2. 三板式模具：三板式模具如圖 6.66 所示，與二板式模具不同之處在於，除了固定側模板、可動側模板二塊主模板外，另加上一塊澆道脫料板，模具的主要部分是由此三塊模板構成，故稱三板式模具。三板式模具在開模時，成形品是由固定側模板及可動側模板之分模面取出，而澆道部位是由固定側模板與澆道脫料板之分模面取出；模具在構造上較複雜，且需使用較大鎖模行程的射出成形機來生產，故成本較高，但其最大的優點是可以高速自動化生產。

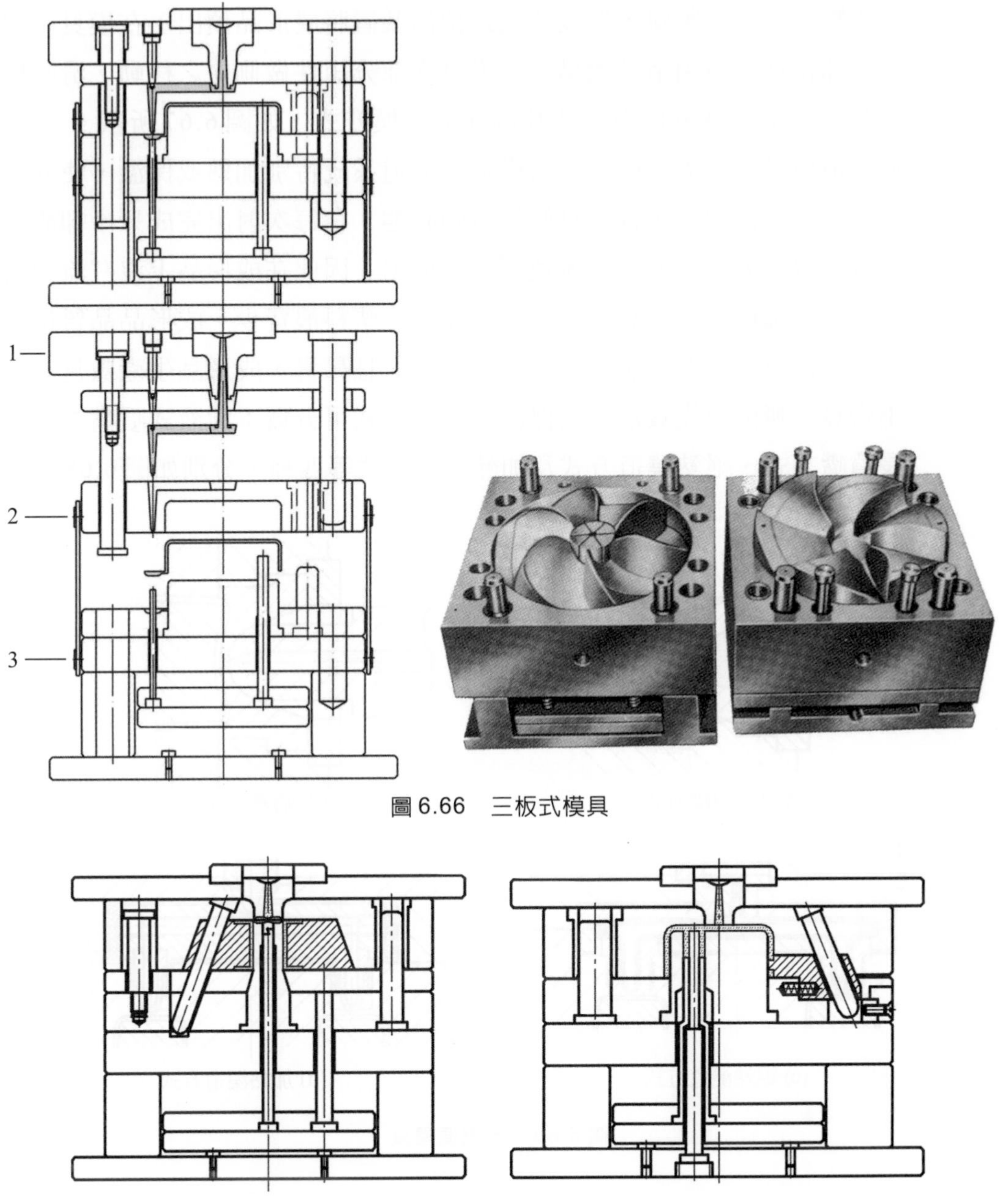

圖 6.66　三板式模具

(a) 分件模方式　(b) 側向滑動方式

圖 6.67　滑動模具

3. 特殊機構模具：

⑴滑動模具：滑動模具是用以處理成形品的側面孔、浮凸、凹陷、倒鉤等情況的模具。當成形品在開模取出，會因模具之干涉而無法直接脫模時，必

須先將干涉部位脫離，然後才能以頂出裝置將成形品頂出；在模具中脫離干涉部位通常應用滑動機構，使模具之部分組件做側向之移動。滑動機構模具又可區分爲分件模方式及側向滑動模方式，如圖 6.67 所示。

⑵無流道模具：無流道模具是將模具的流道系統特別加熱或保溫，使其中軟化的塑料不再固化，維持良好的流動狀態。在每次射出完成只冷卻成形品部分，也只取出成形品，流道部分不取出，因此在成形品上沒有流道需要處理。這種模具的優點是不需處理流道，塑料浪費少，成形品品質提高，但流道部位的溫度控制，使模具製造困難且昂貴，成形品生產數量不多時不合算。無流道模具依塑料保溫與加熱方式可分爲：滯液式噴嘴方式、延長噴嘴方式、絕熱澆道方式及加熱澆道方式等四種，分別如圖 6.68 所示。

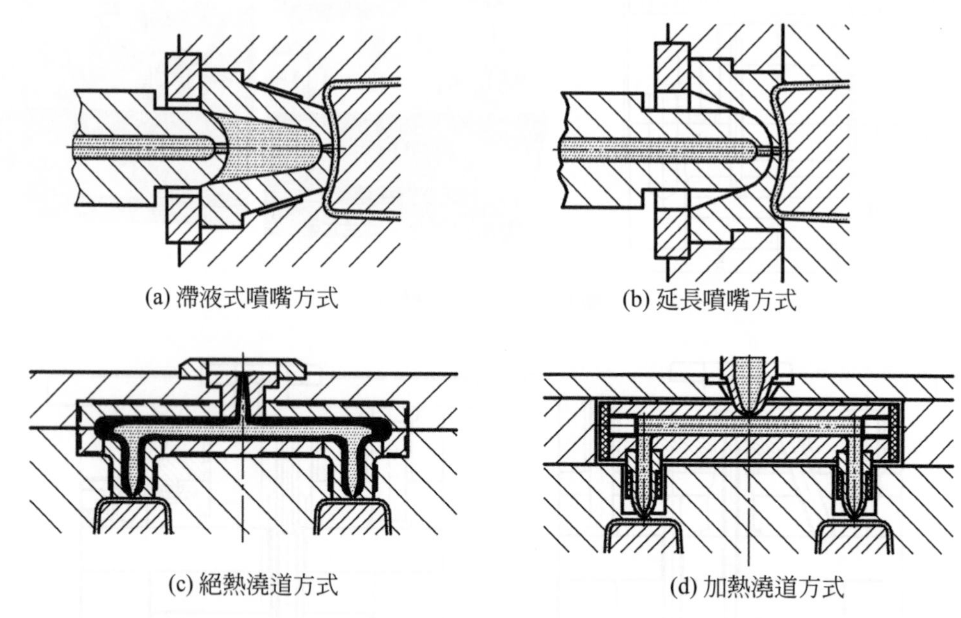

圖 6.68 無流道模具

6.3.2 模具構造

壓縮成形、轉移成形及射出成形使用之模具都是利用充填模穴來製作成形品的，因此，模穴在模具中是最重要的主體。模具的構成以模穴爲中心，加上模具合模對準零件、塑料流動的通路、成形品的頂出裝置、模溫控制裝置及安裝固定零件等。各種塑膠模具中，射出成形模具是使用最多、結構最完整、最具代表性之模具，本課程內容將以介紹射出成形模具爲主。

一、二板式模具

二板式模具是最基本的射出成形模具，它所包含的零件如圖 6.69 所示，由這些零件組合成圖 6.70 之模具，模具可由分模面分開爲固定側及可動側二部分，塑製之成形品即由分模面取出。構成模具之各種零件分別介紹如下：

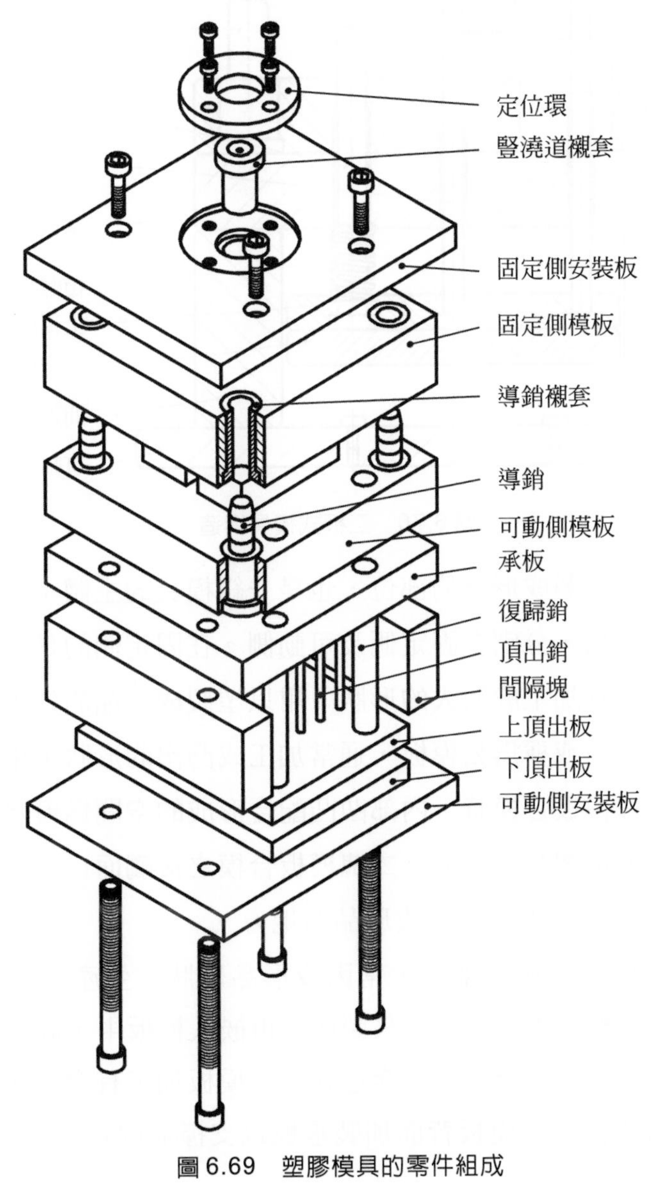

圖 6.69　塑膠模具的零件組成

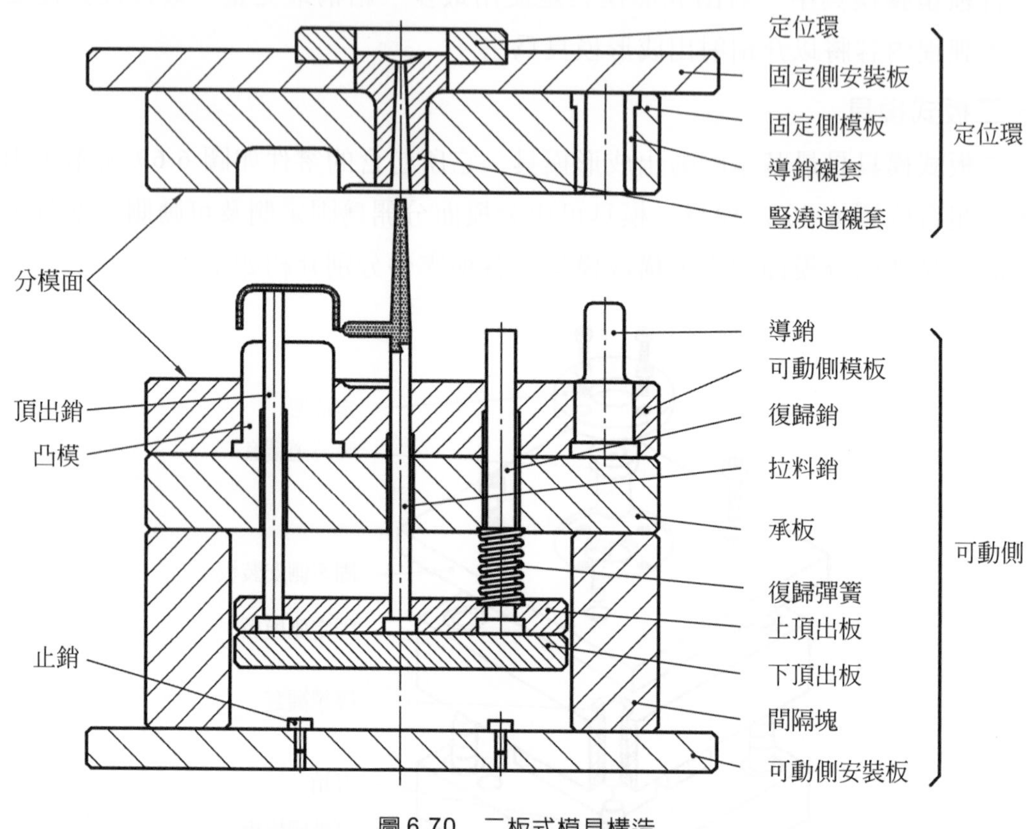

圖 6.70　二板式模具構造

1. 模板：模板是塑製成形品的部位，也是一組模具的主體；一般二板式模具即包含有二塊模板，分別在固定側及可動側。在固定側的是固定側模板，或稱爲母模板，通常加工成凹入的形狀，用以塑製成形品的外表面；在可動側的是可動側模板，或稱爲公模板，通常加工成凸出的形狀，用以塑製成形品的內表面。二塊模板合模時，內部凹凸配合形成的空間爲模穴，塑料流入模板間充塡模穴即可塑製成形品。二塊模板合模之接觸面爲分模面，是固定側及可動側之分界面，也是取出成形品的地方。

在模板內構成模穴部位，常因成形品形狀、生產量、加工、維修等因素，須使用與模板不同之材料來製作，再嵌入模板中，嵌入方式可如圖 6.71 所示，在模板上加工穿透或不穿透孔。若模板加工有穿透孔，用以安裝嵌入模塊時，可依需要在模板背面加裝承板以支撐並固定。

2. 導銷與導銷襯：導銷與導銷襯套是用以在模板開閉時做引導定位工作的，通常一組模具中至少要有四組導銷與導銷襯套。模具開閉時，導銷與導銷襯套間會有摩擦，故須使用具耐磨性材料製作，配合部位應研磨，且導銷上加工有油槽以加強潤滑；有時少量生產之模具不裝導銷襯套，直接在模板上鑽孔、鉸孔來引導。導銷與導銷襯套均有 A 型與 B 型兩種型式，如圖 6.72 所示，目前在市面上可方便的購買到，且有各種長度，可依需要選用。裝置導銷與導銷襯套時，與模板上加工之孔是採用緊配合，有時尚須以螺絲或銷固定，防止旋轉或脫落。一般模具裝置時是將導銷裝於可動側，而將導銷襯套裝於固定側，且導銷引導部位長度應比凸模高出至少 8～10mm，如圖 6.73 所示。

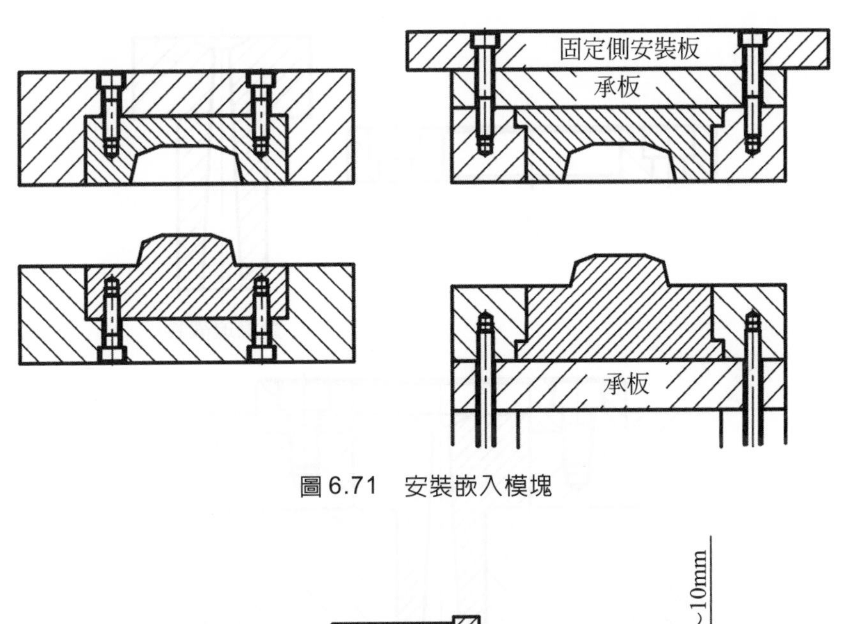

圖 6.71　安裝嵌入模塊

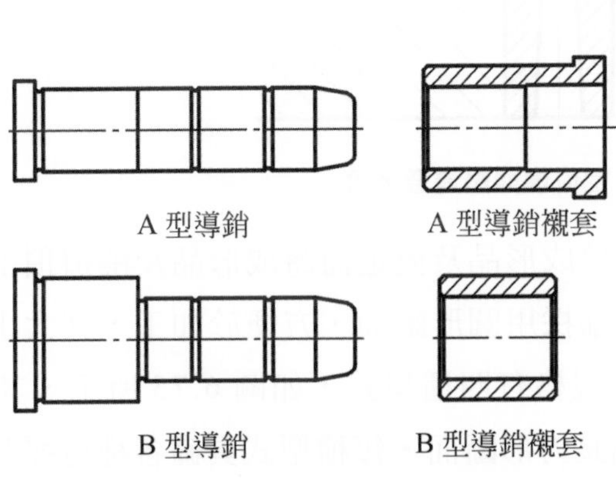

圖 6.72　導銷與銷襯套

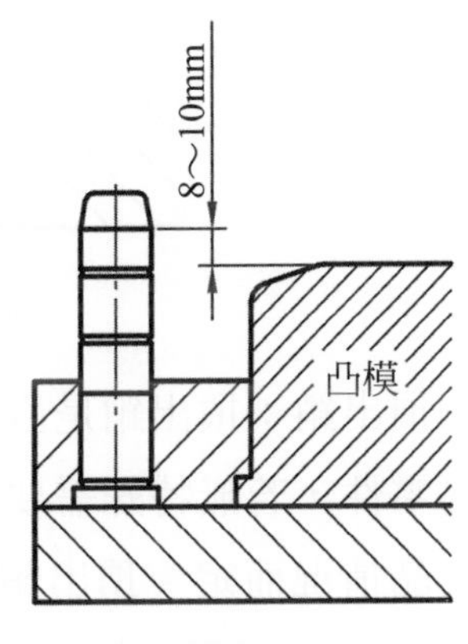

圖 6.73　導銷與凸模長度

3. 定位環與豎澆道襯套：定位環與豎澆道襯套是配合一起使用的，安裝在模具之固定側，作用爲引導射出成形機噴嘴的塑料進入模具，圖 6.74 所示爲其型式及安裝方法。豎澆道是塑料進入模具的通道，爲方便加工、減少磨損、容易更換故做成襯套，少量生產的模具也可直接做在模板上。定位環的內孔尺度配合豎澆道襯套，而外徑尺度配合射出成形機固定側模盤中央之孔；如此可使模具裝上射出成形機時，豎澆道引料口自動對準射出成形機之噴嘴口。

4. 頂出裝置：頂出裝置的作用是在成形品塑製完成開模後，將成形品及澆道頂出使其脫離模具。頂出裝置一般都在模具之可動側，利用開模行程或液壓缸使其產生動作；因此，設計成形品、模具時，即必須考慮在開模時要能使成形品附著於可動側。構成頂出裝置的零件有：

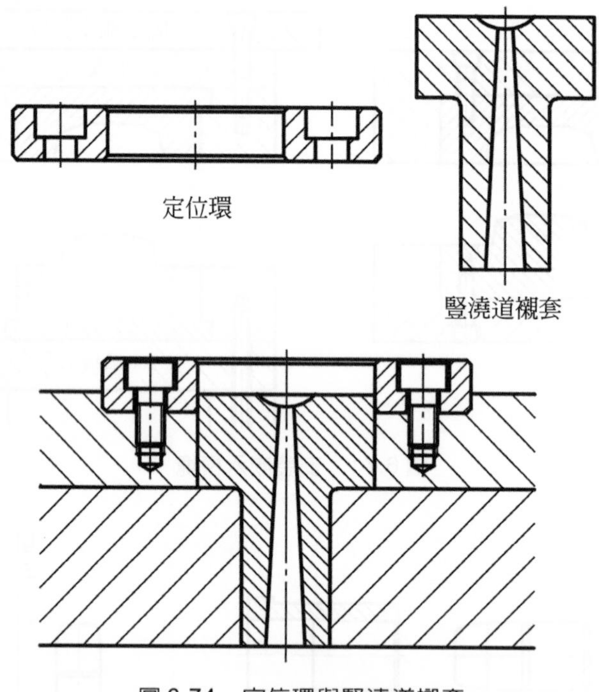

圖 6.74　定位環與豎澆道襯套

⑴頂出銷：頂出銷是直接作用於成形品及澆道而將成形品及澆道頂出模具的零件，若無特殊需要，一般都採用圓形斷面，方便於加工，其大小依成形品情況而定。頂出銷之標準規格有四種型式，如圖 6.75 所示，其中 A、B、C型爲圓形斷面，D型爲長方形斷面，每種型式具備各種直徑及長度，可依需要選用。

⑵復歸銷：復歸銷又稱歸位銷，如圖 6.76 所示，其作用是使頂出後之頂出銷，在模具閉合時能回復至正常位置。復歸銷與頂出銷都是安裝於頂出板上，模具閉合時，復歸銷會先接觸到固定側模板，由固定側模板將復歸銷推回，同時帶動頂出板將頂出銷推回至正確位置，防止頂出銷碰觸到模穴。

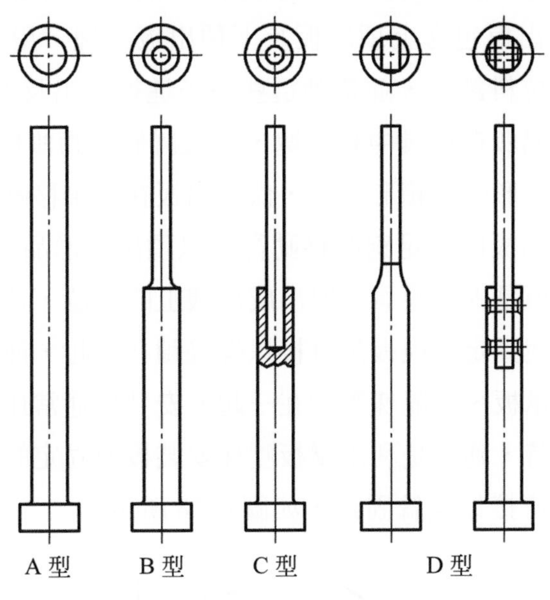

圖 6.75　頂出銷

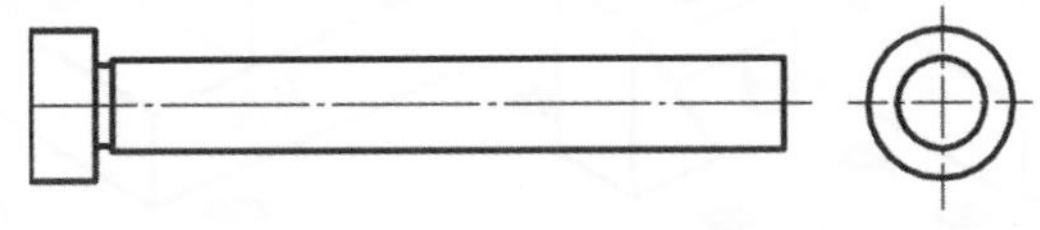

圖 6.76　復歸銷

⑶復歸彈簧：復歸彈簧裝置於復歸銷外，或可單獨安裝於上頂出板與承板之間。模具裝置復歸彈簧時，頂出板是利用彈簧之彈力退回，不是由復歸銷推回。當連續自動生產，爲使成形品能確實頂出，有時須使頂出裝置進行兩次以上頂出動作，此時必須裝置復歸彈簧。但因彈簧的壓縮量有限制，對深度深的成形品，其模具不適合裝置。

⑷豎澆道拉料銷：豎澆道拉料銷的作用是在模具開啓時，將豎澆道拉離開固定模，使其附著於可動模，並於頂出時連同成形品、澆道一起頂出。一般常用的型式是在銷端作成一缺口，如圖 6.77 所示。

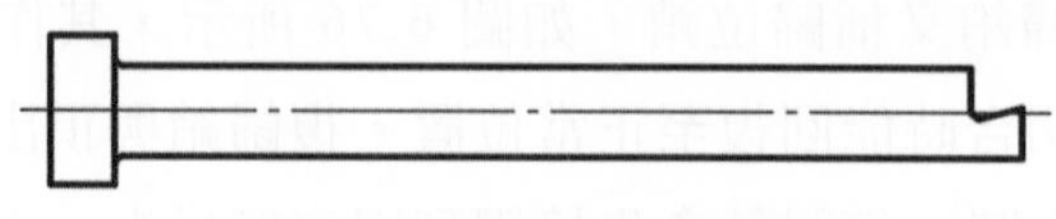

圖 6.77　豎澆道拉料銷

⑸止銷：止銷是裝置在可動側安裝板上，用以做為頂出板歸位時之定位。

⑹頂出板：頂出板包含上頂出板及下頂出板二塊，用以安裝頂出銷、復歸銷、豎澆道拉料銷等，並帶動這些銷子進行頂出及退回之動作。

⑺間隔塊：間隔塊在模具中有二塊，是裝置於可動側模板(或承板)與可動側安裝板之間，形成一箱形空間，供頂出板在其中移動。間隔塊應有足夠之高度，使頂出板能有足夠的移動行程以頂出成形品。

5. 安裝板：安裝板是固定模具於射出成形機上的部位，通常裝置在模具二端。固定側安裝板與固定側模板是直接以螺絲鎖在一起，而可動側安裝板則是與可動側模板、承板、間隔塊等鎖在一起。安裝板通常比模板略大，安裝模具於射出成形機時，通常是利用壓板壓住安裝板而固定的，有時也可在安裝板加工溝槽，而直接以螺絲固定，如圖 6.78 所示。

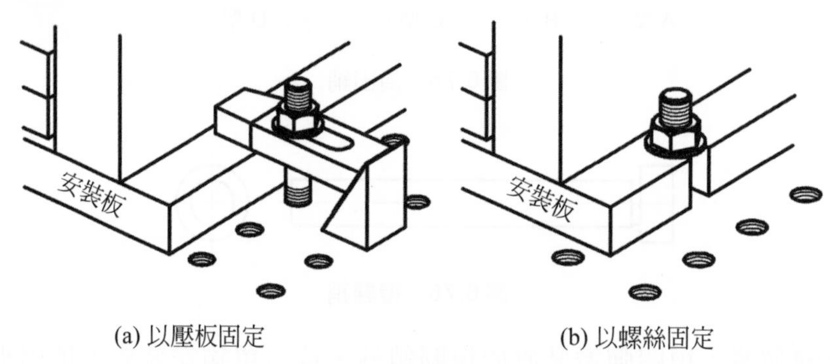

(a) 以壓板固定　　(b) 以螺絲固定

圖 6.78　模具之固定

二、三板式模具

三板式模具構造如圖 6.79 所示，模具的主體除了固定側模板與可動側模板外，另加上一塊澆道脫料板。此三塊模板在開模時會形成二個分模面，一個在澆道脫料板與固定側模板間，塑製時成形的澆道部位由此取出；另一個在固定側模板與可動側模板間，成形品由此取出。

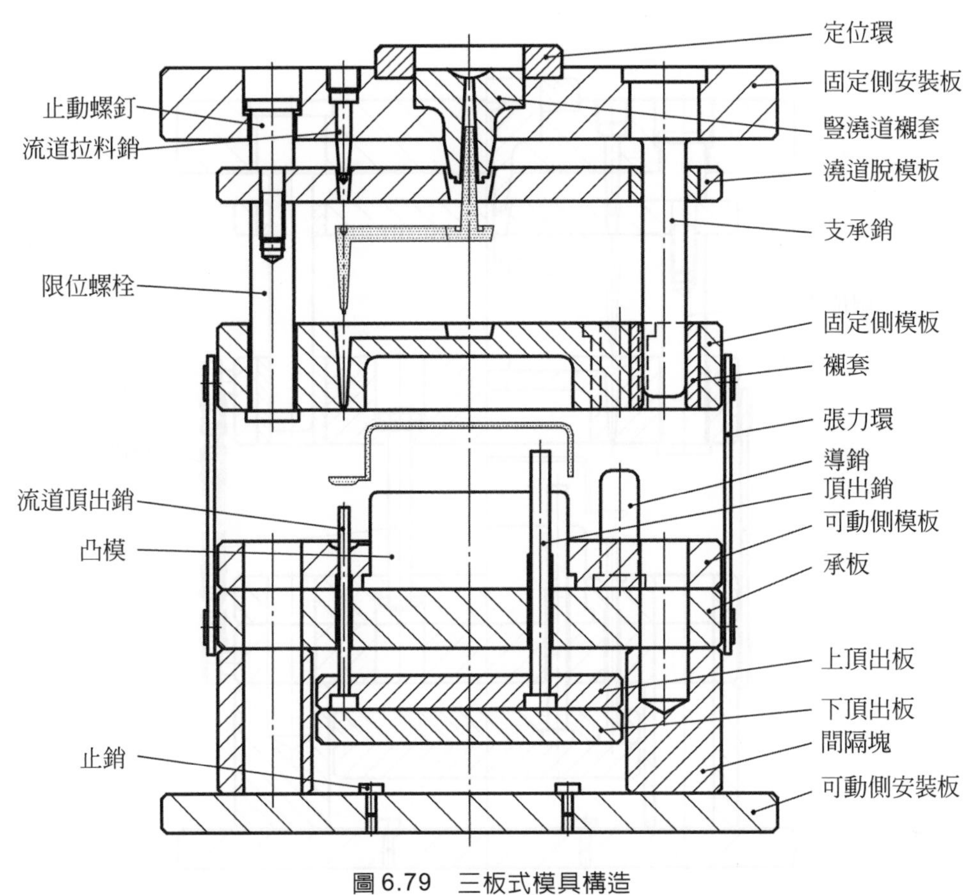

圖 6.79　三板式模具構造

三板式模具可動側的構造與二板式模具差異不大，而在固定側主要不同的地方在於多加了澆道脫料板，且固定側模板並未固定，而是在支承銷上浮動的。開模時，模板間會有三個部位分開，分別爲取出成形品及澆道的兩個分模面，以及澆道脫料板與固定側安裝板之間，用以使澆道脫模。三個分開部位可利用張力環、鏈條、拉桿或限位螺拴來帶動並控制開模距離，如圖 6.80 所示。至於分開之先後順序並無一定限制，但可利用彈簧、開閉器加以控制。如圖 6.81 所示，模板間安裝彈簧時，會因彈簧之彈力作用，而使該部位最先開模；若使用開閉器時，會因開閉器扣住二塊模板，而使該部位最後開模。

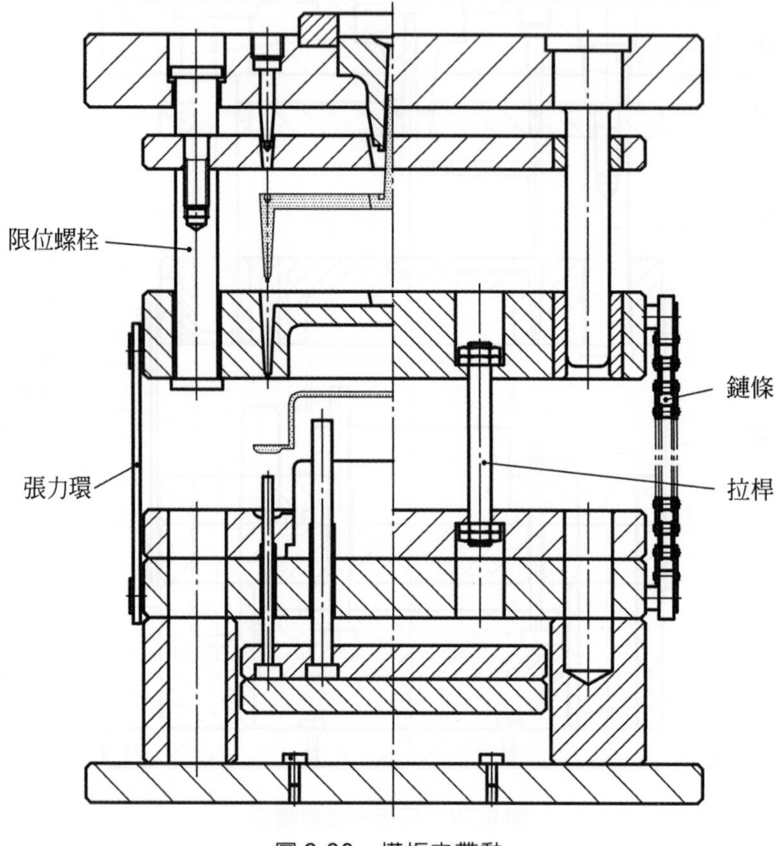

圖 6.80　模板之帶動

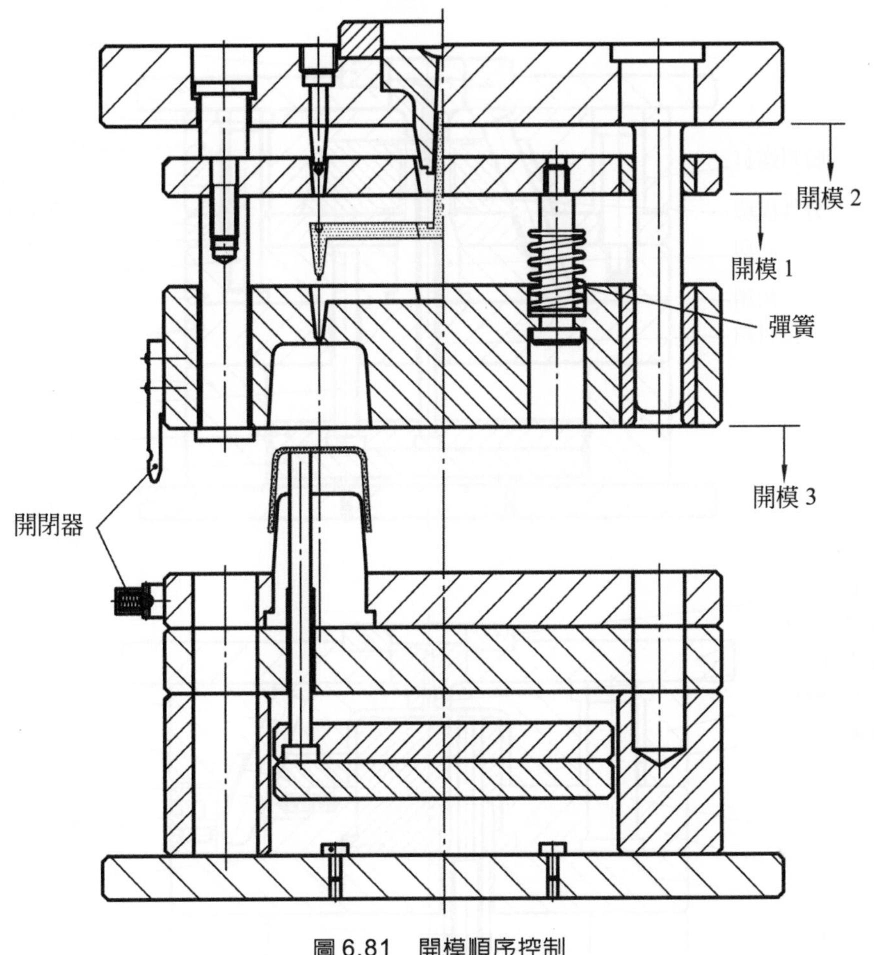

圖 6.81　開模順序控制

三、特殊機構模具

特殊機構模具主要包含滑動模具及無流道模具。

1. 滑動模具：滑動模具可分爲分件模方式及側向滑動模方式，基本構造如圖 6.82 所示。爲使凹陷、倒鉤、側面孔能順利脫模，須使模具之部分組件能在開模時做側向之移動，移動行程之引導通常使用T形槽。驅動模具組件側向移動之裝置最常用的是角銷，圖中即爲角銷驅動之模具，其他驅動裝置將在第五章中再加以介紹。

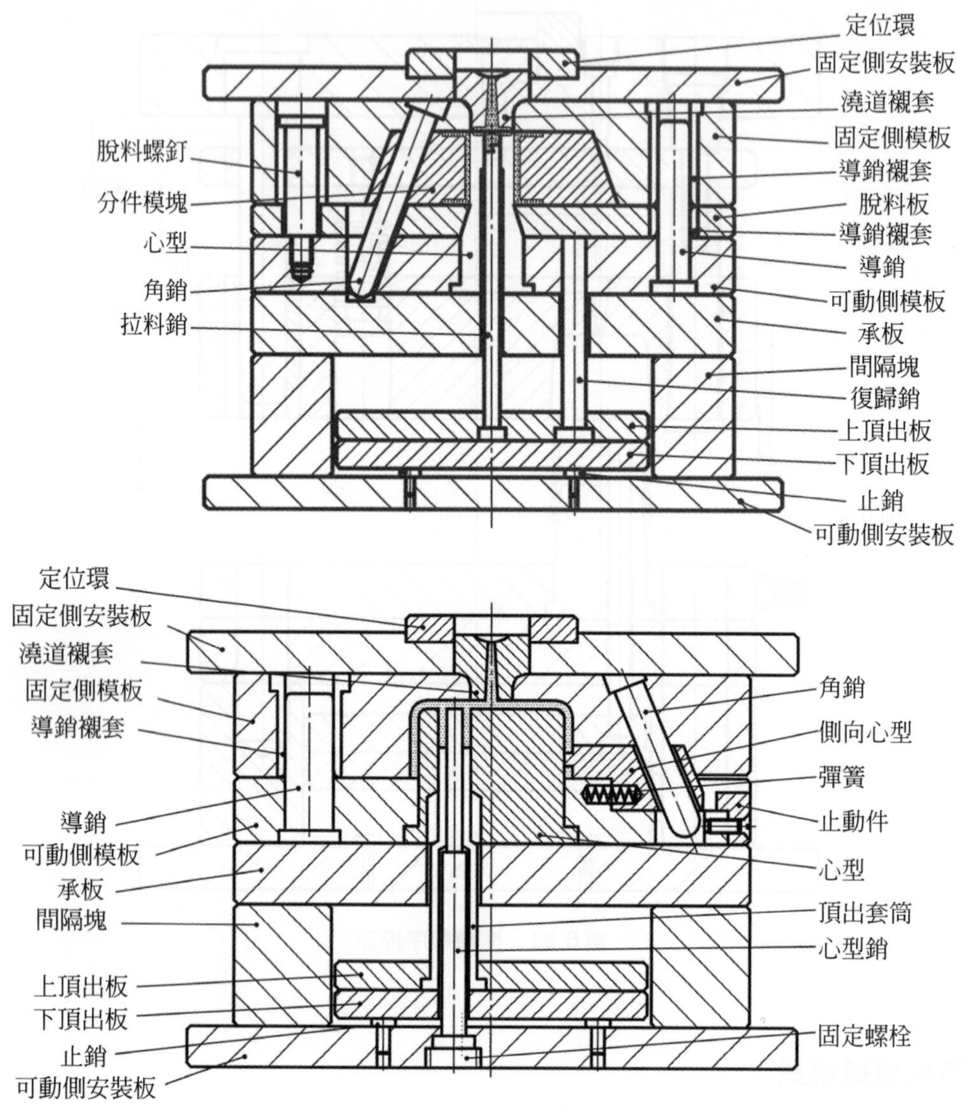

圖 6.82　滑動模具構造

2. 無澆道式模具：無澆道式模具之基本構造與二板式模具類似，唯在澆道部位構造較特殊，此類模具將在第七章中再介紹。

6.3.3　模具的設計要領

模具是用以生產成形品的工具，成形品的好壞，模具是最主要的影響因素。良好的模具應具備的條件包含：⑴能生產符合要求形狀及尺度精密度的成形品。⑵成形容易、成形品易脫模、成形週期短、可連續生產。⑶外觀良好、結構堅固、故障少、耐久性好。模具爲許多零件組合而成，欲使組合之零件能具備預期的功能，構成一良好的模具，主要因素在於模具之設計及加工；而能在模具設計之前週全的考量、檢討各相關因素，才是順利生產成形品的根本要務。

一、模具設計應考慮事項

1. 成形機方面

⑴使用成形機之型式：立式、臥式、柱塞式、螺桿式、直壓式、肘節式等之選擇。

⑵成形機之能力：包含射出量、射出壓力、鎖模力、最大模具尺度、鎖模行程、頂出行程、定位環尺度、噴嘴孔徑及圓弧半徑等。

2. 成形品方面

⑴成形品形狀與尺度：分模線、脫模斜度、厚度、尺度精密度、補強、孔、文字、嵌件等。

⑵成形品材料：材料種類、填充料、收縮率、熔點、流動性、比熱等。

3. 模具方面

⑴模具本體：模具材料決定，模具強度，二板式、三板式、特殊機構之選擇。

⑵成形部位：模穴數量及配置、塑料流道、模穴構成、分模面、澆口、排氣、頂出裝置、模溫控制裝置。

4. 模具加工方面：選擇加工機械，模穴細加工，熱處理，模具組裝。

模具設計應考慮事項範圍非常廣泛，務必對各種因素深入瞭解。其中成形品之設計對模具設計影響非常大，在介紹模具設計程序之前，將先就成形品設計原則做一說明。

二、成形品設計原則

1. 分模線：在模具中，爲取出成形品而分開之模板接觸面，稱爲分模面；由分模面在成形品上留下之細線痕跡，稱爲分模線，一般以P.L.表示，如圖 6.83

所示。然而實際上，模具之分模面是由成形品之分模線來決定的；也就是必須先由成形品來決定分模線，再由分模線決定模具之分模面。設計塑膠成形品時，應考慮如何自模具中取出，而對分模線做好規劃；同時，設計塑膠模具時，也必須考慮如何在成形後自模具中取出成形品。因此，分模線應選在能順利頂出成形品之位置，通常是成形品最大外形斷面處，如圖 6.84 所示。分模線位置的決定，除前述的原則外，還需要考慮到以下幾點：

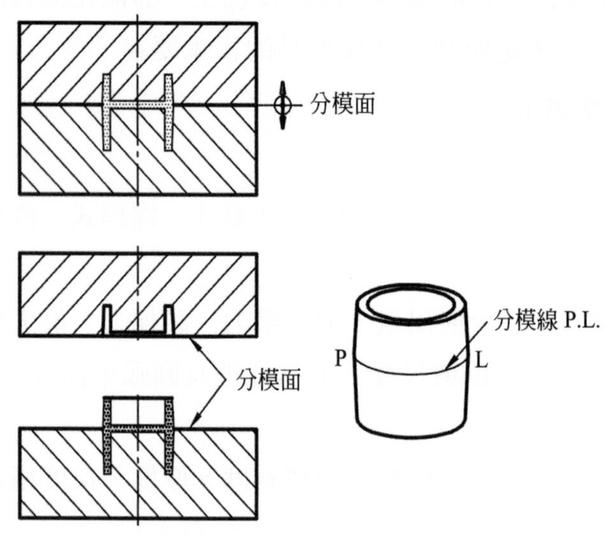

圖 6.83 分模面與分模線

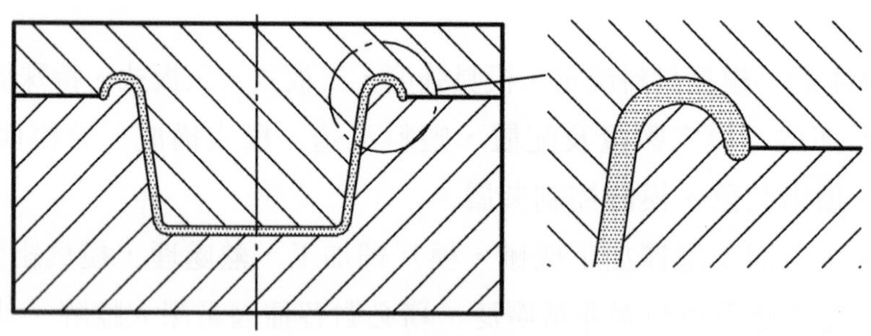

圖 6.84 分模面在最大斷面

⑴儘量選在不明顯、不影響外觀的位置。

⑵避免形成凹陷、倒鉤。

⑶應位於加工容易之位置。

⑷應考慮澆口的形狀與位置。

⑸應選在成形品後加工容易的位置。

圖 6.85 所示爲分模線選用之例。

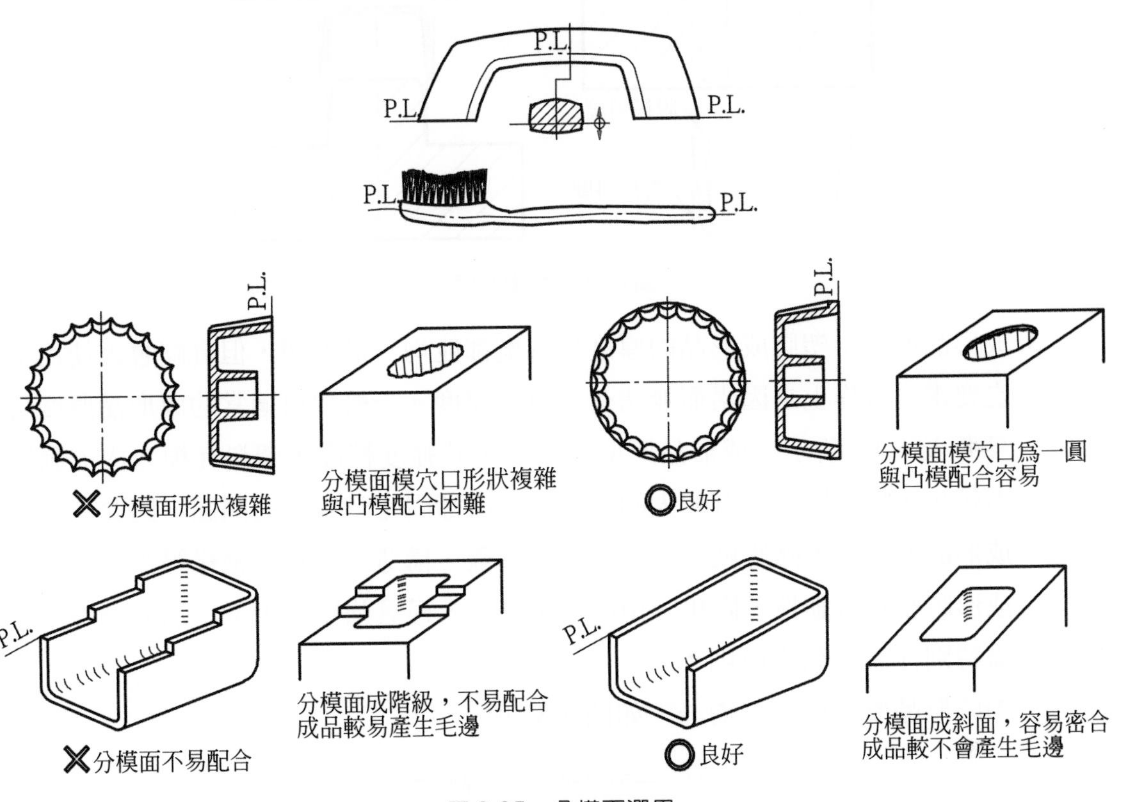

圖 6.85　分模面選用

2. 脫模斜度：爲了使成形品容易從模具中頂出，在頂出方向的成形品表面必須有脫模斜度，以減小成形品與模具的摩擦，如圖 6.86 所示。脫模斜度的大小，視成形方法、成形品功能、成形品厚度、成形品形狀、成形材料以及內、外表面等因素而定。通常若成形品功能與外觀許可下，脫模斜度可儘量取較大值，方便於脫模；一般的成形品脫模斜度至少應在 1/30～1/60(角度約 2°～1°)以上，高精密度的成品則可採用到 1/100～1/200(角度約 1/2°～1/4°)。當成形材料收縮率較大時，需要較大的脫模斜度，才能順利脫模；此外，爲使成形品在開模時能附著在可動側(凸模)，通常可動側之脫模角應較固定側(凹模)略小 1/2°～1°。

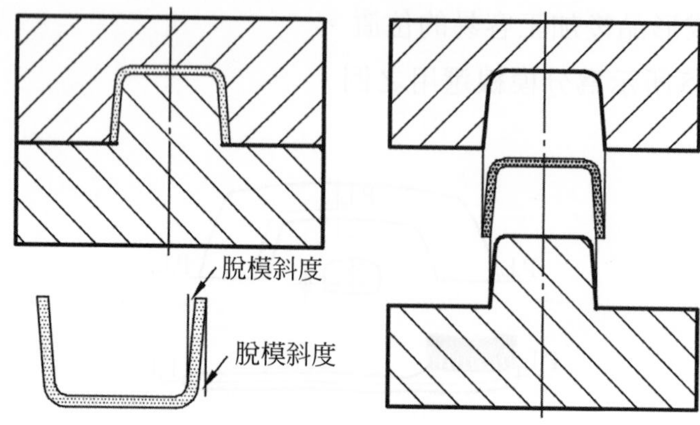

圖 6.86　脫模斜度

3. 成形品厚度：塑膠成形品的厚度以各處都能均一最理想，但實際會因使用上之要求、製作上之因素而無法有一致的厚度。一般塑料適當的成形品厚度可參考表 6.13 所示。成形品厚度較厚時，其強度較高，塑料在模穴內流動阻力較小，但也因而會有較大的收縮，及冷卻固化時間長的問題。因此，決定成形品厚度時，除應就成形品強度、外觀、構造、重量、絕緣等需求，以及成形時塑料流動性、固化、頂出、精密度、模具強度等因素詳加考慮外，還需特別注意下列之原則：

⑴成形品厚度應力求均一，如圖 6.87 所示。

表 6.11　一般塑料的成形品厚度標準

塑料名稱	成品厚度(mm)
聚乙烯	0.9～4.0
聚丙烯	0.6～3.5
聚醯胺(尼龍)	0.6～3.0
聚縮醛(delring)	1.5～5.0
聚苯乙烯	1.0～4.0
AS	1.0～4.0
ABS	1.5～4.5
聚甲基丙烯酸甲酯(壓克力)	1.5～5.0
硬質聚氯乙烯(PVC)	1.5～5.0
聚碳酸酯	1.5～5.0
醋酸纖維素	1.0～4.0

(三民：塑膠機與塑膠模具，游正晃著，第 229 頁)

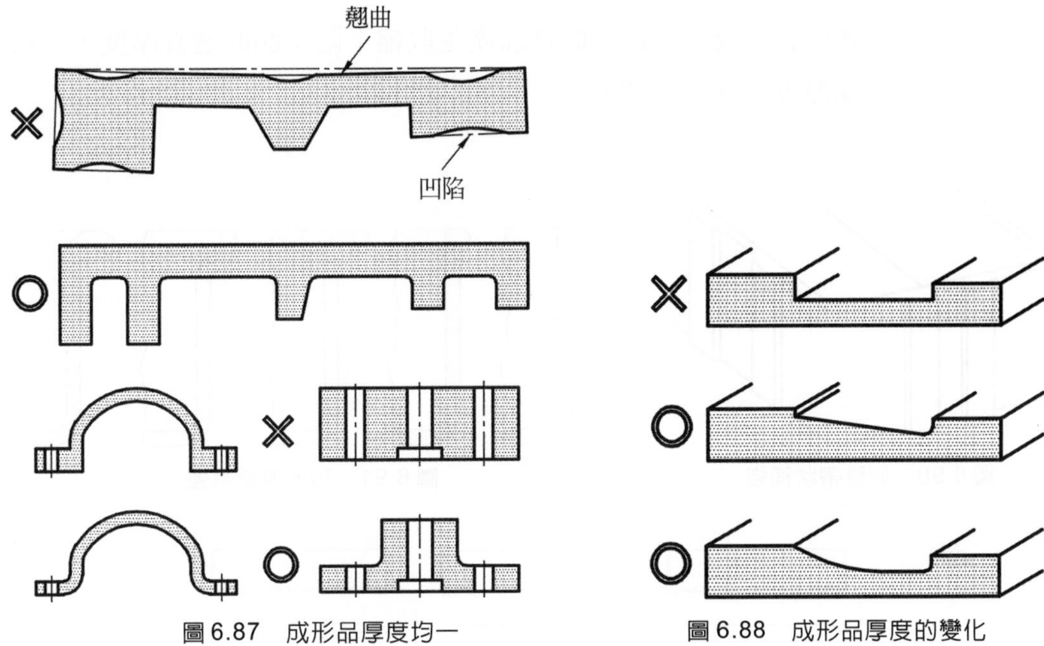

圖 6.87　成形品厚度均一

圖 6.88　成形品厚度的變化

⑵厚度不同時，以緩慢變化為原則，如圖 6.88 所示。

⑶同一成形品的厚薄比例，不超過 3：1。

4. 補強及防止變形

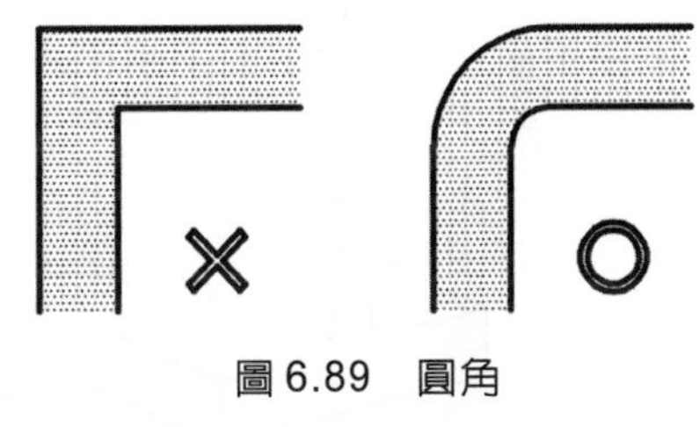

圖 6.89　圓角

⑴圓角：成形品面與面交接處會有應力集中現象，且塑料流動阻力大，需使用較大成形壓力，造成更大應力，容易變形，故在成形品轉角處應以圓角連接，以減少應力，如圖 6.89 所示。

同時，轉角採用圓角也可提高成形品及模具之強度，防止模具熱處理破裂。

⑵厚度及形狀變化：厚度變化與變更斷面形狀都能提高成形品強度，圖 6.90 所示為側壁的帶狀補強，這種應用違反壁厚均一的原則，但可增加強度、防止變形，也可改善塑料的流動性。圖 6.91 所示為箱形邊緣的補強，圖 6.92 所示為箱形底部大平面的補強，都是以改變斷面形狀來提高強度。

⑶肋：肋的設置可增加強度，防止平面翹曲，也可改善塑料的流動性；通常欲提高成形品強度時，設置補強肋比加大成形品厚度經濟有效。肋的斷面

形狀如圖 6.93 所示，厚度越大，強度越高，但若超過成形品厚度 80 % 以上時，會在肋與成形品連接的背面產生收縮下陷；肋的適當厚度，一般約取成形品厚度的 0.5～0.8 倍。

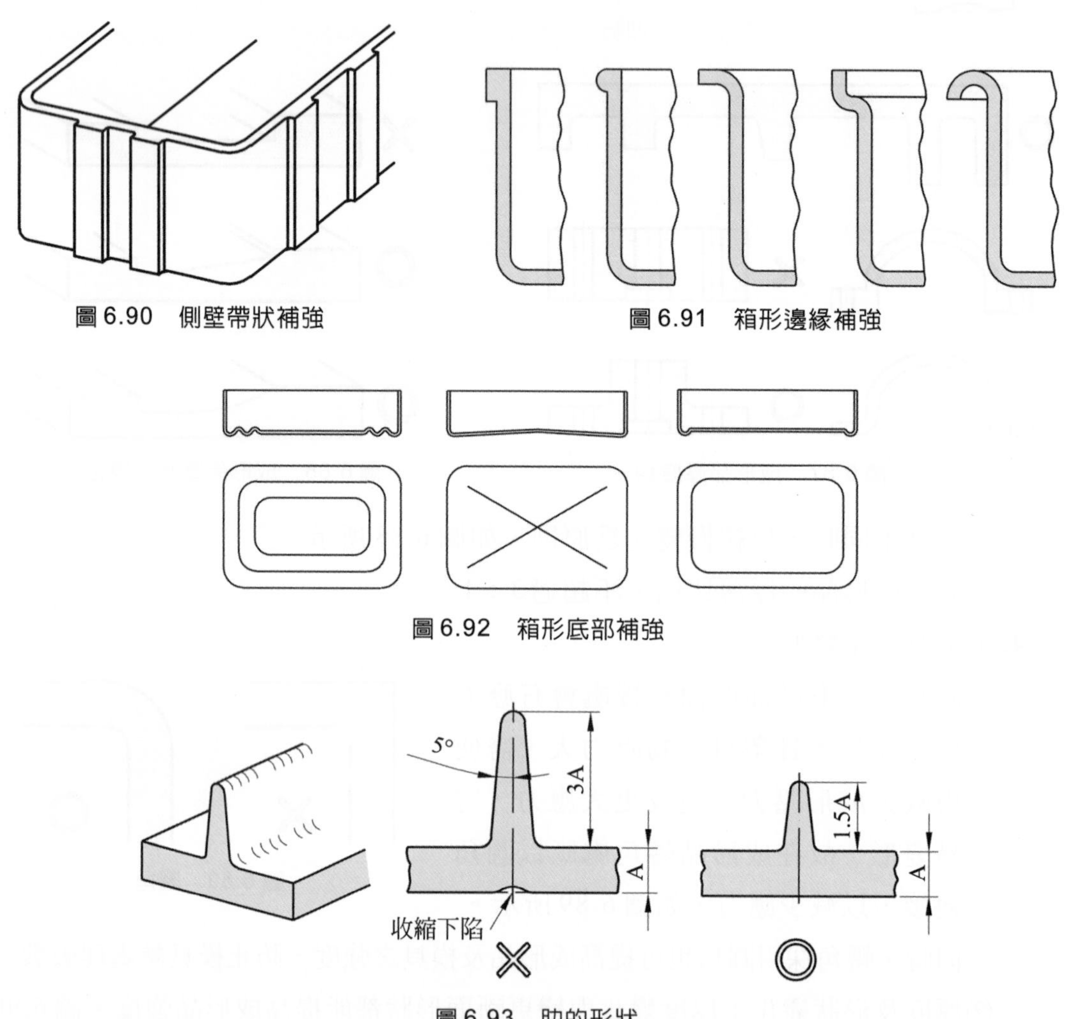

圖 6.90 側壁帶狀補強

圖 6.91 箱形邊緣補強

圖 6.92 箱形底部補強

圖 6.93 肋的形狀

5. 凸轂：凸轂包含組合件或嵌入件的承座、孔周圍的補強以及局部的增高。凸轂在成形品上是厚度的增加，較容易造成收縮下陷；且在模具中是形成盲孔，成形時空氣不易排出，容易造成充填不良或因空氣壓縮溫度升高而燒焦。凸轂在設計時應注意下列幾項原則：

⑴凸轂長度避免超過直徑的兩倍：凸轂長度太長時，容易造成彎曲與變形，若有必要增長時，應加上肋來補強，如圖 6.94 所示。

⑵凸轂位置不可太接近轉角處：凸轂太接近轉角處，會使成品強度減弱，增加模具製作困難，如圖 6.95 所示。

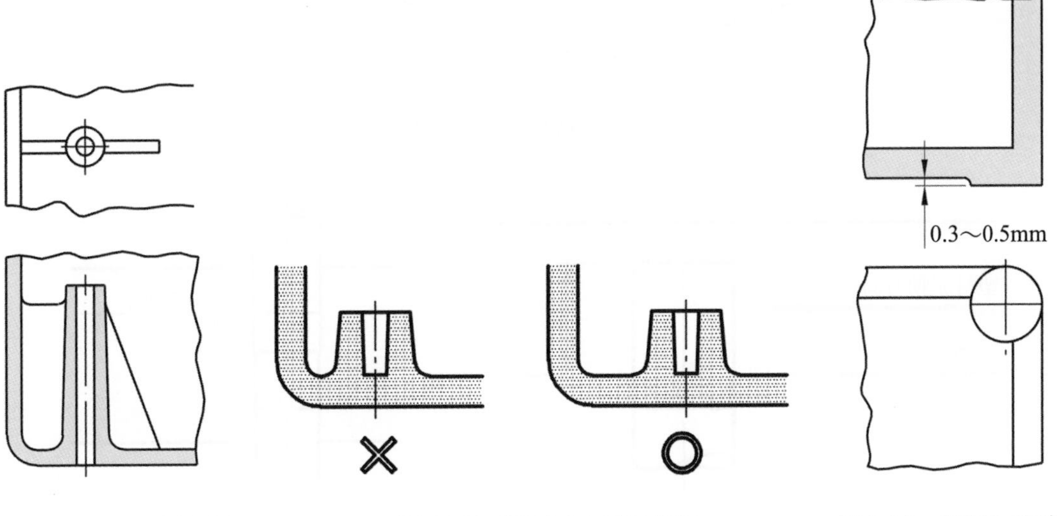

圖 6.94　以肋補強轂　　圖 6.95　轂不可太接近轉角　　圖 6.96　以轂為底座

⑶凸轂之斷面形狀以圓形爲主：圓形斷面之凸轂加工較容易，且塑料流動可較順利，是理想的形狀。

⑷成形品可以凸轂做爲底座：以凸轂爲底座時，約凸出於底面 0.3～0.5mm 爲宜，如圖 6.96 所示。

6. 孔：塑膠成形品上常須設有孔，孔有圓孔、方孔等各種形狀，通常若無特別要求，孔之應用一般是以圓形爲主，在模具中是以模心銷成形的。孔在成形品上設計時如圖 6.97 所示，應注意下列幾點：

⑴孔與孔間之距離 B 至少須與孔徑相等。

⑵孔邊緣至成品邊緣距離 F，不得小於孔徑的 2 倍。

⑶孔與內壁之距離 C，當孔徑 3mm 以上時，不得小於孔徑；當孔徑 3mm 以下時，不得小於 3mm。

⑷與塑料流動方向成直角的盲孔，如圖 6.98 所示，孔徑在 1.5mm 以下時，模心銷有彎曲之虞，孔深 L 應在孔徑 D 之 2 倍以下。

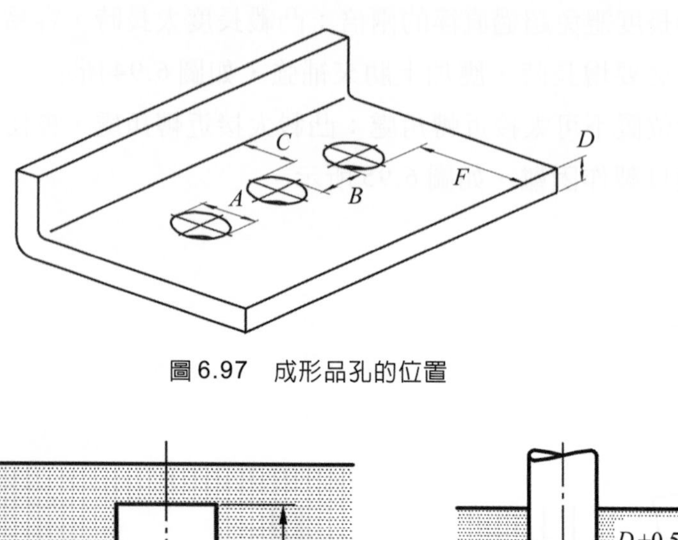

圖 6.97　成形品孔的位置

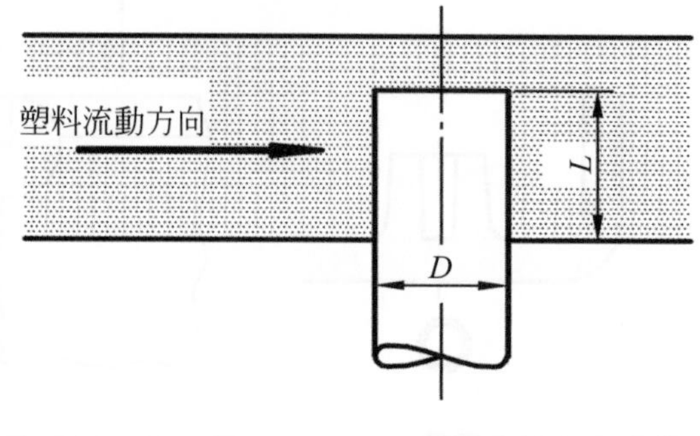

圖 6.98　盲孔成形

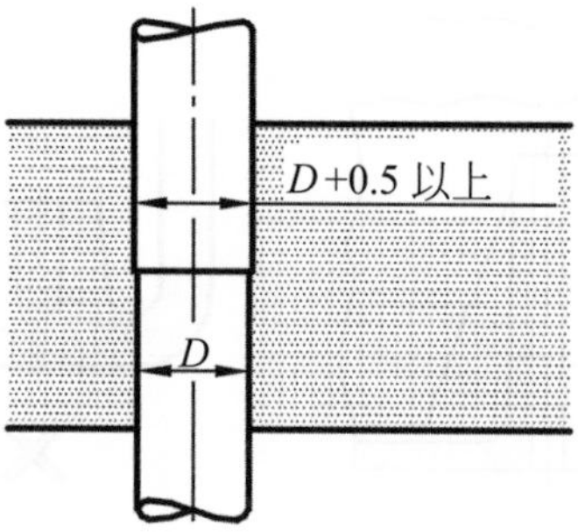

圖 6.99　模心銷對接形成孔

⑸以模心銷對接形成的孔，可能產生偏心，應如圖 6.99 所示，加大一端的孔徑。

⑹孔的周圍壁厚應加厚。

7. 螺紋成形：成形螺紋時應注意下列事項：

⑴避免使用螺距 0.8mm 以下的螺紋。

⑵避免使用許可差小於塑料收縮量的螺紋。

⑶長螺紋會因塑料收縮產生大誤差，應避免使用。

⑷螺紋配合應有 0.1～0.4mm 的間隙。

⑸螺紋須設有 1/15～1/25 的脫模斜度。

⑹螺紋的牙不可延續到成形品的末端，因如此會造成薄緣及切通，模具加工不易，且螺紋壽命減短；末端應至少留有 0.8mm的平坦部分，如圖 6.100 所示。

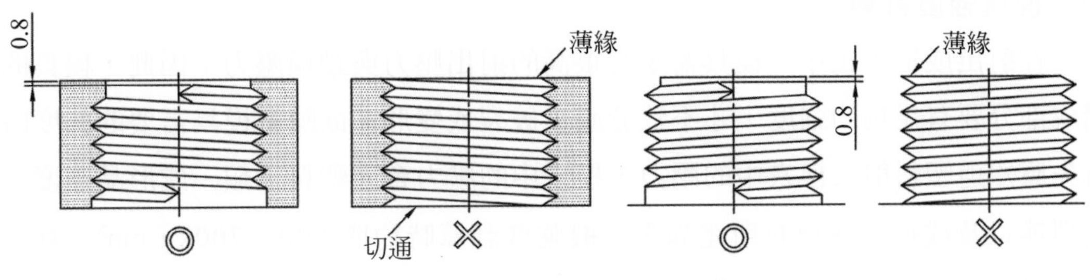

圖 6.100　螺紋的設計

三、成形收縮率

利用模具成形之塑膠成形品，其尺度通常會比模具尺度略小，也就是成形時塑膠成形品會有收縮。成形品收縮的原因，主要爲溫度的改變及塑料分子結構的影響。收縮的多少是以收縮率來表示，計算收縮率時，是以常溫的模具尺度 D 與成形品尺度 M來比較的，以下式表示之：

$$\alpha = (D - M)/M \text{，式中}\alpha\text{爲成形收縮率} \tag{6.19}$$

將公式(3-1)轉換後可得：

$$D = (1 + \alpha)M \tag{6.20}$$

由公式(6.20)可利用成形品尺度及收縮率推算出模具尺度，成形品尺度是由成形品設計定出的，而收縮率會因各種因素而有變動。其中溫度是主要因素，成形時塑料是在高溫狀態下充填模穴，等成形品脫模、冷卻後是在常溫，其溫度變化約在200～300℃；由材料之線膨脹係數與溫度變化，可獲得溫度影響之收縮率概略值。此外實際影響收縮率之主要因素還包括塑料分子結構、填充材料與塑料本身的特性，一般常用塑料的線膨脹係數與收縮率如附表 5 所示。

塑膠成形品在實際成形時，尚會受到成形條件、塑料流態、澆口設計、成形品厚度等因素之影響。模具設計時，能將各種因素考慮周詳，才能獲得高精密度的成形品。

四、模具強度計算

在射出成形加工中，模具需承受很高的射出壓力與鎖模壓力；因此，模具的各構成部分要有足夠的強度，才不致於產生破裂或變形。欲瞭解模具需要的強度時，首先應知道塑料射入模穴中的壓力，模穴中的壓力會因塑料種類、成形品厚度、模具型態以及成形條件而有所差異，一般強度計算時約取 500～700kg/cm^2。實際計算模具強度時，是以模具允許的變形量爲依據的；即在一定壓力下，模具變形在一限定範圍內時之強度。模具允許之變形量，依成形品需求及塑料流動性而異，一般精密度要求不高的成形品可取 0.1～0.2mm，如此成形品上可能會有毛邊產生；如精密度要求高且不允許有毛邊時，流動性較差的塑料約採用 0.04mm，流動性良好的塑料則須在 0.02mm 以下。

五、模具設計程序

1. 分析成形品：瞭解成形品的形狀、材質、數量、特性，選定分模線位置。
2. 決定模具大小及材質：依據成形品情況、生產需要進行成形品佈置，計算模具強度，決定模板尺度、材質。
3. 決定模具型態：安排流道、選擇澆口，決定脫模方式、模具組成、冷卻系統、熱處理、電鍍。
4. 決定模具結構：計算其他各模板尺度、強度，決定各零件尺度、規格、材質。
5. 相關資料：瞭解成形機資料、冷卻系統資料、塑料收縮率等。
6. 繪製組合圖：注意模具組合、加工方法、功能。
7. 繪製零件圖：計算收縮率，注意配合許可差、加工方法。
8. 檢查設計結構及尺度。

6.4 壓鑄模具設計

壓鑄模具的設計範圍包括流路系統、頂出系統、模溫的控制、滑動側模等，一副設計完善的模具不僅製作容易、使用壽命長、也直接降低鑄件的生產成本，因此必須謹慎而行。

6.4.1　流路系統的設計

壓鑄模的流路系統是由鑄入口、澆道、澆口、模穴、溢流槽、排氣孔所組成，如圖 6.101 所示。通常澆道、澆口、溢流槽、排氣孔等均設於分模面，鑄入口則與分模面成垂直方向。本節先談談鑄入口和澆道部份；澆口、溢流槽及排氣孔則陳述於後面章節。

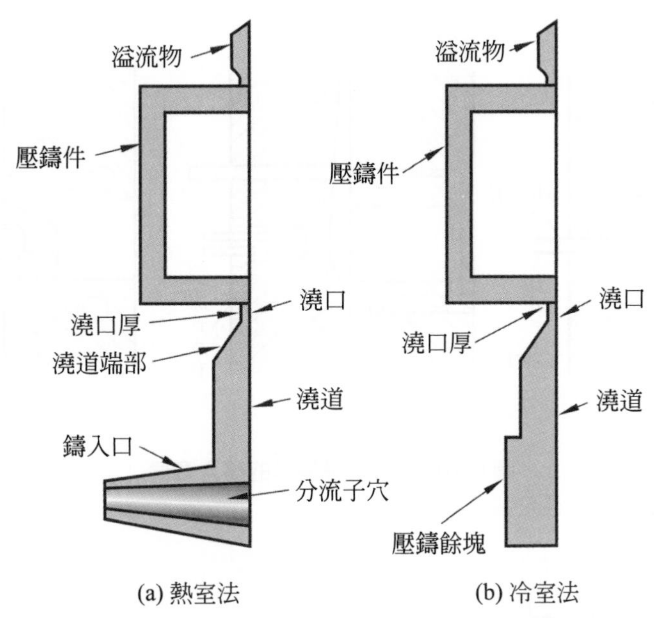

圖 6.101　壓鑄模流路系統的各部名稱

一、鑄入口

高壓的合金熔液離開壓鑄機體後，即從模具的鑄入口進入澆道，冷室壓鑄模的鑄入口一般稱之為射料套筒，熱室壓鑄模的鑄入口則稱為豎澆道。鑄入口由於高溫保持的時間較長，因此需特別注意冷卻。

1. 鑄入套筒：在冷室壓鑄機的操作中，模具的鑄入套筒為柱塞通過鑄入缸的一部份，其型式有如圖 6.102 所示的三種，其中(a)及(c)之鑄入套筒設有分液部，鑄入餘料在開模時可因收縮而附著在可動模的分液部上，以便於頂出。圖(b)所示鑄入套筒之設計需注意鑄入餘料在開模時，可能會附著在固定模上的問題，且模板之厚度必須配合鑄入套筒之設計。圖(a)所示的鑄入套筒其優點是允許設計者自由設計固定模的厚度，並可提供順暢的流道。

2. 豎澆道：熱室法的鑄入口稱爲豎澆道，由豎澆道襯套與分流子組成，豎澆道是一個傾斜的孔道，每邊約爲 5°的錐度，豎澆道襯套與分流子其標準型式可分爲檔板(Baffle)型與階疊(Cascade)型兩種，如圖 6.103 及圖 6.104 所示。

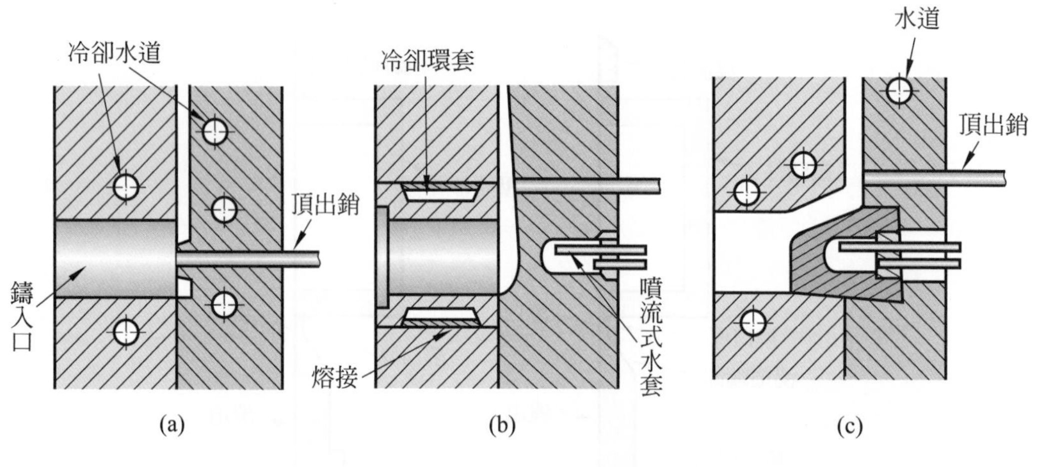

圖 6.102 冷室壓鑄模的鑄入套筒

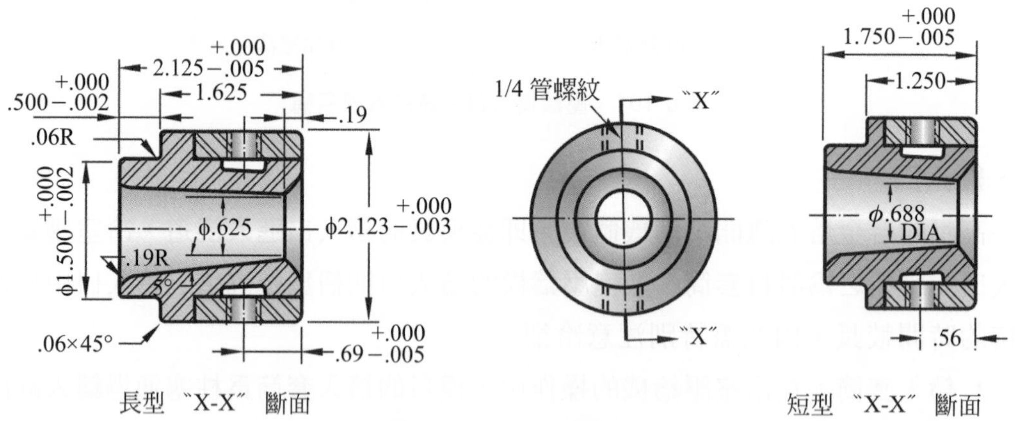

圖 6.103 豎澆道襯套

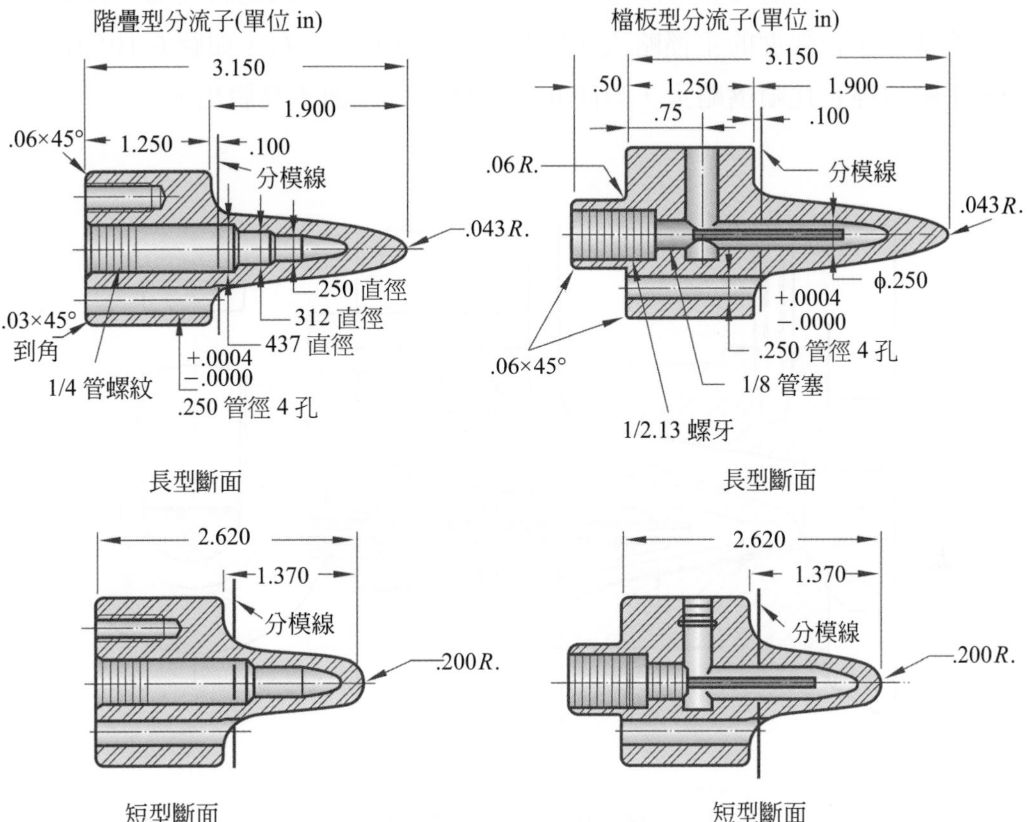

圖 6.104　檔板型與階疊型分流子

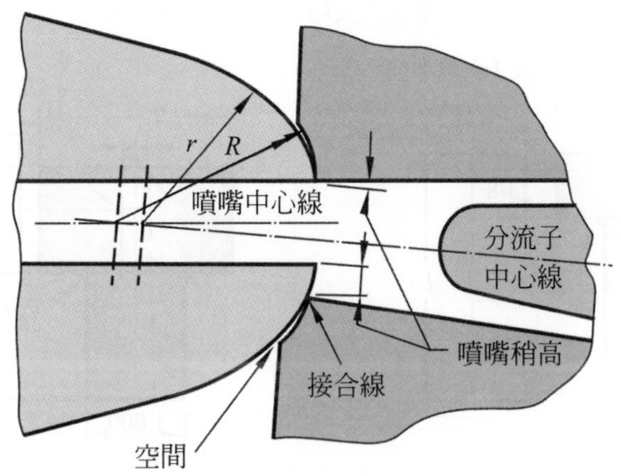

圖 6.105　豎澆道與噴嘴的接合設計

豎澆道襯套與壓鑄機噴嘴接合，應防止熔液之溢出，因此將豎澆口弧度半徑設計得比噴嘴之接合弧度的半徑略大，即$R > r$約 0.5mm 左右，如圖 6.105 所示。豎澆口的小端口徑也比噴嘴略大，以防止合金熔液固化而不易脫出。

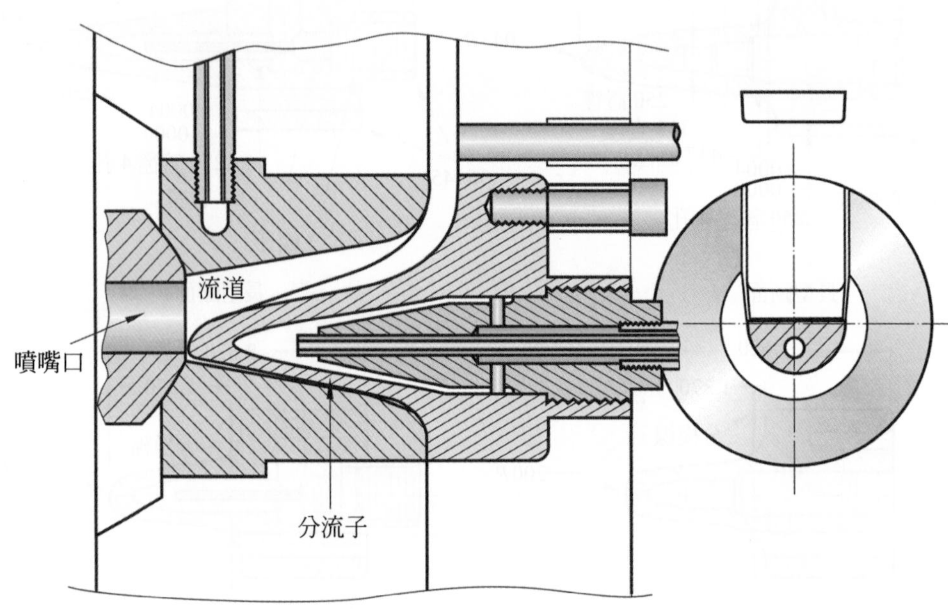

圖 6.106　流道式豎澆道

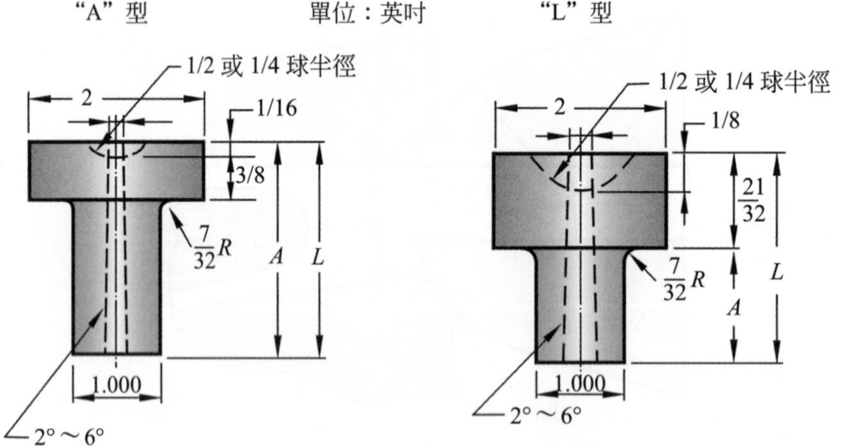

圖 6.107　小型壓鑄模的豎澆道

豎澆道之分流子又稱之爲撒播器，其功用爲：⑴使合金熔液分流撒播逐漸改變其流動方向。⑵利用金屬收縮之特性，使豎澆道餘料附著在分流子上拉離豎澆道。⑶分散豎澆道的熱量。

流道式的豎澆道是近年來發展的新方法，配合切線錐形澆道使用，對於鋅鑄品的壓鑄特佳，圖 6.106 所示即爲流道式豎澆道，在豎澆道的中間製作一切面積遞減的溝形流道，熔液的流動情形改善甚多，且壓力之損失減少，可以提高生產效率。

小型壓鑄模或是立式鑄入壓鑄機用的模具，其豎澆道之設計如圖 6.107 所示，類似塑膠模具之豎澆道設計。

二、澆道

澆道設於分模面上，合金溶液由鑄入口經此通道到達模穴之澆口。澆道的設計必須注意下列各點：(a)需能保持熔液之溫度。(b)能保持模溫的平衡。(c)避免熔液流動時捲入空氣。(d)能固定補給澆口之供給量。

1. 澆道的斷面形狀：澆道的斷面形狀有圓形、梯形、半圓形、方形及長方形等，如圖 6.108 所示。其中以圓形斷面的流動性最佳，原因是在相同的體積下，其表面積最小，亦即與熔液的接觸最少，熱與壓力損失少。但是圓形澆道需設在固定模與可動模上，製作不易。梯形的流動性次之，由於製作簡易，一般皆採用之。圖 6.109 所示之梯形澆道斷面形狀，用於錐形切線澆道 (Taper Tangential Runner)。
2. 澆道的形狀：澆道形狀的設計，並沒有固定的模式，但熔液充塡時所可能產生之亂流現象，應儘可能避免。一般而言，冷室壓鑄法所使用的澆道，多採直線型，且澆道的長度宜儘量短。熱室壓鑄法的澆道稍長且較彎曲，澆道設計成彎曲，熔液的流動較好，但曲率不能過大，否則易捲入空氣，造成不良之鑄件，如圖 6.110 所示。

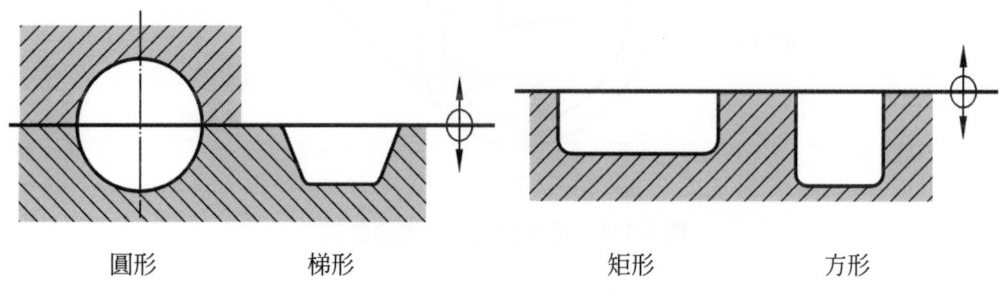

圖 6.108　澆道的各種斷面形狀

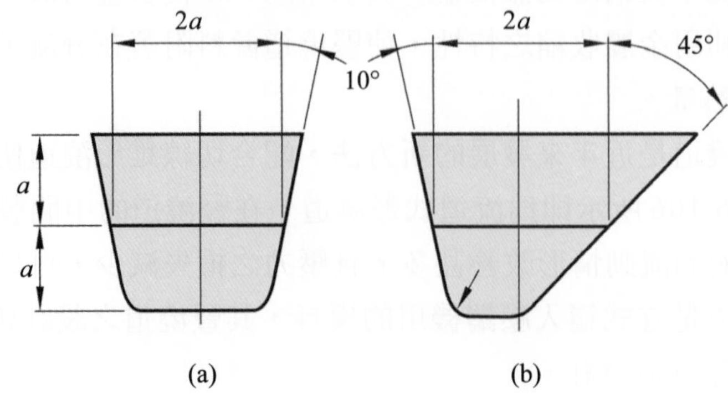

圖 6.109 錐形切線澆道的梯形斷面

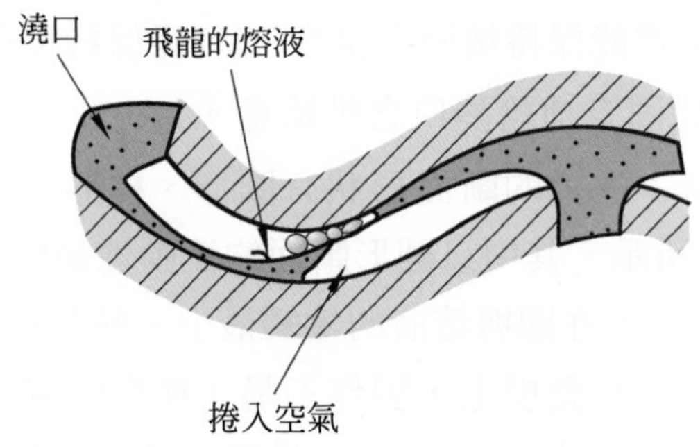

圖 6.110 澆道曲率過大易捲入空氣產生氣泡

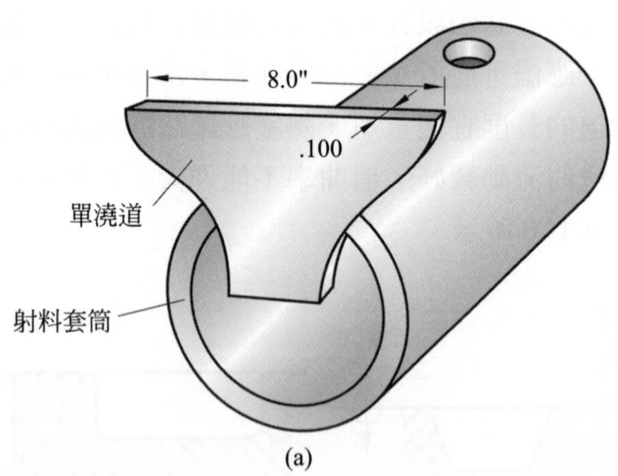

圖 6.111 冷室壓鑄模的澆道型式

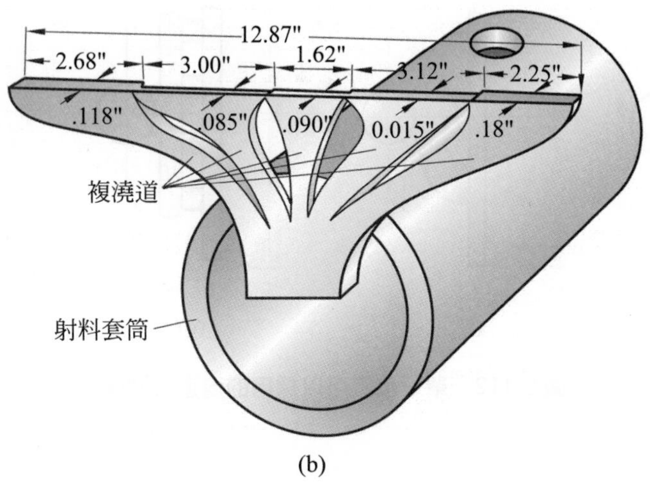

(b)

圖 6.111　冷室壓鑄模的澆道型式(續)

較寬的澆道若採複澆道充填熔液則較優於單澆道的設計，如圖 6.111 冷室壓鑄模的澆道型式，圖中(a)爲複澆道(b)爲單澆道。複澆道斷面積的變化較能控制合金熔液的流動，且澆道處所引起的高模溫也較單澆道容易調節。

3. 澆道的大小：澆道的大小視鑄件的形狀大小而定，其寬度約從 10～80mm，厚度則在 4～8mm 左右，特大鑄件可到達15mm的厚度。一般設計的原則，澆道寬度與澆道厚度比爲 1.6～1.8：1。澆道之斷面積應沿著流動的方向逐漸減小，以保持合金熔液的流速及避免滲入空氣。

單一模穴可以採用若干型式的澆道來進料，如圖 6.112 所示，但必須考慮製作的成本。

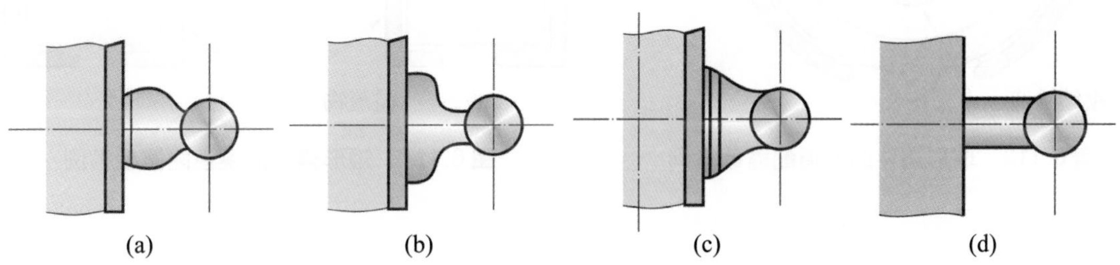

圖 6.112　單一模穴可以採用的澆道形狀

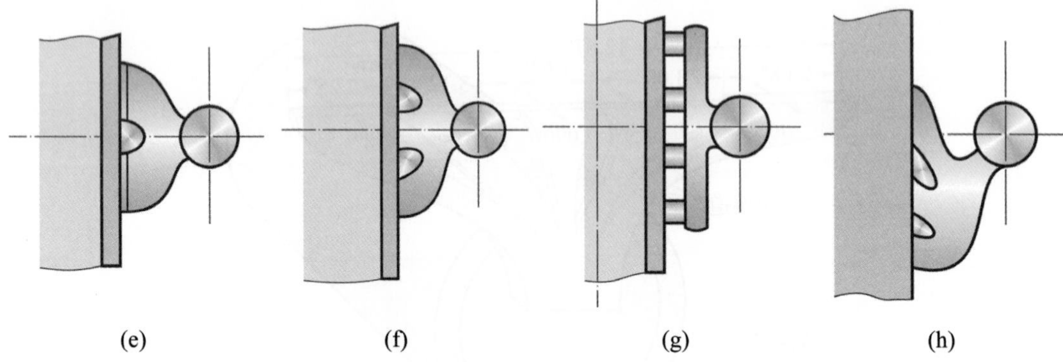

圖 6.112　單一模穴可以採用的澆道形狀(續)

圖 6.113～圖 6.115 所示為環形鑄件、矩形、框形鑄件的澆道配置參考例，圖 6.116 所示為複數模穴的澆道配置參考例。

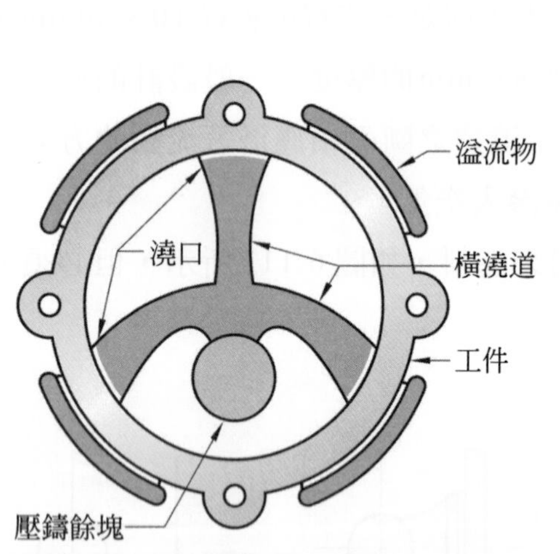

圖 6.113　環形鑄件的澆道配置參考例

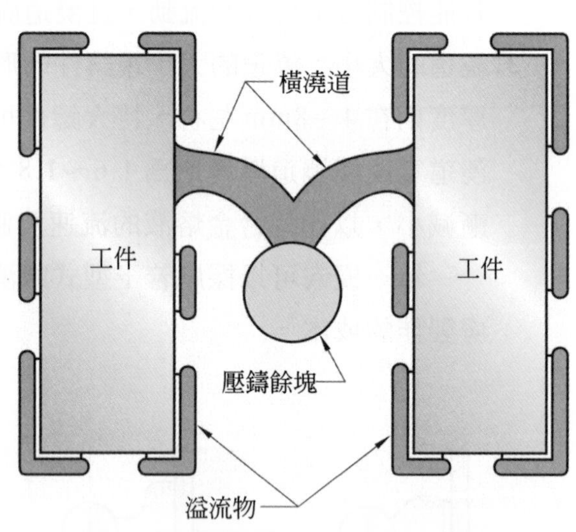

圖 6.114　矩形鑄件的澆道配置參考例

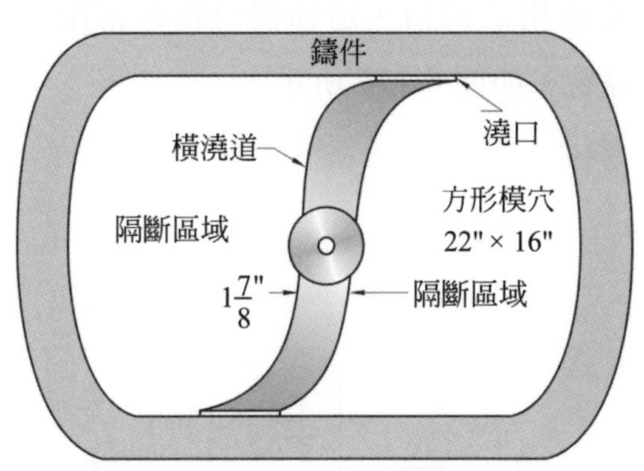

圖 6.115 框形鑄件的澆道配置參考例

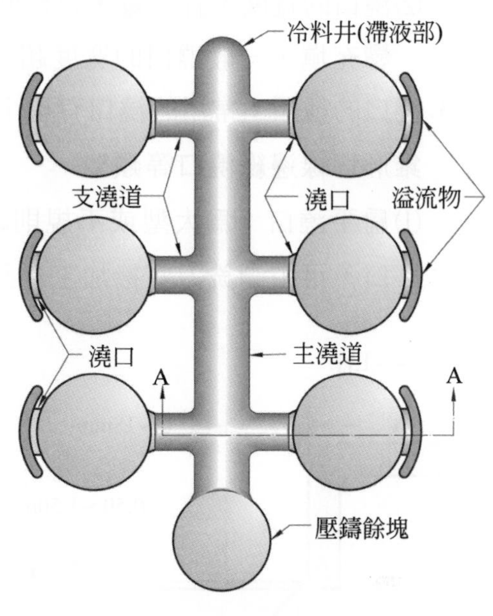

圖 6.116 複數模穴的澆道配置參考例

三、澆口

澆口爲模穴的進料門徑，具有充填、控制流速及扼阻熔液回流的功能。其位置、形狀和尺寸的設計，對於鑄件的尺寸精密度、組織密度及強度影響甚鉅。

1. 澆口的位置：爲了方便製作，澆口一般皆設於分模面上，設置的位置也直接受到鑄件形狀及肉厚問題的影響，澆口設在肉厚較厚處，使熔液流向肉薄處可得較佳之鑄件。澆口位置的設置應注意下列事項：

(1)澆口去除作業的難易。

(2)鑄件組織的稠密度和外觀。

(3)合金熔液的流動。

(4)熱傳導問題。

2. 澆口的大小：澆口尺寸的設計，關係到鑄件的品質，澆口若過大，則鑄件的密度較鬆弛，且澆口凝固時間長，容易產生收縮孔。反之，澆口若過小鑄件易生成海綿狀之微小孔洞或不易充填。

(1)澆口的厚度，在鋁合金一般採用 0.5～1.5mm，在鋅合金則爲 0.3～1 mm。

⑵澆口的寬度不宜太寬，若寬度太寬，澆口中心與末端的流速差別甚大，影響充填，一般澆口的寬度超過80mm時，宜分割成數個澆口。

3. 澆口的種類：常用的澆口有扁平澆口、扇形澆口、片狀澆口、環狀澆口以及錐形切線邊緣澆口等類型。

⑴扁平澆口：爲大型或不規則鑄件常使用之澆口，這種澆口爲最常用的澆口，可由端銑刀直接加工，製作容易，如圖6.117所示。

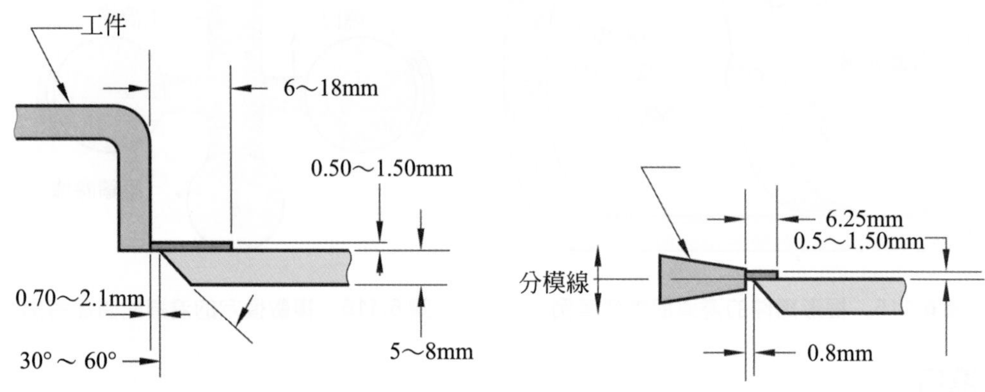

圖6.117　扁平澆口

⑵扇形澆口：主要用於薄斷面或大面積之鑄件，如圖6.118所示，此種澆口流動性佳，去除作業容易，但製作較困難。

⑶薄片澆口：澆口呈薄膜狀，主要用於薄板狀之鑄件，如圖6.119所示。

⑷環形澆口：圓筒形的鑄件若以側面澆口鑄入，心型的脫模較困難，鑄件容易有熔接線之缺陷，若以圖6.120(a)之環形澆口鑄入較佳。

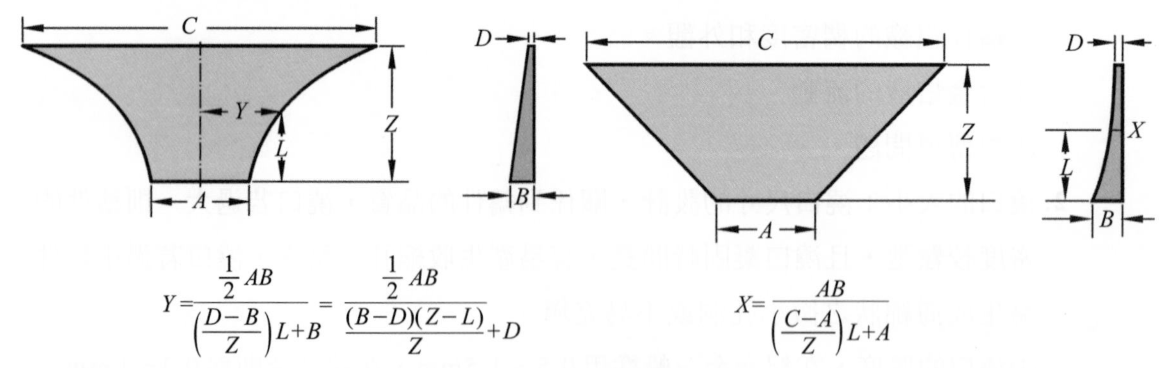

$$Y=\frac{\frac{1}{2}AB}{\left(\frac{D-B}{Z}\right)L+B}=\frac{\frac{1}{2}AB}{\frac{(B-D)(Z-L)}{Z}+D}$$

$$X=\frac{AB}{\left(\frac{C-A}{Z}\right)L+A}$$

圖6.118　典型的扇形澆口

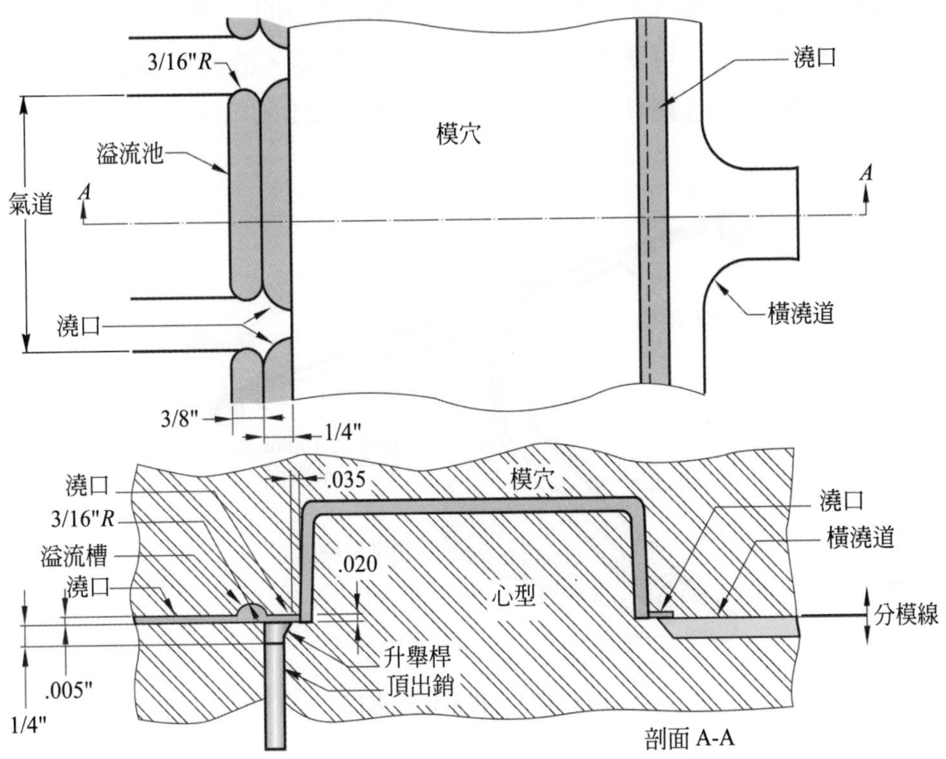

圖 6.119　薄片狀澆口

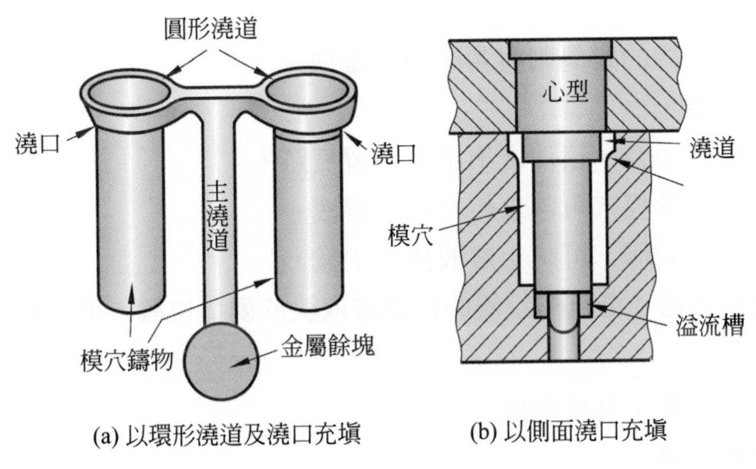

(a) 以環形澆道及澆口充填　　(b) 以側面澆口充填

圖 6.120　環狀澆口

⑸錐形切線邊緣澆口：為配合錐形切線澆道使用的一種澆口，澆口之厚度可較一般澆口薄，可薄至 0.15～0.3mm 之厚度，液流成輻射狀進入，可減少壓力損失，且鑄件之修整容易。如圖 6.121 所示。

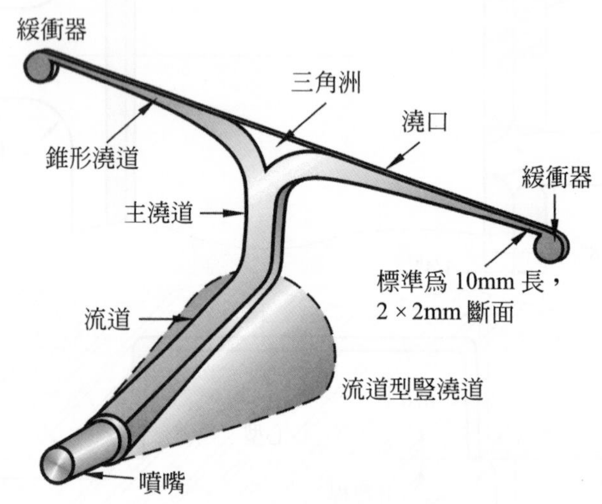

圖 6.121　錐形切線澆口

四、溢流槽

模穴的外圍適當的設置若干小模穴，可使合金熔液押入模穴時，完全將空氣逸出，這個小模穴稱之為溢流槽，溢流槽並非鑄件，因此需去除，如圖 6.122 所示。設置溢流槽的目的為：

⑴收集模穴內的離型劑與潤滑劑等雜物。

⑵平衡模溫。

⑶做為脫料平台，鑄件之頂出可不留痕跡。

⑷導入滯留於模穴角落之較冷合金熔液。

⑸設於澆口對側，可防止熔液捲入空氣。

1. 溢流槽的設置：溢流槽設置的位置雖取決於澆口位置，但一般皆考慮設置在下列的位置：

⑴模穴內氣體不易排出處。

⑵模溫較低處。

⑶鑄件熔接線處。

⑷易使模穴內壓力上昇處。

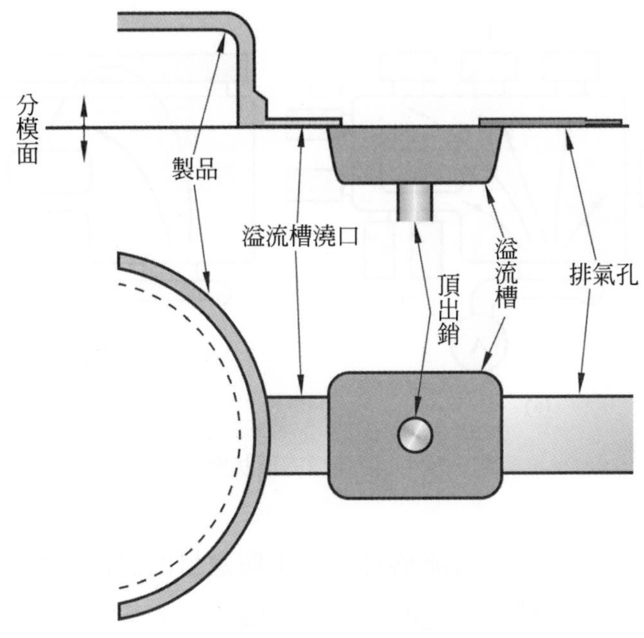

圖 6.122　溢流槽

溢流槽一般皆設置在可動模側之分模面上，如圖 6.123(a)所示。若固定模溫度低於可動模時，溢流槽設置在固定模上可平衡模溫，但必須注意溢流槽之脫模問題，如圖 6.123(b)所示。當溢流槽需加大尺寸，而在可動模無法安排、安置時，可將欲加大之溢流槽設在固定模，如圖 6.123(c)所示。

溢流槽採多數個小型溢流槽的設計優於少數個大型溢流槽的設計。圖 6.124(b)爲單個大型溢流槽，合金熔液在進入溢流槽後，流動性因冷卻而急速降低，因此會妨礙後進入之熔液 而導致在模穴的液流不安定。圖 6.124 (a)中①、③處溢流槽爲長邊橫向設置，若必須追加溢流槽，這種設計較差。而在②、④處之溢流槽爲短邊橫向設置，可方便追加溢流槽。

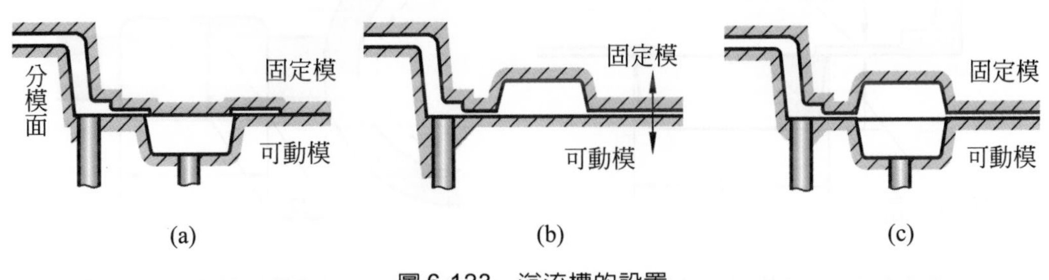

圖 6.123　溢流槽的設置

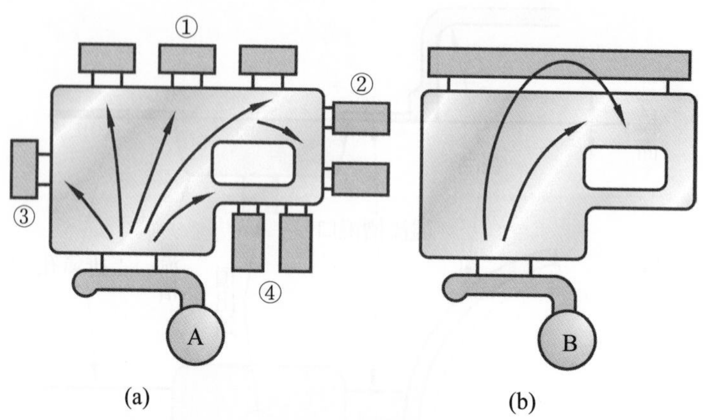

圖 6.124　溢流槽的形狀與設計

2. 溢流槽的大小與數目：溢流槽尺寸大小與數目的設計，與鑄件的形狀、模溫的調節、模穴的容積、澆道的長度都有關係。如要定出標準的公式尺寸非常困難，茲將專家的設計經驗分述如後，做爲參考。對於溢流槽的尺寸大小設計，一般而言溢流槽澆口總斷面積約爲澆口的 60～70 %，厚度約爲 0.50～0.75mm，如圖 6.125 所示，溢流槽的厚度約爲 A 部位的 20 %。

圖 6.126、圖 6.127 爲溢流槽各部位的尺寸大小的設計實例。

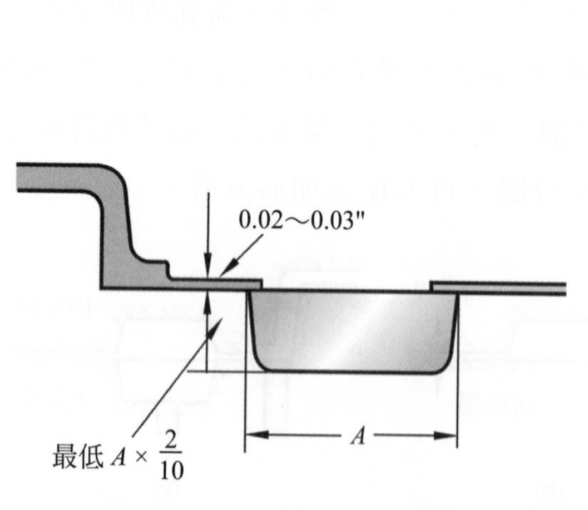

圖 6.125　溢流槽的尺寸設計例之一

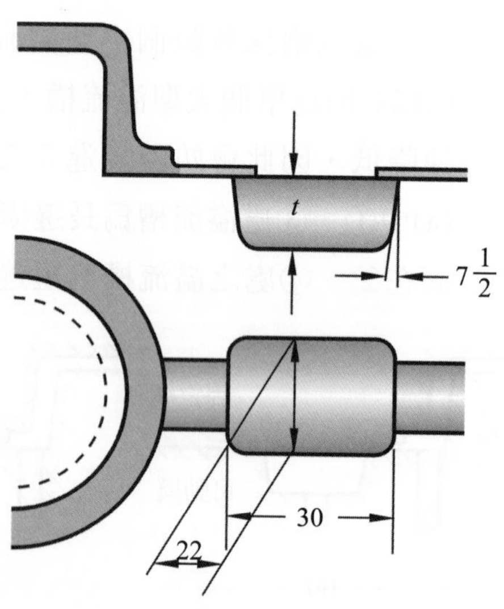

圖 6.126　溢流槽的尺寸設計例之二

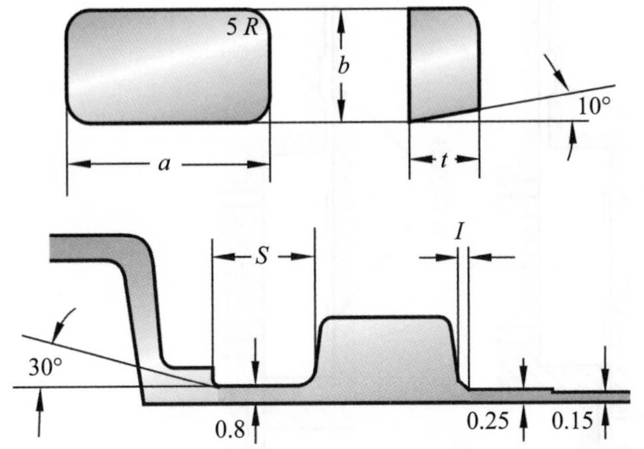

單位：mm

a	*b*	*t*	*S*
25	15	5	4
40	25	7	8
50	30	8	10

圖 6.127　溢流槽的尺寸設計例之三

五、排氣孔

合金熔液壓入模穴的同時，模穴內部的空氣即從排氣孔被排出，如圖 6.128 所示。

設置排氣孔最主要的目的是使模穴內的空氣有一定的通道排出，模穴內的空氣若無法完全排出時，容易爲熔液捲入而成氣孔。因此，排氣孔雖是小小的尺寸，卻非常重要。

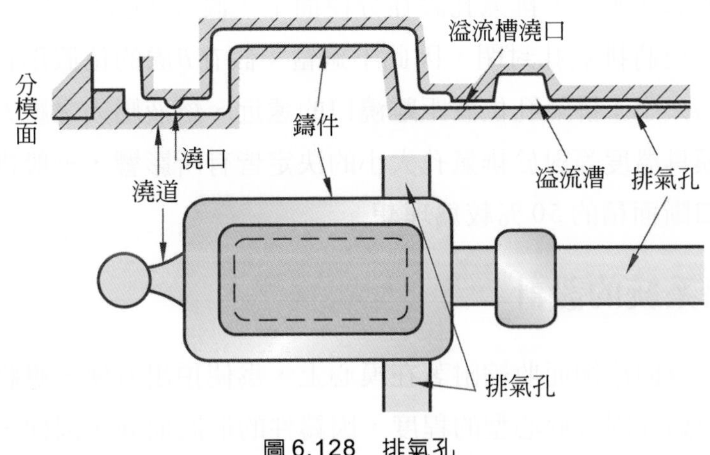

圖 6.128　排氣孔

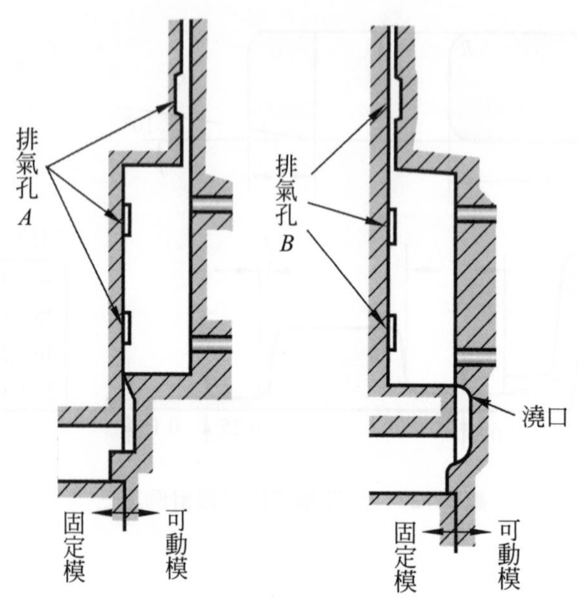

圖 6.129　排氣孔位置

1. 排氣孔的位置：排氣孔位置的決定，受到鑄物的形狀、模具的構造、以及壓鑄時諸條件之左右，但一般考慮設置的原則爲：

⑴模穴內液流最後到達的位置。

⑵遠離澆口最遠處。

⑶合金熔液壓入，直接衝擊之位置。

⑷鑄孔容易生成的位置。

圖 6.129 所示，排氣孔設在分模面上，設在*A*處時，熔液可能在未充滿模穴時，已將排氣孔封閉，因此不適當；設在*B*處的位置則較佳。

2. 排氣孔的大小：排氣孔位置距離澆口的遠近、熔液壓入之壓力高低、鑄入溫度以及模具溫度等對於排氣孔大小的決定皆有所影響，一般排氣孔的斷面積約爲澆口斷面積的 50 ％較爲理想。

6.4.2　頂出系統的設計

鑄件成形後會因冷卻而收縮附著在模心上，爲使頂出方便，應將鑄件設計留在可動模上。由於鑄件固著於心型的程度，因鑄件的形狀而異，因此，頂出位置的選定，必須注意下列事項：

⑴頂出力的均衡。

⑵設在不易脫模處，如圖6.130所示。

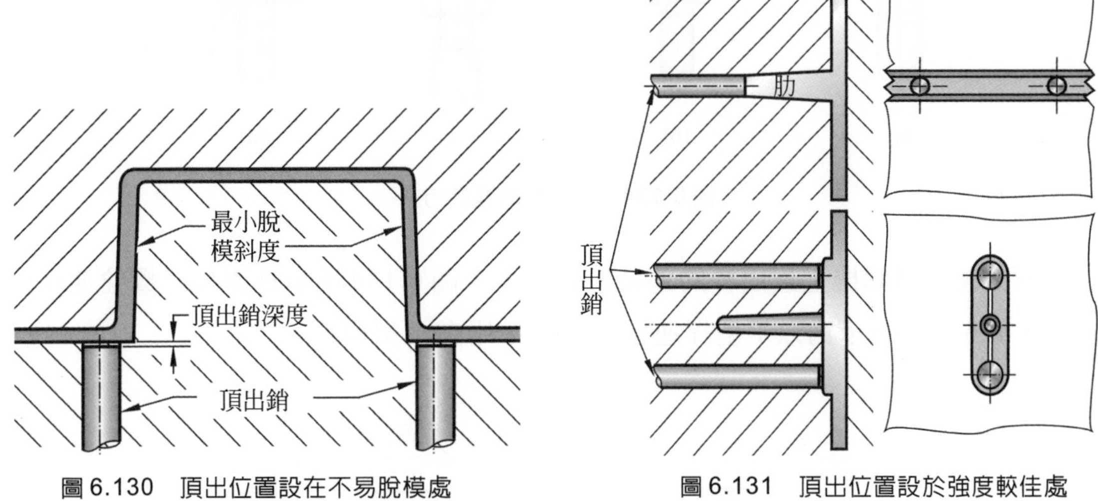

圖6.130　頂出位置設在不易脫模處

圖6.131　頂出位置設於強度較佳處

⑶設於強度較佳處，如圖6.131所示，設於強度較佳的肋及突緣處。

⑷避免設在曲面上，若無法避免，應設法使頂出銷予以固定，如圖6.132所示。

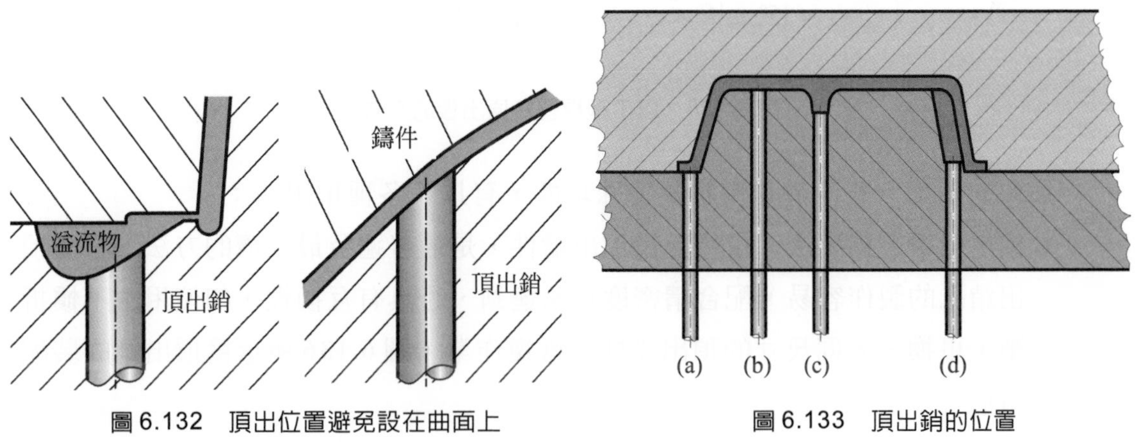

圖6.132　頂出位置避免設在曲面上

圖6.133　頂出銷的位置

圖 6.133 所示之各頂出位置以(a)(c)(d)之位置最理想，設在(b)之位置於頂出時，側壁附著在模心的力量最大，最不理想。

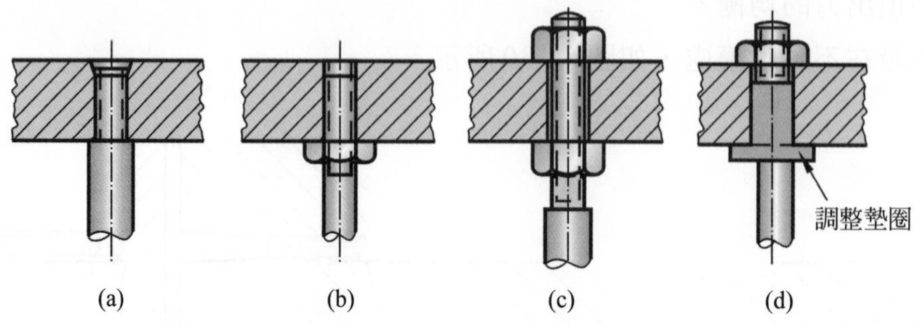

圖 6.134 頂出桿的連結方式

頂出板與壓鑄機上頂出桿的連結方式很多，圖 6.134 所示爲直接以螺栓連結的方式，圖 6.135 所示爲以 T 型桿連結的方式，用在小型模具。

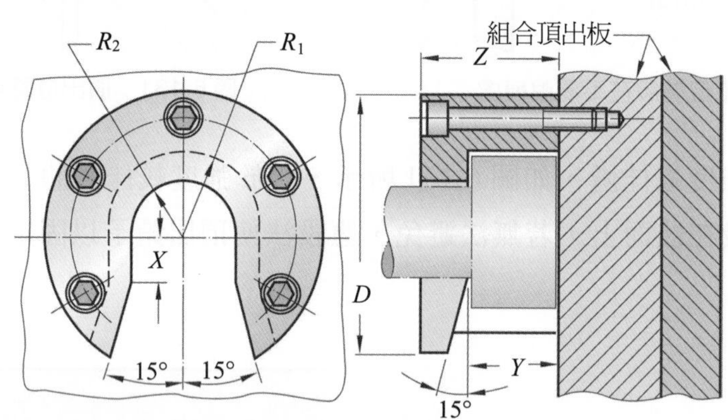

圖 6.135 以 T 型桿連結頂出板的方式

鑄件的頂出方式，依其形狀及特殊功能，有以下各種頂出法：

1. 頂出銷標準頂出法：以頂出銷頂出鑄件，是最普遍及最經濟的方法，不僅頂出銷孔的製作容易，配合精密度也易達到，且具有互換性，如使用中不愼折斷，更換一支同尺寸的頂出銷即可恢復作業，圖 6.136 所示爲頂出銷的裝配情形。

2. 頂出套筒頂出法：鑄件若爲突緣時，以頂出套筒頂出更爲確實。頂出套筒爲管狀，安裝於頂出板上，如圖 6.137 及圖 6.138 所示，心型銷則固定在固定板上。

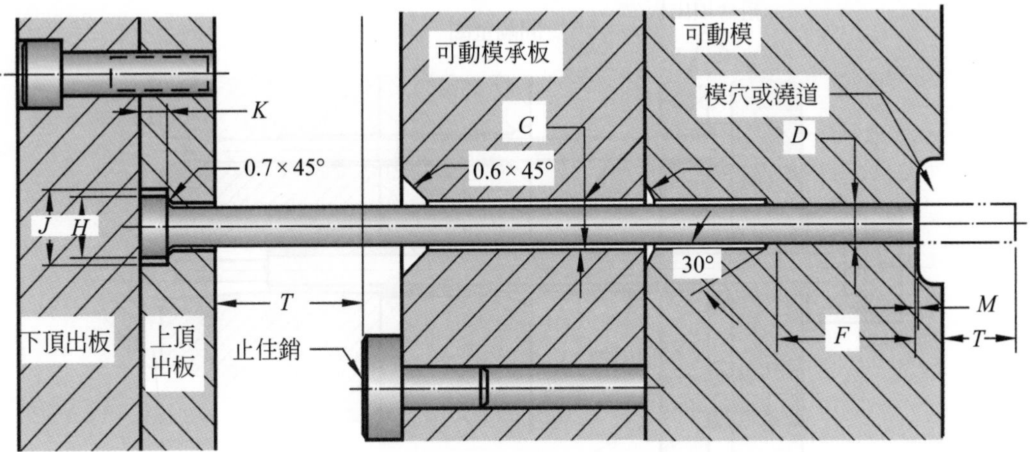

圖 6.136　頂出銷的裝配情形

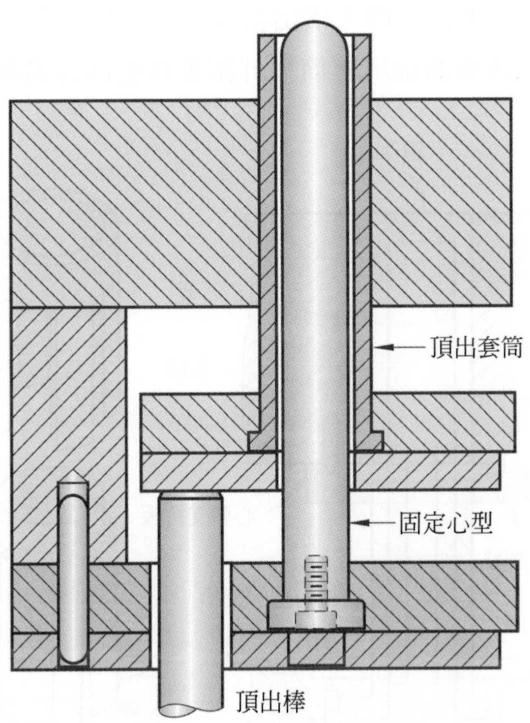

圖 6.137　頂出套筒裝於頂出板的情形

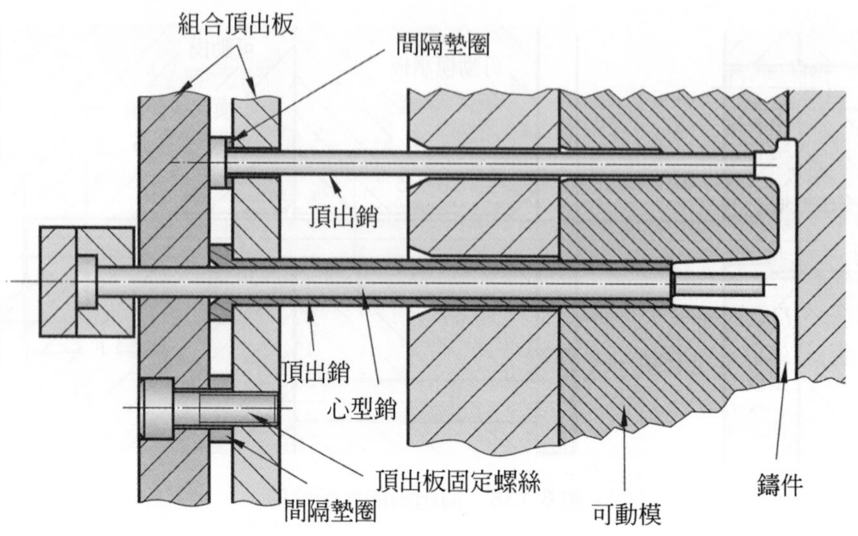

圖 6.138　頂出套筒的各部結構

另外，有一種特殊型頂出套筒，頂出套筒安裝於頂出板上，心型銷則固定在可動板或承板上，這種特殊型的頂出套筒，外圍製作有四條溝槽，如圖 6.139 所示。

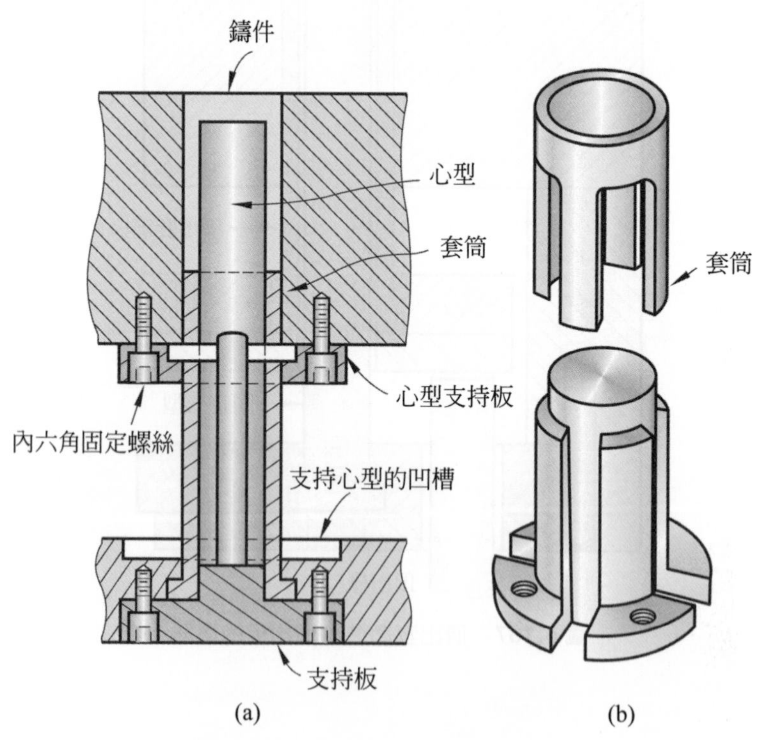

圖 6.139　特殊型頂出套筒及結構

3. 頂出環頂出法：以頂出環頂出鑄件的方式很類似頂出套筒頂出法，其優點是頂出時以鑄件的全端面作頂出，頂出平穩不易發生變形，如圖 6.140 所示。

4. 脫料板頂出法：以頂出環頂出鑄件，其適用範圍限制在單鑄件之頂出，鑄件若為多數時，頂出環的製作就不夠經濟了，若改以製作成整體之脫料板，則模具的構造可簡化許多，也較為經濟，脫料板之結構，如圖 6.141 所示。

5. 傾斜頂出法：一般鑄件頂出的方向與壓鑄機開啓的方向相同，但是有些鑄件因其形狀特殊，頂出的方向不是與分模面垂直，這時頂出裝置需要配置在傾斜面上，如圖 6.142 所示，若傾斜角度不大，頂出板可設計與模框平行，而頂出器與分模面垂直，如圖 6.143 所示。

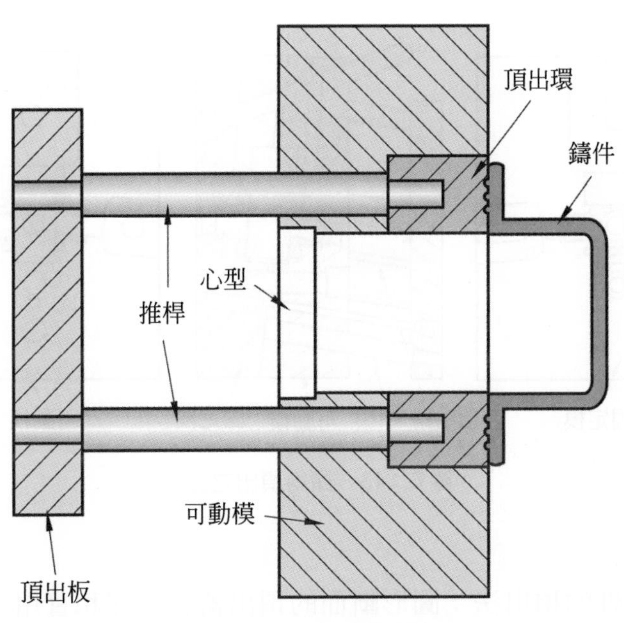

圖 6.140　頂出環的應用

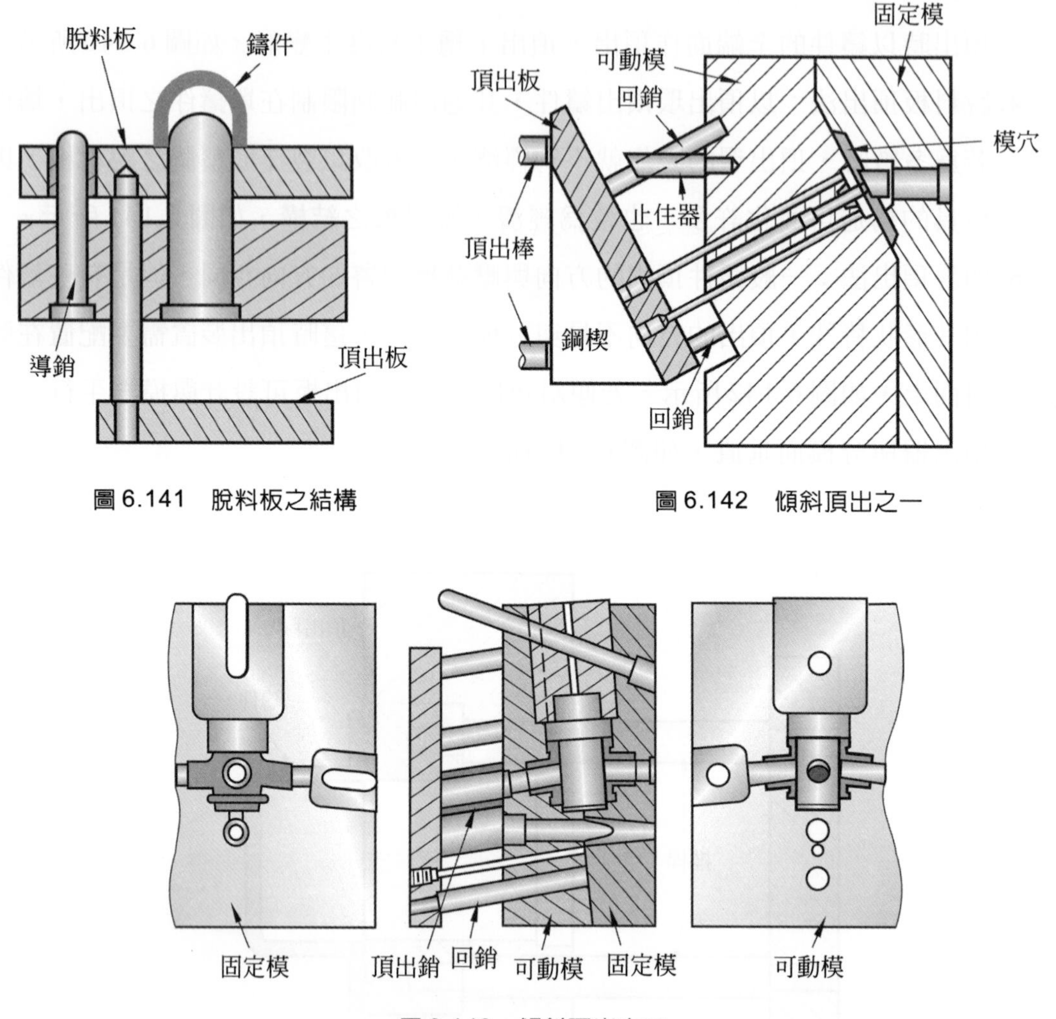

圖 6.141　脫料板之結構

圖 6.142　傾斜頂出之一

圖 6.143　傾斜頂出之二

6. 圓形斷面以外的頂出法：圓形斷面的頂出器在製作和實用上有其優點所在，但若以較小的頂出銷在薄斷面做頂出，有時鑄件不但不易頂出，且頂出銷有折斷之虞，若改以頂出板頂出，則頂出效果較佳，如圖 6.144 所示，在心型肩部頂出板配合之溝槽，只要做出三個側面即可，製作簡單，頂出片之四面以研磨的方式即可達成所要之精度。

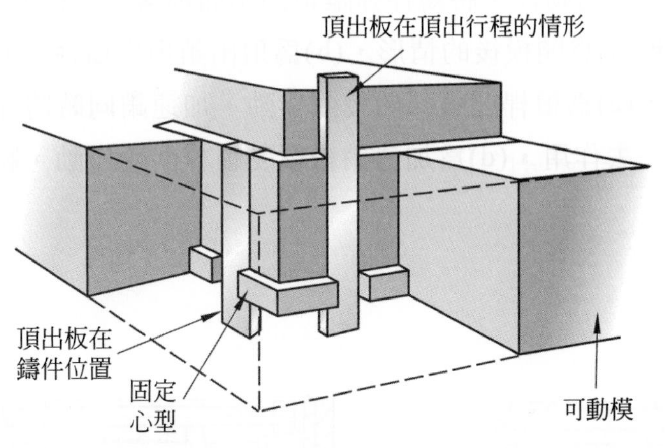

圖 6.144　頂出板的結構與應用

7. 兩段頂出法：以一般的頂出裝置頂出時，頂出器的頂出動作全部一致，但是有些場合可藉著兩組頂出器做出兩段不同的動作，而達到自動化作業。如圖 6.145 所示，爲採以兩組頂出器做兩段頂出的裝置，先以D_1板上的頂出銷將澆道頂出，再以D_2板上的頂出銷頂出鑄件。圖 6.146 所示是將第二組的頂出板省略，改以延遲銷代替，同樣可做兩段頂出。

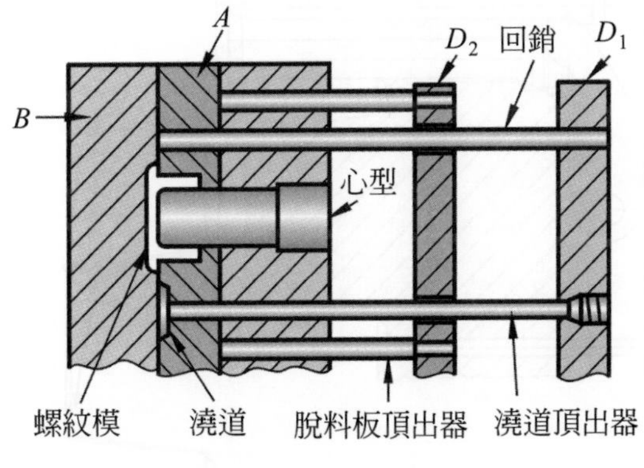

圖 6.145　兩段頂出先頂出澆道

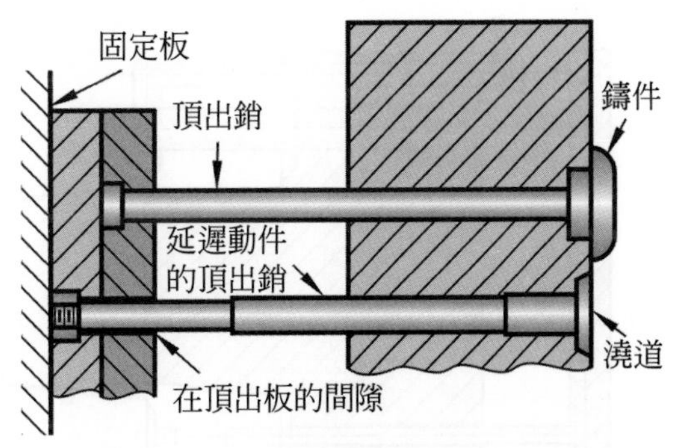

圖 6.146　採延遲銷的方式做二段頂出再頂出鑄件

8. 加速銷頂出法：將鑄件自模穴取出的方式，常用的有兩種，第一是自動掉落法，第二是以機械手臂取出法。二者中以自動掉落法較快且較經濟，由於鑄件的硬度極高，採自動掉落法，鑄件必須避免與模心碰撞，一般的做法是採用加速頂出銷的動作，將鑄件彈離頂出銷而掉落下水槽的方式，如圖 6.147 所示，步驟(a)為開模後的情形，(b)為頂出銷頂出鑄件，同時將浮動銷與加速銷拉出，(c)為槓桿凸輪開始發生作動，加速銷同時將浮動銷拉出，此時頂出銷已失去作用，(d)為加速銷繼續受槓桿凸輪作動，將鑄件從浮動銷上頂出而掉下。

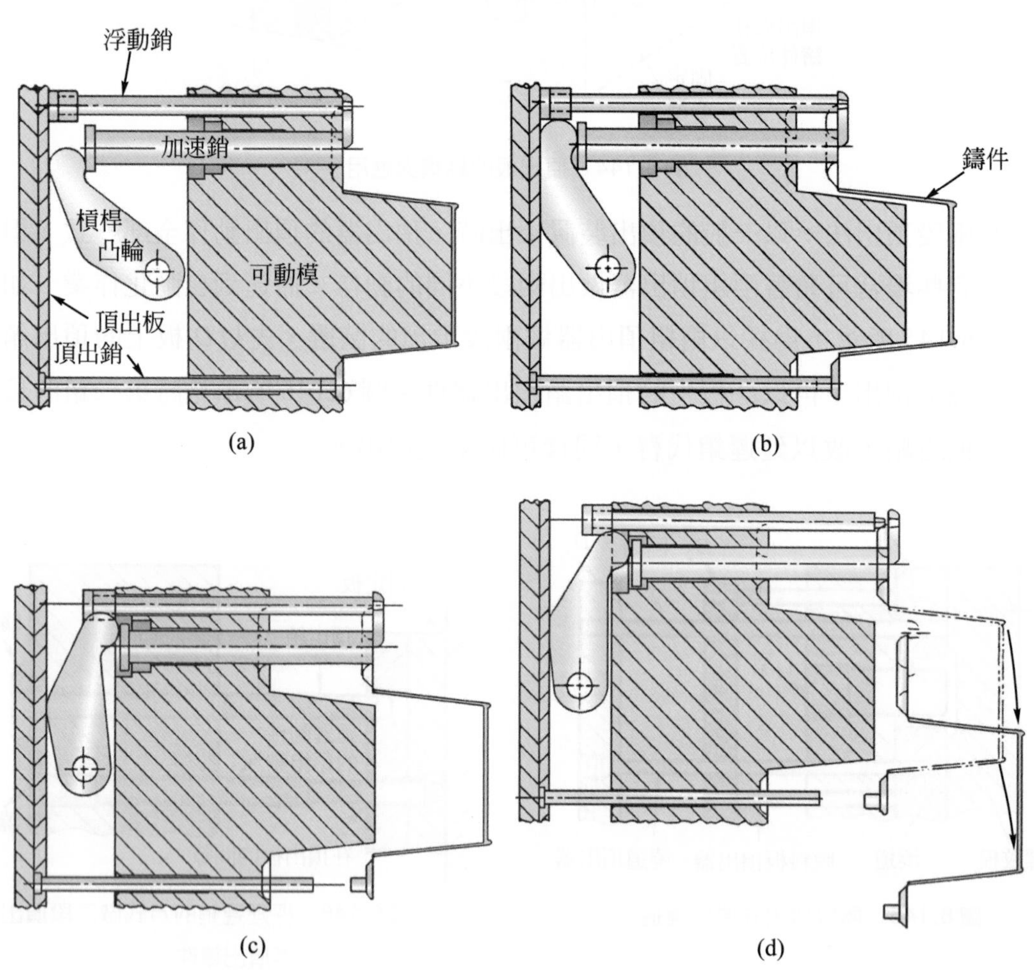

圖 6.147　加速銷的頂出步驟

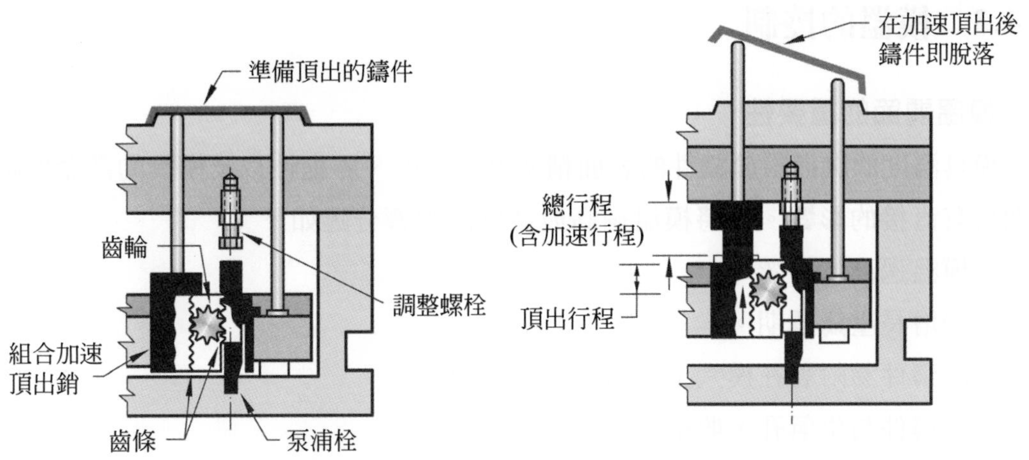

圖 6.148　齒輪與齒條加速頂出應用例(一)

除以凸輪槓桿做加速頂出外，亦可採用齒輪與齒條特殊組合應用的方式，使頂出銷的動作不一致，而達到加速頂出的目的，如圖 6.148、圖 6.149 所示。

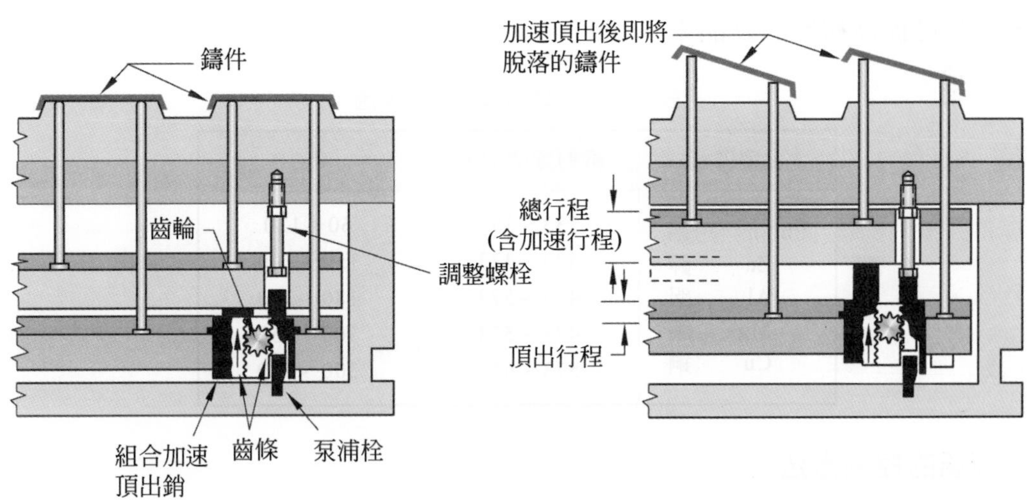

圖 6.149　齒輪與齒條加速頂出應用例(二)

6.4.3 模溫的控制

一、模溫調節的重要性

模具溫度的調節對於鑄件的表面精密度、強度、收縮性以及模具的壽命與壓鑄週期皆有直接的影響。茲將模溫過高與過低的影響分述如下：

1. 模溫過高的影響

⑴增長壓鑄週期。

⑵鑄件易附著在模穴上，增加頂出困難。

⑶鑄件易生氣孔，收縮率增大。

⑷離型劑易揮發、變質。

2. 模溫過低的影響

⑴模具容易因熱衝擊而產生細微之裂痕。

⑵易影響合金熔液的流動性。

⑶鑄件之組織較鬆弛，降低強度及表面精度。

⑷鑄件之收縮較快，頂出不易。

一般模溫的控制，溫度如表 6.12 所示，在壓鑄前，宜先將模溫預熱到一定範圍，如此可提高初期的良品率。

表 6.12 壓鑄各種合金的模溫

合金種類	絕對溫度 (°K)	0°C
Pb Sn 鉛錫	333～393	60～120
Zn 鋅	423～473	150～200
Al 鋁	453～573	180～300
Mg 鎂	473～523	200～250
Cu 銅	573～623	300～350

二、模溫的控制方法

模溫的控制是在模具內設置冷卻水道，藉著水流的速比來調節的。

冷卻水道的設置，多半憑經驗設計決定，但一般考慮的事項有：

⑴注意模溫的均勻控制，以避免應力龜裂。

⑵採多數小水道冷卻，優於少數大水道的冷卻。

⑶鑄入口處採單獨水套冷卻。

⑷模心處或鑄件壁較厚處的冷卻需充份。

模溫的控制方式有直流式、噴流式、循環式三種。

1. 直流式：直流式冷卻法主要用於模穴的冷卻，如圖 6.150 所示。設計時應注意水道壁至模穴表面的距離，採水冷卻爲 20～25mm，採油冷卻爲 10～20mm 較佳，如圖 6.151 所示。

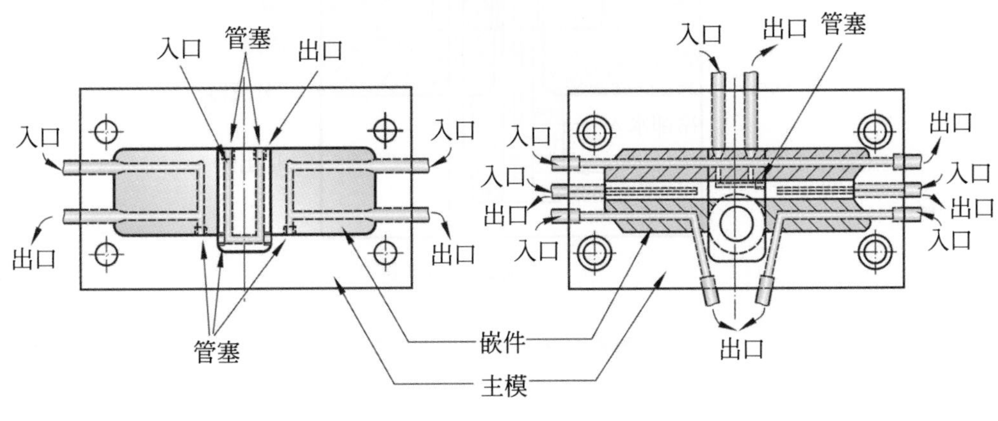

圖 6.150 直流式冷卻法

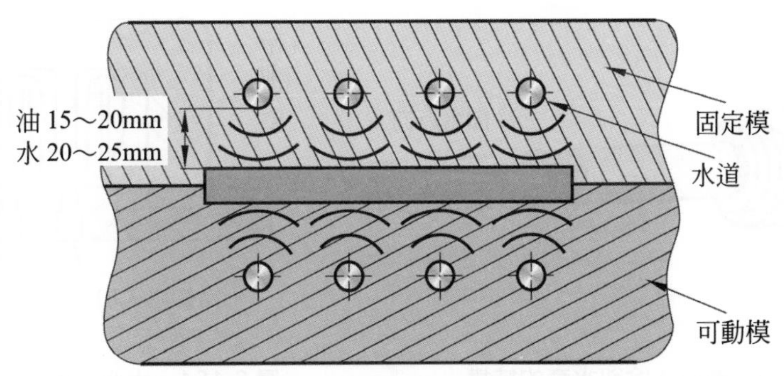

圖 6.151 水道壁至模穴之最佳距離

2. 噴流式：噴流式冷卻法主要用於模心、分流子、或肉厚處等局部之冷卻，如圖 6.152 所示，此法的液流方式是採從內管道噴出，再由管的外圍流出，這種水套的結構如圖 6.153 所示，另一種型式如圖 6.154 所示，用於大型心型之冷卻，圖 6.155 爲分流子之噴流式冷卻範例。

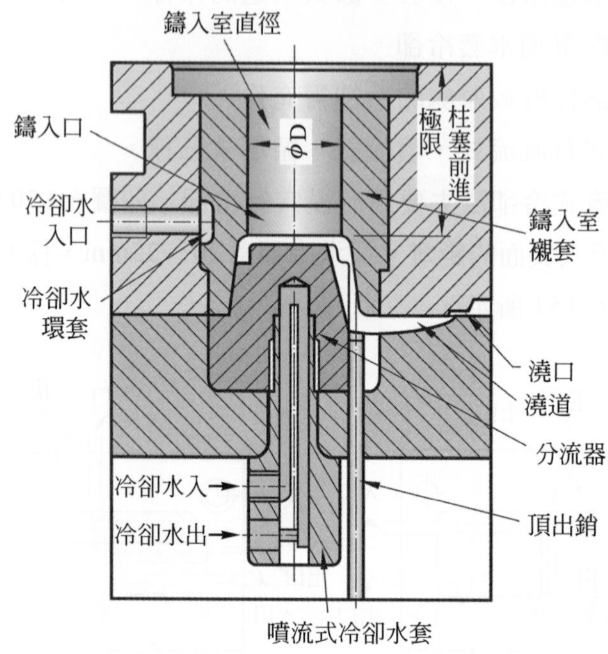

圖 6.152　噴流式冷卻法

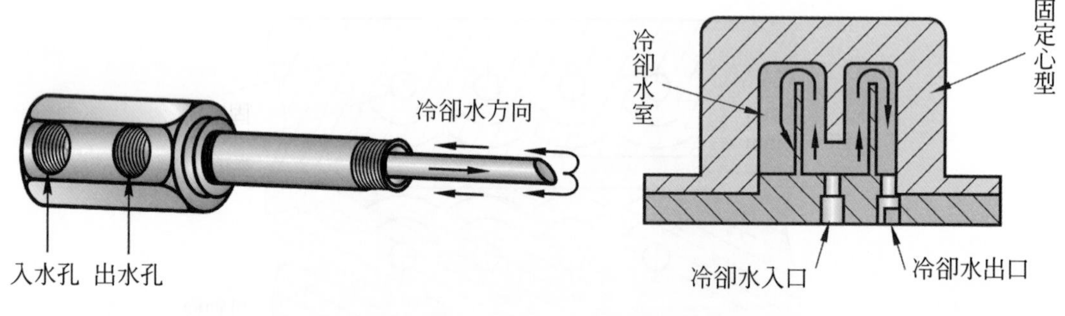

圖 6.153　噴流式冷卻水套的結構

圖 6.154　大心型的噴流式冷卻水套

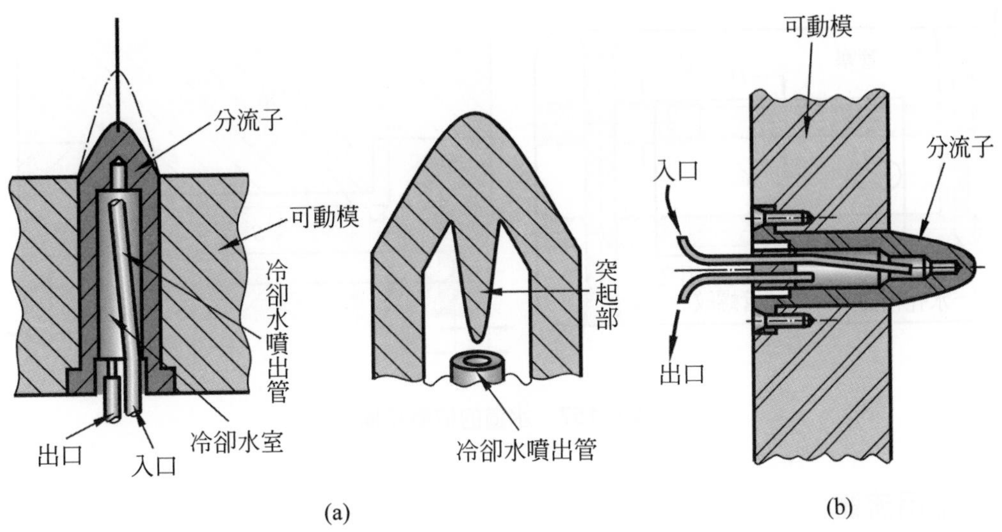

圖 6.155　分流子之噴流式冷卻範例

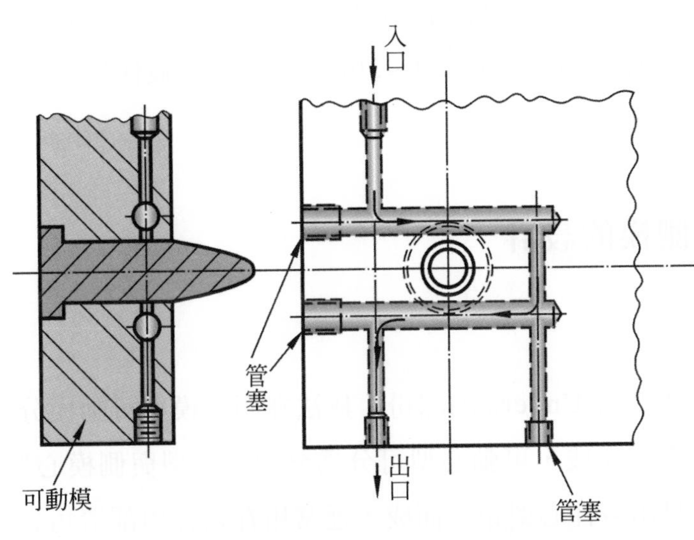

圖 6.156　鑄入口(豎澆道)襯套的循環式冷卻

3. 循環式：循環式冷卻法主要用於鑄入口或豎澆道襯套的冷卻，如圖 6.156 所示。

冷卻水道的配置，必須注意不得太密集，否則模具可能受水道的損壞而生裂縫，影響其壽命，如圖 6.157 所示。

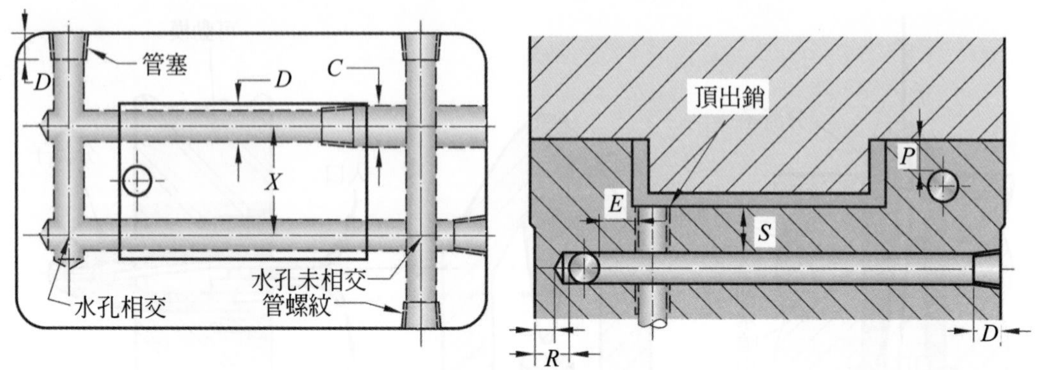

圖 6.157 水道的位置結構

三、冷卻用流體

冷卻用的流體分爲水與油兩種，冷卻水的溫度控制範圍約在 20～98℃，如需調節較高之溫度，則必須加壓控制，其缺點爲易蒸發、模具容易受水蒸氣氧化生銹。冷卻油的溫度控制範圍約在 20～300℃左右，一般使用之冷卻油以發熱油較多，唯價格高不經濟。

6.4.4 滑動側模的設計

一、可動心型

鑄件之凹孔或清角(Undercut)部份，無法在固定模與可動模分模方向成形，則必須採用可動心型來達成，可動心型可分爲分解式心型與側模心型兩類。

分解式心型是由多件心型組合而成，通常用在鑄件內部清角之成形，其心型做成可活動的，如圖 6.158 所示。*Q*爲分解式心型兼作頂出之用，以導銷*D*在襯套上定位，固定心型F在鑄件頂出後，提出一空間，幫助分解式心型自鑄件上卸下。採用可分解式心型成形，耗時又費力，且心型需作準備之定位。圖 6.159 所示爲分解式心型以筍頭或定位銷定位的情形。

側模心型用在鑄件外部清角之成形，其主要構件包括導座、鎖模楔(定位器)和作動器等。

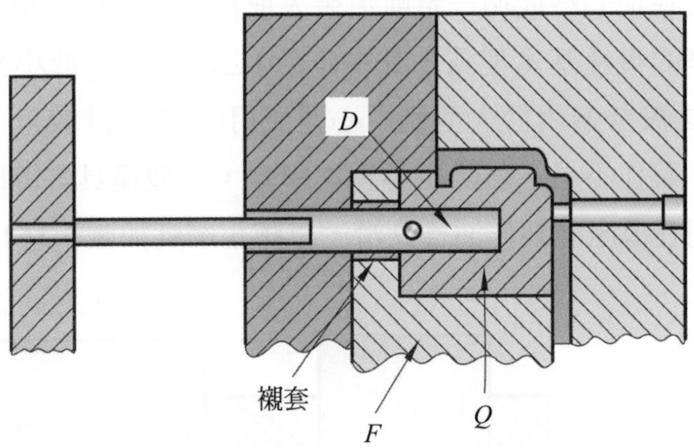

圖 6.158　分解式心型的應用

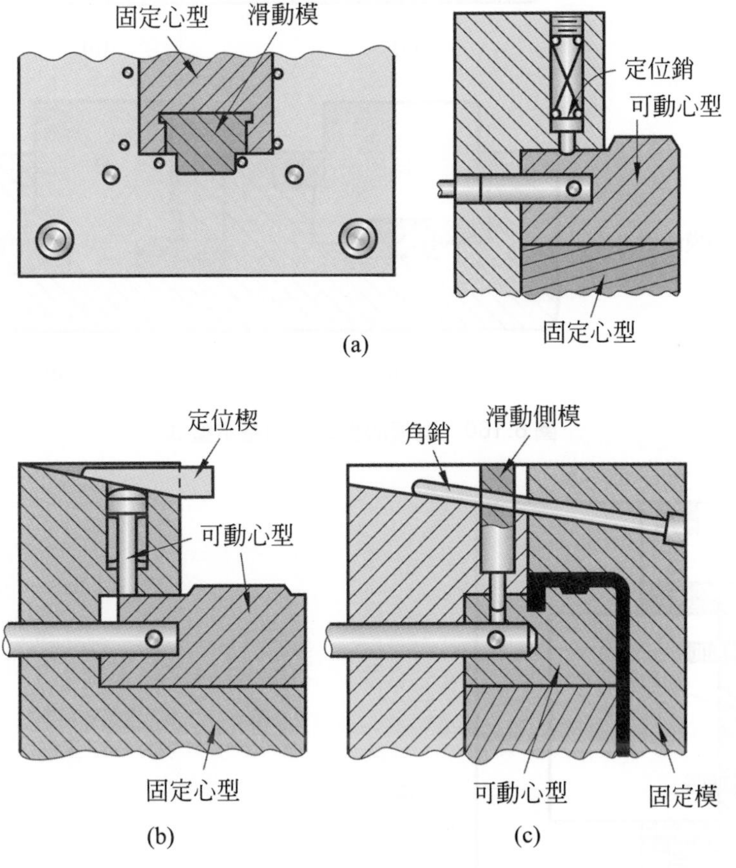

圖 6.159　分解式心型的定位方式

導座的功用是在使心型能循一定軌道裝入或拔出。因此，精密度要求甚高，圖6.160 所示爲導座的幾種基本型式，其中(c)(d)之設計適用於小型側模心型使用，製作較容易。(a)之設計適用於大型側模心型使用(b)之設計較差，因側模心型與導座之配合面過多，製作不易。爲防止導座之摩耗，小型模具之導座以硬化鋼或青銅製作，大型模具則在導座上製作油槽潤滑，以防止磨耗如圖 6.161、圖 6.162 所示。

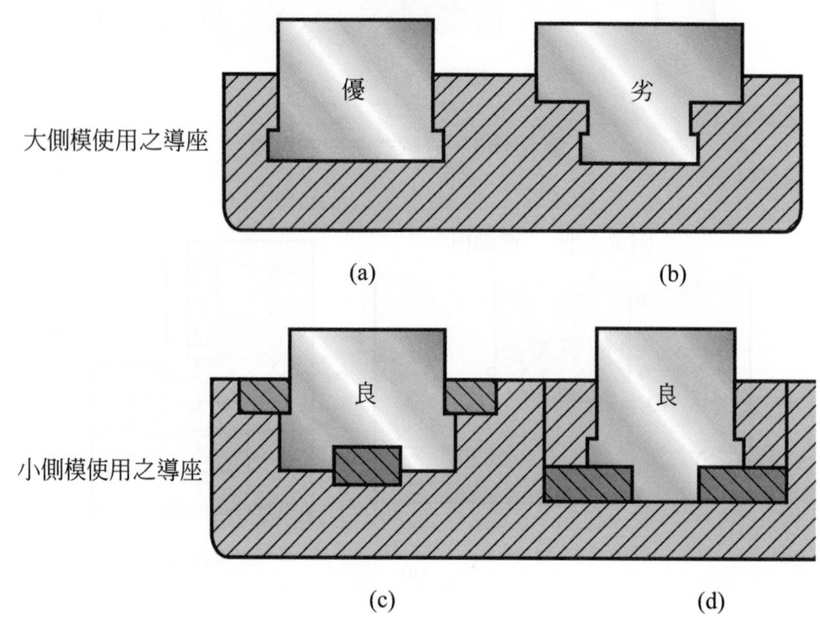

圖 6.160 側模心型導座的基本型式

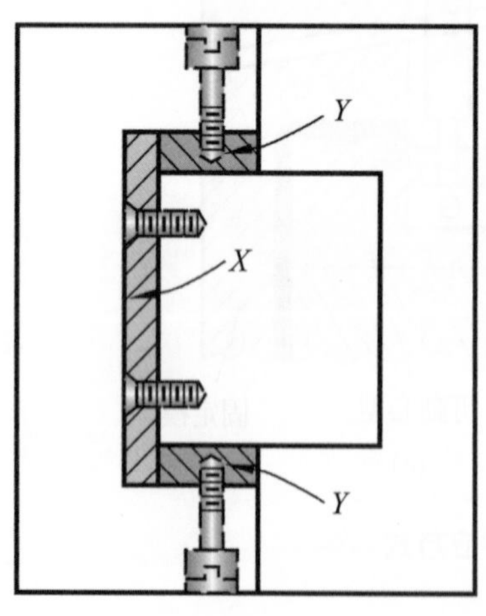

圖 6.161 以硬化鋼或青銅製作的小型模具之導座

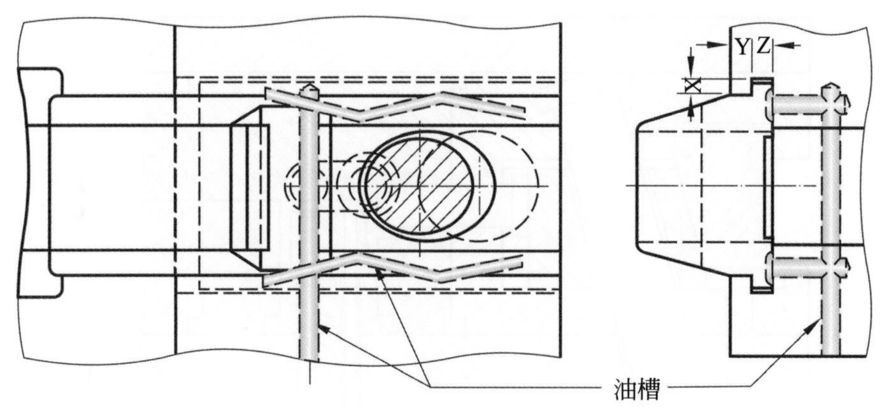

圖 6.162　在導座上製作油槽潤滑

側模心型裝入位置之保持，是由固定塊定位的，因其形狀爲楔形，故也稱其爲鎖模楔形塊。側模心型以作動器送回後再以定位塊利用斜面原理準確的定位與鎖緊，定位塊除作定位之外，並要能抵抗側模方向合金熔液所產生的開模力。

二、側模心型的作動機構

鑄件於壓鑄後，收縮在心型上，需以作動器使側模心型拔出，其所採用的型式則因側模心型的形狀、大小而異。

側模心型的作動一般採下列四種方式：

⑴角銷裝置。

⑵斜角凸輪裝置。

⑶齒輪齒條裝置。

⑷液壓缸裝置。

⑴⑵⑶三項之裝置是藉壓鑄機開模的動作使之作動的，而液壓缸裝置之動力來源則需靠泵浦壓力帶動。

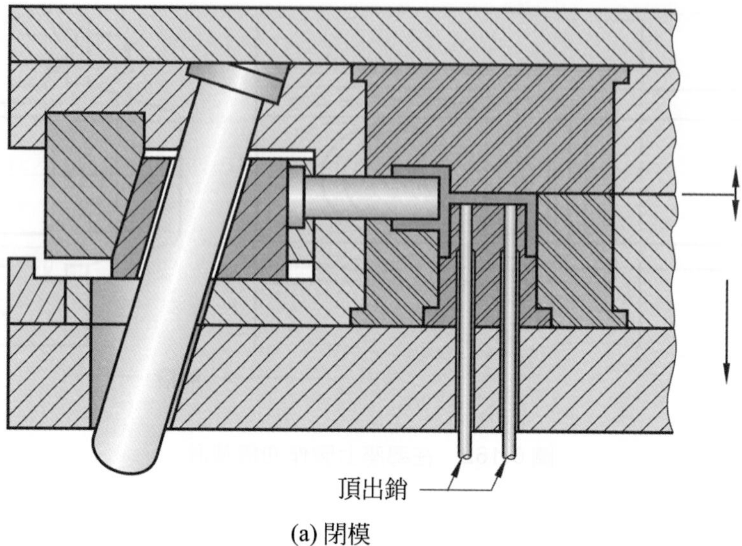

(a) 閉模

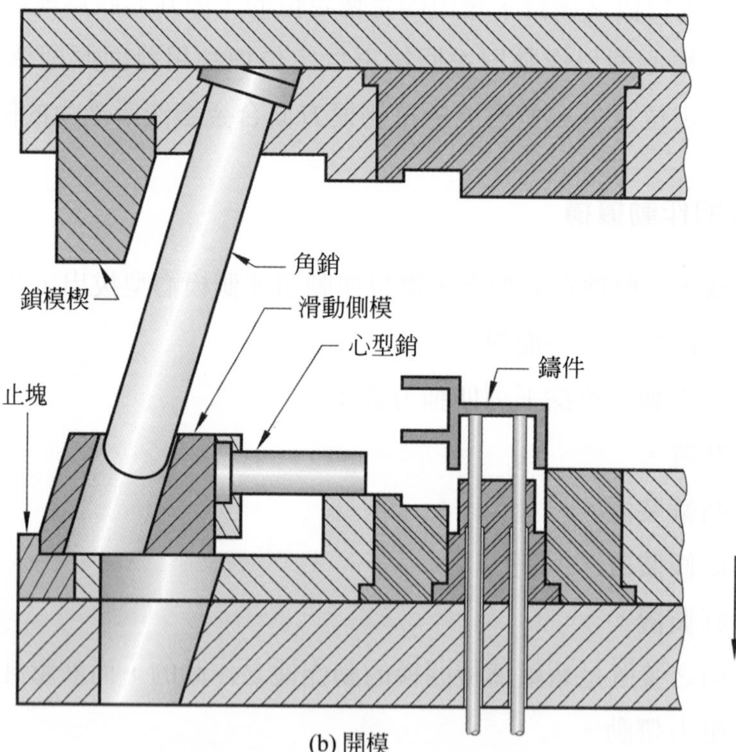

(b) 開模

圖 6.163 以角銷作動側模心型

1. 角銷裝置：以角銷裝置作動側模心型的方式，廣泛的被採用，原因是製作較容易，成本也較低，惟角銷的傾斜角不可過大，若過大，則側模心型易受干涉，一般以 25°以下爲原則。圖 6.163 及圖 6.164 所示爲角銷作動側模心型的設計例。

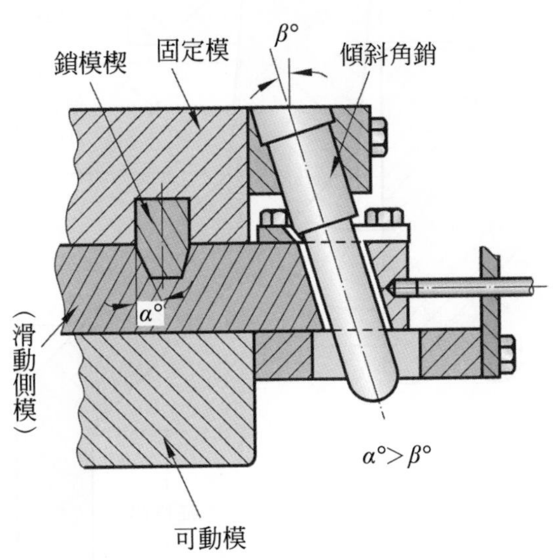

圖 6.164　角銷裝置設在模具外周的設計

2. 斜角凸輪裝置：以斜角凸輪作動側模心型是從角銷的觀念演變而成的，所不同的是斜角凸輪可作動較長的距離，且可利用斜角凸輪的傾斜角度控制側模心型的離模速度。圖 6.165 所示，斜角凸輪有兩段凸輪角；第一階凸輪角較小，一般取 5°左右，可使鑄件緩慢脫出。第二階凸輪角最大可取在 45°以內，因此側模可快速退出鑄件。

3. 齒輪齒條裝置：以齒輪齒條裝置作動側模心型，其主要的特點是作動距離可較長，且在任何斜面或曲面之心型亦可使用。圖 6.166、圖 6.167 所示。

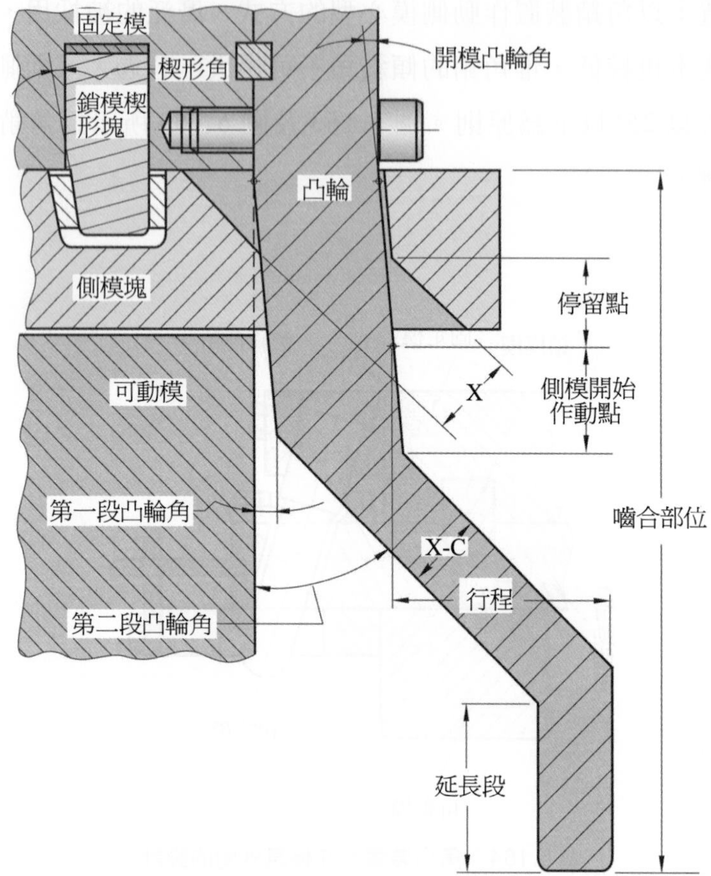

圖 6.165　以斜角凸輪作動側模心型

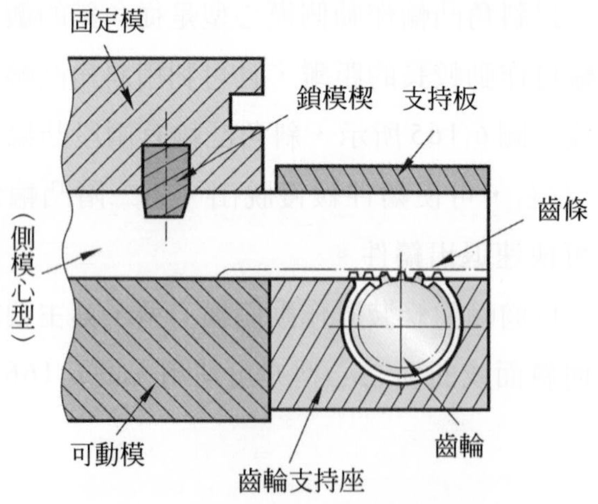

圖 6.166　以齒輪齒條裝置作動側模心型例一

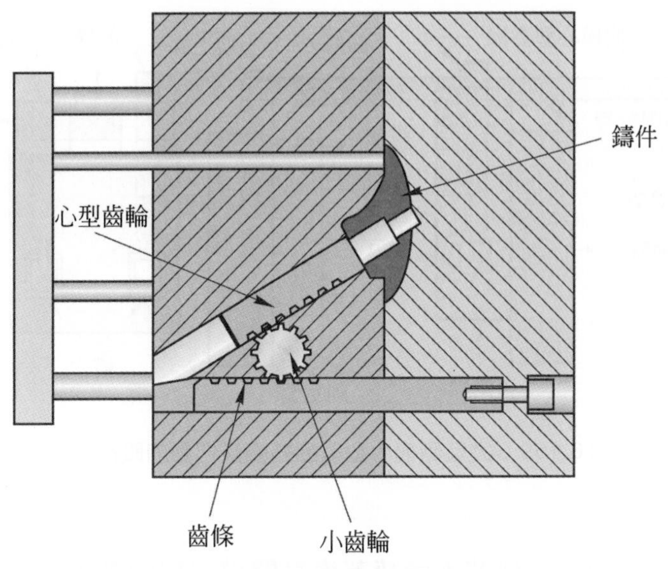

圖 6.167　以齒輪齒條裝置作動側模心型例二

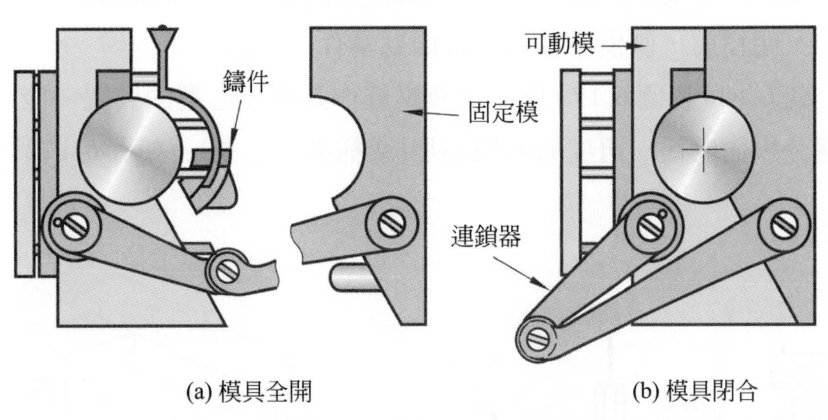

(a) 模具全開　(b) 模具閉合

圖 6.168　以連鎖器以作動側模心型設計例

圓弧的心型可藉裝在模具上的連鎖器，在開閉模行程時驅動小齒輪而作動之，如圖 6.168 所示。

圖 6.169 所示，以裝在鎖模盤的齒輪齒條作動較大型的側模心型的情形。

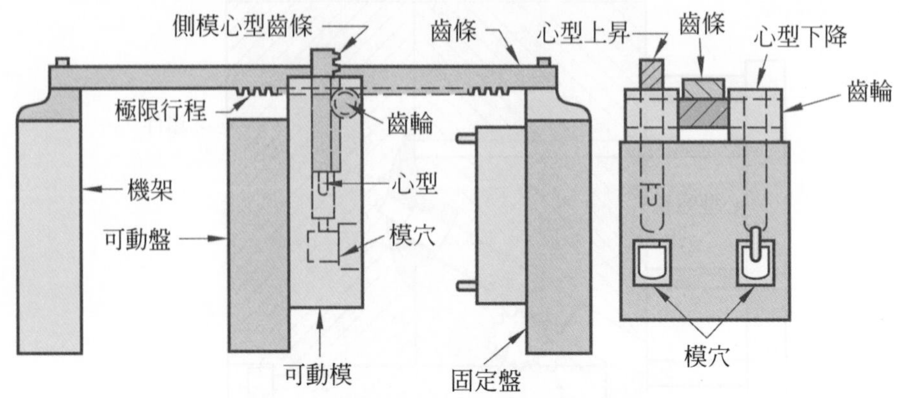

圖 6.169　大型側模心型以齒輪齒條作動的設計例

4. 液壓缸裝置：側模心型若不能藉著模具開模行程的動力作動，則必須以液壓缸的裝置作動。以液壓缸作動側模心型，其開閉行程必須配合壓鑄週期，因此液壓系統必須與壓鑄機的控制系統連結，側模心型未離模時，不可作頂出動作，閉模前，側模心型需先行回到鑄件的位置。

圖 6.170 及圖 6.171 所示為液壓缸作動側模心型的裝置。液壓缸亦可作動與分模面成任一角度的側模心型(或稱潛入心型)，如圖 6.172 所示。

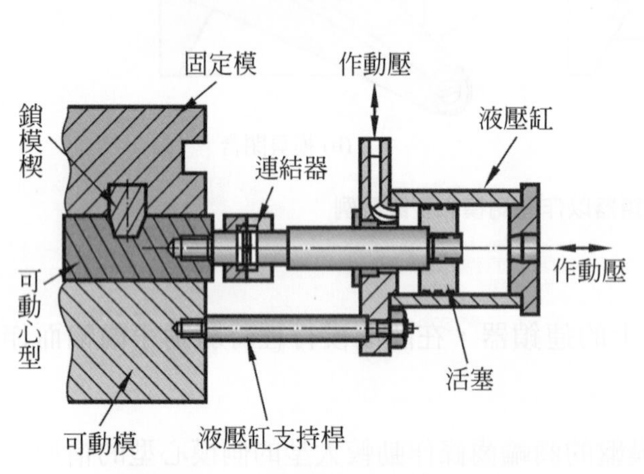

圖 6.170　以液壓缸作動側模心型的設計例之一

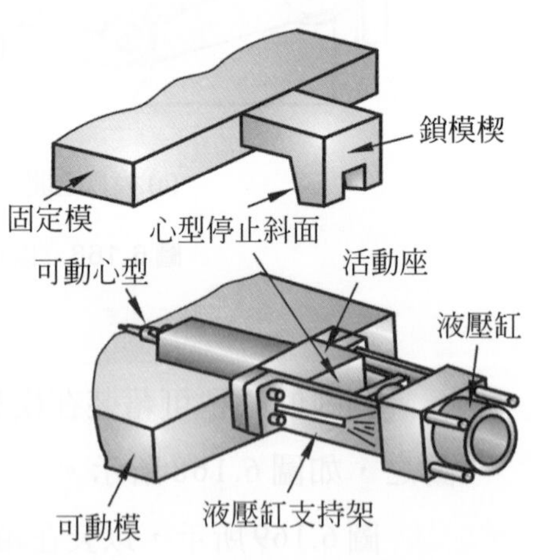

圖 6.171　以液壓缸作動側模心型的設計例之二

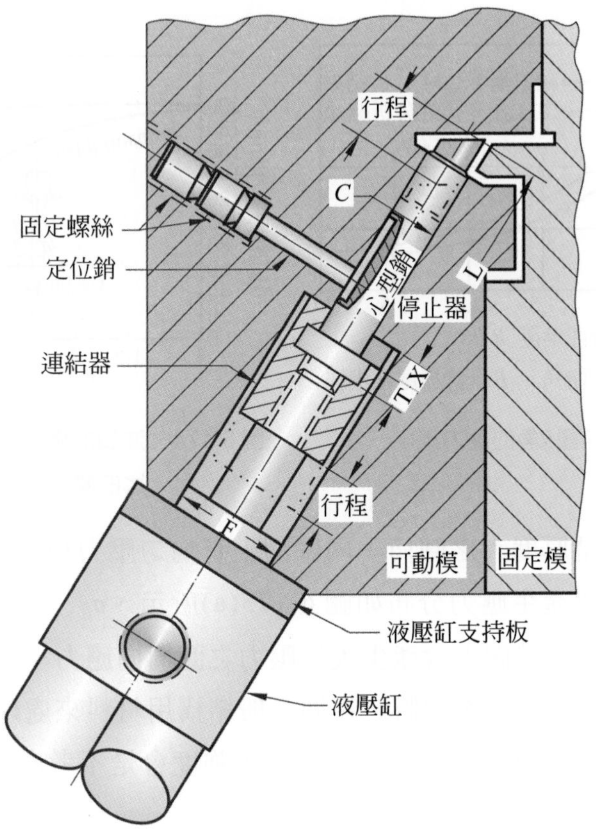

圖 6.172　以傾斜液壓缸作動側模心型的特殊設計例

6.5 鍛造模具設計

6.5.1 鍛模元件之設計

1. 沖頭：具有相同截面長棒的一端上有均勻壓力作用時，此壓力會不變，且均勻地傳遞到棒之內部，除此之外，卻不會產生任何壓力。一般有階梯差形狀之沖頭，或有內壓作用之模具時，通常都會產生不可忽略程度大小的應力。圖 6.173 表示沖頭之R角部位上之應力集中係數。沖頭長的話，尚有發生挫曲之危險。圖 6.174 表示沖頭長度—直徑比與極限壓縮應力之關係。按前端之支持條件，其結果截然不同，長度越長其強度會下降越多。沖頭及逆擊沖頭，或推頂器之所施加之荷重，最後會傳遞到沖床之滑座或承板面上去。

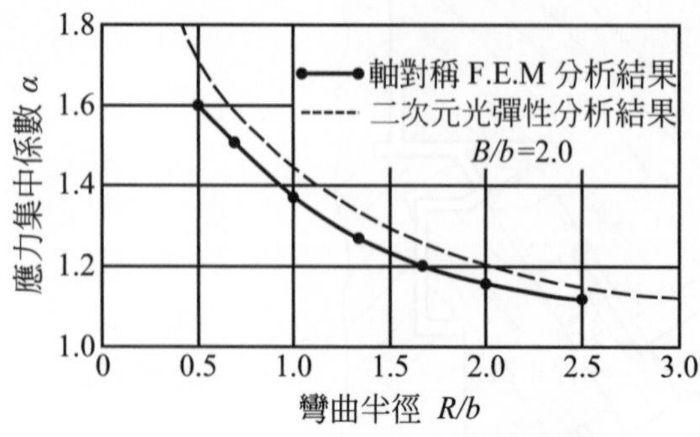

圖 6.173 沖頭R角的應力集中

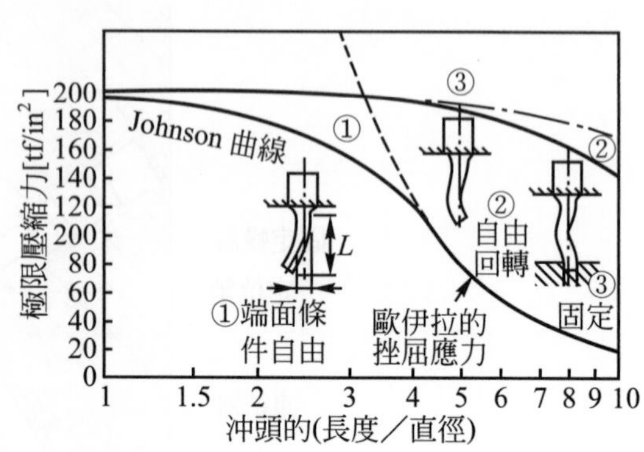

圖 6.174 沖頭的極限壓縮應力與(長度／直徑)比的關係

2. 沖模：沖模是厚度大之圓筒，內壁面上有均勻壓力P($P=150\text{kgf/mm}^2$)作用時，沖模內所產生應力分布如圖 6.175(a)所示、σ_θ、σ_γ分別表示圓周向及徑向之應力，在內壁面上會產生大於壓力之圓周向應力。抗拉強度和抗壓強度不同之工具材料，是否能將之視同一般結構用材料來處理也是問題，不過大致按最大剪應力說加以評估的話，沖頭強度會是不考慮二次應力時的 1/2 以下。

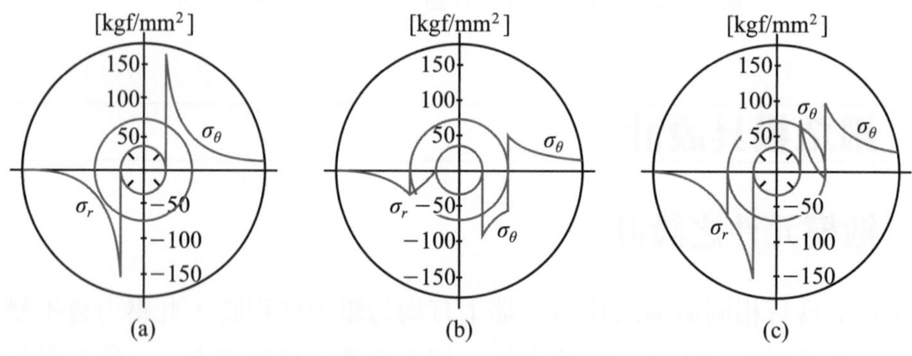

圖 6.175 圓筒干涉配合模具上所發生之應力

再考慮鋼在冷鍛時負荷之大小，以這樣單純的結構，沒有材料可承受這樣的強度水準的情況。爲解決這樣的問題，而採用干涉配合構造。此種情況下之應力分布如圖 6.175(b)。同圖(c)是(b)和(a)兩者應力相加的結果。發現內壁面上之圓周應力與(a)相比，則被抑制到非常低的值。干涉量是以沖模在承受內壓時，嵌入件及補強環同時降伏的條件來決定。沖模可承受之內壓值會按干涉配合直徑而不同，所以選擇最大者就可以。

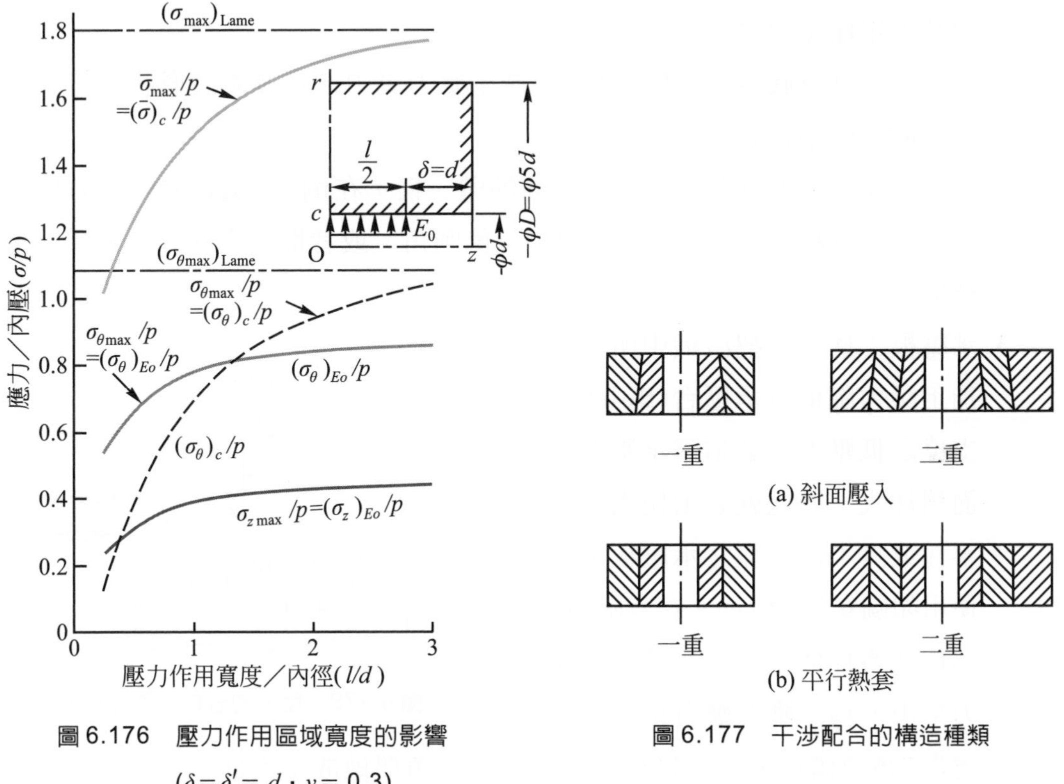

圖 6.176　壓力作用區域寬度的影響 ($\delta=\delta'=d$，$\nu=0.3$)

圖 6.177　干涉配合的構造種類

像這樣，利用干涉配合法，可以把應力水準抑制到工具材料之容許範圍以內，不過，與金屬疲勞有關係之內壓作用所引起之應力振幅是無法改變的。

沖模之形狀，即使是厚度大之圓筒，壓力僅作用在有限寬度l時，沖模內所產生之應力，如圖 6.176 所示，隨l變小而變小。儘管如此，干涉配合構造仍然是必要的。

沖模之干涉配合方法上，如圖 6.177 所示，有熱套法及斜面壓入干涉法。熱套法時，假設干涉量爲σ環材料之熱膨脹係數爲α環內徑爲d則補強環最低加熱溫度$\Delta T=\sigma/2\alpha d$。

使用斜面壓入干涉法，當嵌入件(Insert)有損壞時，可以取出加以更換，也可利用圖解法。

按負載程度之大小，補強環之數量可以增加。

嵌入件是超硬合金時，雙重干涉配合是標準做法。那是因爲，超硬合金具有壓縮強度強但拉力強度弱之特性，而干涉配合時，在圓周方面上會產生相當大壓縮應力之故。

沖模具有底時，在底部R角會產生應力集中。只要產品形狀許可，儘可能將R角半徑加大。

實際的沖模具有許多階差。同沖頭一樣，在倒角R處會發生應力集中，爲了降低或避免應力集中，必須加以倒圓角。或者把嵌入件分段，採用組合結構。

3. 承壓板：爲了要把冷鍛中所產生之高加工壓力降低到承壓台(Bolstar)面可支撐之低壓力，必須將承壓台之橫截面積加大。如此就必須使用有階差之零件或具不同外徑之承壓板加以重疊使用如圖 6.178 所示。在有階差之R角部位或零件與零件之接觸部會產生應力集中。爲了降低應力集中，在階差處之R角要儘可能大，接觸部轉角外之倒角要做成平滑面。

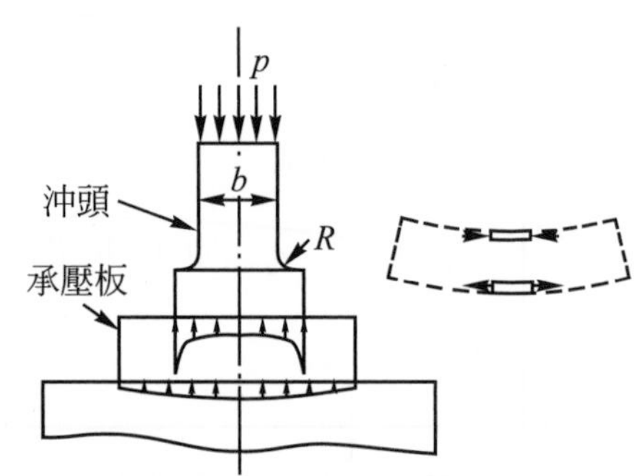

圖 6.178　反力的分布及承壓板的彎曲

承壓板之上下面因受壓力作用之面積大小不同，當承壓板厚度與直徑相比很薄時，承壓板會發生彎曲，在彎曲的凸出面上會受張力作用。爲了避免此種情況，承壓板之厚度應該選爲作用壓力件直徑之 1/3 或 1/2。承壓板因爲不與被加工材接觸，其強度往往被忽視了。

4. 模組：模組構造如圖 6.179 所示，導桿一端穿過下承板，而可導引上承板滑動。此上下模組合好後，可從機械上整個裝上或拆下。使用模組不一定較好，但使用時會有如下之優點。

⑴模具標準化。

⑵模具的保管容易。

⑶更換模具時所需停機時間可縮短。

⑷產品尺寸精密度易維持，甚至可提高。

⑸模具壽命可提昇。

模具上承板、下承板之厚度會占用沖床模組高度，所以在中央部，裝入經過熱處理之板以分散負荷，在發揮承壓板之功能上相當有效。

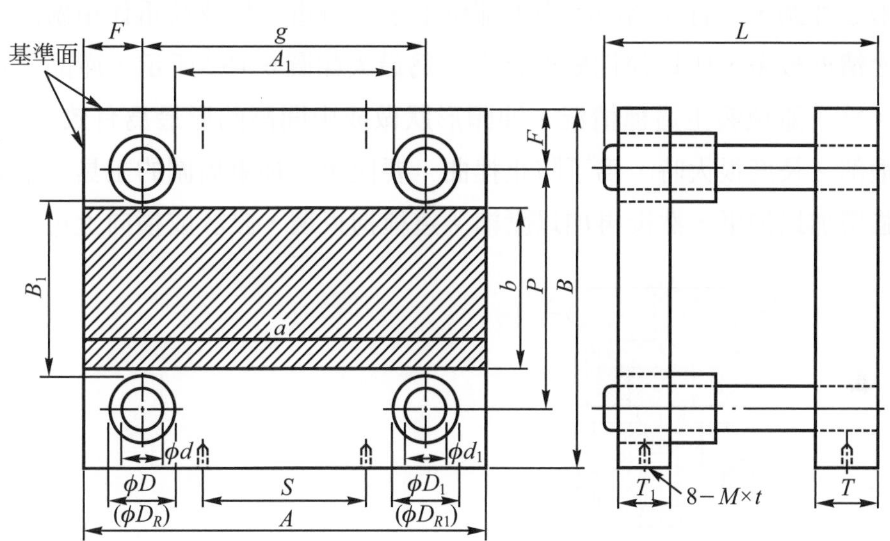

圖6.179　模組的案例

5. 感測器之裝入：為了監視加工力之大小，會把應變規裝入模具或沖床內，或為了量測模具溫度，也會把熱電偶埋入模具或沖床設備中。

由於磨耗、工具尺寸，乃至於產品尺寸精密度都會發生變化。為了監視這些尺寸之變化，會把放射物質塗到沖頭，藉著量測沖頭上放射線強度之變化可以量測出沖頭之磨耗如圖6.180所示。補強環會因塑性變形而使預應力會降低，有時會造成嵌入件之破損。

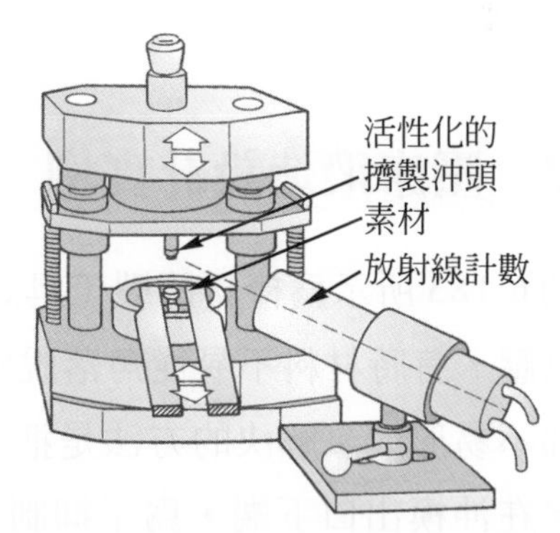

圖6.180　運用放射線的金屬模磨耗量測系統

6.5.2 落錘鍛造設計實例

圖 6.181 爲鐓鍛工具之代表例。鐓鍛工具比起沖模，在強度上具有餘裕，當具有模具孔時，一般是採用干涉配合。

鐓鍛之沖頭，只有在端面的中央部位上承受荷重，以及荷重作用區之中心部壓力較高之情況較多，所以彈性變形在中央爲最大如圖 6.182 所示，產品之端面平坦度變差。爲了避免發生這種情況，沖頭形狀做成中間高凸形最爲有效。

鐓鍛部之長度很大時，爲了防止挫曲，要使用可拘束周圍的工具。鐓鍛時在周圍用補強環加以拘束，然後再加以壓縮。這種拘束環，設計成橫向上可自由移動。

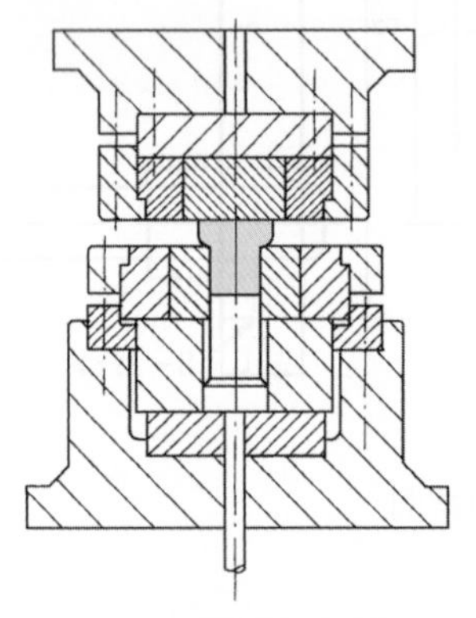

圖 6.181　鐓鍛工具的構造例

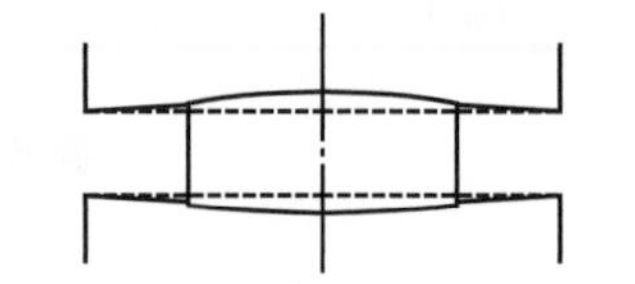

圖 6.182　中間部比周圍有大變形的鐓鍛工具

6.5.3 壓床鍛造設計實例

圖 6.183 所示爲棒材擠製工具之代表案例。在外模及材料間之空氣被封閉而壓縮成高壓，有時材料不易從角落脫離。模具孔底部很容易堆積潤滑劑，有時產品之角隅部不易形成。解決的方法是把嵌入件加以分割，並設計成像圖 6.184 所示的逃溢溝。在沖模出口下端，爲了抑制材料之彎曲，設計成有數段之凸緣。

圖 6.185 所示爲容器擠製工具之代表例。沖床滑塊與滑槽間之間隙大時，有時產品之同心度會變差。爲了抑止沖頭的偏心，在沖模上部與沖頭桿部嵌合後，再進行成形即可如圖 6.186 所示。如此即使沖頭破裂，破片也不致四處飛溢，所以很安全。

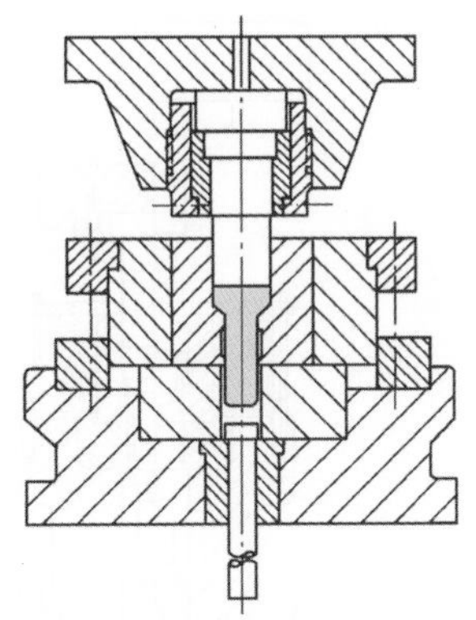

圖 6.183　棒鋼擠製工具的構造案例

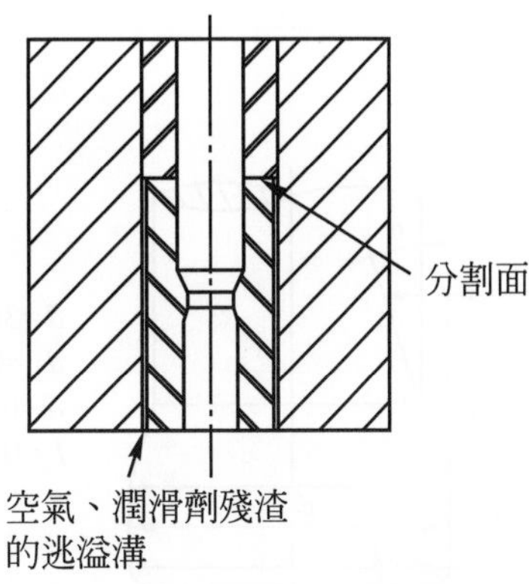

圖 6.184　考慮到空氣、潤滑劑殘渣之排出的沖模設計

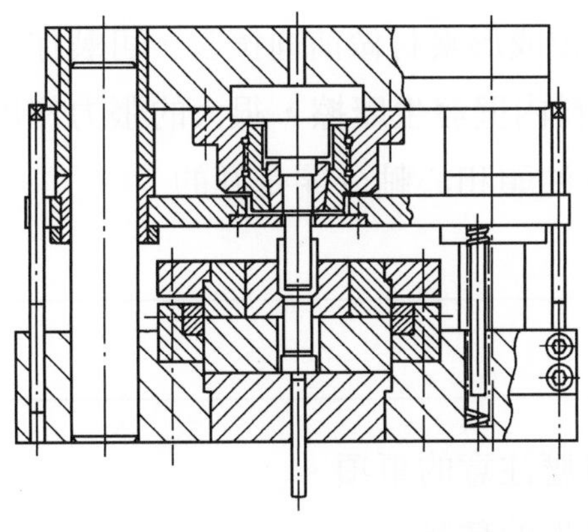

圖 6.185　容器擠製工具的構造例

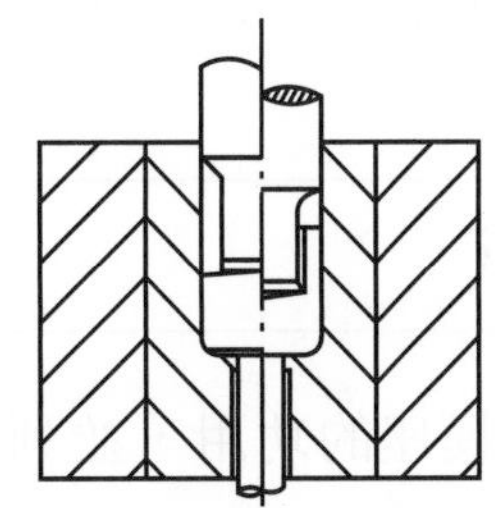

圖 6.186　抑制沖頭偏心而可導引沖頭桿部的模具例

容器擠製用沖頭前端標準形狀如圖 6.187 所示。中央部做成平坦部分，周圍做成斜面部，與凸緣之連接部則做成圓弧狀的情形居多。依照這些尺寸之取法，產品內壁表面積之擴大分佈也不同，可得容器深度之限度會受到影響，內外壁同心精密度也會受到影響。由凸緣部到逃溢部的接續部分要做平滑化。目的是當退出沖頭時，避免傷及產品內壁之表面。

沖頭凸緣之外徑，按負荷會有變化，所以在設計階段，就必須將這種變化加以估計。逆擊沖頭高度及沖模轉角(Corner)部之高度，在成形時會因所受荷重大小及剛性之不同，沉陷之大小因而不同。組裝後沖頭面會做成較高。

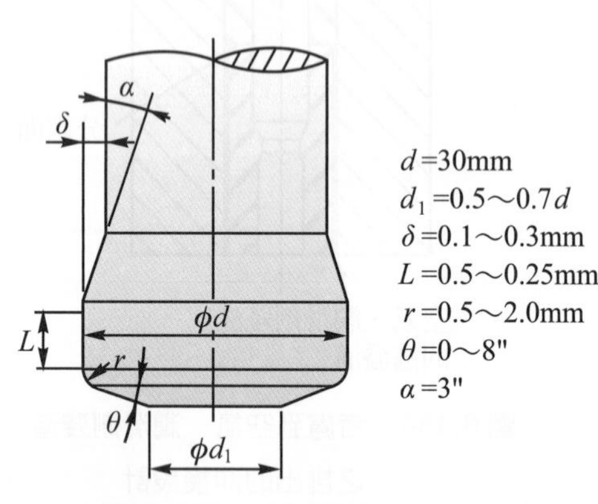

圖 6.187　沖頭前端部的尺寸形狀

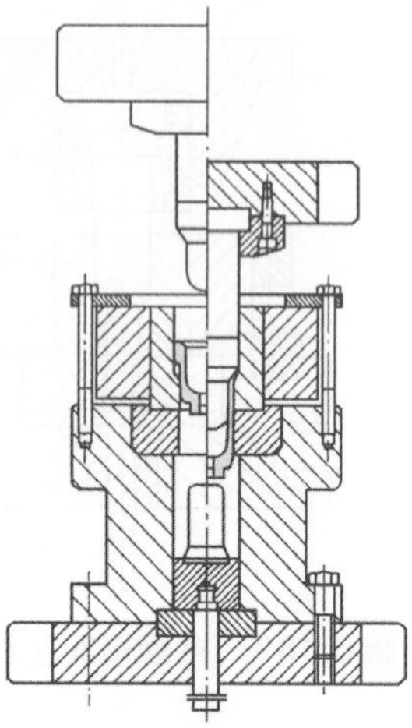

圖 6.188　管擠製工具之構造例

容器擠製也可用前向擠製的形式。利用預成形素材做前向擠製，可製作深管，其工具如圖 6.188 所示。當心軸長時，與材料內壁發生摩擦，很大的張力作用在沖頭上，會使心軸之根部發生應力集中，所以沖頭和心軸分開是好的。

習題六

1. 試述模座的功用，並列出選購模座時應注意的事項。
2. 試述剝料板的功用，並簡單說明剝料板的種類。
3. 試用流程圖表示出模具設計的程序。
4. 分模線位置決定時應考慮那些事項？
5. 壓鑄模具的澆口有那些型式？
6. 試述設置溢流槽的功用及設置的注意事項。
7. 說明模溫控制的重要性。

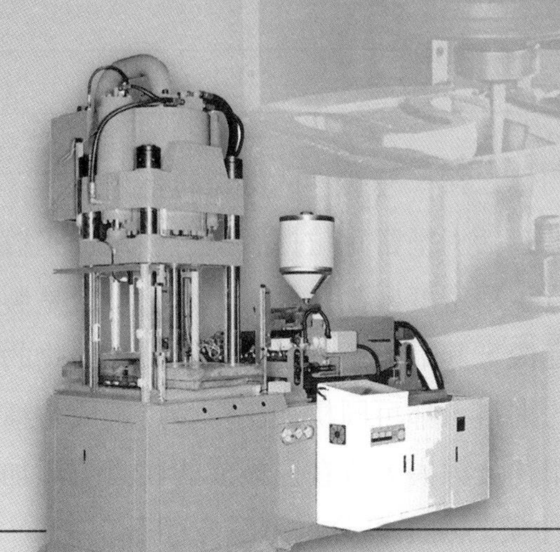

Chapter 7

模具加工

7.1 模具加工概說

製造模具的機器，可分爲一般性和專門性二類，一般性的機器包括：車床、銑床、磨床、熱處理設備等；專門性的機器，包括：精密定位搪孔機，放電加工機及刻模機等，都是近十年來發展而成的新機具，精密度極高，價值昂貴，可說是製造高級模具不可缺乏的設備。其中如放電加工機，其最大優點，是不論被加工物的硬度如何，如碳化鎢或其他經熱處理硬化後的鋼料，都可同樣加工，且可製成各種複雜的形狀和尖銳內圓角，或用以再刻深如印花及鍛模，或在巳製成的模具上添加新孔等，由此可節省很多製造新模的費用。沖模的加工可分以下三方面著手：

1. 模具加工與製造設備

⑴一般工作母機，包含車床、鉋床、鑽床、攻牙機、車削中心、銑床、搪床、綜合加工機。

⑵放電加工機，包含電極放電加工機、線切割放電加工機、細孔放電加工機等。

⑶研磨拋光加工機，包含平面磨床、圓筒磨床、成形磨床、光學投影磨床、工模磨床、手工拋光工具、曲面自動拋光加工機等。

2. 模具量測與檢驗設備

⑴長度量測工具，包含游標卡尺、高度規、分釐卡、指示量規等。

⑵孔徑量測工具，包含游標卡尺、高度規、卡規、缸徑規、環規、柱塞規、內徑測定器等。

⑶角度量測工具，包含角度規、分度盤等。

⑷平面、曲面量測工具，包含二次元座標測定儀、三次元座標測定儀等。

⑸表面粗度量測工具。

⑹幾何公差量測工具，包含眞圓度量測機、圓柱形狀量測機、輪廓形狀量測機、萬能投影機等。

⑺變位位置量測工具，包含電氣式測微器、電氣非接觸式變位計、光學非接觸式變位計等。

⑻非破壞檢驗工具，包含超音波探傷檢驗工具，磁氣探傷檢驗工具、渦電流探傷檢驗工具等。

⑼其它量測工具，包含溫度量測工具、金相檢驗工具、殘留應力量測工具等。

3. 模具組裝與試模設備；包含組立平台、高度規、鉗工工具、合模機、試模沖床設備等。

沖壓模零件有：沖頭上蓋板、沖頭下蓋板、導料板、下模板、外內徑沖頭。金屬製模是工具製造的一種。茲將精密沖壓模具加工之主要技術內容列如下：

⑴ CNC 光學投影輪廓研磨加工技術。

⑵高精密度研磨加工技術。

⑶高速往復式研磨加工技術。

⑷ CNC 治具研磨加工技術。

⑸高品質放電加工技術。

⑹線切割加工技術。

⑺母模與沖頭 R 部加工技術。

⑻ R 部形狀之量測技術。

⑼ CIM 電腦整合製造技術。

⑽高硬度模材之高速銑削加工技術。

⑾快速造形／快速造模技術(RP/RT)。

⑿模具曲面自動拋光加工技術。

7.1.1 模具加工

模具是生產塑膠成形品的工具，也是高精密的機械工業產品，更是決定生產性及塑膠成形品品質的關鍵。爲了使模具能充分發揮功能，對於模具材質、精密度、壽命、生產的難易等相關因素，都必須詳加設計規劃、選材製作。

由於數控機械及特殊加工方法的快速發展，模具的加工方法因而更多樣化，精密度也相對的提高。因此，除了傳統的加工方法外，有更多的加工方式可供選擇，縮短了模具製作的時間，降低成本。然而畢竟模具不是量產的產品，傳統的加工仍是不可或缺的。一組模具的生產過程，基本上是有一定的程序，只是選用加工方法有些許差異而已。因此，從事模具行業的所有有關人員，尤其是製作模具的技術人員，都應該熟悉各種模具的加工方法，才能製作品質優良的模具。

一、模具製作流程

一般模具的製作流程，如圖 7.1 所示，由設計、備料的步驟以後，是屬於模具的加工，可將其區分爲以下五個階段：

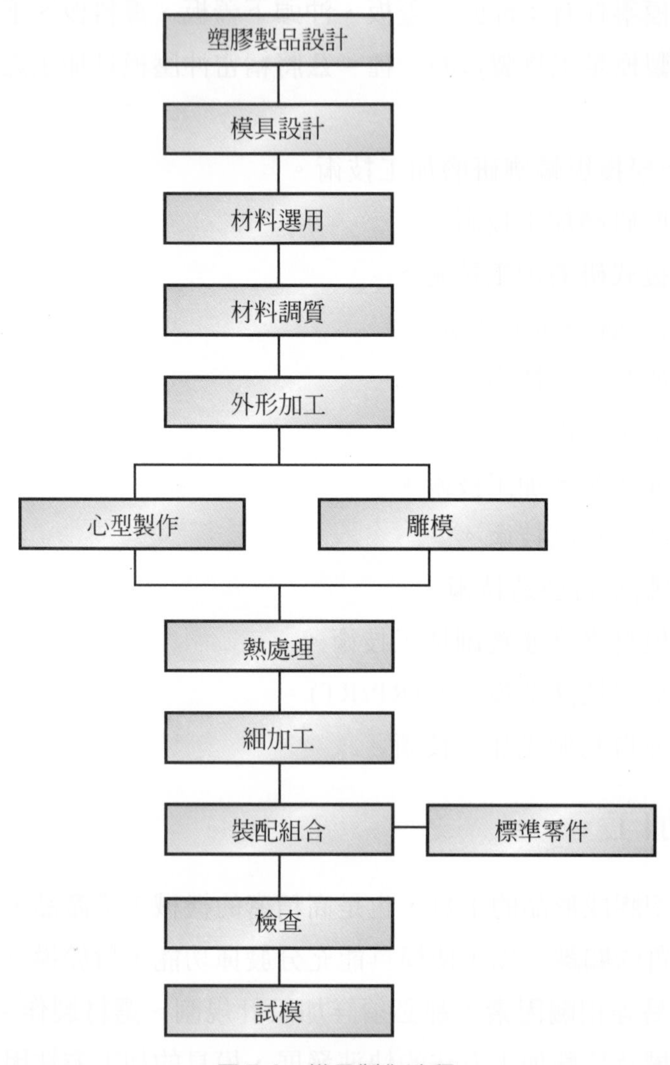

圖 7.1 模具製作流程

1. 外形加工階段：模具依其成形品而有不同的設計與形狀，但基本結構的組成仍是需要的；在備料後通常會先以一般的工作母機進行外形的加工，除了加工模板的外形，尚包含分模面之配合。目前因模具工業之發展及量產之要求，市面上有各種規格的標準模座組可供選用，如圖 7.2 所示，可節省模具加工時間及降低成本。

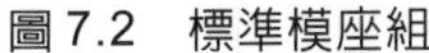

圖 7.2　標準模座組

圖 7.3　模具標準零件

2. 雕模階段：包括凹模、凸模、心型、模穴等之加工，依各組件之需要，使用工作母機、數控機械或特殊加工機械加工，來完成其形狀及尺度精密度之要求。

3. 後續處理階段：後續處理階段之工作包括模座及凹模、凸模、心型、模穴等之細加工；模板之熱處理、表面硬化、蝕紋等，以及冷卻管道之加工等。

4. 裝配階段：將已完成之模座、模板、模穴等組件修整好，選用適合的標準零件，如導銷、導銷襯套、頂出銷、復歸銷、澆道襯套等，如圖 7.3，進行裝配組合工作，直至模具組裝完成。

5. 檢查階段：用測量儀器檢查模具重要尺度，並裝置上射出成形機試模，檢視成形品狀況及尺度；有缺點時再對模具進行適當的修整。

7.2 模具之機械加工

機械加工主要用於模具的外形加工及雕模，可採用的加工機械參考表 7.1。

表 7.1　模具加工用機械設備

加工機械設備 ＼ 加工區分	外形加工用	雕模用	細加工用	檢查用
切削加工機械	[鑽床] 桌上型鑽床 立式鑽床 旋臂鑽床 [車床] 普通車床 凹口車床 NC 車床 [鉋床] 牛頭鉋床 仿削牛頭鉋床 龍門鉋床 [磨床] 圓筒磨床 平面磨床 [銑床] 臥式銑床 龍門式銑床 [其他] 帶鋸機	[銑床] 立式銑床 萬能銑床 砲塔式銑床 CNC 銑床 仿削銑床 [磨床] 平面磨床 工具磨床 成形投影磨床 [車床] 普通車床 凹口車床 仿削車床 NC 車床 [雕刻機] 平面雕刻機 立體雕刻機 [其他] 工模搪床 切削中心機	手提砂輪機 電動銼磨機 電動修模機 氣動修模機 鉗工用特殊工具 液體搪磨 搪磨機	平板及量具工具顯微鏡投影機
特殊加工機械		放電加工機 線切割放電加工機 超音波加工機 壓鍛壓機 [鋅合金鑄造設備] [化學加工設備] [鑄造設備] 腐蝕設備 電鑄設備	電解研磨裝置 超音波研磨裝置	三次元量床

(全華：模具學(三)，陳昭福、翁寬仁編著，第 97 頁)

1. 車床：車床如圖 7.4 所示用於圓形零件的加工，模具上的圓形零件，大部分屬於標準零件，這些零件是由專業製造工廠製作的，如導銷、導銷襯套、頂出銷、復歸銷、定位環等，但對於特殊規格之標準零件，仍須使用車床加工。除了這些標準零件外，車床主要用以加工模具的心型、模穴，形狀包括圓柱形、圓錐形及特殊形狀，也可加工內、外螺紋。

圖 7.4　車床

2. 鑽床：鑽床的主要工作爲鑽孔，但也可用於搪孔、攻螺紋、鉸孔等工作。鑽床的種類有桌上型鑽床、立式鑽床、旋臂鑽床等，如圖 7.5 所示，應用於加工模具上的各種銷孔、螺絲孔、安裝孔、冷卻管道以及模穴的凹孔。有些模具的冷卻管道長度長，鑽床無法加工，可使用深孔加工機來加工。此外，手提電鑽也常被應用在中、大型模具的鑽孔，可減少搬運的麻煩並節省時間。

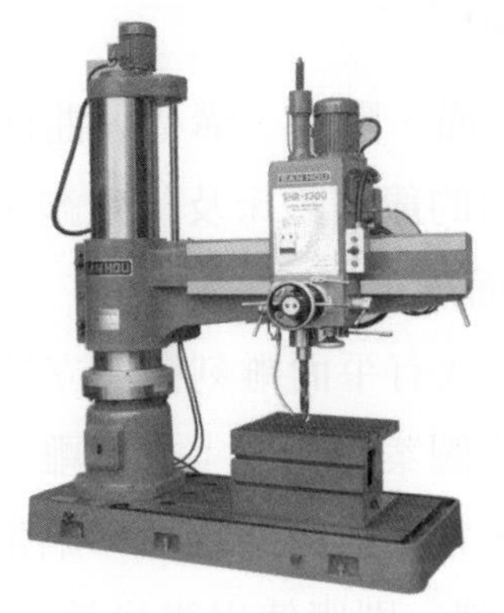

圖 7.5　鑽床(三和精機提供)

3. 銑床：銑床是模具加工最重要的機械，加工變化多、精密度高，可銑削平面、斜面、端面、溝槽、階級、外圓弧、鑽孔、搪孔、成形銑削等，適合用於模具外形及雕模加工。銑床有臥式銑床、立式銑床、萬能銑床、砲塔式銑床、龍門式銑床、靠模銑床、CNC 銑床等多種，在模具加工上應用較多的是立式及砲塔式銑床，如圖 7.6 所示。銑床上可裝置各型銑刀，再配合分度頭、轉盤等附件的應用，如圖 7.7 所示，使銑床的加工型態更為廣泛。

圖 7.6　砲塔式銑床

圖 7.7　銑床附件

4. 鉋床：鉋床如圖 7.8 所示，可鉋削平面、階級、溝槽、曲面等，種類有小工件加工用的牛頭鉋床、大工件加工用的龍門鉋床及仿削鉋床等。鉋床主要應用於模具之外形加工、曲面之分模面加工等。

5. 雕刻機：雕刻機如圖 7.9 所示，其型式有平面雕刻機與立體雕刻機兩種。平面雕刻機用以雕刻深度相同的文字、圖案、刻度；立體雕刻機也可做平面雕刻外，還可以做三次元的立體雕刻，常用於雕刻玩具、銅幣等小型模具的模穴，如圖 7.10 所示，至於大型之雕刻，則應使用靠模銑床或 CNC 銑床。

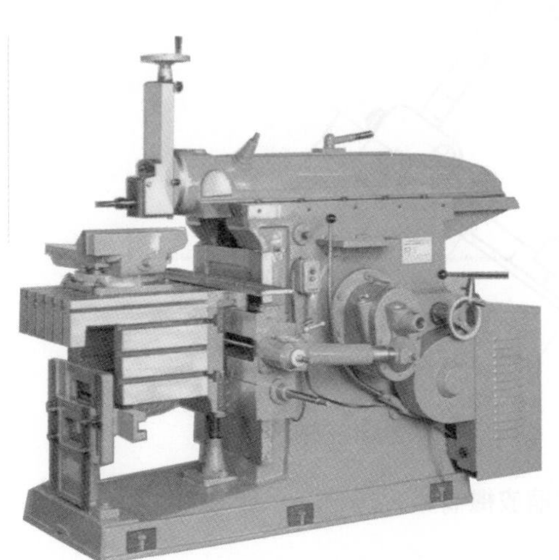

圖 7.8　鉋床(三和精機提供)

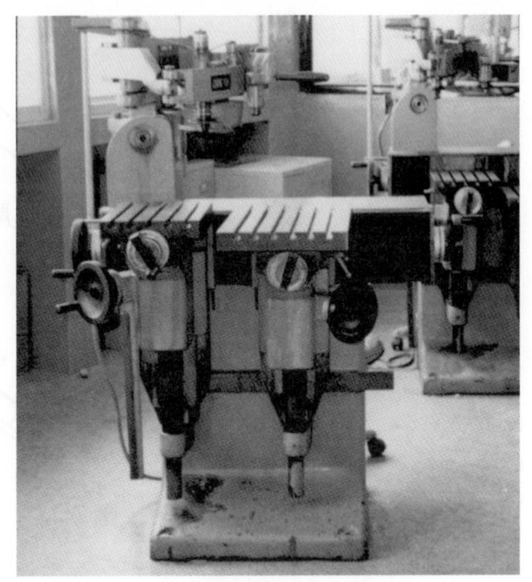

圖 7.9　雕刻機

圖 7.10　雕刻模具

雕刻機利用平行四連桿構成的縮放機構，可做放大或縮小雕刻，如圖 7.11 所示；通常模具上採用縮小雕刻較多，因可雕刻出細微形狀外，也可縮小尺度誤差。雕刻加工之前，必須依據雕刻形狀準備模型，模型與工件應有一定之比例，並依照比例準備雕刻刀及觸針，雕刻刀的形狀須配合工件要求之刻痕，如圖 7.12 所示。

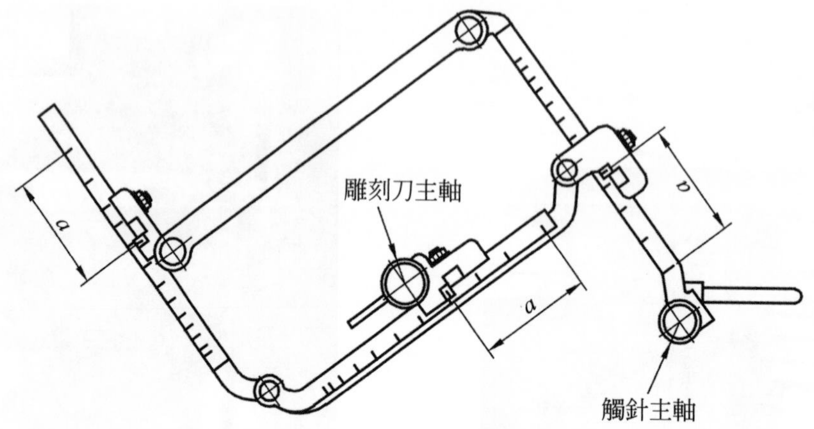

圖 7.11　平行四連桿縮放機構

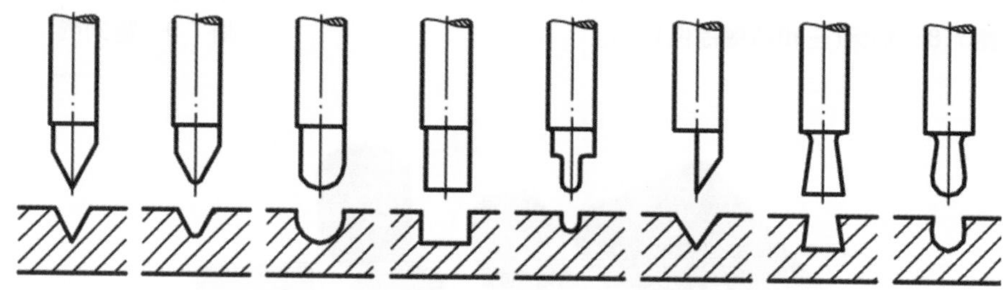

圖 7.12　雕刻刀的形狀

6. 磨床：磨床為精密之加工機械，可研磨成尺度精確，表面光滑的加工面；也可研磨經熱處理硬化後之模具材料。磨床有平面磨床、圓筒磨床、無心磨床、成形投影磨床、工具磨床等多種。平面磨床如圖 7.13 所示，使用最普遍，砂輪主軸有橫軸與立軸兩種型式，橫軸為一般模具加工較常使用者，立軸用於研磨大平面或大量生產用。平面磨床可研磨模板、安裝板、承板等的外形平面，也可研磨斜面及做溝槽、角度、圓弧等之成形研磨，用於心型、側模心型等之研磨。圓筒磨床、無心磨床可用以研磨圓形的內、外圓，模具的圓形標準零件即應用這兩種機械研磨而成；圓筒磨床還可用於模具凹、凸模或其他圓形零件的研磨。成形投影磨床可精確的修整砂輪成形，用於形狀特殊之精密零件研磨。工具磨床除用於研磨切削刀具外，也可研磨角度、圓角等特殊形狀的模具零件。

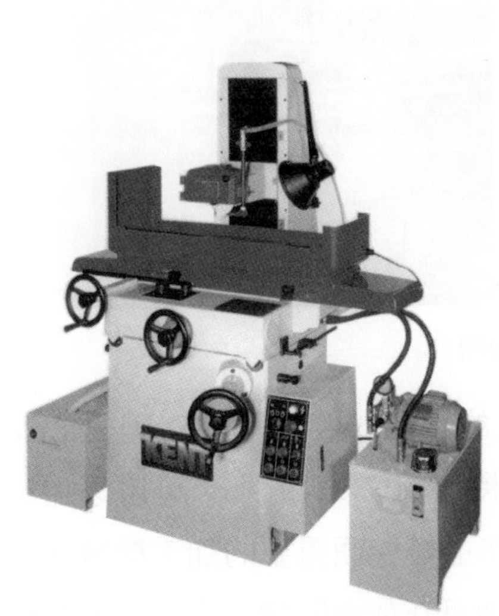

圖 7.13　平面磨床(建德工業提供)

圖 7.14　帶鋸機

7. 帶鋸機：帶鋸機如圖 7.14 所示，可分爲立式及臥式兩種，臥式主要用於備料，立式可做直線或曲線鋸切，但因鋸切面粗糙，模具加工不常使用。帶鋸機也可裝置帶銼或砂布帶，做銼削、砂光工作。

8. 數值控制機械(NC，CNC 機械)：將數值控制(Numerical Control)裝置與加工機械結合的NC機械，可重覆加工，也提高了加工精密度。近年來電腦發展快速，再將電腦與 NC 機械結合成 CNC 機械，如此更大大提昇了機械的功能。CNC 機械依據程式執行工作，程式的製作可用人工，或利用電腦直接由圖形轉換而來。機械簡單的加工步驟，可由現場工作人員直接輸入程式來執行；複雜的加工則可應用電腦製作程式，直接輸入 CNC 機械來執行，因此可大量節省人工，且能加工極爲複雜的工件；如將多部 CNC 機械組合應用，其加工之變化更爲可觀，甚至於可達到無人工廠的境界。目前大部分的加工機械都可結合 CNC 裝置，常用的有 CNC 車床、CNC 銑床、CNC 加工中心機等，如圖 7.15 所示，使得模具之加工型態產生極大的變化，取代了很多傳統的加工機械，甚至影響到模具的設計與整個加工過程。

圖 7.15 CNC 機械

9. 放電加工機(EDM)：對於已經淬火硬化的材料，及切削加工困難的模穴，大都應用放電加工機來加工，放電加工機如圖 7.16 所示，可用以加工工件上的穿透孔或不穿透孔，在塑膠模具製作上是一極重要的加工機械。較新型式的放電加工機，結合CNC之功能，電極可在放電時做三次元方向的移動，因此可用形狀簡單的電極加工出形狀複雜的孔，可做錐度、螺旋等之放電；同時也能設定加工條件變更時機，達到自動化加工，功能極多。近年來也發展出鏡面之放電加工技術，可獲得表面粗糙度極佳之加工面。

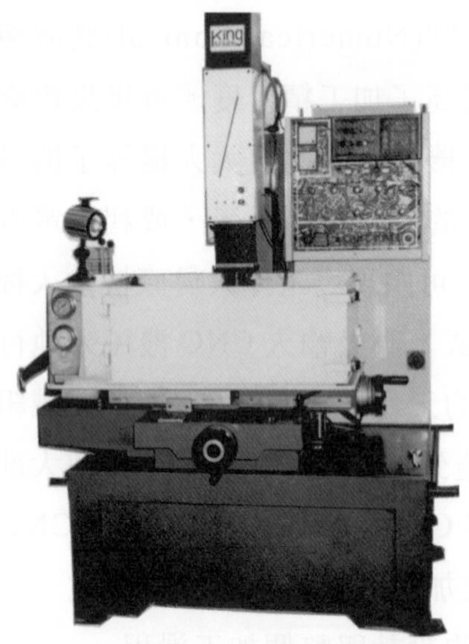

圖 7.16 放電加工機

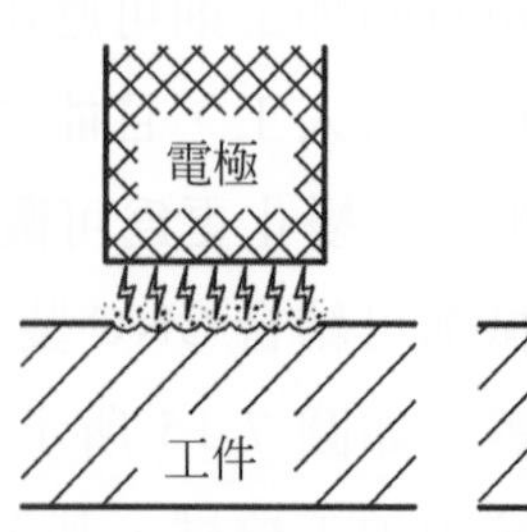

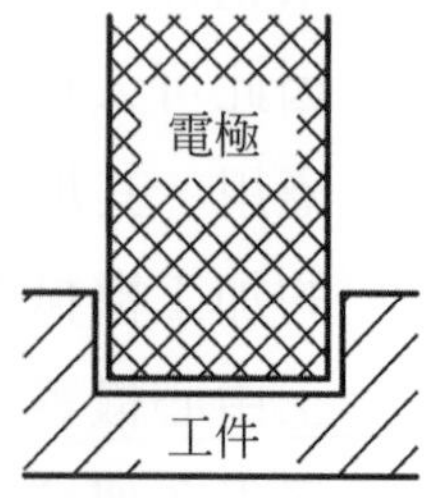

圖 7.17 放電加工

⑴原理：放電加工是藉由電極與工件間之火花放電，產生瞬間電弧，使放電部位材料表面溫度急速升高而熔解、蒸發，同時由放電之爆發力使之飛散，再利用加工液沖除並冷卻電極及工件。如此的放電過程不斷重複，即可在工件上加工成一與電極形狀相同的凹孔，如圖 7.17 所示。放電加工的裝置如圖 7.18 所示，電極與加工件分別連接到電源的負極與正極；利用伺服機構控制電極與加工件間維持一小間隙(約 5～10μ)，使其間可以維持不斷的放電而連續加工。

⑵電極：放電加工使用的電極材料應具備導電良好、熔點高、消耗少、容易加工、強度好等特點；在模具加工時，最常用的電極材料爲銅及石墨，其他尚有銅鎢合金、銀鎢合金等也常被使用。放電加工時，電極也會損耗，故通常必須製作兩個以上電極，分粗加工、細加工來完成放電。

⑶加工液：加工液的功用爲沖走加工屑、冷卻電極及工件、幫助放電之發生、限制放電火花範圍。常用的加工液多爲石油產品，如煤油、柴油、乙基油、矽基油等，其他如蒸餾水、四氯化碳等也有被採用。

⑷加工速度：放電加工的加工速度慢，如欲加快加工速度，須使用大電流，但會使加工表面粗糙，且放電間隙加大，尺度不易控制；放電前應先利用機械切削加工儘可能將材料去除，以縮短加工時間。

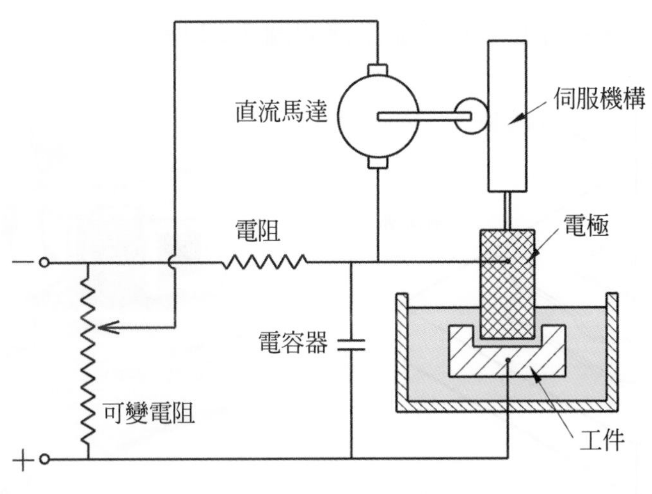

圖 7.18　放電加工裝置

⑸尺度精密度：加工時電極會消耗，且電極與加工孔間有間隙存在，間隙的大小受放電電流、加工液等許多因素影響，並非很穩定；再加上電極的加工誤差、安裝誤差、機械誤差等，實際上放電加工的尺度精密度有其限制。此外，因側面會有二次放電產生，加工孔會有斜度，如圖 7.19 所示，斜度的大小也因加工條件而異，不易控制準確。

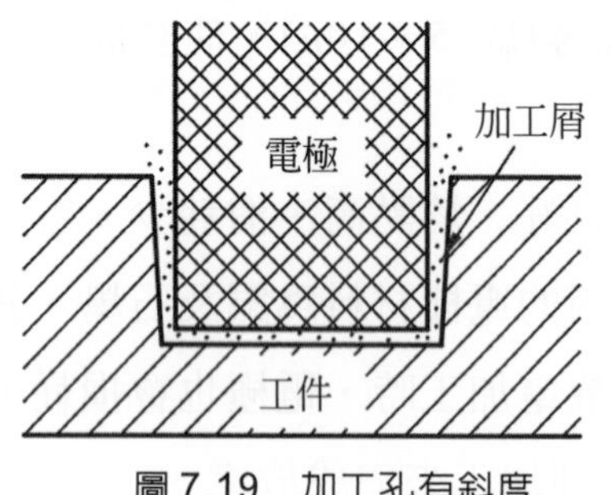

圖 7.19　加工孔有斜度

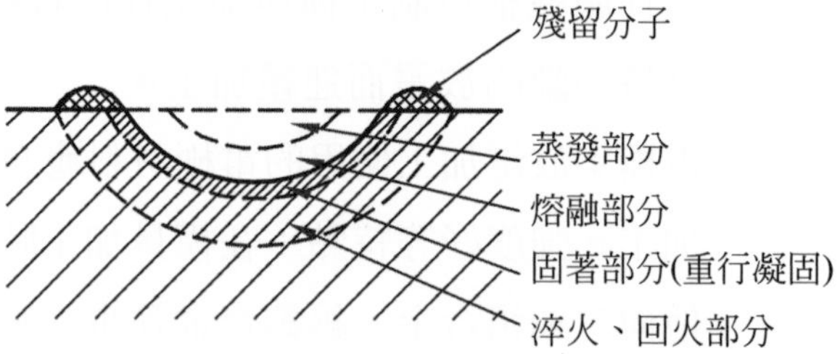

圖 7.20　放電加工變質層

⑹變質層：放電加工後的表面會有變質層存在，此變質層是材料熔解又重行凝固，及受高溫急冷所形成的，如圖 7.20 所示，其硬度很高，必須使用砂輪、油石或鑽石銼刀才能加工；因此，必須在細加工放電時，降低電流，以獲得較佳之表面粗糙度。

10.線切割放電加工機(W-EDM)：線切割放電加工是結合放電加工與帶鋸機之加工方式而成的，用以在工件上加工穿透孔或切割工件外形，如圖 7.21 所示。塑膠模具模板、頂出板的開孔，形狀複雜的心型及嵌入孔都可以用線切割放電加工機來加工，放電加工機如圖 7.22 所示。

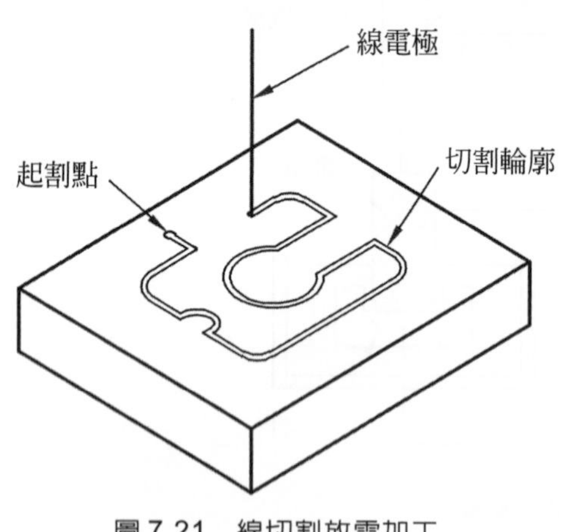

圖 7.21　線切割放電加工

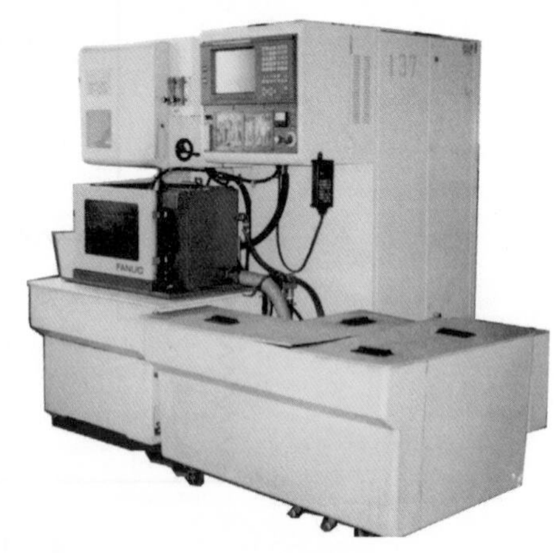
圖 7.22　線切割放電加工機

⑴原理：線切割放電加工，是藉由金屬線電極與加工件間之火花放電來去除材料的，其放電原理與放電加工相同；但線切割放電加工是用金屬線爲電極，金屬線沿著程式設定之切割路徑連續放電，將工件切割分離而達到加工目的，其切割之進行類似帶鋸機。

⑵線電極：用於線切割放電加工的金屬線電極，目前大部分都採用黃銅線，主要因爲黃銅線價格便宜且放電安定性良好。此外也有使用鎢、鉬，但因價錢昂貴，僅細線加工時採用。一般加工使用的線徑通常在0.05～0.3mm間，線徑的大小會影響加工速度及加工精密度。線切割加工時，線電極是連續以一定速度(約 1～3 公尺／分鐘)送出，以補正因放電造成的消耗。線電極在放電前後之消耗情況如圖 7.23 所示，因此，使用過之線，均送至回收箱，不再重複使用。

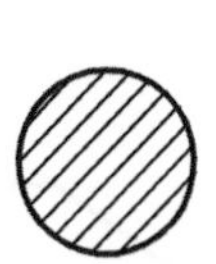
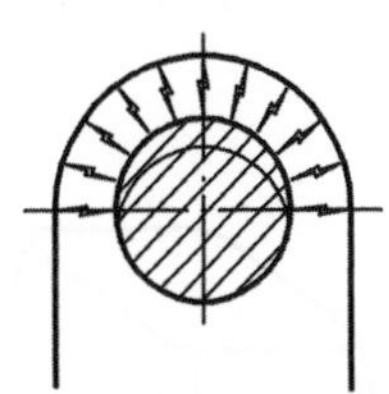
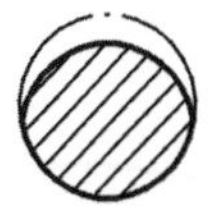

加工前線電極　線電極產生放電部分　加工後線電極

圖 7.23　線電極之消耗

⑶加工液：線切割放電加工之加工液目前大部分均採用水，因水容易處理，不會著火，冷卻效果良好，不產生積碳或焦油，可保持安定的加工。線切割加工使用之水，必須控制其離子含量，以具備適當之比電阻，可利用純水器(離子交換樹脂)除去水中的離子。

⑷加工精密度：線切割加工時，線電極與工件間也會有間隙存在，但在線切割放電加工機具有補正功能，可使線電極偏移來控制工件尺度，也可應用二次加工方式修整，提高表面粗糙度及精密度，其精密度通常可達0.01mm以內。但因線電極具有可撓性，加工之斷面會呈鼓形，及轉角處會有崩垂現象，如圖 7.24 所示，多少會影響其精密度。

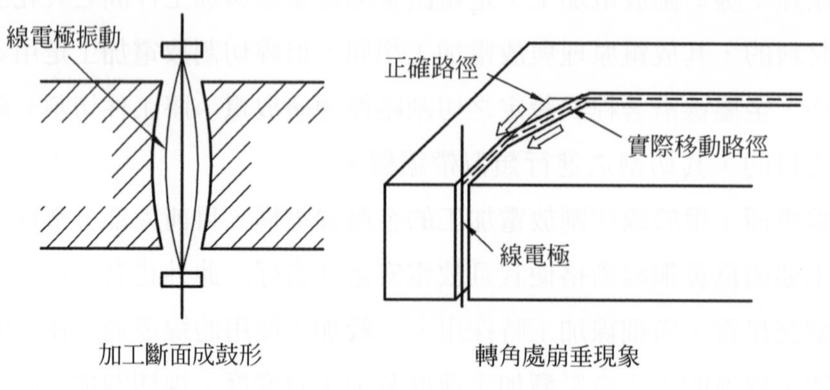

圖 7.24　加工面鼓形與轉角崩垂

⑸形狀變化：線切割放電加工是以程式控制切割路徑的，可加工形狀複雜的工件外，由上、下導線裝置之變化，可加工出變化多端之形狀，如切割錐度、切割圓錐角、切割上、下異形等，如圖 7.25 所示。

圖 7.25　切割形狀變化

11.超音波加工機：超音波爲振動頻率在 16～40kHZ之音波，利用超音波振盪器，可將電能轉變爲低振幅高頻率的機械能；將此高頻率振動，藉由工具喇叭的放大傳遞到加工工具，同時在加工工具與工件間注入磨料混合液，即可使磨料撞擊工件表面而產生切削作用，如圖 7.26 所示。利用超音波加工可在工件上加工穿透或不穿透孔，孔的形狀由加工工具決定；因使用磨料切削，可加工硬化材料、超硬材料或非導電性材料。

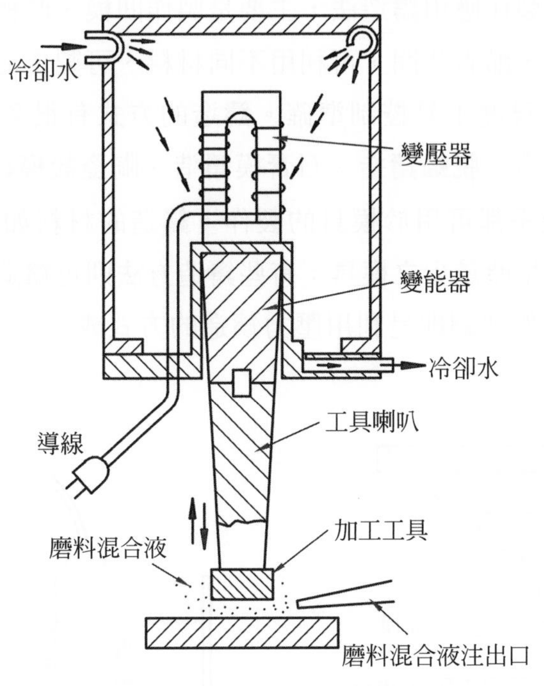

圖7.26　超音波加工

7.3 特殊加工

金屬的加工，通常是以切削加工、放電加工、超音波加工等物理加工爲主。但由於模具型態變化多端，加工方式的需求不斷增加，許多特殊的加工方法都可應用在模具製作上。

1. 鍛造法：模具加工應用之鍛造法以壓力鍛造爲主，用以加工凹模模穴，其方法如圖7.27所示，先製作一個原模，原模的形狀與欲加工之凹模凹凸相反，必須經過淬火硬化並精細研磨光滑。以壓力鍛造機將原模壓入較軟或退火軟化的模具材料中，使材料產生塑性變形成爲凹模。由於原模表面光滑，加上擠壓磨擦，凹模模穴表面會相當光亮；利用同一原模，可在短時間內加工多件凹模，且精密度良好，常用於較淺、形狀簡單之模穴加工。

2. 鑄造法：模具製作應用鑄造法，主要是製作凹模、凸模、心型等組件；優點爲可製作多件、節省時間、可利用不同材料、可製作形狀複雜的模具，但因材料會收縮，尺度不易控制準確。鑄造的方式有很多，包含砂模鑄造、壓鑄、重力模鑄造、脫蠟鑄造、石膏模鑄造、陶瓷殼模鑄造、殼模鑄造、CO_2模鑄造等，幾乎都可用於模具的製作。鑄造的材料如爲低硬度或低熔點合金，可應用於生產量少之模具；有些鑄造方法則可鑄造高熔點金屬，用於大量生產模具，如鈹銅即是利用壓力鑄造的方式成形的。

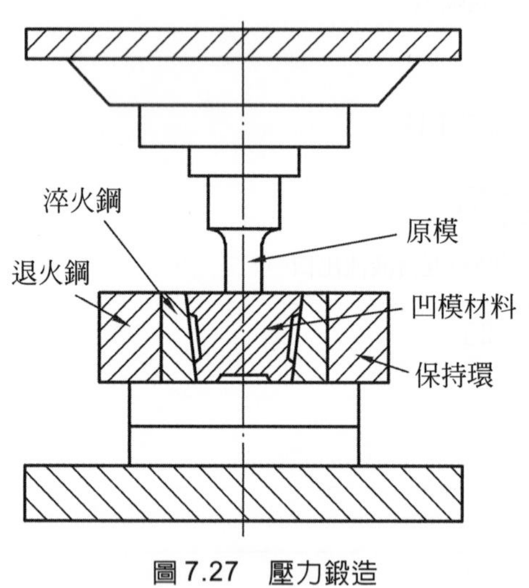

圖 7.27　壓力鍛造

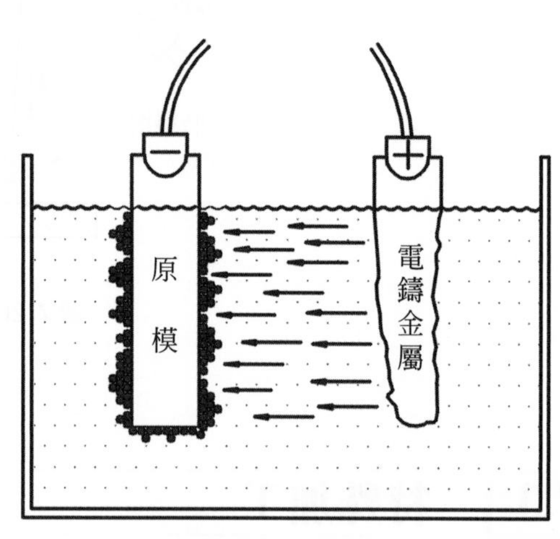

圖 7.28　電鑄

3. 電鑄法：利用電鍍的原理，將原模及電鑄金屬置於電解液中，通電後，原模上會附著一層類似電鍍層的被覆層；待達到一定厚度後(約 1～15mm)，將原模取下，即可獲得一翻製之電鑄板。將此電鑄板以低熔點合金補強，即可用於做爲模具之模穴，如圖 7.28 所示。電鑄法可用黃銅、鋁、鋅等金屬材料或石膏、塑膠、蠟等非金屬材料製作原模，也可用現成的成品作原模，經電鑄複製成模具。由於電鑄是在 40～60℃之溫度下進行加工，受溫度影響小，尺度相當精確；但所須時間很長，至少需要數天，在安排模具加工時程時，應加注意。電鑄板是用做模具的模穴，應有足夠的強度及耐用性，但目前因電鍍技術的限制，電鑄金屬仍以鎳爲主。

4. 腐蝕加工法：腐蝕加工是利用化學藥品侵蝕材料表面的方法，用於加工模具的模穴表面，主要用於汽車、家電、事務機器等之塑膠零件表面裝飾，俗稱咬花；也用於名牌、刻度盤、印刷電路板之製作，配合攝影，可複製與原圖相同的凸版，稱為照相製版。加工過程如圖 7.29 所示，是先在模板表面塗佈感光劑，上面覆蓋原版底片後，以紫外線照射，使感光劑感光；再以水沖洗，未感光之感光劑會被沖洗掉，感光部分會留下與底片相同之圖形。將此模板以腐蝕液腐蝕，無感光劑保護之模板表面會被腐蝕而凹入，待腐蝕到所要的深度後，將腐蝕液及感光劑沖洗掉即完成。

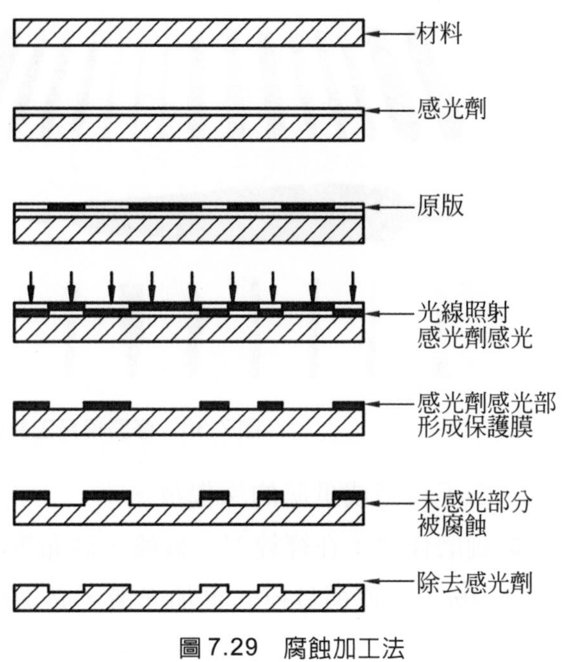

圖 7.29　腐蝕加工法

7.4 手工作業

手工作業主要是做模具後續處理的細加工及裝配組合，作業的方式包含：

1. 鉗工作業：模具模穴若以切削刀具加工，其表面刀痕較深，須加以修整，以提高精密度與表面粗糙度。修整時可用銼刀、刮刀、砂布、手提砂輪機、電動銼刀、電動或氣動修整器、超音波研磨機等工具，如圖 7.30 所示，以手工來進行。鉗工作業時應注意：

    ⑴加工面須修整光滑。

    ⑵直線與曲線的接合部位要圓滑。

    ⑶銼刀痕方向應與模具開閉方向平行。

    ⑷分模面與模穴交接邊緣勿使崩塌。

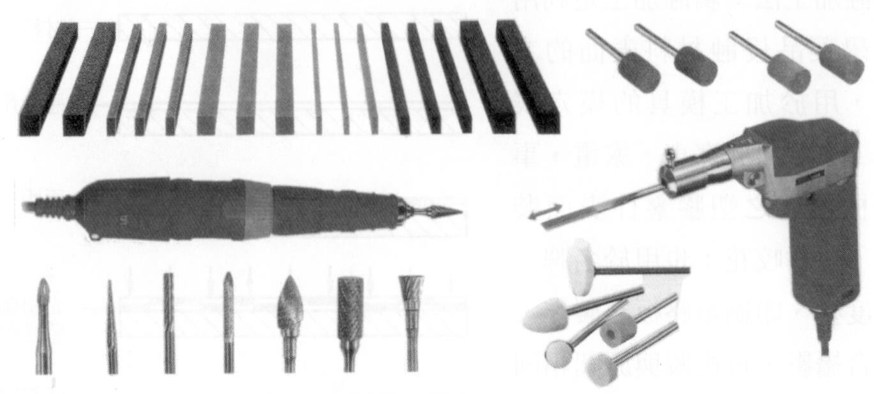

圖 7.30 修整模具工具(新培鋐企業提供)

⑸不可造成低陷的深傷痕。

2. 細磨作業：在經銼刀、砂輪、砂布等平滑加工後的模具表面，其粗糙度約在 10μ；為使模具模穴更加光滑，必須再進行鏡面加工作業，其作業的方式包含：

⑴砂輪細磨：選用細粒度的砂輪修磨，提高表面粗糙度，應注意隨時改變研磨方向，避免單一方向的研磨。

⑵砂紙細磨：使用粒度#600 以上之砂紙。先用較粗粒度者，再用較細粒度研磨。

⑶磨料細磨：在不能用砂輪、砂紙細磨的細雕刻、文字、狹窄處，可用油混合磨料，附著於毛刷，或用研磨棒來進行細磨作業。毛刷宜選用毛短且較硬者，效果較佳；研磨棒則須先修成與被研磨部位形狀一致。常用的研磨棒有氧化鐵(紅棒)、氧化鉻(青棒)、矽藻土及石灰等。

⑷擦光：使用帆布、氈、硬紙疊壓而成的擦光輪，在其表面沾上#800～#3000 的磨料擦亮模具模穴，可得極高之亮度。

⑸其他細磨：包括擠壓內面研磨、超音波法、液體搪磨、電解液體搪磨、化學研磨等方法。

3. 裝配作業：將製作完成且經精細研磨、修整過之模具各部位零件，及導銷、頂出銷等標準零件，依據模具組合圖及零件圖，以主模板為中心，逐步檢查各零件尺度是否合於許可差，且組合後之累積許可差是否合於要求。檢查完後依照順序開始組合，對於凹、凸模對合部位及滑動部位應特別注意，務須配合順暢；必要時仍須再加以修整。材料若有加工應變或熱處理應變，亦應一併修整。組合時，須注意各零件是否均匀牢固的裝配、定位；同形狀之零件經組合調整後，不得他用，並應標示記號。組合完成後，應將模具外觀再做最後的整理。

7.5 模具檢查

一、模具量測

模具是由許多零件組合而成的，有精密的模具零件，才能組合成良好的模具。因此，在模具零件加工過程及裝配時，都必須詳細檢查各部位的尺度精密度。檢查模具精密度應用的量測用具包括：

1. 一般量測用具：包含游標卡尺、分厘卡、深度規、缸徑規、圓弧規、角度規、厚薄規、螺距規、直角規、游標高度規、塊規、量表、平板等。

2. 投影機：投影機如圖 7.31 所示，可用以測量一般量具不易測量之工件輪廓尺度，或有曲線輪廓之零件，如齒輪、凸輪等。測量時是將工件放大投影，以提高測量之精確度；並可利用反射之投影，觀察工件表面狀況。

圖 7.31　投影機(建大貿易提供)

圖 7.32　三次元量床(建大貿易提供)

3. 三次元量床：一般量具僅能做一次元(一方向)的測量，即只能做直線方式的測量。投影機是屬於二次元測量，亦即能做平面上二軸向的測量。對於立體的工件則必須使用能測量三軸向的測量儀器，三次元量床如圖 7.32 所示，即用以測量立體的工件，可顯示工件上任一點在三度空間的座標值，用以測量模具極爲方便。

二、量測及管理

1. 加工負載：爲了避免加工機械承受過負載，一般都對加工負載進行監視。其方法就是把應變規式之載重元組裝在機架上，利用差動轉換器，將機械彈性變形加以檢出。在生產過程中連續加以取樣，也可做爲管理之數據。
2. 生產操作實績：在加工負載的監視中，當加工負載與標準負載接近至一定範圍內的生產，才算是進行正常的生產，以說明生產操作實績的方法。藉此可以對即時的生產進度狀況加以掌握。
3. 金屬模具：對一個模具的累積生產量做取樣，當達到事前已經輸入之金屬模具平均壽命時，應發出警告。
4. 鋼材處理：爲了使素材質量一定，測量棒材局部直徑，再控制該切斷之長度的系統。亦有終端處理系統來做切斷長度的計算，及欲切掉無用材料位置之預測，以及執行切除指令。
5. 尺寸、形狀的檢查：將數位量測計之輸出連接到電腦做數據處理，和檢查報告書之製作等。如此具有消除個人差異及縮短文書製作時間之效果。利用影像處理，也可對縮孔、或缺肉等缺陷的掌握。
6. 模具磨耗：容器擠製鍛造中，沖頭刃背(Punch land)的磨耗，會使得容器內徑變小。利用量測技術對刀背部分詳細掃描比對工件之尺寸，進而作適當之補正，以求取精密工件之最佳模具及模具磨耗之情況分析。

7.6 模具的鏡面加工

所謂模具鏡面加工，即爲模穴部份磨成平滑表面的作業。模穴表面所需抛光的程度，主要視所壓鑄出來的鑄件的表面粗糙度而定。

模穴抛光處理爲運用各種不同的技巧及工具獲得預期的表面效果，也是鉗工工作的一種，一般所使用的抛光工具有各種形狀的銼刀、人工石銼刀、砥石、砂布、砂紙、鑽石磨料、橡膠砂輪、手提砂輪、氈質擦輪等。

一般未要求光度的鑄件，使用到240#砂紙或320#油石拋光模穴即可，若需使鑄件在電鍍後得到鏡面的光度，模穴就必須以1000#以上的砂紙或其他方法拋光。模具鏡面加工步驟如下：

1. 此步驟的工作主要是去除切削加工的痕跡，拋光作業的起點視機器加工的表面光度而定，若經仿削機械、銑床加工過的粗削面，一般皆以細銼、鑽石銼刀或GC、C砂輪先加工。較大的平面以銼刀加工較易，螺紋部、雕刻面則以油混合鑽石磨料研磨，經磨床加工的表面可直接用220#到320#油石研磨。

2. 模具的表面經過鑽石銼刀或GC、C砂輪研磨後，就可以用油石拋光了。使用油石拋光時需以煤油或燃料油加以沖洗，以保持油石的清潔，防止油石磨粒爲鋼屑堵塞，若油石不潔，則減低其切削能力，並且容易被積在磨粒上的鋼屑刮傷，此步驟先以220#的油石研磨，再以320#油石研磨，需硬化的模具通常在經220#油石處理後，即送去硬化，硬化之後再以220#或320#油石研磨去除黑皮，之後再以400#及600#油石研磨，使用油石研磨加工時，較細的油石其加工的方向應與前一塊油石加工的方向成正交，這種方式加工較易去除油石所遺留的痕跡。

3. 經 600#油石研磨後的表面再以 1000#的砂紙拋光，這個步驟完了後的表面需以煤油洗淨，表面不得留有磨料及鋼屑。一般的鑄件拋光至此步驟即可。若需再光製，則以鑽石磨料與煤油或潤滑劑混合成半稠狀，敷於模具表面，再以軟木製成的各種形狀的木棒擦光。

習題七

1. 請說明模具加工的流程。
2. 請說明模具加工所需之機器及設備。
3. 請說明放電加工及線切割加工之同異處。

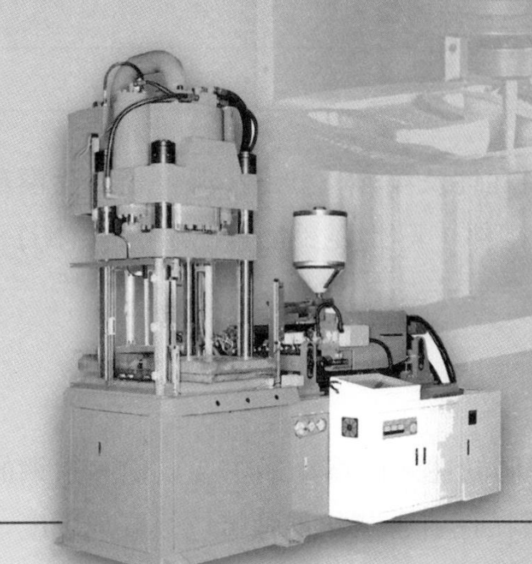

Chapter 8

模具材料

8.1 沖壓模具材料

沖壓模具作業時，耐壓力、耐沖擊、耐磨耗性及淬火時變形小等，是沖壓模具材料應具備之條件，而碳鋼很困難滿足這些條件，爲此要添加錳(Mn)、鎳(Ni)、鉻(Cr)、鎢(W)、鉬(Mo)、釩(V)或鈷(Co)等合金元素，以改善鋼質。

8.1.1 主要合金元素對鋼性質之影響

1. 碳(C)：增加鋼之硬度及耐磨性，但降低韌性。碳爲鋼最主要成份，對鋼的影響顯著，依其含量增加可改變一些機械性質，諸如加強抗拉強度或硬度、減少韌性或延性、減弱沖擊強度、增強磨耗性、增加被削阻力、降低熔接性。
2. 錳(Mn)：增加高溫之抗拉強度、硬度，並可增高淬火性，且賦予耐磨耗性，顯著減少熱處理時的變形率，防止硫所致的脆性化。錳使鋼料易於熱軋或鍛造，工具鋼至少都含0.2～0.5％錳之含量。有一些鋼料可能含錳高達20％，而產生冷作硬化現象。添加更多錳於碳鋼中之效果爲增加其硬度穿透。
3. 矽(Si)：增加耐熱性、耐蝕性及強度，並改善電磁氣性質。工具鋼皆含之矽0.10～0.30％，添加之目的與加少量錳大致相同，使鋼容易鑄造及熱作。矽通常不單獨使用，深硬化之元素如錳、鉬或鉻通常與矽一起加入。與這些元素一起使用，矽會增加工具鋼之強度和韌性。
4. 磷(P)及硫(S)：磷及硫此二元素經常出現在鋼料之完全分析中，都被認爲是有害的雜質，而必須儘量降低。平爐工具鋼中二者之含量皆少於 0.05 ％，電爐工具鋼，即使最廉價的等級亦少於 0.03 ％，而較好之等級，含量可低至 0.02 ％。硫也許可加入較高合金工具鋼，改進其切削性。熔融時要特別小心，須確實形成正確之碳化物形態，並嚴格控制其含量和分佈。
5. 鉻(Cr)：增加耐磨性、耐蝕性、硬化能及高溫強度。在碳鋼中加鉻時，可提高抗拉強度、硬度、減少伸度、沖擊值。含量增加時，改善淬火性、耐磨耗性，通常與鎢共存，增高效果。
6. 鎳(Ni)：增加韌性、耐蝕性及抵抗低溫衝擊。依溶於基地鐵的程度，可防止降低韌性，提高強度或硬度、衝擊強度、增加淬火性。鎳很少單獨使用，常與鉻、鉬共存，增大強韌性。

7. 鎢(W)：增加硬度、耐磨性及高溫抗拉強度。加鎢會產生與鉻類似的性質，因與碳化合，形成硬碳化物，增高硬度、耐磨耗性，增大高溫的較化阻性。鎢必須大量添加才會有效。一般加入高碳工具鋼大約 1.50 %，可以增加一些耐磨性。鎢常與碳形成化學性結合，形成之碳化物具有極高之硬度和耐磨性，以及優良之紅熱硬度。
8. 鉬(Mo)：增加硬化能、耐蝕性、抵抗潛變、防止回火脆性。鉬(Mo)與鎢有同樣的性質，會增加紅熱硬度和耐磨性，效力約鎢的2倍，且與鉻同樣提高淬火性，增大淬火硬化層，提高高溫硬度、潛變阻力，而且回火硬化性較大。
9. 釩(V)：加強晶粒微細化。釩(V)使鋼的結晶粒微細化，固溶於基地鐵，提高硬化能，增大回火軟化的阻性，通常很少單獨使用，與鉻或鉻-鎢共存而進一步發揮眞正價值。有時也在碳鋼中加入少量的釩(約 0.15 %)，這些含量不影響硬度或硬度穿透。在某些鋼中，它能保持鋼料晶粒細小而增加韌性。
10. 鈷(Co)：增加高溫強度。鈷很少單獨使用，與鉻、鎢、鉬(Mo)等共存而發揮其效果。鈷除了高速工具鋼外很少使用。在這裏它用來增加紅熱硬度以便工具可在更高速下使用，同時會增高一些硬化溫度，增加表面脫碳傾向及減低韌性。

8.1.2 模具材料的種類

廣義的模具材料是指，凡使用在模具上任何材料皆屬之。因此，模具材料包括金屬與非金屬兩範疇，將其歸納三大類：構造用鋼、工具用鋼、特殊用材料等；而狹義的模具材料，僅指工具鋼爲中心的材料，其強度與耐磨性影響整體模具的壽命。

目前國內生產的鋼材，除了碳鋼外，大部份工具鋼都仰賴進口，尤其是以日本爲最多，美國、德國、瑞典次之。由於工具鋼的種類繁多，其大部份均可做模具鋼使用，因而在選用模具材料時須格外謹愼與適確，方不致發生嚴重錯誤；工具鋼本身是由碳鋼加上合金元美組成不同的鋼質，依據日本 JIS 標準與中國 CNS 標準均將工具鋼分爲三類：

1. 第一類：碳素工具鋼
2. 第二類：高速工具鋼
3. 第三類：合金工具鋼

如表8.1、表8.2爲JIS與CNS國家工具鋼之分類。

表8.1 JIS工具鋼分類標準

名稱		材質符號
碳素工具鋼(SK)		SK1 SK2 SK3 SK4 SK5 SK6 SK7
高速工具鋼(SKH)		SKH2 SKH3 SKH4 SKH4A SKH4B SKH5 SKH52 SKH53 SKH55 SKH56 SKH57 SKH51 SKH10
合金工具鋼	切削合金工具鋼	SKS1 SKS11 SKS2 SKS21 SKS5 SKS51 SKS7 SKS8
	耐沖擊合金工具鋼	SKS4 SKS41 SKS42 SKS43 SKS44
	冷件合金工具鋼	SKS3 SKS31 SKS93 SKS94 SKS95 SKD1 SKD11 SKD12 SKD2
	熱作合金工具鋼	SKD4 SKD5 SKD6 SKD61 SKD62 SKT2 SKT3 SKD4 SKT5 SKT6

表8.2 CNS工具鋼分類

類號	符號	名稱
碳素工具鋼(CNS2964G3058)	T	工具鋼
合金工具鋼(CNS2965G79)	TC	切削工具鋼
	TS	耐沖擊工具鋼
	TA	耐磨不變形工具鋼
	TH	加熱工用工具鋼
高速鋼(CNS2904G3050)	HSS	高速鋼

8.1.3　各種模具材料特性

沖床加工佔著冷作加工中重要的部份，模具一方面在高壓下連續使用，溫度劇烈上昇，另一方面又受很大的摩擦與沖擊，因此沖床使用之模具材料，其特性如下：

⑴耐磨耗性高。

⑵韌性(耐沖擊性)大。

⑶經熱處理變形小。

⑷淬火性良好。

⑸切削性良好。

⑹硬度大。

⑺脫碳少。

⑻價格低。

⑼熱處理簡單。

1. 機械構造用鋼(SC)：含碳量在0.10～0.55％之低、中碳鋼。因其價格低廉，加工容易，適合模具附屬零件，如導料板、承板固定板、剝料板以及少量下料模之導桿、襯套。此外金屬之少量下料用沖頭及刀口亦可用S30C以上再加淬火製造(含碳量0.30％以下若施以滲碳處理可提高其硬度)。

2. 碳素工具鋼(SK-)：碳素工具鋼分為七個鋼種(SK1、SK2、SK3、SK5、SK6、SK7)。碳素工具鋼的價格較低，易於熱處理，方便加工，多用於不太需要耐久性的模具，其各類工具鋼用途示之於附表8.1。碳素工具在高溫下硬度低，同時由於切削熱而易被退火，耐力差。一般用於較不受沖擊，而須要堅硬耐磨耗之刀具或鑽頭類，使用高碳之工具鋼。而須要承受打擊之鏨鑿或鍛造工具等，硬度不必太高，但須要強韌性者則宜採用低碳之工具鋼。以SK1硬度最高，但韌性最低，而以SK7韌性最大，硬度最低。使用於模具鋼以含碳0.9％以上者較多，其中以SK3最為常用。

3. 高速工具鋼(high speed tool steels)：高速工具鋼含有碳、鉻、鎢、鉬、釩、鈷等特殊元素，其中再分為鎢系六種和鉬系七種兩大類，鎢系高速中含鎢量極高均在18％左右，鉬系高速鋼中含鉬量約在5％左右，而降低含鎢量至6％，亦即以效力很強的少量鉬代替多量鎢，其中添加之鈷是所有各類工具鋼僅有的，它是用來增加切削能力。因此以高速度切削致使刀端發熱，切削能力亦不致於低落，故得名高速工具鋼。工業界以 SKH51 使用最爲普遍。高速鋼經適當的熱處理可顯著硬化，增大磨耗阻力，但因昂貴常用於小形的沖頭、沖模等，特別適於直徑小(比起板厚)的沖孔等，因高溫的硬度、磨耗與常溫差不多，也常用於高溫加工的模具材料，如附表 8.2。

4. 合金工具鋼(alloy tool steel)：碳素工具鋼硬化能差，欲達到淬火硬化之效果，必須淬火於水，如此易生淬裂或淬火應變，改良這種缺點便是合金工具鋼。若單爲了提高鋼之硬化能，則添加鉬、鉻、鉬、釸、鎳等合金元素即可。合金工具鋼是優於碳素工具鋼，而次於高速工具鋼之模具材料。一般依合金鋼之特性，可分爲四類：切削用合金工具鋼、耐衝擊合金工具鋼、冷作(耐磨)合金工具鋼、熱作(熱模)合金工具鋼，如表 8.3 所示。

表 8.3　萬用之合金工具鋼

鋼種	使用硬度 H_RC	耐磨耗性	韌性	高溫硬度	硬化佳	淬火變形	淬火龜裂之危險性	熱處理之脫碳性	加工性
SK3	56～62	E	E	E	小	大	大	小	良
SKS2	58～62	D	C	D	小	中	中	小	良
SKD11	58～60	B	D	C	大	小	小	中	差
SKD61	43～51	C	C	B	大	小	小	大	中
SKH9	60～65	B	C	B	大	中	大	大	中
碳化鎢	73 以上	A	F	A	–	–	–	–	極差

註：A～最好，F～最差

⑴切削用合金工具鋼：爲SKS類有八種材質。此類工具鋼之含碳量相當高，多數在 1.0％以上，以鎢、鉻爲主成分，又添加少量的釩，形成鎢、鉻、釩的碳化物，提高硬度與耐磨性。鉻的淬火性效果較SK類提高甚多，故適用於切削的鋼種。使用於模具的鋼種以SKS2 最多，尤其中級的沖模使用很多。

⑵耐衝擊合金工具鋼：爲 SKS 類，此類工具鋼因專適用於耐衝擊，必須有

強韌性，而其切削性及耐磨性可以稍微犧牲，故含碳量較低，多數在 1.0 %以下，以 SKS3 使用量較多。

(3)冷作合金工具鋼：包含 SKS 類及 SKD 類。SKS 類之成份屬於高錳-低鉻-低鎢，以求淬火後變形小，減少內部之應力發生，增加耐磨性；SKD 類以成份組成皆以含鉻量甚高爲其特點，而具耐磨性及強韌性，淬火後變形少，是相當優良的鋼種，其中以 SKD11 爲最著名。冷作合金工具鋼中，SKD 類的淬火性都比 SKS 類有更進一步改善，可以空氣淬火硬化，如表 8.4 所示。

表 8.4 模具材料選用參考表

模具種類		選用材料	
		大量生產	少量生產
下料模	簡單	SKS2，SKS3	SK3
	複雜	SKD1，SKD11，SKH51	SK5，SKS3
彎形模	簡單	SKS2	SK2
	複雜	SKD1，SKD11，SKT4，鑄鐵	SK3
引伸成型模	簡單	SKD11，SKH2	SKD1
	複雜	SKH2，SKM51，SKH52，碳化鎢、鑄鐵	SKD11
壓印模	簡單	SKS3	SKD1
	複雜	SKD11，SKH51	SKD11

(4)熱作合金工具鋼：包含SKD類有五種材質及SKT類有五種材質。熱作模具不能因溫度上升而軟化變形，因此在紅熱狀態仍須具有高強度及高耐磨性，同時爲了防止淬裂，故含碳量是個所有工具鋼中最低者，約在 0.30 %左右，但以加入鉻、鉬、鎢、釩改善之，而SKD類則加鎳以加強韌性。熱作合金工具鋼中以SKD61 使用量最多，其次爲SKT4，如表 8.5。以上四種合金工具鋼，一般以所含之合金元素量超過 8 %者稱爲高合金工具

鋼，低於8％者稱爲低合金工具鋼，因此，SKS合金鋼爲低合金工具鋼，而SKD與SKT兩類稱高合金工具鋼。

表8.5　常用模具材料CNS，JIS，SAE，DIN間之對照表

	CNS	JIS	SAE	DIN
一般構造用鋼	S(41)C S(50)C	SS 41 SS 50		St 41 St 50
機械構造用鋼	S10C S25C S35C S45C S55C	S10C S25C S35C S45C S55C	1010 1025 1035 1045 1055	C10 C25 C35 C45 C55
碳素工具鋼	S120C(T) S105C(T) S85C(T)	SK 2 SK 3 SK 5	W-1.2C W-1.1C W-0.8C	C152 W2 C110 W2 C85 W2

	CNS	JIS	SAE	DIN
合金工具鋼(低)	S105CrW(TC) S95CrW(TA)	SKS 2 SKS 3	O 7 O 1	105 WCr 6 95 WCr 4
合金工具鋼(高)	S210 Cr(TA) S150 CrMoV(TA) S37 CrMoV(TH) S37 CrMoV2(TH) S55 NiCrMo2(TH)	SKD1 SKD11 SKD6 SKD61 SKD4	D3 D2 H11 H13 6F2	X210 Cr12 X165 CrMoV12 X38 CrMoV51 X40 CrMoV51 55 NiCrMoV6
高速鋼	S80 WI(HS) S85WMo(HS)	SKH 2 SKH 52 SKH 51	T1 M3-1 M2	S18-0-1 S6-5-2

5. 鑄鐵系材料：

⑴灰鑄鐵具高抗壓強度，經濟且鑄造容易，適於模座、配合件、大型成型模具及引伸模。

⑵延性鑄鐵：除保有一般鑄鐵之鑄造優點外，其韌性及強度因其球狀游離石

墨存在而不亞於鋼料。其有三種類別：第一類：用於沖頭承板、滑塊、爆發成形用模具。第二類：用於沖頭、刀口、鑲塊、坯料壓板、導料件、滑塊、引伸模、精密下料模具壓板及其他需高強度，優越耐磨性之材料。第三類：同第二類，惟要求等級更高者。

6. 其他合金鋼：其他尚有鉻鉬鋼(SCM-)，鎳鉻鉬鋼(SNCM)、鋁鉻鉬鋼(SACM)、軸承用鋼(SUJ-)、超硬合金鋼等。

7. 軸承用高碳鉻鋼(SUJ)：軸承用高碳鉻鋼 SUJ2 爲軸承用的鋼材，耐磨耗性及淬火性均良好，硬度爲H_RC55～60，用於滑動部分，需高硬度及耐磨耗性之零件。

8. 不銹鋼(SUS)：不銹鋼含鉻量高，含碳量極低，耐蝕性良好，主要應用於高溫具腐蝕性之塑料，如 PVC 之模具。

9. 鈹銅合金：含鈹 2.5 %，銅 97.5 %的鈹銅合金，常用在模穴中需高熱傳導的部位，或形狀特別複雜的部位，通常是嵌入在模板內，構成模穴的一部分。其加工方法可以機械切削，或以壓力鑄造成形。

除了上述鐵系金屬外，尚有其他非金屬材料、非金屬材料，如燒結合金、鑄鋁青銅、鈹銅合金、鉍銅合金、硬體夾板、橡膠、軟木、塑膠材料等，分別使用於沖頭、緩衝板，較寬胚材模之下料沖頭、刀口、彎曲、引伸等。

表 8.3 是比較常用的模具材料的一般特性及比較。若將各種模具經熱處理後再施以鍍鉻、氮化等表面處理，則可得到良好的耐磨性及硬度。

8.1.4　模具零件所需具備之性質

隨模具種類的不同，其構成零件亦不相同。通常典型模具除了模座、螺絲、螺柱、彈簧、定位銷以及部份特定形狀沖頭已有標準規格件外，其他零件均因模具種類而有所不同，均需由設計者決定。現以一連續模爲介紹範列，如圖 8.1 所示。

1. 模座：市面上所售之模具有雙柱式、四柱式、滾珠導柱式及 QDC 快速換模模座……等。模板爲鑄鐵、鑄鋼或碳鋼鋼板加工製造而成。導柱及襯套爲 SK3 或 SKS2 經淬火或表面鍍鉻製成，另有滾珠式導柱。至於自行製作之上、下模座因係固定模具，必須承受合模時撞擊之力，是以需①有較大韌性，②防止因使用過久後變形，③成本低，④易於加工，基於以上四點考處，一般設計者均採用機械構造用鋼 S10C～S55C 或鑄鐵鑄造。導柱及襯套為引導合上、下模之用，在高速沖壓之下，須要有高耐磨性才能防止磨耗。且亦須具適當的韌姓，以防止因上、下模未能精密配合所導致合模時的輕微衝擊而生破裂危險。其常用材料為 S45C、SK3、SK5、SK7、SKS2 等，施以淬火或表面硬化處理。

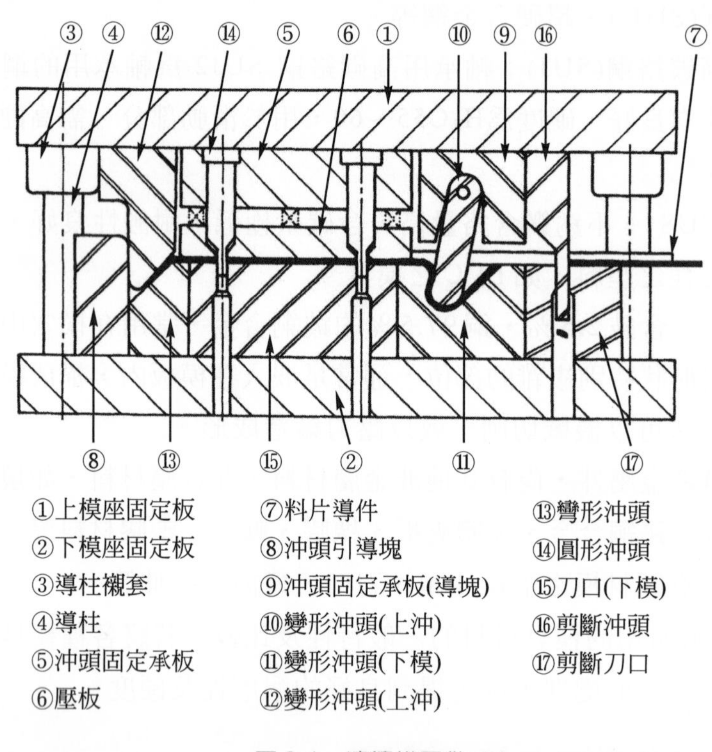

圖 8.1 連續模零件

2. 承板、剝料板及壓板：承板大多為固定沖頭或嵌入物之用，要求以易於加工及低成本為原則，是以一般均採低碳鋼 S10C～S30C 甚或一般構造用滾軋鋼材SS41。如因厚度限制或複雜之引伸、彎曲模、精密下料模則採用S45C～S55C 或鑄鐵。剝料板及壓板二者作用大同小異，材質與上同。

3. 導料板、定位銷：導料板是導引胚料進入模具之用，一般用低碳鋼製成，但在高產量或快速送料時，為避免磨耗而引起送料偏料，亦可採用中碳鋼經熱處理，此處所指定位銷是用於連續模具中固定料片行程，材質同上。惟上述二種可能因設計上方便而直接以導塊或沖頭(刀口)代替之。

4. 滑塊、導塊：通常運用到滑塊的模具甚多，如滑塊沖模，因與導塊同屬於利用摩擦來作導向運動，如側向沖頭，因此其配合接觸面須有極高之耐磨性及韌性，以因應決速沖壓工作。一般以SK3、SK5、SKS2、SKS3製成，特殊者另以表面硬化處理。

5. 沖頭、刀口、崁入件：沖頭、刀口二者實為整副模具精髓所在，崁入件則用於形狀複雜或大型模具，一般書籍所提模具材料大抵指此而言，其選用參考如表 8.4 所示。其中若加工之料件為軟金屬、紙、塑膠、木材則可酌情降級選用。

8.2 塑膠模具材料

生產塑膠成形品品質的好壞，模具是極重要的因素，而模具從設計、製作至上機生產，均須有妥善的規劃才能克盡其功。在設計塑膠模具時，必須先對各種塑膠模具材料有基本的認識，其中使用最多的是鋼鐵類，因此，對於鋼鐵材料的加工與熱處理的瞭解更顯重要。

用以生產塑膠成形品的模具，包含許多零件，各零件功能不同，需求之性質亦不同；同時塑膠材料種類很多，性質差異頗大。因此，製作塑膠模具的材料，除了要能滿足模具之需求外，也必須要能符合塑膠材料的特性。

8.2.1 材料的選用原則

塑膠材料特性差異頗大，成品的形狀變化多端，欲生產合乎要求的產品，除了模具設計、製作及生產條件的控制外，模具材料的選用也是重要的因素。模具材料選用是否適當，對模具的壽命、精密度、加工性、價值等有很大的影響，因此，在選用模具材料時，必須考慮下列原則：

(1)機械加工性良好。

(2)材料組織均勻，沒有缺陷。

(3)機械性質良好，強度、韌性、耐磨耗性良好。

(4)表面加工性良好。

(5)熱處理容易，熱變形少。

(6)銲接性良好。

(7)耐熱性好，熱膨脹係數低。

⑻疲勞強度大。

⑼容易取得。

8.2.2 常用塑膠模具材料的種類與用途

塑膠模具是由多種零件組成的，各零件因功能不同，使用之材料亦有所不同，圖 8.2 所示中爲一般模具各零件適用之材料，附錄表 6 列出適用材料較詳細之資料。各種模具材料之特性、用途及使用法，如附錄表 7，可供參考。

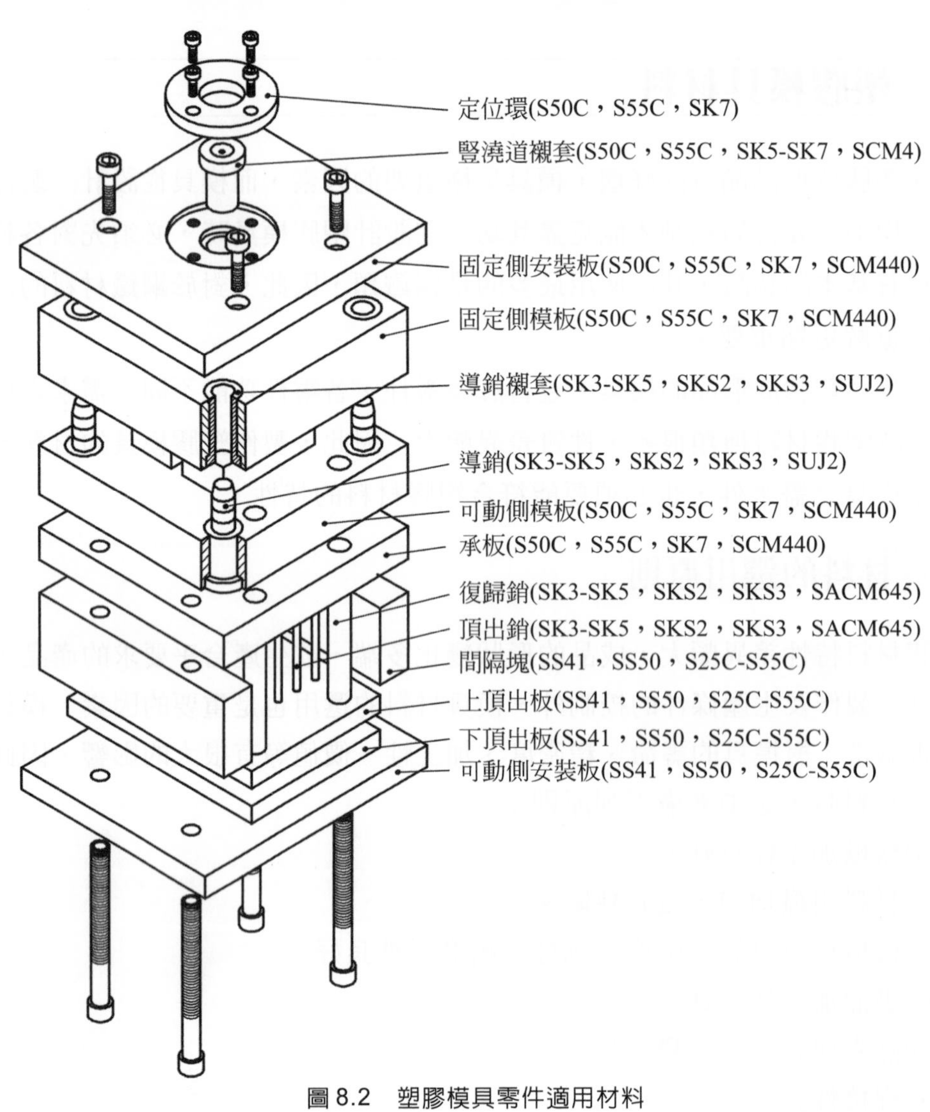

圖 8.2 塑膠模具零件適用材料

8.2.3　特殊要求之模具材料選用

通常塑膠模具選用材料的原則，較注重其一般性，但在眾多的塑膠材料種類及千變萬化的成形品型態中，常會有些較特殊的狀況，需要選用具備特殊性能的材料來製作模具，才能獲得理想的結果。

1. 耐磨耗材料：耐磨耗性是一般模具材料應具備的條件，也是維持模具壽命的要素；但有些塑料混合有玻璃纖維、金屬粉末等補強物時，對模具的磨耗會增加，應使用硬度更高的材料。在此種情況 SKS2、SKS3、SKD11 常被使用，其中 SKD11 因其熱處理變形量小，更爲適合；此外，高速鋼(SKH)之耐磨耗性更佳，但因價格高，不常被採用。

2. 耐蝕性材料：有些塑膠材料在加工時會產生腐蝕性氣體，如聚氯乙烯(PVC)、氟素樹脂、家電製品使用之難燃樹脂(PC、ABS 等添加難燃劑)、發泡性樹脂等。腐蝕性氣體會對模具造成腐蝕，特別是構成流道、模穴的零件，解決此問題的最好對策便是採用不銹鋼材料來製作模具。

3. 鏡面加工材料：塑膠成形品的表面是由模具模穴表面粗糙度決定的，一般成形品的表面都會要求光滑，但因模具材料材質的影響，模穴表面的加工粗糙度有時會受到限制。因此，有些特別要求光滑的成形品，如光學用塑膠鏡片、光碟片、影碟片、大型透明護罩等，必須選用容易加工成鏡面的材料來製作模具。材料易加工成鏡面，應具備的條件爲結晶顆粒細微、氣孔少、硬度高、含矽酸鹽、鋁、硫化錳等雜質少。鋼料應用真空熔解方式製造，可減少氣孔及雜質的產生；含錳、鎳、鉻、鉬等可使鋼料結晶顆粒細微，硬度提高，都有利於鏡面加工。

4. 預硬化型材料：爲防止模具在熱處理時的變形，及節省熱處理的工時，預硬化型鋼料普遍被採用，其特點爲硬度約在H_RC30～45，材質均勻，添加有快削性成分，加工後不需再做熱處理；此類材料最具代表性者爲FDAC，是以 SKD61 爲基材，添加快削性成分而成。

5. 非磁性材料：影印機、磁碟機、感測器等內部會應用到塑膠磁鐵，是將磁粉混合於尼龍等材料中，再以模具製成所需形狀。用以塑製塑膠磁鐵之模具，必須爲非磁性材料，並應能具備模具材料之特性，常用者爲不銹鋼SUS304或高速鋼。

6. 蝕紋加工材料：蝕紋俗稱咬花，在汽車、家電及各種塑膠用品上廣泛被使用，在模具上的加工是利用化學藥品侵蝕，而形成花紋的飾樣。蝕紋加工用的鋼料應特別要求均質，鋼料若淬火硬化層明顯、偏析、結晶顆粒大、含快削性成分等都不適合做蝕紋處理。

8.3 壓鑄模具材料

壓鑄模所使用的材料主要以合金鋼爲主，如高速工具綱、熱模合金工具鋼等，也有使用一般冷軋與熱軋鋼等，這些鋼需經熱處理或表面處理後使用。

壓鑄模的材料可分爲模穴(模心)部、構造部(固定板、模框……)、滑動部等用材料。構造部的材料要有足夠強度，滑動部的材料要能耐磨，模穴部的材料不僅要能耐熱還要耐磨，如此才能發揮模具的功能和提高模具的壽命。

8.3.1 壓鑄模具材料具備的條件

壓鑄作業中，模具一方面受到忽冷忽熱的急遽變化，另外也會受到強大的壓力與熔液之流動摩耗，因此必需具備下列條件：

(1)能抗熱裂隙之發生。

(2)能抗高壓力所致的變形。

(3)在壓鑄作業溫度下具耐磨耗性與耐酸化性。

(4)熱處理的變形少，尺寸安定，脫碳少。

(5)具高熱傳導係數與低膨脹係數。

(6)良好被削性、研削性。

(7)內部質地均勻缺陷少。

(8)價格合理。

(9)熱處理簡單。

8.3.2 壓鑄模具材料的物理性質

壓鑄成品由手錶零件到汽車引擎，變速箱外殼皆有，大小、簡繁不一，當然所用到的模具材料更廣泛了，從機械構造用鋼、碳素工具鋼、合金工具鋼、熱作合金鋼、高速工具鋼、非鐵金屬合金等，現在我們就逐一討論其特性：

1. 機械構造用鋼(SC)：碳鋼價格低廉，易於加工，適合構造部份的零件如上下固定模板、上下模塊、平行墊塊、止塊、冷卻水套、頂出板等等。附錄表 8 提供碳鋼分類與主要參考用途。
2. 碳素工具鋼(SK)：壓鑄模構造部及滑動部可選用碳素工具鋼，如導銷導套，因加工方便，易於熱處理、價格也較低，頗受採用，但高溫下硬度低。以含碳 0.9 %以上者如 SK3、SK5 較常用於模具。
3. 合金工具鋼：在鋼中添加W、V、Mn、Cr、Mo、Si、Ni等合金元素，可增加其硬度、耐磨性、韌性等特性。如SKS類，耐磨佳、淬火變形小：導銷、導套、頂出銷常用之(SKS3)。
4. 熱作合金鋼：一般熱作合金工具鋼有AISI的P-2O、H-13、H-20、H-21 等。
   ⑴ AISI P-20 熱模合金工具鋼(JIS G4105)：P-20 鋼為美國新開發出來的鋼，含碳在 0.37 %，鉻 1.50～2.00 %、矽 0.30 %、錳 1.0 %、鉬 0.35 %，和極少量的硼(B)成份，這種鋼具有很好的韌性、可防熱裂隙及機械性。其硬度在BHN 300～325，機械加工性良好，且不需經硬化熱處理及應力消除即可使用。由於這種材料在加工後不做硬化處理，模穴塊不需知道其經硬化處理後的尺寸變化。因此，模具的製作可以簡化許多，但是，這種材料對於高溫度的金屬則無法控制其高熱應力，這是它僅能用在鋅壓鑄模的原因。當P-20 的鋼作熱處理時，其表面的硬度相當均勻，但是在 100mm 以上厚度的材料，其硬度將隨著深度的增加而減低，例如 350mm 厚的模塊，其表面硬度可達 BHN300，而中心只可到 BHN250～260。
   ⑵ AISI H-13 熱模合金工具鋼(JIS SKD61)：含鉻基的 H-13 熱模合金工具鋼最適用於做鋁及鎂合金壓鑄模材料，H-13 含鉻 5.0～5.5 %，1.2～1.6 %的銅，和 1.0 %左右的釩，其品質特殊而優良，組織微細均勻，必須在退火狀態下加工，待最後加工完成後再硬化。H-13 有很好的熱傳導及強

韌性，能抗熱龜裂性和熱磨耗，在高溫時仍能保持它的強度及硬度，所以能延長模子壽命，對於大型模具以採組合模穴方式製作較有利。

⑶AISI H-21熱模合金工具鋼(JIS SKD5)：H-21適用於銅合金壓鑄模，H-21是以鎢基為主的熱模合金工具鋼，含鎢(W)9-10％，鉻(Cr)2-3％，其他合金在 0.3～0.4 ％範圍。其硬度在紅熱狀態仍能保持，在高溫時，熱傳導率和韌性亦非常優良，適合較高溫壓鑄合金使用，H-21和H-13一樣必須經退火後方可加工，全部加工完成後才能做硬化處理。

⑷ AISI H-20熱模合金工具鋼(JIS SKD4)：此鋼含碳(C)0.25～0.35％，矽(Si)0.15～0.35％，錳(Mn)0.3～0.6％，鎢(W)5.0～6.0％(Cr)2.0～3％，釩(V)0.3～0.5％，磷(P)及硫(S)的含量均在0.03％以下。H-20具有耐抗熱磨及熱龜裂的優點，適合用在生產不含鐵質的壓鑄合金，尤其用於銅、鋁、鋅合金壓鑄模。

⑸高速工具鋼：具有紅熱硬化能，工業界以 SKH9 最廣為使用。優點相當多，但相對價格也相當貴，具有抗熱磨耗，在高溫仍具有相當的硬度。

⑹非鐵金屬合金：非鐵金屬合金被用來製作壓鑄模模穴材料有：鈦基合金含鋁(A1)6％及釩(V)4％、鎢基合金含錳(Mn)4％和鉬(Mo)4％(如 Anviloy 1150)、銅基合金含鋯(Zr)0.12％和釩(V)0.5％(如 Mo-T2M)。其中，鈦基合金有非常低的熱傳導度，因此可被用來控制模內的熱流，這種材料十分昂貴，對於抗熱衝擊(Thermal Shock)並不理想，而且若有接縫時，使用在鋁鑄件上非常不良，因此只用在鋅鑄件。鎢基材料有很高的熱傳導度，和非常好的抗熱衝擊性，可用於銅或鋁壓鑄合金。鉬基材料Mo-T2M的熱傳導度比Anviloyl150更高，適用於心型、銷及其他模穴內的小組合塊等較小的組件。

8.3.3 壓鑄模具材料之選用

1. 鋁合金壓鑄模具主模材料：壓鑄鋁合金用模具的主模材料，常用的有

⑴構造部：機械構造用鋼(SAEl020,S45C)，碳素工具鋼(SK3,SK5,SAE4130,4135)。

⑵滑動部：碳素工具鋼(SK3、SK5)，冷作合金工具鋼(SKS3)，鋁鉻鉬鋼(SACM645)，高速工具鋼(SKH9)。

⑶耐熱部：熱作合金工具鋼(SKD61,H-13,H-20,SKT2,SKT3,SKD6)，鉻鉬鋼(SCM3,SCM4)。

其中以AISI的H-13(JIS SKD61)熱模合金工具鋼，最適合壓鑄鋁合金及鎂合金用模具的模心及模穴，因為組織微細均勻，性能優越。在退火狀態下加工，加工完成後須再淬火硬化，才能發揮特性。

2. 鎂合金壓鑄模具主模材料：鋁合金及鎂合金有許多性質相似，壓鑄鋁合金，鎂合金，大都以冷室壓鑄法，所以壓鑄鎂合金用模具的主模材料仍以熱模合金工具鋼H-13為主，其他構造、滑動部亦同。

3. 鋅合金壓鑄模具主模材料：由於鋅合金壓鑄溫度低、流動性好、可壓鑄形狀複雜及薄斷面的鑄件，所以可用在冷室及熱室壓鑄兩法。壓鑄鋅合金用模具之主模材料，常用的有鉻鉬鋼(SCM3、SCM4)，熱模合金工具鋼(SKT2,SKT3,SKD6,SKD61,H-20,P-20)，冷室用H-13，熱式用P-20(JISG4105)，P-20是美國新開發出的鑄模合金工具鋼，具有很好的韌性、強度、機械加工性，更可喜的是可防熱裂隙，且不需硬化熱處埋及應力消除即可使用，硬度在32-34H_RC間

4. 銅合金壓鑄模具主模材料：壓鑄銅合金用模具的主模材料，除了上列的材料外，一般以AISI的H-21(JIS SKD-5)為模穴、模心板塊。

表8.6 常用壓鑄模材料的特性

種類	耐磨耗性	韌性	高溫硬度	淬火硬度	淬火後龜裂之發生	熱處理之脫碳性	使用硬度 H_RC
SKS3	3	4	3	一般	一般	一般	58-62
SKH9	1	3	1	深	大	大	56-62
SKD1	1	4	2	深	一般	一般	58-62
SKD11	1	4	2	深	小	一般	55-60
SKD61	2	3	1	深	小	大	43-53
SKD5	2	3	1	深	小	大	43-51
SK2-3	1	3	1	深	大	大	56-62

註：1表最好，5表最差

欲得到最完美的鑄件，模具的每一組合零件，所使用的材料及硬度的要求，必須做適當的選擇。附錄表9為常用工具鋼的使用指引，附錄表10為

壓鑄模材料的選用表。附錄表 11 爲常用鋼的化學成份表。表 8.6 爲常用壓鑄模材料的特性。

8.4 鍛造模具材料

冷鍛的問題通常不是成形負荷太大，就是部分材料發生裂痕。尤其是，以前使用高碳鋼來做冷鍛胚料時，這個問題就明顯現出來了。在防止裂痕發生上，使用不純物成份少的材料會有相當效果，目前已可以從鋼材製造廠取得減少非金屬介在物，即所謂超清淨鋼的鋼材，利用這些材料有助於冷鍛之成功。

8.4.1 熱鍛及冷、溫鍛件及其材料

就某種產品之生產方式而言，如果是選擇鍛造，那麼就必須選擇能滿足產品所要求功能或特性之材料當做胚件，因此必須選擇能通過以鍛造爲主之一連串製程的最佳材料。

鍛造的第一目的就是利用塑性變形，以得到所需要的形狀。爲了要使材料容易塑性變形，先把材料加熱再加以鍛造，這就是廣義的熱鍛，自古以來就以生產性佳的加工方法而廣用於許多的金屬材料之加工上。金屬材料除了一部分爲脆性材料外，大部份均可當做鍛造素材來使用。從一般結構用軋延鋼材，舉凡機械結構用合金鋼到不銹鋼、軸承鋼、工具鋼等特殊用鋼爲止，都是可適用的材料。

熱鍛時使用之材料並沒有特別限制，但是冷鍛時，比起熱鍛，材料之變形已大幅降低，而且變形抵抗變得很大，必然地適用冷鍛之素材就必須加以選擇。在介於冷鍛及熱鍛之中間溫度區，兼具兩溫度區特性之材料的溫鍛自然受青睞。

8.4.2 對冷鍛及溫鍛用材料之品質特性要求

關於冷鍛及溫鍛用材料所要求之品質特性，如圖 8.3 所示，大致可分成鍛造製程本身所需之品質特性及其後續各製程所需之品質特性來加以考慮。

關於冷鍛、溫鍛材料之缺點，鍛造時變形抵抗大且變形小。所以，在做冷鍛、溫鍛之材料選擇時，就加工特性來說，這兩點特別重要。

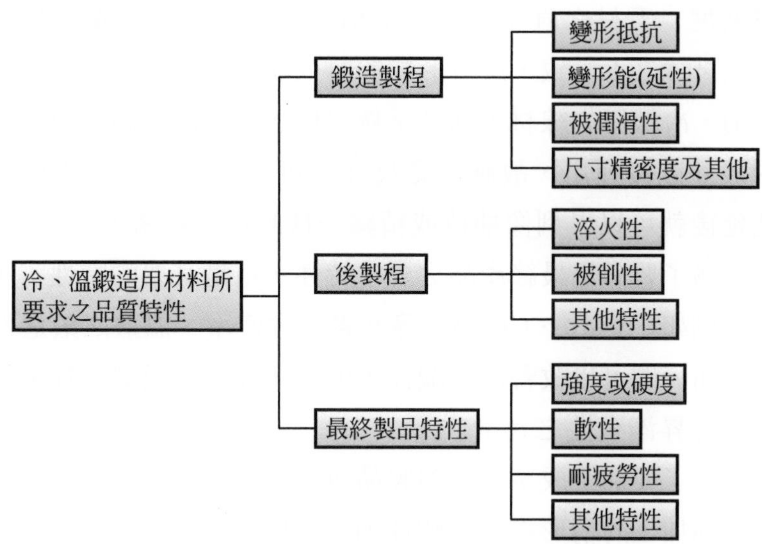

圖 8.3　冷、溫鍛用材料所要求之品質特性

1. 變形阻力：所謂變形阻力(Resistance)，是指使材料變形所需之作用力，應力指材料抵抗變形之能力，作用力大也意味很容易引起金屬模的磨耗或者模具之變形、破壞。就材料而言必須儘可能選用變形阻力較小者。

2. 變形能(延性)：所謂變形能是指，在不發生破裂之原則下，用以表示材料能承受最大變形程度的材料性質；以鍛造加工時發生裂紋爲止，用加工率或應變之大小來評估。對變形能小之材料，當然其加工度受到限制，製程中有時還必須施以額外的熱處理或潤滑處理。變形能大的材料也是冷、溫鍛非常好的材料。變形阻力小，變形能大的材料也可以說是鍛造性佳的材料。

3. 潤滑處理性：加工中，爲了降低與金屬模之摩擦，防止燒著，一般多使用潤滑劑。對加工度大之冷鍛來說，單單在材料表面上塗上液體或固體潤滑劑是不夠的，可利用化學反應，使碳鋼材料表面生成磷酸鹽皮膜，使不銹鋼材形成草酸鹽皮膜等，以便能充份吸附潤滑劑而當做下層表皮來使用。

4. 表面及內部之缺陷：在材料表面或表皮下層之缺陷會對變形能產生很大影響。例如假定有縱向缺陷，當鍛粗時，就會以此缺陷爲起點，而在初期就產品裂紋。而材料內部之介在物的密集或過度偏析，也會降低材料之變形能。按加工之種類或程度，必須利用磁粉探傷或超音波探傷等檢查手段，以選取有品質保證的材料。

5. 尺寸精密度：素材之直徑或厚度不相同的話，就會造成鍛造材重量的不一致，產品尺寸之不一致，或者形成餘料或缺口的情況，嚴重的話，也可能使模具破損。冷鍛用之線材，通常是做引伸加工較沒問題，而棒材有時就將軋延後的尺寸直接運用，故應注意尺寸許可差。近來由於精密軋延技術之進步，軋延後就可以得到像抽拉或精鑄一樣的尺寸精密度。
6. 淬火性：爲了要滿足最終產品之要求特性，這是必要的特性，淬火性佳的化學成分：例如C、Mn、Cr、Mo等元素，會使冷、溫鍛之鍛造性下降。在鋼材方面，加入硼可以改善此一關係，所以，在不造成鍛造性降低之情形下，多使用可提昇淬火性之元素。
7. 切削性：爲了要加工成冷、溫鍛製品所規定之形狀或尺寸，一部分或全面要再加以切削加工的情形很多，塑性加工和切削性一般認爲是相反的性質。因爲加工硬化會使鍛造件硬度變高，過度的冷加工會降低切削工具的壽命。同時其切屑也變薄而不容易斷落。而適度的冷加工由於會降低切削抵抗，可提昇工具壽命，並能改善加工表面粗度。

8.4.3 鍛造用材料規格

前節也說過，熱鍛時幾乎所有金屬材料都可使用。除了用於鑄造之材料外，都可考慮當做鍛造用材料。冷鍛就很難任何材料均可當素材了。以下針對冷鍛或溫鍛上使用之材料加以說明。

一、冷鍛用材料

冷鍛，與切削或熱鍛等其他加工法相比，有生產性高，製程容易自動化之優點，就合理的加工法來說，近年來冷鍛需求急速增加中。金屬材料中，冷鍛應用最多的是鋼鐵材料。在非鐵材料方面，有鋁及鋁合金、銅及銅合金、鈦合金等，主要以聯結件類爲主，採用冷鍛。

二、溫鍛用材料

溫鍛可以得到與熱鍛相同之鍛造性，及冷鍛相同之尺寸精密度，是對製程合理化有相當貢獻的有效加工法，因此非常受到歡迎。溫鍛用鋼之特性要求，基本上與冷鍛用鋼相同。碳鋼會依鍛造溫度區之選定，而使變形能下降，故應盡量避開250～300℃附近之脆化區及700～750℃附近之變態脆性區。這些還受到鍛造應變速度、或鋼中硫化物或氧化物系介在物之影響。

通常產品功能，概略形狀和尺寸決定了，就可選用材質及熱處理法，適用的鍛造法及可用設備，就集中在幾個可能的候選方案中了。再從這些候選材料，熱處理法及鍛造法中，選出包含機械加工在內之總成本最低的方法。依製品的需要量，要用什麼精密度來製作鍛造件也就決定了。通常生產量越大，精加工切削量是愈少愈好。

8.4.4　鍛造材料的種類與選用

鍛造作業可分為冷鍛及熱(溫)鍛 2 種類，分別就其使用工具材料之選用標準，說明如下。

一、冷鍛用工具材料之選用

最重要之工具零件中，模具和沖頭之工具材料選用，就基準工具材料而言，可選用 SKD11。實際上，鍛造後可再依據影響工具壽命之原因，進行如下之材料選用及改善。

1. 破裂對策：工具裂開或破裂事故頻傳時，研判可以降低目前使用之硬度時，可把現有 SKD11 做高溫回火，硬度調整到 56～58H_RC，再觀察使用結果，若還不能防止破裂發生，則要變更鋼種為韌性更高的 SKH51。若還是不能改善，就要改用耐高衝擊之工具鋼。
2. 磨耗對策：工具磨耗量大時，把 SKD11 改為韌性值高之 SKH51，硬度亦由現用硬度提升 1～2 度，再觀察結果。需要進一步改善時，就要改用可維持高硬度及高韌性之粉末高速工具鋼，或超硬合金。

8.4.5　熱(溫)鍛工具材料之選用

關於熱(溫)鍛工具材料之特性，高溫強度或熱(溫)間之耐磨耗特性與韌性關係表示如圖 8.4 所示。

關於熱(溫)鍛用工具材料選擇法之概念，舉汽車零件量產模鍛造機中，最普遍使用之鍛造沖床為例，取工具基準材料之 SKD61 的改善順序敘述如下：

1. 破裂對策：SKD61 實用硬度平均為 H_RC45，但針對破裂之初期對策是：

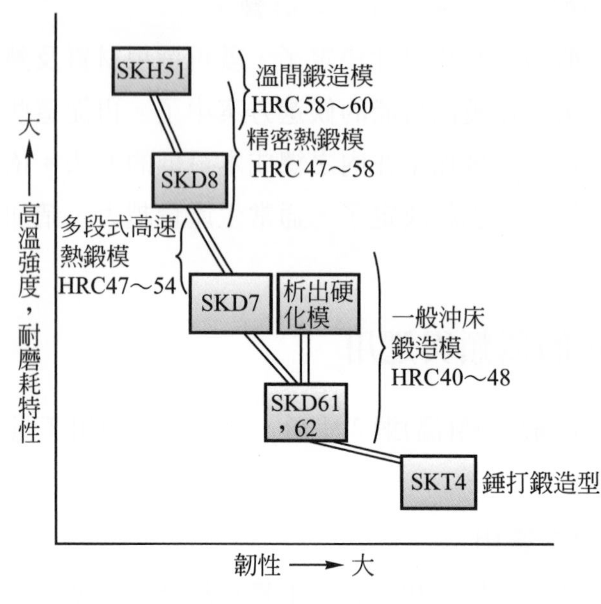

圖 8.4

表 8.7　熱(溫)鍛用工具材料的背景及趨勢

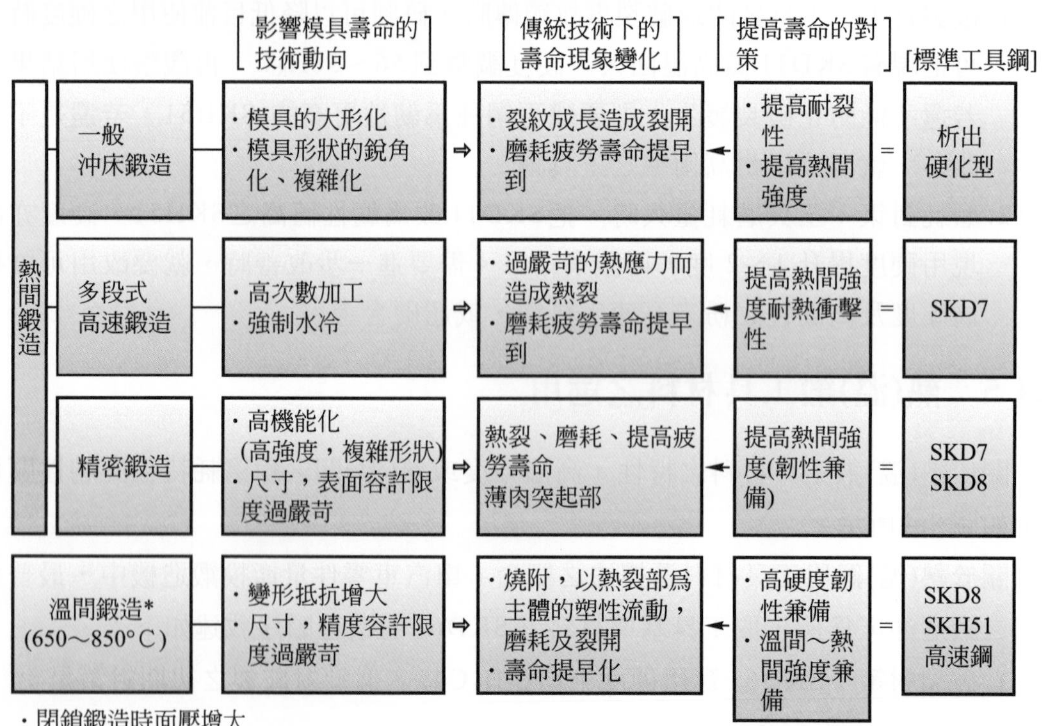

		[影響模具壽命的技術動向]		[傳統技術下的壽命現象變化]		[提高壽命的對策]		[標準工具鋼]
熱間鍛造	一般冲床鍛造	・模具的大形化 ・模具形狀的銳角化、複雜化	⇨	・裂紋成長造成裂開 ・磨耗疲勞壽命提早到	←	・提高耐裂性 ・提高熱間強度	=	析出硬化型
熱間鍛造	多段式高速鍛造	・高次數加工 ・強制水冷	⇨	・過嚴苛的熱應力而造成熱裂 ・磨耗疲勞壽命提早到	←	提高熱間強度耐熱衝擊性	=	SKD7
熱間鍛造	精密鍛造	・高機能化 (高強度，複雜形狀) ・尺寸，表面容許限度過嚴苛	⇨	熱裂、磨耗、提高疲勞壽命 薄肉突起部	←	提高熱間強度(韌性兼備)	=	SKD7 SKD8
溫間鍛造* (650～850°C)		・變形抵抗增大 ・尺寸，精度容許限度過嚴苛	⇨	・燒附，以熱裂部爲主體的塑性流動，磨耗及裂開 ・壽命提早化	←	・高硬度韌性兼備 ・溫間～熱間強度兼備	=	SKD8 SKH51 高速鋼

・閉鎖鍛造時面壓增大

⑴將硬度降為 HRC40 左右。

⑵不可能將硬度降低時，將材料改為韌性值很高之析出硬化型工具材料。

2. 磨耗對策

⑴研判工具材料之鍛造作業中溫升不大時，把SKD61之硬度提升到HRC50。變更材料為高耐沖擊用高速度工具鋼或 SKH51。

⑵研判溫升激烈時，試用 SKD7、SKD8 等，再無法改善時，再檢討改用高耐衝擊用高速度工具鋼，粉末高速鋼。這些關係整理表示如表 8.7。

8.5 模具熱處理

為延長模具壽命，提升品質，除選用適當之模具材料外，材料正確的熱處理及表面硬化處理，也是極為重要的因素。所謂熱處理(Heat Treatment)，是對材料施以適當的加熱或冷卻步驟，以獲得所需的機械性質或物理性質的處理。鋼料經適當的熱處理後，內部組織產生變化，可使其硬度、強度、韌性、耐磨耗性等機械性質改變。又對某些鋼料施以表面硬化處理，可增加鋼料表面之硬度，提高耐磨耗性，增進表面光滑度等。以下簡單介紹各種與模具有關的熱處理。

一、退火(Annealing)

退火的目的主要在降低材料硬度，增加延性、韌性及切削性，調整結晶組織，消除內部應力。工業上應用之退火處理，依其目的不同有完全退火、製程退火、球化退火、弛力退火、恒溫退火、均質退火等多種，常用於塑膠模具材料的處理方式有：

1. 完全退火：完全退火是將鋼料加熱到Ac3或Ac1變態點以上30～50℃，保持適當時間後，在爐中或灰中冷卻，變態點溫度如圖 8.5 所示碳鋼平衡圖中所示。由於緩慢的冷卻速度，有足夠時間進行變態，可獲得較軟的肥粒鐵與波來鐵混合組織。經完全退火的鋼料會變軟，容易切削，並可消除殘留應力。

2. 弛力退火：弛力退火的目的在消除切削、銲接加工所產生的內部應力。處理方式為以 50～100℃／小時 之加熱速度，加熱至Ac1變態點以下(約 650℃)，保溫時間約 60 分鐘／25mm後，在爐中冷卻。應力之消除狀況，受加熱溫度之影響較大，較不受保溫時間影響。

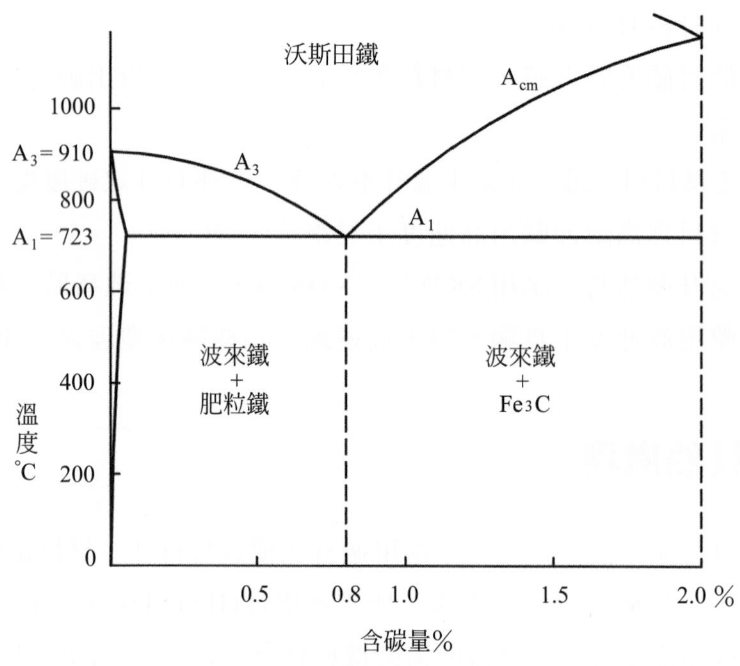

圖 8.5　鐵碳平衡圖

3. 球化退火：球化退火能使鋼料中之碳化物變成球狀，改善切削性及韌性。其處理方式爲將鋼料加熱在Ac1變態點以上或以下之溫度，保持一段時間後，再以適當方式冷卻。由於加熱溫度與冷卻方式不同，球化退火有多種不同處理法，如圖 8.6 所示，其獲得之結果略有差異。

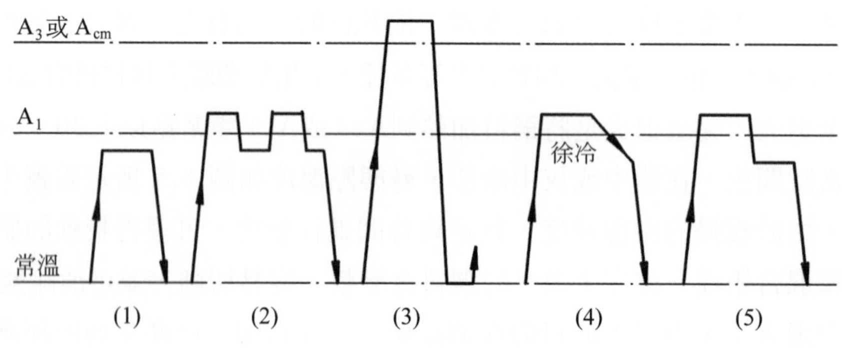

圖 8.6　球化退火的方式

二、正常化(Normalizing)

將鋼料加熱到 Ac3 或 A_{cm} 以上 30～50℃之溫度，保持適當時間後，在靜止的空氣中冷卻的處理方法，稱爲正常化。經正常化處理的鋼料，組織細微化，且能消除內部應力與偏析，強度與硬度較退火鋼料優良，但延性較差；適用於經鑄造、鍛造、輥軋等高溫高壓加工的材料。

三、淬火(Quenching)

淬火的目的是爲了使鋼料硬化、提高強度。模具零件常用的淬火方法有下列三種。

1. 普通淬火：將鋼料加熱到 Ac1 或 Ac3 變態點以上 30～50℃之溫度，保持適當時間後，使其急速冷卻，而成爲麻田散鐵組織的硬化鋼料。碳鋼淬火時，通常是放入水中急冷，冷卻速度夠快時，高溫時之沃斯田鐵組織不會形成波來鐵，而成爲高硬度的麻田散鐵。合金鋼中添加有合金元素鎳、鉻，可改善淬火性，冷卻速度可較慢；合金元素比例較低時，可在油中冷卻；合金元素比例高時，在空氣中冷卻即可達到硬化效果。

淬火時因急速冷卻，會使鋼料表面與內部冷卻速度不同而產生應力；也會因內部殘留的沃斯田鐵變態爲麻田散鐵，體積膨脹，而發生淬裂。模具爲維持高精密度，避免淬火變形及內應力，常需選用油冷或空冷之合金鋼來製作。淬火時鋼料加熱溫度過高，時間過久，會產生氧化、脫碳現象；若採用鹽浴爐加熱，溫度較容易控制準確，加熱較均勻，也不會發生氧化。

2. 麻淬火：如圖 8.7 所示，將鋼料加熱到淬火溫度後，放入溫度比M_S(冷卻時由沃斯田鐵轉變爲麻田散鐵的開始溫度，約 220℃)略高的鹽浴中，保持一段時間，使材料內外溫度均勻後，取出在空氣中冷卻，再依所需性質進行回火處理。鋼料經麻淬火處理，可提高硬度，但不會發生應力及淬裂。

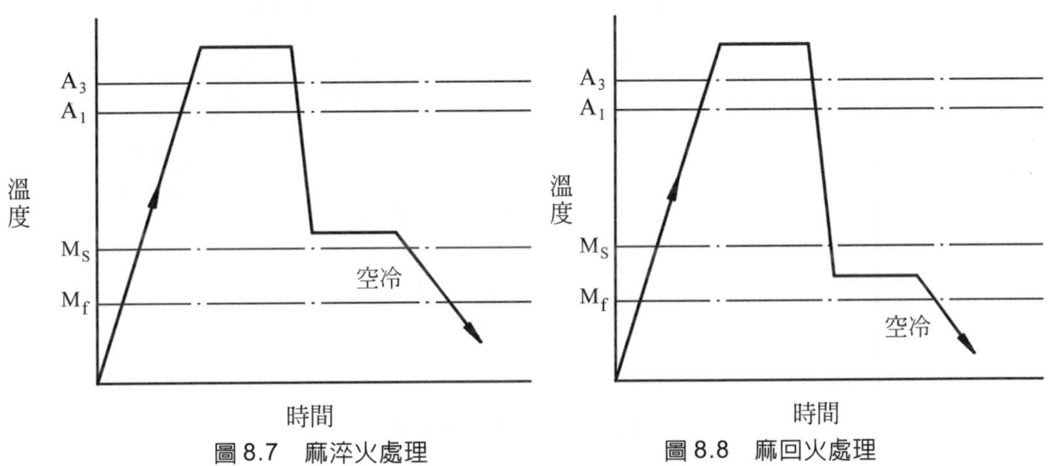

圖 8.7　麻淬火處理　　圖 8.8　麻回火處理

3. 麻回火：如圖 8.8 所示，將鋼料加熱到淬火溫度後，放入溫度在M_S與M_f(冷卻時由沃斯田鐵轉變爲麻田散鐵的完成溫度，約 100℃)之間的鹽浴中，保持較長時間恒溫，使變態完成，再取出空冷。鋼料經麻回火處理，在變態時因溫度均勻且冷卻速度慢，不產生應力，不易變形、破裂，不需再回火，但可獲得良好之韌性及耐衝擊性，適合用於含鉻、鎢、釩之合金鋼。

四、回火(Tempering)

鋼料經淬火後硬度高但很脆，其組織主要爲麻田散鐵及少量殘留沃斯田鐵，這種組織在常溫時是不安定的，必須經過長時間才會趨於安定。若實施回火處理，可使不安定的組織快速趨於安定，調整鋼料硬度，獲得適當的韌性，並可消除淬火產生的內部應力。

1. 低溫回火：將已淬火硬化的鋼料，加熱至 150～200℃之溫度，再徐冷於空氣中。主要目的爲消除淬火產生的內部應力，使工件尺度安定，而仍可維持高硬度，常用於處理淬火後之高碳鋼。

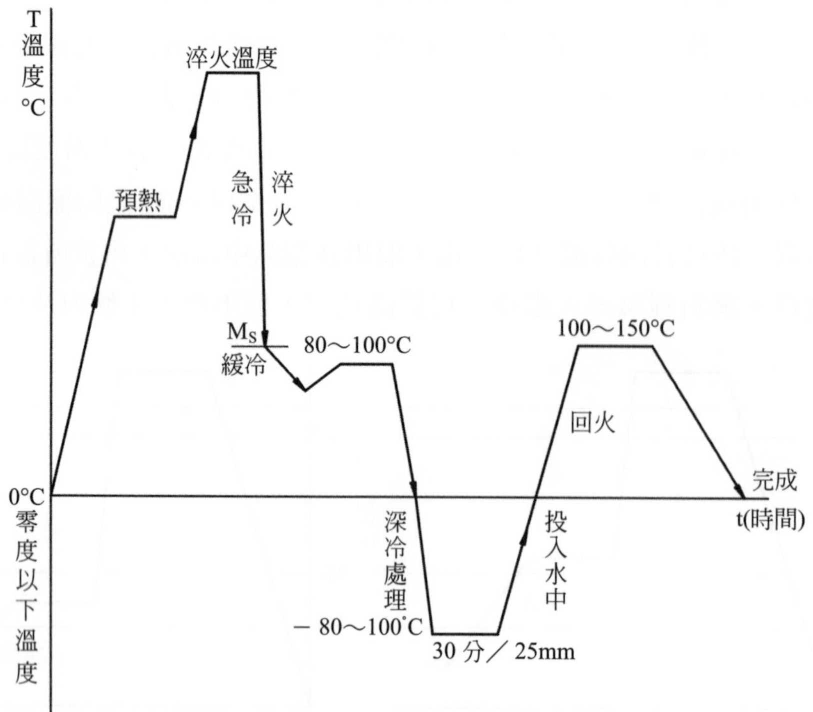

圖 8.9　淬火後深冷處理

2. 高溫回火：將已淬火硬化的鋼料，加熱至 450～600℃之溫度後冷卻。主要目的在做爲調質處理，降低鋼料脆性，而提高韌性與延性，並可消除殘留應力。

3. 深冷處理：深冷處理的目的在消除鋼料淬火後殘留的沃斯田鐵，使其組織穩定，長期使用不會發生變形，保持精密度，常應用於精密的量具、零件等。鋼料的深冷處理溫度應在－80～－100℃或更低，工業上處理時，是應用乾冰、液態氣體(氮、氦、氨等)或冷媒(乙烷、乙烯等)以達到低溫。深冷處理是配合淬火之處理方式，其過程如圖 8.9 所示。

五、模具的熱處理注意事項

熱處理(Heat Treatment)簡單的說就是將欲處理的材料施以適當的加熱經恆溫、冷卻的過程；鋼經過熱處理或表面處理，其硬度、韌性、耐磨耗性、強度、機械性質等，都會顯著地增加，可延長模具的壽命。模具於熱處理前應注意下列事項：

⑴確認所用的材料，防止異材混入。

⑵鋼材是否做過球化退火處理？

⑶模具形狀是否會引起淬火龜裂？

⑷鋼材取材時是否按其纖維方向選取？

⑸是否需做應力消除退火？

⑹如何防止熱處理所生的氧化及脫碳現象？

⑺加工時是否留有刀痕或尖角？

⑻熱處理的加熱溫度與時間是否適當？

⑼冷卻方法的選用是否恰當？

⑽回火是否適當？

在選用了正確的模具材料之後，爲了使一些零件能如預期地運用到生產上，必須在粗胚加工後施以適切的熱處理，所謂適切：是在綜合料件材質、模具壽命、機械性質、成本……等多樣考慮後作的熱處理程序，使其達所需之硬度、強度、耐磨性……等。下面就各類型模具常用材料(針對沖頭、刀口、滑塊部份)，之淬火及回火過程作一簡略說明。

(一)機械構造用鋼(S45C)

1. 此型鋼材不用預熱，直接加熱至所需溫度後淬火。

2. 爲防止從加熱處移至冷卻液的溫度降差，可將加熱溫度酌予提高，但保溫時間相對減少，以防止高溫脫碳。

3. 回火溫度視所需硬度而異H_RC40爲370℃，H_RC45爲340℃，H_RC50爲290℃。

(二)碳素工具鋼(SK3，SK5)

1. 淬火(如圖 8.10)

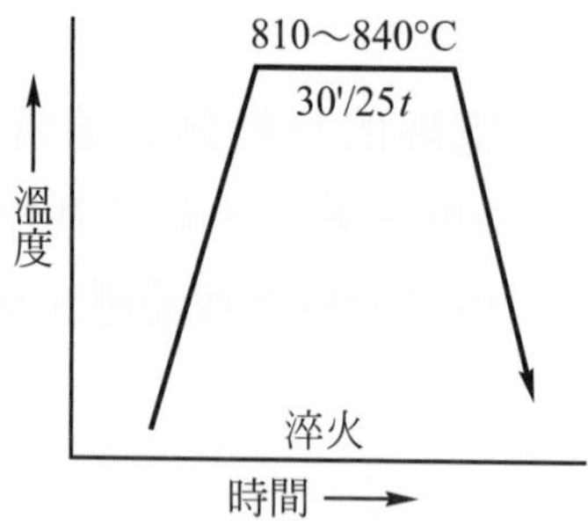

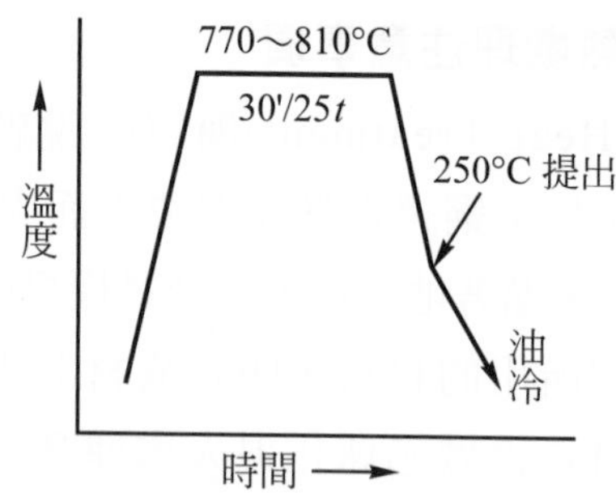

圖 8.10 淬火

⑴使用150W/220V箱型電熱爐。

⑵不須預熱，厚度 11mm 以下之模具可以實施油淬火。

⑶水冷後 250℃提出之要領爲每3mm浸泡水中1秒鐘。

2. 回火(如圖 8.11)

⑴須避免210～290℃之回火脆性。

⑵回火後適用硬度 $SK3H_RC63$ 以上。$SK5H_RC59$ 以上。

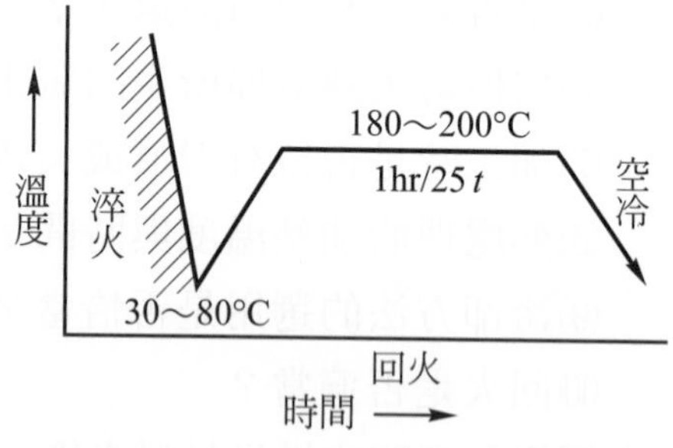

圖 8.11 碳素工具鋼回火處理

(三)低合金鋼(SKS2，SKS5)

1. 淬火(如圖 8.12)

⑴為防止因升溫產生的模具內外部份溫差太大，厚度大者須作二段式加熱。

⑵油淬火適於形狀簡單或厚度較大者。

⑶麻淬火適用於 15mm 以下(SKS2)。

⑷油冷後 250℃提出之要領為每 3mm 浸泡 8 秒鐘。

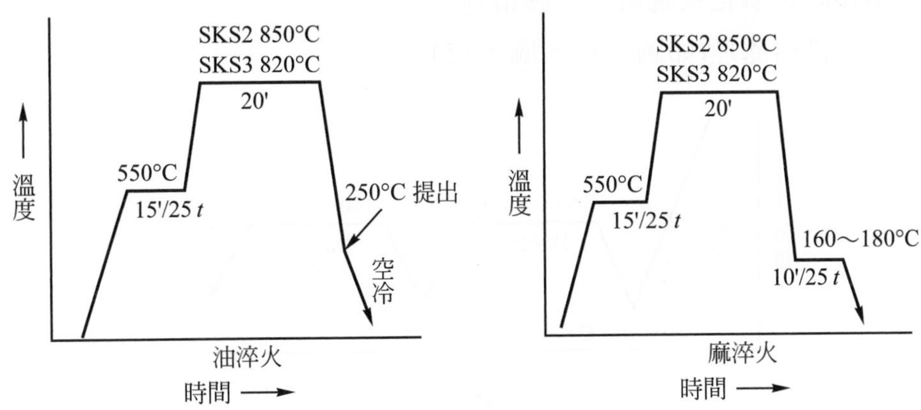

圖 8.12　低合金鋼淬火處理

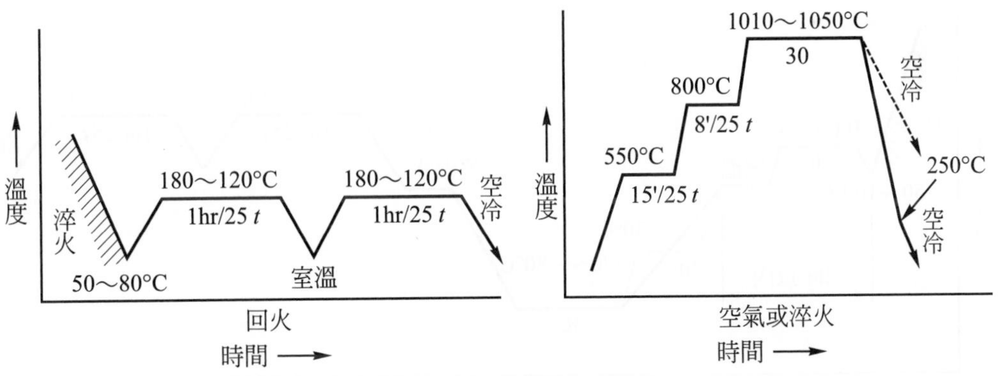

圖 8.13　低合金鋼回火處理

2. 回火(如圖 8.13)

⑴須避免 250～300℃之回火脆性。

⑵適用硬度 H_RC60 以上。

⑶若第一次回火即達所需求之硬度，則第二次回火的溫度可稍降低。

(四)模具鋼(SKD11，SKD12)

1. 淬火

⑴厚度100mm以上實施油淬火或麻淬火。

⑵油冷後250℃提出之要領爲模具在油中變黑時提出。

⑶體積小者可省去第一段預熱。

⑷須作防止氧化或脫碳之保護措施。

2. 回火及深冷處理(如圖8.14、圖8.15)

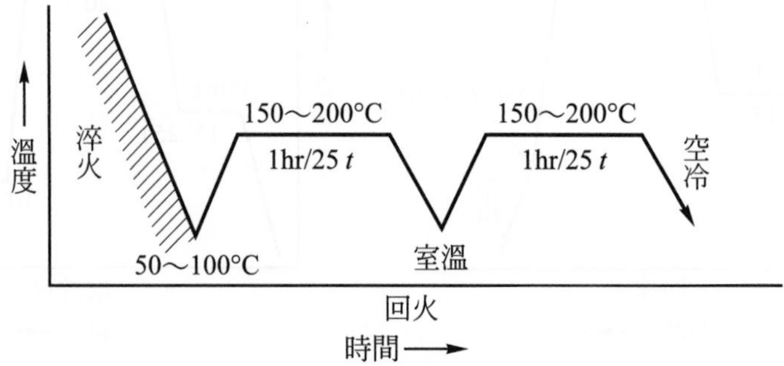

圖8.14　模具鋼回火處理

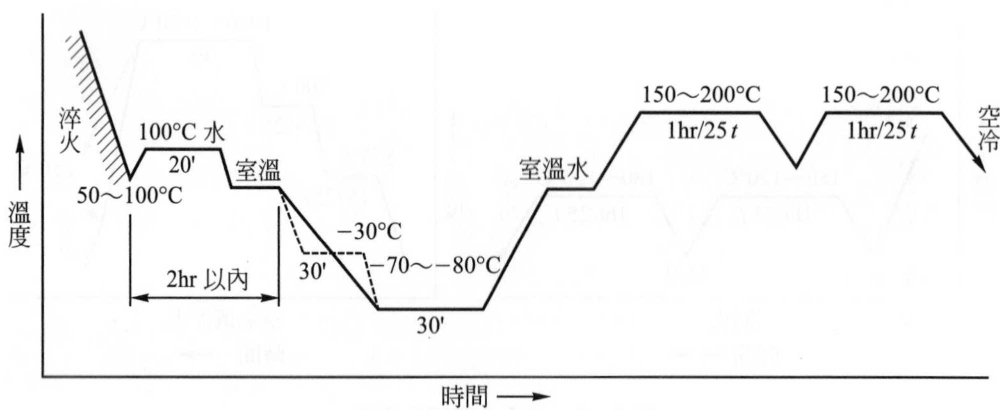

圖8.15　模具鋼深冷處理

⑴回火溫度 150～180℃時，H_RC60～63，用於磨耗性模具。

⑵回火溫度 200～250℃時，H_RC57～60，用於耐磨耗性及韌性並重者。

⑶高溫回火 550℃，H_RC55～57，爲偏重韌性及避免伸縮太大。

⑷實施深冷處理時，爲預防崩裂由室溫冷至 －70～80℃時，須以緩冷或冷凍－30℃。

⑸深冷處理後須進行兩次回火。

(五)高速鋼(SKH51，SKH2)

1. 淬火(如圖 8.16)

⑴高速鋼須作急速加熱。

⑵體積小者，成爲防止因預熱而脫碳時，可用 700～800℃之二段預熱。

⑶須韌性者，淬火溫度爲 1150～1170℃。

⑷精密模具採用麻淬火，簡單下料模用油冷，體積小者用強制空冷。

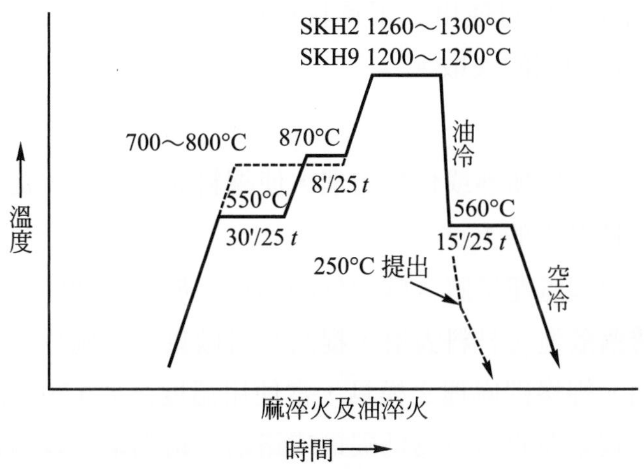

圖 8.16　高速鋼淬火

2. 回火(如圖 8.17)

⑴淬火後冷卻至 70℃以前須裝入回火爐，以防淬裂成時效破裂。

⑵回火後適用硬度，SKH2 爲H_RC62～65，SKH51 爲H_RC63～67。

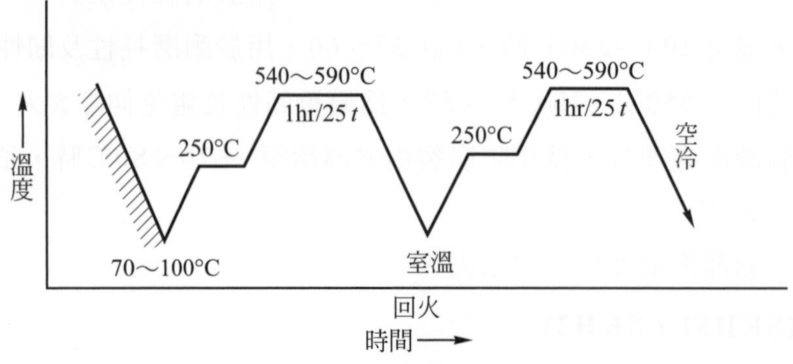

圖 8.17 高速鋼回火

8.6 表面處理

針對工具材料之各種表面處理技術的發展，近年來非常引人注意。以工業的水平加以觀察時，有接近完成程度的汎用型，有些是在研究開發階段，各種層次的表面處理技術紛紛出籠，針對運用之工具材料或運用作業種類等，沒有愼重選用的話，有可能招致不可預期的失敗。

一、表面硬化

表面硬化處理，是以加熱或化學處理，使鋼料表面硬化，提高其耐磨性、耐疲勞性，而內部仍維持韌性的方法。

1. 滲碳處理：滲碳處理是將含碳量低的鋼料，放置在適當的滲碳劑中加熱，使碳元素滲透擴散進入材料表層，提高其含碳量，再施以淬火，而得到高硬度之材料表面。經滲碳處理之模具，當使用溫度高於150℃時，硬度會下降。適合實施滲碳處理的鋼料爲低碳鋼或鉻鋼、鉻鉬鋼、鎳鉻鋼、鎳鉻鉬鋼等低碳合金鋼；材料上不滲碳的部位，可預先鍍銅保護。滲碳時，依使用之滲碳劑可分爲固體滲碳、液體滲碳與氣體滲碳等三種。

⑴固體滲碳：固體滲碳的滲碳劑以木炭、焦炭爲主，加入20～40％的碳酸鋇、碳酸鈉做爲促進劑。將鋼料埋於滲碳劑中，加熱至900～950℃，保持一段時間使碳滲入所需深度後，取出冷卻。滲碳深度與含碳量受加熱溫度影響，在900℃時，約4小時可得1mm之滲碳層，含碳量則約爲0.7％。

⑵氣體滲碳：氣體滲碳是以一氧化碳(CO)、甲烷(CH_4)、天然氣等爲滲碳

劑，加熱至 900～930℃。採用氣體滲碳容易調節氣體濃度，可使滲碳均勻，常應用於大型或多量之工件。

(3)液體滲碳：液體滲碳是將鋼料放入高溫之氰化鈉(NaCN)或氰化鉀(KCN)鹽浴中，加熱至 900℃，保持一段時間後取出清洗；滲碳層之深度，30 分鐘約爲 0.3mm。液體滲碳處理時間短，滲碳層薄而均勻，同時會有氮滲入，故耐磨性極佳。

2. 氮化處理：將鋼料置於含有氮之媒體中加熱，使氮原子滲入材料表層，與鐵原子形成Fe_2N、Fe_4N等化合物，並與合金元素(鋁、鉻、鉬等)形成複氮化物，導致材料內部結晶格子應變，產生應變硬化。此一氮化層爲鋼料表層之化學變化，硬度極高，達H_RC67～70，使用溫度可達 300℃，可增進鋼料之耐磨耗性、耐腐蝕性及疲勞強度。適合進行氮化處理的氮化用鋼，其成份標準約爲含碳 0.4％、鋁 1.2％、鉻 1.5％、鉬 0.2％，對於材料上不氮化的部位，可預先鍍錫或鍍鎳保護。

(1)氣體氮化：將鋼料裝於氮化箱中，通入氨氣(NH_3)，加熱至 500～550℃。加熱溫度高時，硬度會減低，但氮化深度會加深；通常氮化層厚度 10 小時約 0.15mm，50 小時約 0.5mm，100 小時約 0.7mm。

(2)液體氮化：鋼料置入氰化鈉鹽、氰化鉀鹽與碳酸鹽之混合鹽浴中，加熱至 550～600℃，經 2～3 小時，即可形成薄氮化層；若需較厚氮化層時，須加熱保溫 12～16 小時。

(3)氣體軟氮化法：氣體軟氮化法是對材料同時進行氣體滲碳及氮化的化學處理，將鋼料置於滲碳氣體與氨的混合氣體中，處理高速鋼須加熱至 500～600℃；處理合金鋼及碳鋼加熱至 800～900℃。實施軟氮化法之工件，耐磨耗性、耐疲勞性及耐蝕性都顯著增加。

3. 高週波硬化：將鋼料置於通有高頻率交流電之線圈中，由於電流的流通使線圈產生磁力線，當磁力線通過材料時因磁滯損失及誘生之渦電流電阻而產生熱。由於集膚效應，熱量會集中於表面；又因頻率極高溫度會急速上升，在很短時間內材料表面溫度即會達到淬火溫度。將此材料以冷卻劑急速冷卻，表面即會硬化；硬化之材料，再施以 150～200℃之低溫回火，可防止淬裂，提高耐磨耗性。高週波硬化因處理速度快，常用於模具零件的表面硬化，如導銷、導銷襯套、頂出銷、復歸銷等。含碳 0.4～0.5 %的碳鋼，或合金鋼皆可應用本方法。

4. 火焰硬化：以氧乙炔火焰將鋼料表面急速加熱到淬火溫度後，噴上冷卻劑急速冷卻而使表面硬化。火焰硬化可對工件之局部處理；對於大面積之硬化，可應用火焰噴嘴與冷卻噴嘴的組合裝置，移動此組合裝置進行加熱、冷卻，可處理大工件，也可提高效率與品質。

火焰硬化設備簡單，施工容易，可應用於各種形狀及大小的零件。適合應用火焰硬化的材料以中碳鋼爲主，其中又以含碳0.4～0.5 %者效果最佳；合金鋼則高錳鋼、鉻鉬鋼、鎳鉻鋼、鎳鉻鉬鋼等均可。

5. 金屬鍍層：金屬鍍層是在模具表面被覆其他金屬，以增加表面光度，提高表面硬度及耐蝕性的處理，鍍層的方式包含：

⑴電鍍：塑膠模具的電鍍大部分是鍍鉻，鍍層的硬度可達H_RC67～70。電鍍時裝置如圖 8.18 所示，模具接至陰極，陽極使用鉛或銻，電鍍液以 20～30 %鉻酸與 1 %硫酸之混合水溶液，在 50～60℃之溫度下進行電鍍。陽極必須依照模具模穴形狀配置，才能獲得均勻的鍍層，但對於形狀複雜或有孔的模穴，不易達到理想的效果。此外，鉻的鍍層附著力較差，尤其是轉角處容易脫落；因此，常在鍍鉻之前先在材料上鍍銅或鍍鎳，以提高其附著力。

⑵無電解鍍鎳：與電鍍不同，鍍鎳是應用取代析出的化學反應，使鎳附著於材料表面的方法。無電解鍍鎳幾乎可用於所有的金屬，且密著性佳，彎曲或在高溫下也不會剝離。鍍層的硬度比鍍鉻稍差，但因不需使用電，故鍍層均勻，不會發生針孔，即使模穴形狀複雜也可獲得均勻的鍍層。

⑶CVD與PVD：CVD(化學蒸鍍)與PVD(物理蒸鍍)爲近代發展的鍍層方法，必須在眞空中進行，蒸鍍之原料以氣體或蒸汽的形式供應。CVD 是利用原料之離子狀態或加高溫(約 700～1200℃)，使其在材料表面產生化學反應而鍍著；PVD則是在材料施加電壓，再使離子化之鍍層原料附著於材料表面，PVD可應用的材料種類較多，處理溫度也較低(約 400～600℃)。以CVD與PVD可在模具表層鍍上TiN、TiC、TiCN、TiAlN、CrN、BN、Al_2O_3、SiC等多種鍍層，也可用以進行鋼料的氮化處理，稱爲離子氮化。CVD與PVD的鍍層硬度極高，非常耐磨；其中TiN爲金黃色，適合鍍於高速鋼，常用爲切削刀具的鍍層。

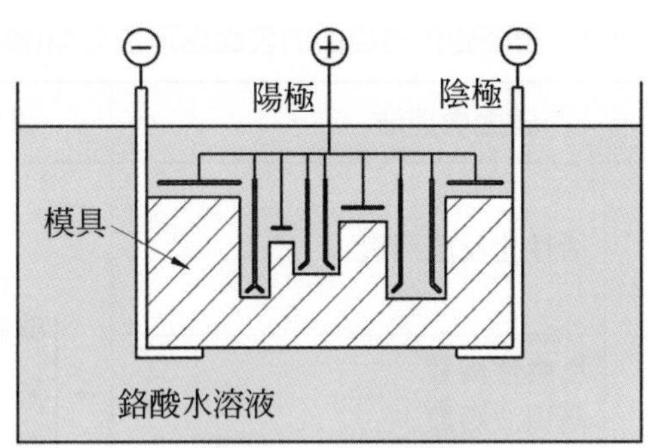

圖 8.18　模具電鍍

二、以表面硬化為目的的表面處理法

以表面硬化爲目的的表面處理法分類表示如表 8.8。

表 8.8　表面硬化為目的的表面處理法分類

分類		表面處理法		供給物	形成層
化學的方法	擴散	滲碳	固體滲碳、氣體滲碳、離子滲碳、鹽浴滲碳、眞空滲碳	C	碳化物＋擴散層
		氮化	氣體氮化、氣體軟氮化、鹽浴氮化、離子氮	N	氮化物＋擴散層
		滲硫		S	硫化物
		滲硫氮化		S＋N	硫化物＋氮化物
		水蒸氣處理		O	氧化物
		滲硼 滲矽 滲鋁 滲鉻	粉末法，膏塗法 溶融鹽泡置， 溶融鹽電解	B Si Al Cr	硼擴散層 矽擴散層 鋁擴散層 鉻擴散層
		鹽浴法	(Hi-Coat)， 軟氫化(TD process)	金屬	碳化物
	蒸鍍	化學蒸鍍 (CVD)		金屬鹽＋ 碳氫化合物 氮 氧	碳化物 氮化物 氧化物
	電鍍		電氣鍍、無電解電鍍	金屬	電鍍金屬層

表 8.8　表面硬化為目的的表面處理法分類(續)

分類		表面處理法		供給物	形成層
物理的方法	蒸鍍	眞空蒸鍍	活性化反應蒸鍍	金屬 +{碳氫化合物、氮、氧}	碳化物 氮化物 氧化物
		鍍濺	反應性濺鍍 高周波濺鍍		
		物理蒸鍍 (PVD)	RF 離子電鍍 HCD 離子電鍍		
	放電硬化		放電被覆加工 (electric spark deposition)	WC	WC＋擴散層
	噴銲		氣體噴銲、電弧噴銲、線爆噴銲、電漿噴銲	金屬、碳化物、氧化物	金屬、碳化物、氧化物
	舖銲			金屬	混合層
	離子滲入			金屬	合金層
	表面熱處理		高周波淬火、火焰淬火、雷射淬火		淬火硬化層

冷鍛用且已經實用的方法來說，有氮化，以及在表面上形成碳化物(TiC、VC等)以提升耐磨耗性的溶解鹽法及化學蒸鍍(CVD)法。

在熱(溫)鍛用而言，廣泛採用各種氮化法。在過嚴苛條件下作業的精密熱(溫)鍛，滲硫法及滲硫氮化法都已實用了。

三、各種表面處理法之特性比較

以碳化物被覆處理而言，表 8.9 中舉出溶融鹽法、CVD、及 PVD 三種類，就設備、處理方法、被處理材及被覆膜之特性等加以比較。

表 8.10，各種表面處理方法的特性，就耐磨特性、耐燒附性、疲勞強度，分別比較其優劣。

表 8.11 是代表性表面處理法，應用於冷間工具、熱間工具等的優劣點比較。特別是容易氧化的被覆物不能使用於熱間工具。

表 8.9　碳化物被覆處理法的比較

		溶融鹽法	CVD	PVD
裝置	處理能力	ϕ600×900h	ϕ500×600h	350×350×350
方法	處理溫度	800～1100℃	800～1100℃	600℃以下
	處理時間	2～8 h	1～3 h	約 1 h
	被覆物質	VC, NbC, Cr_7C_3, Fe_2, B, Fe-Cr	碳化物、氮化物、氧化物、氟化物	碳化物、氮化物、氧化物、氟化物
被處理材	形狀	複雜形狀可	複雜形狀可	相對蒸鍍源，背對部分無法附著
	化學成分	銅(0.3 %以上)	融點低之物質不可	玻璃、非鐵材均可
	熱處理(後處理)	處理同時可淬火，高速鋼爲再淬火再回火	必須再淬火再回火(工具鋼的情況)	高速鋼處理後即可使用，不作高溫回火(500℃以上)鋼種必須再淬火回火
	變形	小徑材±5μm 大徑材±10μm (有熱處理變形)	±3～5μm (有熱處理變形)	少
被覆膜特性	膜厚	數μm～十數μm	數μm～數 mm 可	Å～數μm
	硬度	1000HV 以上 (視被膜物質而不同)	1000HV 以上 (視被膜物質而不同)	1000HV 以上 (視被膜物質而不同)
	密著性	良好(有擴散層)	良好(有擴散層)	密著性稍不佳

表 8.10　各種表面處理方法的特性比較

處理法 ＼ 特性	變化	碳化物被覆			滲硼	鍍鉻	噴銲
		溶融鹽	CVD	PVD			
耐磨耗性	○～△	◎	◎	◎	○	○～△	○
耐燒附性	○～△	◎	◎	◎～○	○	○～△	○
韌性	╳	△	△	△	╳	△	△
疲勞強度	◎	△～╳	△～╳	△	╳	△	△～╳
耐熱裂性	○	○～△	○～△	△	△～╳	△	△
耐蝕性	○～△	◎	◎	◎	◎	○	○
耐剝離性	◎	○	○	△	○	╳	╳
熱處理變形	○	╳	╳	○	╳	◎	◎
形狀・大小的限制	○	○	○	╳	○	○	◎

◎：最優　○：優　△：普通　╳：不好

表 8.11　各種表面處理法用工具的適應性

處理法＼工具		切削工具	冷間工具	熱間工具
氮化		△	△	○
碳化物被覆	溶融鹽	○	◎	○～△
	CVD	○	◎	○～△
	PVD	◎	○	○～△
滲硼		╳	○～╳	○
鍍鉻		╳	△	╳
噴銲		╳	○～△	○～△

◎：效果明顯　○：有效　△：普通　╳：不適

習題八

1. 沖壓模具材料應具備那些條件？
2. 那些合金元素會影響鋼的性質，並簡述其元素特點。
3. 模具用之合金工具鋼的種類有那些？
4. 選用模具材料時應考慮那些原則？
5. 模具的製作流程可分爲那幾個階段？
6. 試述壓鑄模具材料應具備的條件有那些？

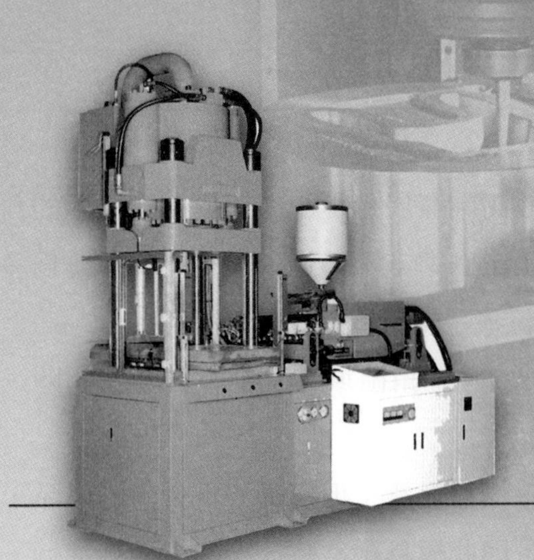

Chapter 9

模具發展

9.1 模具發展概況

工業產品須靠模具才能量產，所以模具在工業發展過程中一直擔任著重要的角色，若說一個國家的模具水準正代表該國的工業水準亦不爲過；模具產品特質爲多種少量、非最終產品、精密度較其成形的工業產品高及製造時間長。

而模具市場具區域性，內外銷比例爲 *7*：*3*，外銷區域亦集中在亞洲如大陸、香港、馬來西亞、印尼、日本等國。

模具所需的加工設備一般較爲精密，所以價格昂費；但模具不是量產的產品，加工設備的變動率較一般量產的工業產品低，因此模具廠常將部份加工委外進行。

我國金屬模具成本及利潤結構，以直接人工成本最高，佔模具售價三成，原因爲模具無法量產及技術層次高；其次爲直接材料成本佔售價二成五；而間接製造成本(折舊費用、水電費等)佔售價二成五，利潤約佔售價一～三成。

因應未來模具朝高精密度高精細發展，關鍵加工技術還待加強：如線割放電加工精度國內已有$3\mu m$水準，世界先進水準已達$2\mu m$或以下；精密研磨加工精度國內已有$2\mu m$水準，世界先進水準已達$1\mu m$或以下；細薄砂輪(厚度 *0.20mm* 以下)之修整及修銳技術尚未建立。

9.1.1 模具設計與開發技術現況

1. 連續沖鍛成形模具設計與開發技術：使用本技術所開發產品，其引縮比達 *50* ％、彎曲成形垂直精度達 *0.01mm*、光面達 *100* ％、壓扁率達 *75* ％、厚度精度達 *0.01mm*，可應用於光電產品、通訊產品、鐘錶、電腦週邊等零件設計與開發，可提高產品精度達功能要求，減少後續加工成本 *50* ％以上。
2. 電池圓筒框體件生產技術：技術內容包括電池圓筒框體件引伸模具設計技術、引伸模具製造技術、引伸模具量產技術，採一次元多道次傳送技術，可使工件生產速度達 *60* 個／分；模具結構採獨立多道式，維修性及可調整性良好；可應用於圓形電池框體引伸件及其他圓形深引伸件等相關之沖壓產業。

3. 監視器網罩成形模具開發技術：使用本技術可開發 *179* 吋監視器網罩產品，採複動化模具結構，曲面精度可達±*30nm*，材料 *INVAR*(恆範鋼)，板厚可到 *0.05mm*，應用於監視器網罩成形模具業，取代進口，創造網罩熱壓成形模具產值。
4. 薄壁鎂合金壓鑄模具開發技術：使用本技術可開發薄壁鎂合金電腦外殼(鑄件 *A4* 大小、壁厚≤ *1.0mm*)，技術內容包括設計、*CAE* 模流分析(如 *ANSYS Mold Flow*)、模具結構設計、及製程控制等技術，其技術水準達日本同等級，可應用在筆記型電腦外殼及其他電子產品之殼體開發，如 *LCD* 螢幕外殼、*PDA* 外殼等。
5. 快速原形與快速造模整合技術：整合技術包括逆向工程(*RE*)、快速原形(*RP*)、光造形、電弧噴銲模、精密陶模法、矽膠模、快速射蠟模、*CAD/CAM/CAE* 技術，可應用於 *3C* 產業、流體機械業、運輸工具業、手工具業等產品開發，縮短開發時程 *60*％以上。
6. 模具表面改質處理技術：內容包括 *IC* 封裝模具、*trflon* 被覆技術、多層薄膜被覆奈米技術、*TRD* 碳化釩被覆處理、*QPQ* 複合鹽浴軟氮化處理、非電解鎳/*PVD*/*CVD* 複合處理、低壓氮化處理、局部硬化珠擊處理、超硬合金材料超深冷處理、低表面能鉻系鍍膜處理技術，可應用於模具業、電子業、光電業、切削刀具業、金屬製品業，其效益可提昇模具使用壽命 *75*％以上。

9.1.2　我國精密沖壓模具分析

台灣精密沖壓模具在競爭激烈的今天，科技的發展一日千里，稍一遲緩即被淘汰，由以下金屬工業發展中心所提供之我國精密沖壓模具 *SWOT* 分析表，如表 *9.1* 所示可知我國未來模具之發展方向。就精密沖壓模具之國內外市場動向，如表 *9.2* 所示，可找到我們的未來在那裡。

臺灣未來模具發展方向

(一)電腦輔助模具設計、製造與分析之整合

從產品設計到原型製作，先將 *CAD/CAM/CAE* 整合，再配合 *RP/RT* 技術之應用，如此可將模造成型製程發展至奈米模具之更高境界。一般先進模造成型技術，如玻璃模造製程、精密射出成型(如*MID*)、精微模具技術、光學模造技術及奈米壓印等，將是未來模具朝高精度、高科技發展之目標。

(二)高等模具材料之分析檢測

超高技術之研發，對模具之發展影響很大，但模具材料之選用及熱處理或表面改質之成敗，往往左右了模具最後在生產上之效益；故對高等模具材料之分析檢測就格外重要，分析與檢測方面，對於掃描式(*SEM*)，穿過式電子顯微鏡(*TEM*)之應用及配合成份分析(如*EDS*、*WDS*、*XPS*、*EPMA*)之應用，其他如*FIB*、*AES*、*SIMS*、*STM*、*AFM*之分析與應用將是模具另一重要檢測與分析技術。

(三)產品之發展

在民生、汽車、電子及通訊等模具市場，將市場由大陸拓展至其他國家，未來產品必須是高精度、高可靠度及高光度之模具技術，才能保持臺灣之競爭優勢，在國際上佔一席之地。

表 9.1　我國精密沖壓模具之(SWOT)分析表

優勢(S)	1. 模具技術水準高及模具加工設備精良，在亞洲地區僅次於日本。 2. 模具爲內需產業，國產模具相較於進口模具有交貨期短及模具維修便利之優勢。 3. 電子資訊、光電產品、通訊產品及半導體產業之持續高成長，導致精密沖壓模具之市場需求大。
劣勢(W)	1. 製造業人口流向服務業，基層技術人員較缺乏，且人工成本偏高。 2. 模具之下游產業外移是必然的趨勢，將嚴重影響模具之國內接單。 3. 政府實施隔周周休二日，未來勞工每周工作時數將縮短，增加人工成本。
機會(O)	1. 中國大陸、東南亞區域等工業新興國家之沖壓模具需求大。 2. 日本、美國、德國等工業先進國家，基於模具成本及品質之平衡考量，逐漸加強對我國採購精密沖壓模具。 3. 我國政府將模具產業列入科技專案發展項目及策略性輔導對象，此政策性有利於模具產業之進展。
威脅(T)	1. 我國模具成本較中國大陸及東南亞國家有偏高現象，對於中低價位沖壓模具之威脅極大。 2. 沖壓模具業者多屬中小企業，面對南韓及中國大陸之價格競爭，一般上難以維持合理的利潤。 3. 部分高精密高精度沖壓模具關鍵技術之研發門檻高及引進困難。

(資料來源：金屬工業發展中心　邱先拿先生)

表 9.2 我國精密沖壓模具未來發表方向

產品項目	精密沖壓模具
國內市場需求	1. 在 2010 年國內精密沖壓模具之市場需求值約達 NTD450 億元，其中國產供應部分佔NTD320 億元，進口部分佔NTD130 億元。 2. 2011 國內精密沖壓模具之市場需求值約達 NTD485 億元，國產供應部分多屬中級精密沖壓模具，進口部分則以高級精密沖壓模具爲主，諸如多腳數 IC 導線架、深引伸件等精密沖壓模具乃完全依賴進口，其中以日本者佔最大宗，高達 80 %以上。
中國大陸及東南亞市場需求	1. 中國大陸市場需求：從 2010 年中國大陸市場之精密沖壓模具需求值約達NTD400 億元。近年來需求之年平均成長率高於 25 %。 2. 東南亞市場需求：東南亞(新加坡、馬來西亞、印尼、泰國等)地區，近年來由於家電產品、電子器材、電腦資訊產品等工業之蓬勃發展，相對地提高了精密沖壓模具之需求。該地區 2010 年在精密沖壓模具之需求值高達 NTD400 億元。
全球市場需求	1. 依據國際模具協會(ITAS)之統計資料，2010 年精密沖壓模具全球市場之需求值約 USD400 億元(約佔沖壓模具之 45 %)。 2. 因應電子、資訊及通訊產品之快速成長，到了 2010 年精密沖壓模具之需求值將達 USD400 億元。
預估投資金額(含固定投資、初期運作成本及營運資金等)	投資高精密、高精細精密沖壓模具(例如IC導線架等級)製造所需的機械加工設備、模具精度量測及檢驗設備、試模用高精密沖床等之金額(含固定投資、初期運作成本及營運資金等)約NTD3.2-4.0 億元。
預估投資獲利率	約 14 %(稅前淨利)
台投資生產優勢	1. 台灣於 1997 年正式成爲國際模具協會(ITAS)會員國，顯示模具產業之能力受到國際的肯定。 2. 台灣之電子、資訊及通訊產業呈高度成長，未來市場需求潛力極大。 3. 精密沖壓模具之設計及製造能力已達國際水準。 4. 模具加工專業性非常高，支援體系極爲完整。

9.2 模具設計與分析

國內模具設計分析技術瓶頸爲；專用性(客戶導向)CAD/CAM/CAE之使用仍不普及、未能充分發揮 CAD/CAM/CAE 效益、模具設計時程較先進國家長。另外模具廠應用 CAE 分析技術於模具開發少之又少，導致設計品質難達最佳化，無法有效控制試模次數或時間。

茲將精密模具設計與分析之主要技術內容如下表所示。

表 9.3　精密模具設計分析主要技術

主要技術	技術內容
精密模具設計	1. 模具零件標準化 2. 模組化或單元化模具設計 3. 工程規劃與料條佈列 4. 高精度模具構造設計
CAD 應用技術	1. *CAD* 軟體：*Auto CAD*、*PRO/E*、*UG*、*CATIA* 2. 專用性模具設計軟體 3. *CAD* 系統介面技術 4. 模具設計參數化
CAM 應用技術	1. *CAM* 軟體使用 2. 與 *CAD* 之配合 3. *CNC* 技術之研發 4. *RP*、*RE* 之發展
CAE 應用技術	1. 成形性模擬分析 2. 模流分析 3. 板金成形極限預測 4. *CAE* 軟體之研發

9.3 模具未來展望

1. 方筒引伸件引伸模具及試量產技術：成形難易比＞ *50*，生產速度＞ *40spm*，可應用於方筒電池框體引伸件及其他方筒深引伸件等相關之沖壓產業。

2. 高速引伸沖壓技術：提高傳統生產速度 1 倍以上，最高生產速度可達 *100spm* 以上，以徑長比 4 之工件為例，其生產速度可由原有之 *40spm* 提高至 *100spm* 以上，可應用於電池外殼件及精密小馬達外殼件產品開發。

3. 材料流動控制技術：技術特性包括：壓印深度 *0.5t*、擠凸長度＞ *3.5t*、柱面／錐面沈頭孔深度＞ *0.5t*、凸緣壁厚＜ *0.65t*、整平面平行度公差 *0.02mm*、半沖孔深度＞ *0.5t*、細孔孔徑＜ *0.5t*，可應用於精密成形件產品開發。

4. 鎂合金數位相機外殼壓鑄模具開發技術：壁厚 *0.5mm*，良率品＞ *80*％，可應用於數位相機外殼及其他電子產品之殼體開發。

5. 鎂合金回收技術：以鹽浴法回收 *MEL Type1A* 鎂合金，回收製程所再生的鎂錠合金成份符合 *ASTMB 93* 之規範，可應用於鎂合金壓鑄廠廠內廢料回收。

6. 鑄造用類鍛材快速模具開發技術：強度達 *SKT4* 鍛材 *90*％以上，模具尺寸精度 *100mm* 內±*0.01mm*，可應用於銅合金／鋁合金重力鑄造、低壓鑄造、恆溫鍛造等模具開發。

7. 精密眞空低表面能鍍膜製程技術：常溫鍍膜表面能≦ *20dyne/cm*，鍍膜表面硬度≧ *HV3500*，可提升眞空鍍膜技術在國內 *IC* 封膠模具應用比例達 *20*％以上。

8. 建立奈米技術所需之平台技術：藉著跨領域(材料、化學、電子、光電、通訊、機械、量測、生技等)技術整合能力的優勢，奈米技術的研究重點將以最具市場潛力和未來性的奈米材料、奈米光電和奈米生技爲主，同時建立支援奈米技術所需之平台技術，包括加工製程、量測、理論模擬和設備開發技術。奈米科技是運用奈米尺寸特有的現象於材料和系統，在原子、分子、超分子層級探索其特性、控制其元件結構。其成功關鍵要素在於充分掌握材料及元件之製造及應用技術，並且要在微觀和巨觀的層次維持其介面的穩定性和奈米結構的整合性。故奈米科技爲新材料的創出，提供新的方法，這些新材料不僅是更新、更強、更具彈性，而且材料本身更具交互作用、高靈敏度、多功能、及智慧化。

習題九

1. 以 *SWOT* 分析我國精沖壓模具。
2. 精密模具設計之分析有哪些主要技術？
3. 模具未來發展如何？

附　錄

附表 1　常用塑膠之燃燒試驗現象

塑膠	燃燒的難易	去焰後燃燒否	火焰的性狀	塑膠的狀態	氣味
酚樹脂(PF)	徐徐燃燒	否	黃色	膨脹、裂開	酚臭
尿素樹脂(UF)	難	否	黃色、尾部藍綠	膨脹、裂開、白化	尿素、福馬林味
三聚氰胺樹脂(MF)	難	否	淡黃色	膨脹、裂開、白化	近似上項
多元酯(UPEs)	易	燃	黃色、黑煙	稍膨脹、裂開	苯乙烯單體臭味
丙烯酸酯樹脂	易	燃	黃色、尾部藍色	軟化	丙烯酸單體臭味
硝酸纖維素(CN)	極易	燃	黃色	完全迅速燃燒	
醋酸纖維素(CA)	易	燃	暗黃色、黑煙	邊滴邊燃	特有的氣味
聚乙烯(PE)	易	燃	尖端黃色、下端藍色	邊滴邊燃	石蠟燃燒味
聚丙烯(PP)	易	燃	尖端黃色、下端藍色	邊滴邊燃	石油臭
聚碳酸酯(PC)	稍難	否	黃色、黑煙	軟化	特有的氣味
聚縮醛(POM)	易	燃	尖端黃色、下端藍色	邊滴邊燃	福馬林的氣味
聚醯胺(PA)	徐徐燃燒	否	尖端黃色	熔融落下	羊毛燒焦的氣味
聚醋酸乙烯酯(PVAC)	易	燃	暗黃色、黑煙	軟化	酸的刺激臭
聚氯乙烯(PVC)	難	否	黃色、尖端綠	軟化	酸的刺激臭
聚偏二氯乙烯(VDC)	極難				
鐵氟龍(PTFE)	不燃				
聚苯乙烯(PS)	易	燃	橙黃色、黑煙	軟化	苯乙烯單體臭味
天然橡膠	易	燃	暗黃色、黑煙	軟化	特有的氣味

(全華：模具學(二)，陳昭福、翁寬仁編著，第 14 頁)

附表 2　塑膠試驗法

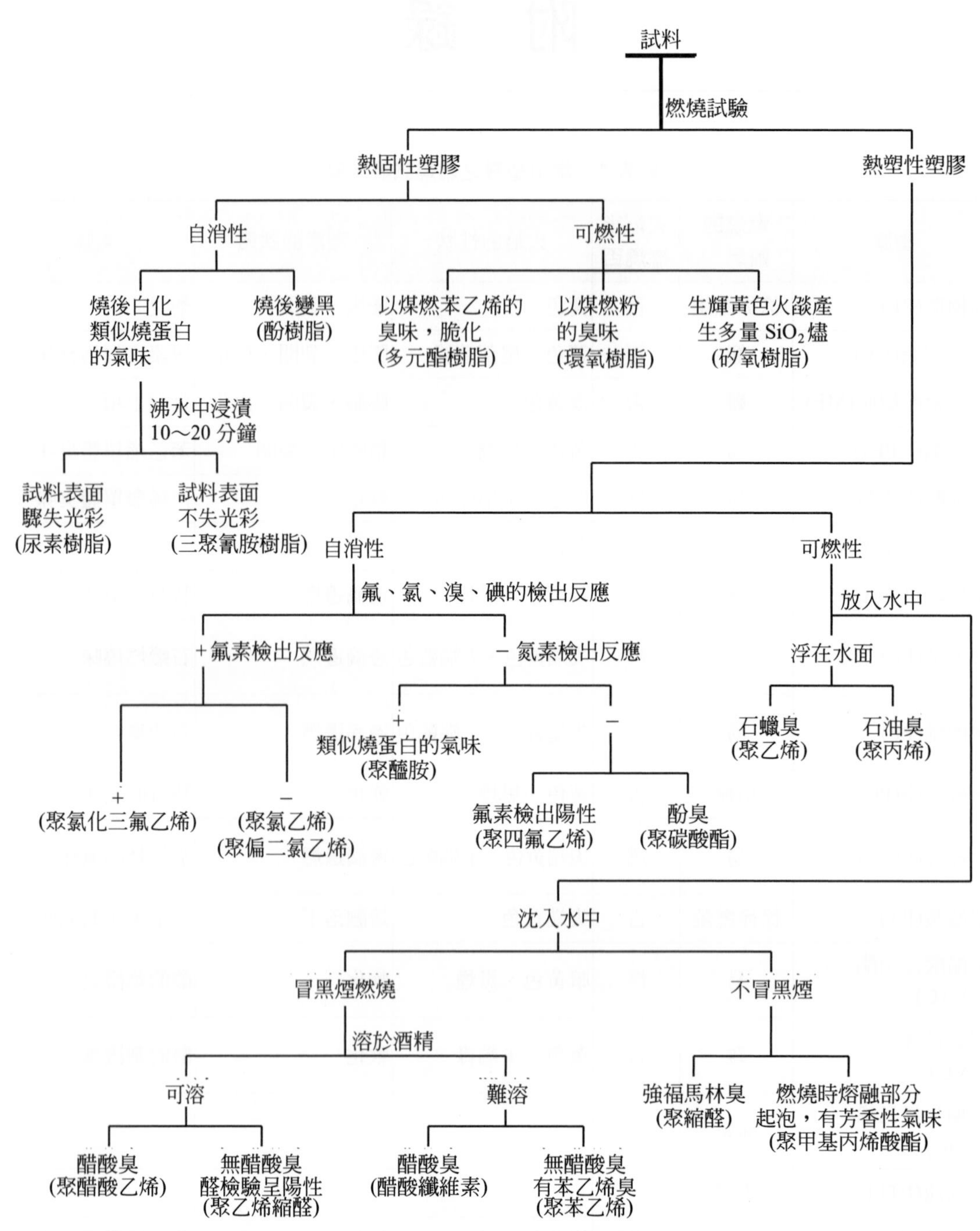

(全華：模具學(二)，陳昭福，翁寬仁編著，第 15 頁)

附表 3　塑膠成形品尺度許可差

(a) 直接取決於模具的尺度許可差

單位：mm

<table>
<tr><th rowspan="2">項目</th><th rowspan="2">塑料類別</th><th rowspan="2" colspan="2">適用部位</th><th colspan="9">尺度範圍</th></tr>
<tr><th>~6</th><th>6~18</th><th>18~30</th><th>30~50</th><th>50~80</th><th>80~120</th><th>120~180</th><th>180~250</th><th>250~500</th></tr>
<tr><td rowspan="3">1</td><td rowspan="6">聚苯乙烯射出成形材料
[例]：
DIN Type 501,520
以壓克力與聚乙烯羧酸等基系之射出成形材料</td><td rowspan="3">未規定許可差之尺度</td><td>所有尺度(R 部和螺紋部除外)</td><td>±0.1</td><td>±0.1</td><td>±0.15</td><td>±0.25</td><td>±0.4</td><td>±0.6</td><td>±0.8</td><td>±1.0</td><td>當事者自行協定</td></tr>
<tr><td>圓弧部(R 部)</td><td colspan="9">保持與規定尺度有近接值</td></tr>
<tr><td>螺紋部</td><td colspan="9">適用下列標準：
DIN 13 頁 5 之公制螺紋「粗」及 DIN 11 頁 3 之惠氏螺紋「粗」適用於螺距與螺紋直徑比在 1：30 以下，螺紋直徑在 80mm 以下，螺紋旋入深為直徑 1 倍以下者，依此非互換性之製作。</td></tr>
<tr><td rowspan="3">2</td><td rowspan="3">規定許可差之尺度</td><td>所有尺度(壁厚和螺紋部除外)</td><td>0.1</td><td>0.16</td><td>0.2</td><td>0.25</td><td>0.3</td><td>0.4</td><td>0.6</td><td>0.8</td><td>依照協定</td></tr>
<tr><td>壁厚</td><td>±0.05</td><td>±0.08</td><td colspan="7"></td></tr>
<tr><td>螺紋部</td><td colspan="9">參考項目 1 螺紋部</td></tr>
<tr><td rowspan="2">3</td><td rowspan="2">以纖維素衍生物為基系的射出成形材料
[例]：
DIN Type 411,412,413</td><td colspan="2">未規定許可差之尺度</td><td colspan="9">與項目 1 相類，此類成形品在通常的放置條件下會引起二次性尺度變化，致超過許可差範圍。</td></tr>
<tr><td colspan="2">規定許可差之尺度</td><td colspan="9">與項目 2 相類，此類成形品在通常的放置條件下會引起二次性尺度變化，致超過許可差範圍。</td></tr>
</table>

附表 3　塑膠成形品尺度許可差(續)

(b) 非直接取決於模具的尺度許可差

單位：mm

項目	塑料類別	適用部位		尺度範圍								
				~6	6~18	18~30	30~50	50~80	80~120	120~180	180~250	250~500
4	聚苯乙烯射出成形材料 [例]： DIN Type 501,520 以壓克力與聚乙烯羧酸等基系之射出成形材料	未規定許可差之尺度	所有尺度(壁厚除外)	±0.1	±0.1	±0.15	±0.25	±0.4	±0.6	±0.8	±1.0	當事者自行協定
			壁厚(開模方向之壁厚除外)	±0.05	±0.08	±0.1	±0.15	±0.2	±0.25	±0.3	±0.3	依照協定
				尺度範圍相應之尺度為「直立之高」								
5		規定許可差之尺度	所有尺度(壁厚除外)	0.2	0.25	0.3	0.35	0.45	0.6	0.8	1.0	依照協定
			壁厚	±0.05	±0.08	±0.1	±0.15	±0.2	±0.25	±0.3	±0.3	依照協定
				尺度範圍相應之尺度為「直立之高」								
			開模方向之壁厚(底厚)	0.15	0.15	0.2	0.2	0.25	0.25	0.3	0.3	依照協定
				尺度範圍相應之尺度例為箱形成形品之最大長或最大直徑								
6	以纖維素衍生物為基系的射出成形材料 [例]： DIN Type 411,412,413	未規定許可差之尺度		與項目 4 相類，此類成形品在通常的放置條件下會引起二次性尺度變化，致超過許可差範圍。								
		規定許可差之尺度		與項目 5 相類，此類成形品在通常的放置條件下會引起二次性尺度變化，致超過許可差範圍。								
翹曲及扭轉												
7	項目 1～3 除外，項目 4～6 之射出成形材料	形狀關連之誤差 例：翹曲、扭轉、變形等		不能以一般値表示，由於形狀不同有相異之許可差，由買賣當事者自行協定								

附表 4　模座型式與規格表

JIS B 5006，B 5012

BR BB 型		CR CB 型		DR DB 型		FR FB 型	
A 尺寸	*B* 尺寸	*A* 尺寸	*B* 尺寸	*A* 尺寸	*B* 尺寸	*A* 尺寸	*B* 尺寸
(60)	(60)	(60)	(60)	(60)	(60)	(125)	(125)
80	80	80	80	80	80	150	(100)
	(125)	100	80	100	80		150
100	80		100		100	180	125
	100	125	80	125	80		180
	(150)		100		100	210	100
125	80		125		125		150
	100	150	100	150	100		210
	125		150		150	250	125
150	100	180	125	180	125		180
	150		180		180		250
180	125	210	100	210	100	300	125
	180		150		150		210
210	100		210		210		300
	150	250	125	250	125	400	180
	210		180		180		250
250	125		250		250		350
	180	300	125	300	125	500	210
	250		180		180		300
300	125		250		250		400
	180		300		300	600 ※	※ 250
	250						※ 400
	300						

(　)內尺寸僅適用於 BB，CB，DB，FB 型

(其他詳細請參照 JIS 規格)

※　記號之尺寸僅適用於 FR 型

APPENDIX

附表 5　塑膠材料的線膨脹係數與收縮率

成形材料				線膨脹係數 (10^{-5}/°C)	成形收縮率 (%)
塑膠名稱			填充材料		
熱固性塑膠		酚樹脂	木粉、棉屑	3.0～4.5	0.4～0.9
熱固性塑膠		酚樹脂	玻璃纖維	0.8～1.6	0.01～0.4
熱固性塑膠		尿素樹脂	纖維素	2.2～3.6	0.6～1.4
熱固性塑膠		三聚氰胺樹脂	纖維素	4.0	0.5～1.5
熱固性塑膠		DAP(diallyl phthalate)	玻璃纖維	1.0～3.6	0.1～0.5
熱固性塑膠		環氧樹脂	玻璃纖維	1.1～3.5	0.1～0.5
熱固性塑膠		多元酯	玻璃纖維	2.0～3.3	0.1～1.2
熱塑性塑膠	結晶性	PE(低密度)		10.0～20.0	1.5～5.0
熱塑性塑膠	結晶性	PE(中密度)	—	14.0～16.0	1.5～5.0
熱塑性塑膠	結晶性	PE(高密度)	—	11.0～13.0	2.0～5.0
熱塑性塑膠	結晶性	PP	—	5.8～10.0	1.0～2.5
熱塑性塑膠	結晶性	PP	—	2.9～5.2	0.4～0.8
熱塑性塑膠	結晶性	耐隆(6)	玻璃纖維	8.3	0.6～1.4
熱塑性塑膠	結晶性	耐隆(6/10)	—	9.0	1.0
熱塑性塑膠	結晶性	耐隆	20～40 %玻璃纖維	1.2～3.2	0.3～1.4
熱塑性塑膠	結晶性	聚縮醛	—	8.1	2.0～2.5
熱塑性塑膠	結晶性	聚縮醛	20 %玻璃纖維	3.6～8.1	1.3～2.8
熱塑性塑膠	非結晶性	PS(一般用)	—	6.0～8.0	0.2～0.6
熱塑性塑膠	非結晶性	PS(耐衝擊用)	—	3.4～21.0	0.2～0.6
熱塑性塑膠	非結晶性	PS	20～30 %玻璃纖維	1.8～4.5	0.1～0.2
熱塑性塑膠	非結晶性	AS 樹脂	—	3.6～3.8	0.2～0.7
熱塑性塑膠	非結晶性	AS 樹脂	20～33 %玻璃纖維	2.7～3.8	0.1～0.2
熱塑性塑膠	非結晶性	ABS 樹脂(耐衝擊用)	—	9.5～13.0	0.3～0.8
熱塑性塑膠	非結晶性	ABS 樹脂	20～40 %玻璃纖維	2.9～3.6	0.1～0.2
熱塑性塑膠	非結晶性	聚甲基丙烯酸甲酯(壓克力)	—	5.0～9.0	0.2～0.8
熱塑性塑膠	非結晶性	PC	—	6.6	0.5～0.7
熱塑性塑膠	非結晶性	PC	100 %玻璃纖維	1.7～4.0	0.1～0.3
熱塑性塑膠	非結晶性	PVC 樹脂(硬質)	—	5.0～18.5	0.1～0.5
熱塑性塑膠	非結晶性	醋酸纖維素	—	8.0～18.0	0.3～0.8

(三民：塑膠機與塑膠模具，游正晃著，第 213 頁)

附表 6 塑膠模具零件適用材料表

No.	機件名稱	材料記號	熱處理	硬度	
				H_B及H_RC	H_S
1	固定側安裝板	SS41 SS50 S25C～S55C	Ⓡ Ⓝ及Ⓗ	H_B123～235	20～35
2	固定側模板	SS50 SS55C SCM440 SK7	Ⓝ Ⓐ及Ⓗ	H_B183～235	28～35
3	可動側模板	SS50 S55C SCM440 SK7	Ⓝ Ⓐ及Ⓗ	H_B183～235	28～35
4	澆道脫料板	S50C S55C SCM440 SK7	Ⓝ Ⓐ及Ⓗ	H_B183～235	28～35
5	承板	S50C S55C SCM440 SK7	Ⓝ Ⓐ及Ⓗ	H_B183～235	28～35
6	間隔塊	SS41 SS50 S25C～S55C	Ⓡ Ⓝ及Ⓗ	H_B123～235	20～35
7	頂出板(上)	SS41 SS50 S25C～S55C	Ⓡ Ⓝ及Ⓗ	H_B123～235	20～35
8	頂出板(下)	SS41 SS50 S25C～S55C	Ⓡ Ⓝ及Ⓗ	H_B123～235	20～35
9	可動側安裝板	SS41 SS50 S25C～S55C	Ⓡ Ⓝ及Ⓗ	H_B123～235	20～35
10	心型	S50C S55C SCM440 SK7	Ⓝ Ⓐ及Ⓗ	H_B183～235	28～35
11	定位環	S50C S55C SK7	Ⓡ及Ⓝ Ⓐ	H_B183～235	28～35
12	豎澆道襯套	S50C S55C SCM4 SK5～SK7	Ⓝ及Ⓗ	H_B183～235	28～35
				H_RC40 以上	54 以上
13	導銷	SK3～SK5 SUJ2 SKS2 SKS3	Ⓗ	H_RC55 以上	74 以上
14	導銷襯套	SK3～SK5 SUJ2 SKS2 SKS3	Ⓗ	H_RC55 以上	74 以上
15	豎澆道拉料銷	SK3～SK5 SKS2 SKS3 SACM645	Ⓝ及氮化	H_RC55 以上	74 以上
16	頂出銷	SK3～SK5 SKS2 SKS3SACM645	Ⓝ及氮化	H_RC55 以上	74 以上

附表 6　塑膠模具零件適用材料表(續)

No.	機件名稱	材料記號	熱處理	硬度	
				H_B及H_RC	H_S
17	頂出套筒	SK3～SK5 SUJ2 SKS2 SKS3	Ⓗ	H_RC55 以上	74 以上
18	定位銷	SK3～SK5 SKS2 SKS3	Ⓗ	H_RC55 以上	74 以上
19	固定銷	S25C～S55C SK3～SK5	ⓇⓃ及Ⓗ	H_B123～207	20～32
				H_RC50 以上	67 以上
20	頂出板導銷	SK3～SK5 SUJ2 SKS2 SKS3	Ⓗ	H_RC55 以上	74 以上
21	支承	S25C～S55C	ⓇⓃ及Ⓗ	H_B123～235	20～35
22	頂出桿	S25C～S55C	ⓇⓃ及Ⓗ	H_B123～235	20～35
23	定位螺釘	S25C～S55C	ⓇⓃ及Ⓗ	H_B123～235	20～35
24	張力環	SS41 SS50 S25C～S55C	Ⓡ及Ⓝ	H_B123～207	20～32
25	張力環用螺釘	S25C～S55C	Ⓡ及Ⓝ	H_B123～207	20～32
26	鏈條接頭	SS41 SS50 S25C～S55C	Ⓡ及Ⓝ	H_B123～207	20～32
27	鏈條接頭螺釘	S25C～S55C	Ⓡ及Ⓝ	H_B123～207	20～32
28	側向心型	S50C S55C SKS3 SK3～SK7 SCM3	Ⓝ及Ⓗ 局部Ⓗ	H_B183～237	28～35
29	定位塊	SK3～SK5 SKS3	Ⓗ	H_RC52～56	69～75
30	滑動螺桿	S50C S55C	Ⓡ及Ⓝ	H_B183～235	28～35
31	斜角撐條	SK3～SK5 SUJ2 SKS2 SKS3	Ⓗ	H_RC55 以上	74 以上
32	斜角凸輪	S50C S55C	Ⓝ及Ⓗ	H_B183～235	28～35
33	管塞	S20C S30C	ⓇⓃ	H_B123～200	20～31

註：熱處理欄所標註之符號為鋼鐵業界常用之符號有下列之意義：
　Ⓡ鍛造輥軋及延伸狀態　Ⓐ退火　Ⓗ淬火　Ⓝ正常化

(全華：模具學(三)，陳昭福、翁寬仁編著，第 74 頁)

附表 7　塑膠模具用材料之特性、用途及使用法

名稱	記號	供給狀態	淬火回火使用硬度 H_B及H_RC	淬火回火使用硬度 H_S	特性	用途	使用法
一般構造用輥軋鋼材	SS41	鍛造延壓及延伸後原狀態			價廉取得容易、加工容易、一般較爲柔軟，且多針孔	用於對強度、硬度等不過份要求之構件，不適用於模板	在延壓後施行特殊熱處理，用於普通用途
	SS50						
一般構造用輥軋鋼材	S25C				最能做爲機械構造鋼之代表，取得容易，加工性良好，爲構造用鋼中最價廉者	型模一般附屬構件及型模板例：模板、承板、定位環、豎澆道襯套、定位螺釘、支承等	S30C以上鋼料，使用時原則上施行淬火、回火較佳，鍛造、延壓後再做正常化，此種狀態亦有良好使用，使用於型腔件及心型場合，施行淬火、回火有良好效果，爲使硬化後加工容易普通使用括弧中之硬度值
	S35C		勃氏硬度 H_B：167～235	26～35			
	S45C		201～269	31～40			
	S50C		(183～235)	(28～35)		大多使用做爲標準型模板及類似件	
			212～277	32～41			
	S55C		(183～235)	(28～35)			
			229～285	34～42			
	S9CK		121～179	19～27	含碳量爲最低者，質軟，普通使用滲碳硬化，亦有使用原有材料性質者	主要做爲壓力鍛造用原料	加工後施行表面滲碳硬化時，硬度可達Hv460- 680 (Hs60-80)
	S15CK		143～235	22～35			
鎳鉻鋼	SNC631	退火	(238～284)	(36～42)	在碳鋼中添加 Ni 及 Cr，增加構造用合金鋼之韌性及淬火性，淬火、回火後之加工性良好	強度特高，需有韌性者，如型腔件，心型以及其他構件等	使用時一般施行淬火及回火，使用做爲心型腔件、心型時，普通於淬火、回火後加工 括弧內硬度值爲使用時標準
			248～302	37～45			
	SNC836		(256～284)	(38～42)			
			269～321	40～47			
鎳鉻鉬鋼	SNCM625		(256～284)	(38～42)	優良的構造用鋼，有卓越之強度及韌性，淬火性、耐磨性亦良好		
			269～321	40～47			

附表 7　塑膠模具用材料之特性、用途及使用法(續)

名稱	記號	供給狀態	淬火回火使用硬度			特性	用途	使用法
				H_B及H_RC	H_S			
鉻鉬鋼	SCM435	退火	勃氏硬度H_B	(256~284)	(38~42)	在碳鋼中添加 Cr 及 Mo，增加構造用鋼之強度、韌性等，較碳鋼優良，價格較 SNC，SNCM 鋼低廉	強度特高，需有韌性者，如型腔件，心型以及其他構件等	使用時一般施行淬火及回火，使用做爲心型腔件、心型時，普通於淬火、回火後加工 括弧內硬度值爲使用時標準
鉻鉬鋼	SCM435	退火	勃氏硬度H_B	269～321	40～47			
鉻鉬鋼	SCM440	退火	勃氏硬度H_B	(256~284)	(38~42)			
鉻鉬鋼	SCM440	退火	勃氏硬度H_B	285～341	42～50			
鋁鉻鉬鋼	SACM645	退火	勃氏硬度H_B	229～285	34～42	使用氮化表面硬化之材料，硬化後耐磨性非常高	必須有硬度及耐磨耗性之滑動部份構件，如頂出銷	氮化時，氮化層硬度爲 Hv900(Hs95)以上
不銹鋼	SUS402J2	退火	勃氏硬度H_B	201 以上	31 以上	高鉻合金含碳量低，有較高之耐蝕性	使用聚氯乙烯等腐蝕性材料成形亦不易腐蝕之模板	施行淬火時，硬度提高可達H_RC55(Hs74)
碳工具鋼	SK3	退火	洛氏硬度	55～60	74～81	含碳量在 0.6 %以上之高碳鋼，一般使用做爲工具材料，淬火硬度高，耐磨耗性良好，此爲工具鋼中價格最低廉者	使用於滑動部構件及其他必須有硬度及耐磨耗性構件，如導銷、導銷襯套、頂出銷、定位銷等	原則上施行淬火、回火
碳工具鋼	SK5	退火	洛氏硬度	55～60	74～81			
碳工具鋼	SK7	退火	洛氏硬度	50～55	67～74			
合金工具鋼	SKS2	退火	洛氏硬度	55～60	74～81	在高碳鋼中添加 Cr 及 W，改善淬火性，耐磨耗性，做爲高性能工具鋼，淬火較碳工具鋼容易	要求特硬及高耐磨耗性之構件，如型腔件、心型及構件，與碳鋼之用途相同	
合金工具鋼	SKS3	退火	洛氏硬度	55～60	74～81			
合金工具鋼	SKD11	退火	洛氏硬度	55～60	74～81	淬火性及耐磨耗性特別優良，幾無淬火變形	使用於需要硬度及耐磨耗性之型腔件、心型及壓力鍛造之原型	
合金工具鋼	SKD61	退火	洛氏硬度	45～51	60～68	幾無淬火變形，有優越之耐磨耗性、耐熱性、韌性等	使用於需要硬度及耐磨耗性之型腔件及心型等	
軸承用高碳鉻鋼	SUJ2	退火	洛氏硬度	55～60	74～81	爲主要之軸承鋼，使用構件有良好之耐磨耗性、淬火性	使用滑動部需有硬度及耐磨耗性之構件，與SK,SKS鋼材之用途相同	

(全華：模具學(三)，陳昭福、翁寬仁編著，第 76 頁)

附表 8 常用工具鋼的使用指引

AISI	JIS	特性
T4	SKH3	為鎢基高速鋼，用於銑刀、車刀、絲模、鋼模
T5	SKH4	為含鈷(Co)與鎢(W)最多的高速鋼，用於特殊鑽頭、車刀、銑刀、鉸刀、特殊鋼模等。
M2	SKH9	此為鎢鉬高速鋼，用於高級沖模、螺絲模、銑刀、鑽頭等。
H21	SKD5	此鋼含有高量的鎢為熱模工具鋼，用於銅合金壓鑄模、熱作沖頭、螺栓頭模等。
H20	SKD4	為不含鐵質之熱模合金鋼，用於一般熱鎚、熱作沖頭模；銅、鋁、鋅模等。
H13	SKD61	可抗鋁、鎂、鋅的侵蝕及熱裂的發生，宜用於鋁、鎂、鋅合金壓鑄模及熱作鉸刀、軋刀等。
H12	SKD62	為耐高溫之含鎢合金鋼，用於熱作鋁、鎂、鋅、銅合金壓鑄模，塑膠模、及熱間各種工具等。
6F2	SKT4	適用於熱作鍛模、螺栓模、熱壓鑄套筒、熱軋刀、及冷作之剪床截刀、切邊模、各種工具等。
D2	SKD11	此鋼易於車削、並宜製鋒利刀刃、線模、冷壓工具、錫作模、塑膠模等。
D3	SKD1	宜製作拉線模，粉末冶金模、塑膠模、沖模、錫作模矽鋼片沖片模。
O1	SKS3	此鋼具有耐磨不易變形之特性，宜製造精密工具，螺絲模、銑刀、剪刀、鉋刀、及各種沖模等。
WI-1.2c 1.1c	SK2-3	此為高碳、矽、錳組織之工具鋼，有高的硬度與韌性，宜製作各種沖模、螺絲攻、銑刀、銼刀、鋸條及工具等。
WI-0.8c	SK5	此種鋼，經熱處理後，有深入之硬度，宜製作工具，銼刀、帶鋸、剪刀、鑿子等。
SAE4130-4150	SCM435-440	用於機械零件、軸類、齒輪、強力螺絲等。

附表9 壓鑄模材料的選用表

件號	模具組件名稱	材料	硬度 H_RC	硬度 H_B
1.	模穴塊	P-20(鋅用) H-13(鋁鎂用) (SKD61) H-21(銅用)，SKT2，SKT3 (SKD5)	44-46 48-52(銅)	
2.	模心	同模穴材料	"	
3.	模框	SAE4130、4135、4140、4125、S45C S50C、FCD40、FCD50	30-34	285-325
4.	固定板	SAE1020 SS41 S45C		
5.	頂出板 (頂出銷支持板)	SAE1020、SS34、SS41、S45C		
6.	間隔塊(墊塊)	FC20，S45C		
7.	頂出銷(套筒)	H13，SKH2，SKS2，SKS3， SACM645，SKH9	50-52	
8.	導銷	SK3，SK5，SKS3	48-50	
9.	導銷襯套	SK3，SK5，SK3	58-60	
10.	進料套筒	SKD61，SKD5，SKT4	45-53	
11.	分流子	SKD61，SKD5，SKT4	45-53	
12.	豎澆口襯套	SKD61，SKD5，SKT4	45-53	
13.	冷卻水套	S45C，FC20		
14.	止塊(安全銷)	S45C		
15.	齒輪	SAE6150	43-45	
16.	齒條	SAE6150	48-52	

附表 10　常用鋼的化學成份表

AISI	JIS	化　學　成　分　%									
		碳 C	矽 Si	錳 Mo	鉻 Cr	鎢 W	釩 V	磷 P	硫 S	鈷 Co	鉬 Mo
T4	SKH3	0.70-0.85	0.15-0.35	0.25-0.45	3.80-4.50	17.0-19.0	0.80-1.20	0.025 以下	0.010 以下	4.50-5.50	—
T5	SKH4	0.70-0.85	0.15-0.35	0.25-0.45	3.80-4.50	17.0-19.0	0.80-1.20	0.025 以下	0.010 以下	9.00-11.0	—
M2	SKH9	0.80-0.90	0.15-0.35	0.25-0.45	3.80-4.50	6.00-7.00	1.80-2.30	0.025 以下	0.010 以下	—	4.80-5.80
H21	SKD5	0.25-0.35	0.15-0.35	0.30-0.60	2.00-3.00	9.00-10.00	0.30-0.50	0.030 以下	0.010 以下	—	—
H14	SKD4	0.25-0.35	0.15-0.35	0.30-0.60	2.00-3.00	5.00-6.00	0.30-0.50	0.030 以下	0.010 以下	—	—
H13	SKD61	0.35-0.42	0.80-1.20	0.30-0.50	4.80-5.50	—	0.50-1.10	0.030 以下	0.010 以下	—	1.20-1.60
H12		0.35-0.42	0.80-1.20	0.30-0.50	4.80-5.50	1.00-1.50	0.20-0.50	0.030 以下	0.010 以下	—	1.20-1.60
6F2		0.50-0.60	0.15-0.35	0.70-1.00	1.00-1.40	—	0.10-0.20	0.030 以下	0.020 以下	—	—
D2	SKD11	1.40-1.60	0.15-0.35	0.30-0.60	11.00-13.00	—	0.20-0.50	0.025 以下	0.010 以下	—	0.80-1.20
D3	SKD1	2.00-2.20	0.15-0.35	0.30-0.60	12.00-15.00	—	—	0.025 以下	0.010 以下	—	—
O1	SKS3	0.90-1.00	0.15-0.35	0.90-1.20	0.50-1.00	0.50-1.00	—	0.025 以下	0.010 以下	—	—
	SK2-3	1.10-1.30	0.35 以下	0.5 以下	—	—	—	0.030 以下	0.030 以下	—	—
1086	SK5	0.80-0.90	0.35 以下	0.5 以下	—	—	—	0.030 以下	0.030 以下	—	—
SAE 4130-4145	SCM 435-440	0.33-0.43	0.15-0.35	0.60-0.85	0.90-1.20	—	— 0.030 以下	0.030 以下	—	0.15-0.30	

註：AISI 美國鋼鐵學會的符號，①第一位數字表鋼之類別：1 爲 C 鋼，2 爲 Ni 鋼，3 爲 Ni-Cr，4 爲 Mo 鋼，5 爲 Cr 鋼，6 爲 Cr-V 鋼，7 爲 W 鋼，8 爲 Ni-Mo 鋼，9 爲 Ni-Cr-Mo 鋼。

②第二數字表鋼之主要合金元素含量百分數。

③末二位或三位數表鋼之含碳百分數。

國家圖書館出版品預行編目資料

模具學 / 施議訓,邱士哲編著. -- 三版. --
臺北縣土城市：全華圖書, 2008.09
面 ； 公分
ISBN 978-957-21-6463-1(平裝)
1. CST:模具
446.8964 97009160

模具學

作者／施議訓、邱士哲
發行人／陳本源
執行編輯／蔣德亮
出版者／全華圖書股份有限公司
郵政帳號／0100836-1 號
印刷者／宏懋打字印刷股份有限公司
圖書編號／0552302
三版九刷／2022 年 05 月
定價／新台幣 580 元
ISBN／978-957-21-6463-1 (平裝)
全華圖書／www.chwa.com.tw
全華網路書店 Open Tech／www.opentech.com.tw
若您對本書有任何問題，歡迎來信指導 book@chwa.com.tw

臺北總公司(北區營業處)
地址：23671 新北市土城區忠義路 21 號
電話：(02) 2262-5666
傳真：(02) 6637-3695、6637-3696

南區營業處
地址：80769 高雄市三民區應安街 12 號
電話：(07) 381-1377
傳真：(07) 862-5562

中區營業處
地址：40256 臺中市南區樹義一巷 26 號
電話：(04) 2261-8485
傳真：(04) 3600-9806(高中職)
(04) 3601-8600(大專)

歡迎加入 全華會員

● 會員獨享

會員享購書折扣、紅利積點、生日禮金、不定期優惠活動…等。

● 如何加入會員

掃 QRcode 或填妥讀者回函卡直接傳真（02）2262-0900 或寄回，將由專人協助登入會員資料，待收到 E-MAIL 通知後即可成為會員。

如何購買 全華書籍

1. 網路購書

全華網路書店「http://www.opentech.com.tw」，加入會員購書更便利，並享有紅利積點回饋等各式優惠。

2. 實體門市

歡迎至全華門市（新北市土城區忠義路 21 號）或各大書局選購。

3. 來電訂購

(1) 訂購專線：(02) 2262-5666 轉 321-324
(2) 傳真專線：(02) 6637-3696
(3) 郵局劃撥（帳號：0100836-1　戶名：全華圖書股份有限公司）
※ 購書未滿 990 元者，酌收運費 80 元。

全華網路書店 www.opentech.com.tw
E-mail: service@chwa.com.tw

※ 本會員制如有變更則以最新修訂制度為準，造成不便請見諒。

廣　告　回　信
板橋郵局登記證
板橋廣字第540號

行銷企劃部　收

23671 新北市土城區忠義路 21 號
全華圖書股份有限公司

讀者回函卡

掃 QRcode 線上填寫 ▶▶▶ 

姓名：＿＿＿＿＿＿ 生日：西元＿＿＿年＿＿＿月＿＿＿日 性別：□男 □女

電話：（ ）＿＿＿＿ 手機：＿＿＿＿＿＿

e-mail：（必填）＿＿＿＿＿＿＿＿＿＿

註：數字零，請用 Φ 表示，數字 1 與英文 L 請另註明並書寫端正，謝謝。

通訊處：□□□□□＿＿＿＿＿＿＿＿

學歷：□高中・職 □專科 □大學 □碩士 □博士

職業：□工程師 □教師 □學生 □軍・公 □其他

學校／公司：＿＿＿＿＿＿ 科系／部門：＿＿＿＿＿＿

・需求書類：

□ A. 電子 □ B. 電機 □ C. 資訊 □ D. 機械 □ E. 汽車 □ F. 工管 □ G. 土木 □ H. 化工 □ I. 設計 □ J. 商管 □ K. 日文 □ L. 美容 □ M. 休閒 □ N. 餐飲 □ O. 其他

・本次購買圖書為：＿＿＿＿＿＿ 書號：＿＿＿＿＿＿

・您對本書的評價：

封面設計：□非常滿意 □滿意 □尚可 □需改善，請說明＿＿＿＿

內容表達：□非常滿意 □滿意 □尚可 □需改善，請說明＿＿＿＿

版面編排：□非常滿意 □滿意 □尚可 □需改善，請說明＿＿＿＿

印刷品質：□非常滿意 □滿意 □尚可 □需改善，請說明＿＿＿＿

書籍定價：□非常滿意 □滿意 □尚可 □需改善，請說明＿＿＿＿

整體評價：請說明＿＿＿＿＿＿

・您在何處購買本書？

□書局 □網路書店 □書展 □團購 □其他＿＿＿＿

・您購買本書的原因？（可複選）

□個人需要 □公司採購 □親友推薦 □老師指定用書 □其他＿＿＿＿

・您希望全華以何種方式提供出版訊息及特惠活動？

□電子報 □ DM □廣告（媒體名稱＿＿＿＿＿＿）

・您是否上過全華網路書店？（www.opentech.com.tw）

□是 □否 您的建議＿＿＿＿＿＿

・您希望全華出版哪方面書籍？＿＿＿＿＿＿

・您希望全華加強哪些服務？＿＿＿＿＿＿

感謝您提供寶貴意見，全華將秉持服務的熱忱，出版更多好書，以饗讀者。

填寫日期： / /

2020.09 修訂

親愛的讀者：

感謝您對全華圖書的支持與愛護，雖然我們很慎重的處理每一本書，但恐仍有疏漏之處，若您發現本書有任何錯誤，請填寫於勘誤表內寄回，我們將於再版時修正，您的批評與指教是我們進步的原動力，謝謝！

全華圖書 敬上

勘誤表

書號		書名		作者	
頁數	行數	錯誤或不當之詞句		建議修改之詞句	

我有話要說：（其它之批評與建議，如封面、編排、內容、印刷品質等・・・）